天然气工程手册

采气工程手册

张守良　马发明　徐永高　主编

石油工业出版社

内容提要

本手册根据采气工程的内涵,从天然气开采常用概念、基础知识入手,系统介绍了气井完井技术、压裂酸化技术、采气技术和修井技术的工艺原理、流程、设计以及井下作业装备和工具。单独成章编排了常用井口装置、完井油套管和井下封隔器等相关知识和技术规范。

本手册可供从事采气工程技术人员、工程设计人员、采气生产和井下作业人员参考使用。

图书在版编目(CIP)数据

采气工程手册/张守良,马发明,徐永高主编.
北京:石油工业出版社,2016.1
(天然气工程手册)
ISBN 978-7-5183-0868-2

Ⅰ. 采…
Ⅱ. ①张…②马…③徐…
Ⅲ. 采气-手册
Ⅳ. TE375-62

中国版本图书馆 CIP 数据核字(2015)第 212585 号

出版发行:石油工业出版社
(北京安定门外安华里2区1号 100011)
网 址:www.petropub.com
编辑部:(010)64523738 图书营销中心:(010)64523633
经 销:全国新华书店
印 刷:北京中石油彩色印刷有限责任公司

2016年1月第1版 2016年12月第2次印刷
787×1092毫米 开本:1/16 印张:38
字数:920千字

定价:198.00元
(如出现印装质量问题,我社图书营销中心负责调换)

《天然气工程手册》

编　委　会

专　家　组

序

近十多年来，我国天然气产业快速发展，天然气市场需求旺盛。天然气消费年均增速高达16%。天然气占能源消费总量的比重从2000年的2.2%升至2014年的5.6%。按照《能源发展战略行动计划（2014—2020年）》，到2020年，天然气消费比重将达10%以上。天然气开发利用不仅对我国能源保障具有重要意义，而且对改善能源结构、促进环境保护也具有重大意义，我国政府高度重视天然气的发展，将天然气发展摆在国民经济发展的战略位置。

经过几代石油人的努力，我国天然气工业取得了很大的发展。目前已经形成了川渝、塔里木、长庆和青海等几大生产气区，建设了以"西气东输"、"陕京二线"等为代表的一批输气干线。这些都极大地促进了我国天然气技术的进步，尤其在低渗透致密砂岩气藏、疏松砂岩气藏、碳酸盐岩气藏、异常高压气藏、酸性气藏、火山岩气藏、凝析油气藏开发方面都取得了长足进步。

在20世纪80年代以四川气田开发为背景编写的《天然气工程手册》，曾在天然气发展过程中发挥了重要作用，但伴随着天然气开发技术的快速发展，该手册已不能适应现场和科研单位工程技术人员的需求。同时从事天然气各个领域工作的工程技术人员和管理人员越来越多，他们迫切需要一套与天然气工程紧密相关的工具书，因此，全面修订出版《天然气工程手册》非常必要。

由中国石油勘探与生产分公司组织编写的新版《天然气工程手册》，既考虑了手册类书籍的编写特点，又较全面地概括了当前国内外成熟的天然气工程技术和管理要求，充分体现了手册应有的科学性、实用性和可操作性。《天然气工程手册》丛书的出版，一定会对从事天然气各个领域工作的工程技术人员和管理人员具有很好的指导作用，并为促进我国天然气开发利用做出更大的贡献。

丛 书 前 言

《天然气工程手册》丛书作为一套用于天然气开发工程专业的工具书，由《气藏工程手册》《采气工程手册》《天然气集输工程手册》《天然气处理与加工手册》四个分册组成。在中国石油勘探与生产分公司的支持下，从2007年开始，中国石油咨询中心、石油工业出版社组织国内有关科研院所、高校以及油气田企业百余名专家学者历时8年编写完成。该套丛书可用于指导各类复杂气藏开发的技术管理、设计、生产操作，对从事天然气开发与利用的技术人员具有较强的应用价值，对高校相关专业师生也有较好的参考价值。

编写《天然气工程手册》丛书，是我国天然气工业快速发展的需要。早在20世纪80年代，中国天然气工业的发展已经在四川独树一帜。1982年四川石油管理局组织编写了《天然气工程手册》，对推动我国天然气工业的发展、培养现场技术人才起到了重要作用。进入21世纪以来，天然气作为清洁能源，在我国进入快速增长阶段，全国天然气消费由过去不足百亿立方米迅速上升到千亿立方米以上。产量的快速增长，国外天然气的规模引进、大力度的开展输气管网建设以及天然气消费市场的形成，为经济发展、环境改善做出了积极贡献。这个时期天然气开发的突出特点是：

(1)中国主要的气藏类型如碳酸盐岩、异常高压砂岩、高含硫、低渗透致密砂岩、疏松砂岩、火山岩等气藏得到全面开发，取得很多新的成果和经验；

(2)围绕经济有效快速上产，单井高产、区块接替稳产等一批新的天然气开发理念得到实施；

(3)水平井、大型压裂酸化改造等工程技术得到广泛应用；

(4)天然气高压集输、油气混输、脱水、脱硫、脱碳等大规模处理技术和设备的广泛应用，使地面系统建设向标准化设计、模块化建设方向快速发展；

(5)适应天然气平稳保供的多种季节调峰和应急调峰手段建设正处在重要实施阶段；

(6)天然气安全生产和HSE建设不断落实和完善；

(7)天然气开发队伍快速扩大，人才队伍的培养越来越受到重视。

为了及时总结天然气开发已取得宝贵经验和科研成果，并为今后一个时期我国气田开发实现有质量、有效益、可持续和科学发展提供技术支持，中国石油勘探与生产分公司组织编写了这套《天然气工程手册》丛书。

考虑《天然气工程手册》丛书既要符合专业手册类书籍的特点，也要适应天然气开发技术发展和管理进步的需求，在组织编写中坚持了以下4个原则：

(1)顶层设计，系统架构。通过顶层设计，构架了《天然气工程手册》的系统内容，明确了各分册的内容与重点，划分了工作界面，基本统一了手册的写作风格。

(2)技术为主，兼顾管理。手册重点内容涵盖了天然气开发各专业、各环节的技术问题，包括名词术语、公式原理、参数求取、开发指标、工艺方法等，也对天然气规划计划、开发技术经济评价、HSE 等重要管理工作进行了阐述与归纳。

(3)共性集述，分类详解。在每个章节编写时，将章节中出现的共性内容放在前面集中阐述，然后根据不同气藏类型、不同开发过程、不同工艺方法等将特殊性内容分开详细阐述，使阐述的内容更有针对性。

(4)突出重点，体现实用。手册编写力求语言简练，尽量多的采用图表、公式等简洁的方式表达。在方法、公式的选择中尽量选用成熟、先进、实用技术，同时兼顾国内外新的标准、技术、规范，以及可预见的未来发展方向。

《天然气工程手册》第一分册《气藏工程手册》主要内容包括流体的物理化学性质与储层参数、气体渗流与试井、气藏工程设计、地质建模与数值模拟、动态监测与分析等，由李海平、任东、郭平、陈建军任主编，以西南石油大学、中国石油勘探开发研究院廊坊分院为主，并邀请西南油气田、长庆油田、塔里木油田、青海油田等主要油气田有关开发技术骨干参加编写。第二分册《采气工程手册》主要内容包括采气工程基础、完井试气、压裂酸化、采气和修井等，由张守良、马发明、徐永高任主编，以中国石油西南油气田公司采气工程研究院为主，并邀请其他主要油气田单位参加编写。第三分册《天然气集输工程手册》主要内容包括天然气集输管道、站场、设备、防腐与保温、自动控制、安全与环境等，由汤林、汤晓勇、刘永茜任主编，以中国石油集团工程设计有限责任公司西南分公司为主，并邀请其他油气田设计单位参加编写。第四分册《天然气处理与加工手册》主要内容包括产品质量标准与试验方法、天然气脱水、天然气脱硫、天然气脱碳、凝液回收、天然气液化等，由孟宪杰、常宏岗、颜廷昭任主编，以中国石油西南油气田公司天然气研究院为主，并邀请其他主要油气田单位参加编写。

《天然气工程手册》内容广泛，涵盖气藏类型多，内容涉及从开发到天然气集输处理加工的各专业，为了完成好手册的编写工作，使其充分反映我国天然气开发方面取得的技术进步，确保内容的准确性和实用性，在编写组织上采取了产、学、研、管相结合编写的办法，充分调动现场工程技术人员积极参与，成立了手册编委会和专家组，多次召开编写讨论会、专家审稿会，请一批老专家进行了细致把关审阅，尤其针对国内外天然气工程标准的差异导致计算系数的变化情况进行了严格审查和复核。

本手册在编写、出版过程中得到了中国石油勘探与生产分公司、中国石油咨询中心、中国石油西南油气田公司、中国石油集团工程设计有限责任公司西南分公司、中国石油勘探开发研究院廊坊分院、中国石油长庆油田公司、西南石油大学、石油工业出版社有限公司等单位的大力支持，在此表感谢。尤其对孟慕尧、金忠臣、袁愈久、刘同斌、陈赓良、许可方、魏顶民、孟宪杰、李士伦、闵琪、张化、杨莉娜、胡光灿、颜光宗、冈秦麟、李颖川、杨川东等专家付出的辛勤劳动，表示衷心感谢！

本手册涉及的内容十分广泛，书中必定会存在不足或错误之处，请读者不吝赐教，以便于今后的修订完善。

编 者 前 言

中国是世界上发现、开发和利用天然气最早的国家之一。据考证，在迄今为止3000多年的历史进程中，在中国版图的陆上和东海海上相继发现了天然气的有关记载。天然气的开采利用则首属四川盆地，当地人民发明了“卓筒井”（顿钻小口井）技术，但其开发技术只局限在钻井技术的突破上。自流井气田的规模开发以及利用天然气熬盐是气田开发最典型的代表，也是中国天然气开发史的初始阶段。

近年来，国家对优质能源和天然气化工原料的需求日益增长，不断推动了天然气勘探、开发工程技术进步，并逐步完善了适合于我国天然气工业发展特点的技术和理论，尤其使采气工程技术体系的轮廓渐渐清晰，形成了从完井、增产、采气到保持气井完整性修井作业等系统科学的工艺技术和装备体系。近30年来的技术发展，形成了以排水采气工艺为代表的有水气田开采技术，以碎屑岩压裂、碳酸盐岩酸化工艺为代表的低渗透气田开采技术，以高温、高压、大产量气井和高含硫气井完井、测试工艺为代表的含硫气田开采技术，以人工防砂工艺为代表的出砂气田开采技术，以及以带压作业为代表的井口控压作业技术和防止水合物生成的井下节流技术等系列采气工程技术。

2007年，中国石油天然气集团公司正式启动了新的《天然气工程手册》编写工作，其中《采气工程手册》分册由中国石油西南油气田公司采气工程研究院牵头组织，由长庆油田分公司、塔里木油田公司、青海油田分公司和新疆油田分公司等相关单位联合编写。

历时多年时间，各油田公司和石油院校从事采气工程技术的专家、教授，通过反复讨论、修改，形成了《采气工程手册》分册。该分册收集整理了石油和天然气开采经验和科技成果，吸收了国内国际先进实用的技术，按照《天然气工程手册》编写要求，以定义、公式、说明、图表、数据为主，以文字为辅，重点介绍了采气工程相关知识和目前国内成熟的采气工程技术的工艺原理、流程、设计以及实现这些工艺的装备和工具，包括常用术语、采气工程基础、完井技术、压裂酸化技术、采气技术、修井技术、井口装置、油套管、封隔器及其辅助工具共9章内容。

参加编写的主要人员有张守良、马发明、徐永高、付永强、周理志、唐庚、郭建华、向建华、赵章明、刘华强、李玉飞、叶长青等，同时还有罗强、王威林、颜杰、田伟、张启汉、冯胜利、张敏琴、尹强、孙万里、桑宇、潘琼、李国、吴革生、梁蕊、蔡道钢、陈智、朱仲仪、杨涛、刘阳、白璐、钟晓瑜等同志提供了相关资料并参加了部分编写工作。全书由主编张守良、马发明、徐永高审定。在编写过程中得到了中国石油大学李根生院士，中国石油天然气集团公司咨询中心李海平、魏顶明等教授级高级工程师，中国石油大学及西南石油大学的李相方、吴晓东、李明忠、陈德春、李颖川、郭建春等教授，以及西南油气田分公司刘同斌、颜光宗、杨川东等教授级高级工程师的大力帮助和指导，在此表示感谢。

由于编者水平有限，书中不当之处在所难免，恳请读者提出宝贵意见，以便改进完善。

目　　录

第一章　常用术语

采气工程是天然气生产过程中最重要的技术体系之一，在气井完钻后，为实现气田科学、安全、经济开发总目标，对天然气气藏和气井所采取的各项技术措施均属于采气工程范畴，包括完井、压裂酸化、采气工艺和气井修井工程等。本章简略介绍了涉及天然气、气井、压裂酸化技术、采气生产和修井技术等常用的技术术语，以便使用者查阅。

第一节　天然气常用术语

1. 天然气　natural gas

自然生成，在一定压力下蕴藏于地下岩层孔隙或裂缝中的，以低分子饱和烃为主的烃类气体和少量非烃类气体组成的相对密度低、黏度低的混合气体。

2. 酸性天然气　sour natural gas

含有较多的 H_2S 和 CO_2 等酸性气体的天然气。

3. 凝析气　condensate gas

当地下油气藏温度、压力超过其中液态烃临界条件后，液态烃逆蒸发而形成的气体。凝析气一旦采出油气藏，达到地表正常压力、温度条件而逆凝结为轻质油，即凝析油。

4. 天然气水合物　natural gas hydrates

天然气中某些烃类气体组分与液态水在一定的温度、压力条件下形成的固体结晶体，俗称可燃冰。

5. 煤层气　coalbed methane

以吸附态赋存于煤层中的一种自生自储式的天然气。

6. 页岩气　shale gas

赋存于烃源岩富有机质泥岩及其夹层中，以吸附或游离状态为主要存在方式的天然气。

第二节　气井常用术语

1. 直井　vertical well

设计井眼轴线为一铅直线，实钻井眼轴线大体沿铅直方向，其井斜角、井底水平位移和全角变化率均在限定范围内的井。

2. 定向井　direction well

按照事先设计的具有井斜和方位变化的轨迹钻进的井。

3. 丛式井　cluster well

在一个井场内有计划地钻出两口或两口以上的定向井组,其中可含一口直井。

4. 水平井　horizontal well

先钻一直井段或斜井段,在目的层中井斜角达到86°以上时,再沿储层钻进一定水平长度的定向井。

5. 多底井　multi – bore well

在一个主井眼下面钻出两个或两个以上井底的定向井。

6. 分支井　multilateral well

是由一个主井眼(直井、定向井、水平井)中钻出若干进入气藏的分支井眼,以扩大泄气面积的井。

7. 井身结构　casing program

井眼中下入套管层次、深度、尺寸,以及各层套管外水泥返高的组合与结构,以保证井筒坚实耐用。

8. 表层套管　surface casing

为防止井眼上部地表疏松层的垮塌和上部地层水的侵入以及安装井口防喷装置而下的套管。

9. 技术套管　technical casing

为保证钻井顺利钻达目的层并有利于中途测试,对目的层上部的易塌地层及复杂的地层进行封隔而下入的套管。也称中间套管。

10. 生产套管　production casing

为保证正常生产和井下作业而下入井眼内的最后一层套管。

11. 人工井底　artificial bottom hole

固井时或井下作业结束后,留在套管内的水泥塞或桥塞上顶面井深。

12. 井深　well depth

石油工业对油气井长度的通称,它是从转盘面至井底轨迹的长度,即实际深度。

13. 油补距　tubing bushing elevation

从采气井口转换四通法兰上平面(或油管头上平面)到钻井时钻机转盘面位置之间的距离。

14. 套补距　casing bushing elevation

从套管顶部法兰上平面(或第一根套管接箍上平面)到钻井时钻机转盘面位置之间的距离。

第三节　气井增产技术常用术语

1. 水力压裂　hydraulic fracturing

通过压裂设备向目的层高压注入压裂液使底层破裂,并加入支撑剂,形成具有一定导流能力的裂缝,从而使井达到增产目的的工艺措施。

2. 直井分层压裂　separated fracturing

通过工艺或工具使井中各个目的层分隔开,逐层进行有针对性的压裂。

3. 水平井分段压裂　staged fracturing

通过工艺或工具使井中同一目的层分隔开,逐段进行有针对性的压裂。

4. 重复压裂　refracturing

指在一口井的同一层位进行的一次以上的压裂,又称多次压裂。

5. 前置液　preflush fluid

在水力压裂施工过程中,加支撑剂前所用的液体统称为前置液。

6. 携砂液　carrying fluid

在水力压裂施工过程中,用于输送支撑剂的液体称为携砂液。

7. 顶替液　displacement fluid

在水力压裂施工过程中用于将携砂液顶替至裂缝入口处的液体。

8. 水基压裂液　water base fracturing fluid

以水为溶剂或分散介质与各种添加剂配制的压裂液。

9. 泡沫压裂液　foamed fracturing fluid

以水或水基冻胶为外相,气体(氮或二氧化碳)为内相形成的压裂液。

10. 乳化压裂液　emulsified fracturing fluid

是用表面活性剂稳定的两相非混相液的一种分散体系压裂液。

11. 清洁(胶束)压裂液　clean(glue beam)fracturing fluid

在水力压裂过程中,用水作分散介质(溶剂),加入表面活性剂和助剂配制成的具有一定黏弹性的压裂液。

12. 支撑剂　proppant

在压裂施工过程中,用于支撑张开裂缝的具有一定强度的颗粒状物体,包括陶粒支撑剂、石英砂支撑剂和树脂涂层支撑剂。

13. 砂液比　ratio of proppant volume to fracture fluid volume

水力压裂施工中加入的支撑剂体积与所用纯液体体积之比。

14. 支撑剂铺置浓度　proppant loading concentration

单位裂缝面积上的支撑剂质量。

15. 酸化　acidizing

采用能够与储层岩石发生化学反应的酸液，在低于地层破裂压力下对储层进行的增产技术措施。

16. 酸压　acid fracturing

采用能够与储层岩石发生化学反应的酸液，在高于地层破裂压力下对储层进行的增产技术措施。

17. 土酸　mud acid

氢氟酸与盐酸的混合酸液。

18. 稠化酸　thickened acid

盐酸中加入增黏剂后黏度增大形成的酸，又称为胶凝酸。它可减缓反应速率，滤失减少，管道摩阻低，并在酸压裂时增加裂缝宽度。

19. 乳化酸　emulsified acid

由酸、油和乳化剂配成，能延缓酸与地层反应的油包酸乳状液。

20. 泡沫酸　foamed acid

由酸、气体和起泡剂配成，能延缓酸与地层反应的泡沫。

21. 缓速酸　retarded acid

为延缓酸与地层的反应速率，延长有效作用距离的酸。

第四节　采气生产常用术语

1. 油管压力　tubing pressure

井口油管的压力，简称油压。

2. 套管压力　casing pressure

井口套管和油管环形空间的压力，简称套压。

3. 井底流压　flowing bottom hole pressure

气井生产时井筒中储层中部的压力。

4. 流压梯度　flowing pressure gradient

气井正常生产时，每100m垂深的流体压力变化值。

5. 静压梯度　static pressure gradient

关井后，井底压力恢复到稳定时，每100m垂深的压力变化值。

6. 生产压差　production pressure differential

气井生产时，气藏压力与井底流压之差。

7. 绝对无阻流量　AOF

气井开井生产时，位于产层位置的井底流压等于1atm下的气井产气量。

8. 井底温度　bottom hole temperature

气井产层段中部的温度。

9. 气液比　gas – liquid ratio

它实际是天然气产量(标准条件下的)与液体产量的比值,其单位一般为立方米每立方米(m^3/m^3)。

第五节　气井修井常用术语

1. 井下故障　production well trouble

在生产井从投产直至报废的整个生产过程中,出现的生产不正常或达不到应有的配产指标,甚至停产以及井身结构和井下采气装置出现故障的总称。

2. 修井工具　workover tool

在修井过程中,下入井内进行井下作业施工的专用工具,包括打捞工具、钻磨工具、修套工具、解卡工具、井下作业检测工具和侧钻工具等。

3. 落鱼　fish

落入井内物体的统称。

4. 鱼顶　fish head

井下落物的顶部称为鱼顶。

5. 解卡　unfreezing

采取有效措施和工具,使井内被卡管柱恢复到能够正常起下的作业过程。

6. 套管修复　recovering casing

对井筒套管损坏部位进行修复的作业,其目的是恢复破损套管的承压功能,使井筒通道畅通。修复方法主要有套管整形、套管加固和套管补贴。

7. 开窗侧钻　window cutting sidetracking

采用造斜器和磨铣工具从套管壁上开出一个窗口,然后侧向钻进到地层中的工艺过程。

8. 打捞　fishing

用抓捞工具捞获井下落物并提出井口的作业。

第二章　采气工程基础

采气工程是一个复杂的系统工程，涉及天然气储层特性、流体流动规律、流体性质、建井方式和物资器材等各个方面内容，具有多层次性、多学科性、开放性、动态和复杂性的特点，因此本章基于系统的观点，将介绍流体物性参数、储层敏感性评价、气井出砂预测、气井腐蚀机理、工程参数计算和天然气开采安全常识等内容。

第一节　流体物性参数

一、天然气的组成及分类

1. 天然气的组成

天然气无色可燃，主要由甲烷、乙烷、丙烷、丁烷、戊烷等多种气态烃组成，其中也可能含有氮、氢、二氧化碳、硫化氢及水蒸气等非烃类气体及少量氦、氩等惰性气体。

天然气主要组分的物理化学性质见表2－1。

表2－1　天然气主要组分在0℃，101.325kPa条件下的物理化学性质

名称	分子式	相对分子质量	摩尔体积 V_M L/mol	气体常数 R，J/(kg·K)	临界温度 T_C，K	临界压力 p_c，MPa	爆炸极限，%（体积分数）		动力黏度 μ 10^{-6}Pa·s	运动黏度 ν $10^6 m^2/s$	定压比热容 C_p，kJ/(m^3·K)	绝热指数 k	偏心因子
							下限	上限					
甲烷	CH_4	16.043	22.362	518.75	190.58	4.544	5.0	15.0	10.6	14.5	1.545	1.309	0.0104
乙烷	C_2H_6	30.070	22.187	276.64	305.42	4.816	2.9	13.0	8.77	6.41	2.244	1.198	0.0986
丙烷	C_3H_8	44.097	21.936	188.65	369.82	4.194	2.1	9.5	7.65	3.81	2.960	1.161	0.1524
正丁烷	nC_4H_{10}	58.124	21.504	143.13	425.18	3.747	1.5	8.5	6.97	2.53	3.710	1.144	0.2010
异丁烷	iC_4H_{10}	58.124	21.598	143.13	408.14	3.600	1.8	8.5	—	—	—	1.144	0.1848
正戊烷	C_5H_{12}	72.151	20.891	115.27	46.965	3.325	1.4	8.3	6.48	1.85	—	1.121	0.2539
二氧化碳	CO_2	44.010	22.260	189.04	304.25	7.290	—	—	14.30	7.09	1.620	1.304	0.2250
硫化氢	H_2S	34.076	22.180	244.17	373.55	8.89	4.3	45.5	11.90	7.63	1.557	1.320	0.1000
氮气	N_2	28.013	22.403	296.95	125.97	3.349	—	—	17.00	13.30	1.302	1.402	0.040

续表

名称	分子式	相对分子质量	摩尔体积 V_M L/mol	气体常数 R,J/(kg·K)	临界温度 T_C,K	临界压力 p_c,MPa	爆炸极限,%(体积分数)		动力黏度 μ 10^{-6}Pa·s	运动黏度 ν $10^6m^2/s$	定压比热容 C_p,kJ/(m^3·K)	绝热指数 k	偏心因子
							下限	上限					
氢气	H_2	2.016	22.427	412.67	33.25	1.280	4.0	75.9	8.52	93.00	1.298	1.407	0.000
氦气	He	4.002	22.420	207.74	5.20	0.229	—	—	—	—	—	1.664(19℃)	—
空气		28.965	22.400	287.24	132.40	3.725	—	—	17.50	13.40	1.306	1.401	—
水蒸气	H_2O	18.015	21.629	461.76	647	21.83	—	—	8.6	10.12	1.491	1.335	0.348

2. 天然气的分类

天然气可按不同的分类方式进行分类,具体分类情况见表2-2。

表2-2 天然气分类表

分类方式	类型	定义
按照烃类组分关系分类	干气	是指在地层中呈气态,采出后在一般地面设备和管线中不析出液态烃的天然气。按C_5界定法,是指$1m^3$井口流出物中C_5以上液态烃含量低于$13.5cm^3$的天然气
	湿气	是指在地层中呈气态,采出后在一般地面设备的温度、压力下即有液态烃析出的天然气。按C_5界定法,是指在$1m^3$井口流出物中C_5以上液态烃含量高于$13.5cm^3$的天然气
	贫气	是指丙烷及以上烃类含量少于$100cm^3/m^3$的天然气
	富气	是指丙烷及以上烃类含量大于$100cm^3/m^3$的天然气
按照矿藏特点分类	纯气藏天然气	在开采的任何阶段,矿藏流体在地层中呈气态,但随成分的不同,采到地面后,在分离器或管系中可能有部分液态烃析出
	凝析气藏天然气	矿藏流体在地层原始状态下呈气态,但开采到一定阶段后,随地层压力下降,流体状态跨过露点线进入相态反凝析区,部分烃类在地层中即呈液态析出
	油田伴生天然气	在地层中与原油共存,采油过程中与原油同时被采出,经油、气分离后所得的天然气
按照硫化氢、二氧化碳含量分类	酸性天然气	是指含有显著量的硫化氢,甚至可能含有有机硫化合物、二氧化碳,需经处理才能达到管输商品气气质要求的天然气

二、天然气物性参数计算

1. 天然气平均相对分子质量

天然气是一种混合气体,无恒定的相对分子质量,其平均相对分子质量按 Key 法则计算:

$$M_g = \sum y_i M_i \tag{2-1}$$

式中 M_g——天然气的平均相对分子质量;
y_i——天然气中组分 i 的摩尔分数;
M_i——天然气中组分 i 的相对分子质量。

2. 天然气相对密度

在相同温度、压力下,天然气密度与空气密度之比,它是一无量纲量。

$$\gamma_g = \frac{M_g}{28.96} \tag{2-2}$$

式中 γ_g——天然气相对密度;
M_g——天然气的平均相对分子质量。

3. 天然气拟临界参数

天然气的拟临界压力和拟临界温度可通过公式法和查图法两种方法运行计算。

1)公式法

(1)干气。

$\gamma_g \geqslant 0.7$ 时:

$$\begin{cases} p_{pc} = 4.88 - 0.39\gamma_g \\ T_{pc} = 92.2 + 176.6\gamma_g \end{cases} \tag{2-3}$$

$\gamma_g < 0.7$ 时:

$$\begin{cases} p_{pc} = 4.79 - 0.25\gamma_g \\ T_{pc} = 92.2 + 176.6\gamma_g \end{cases} \tag{2-4}$$

(2)凝析气。

$\gamma_g \geqslant 0.7$ 时:

$$\begin{cases} p_{pc} = 5.10 - 0.69\gamma_g \\ T_{pc} = 132.2 + 116.7\gamma_g \end{cases} \tag{2-5}$$

$\gamma_g < 0.7$ 时:

$$\begin{cases} p_{pc} = 4.78 - 0.25\gamma_g \\ T_{pc} = 106.1 + 152.2\gamma_g \end{cases} \tag{2-6}$$

式中 p_{pc}——天然气的拟临界压力,MPa;
T_{pc}——天然气的拟临界温度,K;
γ_g——天然气相对密度。

(3)非烃校正。

$$p_{pc}=[1-y(H_2S)-y(CO_2)-y(N_2)-y(H_2O)]p_{pch}+9.0023y(H_2S)+7.3825y(CO_2)+3.3990y(N_2)+22.0586y(H_2O) \quad (2-7)$$

$$T_{pc}=[1-y(H_2S)-y(CO_2)-y(N_2)-y(H_2O)]T_{pch}+373.53y(H_2S)+304.21y(CO_2)+126.20y(N_2)+647.17y(H_2O) \quad (2-8)$$

其中：

$$p_{pch}=5.2167-0.9030\gamma_h-0.02482\gamma_h^2$$

$$T_{pch}=94+194.167\gamma_h-41.111\gamma_h^2$$

$$\gamma_h=\frac{\gamma_w-1.1767y(H_2S)-1.5196y(CO_2)-0.9672y(N_2)-0.6220y(H_2O)}{1-y(H_2S)-y(CO_2)-y(N_2)-y(H_2O)}$$

式中　p_{pc}——天然气的拟临界压力,MPa；
T_{pc}——天然气的拟临界温度,K；
$y(H_2S)$——H_2S 的摩尔分数；
$y(CO_2)$——CO_2的摩尔分数；
$y(H_2O)$——H_2O 的摩尔分数；
$y(N_2)$——N_2的摩尔分数；
γ_w——井筒流体相对密度。

2)查图法

天然气的拟临界压力和拟临界温度除了采用公式法计算外,还可通过图 2－1 进行快速查询(注明条件纯烃)。

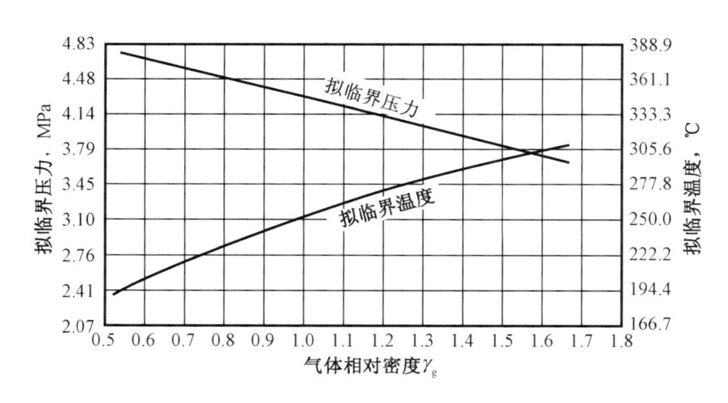

图 2－1　天然气拟临界性质

4. 天然气密度

单位体积天然气的质量被定义为天然气密度。其计算公式如下：

$$\rho_g = 3484.4\frac{\gamma_g p}{ZT} \tag{2-9}$$

式中 ρ_g——天然气密度，kg/m^3；

γ_g——天然气相对密度；

p——给定压力，MPa；

Z——天然气压缩因子；

T——给定温度，K。

5. 天然气黏度

天然气抵抗剪切作用能力的一种量度。

1）公式法——Lee－Gomzalez－Eakin 方法

$$\mu = 10^{-4}K\exp(X\rho_g^Y) \tag{2-10}$$

其中：

$$K = \frac{(9.379 + 0.01607M_g)(1.8T)^{1.5}}{209.2 + 19.26M_g + 1.8T}$$

$$X = 3.448 + \frac{986.4}{1.8T} + 0.01009M_g$$

$$Y = 2.447 - 0.2224X$$

式中 μ——天然气黏度，mPa·s；

T——给定温度，K；

M_g——天然气的平均相对分子质量；

ρ_g——天然气密度，g/cm^3。

2）查图法

Carr 等提供的计算地层条件下天然气黏度的计算公式为：

$$\mu_1 = (\mu_1)_{un} + (\Delta\mu)_{N_2} + (\Delta\mu)_{CO_2} + (\Delta\mu)_{H_2S} \tag{2-11}$$

$$\mu = \left(\frac{\mu}{\mu_1}\right)\times\mu_1 \tag{2-12}$$

式中 μ——地层条件下的天然气黏度，mPa·s；

μ_1——在大气压和给定温度下“校正”了的天然气黏度；

$(\mu_1)_{un}$——μ_1 未经校正的天然气黏度；

$(\Delta\mu)_{N_2}$——存在 N_2 时的黏度校正值；

$(\Delta\mu)_{CO_2}$——存在 CO_2 时的黏度校正值；

$(\Delta\mu)_{H_2S}$——存在 H_2S 时的黏度校正值。

式（2－11）和式（2－12）中的相关参数可利用图 2－2 和图 2－3 查得。

6. 天然气体积系数

天然气在地层条件下所占体积与其在地面条件下所占体积之比。

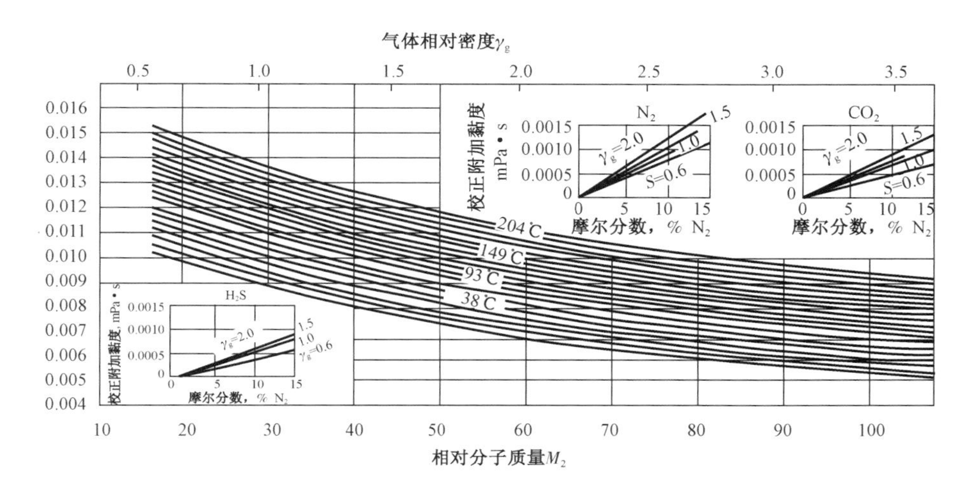

图 2－2　天然气黏度和天然气相对分子质量的关系(压力为 0.1MPa)

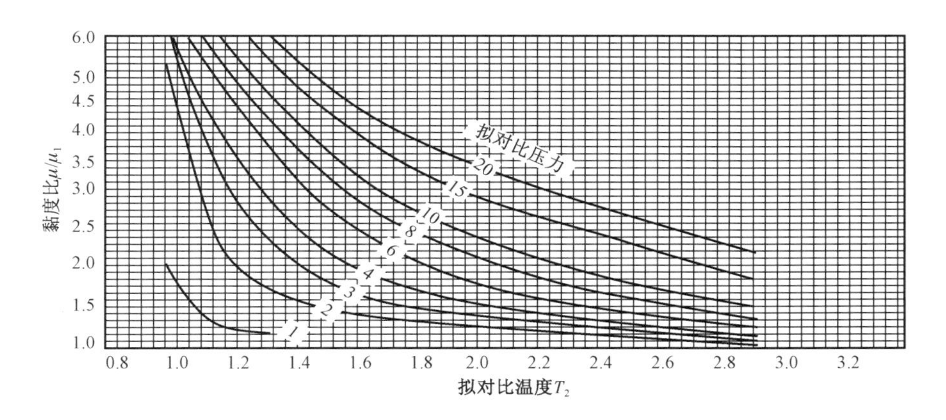

图 2－3　地层条件下的天然气黏度和大气压下天然气黏度之比与拟对比温度的关系

$$B_g = 3.458 \times 10^{-4} \frac{ZT}{p} \tag{2-13}$$

式中　B_g——天然气的体积系数，m^3/m^3；

Z——天然气压缩因子；

p——给定压力，MPa；

T——给定温度，K。

7. 天然气膨胀系数

天然气的膨胀系数与体积系数互为倒数。

$$E_g = 2.892 \times 10^{3} \frac{p}{ZT} \tag{2-14}$$

式中　E_g——天然气的膨胀系数，m^3/m^3；

p——给定压力,MPa;

Z——天然气压缩因子;

T——给定温度,K。

8. 天然气等温压缩系数

等温条件下,天然气随压力变化的体积变化率。

Matter 等人通过应用含有 11 个常量的 EOS 方程得到了图 2－4 和图 2－5。由图可见,拟对比压缩系数与拟对比温度之积是拟对比压力和拟对比温度的函数。利用 $C_g = C_r/p_{pc}$ 求出天然气的压缩系数 C_g。

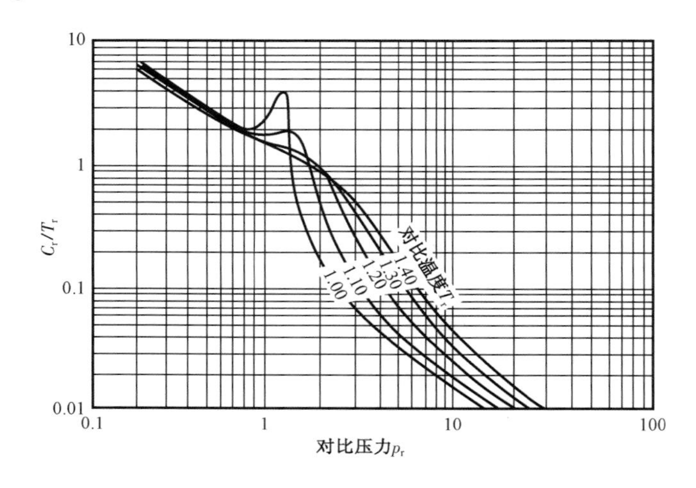

图 2－4 天然气 C_r/T_r 与对比压力 p_r 的关系($1.05 \leqslant T_r \leqslant 1.4$)

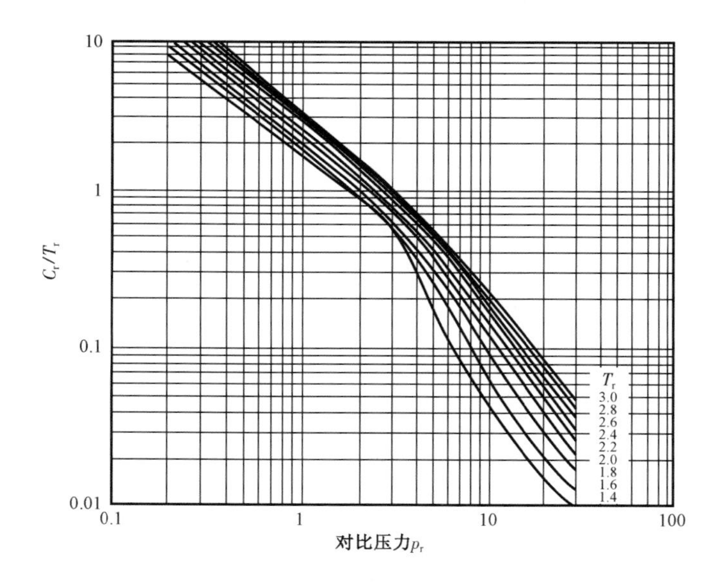

图 2－5 天然气 C_r/T_r 与对比压力 p_r 的关系($1.4 \leqslant T_r \leqslant 3.0$)

9. 天然气压缩因子

在某一温度和压力条件下，实际气体占有的体积与相同量理想气体所占有的体积之比，又称为天然气偏差系数。

1）公式法——Hall－Yarborough 方法

$$Z=\frac{1+y+y^2-y^3}{(1-y)^3}-(14.7t-9.76t^2+4.58t^3)y+(90.7t-242.2t^2+42.4t^3)y^{(1.18+2.82t)} \tag{2-15}$$

$$Z=\frac{0.06125p_{pr}t\exp[-1.2(1-t)^2]}{y} \tag{2-16}$$

$$p_{pr}=\frac{p}{p_{pc}}$$

$$T_{pr}=\frac{T}{T_{pc}}$$

$$y=\rho_{pr}=0.27\frac{p_{pr}}{ZT_{pr}}$$

$$t=\frac{1}{T_{pr}}$$

式中 Z——天然气压缩因子；

p_{pr}——拟对比压力；

T_{pr}——拟对比温度；

y——对比密度。

使用条件：$0.1<p_{pr}<14.9$，$1.05<T_{pr}<2.95$。

2）查图法

Standing 和 Katz 提供了计算压缩因子的图表方法，Z 是拟对比压力 p_{pr} 和拟对比温度 T_{pr} 的函数。Dranchuk 和 Abou－Kassem 给出了基于 Standing 和 Katz 数据的包含 11 个常数的状态方程，绘制了图 2－6。利用该图可求出对应拟对比压力和拟对比温度条件下的压缩因子。

10. 天然气在水中的溶解度

在给定压力、温度条件下，单位体积的水中所能溶解的天然气数量。

1）纯水

$$R_{sw}=[A+B(145.03p)+C(145.03p)^2]/5.615 \tag{2-17}$$

其中：

$$A=2.12+3.45\times10^{-3}(1.8t+32)-3.59\times10^{-15}(1.8t+32)^2$$

$$B=0.0107-5.26\times10^{-5}(1.8t+32)+1.48\times10^{-7}(1.8t+32)^2$$

$$C=-8.75\times10^{-7}+3.9\times10^{-9}(1.8t+32)-1.02\times10^{-11}(1.8t+32)^2$$

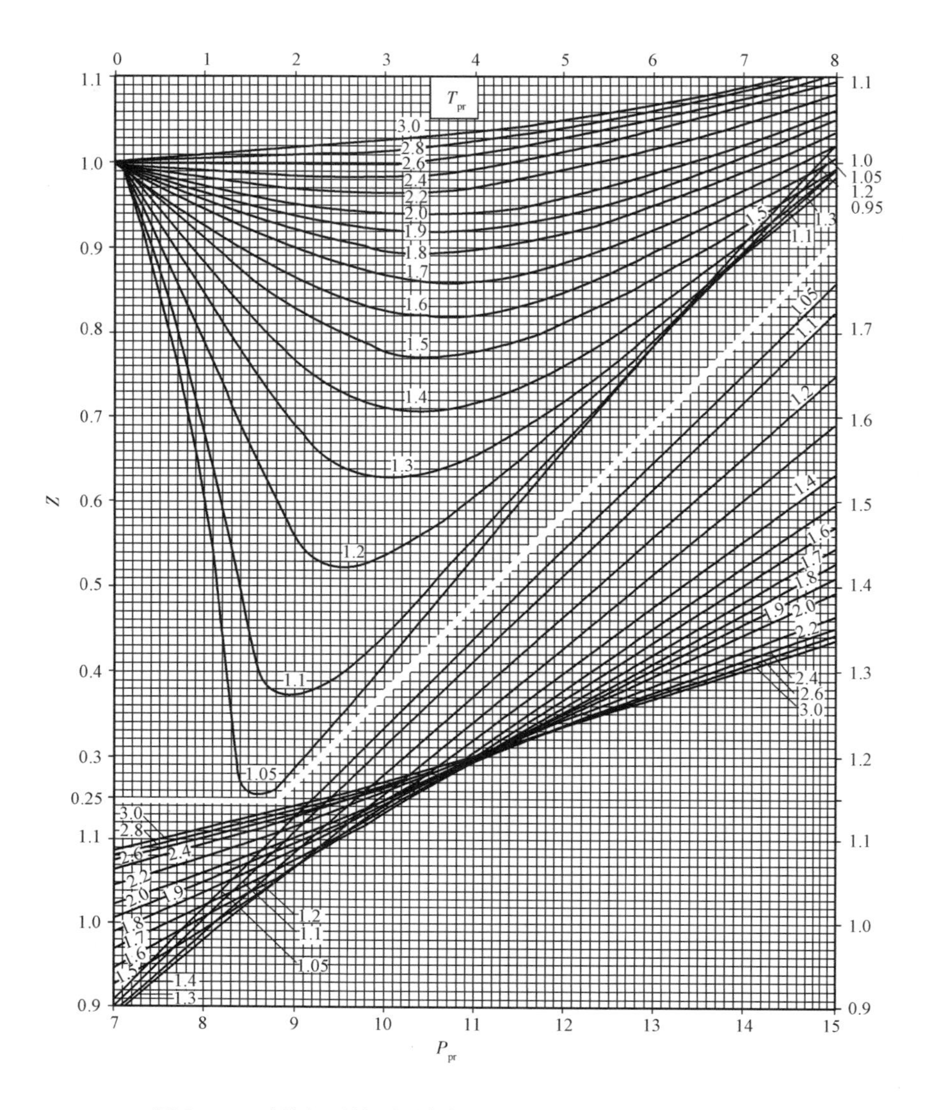

图2-6 天然气压缩因子与拟对比压力、拟对比温度的关系

2)地层水

$$R_{sb} = R_{sw}SC \tag{2-18}$$

$$SC = 1 - [0.0753 - 0.000173(1.8T + 32)]S \tag{2-19}$$

式中 R_{sw}——天然气在纯水中的溶解度,m^3/m^3;

R_{sb}——天然气在地层水中的溶解度,m^3/m^3;

t——给定温度,℃;

S——水的矿化度,用 NaCl 的质量分数表示,%。

11. 气水表面张力

垂直通过气水接触界面,任一单位长度与气水接触界面相切的收缩力。

$$\sigma_{t2} = 52.5 - 0.87018p \tag{2-20}$$

$$\sigma_{t1} = 76\exp(-0.0362575p) \tag{2-21}$$

$$\sigma(t) = \left[\frac{1.8 \times (137.78 - t)}{206}(\sigma_{t1} - \sigma_{t2}) + \sigma_{t2}\right] \tag{2-22}$$

式中　σ_{t2}——温度为137.78℃时水的表面张力，mN/m；

σ_{t1}——温度为23.33℃时水的表面张力，mN/m；

$\sigma(t)$——温度为t℃时水的表面张力，mN/m。

12. 天然气中水蒸气含量

天然气中水蒸气含量采用Bukackek方法计算。

$$W = 1.10419 \times 10^{-7}\frac{A}{p} + 1.60188 \times 10^{-5}B \tag{2-23}$$

其中：

$$\lg A = 10.9351 - 1638.36T^{-1} - 98.162T^{-2}$$

$$\lg B = 6.69449 - 1713.26T^{-1}$$

式中　W——水蒸气含量，kg/m^3；

p——给定压力（绝压），MPa；

T——给定温度，K。

三、地层水物性参数计算

1. 地层水密度

在地层条件下，单位体积地层水的质量。

$$\rho_{wb} = (1.083886 - 5.10546 \times 10^{-4}t - 3.06254 \times 10^{-6}t^2) \times 10^3 \tag{2-24}$$

式中　ρ_{wb}——地层水密度，kg/m^3；

t——给定温度，℃。

2. 地层水体积系数

地层水在地层条件下的体积与其在地面条件下体积的比值。地层水体积系数变化小，一般为1.01~1.02。式(2-25)中的系数取值见表2-3。

表2-3　式(2-25)中的系数取值表

A_i	a_1	a_2	a_3
脱气水			
A_1	0.9947	5.8×10^{-6}	1.02×10^{-6}
A_2	-4.228×10^{-6}	1.8376×10^{-8}	-6.77×10^{-11}
A_3	1.3×10^{-10}	-1.3855×10^{-12}	4.285×10^{-15}

续表

A_i	a_1	a_2	a_3
天然气饱和水			
A_1	0.9911	6.35×10^{-5}	8.5×10^{-7}
A_2	-1.093×10^{-6}	-3.497×10^{-9}	4.57×10^{-12}
A_3	-5.0×10^{-11}	6.429×10^{-13}	-1.43×10^{-15}

b_1	b_2	b_3	b_4	b_5
5.1×10^{-8}	5.47×10^{-6}	-1.95×10^{-10}	-3.23×10^{-8}	8.5×10^{-13}

$$B_{wb} = B_w SC \tag{2-25}$$

其中：

$$B_w = A_1 + 145.03A_2p + A_3(145.03p)^2$$

$$A_i = a_1 + a_2(\theta) + a_3(\theta)^2$$

$$SC = \{b_1(145.03p) + [b_2 + b_3(145.03p)] \times (\theta - 60) + [b_4 + b_5(145.03p)] \times (\theta - 60)^2\} S + 1.0$$

$$\theta = 1.8(t - 273) + 32$$

式中 B_w——纯水体积系数；
B_{wb}——地层水体积系数；
SC——矿化度校正系数；
S——矿化度，%；
p——给定压力，MPa；
t——给定温度，℃。

3. 地层水黏度

地层水流动时内摩擦阻力的大小。

$$\mu_{w1} = A(1.8t + 32)^B \tag{2-26}$$

$$\mu_w = \mu_{w1}(0.9994 + 5.8457 \times 10^{-3}p + 6.5374 \times 10^{-5}p^2) \tag{2-27}$$

其中：

$$A = 109.574 - 8.40564S + 0.313314S^2 + 8.72213 \times 10^{-3}S^3$$

$$B = -1.12166 + 2.63951 \times 10^{-2}S - 6.79461 \times 10^{-4}S^2 - 5.47119 \times 10^{-5}S^3 + 1.55586 \times 10^{-6}S^4$$

式中 μ_w——给定温度、压力下的盐水黏度，mPa·s；
p——给定压力，MPa；
t——给定温度，℃；
S——矿化度，%。

第二节　储层敏感性评价

一、室内评价实验流程

储层伤害的室内评价实验流程如图 2－7 所示。

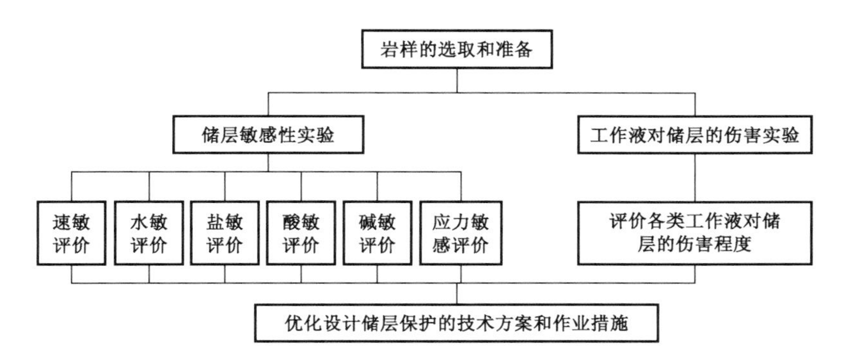

图 2－7　储层伤害的室内评价实验流程框图

二、室内实验评价指标

1. 速敏

因流体流动速度变化引起储层岩石中微粒运移从而堵塞喉道，导致储层岩石渗透率发生变化的现象。速敏程度评价指标见表 2－4。

表 2－4　速敏程度评价指标

速敏伤害率 D_v，%	伤害程度
$D_v \leqslant 5$	无
$5 < D_v \leqslant 30$	弱
$30 < D_v \leqslant 50$	中等偏弱
$50 < D_v \leqslant 70$	中等偏强
$D_v > 70$	强

$$D_{vn} = \frac{K_n - K_i}{K_i} \times 100\% \tag{2-28}$$

$$D_v = \max(D_{v2}, D_{v3}, \cdots, D_{vn}) \tag{2-29}$$

式中　K_i——初始渗透率，也是实验中最小流速下对应的岩样渗透率，mD；

K_n——实验中不同流速下对应的岩样渗透率，mD；

D_v——速敏伤害率；

$D_{v2}, D_{v3}, \cdots, D_{vn}$——不同流速下所对应的岩样渗透率伤害率。

2. 水敏

较低矿化度的注入水进入储层后引起黏土膨胀、分散、运移，使得渗流通道发生变化，导致储层岩石渗透率发生变化的现象。水敏程度评价指标见表2－5。

表2－5　水敏程度评价指标

水敏伤害率 D_w，%	水敏性程度
$D_w \leqslant 5$	无
$5 < D_w \leqslant 30$	弱
$30 < D_w \leqslant 50$	中等偏弱
$50 < D_w \leqslant 70$	中等偏强
$70 < D_w \leqslant 90$	强
$D_w > 90$	极强

$$D_w = \frac{K_i - K_w}{K_i} \times 100\% \tag{2-30}$$

式中　D_w——水敏伤害率；

K_i——初始渗透率，水敏实验中初始测试流体所对应的岩样渗透率，mD；

K_w——水敏实验中蒸馏水所对应的岩样渗透率，mD。

3. 盐敏

一系列矿化度不同的盐水进入储层后，因流体矿化度发生变化引起黏土矿物膨胀或分散、运移，导致储层岩石渗透率发生变化的现象。

$$D_{sn} = \frac{K_i - K_n}{K_i} \times 100\% \tag{2-31}$$

式中　D_{sn}——不同矿化度盐水对应的岩样渗透率变化率；

K_i——初始渗透率，即初始流体所对应的岩样渗透率，mD；

K_n——不同矿化度盐水对应的岩样渗透率，mD。

4. 酸敏

酸液与储层矿物接触发生反应，产生沉淀或释放出颗粒，导致储层岩石渗透率发生变化的现象。酸敏程度评价指标见表2－6。

表2－6　酸敏程度评价指标

酸敏伤害率 D_{ac}，%	酸敏伤害程度
$D_{ac} \leqslant 5$	无
$5 < D_{ac} \leqslant 30$	弱
$30 < D_{ac} \leqslant 50$	中等偏弱
$50 < D_{ac} \leqslant 70$	中等偏强
$D_{ac} > 70$	强

$$D_{ac} = \frac{K_i - K_{acd}}{K_i} \times 100\% \tag{2-32}$$

式中 D_{ac}——酸敏伤害率；

K_i——初始渗透率，即酸液处理前实验流体所对应的岩样渗透率，mD；

K_{acd}——酸液处理后实验流体所对应的岩样渗透率，mD。

5. 碱敏

碱性液体与储层矿物接触发生反应，产生沉淀或引起黏土分散、运移，导致储层岩石渗透率发生变化的现象。碱敏程度评价指标见表2-7。

表2-7 碱敏程度评价指标

碱敏伤害率 D_{al}，%	碱敏伤害程度
$D_{al} \leqslant 5$	无
$5 < D_{al} \leqslant 30$	弱
$30 < D_{al} \leqslant 50$	中等偏弱
$50 < D_{al} \leqslant 70$	中等偏强
$D_{al} > 70$	强

$$D_{aln} = \frac{K_i - K_n}{K_i} \times 100\% \tag{2-33}$$

$$D_{al} = \max(D_{al2}, D_{al3}, \cdots, D_{aln}) \tag{2-34}$$

式中 K_i——初始渗透率，即实验中初始pH值碱液所对应的岩样渗透率，mD；

K_n——不同pH值碱液所对应的岩样渗透率，mD；

D_{al}——碱敏伤害率；

$D_{al2}, D_{al3}, D_{aln}$——不同pH值碱液所对应的岩样渗透率变化率。

6. 应力敏感

岩石所受净上覆压力改变时，孔隙通道变形，裂缝闭合或张开，导致储层岩石渗透率发生变化的现象。应力敏感程度评价指标见表2-8。

表2-8 应力敏感程度评价指标

应力敏感性伤害率 D，%	（可逆）伤害程度
$D \leqslant 5$	无
$5 < D \leqslant 30$	弱
$30 < D \leqslant 50$	中等偏弱
$50 < D \leqslant 70$	中等偏强
$D > 90$	强

注：D 表示 D_{st} 或 D'_{st}。

$$D_{stn}=\frac{K_i-K_n}{K_i}\times100\% \qquad (2-35)$$

$$D'_{stn}=\frac{K_i-K'_n}{K_i}\times100\% \qquad (2-36)$$

$$D_{st}=\max(D_{st2},D_{st3},\cdots,D_{stn}) \qquad (2-37)$$

$$D'_{st}=\frac{K_i-K'_i}{K_i}\times100\% \qquad (2-38)$$

式中 K_i——初始渗透率，即初始净压力下的岩样渗透率，mD；

K_n——净压力增加过程中不同净压力下的岩样渗透率，mD；

D'_{stn}——净压力降低过程中不同净压力下的岩样渗透率变化率；

K'_n——净压力降低过程中不同净压力下的岩样渗透率，mD；

D_{st}——应力敏感性伤害率；

$D_{st2},D_{st3},\cdots,D_{stn}$——净压力增加过程中不同净压力下岩样渗透率变化率；

D'_{st}——不可逆应力敏感性伤害率；

K'_i——恢复到初始净应力点时岩样渗透率，mD。

三、敏感性实验结果应用

敏感性实验结果应用见表2－9。

表2－9 敏感性实验结果应用表

项目	在保护储层技术方面的应用
速敏	确定水敏、盐敏、酸敏、碱敏的实验流速；确定气井不发生速敏伤害的临界流量；确定注水井不发生速敏伤害的临界注入速率，如果临界注入速率太小，不能满足配注要求，应考虑增注措施
水敏	确定工作液的矿化度和是否使用黏土稳定剂
盐敏	确定工作液矿化度范围
酸敏	为基质酸化设计提供依据；为确定合理的解堵方法和增产措施提供依据
碱敏	确定工作液的pH值控制范围及控制技术
应力敏感	为钻完井液滤失及井漏、水力压裂（酸压）中压裂液的滤失、测试及开采中裂缝闭合等提供依据

四、其他评价实验类型及其应用

储层伤害的其他评价实验及用途见表2－10。

表2－10 储层伤害的其他评价实验及用途

实验项目	实验目的及用途
正反向流动	观察岩心中微粒受流体流动方向影响及运移产生的渗透率伤害情况
工作液评价	了解在特定的实验条件下，储层岩石接触工作液时所产生的各种物理化学作用对岩石渗透能力的影响程度

续表

实验项目	实验目的及用途
体积流量评价	在低于临界流速情况下,用大量工作液流过岩心考察岩心胶结的稳定性;用注入水做实验可评价岩心对注入水量的敏感性
系列流体评价	了解储层岩心按施工顺序与各种外来工作液接触后所造成的总的伤害及其程度

第三节　气井出砂预测

一、出砂机理

气井出砂通常是由于地层胶结疏松或井底附近地带的岩层结构遭受破坏引起的,从力学角度分析,气井出砂有剪切破坏和拉伸破坏两个机理,前者是射孔眼周围应力作用的结果,与过大的生产压差有关;后者则是开采过程中流体作用于射孔眼周围地层颗粒上的拖曳力所致,与过高的开采速度或过大的流体速度有关。

二、预测流程及方法

1. 出砂预测流程

出砂预测过程中,一般根据出砂气田的基础资料,通过经验分析判断地层是否存在潜在出砂可能,然后在现场观察过程中进行确认,再经过室内实验确定岩石的基础参数和临界出砂参数,最后通过数值计算确定合理的工作制度或出砂界限。出砂预测通常是采用上述几种方法相互验证、综合应用。出砂预测流程如图 2-8 所示。

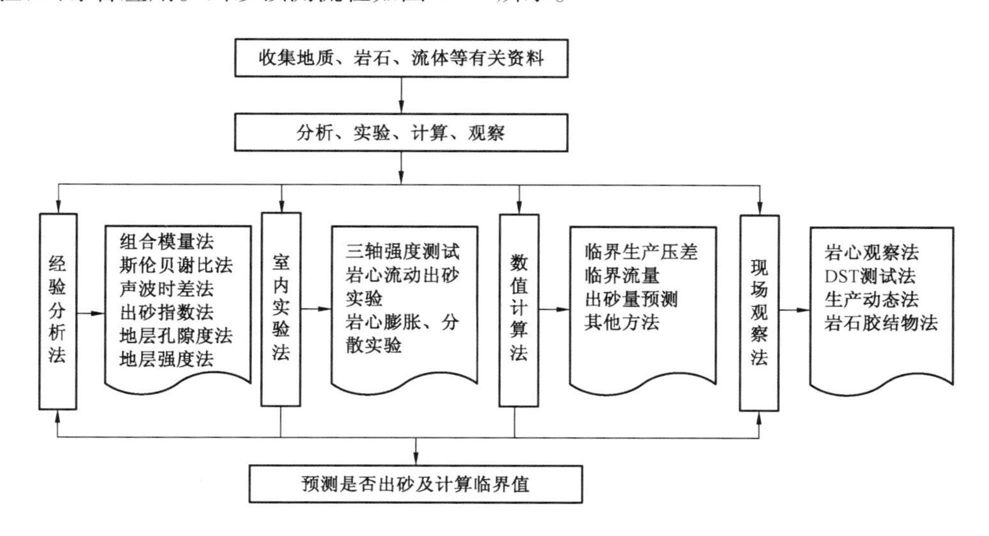

图 2-8　出砂预测流程

2. 出砂预测方法

常用的方法有经验分析法、室内实验法、数值计算法和现场观察法4种。

1)经验分析法

经验分析法是一种定性出砂预测方法，主要包括组合模量法、斯伦贝谢比法、声波时差法、出砂指数法、地层孔隙度法和地层强度法。

(1)组合模量法。

组合模量法是根据声波测井和密度测井资料，计算岩石的弹性组合模量，进而进行出砂预测的方法。地层岩石的组合模量为：

$$E_c = \frac{9.94 \times 10^5 \rho_r}{\Delta t_v^2} \tag{2-39}$$

式中 E_c——岩石弹性组合模量，MPa；

ρ_r——地层岩石体积密度，kg/m^3；

Δt_v——声波纵波时差，μs/m。

判别条件：当 $E_c > 2.0 \times 10^4$ MPa 时，正常生产时不出砂；当 $1.5 \times 10^4 \text{MPa} \leqslant E_c \leqslant 2.0 \times 10^4$ MPa 时，轻微出砂；当 $E_c < 1.5 \times 10^4$ MPa 时，严重出砂。

(2)斯伦贝谢比法。

斯伦贝谢比等于地层岩石体积弹性模量与切变弹性模量的乘积，然后根据统计值进行出砂判别，斯伦贝谢比值越大，岩石强度越大，稳定性越好，不易出砂。砂岩的斯伦贝谢比经验值见表2－11。

表2－11 含油气砂岩出砂的斯伦贝谢比经验值

参数	一般砂岩	松软地层	坚硬地层
切变弹性模量 G，MPa	4140	2760	稍大于4140
体积弹性模量 K，MPa	8970	5310	高至27600
斯伦贝谢比 R，MPa^2	3.71×10^7	1.47×10^7	稍大于 11.4×10^7

$$R = KG = \frac{(1-2\mu)(1+\mu)}{6(1-\mu)^2} \frac{\rho_r^2}{\Delta t_v^4} a \tag{2-40}$$

式中 K——岩石体积弹性模量，MPa；

G——岩石切变弹性模量，MPa；

Δt_v——声波纵波时差，μs/m；

R——斯伦贝谢比，MPa^2；

a——转换系数，为 10^{-20}；

ρ_r——岩石体积密度，kg/m^3；

μ——岩石泊松比，无量纲。

判别条件：当 $R < 5.9 \times 10^7$ MPa 时，油气层可能出砂。

(3)声波时差法。

声波时差 Δt_c 是声波纵波沿井剖面传播速度 v_c 的倒数。Δt_c 越大,岩石胶结越疏松,一些国外公司常用声波时差最低临界值来进行出砂预测,超过这一临界值生产过程中就会出砂。

$$\Delta t_c = \frac{1}{v_c} \tag{2-41}$$

式中 Δt_c——声波时差,μs/m;

v_c——纵波传播速度,m/μs。

判别条件:当 $\Delta t_c < 312$μs/m 时,稳定不出砂;当 312μs/m $\leqslant \Delta t_c \leqslant$ 345μs/m 时,可能出砂;当 $\Delta t_c > 345$μs/m 时,极易出砂。

(4)出砂指数法。

出砂指数法是基于产层岩石力学特性来预测出砂,由声波时差、密度测井资料经过处理计算,求出反映岩石强度的出砂指数。出砂指数越大,岩石体积弹性模量 K 和切变弹性模量 G 之和越大,即岩石强度越大,稳定性越好,不易出砂。

$$B = K + \frac{4}{3}G \tag{2-42}$$

式中 B——出砂指数,MPa;

K——岩石体积弹性模量,MPa;

G——岩石切变弹性模量,MPa。

判别条件:当 $B \geqslant 2.0 \times 10^4$ MPa 时,不出砂或轻微出砂;当 2.0×10^4 MPa $> B > 1.4 \times 10^4$ MPa 时,出砂;当 $B \leqslant 1.4 \times 10^4$ MPa 时,严重出砂。

(5)地层孔隙度法。

疏松砂岩气藏判别条件:当孔隙度小于20%时,地层轻微出砂或不出砂;当孔隙度为20%~30%时,地层出砂;当孔隙度大于30%时,胶结程度差,出砂严重。

(6)地层强度法。

一般情况下,当生产压差大于地层岩石强度的1.7倍时,岩石开始破坏出砂。

2)现场观察法

在气井生产过程中,常用现场观察法来判断出砂,见表2-12。

表2-12 现场观察法分类

方法	分类	判断方法
现场观察法	岩心观察法	用肉眼观察、手触摸等方法判断岩心强度,若一触即碎,或停放数日自行破裂,或可在岩心上用指甲刻痕,则该岩心疏松、强度低,生产过程中易出砂
	DST 测试法	如果随钻测试期间气井出砂,甚至严重出砂,气井生产初期就可能出砂。有时随钻测试未见出砂,但仔细检验井下钻具和工具,在接箍台阶处附有砂粒,或者 DST 测试完毕后,下探砂面,发现砂面上升,则该井肯定出砂

续表

方法	分类	判断方法
现场观察法	生产动态法	同一气藏或同一层系中，邻井在生产过程中出砂，则本井出砂的可能性就大
	岩石胶结物法	岩石胶结物可分为易溶于水和不易溶于水两种。泥质胶结物易溶于水，当气井含水量增加时，岩石胶结物的溶解降低了岩石的强度。当胶结物含量较低时，岩石强度主要由压实作用提供，对出水因素不敏感

第四节　气井腐蚀机理

一、CO_2腐蚀机理

干的CO_2气体，即使温度高达400°C，也不会发生CO_2腐蚀。但是CO_2遇水后，会产生CO_2腐蚀。这是由于CO_2溶解于水会生成一种弱酸即碳酸，从而降低了水的pH值。CO_2在水中的溶解度变化情况见表2－13。

表2－13　CO_2在水中的溶解度

温度，℃		0	10	20	30	40	50
溶解度	cm^3/L	1713	1194	878	665	530	436
	g/L	3.36	2.35	1.72	1.31	1.04	0.86
温度，℃		60	70	80	90	100	—
溶解度	cm^3/L	359	—	—	—	—	—
	g/L	0.71	—	—	—	—	—

注：CO_2分压为0.1MPa（1atm）。

碳酸溶液的pH值取决于溶液的温度和CO_2的分压，且在pH值维持不变的情况下，饱和CO_2溶液的腐蚀性远远高于其他的酸性溶液，这是CO_2直接参与腐蚀的结果。钢铁在CO_2水溶液中的腐蚀机理可用如下的化学反应方程式来表示：

$$CO_2 + H_2O \longrightarrow H_2CO_3$$

$$H_2CO_3 \longrightarrow H^+ + HCO_3^-$$

$$HCO_3^- \longrightarrow H^+ + CO_3^{2-}$$

$$2H^+ + Fe \longrightarrow Fe^{2+} + H_2 \uparrow$$

$$Fe^{2+} + CO_3^{2-} \longrightarrow FeCO_3$$

$$CO_2 + H_2O + Fe \longrightarrow FeCO_3 + H_2 \quad \text{（总反应方程）}$$

CO_2的腐蚀类型主要包括全面腐蚀、点蚀、蛀孔腐蚀、电化学腐蚀、台面腐蚀、热腐蚀、水滴腐蚀、冲蚀和疲劳腐蚀。但CO_2腐蚀不会导致油管、套管出现氢脆裂。

二、H_2S 腐蚀机理

当 H_2S 溶解于水时，生成一种弱酸即氢硫酸，降低了水的 pH 值。H_2S 在水中的溶解度变化情况见表 2－14。

表 2－14 H_2S 在水中的溶解度

温度，℃		0	10	20	30	40	50
溶解度	cm^3/L	4670	3399	2582	2037	1660	1392
	g/L	7.09	5.16	3.92	3.09	2.52	2.11
温度，℃		60	70	80	90	100	—
溶解度	cm^3/L	1190	1022	917	840	810	—
	g/L	1.81	1.55	1.39	1.28	1.23	—

注：H_2S 分压为 0.1MPa(1atm)。

H_2S 对腐蚀的影响涉及两个方面：一是增加了溶液的酸性；二是在钢的表面形成 FeS 保护膜。

钢铁在 H_2S 水溶液中的腐蚀机理可用如下的化学反应方程式来表示：

$$H_2S \longrightarrow HS^- + H^+$$

$$HS^- \longrightarrow H^+ + S^{2-}$$

$$Fe + H_2S + H_2O \longrightarrow FeHS^-_{吸附} + H_3O^+$$

$$FeHS^-_{吸附} \longrightarrow FeHS^+ + 2e^-$$

$$FeHS^+ + H_3O^+ \longrightarrow Fe^{2+} + H_2S + H_2O$$

$$Fe^{2+} + HS^- \longrightarrow FeS\downarrow + H^+$$

H_2S 腐蚀最常见的腐蚀类型有全面腐蚀、点蚀、疲劳腐蚀、硫化物应力开裂、氢鼓泡、氢脆裂和阶梯式破裂。

三、H_2S+CO_2腐蚀机理

H_2S 和 CO_2共存环境条件下，因 H_2S 和 CO_2的分压差异而呈现出不同的腐蚀类型，为此 Pots 等人提出了如下判别条件：

当 $p_{CO_2}/p_{H_2S}<20$ 时，为 H_2S 腐蚀；当 $20<p_{CO_2}/p_{H_2S}<500$ 时，同时存在 H_2S 腐蚀和 CO_2腐蚀；当 $p_{CO_2}/p_{H_2S}>500$ 时，为 CO_2腐蚀。

四、腐蚀影响因素

1. CO_2 腐蚀影响因素

1）温度的影响

在实验室进行的相关研究表明（图 2－9），可能由于质量转移和电荷转移量的增加，CO_2 的腐蚀速率，一直到温度增大到 70°C 时，都处于不断增大的状态。当温度超过 70°C 后，CO_2 的腐蚀速率开始降低。这说明，由于 $FeCO_3$ 溶解度降低，生成了更多的具有保护作用的 $FeCO_3$ 保护膜。当温度超过 70°C 后，扩散因素成了决定 CO_2 腐蚀速率的关键因素。

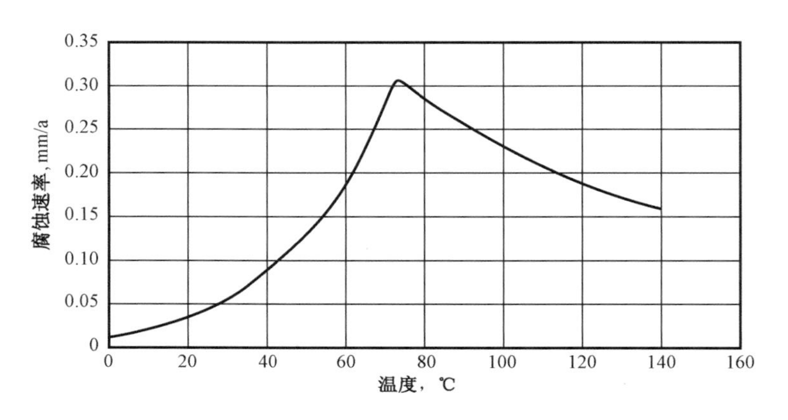

图 2－9　温度对 CO_2 腐蚀速率的影响

从图 2－9 中可看出，当流体的温度大于 70°C 时，随着流体温度的进一步提高，CO_2 的腐蚀速率呈现逐渐下降的趋势，与低于 70°C 时的情况恰恰相反。即：低于 70°C 时，CO_2 腐蚀速率与温度呈正相关关系；大于 70°C 时，CO_2 腐蚀速率与温度呈负相关关系。

2）压力的影响

CO_2 分压对 CO_2 腐蚀速率具有决定性的影响，随着 CO_2 分压的增大，CO_2 的腐蚀速率也随之增大（图 2－10）。CO_2 的分压是系统的总压力与 CO_2 摩尔分数的乘积，因此也就说明了为什么系统的压力增加会加剧 CO_2 腐蚀。

3）pH 值的影响

随着溶液 pH 值的增大，CO_2 的腐蚀速率会出现下降的趋势（图 2－11），其原因在于 pH 值的增大促进了 $FeCO_3$ 保护膜的生成。

pH 值的影响作用具体表现在两个方面：一是 pH 值的增大改变了水的相平衡状态，使之更有利于 $FeCO_3$ 保护膜的形成；二是 pH 值的增大改善了 $FeCO_3$ 保护膜的保护特性，使其保护作用增强。

pH 值的大小变化又受到系统中 CO_2 和 H_2S 含量的影响和制约，三者之间的关系见图 2－12。

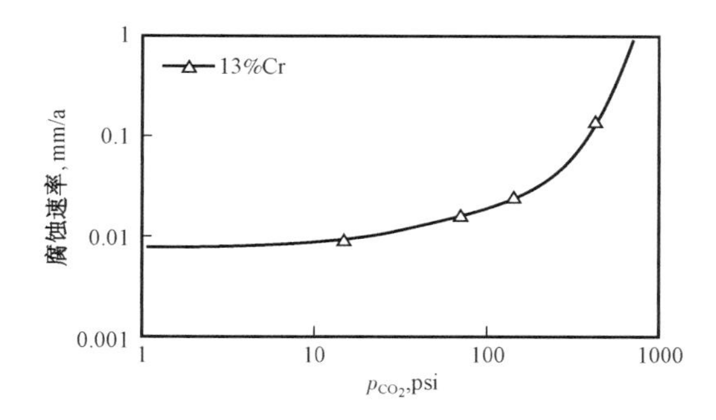

图2－10 压力对CO_2腐蚀速率的影响

测试条件：180℃，0.15psi H_2S，152000μL/L Cl^-

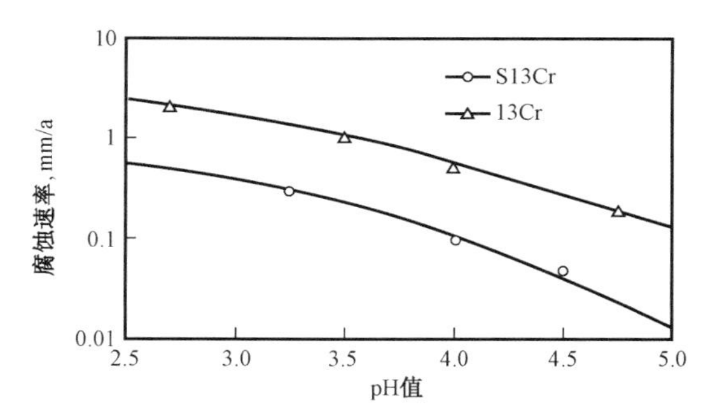

图2－11 pH值对CO_2腐蚀速率的影响

测试条件：200℃，1015psi CO_2，121000μL/L 氯化物

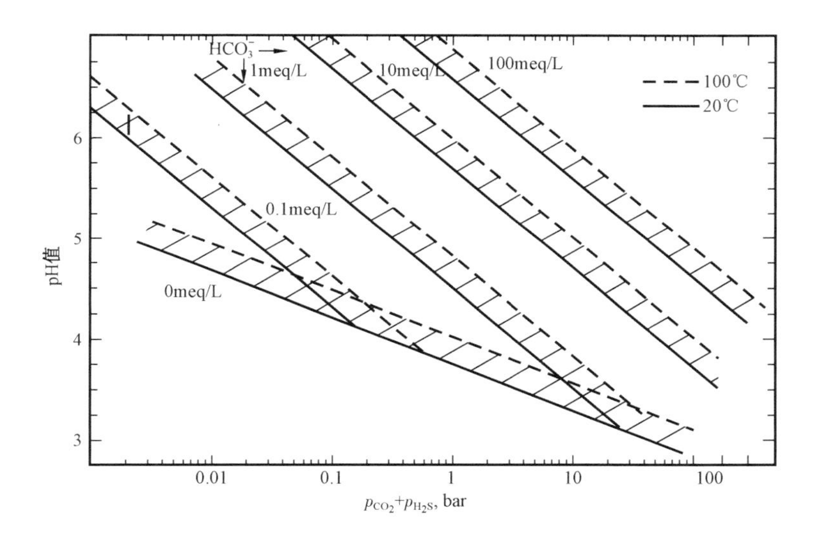

图2－12 酸性系统中pH值与酸气分压的关系

4）Cl^-的影响

产出流体的腐蚀作用取决于流体中是否存在游离水，这些游离水是来自地层的地层水和/或凝析水，这两种类型水的组分对腐蚀的影响程度差别很大。

由于Cl^-会进入并穿透腐蚀保护膜，从而导致腐蚀保护膜的稳定性变差，最终导致CO_2的腐蚀速率增大。Cl^-对CO_2腐蚀速率的影响，会随着Cl^-含量和环境温度的升高而加剧。

图2－13反映了在实验室条件下，氯化物含量对13Cr和S13Cr在CO_2环境中腐蚀速率的影响。

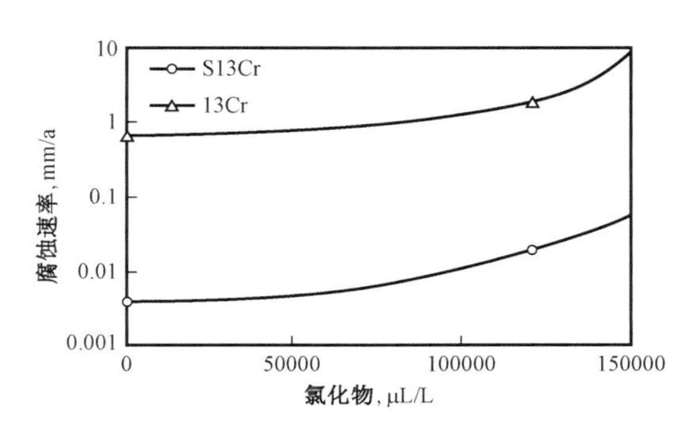

图2－13 氯化物对CO_2腐蚀速率的影响

测试条件：150℃，450psi CO_2，人工合成海水

5)缓蚀剂的影响

若能按设计要求,将所选类型的缓蚀剂按设计浓度投放到腐蚀防护位置,则从理论上来讲,其防腐效果可达到100%。但在实际的操作过程中,由于受到加注方式选择是否恰当、到达缓蚀剂加注位置时,缓蚀剂的浓度是否符合设计要求、井筒产出流体的流速、井筒温度等诸多因素的限制和制约,注入缓蚀剂的缓蚀效果很难超过80%。同时,在使用缓蚀剂防腐的过程中应切记:缓蚀剂用量不足,不但起不到延缓腐蚀的作用,反而会加剧油管、套管的腐蚀。

2. H_2S 腐蚀影响因素

1)压力的影响

H_2S 分压对钢的腐蚀速率的影响情况见图2-14。

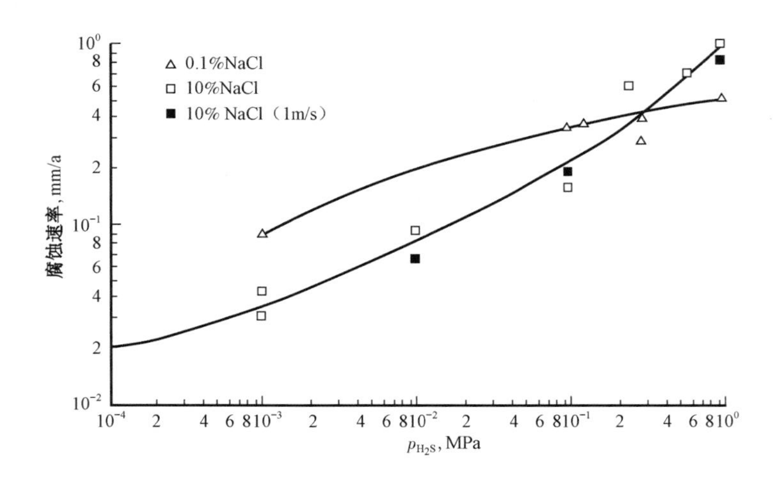

图2-14 H_2S 分压对钢的腐蚀速率的影响

从图2-14中可以看出,在低 H_2S 分压的情况下,随着 H_2S 分压的增大,钢的 H_2S 腐蚀速率也随之增加。

2)温度的影响

在低温范围内,钢在硫化氢水溶液中的腐蚀速率随温度的上升而加快,当温度上升至100℃左右时,其腐蚀速率达到最大值。若温度继续升高,腐蚀速率反而下降(图2-15)。

3) Cl^- 的影响

Danald 等人的研究认为,由于 Cl^- 能削弱金属与腐蚀产物膜之间的相互作用力,同时能阻止附着力强的硫化物生成。因此,Cl^- 可通过弱化腐蚀产物膜与金属之间的附着力,使腐蚀产物膜易于脱落,从而加剧钢的腐蚀。若 Cl^- 的浓度过高,Cl^- 会因很强的附着力而大量吸附在金属的表面,进而完全取代吸附在金属表面的 H_2S 与 HS^-,最终导致金属表面的 H_2S 浓度下降,H_2S 对金属的腐蚀速率下降。

4)pH 值的影响

不同的pH值条件下,溶解在水中的 H_2S 离解成 HS^- 和 S^{2-} 的百分比是不同的(表2-15)。

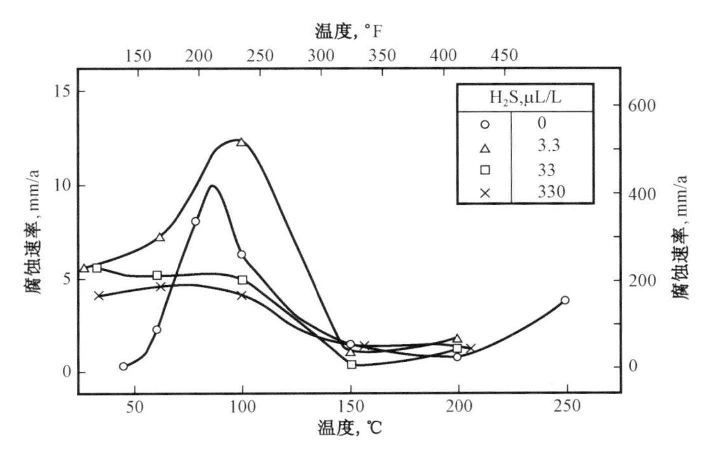

图 2－15　H_2S 和温度对纯铁 CO_2 腐蚀速率的影响

测试条件：5% NaCl 溶液，3.0MPa CO_2+H_2S，25℃，96h，2.5m/s，25mL/cm²

表 2－15　不同 pH 值下 H_2S，HS^- 和 S^{2-} 在 H_2S+H_2O 溶液中的百分比

pH 值	4	5	6	7	8	9	10
H_2S，%	99.9	98.9	91.8	52.9	10.1	1.1	0.1
HS^-，%	0.1	1.1	8.2	47.1	89.9	98.89	99.8
S^{2-}，%	—	—	—	—	—	0.01	0.1

注：计算时电离常数 $k_1=8.9\times10^{-8}$，$k_2=1.3\times10^{-13}$。

Guazeit 研究认为，随系统 pH 值的变化，H_2S 对钢铁的腐蚀过程分为 3 个不同的区间：0＜pH＜4.5 时为酸性腐蚀区；4.5＜pH＜8 时为硫化物腐蚀区；8＜pH＜14 时为非腐蚀区。

随腐蚀介质 pH 值增加，钢在 H_2S 中出现硫化物应力腐蚀开裂所需时间延长。当 pH＜3 时，对材料的硫化物应力腐蚀开裂敏感性影响不大；当 pH＞3 时，材料的硫化物应力腐蚀开裂敏感性会随 pH 值增大而降低，产生破裂的临界应力值也随之增大。

5）缓蚀剂的影响

对于酸性系统来说，缓蚀剂的注入有利于降低出现孤立点蚀的概率。但不管怎样，若在酸性系统中已发生孤立点蚀，那么缓蚀剂也无法降低孤立点蚀的腐蚀速率。这与现场实际观察到的情况一致，即若酸性系统中已出现孤立点蚀现象，即使再注入缓蚀剂，其孤立点蚀速率也是很高的，甚至在数周或数月内导致设备报废。

在硫化物保护膜表面形成点蚀的影响因素有以下几个方面：

（1）p_{CO_2}/p_{H_2S} 值高，如二者之比大于 200。

（2）氯离子浓度大于 50000μL/L。

（3）钢的表面存在腐蚀，特别是过早暴露于含氯化物的液体，如完井液（盐水）或盐酸处理后的残酸。

（4）低 pH 值，如酸处理形成的残酸。

（5）未注入缓蚀剂或缓蚀剂注入的时间间隔过长。

（6）存在流体的冲蚀作用。

(7)在注入化学剂或进行清管操作的过程中,随空气一道进入的氧气,导致所形成的硫化物保护层被氧化,失去保护作用。

(8)进行井下检查所使用的检查工具,如多臂井径仪,导致硫化物保护膜受损。

(9)加入缓蚀剂有助于稳定 FeS 保护膜,使 FeS 保护膜的保护能力更强,不易破裂和引起孤立点蚀,因此缓蚀剂的注入会降低全面腐蚀速率。

第五节　工程参数相关计算

一、地应力与岩石力学参数

1. 地应力

存在于地层中的未受工程扰动的天然应力称为地应力。地应力按三维方向又分解为垂直主地应力、最大水平主地应力和最小水平主地应力。

$$\sigma_z = p_0 \tag{2-43}$$

$$\sigma_H = \left(\frac{\nu}{1-\nu} + A\right)(p_0 - \alpha p_p) + \alpha p_p \tag{2-44}$$

$$\sigma_h = \left(\frac{\nu}{1-\nu} + B\right)(p_0 - \alpha p_p) + \alpha p_p \tag{2-45}$$

式中　σ_z——垂直主地应力,MPa;

σ_H——最大水平主地应力,MPa;

σ_h——最小水平主地应力,MPa;

α——有效应力系数;

ν——岩石泊松比;

p_0——上覆岩层压力,MPa;

p_p——孔隙压力,MPa;

A,B——构造应力场影响系数。

2. 岩石泊松比

当岩石受抗压应力时,在弹性范围内岩石的侧向应变与轴向应变的比值称为岩石的泊松比。即:

$$\nu = \frac{\varepsilon_2}{\varepsilon_1} \tag{2-46}$$

式中　ν——岩石泊松比,无量纲;

ε_1——岩石轴向应变,无量纲;

ε_2——岩石侧向应变,无量纲。

3. 岩石弹性模量

岩石受拉应力或压应力时,当负荷增加到一定程度后,应力与应变曲线呈线性关系,其比例常数称为岩石的弹性模量，用 E 表示。即：

$$E = \frac{\sigma}{\varepsilon} \tag{2-47}$$

式中　E——岩石的弹性模量，MPa；

σ——应力，MPa；

ε——应变，无量纲。

二、气层压力参数

1. 破裂压力

在气层改造中，压开气层瞬间地层所受的压力称为破裂压力。它取决于气层深度、岩石强度、渗透率、气层原始裂缝发育情况及压裂所使用的液体性质等。

1）Eaton 法

地下岩层处于均匀水平应力状态，其中充满层理、微裂隙和天然裂缝，流体在压力作用下将沿着这些薄弱面侵入，使其张开并向岩层延伸，且张开裂缝的流体压力只需要克服垂直裂缝面的地应力。

$$p_f = \frac{\nu}{1-\nu}(\sigma_z - p_s) + p_s \tag{2-48}$$

式中　p_f——地层破裂压力，为裂缝张开时的井底流体压力，MPa；

p_s——孔隙压力，MPa；

σ_z——垂向主应力（上覆岩层压力），MPa；

$\overline{\sigma}_z$——有效垂向主应力（有效上覆岩层压力，垂向的岩石骨架压力），MPa；

ν——岩石泊松比，无量纲。

2）Stephen 法

$$p_f = \left(\frac{\nu}{1-\nu} + \xi\right)(\sigma_z - p_s) + p_s \tag{2-49}$$

式中　ξ——均匀地质构造应力系数。

适用条件：与 Eaton 法的主要区别在于该方法将构造应力产生的影响从泊松比分离出来，在计算时可直接使用实测的泊松比，而不是像 Eaton 法需要靠破裂压力来反演。

3）黄荣樽法

该方法与上述方法不同，主张地层破裂由井壁应力状态决定，且考虑地下实际存在的非均匀地应力场作用和地层本身强度影响。

$$p_f = \left(\frac{2\nu}{1-\nu} - K\right)(\sigma_z - p_s) + p_s + S_t \tag{2-50}$$

其中：

$$K = \alpha - 3\beta$$

式中　S_t——地层抗张强度，MPa；

K——非均匀的地质构造应力系数，无量纲；

α,β——水平主方向的两个构造应力系数，因 $\overline{\sigma}_x>\overline{\sigma}_y$，故有 $\alpha>\beta$。

为了应用这个方法，要做室内岩石三轴实验和现场典型的地层破裂压力实验。前者是为了确定压裂目的层泊松比和抗拉强度，后者是确定地层中的构造应力系数。

2. 孔隙压力

是指岩石骨架间存在的液体和气体的压力，是内部孔隙流体压力。

$$p_p=10^{-3}\rho_f gH \tag{2-51}$$

式中 p_p——地层孔隙压力（在正常压实状态下，地层孔隙压力等于静液柱压力），MPa；

ρ_f——地层流体密度，g/cm^3；

g——重力加速度，$9.81m/s^2$；

H——该点到水平面的垂直高度（或等于静液柱高度），m。

在陆上井中，H 为目的层深度，起始点自转盘方补心算起，液体密度为工作液密度 ρ_m，则：

$$p_h=10^{-3}\rho_m gH \tag{2-52}$$

式中 p_h——静液柱压力，MPa；

ρ_m——工作液密度，g/cm^3；

H——目的层深度，m；

g——重力加速度，$9.81m/s^2$。

在海上井中，液柱高度起始点自工作液液面（出口高）高度算起，它与方补心高差为 0.6～3.3m，此高差在浅层地层孔隙压力计算中要引起重视，在深层可忽略不计。

三、气体分压

1. H_2S 分压计算

$$p_{H_2S}=p\frac{X}{100} \tag{2-53}$$

式中 p_{H_2S}——H_2S 分压，MPa；

X——H_2S 的摩尔分数，%；

p——系统压力，MPa。

2. CO_2 分压计算

$$p_{CO_2}=p\frac{x}{100} \tag{2-54}$$

式中 p_{CO_2}——CO_2 分压，MPa；

x——CO_2 的摩尔分数，%；

p——系统压力，MPa。

3. 气体的体积分数与质量浓度的换算关系

$$X=\frac{GV}{10M} \tag{2-55}$$

式中 X——体积分数,%;

G——某种气体的质量浓度,g/cm^3;

M——某种气体的摩尔质量,g/mol;

V——1mol 某种气体在标准状态(20℃,101.3kPa)下的体积,L/mol。

四、腐蚀速率

1. 失重测量法

$$CR = \frac{8.76 \times 10^4 w}{\rho AT} \tag{2-56}$$

式中 CR——全面腐蚀速率,mm/a;

w——金属的质量损失,g;

A——金属与腐蚀介质的接触面积,cm^2;

T——暴露时间,h;

ρ——金属的密度,g/cm^3。

2. 电化学方法

$$CR = \frac{3.27 \times 10^{-3} MI}{n\rho} \tag{2-57}$$

式中 M——金属的原子量;

I——电流密度,$\mu A/cm^2$;

n——金属失去的电子数;

ρ——金属的密度,g/cm^3。

第六节 天然气开采安全常识

在天然气开采工作中,安全获得天然气是工作的最终目标,但由于天然气本身在多数情况下是无色无味的可燃气体,含硫天然气剧毒且具腐蚀性,含二氧化碳天然气也具腐蚀性,因此它的“不可见、燃爆性、腐蚀剧毒”决定了开采工作的高危险性。只有掌握了它的这些特性,才能在开采过程中采取有效的控制措施避免安全事故发生。

一、燃烧与爆炸

1. 天然气的燃烧

燃烧是一种同时有热和光发生的氧化过程。天然气的燃烧有混合燃烧和扩散燃烧两种形式。可燃物、助燃物和点火源是构成燃烧的三要素,缺少其中任何一个,燃烧就不能发生。

2. 天然气的爆炸

爆炸是迅速地发生氧化作用,并引起结构物破坏的能量释放。天然气爆炸是在瞬间发生高压、高温的燃烧过程，爆炸波速可达2000～3000m/s。

1）爆炸极限

可燃气体在空气中刚足以使火焰蔓延的最低浓度称为气体的爆炸下限，刚足以使火焰蔓延的最高浓度称为爆炸上限。天然气在空气中的爆炸极限（体积分数）是下限6.5%，上限17.0%。为保证安全生产，必须避免处理的气体和空气的混合比在爆炸范围之内。表2－16是几种气体的爆炸极限。

表2－16　气体的爆炸极限（20℃，1atm）

气体名称	爆炸极限，%（体积分数）		气体名称	爆炸极限，%（体积分数）	
	下限	上限		下限	上限
甲烷	4.00	15.00	乙烯	2.75	28.60
乙烷	3.22	12.45	乙炔	2.50	80.00
丙烷	2.37	9.50	氢	4.00	74.20
丁烷	1.86	8.41	硫化氢	4.30	45.50

2）影响爆炸极限的因素

可燃性气体的爆炸极限随混合的原始温度、压力、惰性气体的含量以及容器的大小而变化，其影响情况见表2－17。

表2－17　爆炸极限影响因素

影响因素	说明
原始温度	混合物的原始温度越高，则爆炸极限的范围越大，即下限降低，上限提高。温度升高，加快了混合物的燃烧速度。温度的升高使原来不燃烧、不爆炸的混合物变成可燃烧、可爆炸的混合物
原始压力	混合物的原始压力对爆炸极限影响很大。一般情况下，当压力增加时，爆炸极限的范围扩大，其上限随压力的变化显著。这是由于在增加压力时，物质分子间的距离变小，使燃烧反应更能进行，压力对甲烷爆炸极限的范围随压力的减小而缩小
惰性气体	在混合物中加入惰性气体，爆炸极限的范围会缩小。当惰性气体的浓度达到一定时，可完全避免混合物发生爆炸。这是由于惰性气体加入后使可燃物质的分子与氧分子隔离，在它们之间形成不燃的障碍物。含甲烷的混合物中惰性气体增加，对混合物的爆炸上限影响明显。因为惰性气体浓度加大，表示氧的浓度减小，故惰性气体的浓度稍微增加一点，可使爆炸上限急剧下降
容器	容器的材料和尺寸对爆炸极限有影响。实验表明，管道直径越小，爆炸波及的范围也越小
火源的能量	火源与混合物接触时间的长短，对爆炸极限有一定的影响。如甲烷在电压100V、电流2A时产生的电火花，其爆炸极限为5.9%～13.6%；甲烷在电流为3A时产生的电火花，其爆炸极限则扩大为5.85%～14.8%

3. 爆炸的预防措施

在天然气采气生产过程中为防止火灾与爆炸事故的发生，确保操作人员生命和工艺设备的安全，必须遵守的基本原则是：天然气生产场地和工艺设备应避免发生燃烧和爆炸的危险状态存在，并消除能足以导致着火的火源。

二、天然气中毒性物质

天然气中可能含有的毒性物质主要是硫化物，包括硫化氢、二氧化硫、硫醇等。此外，可能还含有一氧化碳、汞等有毒有害气体和金属，或点火燃烧含硫化氢天然气产生的二氧化硫等。

1. 一氧化碳的毒害

一氧化碳（CO），又称“无声杀手”，是一种无色、无味的有毒气体，被人吸入后便进入血液，从而降低血液向关键器官（如心脏和大脑）输氧的能力。

2. 硫化氢的毒害

硫化氢主要通过呼吸器官进入机体，也有少量通过皮肤和胃进入机体。人体吸进的硫化氢大部分滞留在上呼吸道。急性中毒时出现意识不清，过度呼吸迅速转向呼吸中枢麻痹，很快死亡。人体对不同浓度 H_2S 的感受及毒性反应见表 2－18。

表 2－18　空气中不同浓度硫化氢对人体的影响

浓度，mg/m^3［%（体积分数）］	接触时间	主要毒性反应
1500～10000（0.09745～0.06497）	即时至 30min	昏迷并因呼吸中枢麻痹而死亡
1000（0.06497）	数秒	引起急性中毒，会因呼吸中枢麻痹而死亡
760（0.04937）	15～60min	引起头痛、头昏、恶心、呕吐、咳嗽等全身症状，会因发生肺水肿、支气管炎和肺炎而危及生命
400～350（0.02599～0.02274）	60～240min	有生命危险
350～300（0.02274～0.01949）	240～480min	有生命危险
300（0.01949）	60min	引起眼及呼吸道黏膜强烈刺激征，并使神经系统受到抑制
300～200（0.01949～0.01299）	60min	引起亚急性中毒
150～70（0.00974～0.00455）	60～120min	出现呼吸道及眼刺激症状
100～50（0.006497～0.003248）		刺激呼吸道，引起结膜炎
40～30（0.002599～0.001949）		强烈刺激黏膜，且难以忍受
30～20（0.001949～0.001299）		臭味强烈，但仍能忍受
10（0.00065）		刺激眼睛
5（0.000325）		有不快感
3（0.000195）		有强烈臭味
0.4（2.6×10^{-5}）		感到明显臭味
0.025（1.62×10^{-4}）		感到臭味

3. 二氧化硫的毒害

二氧化硫属中等毒类，对眼和呼吸道有强烈刺激作用，吸入高浓度二氧化硫可引起喉水肿、肺水肿、声带水肿及（或）痉挛导致窒息。吸入二氧化硫后很快出现流泪，畏光，视物不清，鼻、咽、喉部烧灼感及疼痛，严重者发生支气管炎、肺炎、肺水肿，甚至呼吸中枢麻痹。长期接触低浓度二氧化硫会引起嗅觉、味觉减退，甚至消失，头痛、乏力，牙齿酸蚀，慢性鼻炎、咽炎、气管炎、支气管炎、肺气肿，肺纹理增多，弥漫性肺间质纤维化及免疫功能减退等。表2－19为人体对不同浓度二氧化硫的感受及毒性反应。

表2－19 人体对不同浓度二氧化硫的感受及毒性反应

浓度		暴露于二氧化硫的典型特性
mL/L	mg/m^3	
1	2.71	具有刺激性气味，可能引起呼吸改变
5	13.50	灼伤眼睛，刺激呼吸，对嗓子有较小的刺激
12	32.49	咳嗽，胸腔收缩，流眼泪和恶心
100	271.00	立即对生命和健康产生危险
150	406.35	产生强烈的刺激，只能忍受几分钟
500	1354.50	只要吸入一口，就产生窒息感。应立即救治，进行人工呼吸或心肺复苏
1000	2708.99	如不立即救治会导致死亡，应马上进行人工呼吸或心肺复苏

三、硫化氢（二氧化硫）气体扩散半径

选择井位时应考虑避开居民区或重要公众设施，如公路干道、电网、学校、医院等。如果不能避开，则在一定基本保障的安全半径范围内的居民应撤离。除了地面因素外，还应考虑地下井喷时天然气窜入矿坑（如煤矿）对作业人员的毒害或爆炸，含硫天然气窜入居民区或污染地下淡水层等。为了保证公众安全，需要同时规定扩散半径和执行应急预案。

1. 暴露半径

暴露半径采用SY/T 6610—2005《含硫化氢油气井井下作业推荐作法》中的推荐方法。

$$ROG = 0.3048 \times 10^{B} (35.3147 \times Q_{H_2S})^{A} \quad (2-58)$$

式中 ROG——暴露半径，m；

Q_{H_2S}——硫化氢释放速率，m^3/h；

A,B——常数，取值见表2－20。

表2－20 A,B取值表

常数	连续释放		瞬间释放	
	白天	夜晚	白天	夜晚
A	0.58	0.66	0.39	0.40
B	0.45	0.69	1.91	2.40

2. 风险分级

H_2S风险分级见表2－21。

表 2-21　H_2S 风险分级表

级别	条件	要求
零级	(1)井周围 100m 内无常住居民、商业活动或公众设施； (2)预计硫化氢释放量小于 $0.01m^3/s$	无需应急预案
第一级	(1)井周围 100m 内无常住居民、商业活动或公众设施； (2)预计硫化氢释放量小于 $0.3m^3/s$	需有应急预案
第二级	(1)井周围 500m 内无常住居民、商业活动或公众设施； (2)预计硫化氢释放量大于 $0.3m^3/s$，但小于 $2m^3/s$	需有应急预案
第三级	(1)井周围 1500m 内无常住居民、商业活动或公众设施； (2)预计硫化氢释放量大于 $2m^3/s$，但小于 $6m^3/s$	需有应急预案

四、含硫气井井下作业应急预案编制

在进入含硫化氢地区作业前制定一个有效的应急预案是保证作业安全进行的前提。一旦作业区内硫化氢超标，能保证有关人员的生命安全。

1. 编制应急预案的原则

(1)编制预案前应对作业区内和可能涉及范围的环境、人员、设施进行调查。

(2)预案应充分考虑公众的利益。

(3)预案所涉及的内容应符合国家相关标准。

2. 预案包括的内容

(1)施工作业人员应急操作程序和应急预案启动程序。

(2)紧急情况发生时告知作业区域附近群众和政府相关部门的步骤。

(3)请求救助和转移群众撤离的步骤。

(4)有毒气体有可能扩散到的区域涉及的人员名单及联系电话，例如，当地监督人员、安全部门、警察、急救中心、医院、消防部门、提供备用设备的承包商等有关人员。

(5)一份详细说明硫化氢可能达到 10μL/L 浓度的区域图，图中要包括私人住宅或居民区的位置、政府机构、学校、商业区、道路等。

(6)预案中还应包括一些辅助信息，例如，安全撤离路线、安全救生设施的位置、含硫化氢设施的位置、附近电话或其他通信设施的位置、特殊天气和地形给予指导的程序等。

3. 应急计划流程图

应急计划流程图见图 2-16。

五、井下作业常用井控装置

井控装置是控制气井溢流、防止井喷的关键装置，是实现气井安全作业的可靠保证，主要由防喷器、防喷器控制系统和井控管汇组成。

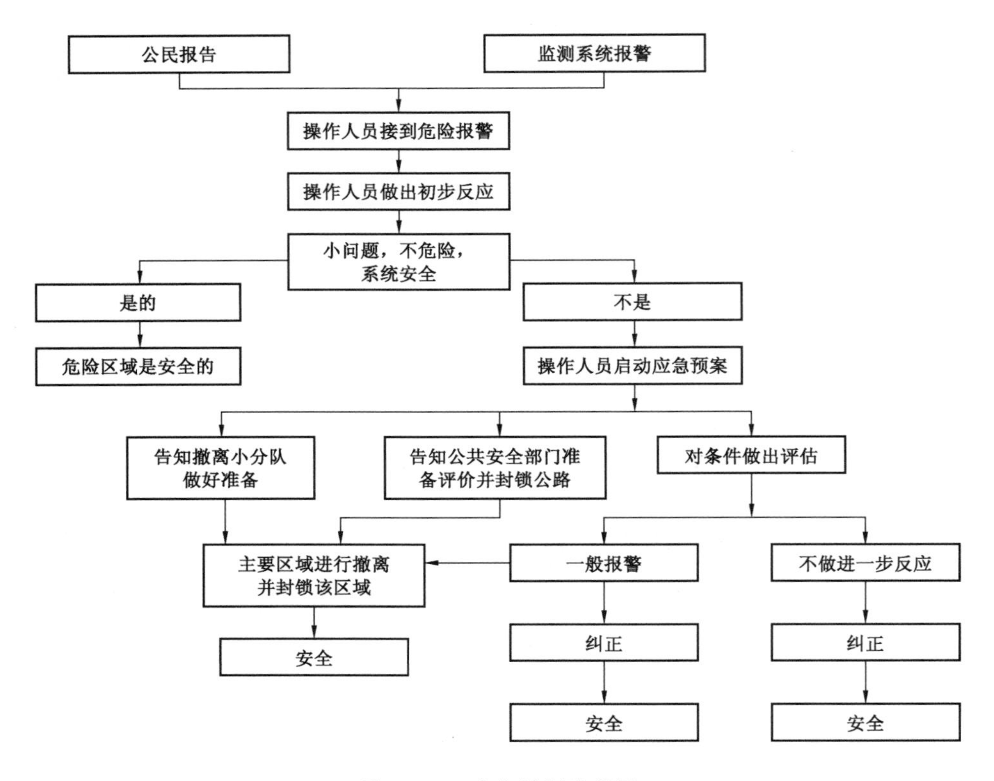

图 2－16　应急计划流程图

1. 防喷器

1）环形防喷器

球形胶芯环形防喷器结构如图 2－17 所示，主要技术参数见表 2－22 至表 2－24。

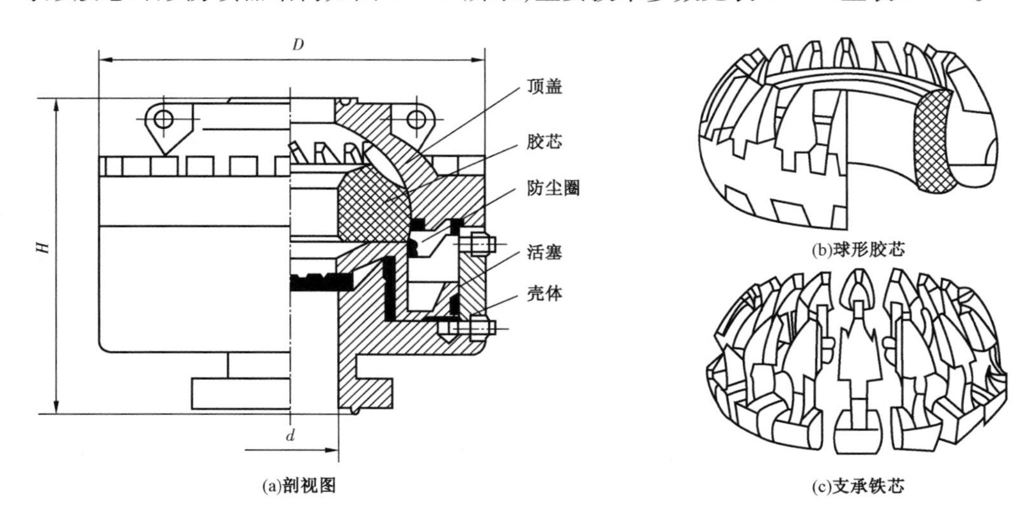

图 2－17　球形胶芯环形防喷器结构示意图

H—防喷器高度；d—防喷器内径；D—防喷器外径

表2－22　华北石油荣盛机械制造有限公司环形防喷器技术参数

型号	通径 mm	工作压力 MPa	强度试压 MPa	液控压力 MPa	外形尺寸，mm	质量 kg	产品代号	液压油进出口连接螺纹(NPT)尺寸，mm
					D			
FHZ18－21	179.4	21	42	≤10.5	983	1927	FH1821.00	25.4
FHZ18－35		35	70		1011	1943	ZY8103.00	25.4
FHZ18－70		70	105		—	6293	RJ11185.00	25.4

表2－23　宝鸡石油机械有限责任公司FH型环形防喷器技术参数

型号	FH18－35		
通径，mm	180	液压油进出口连接螺纹(NPT)尺寸，mm	25.4
额定工作压力，MPa	35	适用介质	石油、天然气
厂内实验压力，MPa	70		
工作温度，℃	29～121		
质量，kg	1444	外形尺寸(外径×高度)，mm×mm	745×788

表2－24　美国Cameron公司D型环形防喷器技术参数

型号	D型	适用介质	石油天然气
通径，mm	179.4	壳体外径，mm	708
额定工作压力，MPa	35	最大宽度，mm	860
厂内实验压力，MPa	70	(法兰连接)高度，mm	648
(法兰连接)质量，kg	1263		

2）闸板防喷器

闸板防喷器有单闸板、双闸板等结构型式，如图2－18和图2－19所示。基本参数见表2－25至表2－28。

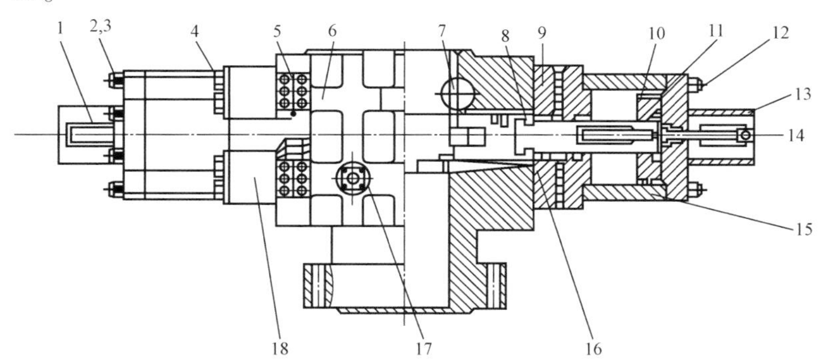

图2－18　单闸板防喷器结构示意图

1—左缸盖；2，3—盖形螺母和液缸连接螺栓；4—侧门螺栓；5—铰链座；6—壳体；7—闸板总成；8—闸板轴；9—右侧门；10—活塞密封圈；11—活塞；12—活塞螺帽；13—右缸盖；14—锁紧轴；15—液缸；16—侧门密封圈；17—油管座；18—左侧门

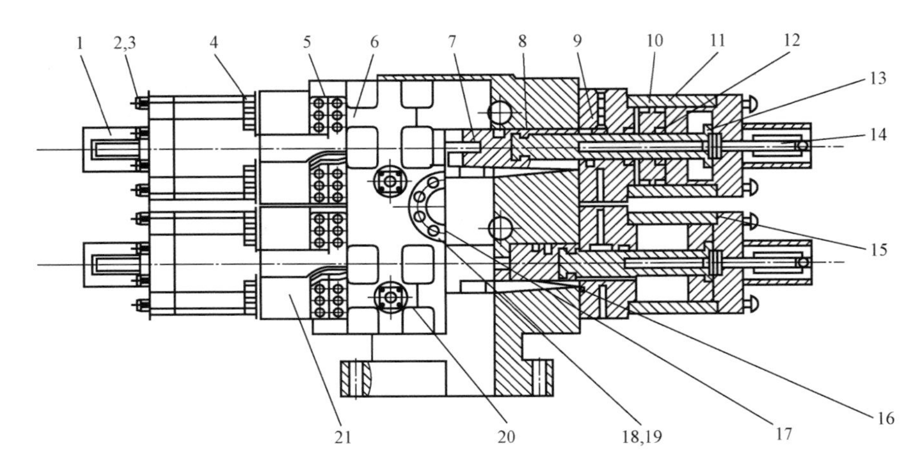

图 2-19　双闸板防喷器结构示意图

1—左缸盖;2,3—盖形螺母和液缸连接螺栓;4—侧门螺栓;5—铰链座;6—壳体;7—闸板总成;8—闸板轴;9—右侧门;10—活塞密封圈;11—活塞;12—活塞锁帽;13—右缸盖;14—锁紧轴;15—液缸;16—侧门密封圈;17—盲法兰;18,19—双头螺栓和螺母;20—油管座;21—左侧门

表 2-25　RSC 型闸板防喷器规格及技术参数

型号	通径 mm	工作压力 MPa	强度试压 MPa	液控压力 MPa	锁紧方式	质量 kg	外形尺寸,mm			连接方式	
							长	宽	高	上端	下端
FZ18-21	179.4	21	42	8.4~10.5	手动	798	1520	540	280	栽丝	栽丝
2FZ18-21						1660	1520	540	566	栽丝	栽丝
FZ23-21	228.6					820	1708	580	280	栽丝	栽丝
2FZ23-21						1800	1726	595	700	栽丝	法兰
FZ18-35	179.4	35	70			900	1520	540	450	栽丝	法兰
2FZ18-35						1660	1520	540	566	栽丝	栽丝
FZ23-35	228.6					1735	2072	760	560	栽丝	法兰
2FZ23-35						2912	2072	760	782	栽丝	栽丝
FZ18-70	179.4	70	105			1179	2054	510	550	法兰	法兰
2FZ18-70						2177	2054	510	870	栽丝	法兰
FZ18-105		105	157.5			2520	1976	690	858	法兰	法兰
2FZ18-105						4590	1976	690	1278	法兰	法兰

表 2－26 宝鸡石油机械有限责任公司 FZ 型闸板防喷器技术参数

<table>
<tr><td>型号</td><td>FZ28－35</td><td colspan="3">活塞直径，mm</td><td>170</td></tr>
<tr><td>通径，mm</td><td>280</td><td colspan="3">开启油量，L</td><td>3.6</td></tr>
<tr><td>额定工作压力，MPa</td><td>35</td><td colspan="3">关闭油量，L</td><td>4.3</td></tr>
<tr><td rowspan="4">壳体试验压力，MPa</td><td rowspan="4">70</td><td rowspan="4">外形尺寸
（长×宽×高）
mm×mm×mm</td><td rowspan="2">单闸板</td><td>栽丝式</td><td>1534×555×385</td></tr>
<tr><td>法兰式</td><td>1534×555×727</td></tr>
<tr><td rowspan="2">双闸板</td><td>栽丝式</td><td>1534×555×746</td></tr>
<tr><td>法兰式</td><td>1534×555×1110</td></tr>
<tr><td rowspan="4">推荐液控压力，MPa</td><td rowspan="4">8.4～10.5</td><td rowspan="4">质量，kg</td><td rowspan="2">单闸板</td><td>栽丝式</td><td>1050</td></tr>
<tr><td>法兰式</td><td>1194</td></tr>
<tr><td rowspan="2">双闸板</td><td>栽丝式</td><td>2100</td></tr>
<tr><td>法兰式</td><td>2245</td></tr>
</table>

表 2－27 美国 Cameron 公司闸板防喷器技术参数

规格（通径×压力）in×MPa	通径 mm	长 mm	宽 mm	高，mm		闸板厚度 mm	质量 kg
				法兰	卡箍		
$7\frac{1}{16}$×21	179.4	2099	514.4	612.5	1038	139.7	1180
$7\frac{1}{16}$×35	179.4	2099	514.4	695.3	1121	139.7	1271
$7\frac{1}{16}$×70	179.4	2099	514.4	777.9	1235	139.7	1612
$7\frac{1}{16}$×105	179.4	2099	514.4	809.6	1267	139.7	1725

表 2－28 美国 Shaffer 公司 LWS 型闸板防喷器技术参数

参数	数值	
工作压力，MPa	70	35
通径，mm（in）	179.4（$7\frac{1}{16}$）	179.4（$7\frac{1}{16}$）
油缸内径，mm	355.6	165.1
液压锁紧长度，mm	—	—
手动锁紧长度，mm	1899	1480
宽度，mm	784.2	544.5

续表

参数			数值	
高度,mm	单闸板	栽丝连接	603.3	318
		法兰连接	1013	717.6
		卡箍连接	—	—
	双闸板	栽丝连接	1105	679.5
		法兰连接	1514	1016
		卡箍连接	—	—
质量,kg	单闸板	栽丝连接	2783	628.9
		法兰连接	3026	719.6
		卡箍连接	2858	—
	双闸板	栽丝连接	5405	1137
		法兰连接	5645	1229
		卡箍连接	5478	—
关闭油量,L			19.87	5.49
开启油量,L			16.5	4.47
侧门螺栓	对边尺寸,mm		55.56	31.75
	上紧扭矩,kN·m		482	127

3)旋转防喷器

主要结构见图2-20至图2-22,基本参数见表2-29和表2-30。

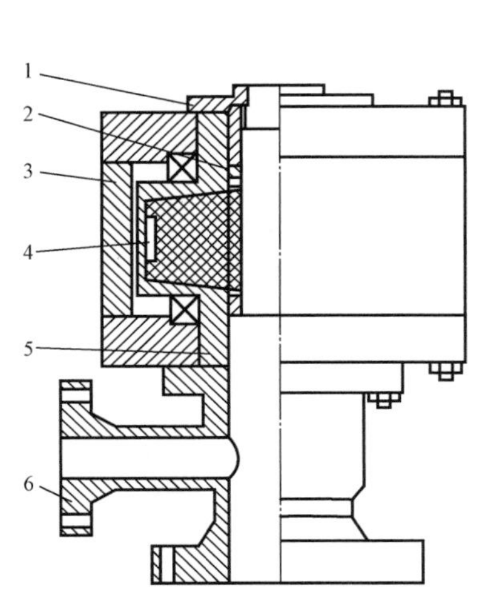

图2-20　SEAL TECHE旋转防喷器

1—方补心;2—封隔器;3—轴承;4—胶芯;5—动密封;6—法兰

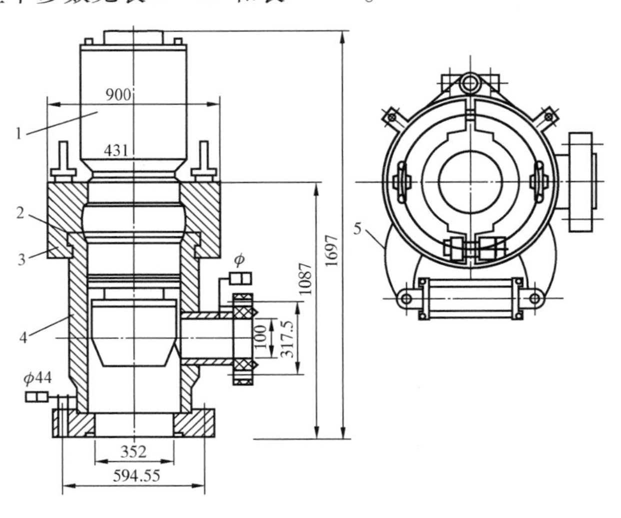

图2-21　Williams公司7100型旋转防喷器

1—轴承总成;2—密封圈;3—卡箍;4—底座;5—油缸

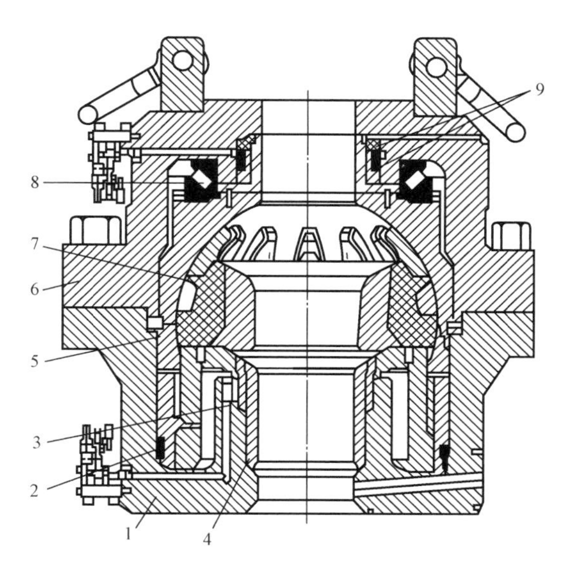

图 2-22 Shaffer 公司 PCWD 旋转球形防喷器结构图

1—下壳体;2—活塞;3—下部动密封;4—活塞套;5—扶正轴承;6—上壳体;
7—胶芯;8—主轴承;9—上部动密封

表 2-29 华北石油荣盛机械制造有限公司 XF35-10.5/21 旋转防喷器技术参数

项目	技术参数
最大静密封压力,MPa	21
最大动密封压力,MPa	10.5
最大转速,r/min	100
中心管通径,mm	178
旋转总成外径,mm	436
可封钻具,mm(in)	133.4(5¼)六方钻杆+127(5)钻杆(带18°/35°接头)
工作介质	钻井液、原油、天然气
工作温度,℃	-18~121
底部法兰规格,mm(in)—MPa	346.1(13⅝)—35
侧旁通法兰规格,mm(in)—MPa	179.4(7$\frac{1}{16}$)—35
	52.4(2$\frac{1}{16}$)—35

表 2-30 川庆钻采工艺技术研究院 XK28(18)-3.5/7 旋转控制头主要技术参数

型号	XK18-3.5/7
公称通径,mm(in)	180(7$\frac{1}{16}$)
底法兰连接,mm(in)—MPa	179.4(7$\frac{1}{16}$)—21
侧出口连接,mm(in)—MPa	103(4$\frac{1}{16}$)—21
侧进口连接,mm(in)—MPa	52(2$\frac{1}{16}$)—21 型栽丝法兰或 60.3(2⅜)平式油管螺纹

续表

型号		XK18 - 3.5/7
中心管通径,mm		182
工作压力,MPa	最大动压	3.5
	最大静压	7
最大转速,r/min		100
可封钻具,mm(in)		133.4(5¼)方钻杆+127(5)钻杆,108(4¼)方钻杆+89(3½)钻杆,89(3½)方钻杆+89(3½)钻杆,76.2(3)方钻杆+73(2⅞)钻杆
工作介质		空气、泡沫和各种钻井液
外形尺寸,mm		总高925,旋转总成外径374,壳体高度640

2. 防喷器控制系统

防喷器控制系统主要由远程控制台、司钻控制台、报警系统及相互连接的空气管缆和液压管线组成(图2-23)。

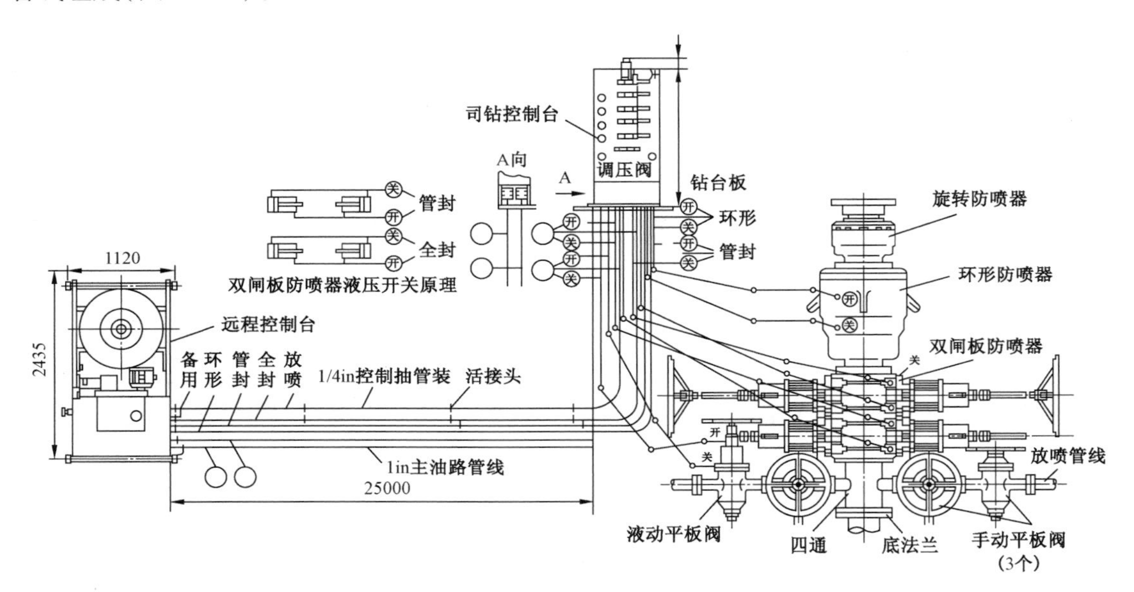

图2-23 防喷器控制系统及其安装示意图

司钻控制台、报警系统和液压管线基本参数见表2-31。

表2-31 防喷器控制系统——司钻控制台基本参数

型号	控制方式	控制数量	工作介质	工作压力,MPa	系统控制
SZQ014	气控	4	压缩空气	0.65~0.8	FKQ3204B/E
SZQ114	气控	4	压缩空气	0.65~0.8	FKQ3204G
SZQ115	气控	5	压缩空气	0.65~0.8	FKQ4005B

续表

型号	控制方式	控制数量	工作介质	工作压力,MPa	系统控制
SZQ116	气控	6	压缩空气	0.65～0.8	FKQ6406/E FKQ8006
SZQ117	气控	7	压缩空气	0.65～0.8	FKQ6407/E FKQ8007 FKQ12807

3. 井控管汇

井控管汇包括节流管汇、压井管汇、防喷管线、放喷管线及相应管线、配件、压力表等。常用井控管汇基本参数见表2－32和表2－33。

表2－32 承德江钻石油机械有限责任公司节流管汇的主要技术参数表

名称	节流管汇
型号	JG21,JG35,YJG35H,JG70,YJG70,YJG70E,YJG700,YJGl05
主通径×旁通径 mm×mm	103×103,103×80,103×65,103×52,80×80,80×65,80×52,65×52, 由此可派生出各种符合油田需求的各种规格的管汇
工作压力,MPa	21,35,70,105
工作温度,℃	29～121(P U1)
工作介质	石油,钻井液(含 H_2S)
控制形式	双翼单联手动,双翼双联手动,双翼双联液动,三翼双联手动,三翼双联液动

表2－33 上海第一石油机械厂节流管汇技术参数表

型号	YJ35	SYJ35	YJ70	HY70
名称	液动节流管汇	手动节流管汇	液动节流管汇	海上流动节流管汇
工作压力,MPa	35	35	70	70
主通径,mm	103	103	78	78
节流阀通径,mm	进65,出41	65	进65,出41	进65,出41
闸阀规格,MPa	65×35	65×35	78×70	78×70
	103×35	103×35	52.4×70	52.4×70
	—	—	79.4×35	79.4×35
单流阀规格,MPa	65×35	65×35	52.4×70	52.4×70
密封垫环	R27,R37,R39	R27,R37,R39	BX－152 BX－154 BX－154	BX－154 BX－156 BX－155
压力传感器型号	YPQ－01－Z/40	YPQ－01－Z/40	YPQ－01－Z/70	YPQ－01－Z/70
耐震压力表型号	YTN－124(40MPa)	YTN－124(40MPa)	YTN－160(100MPa)	YTN－160(100MPa)
进口法兰	6B×103－35	6B×103－35	6B×78－70	6B×78－70
	6B×52.4－70	6B×103－35	6B×103－35	6B×52.4－70

续表

型号	YJ35	SYJ35	YJ70	HY70
名称	液动节流管汇	手动节流管汇	液动节流管汇	海上流动节流管汇
出口法兰	6B×103 - 21	6B×103 - 21	6B×78 - 70	6B×78 - 70
	6B×103 - 21	6B×103 - 21	6B×79.4 - 35	6B×79.4 - 35
控制方法	液动	手动	液动	液动
工作介质	水、钻井液、石油	水、钻井液、石油	水、钻井液、石油	水、钻井液、石油
工作温度,℃	-29 ~ 121	-29 ~ 121	-29 ~ 121	-29 ~ 12
外形尺寸（长×宽×高）mm×mm×mm	3350×2518×1935	3350×2318×1180	4694×2820×1660	5363×1000×5326
质量,kg	4530	4060	5586	—

第三章　完井技术

本章所述的完井技术是指完井工程中涉及的气井井身结构设计、完井方式、投产测试等一系列的工艺技术。为了确保气井在设计寿命周期内能有效控制井筒流体的流动，借鉴了国际上对气井的完整性管理和评价成果，提供了完井前的井筒完整性、作业过程中的井筒完整性和气井生产中的井筒完整性等3个环节的评价方法，也归纳了含硫气井、出砂气井和储气库气井等特殊气井典型的完井技术。

第一节　井身结构

井身结构主要包括套管层次和每层套管的下入深度，以及套管和井眼尺寸的配合。生产套管是钻达目的层后下入的最后一层套管，它的下入位置决定了下一步的完井方式，与储层保护、天然气开采方式紧密相关。

一、生产套管

开发井套管设计应当以生产管柱尺寸为依据，按从内到外的原则设计。

1. 尺寸匹配要求

生产套管既要满足生产油管的下入要求，也要满足钻头钻进要求，其相互匹配关系见表3－1和图3－1。

表3－1　气井油管、套管尺寸匹配表

油管外径，mm	生产套管尺寸，mm	油管外径，mm	生产套管尺寸，mm
≤60.3	127	127.5	177.8～193.7
73	139.7	139.7	139.7～244.5
88.9	168.3～177.8	177.8	244.5
101.6	177.8	193.7	273.1
114.3	177.8	244.5	339.7

注：如果井下下入安全阀，为满足安全阀外径下入要求，某些安全阀以上的生产套管可加大一级，一般距地表100～200m。

2. 安全生产要求

生产套管柱的设计原则是既安全又经济，即根据套管柱在井下的工况，建立套管强度与套管柱受力之间的平衡关系，确保安全第一。目前的解决方法主要是按生产套管柱在井下最危险的工况来确定受力大小，进而采取合理的套管柱强度设计方法，确保套管柱的安全。

3. 完井要求

由于射孔完井能最大限度地改善多层系储层的层间干扰问题，因此绝大部分气井采用射

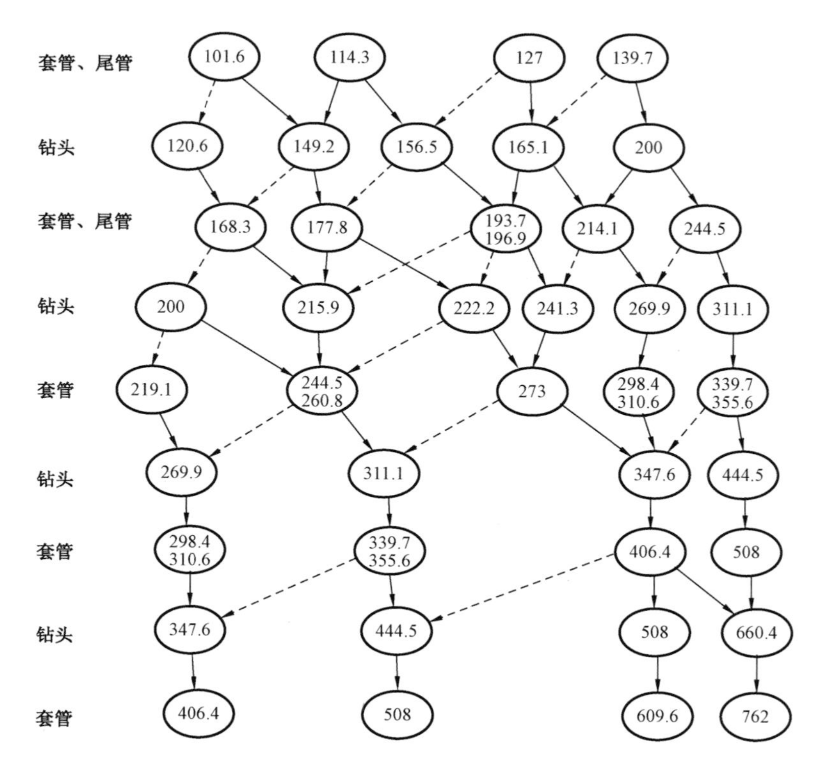

图3－1　套管尺寸和钻井井眼尺寸的配合(单位:mm)

孔完成。由于射孔对生产套管的强度和使用寿命有一定影响,因此,应选用射孔后保持不裂或不变形的优质套管。

采用封隔器完井的气井,应考虑到长期开采过程中,由于封隔器失效或套管螺纹密封损坏,气体进入套管与油管环形空间,在这种情况下,生产套管将承受很高的内压力。因此,应严格进行生产套管抗内压强度校核。

4. 抗腐蚀要求

对于各种类型气藏,其地层流体的性质不尽相同,有的地层水矿化度高。生产套管在与这些地层流体长期接触的过程中,加上井下高温、高压的影响,很容易产生腐蚀破坏。因此,防止气井生产套管的腐蚀破坏,延长气井寿命已成为增加产量、降低生产成本、提高生产效益的重要问题。

二、生产油管柱

生产管柱是指油管和组合在油管柱上的井下工具,如井下安全阀、完井封隔器(详见第九章)等附件的总称。设计生产管柱就是按开发方案要求,确定油管柱结构,包括油管的选择(详见第八章)、井下安全阀等附件的组合设计等。

1. 生产管柱结构类型

常见生产管柱类型包括光油管柱、单封隔器油管柱、双封隔器油管柱和多封隔器油管柱,可应有于不同类型的气田,见表3－2。

表 3－2 常用气井完井管柱及其适用范围

<table>
<tr><th colspan="2">生产管柱类型</th><th>适用范围</th><th>管柱结构示意图</th><th>典型应用</th></tr>
<tr><td rowspan="5">光油管柱</td><td>普通碳钢光油管(可带井下节流器或气举阀)</td><td>适用于常压或低压、不含酸性介质气井</td><td rowspan="4"> 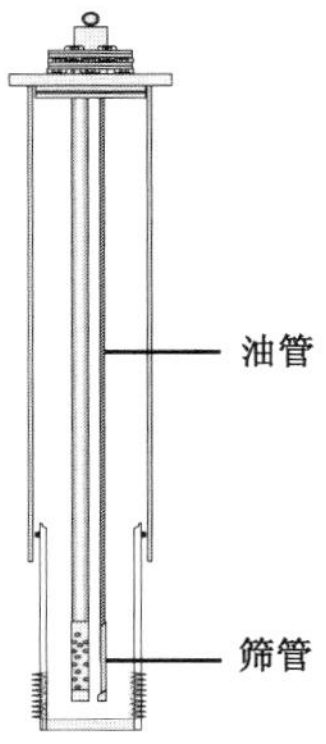油管
筛管</td><td rowspan="2">四川须家河气田、长庆苏里格气田等</td></tr>
<tr><td>连续油管</td><td>适用于低压、不含酸性介质、小产量、产水气井</td></tr>
<tr><td>抗硫光油管(可带井下节流器或气举阀)</td><td>适用于常压或低压、中低含酸性介质气井</td><td>四川大部分中低含硫气田</td></tr>
<tr><td>玻璃钢光油管</td><td rowspan="2">适用于常压或低压、中低含酸性介质气井,不需排水工艺的气井</td><td rowspan="2">四川磨溪气田等</td></tr>
<tr><td>抗硫油管(可带井下节流器)+玻璃钢油管</td><td> 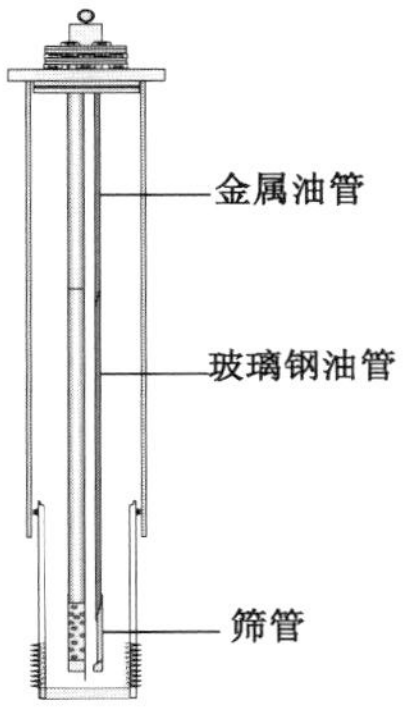金属油管
玻璃钢油管
筛管</td></tr>
<tr><td rowspan="2">单封隔器油管柱</td><td>油管(可带气举阀)+封隔器+油管(可带射孔枪)</td><td>适用于中高含硫、产水气井</td><td> 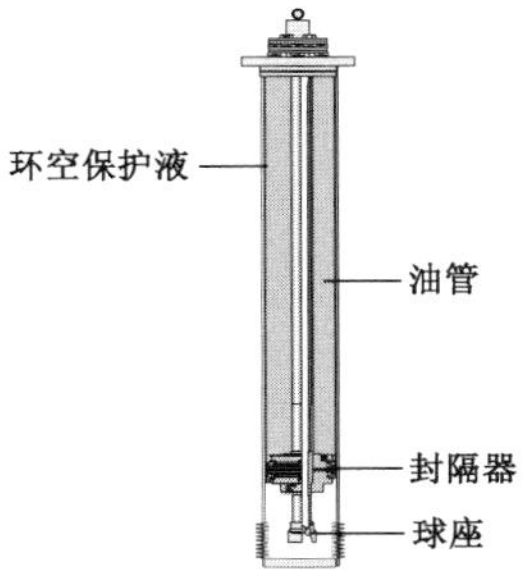环空保护液
油管
封隔器
球座</td><td>四川中坝雷三气藏</td></tr>
<tr><td>油管+生产滑套+封隔器+油管</td><td>适用于上下两层(上层不含酸性介质)油套分采(或合采)</td><td> 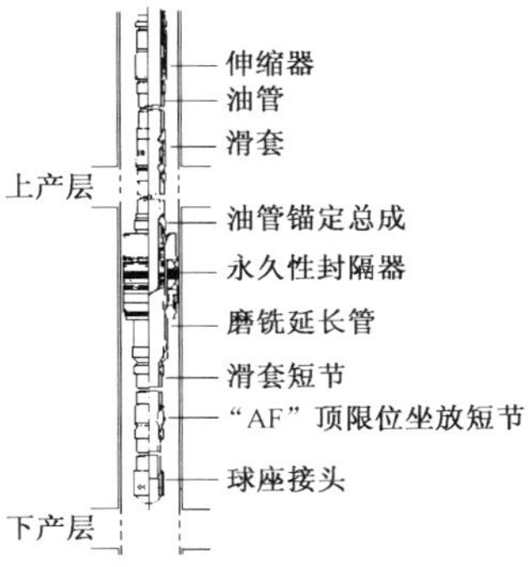伸缩器
油管
滑套
上产层
油管锚定总成
永久性封隔器
磨铣延长管
滑套短节
“AF”顶限位坐放短节
球座接头
下产层</td><td>四川铁山气田、九龙山气田等</td></tr>
</table>

续表

生产管柱类型		适用范围	管柱结构示意图	典型应用
单封隔器油管柱	油管＋注入阀(可带注入管线)＋封隔器＋油管(可带射孔枪)	适用于采用材质防腐措施的高酸性气井	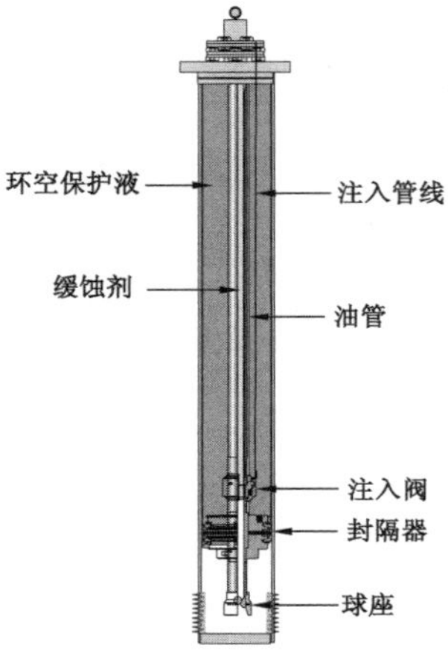	四川罗家寨气田、大庆徐深气田等
	油管＋井下安全阀＋油管(可带伸缩短节或循环滑套等)＋封隔器＋油管(可带射孔枪)	适用于材质防腐措施的高酸性气井或高温高压气井	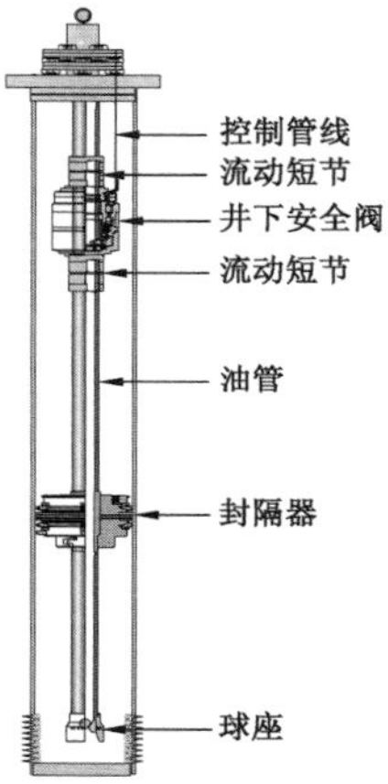	四川龙岗、普光、罗家寨气田，大庆徐深气田，吉林长岭气田，塔里木克拉、大北、迪那气田等
	油管＋井下安全阀＋油管(可带伸缩短节或循环滑套等)＋温度压力监测短节(可带电缆)＋封隔器＋油管(可带射孔枪)	适用于需要进行井下温度压力监测的高酸性气井或高温高压气井	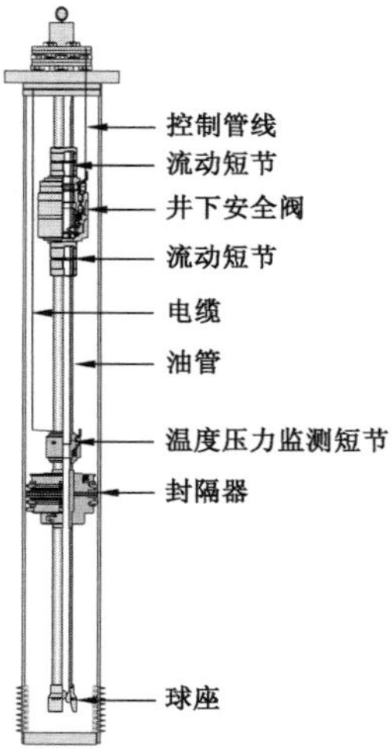	四川普光气田等

续表

生产管柱类型		适用范围	管柱结构示意图	典型应用
单封隔器油管柱	油管+井下安全阀+油管(可带伸缩短节或循环滑套等)+封隔器+油管+PBR插入密封	适用于大产量气井或储气库注采井	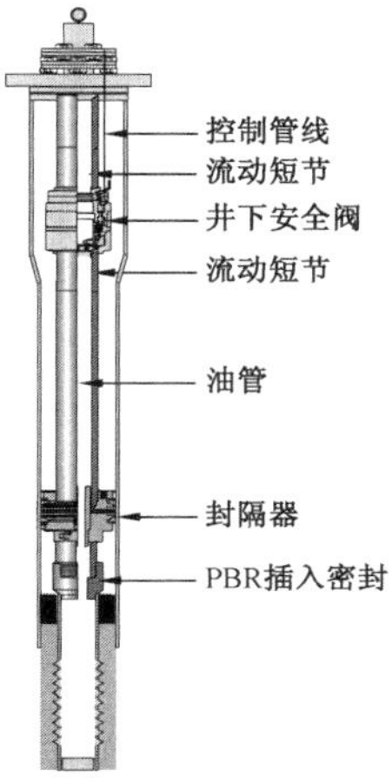 控制管线 流动短节 井下安全阀 流动短节 油管 封隔器 PBR插入密封	塔里木克拉气田等
双封隔器油管柱	油管+双管封隔器+油管+封隔器+油管	适用于上下两层(下层不含酸性介质)油套分采	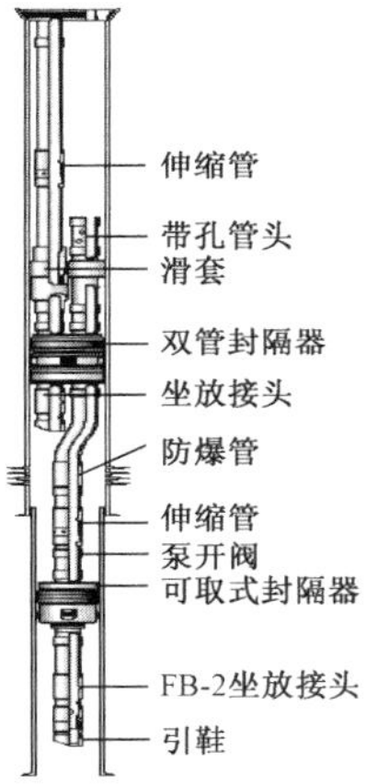 伸缩管 带孔管头 滑套 双管封隔器 坐放接头 防爆管 伸缩管 泵开阀 可取式封隔器 FB-2坐放接头 引鞋	四川五百梯气田等
	油管+井下安全阀+油管(可带伸缩短节或循环滑套等)+封隔器+油管(可带伸缩短节)+改造滑套+封隔器+油管	适用于高酸性超深、分层(两层)改造合层开采的气井	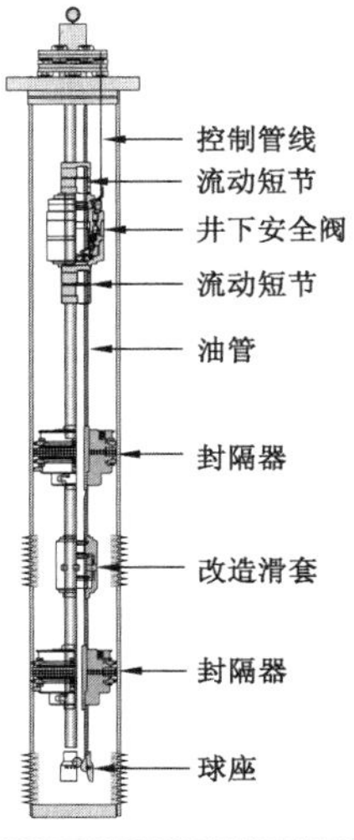 控制管线 流动短节 井下安全阀 流动短节 油管 封隔器 改造滑套 封隔器 球座	四川龙岗气田等

续表

生产管柱类型		适用范围	管柱结构示意图	典型应用
多封隔器油管柱	回接油管(可带井下节流器)+悬挂封隔器+油管+裸眼封隔器+改造滑套+裸眼封隔器+油管(可根据改造级数增加"裸眼封隔器+改造滑套+裸眼封隔器")	使用于不含或中低含酸性介质的中深层、分层(段)改造合层开采的气井	投球器 —投球管线 —压裂管线 封隔器 封隔器 封隔器 封隔器 封隔器 封隔器 6# 5# 4# 3# 2# 1#	四川须家河、磨溪气田,长庆苏里格气田,吉林长深气田,大庆徐深气田等

2. 生产管柱设计方法

常用完井管柱强度设计方法见表3-3。

表3-3　常用完井管柱强度设计方法

设计方法	原理及特点
等安全系数法	(1)指设计的管柱各段的最小安全系数都等于规定的安全系数。 (2)首先等安全系数法选出符合抗内压强度要求的油管,然后再进行抗拉和抗挤设计。 (3)采用三轴应力进行强度校核,设计出的各段油管安全系数是相等的
等边界载荷法	(1)边界载荷法的抗内压和抗挤设计方法与等安全系数法相同,只是在中上部以上各段油管改由抗拉设计时,不用抗拉强度除以安全系数所得的可用强度,而是用第一段油管以抗拉设计的油管抗拉强度和安全系数所决定的边界载荷算出的可用强度来选用以上各段油管。 (2)以后均用各段的抗拉强度减去同一边界载荷,而得出它们的可用强度,并据此设计各段油管的使用长度。这样设计出的各段油管,其边界载荷相等,而安全系数是不同的
最大载荷法	(1)以最大载荷法设计油管柱是目前美国及欧洲有关石油公司广泛使用的方法。 (2)根据油管柱实际所受的有效载荷再考虑一定的安全系数来设计油管柱。 (3)载荷计算依油管种类而不同。 (4)其设计步骤先按有效内压力,后按有效外压力及拉力进行设计。 (5)考虑拉伸应力对抗外挤强度的影响

3. 生产管柱强度校核相关计算

1)抗挤强度计算

(1)屈服挤毁强度计算。

当$D_c/\delta \leqslant (D_c/\delta)_{yp}$时:

$$p_{co} = 2Y_P\left[\frac{(D_c/\delta)-1}{(D_c/\delta)^2}\right] \tag{3-1}$$

$$(D_c/\delta)_{yp} = \frac{\sqrt{(A-2)^2+8(B+0.0068947C/Y_P)}+(A-2)}{2(B+0.0068947C/Y_P)} \tag{3-2}$$

$$A = 2.8762 + 1.5485 \times 10^{-4} Y_P + 4.47 \times 10^{-7} Y_P^2 - 1.62 \times 10^{-10} Y_P^3 \tag{3-3}$$

$$B = 0.026233 + 7.34 \times 10^{-5} Y_P \tag{3-4}$$

$$C = -465.93 + 4.475715 Y_P - 2.2 \times 10^{-4} Y_P^2 + 1.12 \times 10^{-7} Y_P^3 \tag{3-5}$$

式中 D_c——管体外径，mm；

δ——管体壁厚，mm；

$(D_c/\delta)_{yp}$——屈服挤毁与塑性挤毁交点的径厚比；

p_{co}——抗挤强度，mm；

Y_P——管材屈服强度，MPa。

(2)塑性挤毁强度计算。

当$(D_c/\delta)_{yp} \leqslant D_c/\delta \leqslant (D_c/\delta)_{pt}$时：

$$p_{co} = Y_P\left[\frac{A}{(D_c/\delta)} - B\right] - 0.0068947C \tag{3-6}$$

$$(D_c/\delta)_{pt} = \frac{Y_P(A - F)}{0.0068947C + Y_P(B - G)} \tag{3-7}$$

$$F = \frac{3.238 \times 10^5 \left(\frac{3B/A}{2 + B/A}\right)^3}{Y_P\left[\frac{3B/A}{2 + B/A} - (B/A)\right]\left(1 - \frac{3B/A}{2 + B/A}\right)^2} \tag{3-8}$$

$$G = FB/A \tag{3-9}$$

式中 $(D_c/\delta)_{pt}$——塑性挤毁与过度挤毁交点的径厚比。

(3)过度挤毁强度计算。

当$(D_c/\delta)_{pt} \leqslant D_c/\delta \leqslant (D_c/\delta)_{te}$时：

$$p_{co} = Y_P\left[\frac{F}{(D_c/\delta)} - G\right] \tag{3-10}$$

$$(D_c/\delta)_{te} = \frac{2 + B/A}{3B/A} \tag{3-11}$$

式中 $(D_c/\delta)_{te}$——过度挤毁与弹性挤毁交点的径厚比。

(4)弹性挤毁强度计算。

当 $D_c/\delta \geqslant (D_c/\delta)_{te}$时：

$$p_{co} = \frac{3.238 \times 10^5}{(D_c/\delta)(D_c/\delta - 1)^2} \tag{3-12}$$

2)管体屈服强度计算

$$T_Y = 7.85 \times 10^{-4}(D_c^2 - D_{ci}^2) Y_P \tag{3-13}$$

式中　T_Y——管体屈服强度，kN；

D_{ci}——管体内径，mm。

3）抗内压强度计算

（1）管体破裂强度计算：

$$p_{bo} = 0.875\left(\frac{2Y_P\delta}{D_c}\right) \tag{3-14}$$

式中　p_{bo}——抗挤强度，MPa。

（2）接箍开裂强度计算：

$$p_{bj} = 0.875\left(\frac{2Y_P\delta_{cj}}{D_{cj}}\right) \tag{3-15}$$

式中　p_{bj}——套管接箍开裂压力，MPa；

δ_{cj}——接箍壁厚，mm；

D_{cj}——接箍内径，mm。

4）抗拉强度计算

（1）平式油管连接。

对于平式油管的抗拉强度计算，是以螺纹根部面积为基础计算的。

$$P_r = 7.85 \times 10^{-4} Y_b[(D - 2h)^2 - d^2] \tag{3-16}$$

（2）加厚油管连接强度。

对于加厚油管的抗拉强度计算，是以管体横截面积为基础计算的。

$$P_r = 7.85 \times 10^{-4} Y_b(D^2 - d^2) \tag{3-17}$$

上二式中　P_r——抗拉强度，kN；

Y_b——钢材屈服极限，MPa；

D——油管外径，mm；

d——油管内径，mm；

h——螺纹高度，mm，10 扣/in，$h = 1.41$mm；8 扣/in，$h = 1.81$mm。

5）三轴等效应力计算

$$\sigma_{VME} = \frac{1}{\sqrt{2}}\sqrt{(\sigma_z - \sigma_\theta)^2 + (\sigma_\theta - \sigma_r)^2 + (\sigma_r - \sigma_z)^2} \tag{3-18}$$

$$\sigma_r = \frac{r_i^2 - \dfrac{r_r^2 r_o^2}{r^2}}{r_o^2 - r_i^2}p_i - \frac{r_o^2 - \dfrac{r_i^2 r_o^2}{r^2}}{r_o^2 - r_i^2}p_o \tag{3-19}$$

$$\sigma_\theta = \frac{r_i^2 + \dfrac{r_r^2 r_o^2}{r^2}}{r_o^2 - r_i^2}p_i - \frac{r_o^2 + \dfrac{r_i^2 r_o^2}{r^2}}{r_o^2 - r_i^2}p_o \tag{3-20}$$

式中 σ_z——管柱横截面上任一点的轴向应力,包括自重、浮重、压力载荷、弯曲、冲击负荷、摩擦力、点载荷、温度负荷以及压曲临界载荷的影响,MPa;

r_o——外径,mm;

r_i——内径,mm;

r——计算应力点的半径,mm;

p_i——内压,MPa;

p_o——外压,MPa。

6)三轴应力强度计算

(1)三轴抗挤强度值计算:

$$p_{ca} = p_{co}\left[\sqrt{1 - \frac{3}{4}\left(\frac{\sigma_z + p_i}{Y_p}\right)^2} - \frac{1}{2}\left(\frac{\sigma_z + p_i}{Y_p}\right)\right] \tag{3-21}$$

(2)三轴抗内压强度值计算:

$$p_{ba} = p_{bo}\left[\frac{r_i^2}{\sqrt{3r_o^4 + r_i^4}}\left(\frac{\sigma_z + p_o}{Y_p}\right) + \sqrt{1 - \frac{3r_o^4}{3r_o^4 + r_i^4}\left(\frac{\sigma_z + p_o}{Y_p}\right)^2}\right] \tag{3-22}$$

(3)三轴抗拉强度值计算:

$$T_a = 10^{-3}\pi(p_i r_i^2 - p_o r_o^2) + \sqrt{T_o^2 + 3\times 10^{-6}\pi(p_i - p_o)^2 r_o^4} \tag{3-23}$$

7)轴向应力对抗挤强度的影响

$$Y_{pa} = \left[\sqrt{1 - 0.75\left(\frac{\sigma_z}{Y_p}\right)^2} - 0.5\left(\frac{\sigma_z}{Y_p}\right)\right]Y_p \tag{3-24}$$

4. 井下安全阀

1)类型

井下安全阀按回收方式和开关机构分类,分类见表3-4,结构示意图见图3-2,技术参数见表3-5和表3-6。

表3-4　油管安全阀的分类和特点

分类依据	类别	特点
回收方式	油管回收井下安全阀	用螺纹连接于油管柱上,其内径与油管内径相同,外径大于油管外径,回收需要起出油管
	绳索回收井下安全阀	安装在油管柱内,内径远小于油管内径,采用绳索投放回收
开关机构	碟形关闭机构井下安全阀	地面打压使芯轴推动碟片旋转90°,开启安全阀;泄压芯轴上移,关闭安全阀
	球形关闭机构井下安全阀	地面打压使芯轴将球旋转90°,开启安全阀;泄压球向相反方向旋转,关闭安全阀

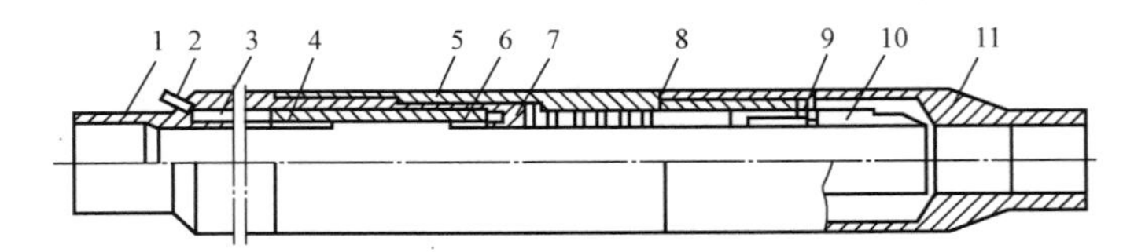

图3-2　井下安全阀结构示意图

1—上接头;2—液控管线;3—液腔;4—活塞;5—中间接头;6—中心管;7—弹簧;8—弹簧挡块;9—扭簧;10—阀板;11—下接头

表3-5　哈里伯顿公司 NE™ 油管可回收式井下安全阀技术参数

油管外径,in	最大外径,mm	内径,mm	压力等级,MPa
2⅜	92	48	34.474
	94		34.474
	101		68.948
2⅞	116	59	34.474
	118		34.474
	125		68.948
3½	128	70~71	34.474
	132		34.474
	136		68.948
	143		68.948
4½	151	95~97	51.711
	168		34.474
	171		34.474
	177		51.711

表3-6　哈里伯顿公司 BigBore 绳索可回收式井下安全阀技术参数

油管外径,in	外径,mm	内径,mm	压力等级,MPa
4½	96.85	59.9	55.158
5	104.78	59.9	55.158
5½	115.87~122.25	76.2	41.369
7	146.05~149.23	104.8	34.474
9⅝	211.45~215.9	152.4	34.474

2)井下安全阀下入深度的确定

地面控制的井下安全阀下入深度主要受关闭压力控制,井下安全阀的关闭压力由下式计算:

$$p_{clos} = \frac{SF_{comp}}{A_{pist}} \times 10^{-6} \tag{3-25}$$

式中　SF_{comp}——压缩弹簧力，N；

　　A_{pist}——活塞面积，m^2。

井下安全阀最大坐放深度由下式计算：

$$H_{max} = \frac{p_{clos}}{\rho_f g S_f} \times 10^3 \tag{3-26}$$

式中　H_{max}——井下安全阀的最大坐放深度，m；

　　p_{clos}——井下安全阀的关闭压力，MPa；

　　ρ_f——控制管线中流体的密度，g/cm^3；

　　S_f——安全系数（1.1～1.25）；

　　g——重力加速度，$9.81m/s^2$。

第二节　完井方式

根据气层地质特征和开采技术要求，建立气井井筒与气层的连通方式即为完井方式，又称完井方法。储层类型及其均质程度，岩石粒度组成，井底附近地带岩层的稳定性，产层附近有无高压层、底水或气顶、产层的渗透性等，是选择完井方法的主要根据。

一、直井（斜井）完井方式

直井（斜井）完井方式及适用的地质条件，见表3－7。

表3－7　直井（斜井）完井方式及适用的地质条件

完井方式		完井过程	适用地质条件	示意图
射孔完井	套管射孔完井	完钻后，将生产套管下至井底并注水泥固井，然后射开目的层	（1）有底水、含水夹层及易塌夹层，要求实施分隔层段的储层； （2）要求实施分层测试、分层采气、分层注水、分层处理的储层； （3）要求实施大规模水力压裂作业的低渗透储层； （4）砂岩储层、碳酸盐岩裂缝性储层	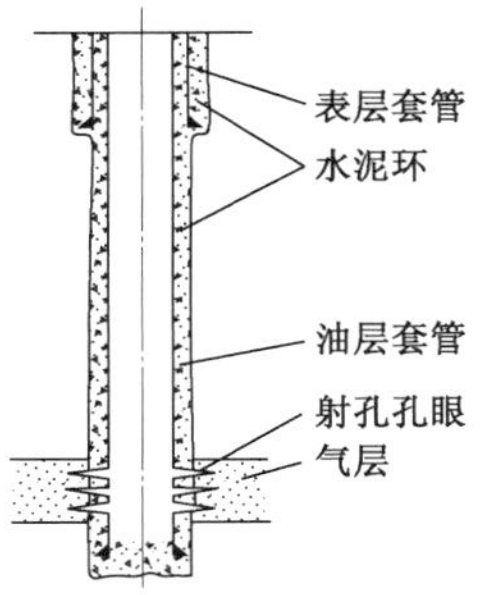 表层套管 水泥环 油层套管 射孔孔眼 气层
	尾管射孔完井	钻至气层顶界后下套管注水泥固井，然后用小一级的钻头钻至目的层，下尾管悬挂在上一级套管上，并注水泥，然后射开目的层		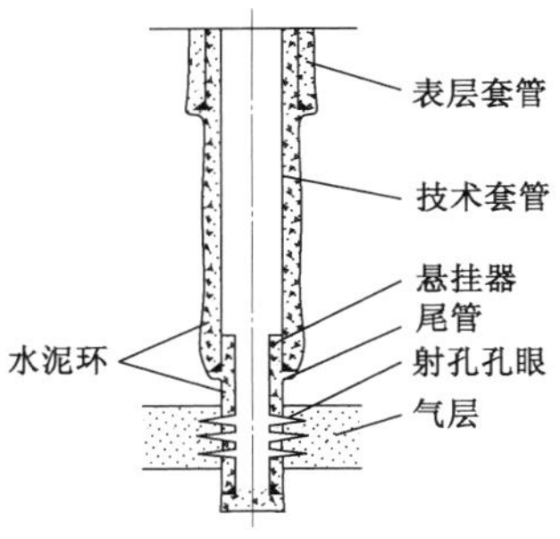 表层套管 技术套管 悬挂器 尾管 水泥环 射孔孔眼 气层

续表

完井方式		完井过程	适用地质条件	示意图
裸眼完井	先期裸眼完井	钻至气层顶界附近后，下套管注水泥固井，采用小一级钻头钻穿水泥，钻开气层至设计井深完井	(1)岩性坚硬致密，井壁稳定不坍塌的碳酸盐岩或砂岩储层； (2)无底水、无含水夹层及易塌夹层的储层； (3)单一厚储层，或压力、岩性基本一致的多层储层	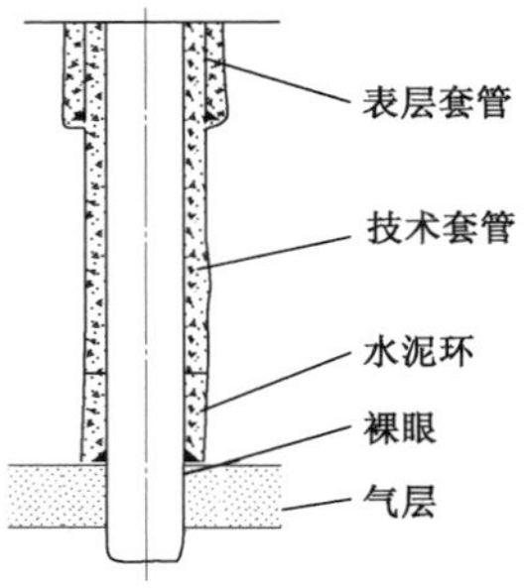 表层套管 技术套管 水泥环 裸眼 气层
	后期裸眼完井	不更换钻头，直接钻穿气层至设计井深，然后下套管至气层顶界附近，注水泥固井		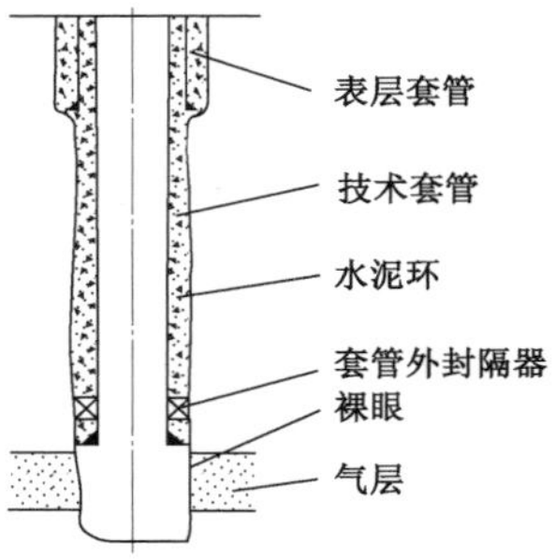 表层套管 技术套管 水泥环 套管外封隔器 裸眼 气层
割缝衬管完井	割缝衬管完井（后期固井）	用同一尺寸钻头钻穿气层后，套管柱下端连接衬管下入气层部位，通过套管外封隔器和注水泥接头固井，封隔气层顶界以上的环形空间	(1)无底水、无含水夹层及易塌夹层的储层； (2)单一厚储层，或压力、岩性基本一致的多层储层； (3)岩性较为疏松的中、粗砂粒储层	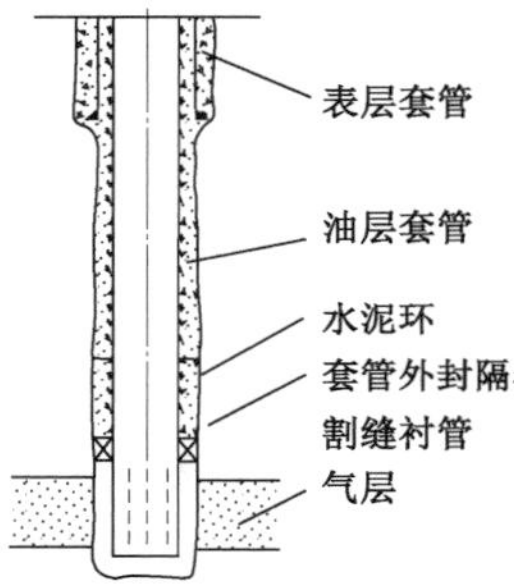 表层套管 油层套管 水泥环 套管外封隔器 割缝衬管 气层
	割缝尾管完井（先期固井）	钻至气层顶界后，下套管注水泥固井完，采用小一级钻头钻至设计井深，在油层部位下入割缝衬管，采用悬挂器悬挂在上一级套管上		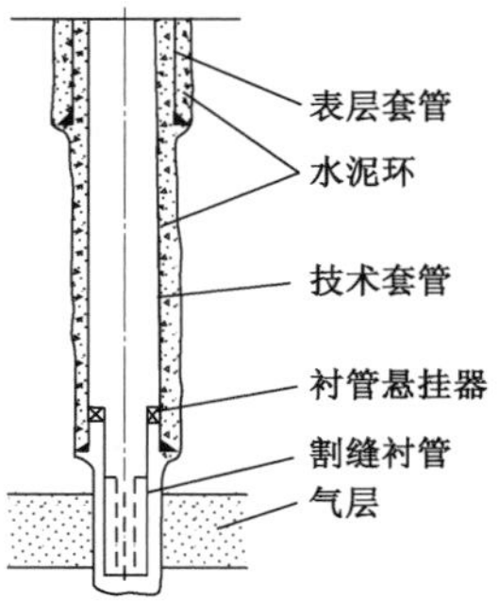 表层套管 水泥环 技术套管 衬管悬挂器 割缝衬管 气层

续表

完井方式		完井过程	适用地质条件	示意图
砾石充填完井	裸眼砾石充填完井	钻达气层顶界后，下套管注水泥固井，采用小一级钻头钻穿水泥塞，钻开气层至设计井深，然后更换扩张式钻头将气层部位扩眼，进行砾石充填	(1)无底水、无含水夹层的储层； (2)单一厚储层，或压力、物性基本一致的多层储层； (3)不准备实施分隔层段、选择性处理的储层； (4)出砂严重的中、粗、细砂粒储层	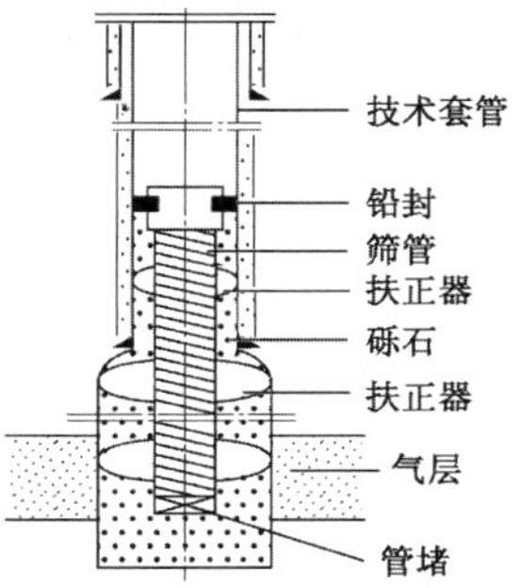
	套管砾石充填完井	钻穿气层至设计井深后，下套管至气层底部注水泥固井，对气层部位进行射孔，然后在套管内进行砾石充填	(1)有气顶或底水、含水夹层及易塌夹层等，要求实施分隔层段的储层； (2)各分层之间存在压力、岩性差异，要求实施选择性处理的储层； (3)出砂严重的中、粗、细砂粒储层	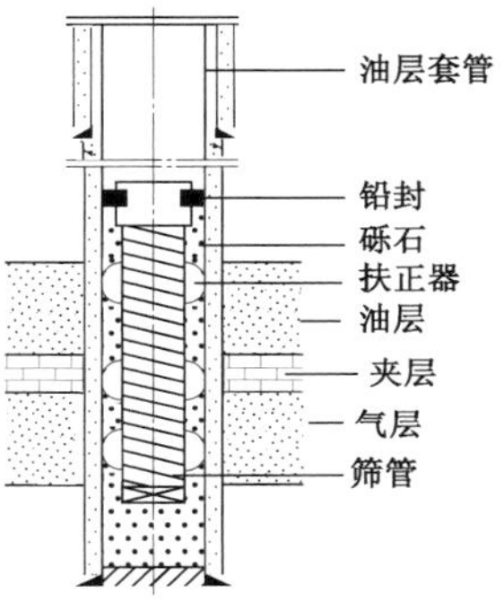

二、大斜度井和水平井完井方式

大斜度井和水平井完井方式及适用的地质条件，见表3－8。

表3－8 大斜度井和水平井完井方式及适用的地质条件

完井方式	完井过程	适用地质条件	示意图
裸眼完井	下套管至设计的水平段顶部，注水泥固井，然后采用小一级钻头钻水平井段至设计长度完井	(1)岩石坚硬致密、井壁稳定不坍塌的储层及不要求层段分隔的储层； (2)裂缝性碳酸盐岩或硬质砂岩储层； (3)短或极短曲率半径的水平井	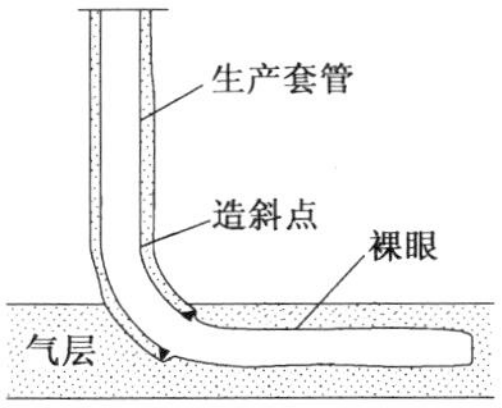
割缝衬管完井	下套管至设计的水平段顶部，注水泥固井，然后采用小一级钻头钻水平井段后，将割缝衬管(或打孔管)悬挂在上级套管上，通常需加扶正器	(1)可能发生井眼坍塌的储层； (2)不要求层段分隔的储层； (3)裂缝性碳酸盐岩或硬质砂岩储层	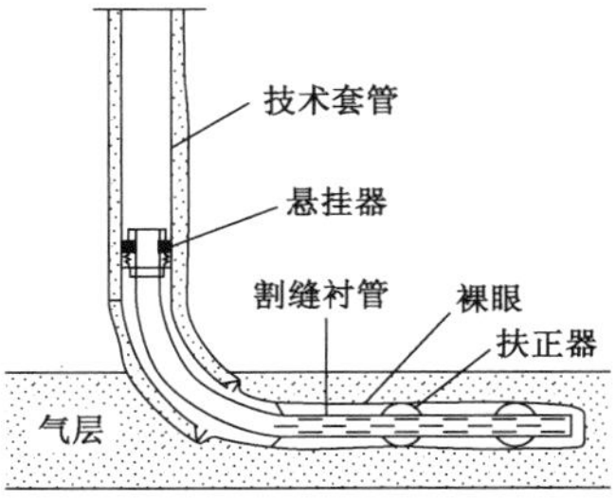

续表

<table>
<tr><th>完井方式</th><th colspan="2">完井过程</th><th>适用地质条件</th><th>示意图</th></tr>
<tr><td>管外封隔器完井</td><td colspan="2">下套管至设计的水平段顶部，注水泥固井，然后采用小一级钻头钻水平井段后，将带滑套（或割缝管、打孔管等）和带管外封隔器的衬管悬挂在上级套管上</td><td>（1）要求实施层段分隔；
（2）井壁不稳定，有可能发生井眼坍塌的储层；
（3）裂缝性或横向非均质的碳酸盐岩或硬质砂岩储层</td><td> 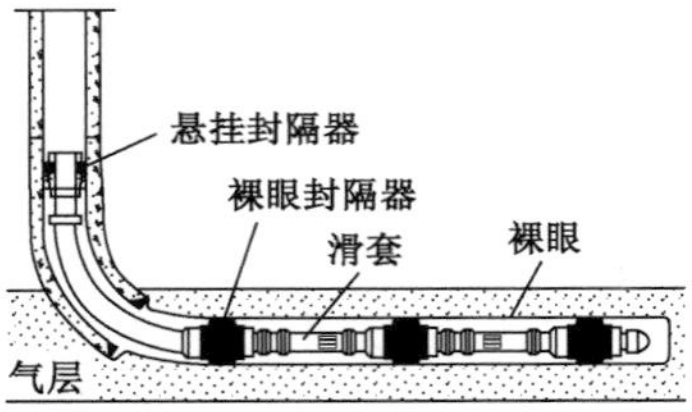</td></tr>
<tr><td>射孔完井</td><td colspan="2">技术套管下过直井段注水泥固井后，在水平段内下入完井尾管、注水泥固井。完井尾管和技术套管宜重合100m左右，最后在水平井段射孔</td><td>（1）要求实施高度层段分隔的注水开发储层；
（2）要求实施水力压裂的储层；
（3）裂缝性砂岩储层</td><td> 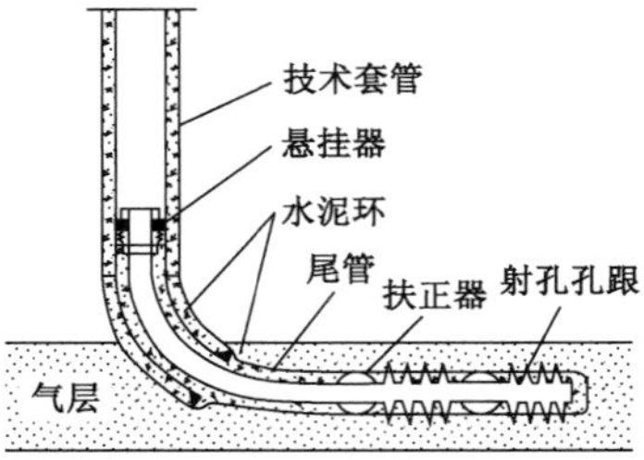</td></tr>
<tr><td rowspan="2">砾石充填完井</td><td>裸眼预充填砾石筛管完井</td><td>技术套管下过直井段注水泥固井后，在水平段内下入预充填砾石筛管悬挂在上一级套管上</td><td rowspan="2">（1）岩性胶结疏松，出砂严重的中、粗、细粒砂岩储层；
（2）不要求封隔层段的储层</td><td> 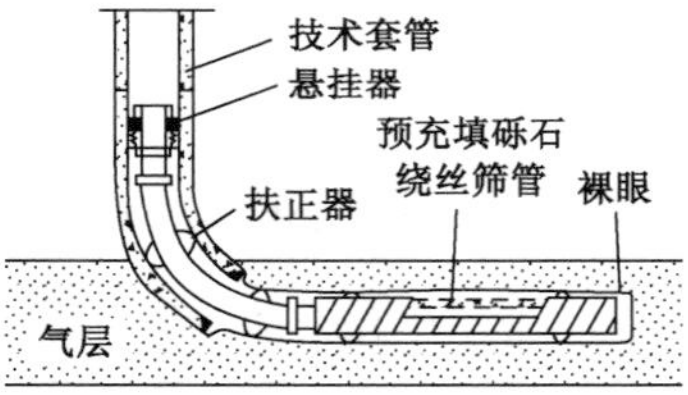</td></tr>
<tr><td>套管内预充填砾石筛管完井</td><td>在水平段内下入套管、注水泥固井，射孔后在水平段内下入预充填砾石筛管悬挂在上一级套管上</td><td> 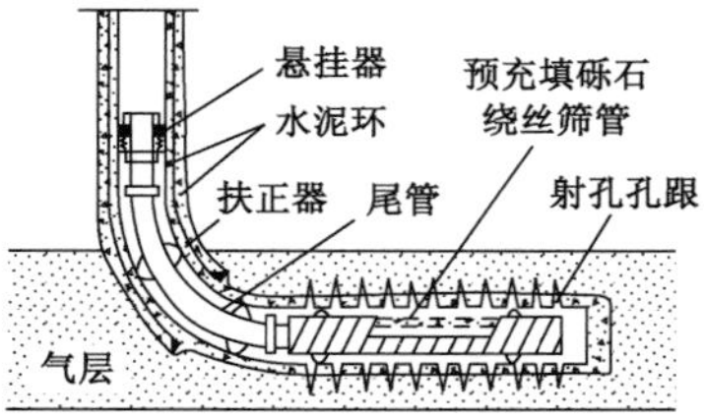</td></tr>
</table>

三、分支井完井方式

按照国外多分支先进技术（Technology Advancement Multi Laterals，TAML）组织1997年提出的标准，分支井完井系统分为1～6S级（表3－9），用来评价多分支井的连接性、连通性和隔离性。

表3－9　分支井各级完井技术特点及示意图

分级	技术特点	示意图
1级	主井筒和分支井筒裸眼，分支连接处无支持，主要应用在较坚硬、稳定的地层中	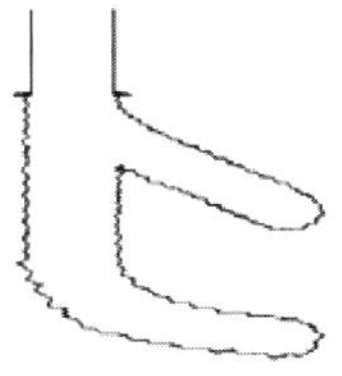
2级	主井筒下套管并固井，分支井筒保持裸露或下入简单的割缝衬管或预制滤砂管	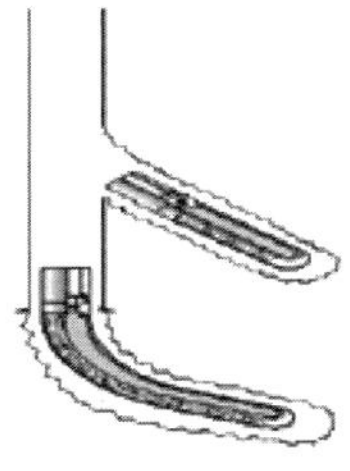
3级	主井筒下套管并固井，分支井筒下入衬管并固定在主井筒中	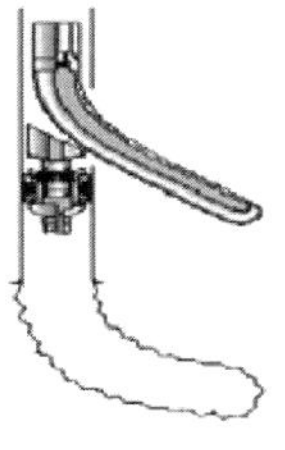
4级	主井筒和分支井筒都下套管并固井，所以主井筒和分支井筒之间具有最大的机械连接性	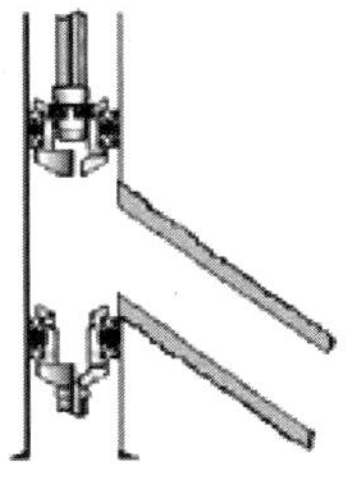
5级	主井筒和分支井筒都下套管并固井，各分支均下入油管柱，有良好的连接性能和封隔性能的要求	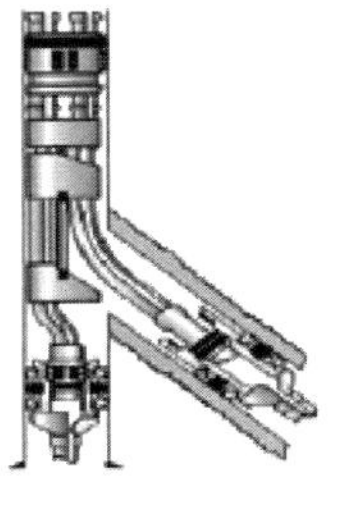

续表

分级	技术特点	示意图
6 级	通过特殊套管来实现分支连接处的机械连续性和封隔性	
6S 级	通过预制成型工具实现分支连接处的机械连续性和封隔性	

四、完井设计内容

完井设计是一个系统工程，涉及储层、井筒结构和井下作业等系列工作，其主要内容见表 3－10。

表 3－10　完井设计主要内容

项目		内容
完井方式		井筒与储层连通方式与相关参数设计
井筒评价		套管磨损程度分析及剩余强度计算、固井质量评价
油管和工具选择		用节点分析方法，考虑最小携液流量、冲蚀临界流速和摩阻损失，优选油管和工具尺寸。油管材质及安全阀和封隔器的选择
完井管柱结构及强度校核		管柱力学计算，包括下管柱、坐封、替液、射孔、储层改造、诱喷、开井和关井等完井工序中管柱的轴向变形、载荷和应力等，确定满足生产要求的完井管柱结构
增产措施		增产措施类型，液体体系与规模
完井液		类型、密度和防腐性能
完井投产施工过程控制		下管柱、安装采气树、替液、坐封、射孔、措施改造、诱喷和测试求产的具体要求和油压、套压控制参数
井控要求		采气井口选型、压井液类型、防喷器组合、压井管汇、节流管汇、地面测试流程的选择和操作要求
风险提示及安全环保措施		风险提示及防范措施，有关健康、安全、环保要求和相应预案
油管、套管压力监测与管理	许可压力值确定	生产套压、技术套压的许可压力值和井口油压的最小许可压力值
	压力监测与管理要求	各层套管压力监测要求和异常时的应对措施

第三节　射　　孔

射孔是将射孔器下至气井目的层位,射穿套管、水泥环并射入地层一定深度,建立地层流体与井筒的流动通道。

一、射孔工艺

射孔工艺主要分为油管输送射孔、电缆输送射孔和其他特殊射孔工艺(表3-11)。

表3-11　常见射孔工艺分类表

工艺分类		技术特点	示意图
油管输送射孔	常规射孔	把射孔所需射孔器全部串联在一起,连接在油管柱的末端,形成一个硬连接管串下入井中,采用压力起爆或投棒起爆,实现射孔	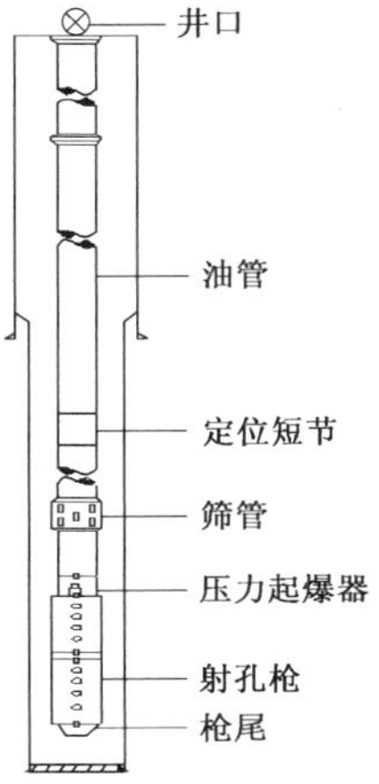 井口 油管 定位短节 筛管 压力起爆器 射孔枪 枪尾
	射孔—酸化(压裂)—测试联作	将射孔器与地层测试器连接在同一下井管柱上,在射孔后立即进行酸化、地层测试(生产)的工艺技术。主要优点是节约作业周期,一般采用负压方式射孔,便于流动。根据不同的目的和工艺条件可以使用不同的测试工具	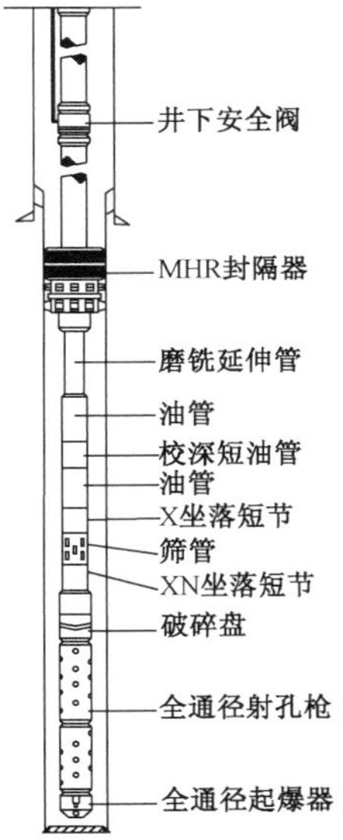 井下安全阀 MHR封隔器 磨铣延伸管 油管 校深短油管 油管 X坐落短节 筛管 XN坐落短节 破碎盘 全通径射孔枪 全通径起爆器

续表

工艺分类		技术特点	示意图
电缆输送射孔	电缆输送式过油管射孔	常规过油管射孔是在射孔前把油管下到所要射孔井段的上部,再通过油管将电缆输送的小直径射孔器下放到射孔井段,在套管中定位射孔。过油管张开射孔是通过油管将电缆输送的张开式射孔器下放到射孔井段,在套管中定位后张开射孔枪进行射孔。与常规过油管射孔工艺相比具有更大的穿透深度	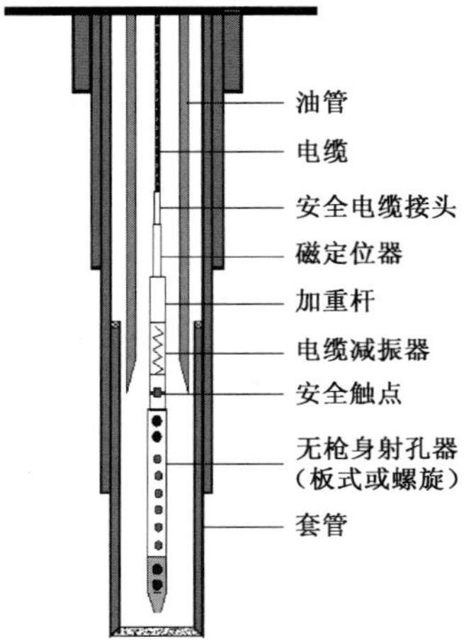 油管 电缆 安全电缆接头 磁定位器 加重杆 电缆减振器 安全触点 无枪身射孔器（板式或螺旋） 套管
	电缆输送式套管射孔	在套管内,用电缆将射孔器输送到目的层,进行定位射孔,可以采用有枪身射孔器和无枪身射孔器	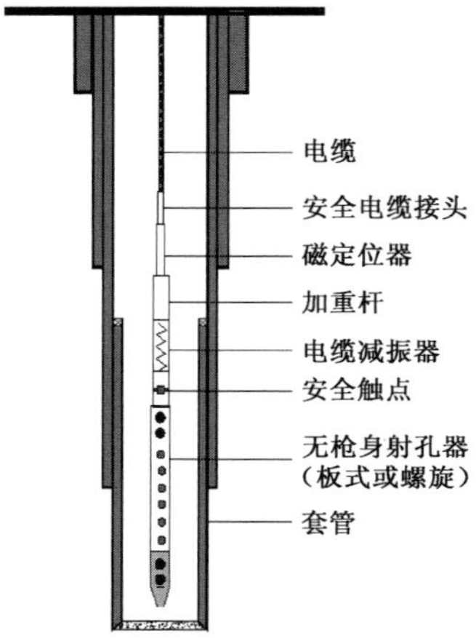 电缆 安全电缆接头 磁定位器 加重杆 电缆减振器 安全触点 无枪身射孔器（板式或螺旋） 套管
	井口带压射孔	在井筒内存在高压情况下进行的射孔作业。在射孔作业前,井口应装有配套的防喷装置	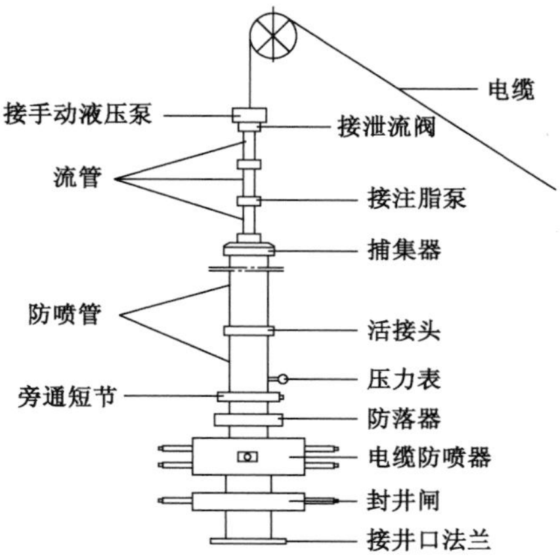 电缆 接手动液压泵 接泄流阀 流管 接注脂泵 捕集器 防喷管 活接头 压力表 旁通短节 防落器 电缆防喷器 封井闸 接井口法兰

续表

<table>
<tr><th colspan="2">工艺分类</th><th>技术特点</th><th>示意图</th></tr>
<tr><td rowspan="2">其他射孔工艺</td><td>超正压射孔工艺</td><td>是在使用酸液、压裂液及其他保护液射孔的同时，给地层施加超过地层破裂压力的压力并维持一段时间的射孔工艺，利用聚能射孔时射流局部高压和高速的原理。该工艺不仅克服了聚能射孔所带来的压实污染，且在加大延伸裂缝的同时还与压裂、酸化联作，解决了造缝、解堵、诱喷、防止出砂等一系列问题，与酸化联作避免了射孔后压井取管柱的二次污染</td><td>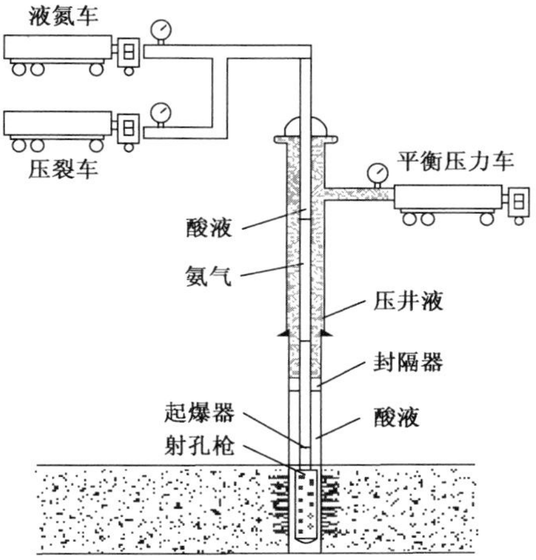
</td></tr>
<tr><td>复合射孔工艺</td><td>将射孔和高能气体压裂在一次下井过程中同时完成的工艺技术。按射孔弹和推进剂的不同组合可分为一体式、单向式、对称式和外套式4种，其作用机理是导爆索在引爆射孔弹的同时引燃推进剂，由于射孔弹的爆轰和推进剂的燃烧存在时间差，射孔弹先在套管和地层间形成一个通道，推进剂燃烧释放的高压气体随即对射孔孔道进行冲刷、压裂，破坏射孔压实带，并使孔眼周围和顶部形成多道裂缝，达到改善近井地带导流能力的目的</td><td>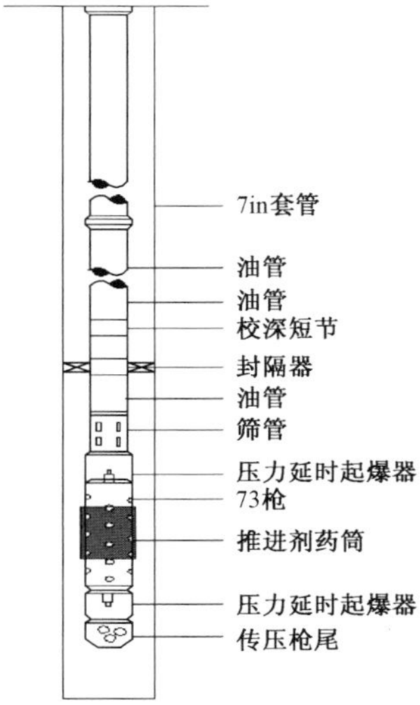
</td></tr>
</table>

续表

工艺分类		技术特点	示意图
其他射孔工艺	水平井射孔工艺	一般采用油管输送射孔工艺。井下总成一般包括引爆装置、负压附件、封隔器和定向射孔枪，采用压力引爆。定向方式主要有内定向和外定向两种，内定向在定向精度、枪径选择和方位检测等方面较外定向有一定的优势。外定向和偏心式内定向水平井射孔器都是利用偏心重力原理实现定向射孔。内定向方式是加配重块使弹架旋转达到定向射孔的目的	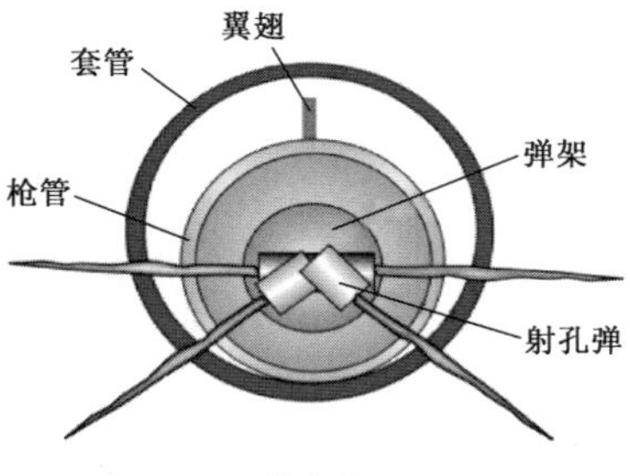 外定向 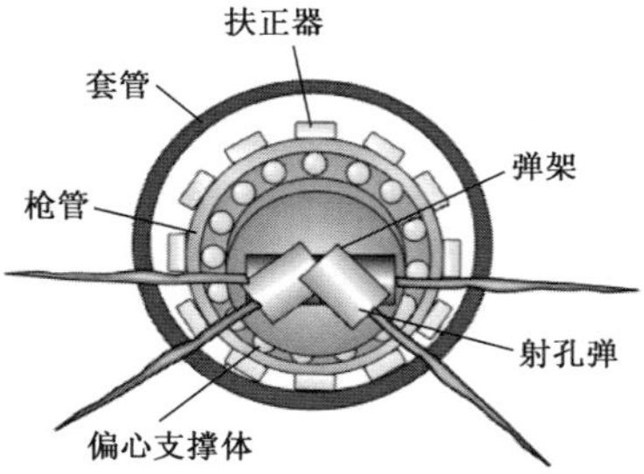 内定向
	多簇射孔	在地层储层段中仅选择性地射开多个部位，每个部位为一个射孔簇，集中射开地层。该技术必须配合精确的地层定位进行选择性射孔，可采用水力喷砂射孔或电缆传输射孔实现，其中电缆传输射孔方式要求地面具备选发点火控制能力	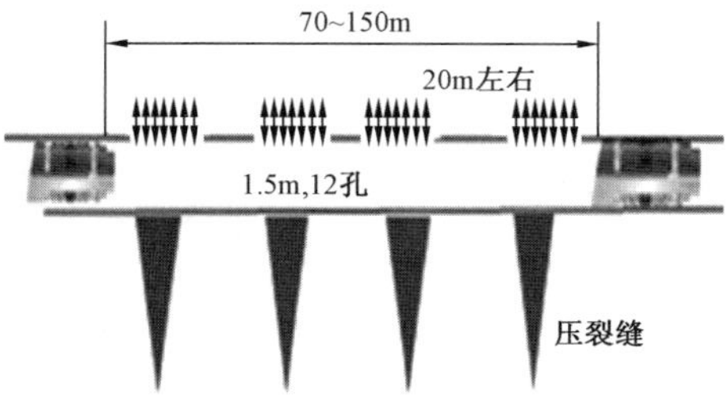
	高压液体射流射孔	利用高压液体射流配合机械打孔装置在套管上钻孔，并以高压射流穿透地层，带喷嘴的软管边喷边前进，射孔后收回，孔径为 25 ~ 50mm，最大穿深可达 100m	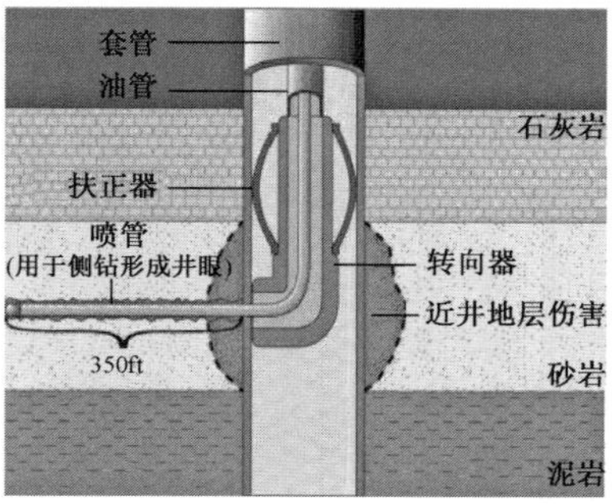

续表

工艺分类		技术特点	示意图
其他射孔工艺	水力喷砂射孔	利用高压液携砂,携砂浓度约5%左右,利用高压喷砂液体将套管射穿,继而射向地层,通常与加砂压裂工艺联作	

二、射孔优化设计

射孔对气井产能的大小有很大的影响。如果射孔作业得当,可以在很大程度上减少钻井对储层的损害,使气井理想产能达到;反之会对储层造成极大的伤害,从而降低气井产能。射孔参数优化设计的目的就是针对不同的储层和不同的射孔目的,对射孔器、射孔条件、射孔方法进行优选。

1. 孔弹性能数据准备

全国射孔检测中心定期都公布全国各种射孔弹的基本数据,主要包括混凝土靶的穿深、孔径、抗压强度等。在优化设计时,应根据每种射孔弹岩心打靶的孔深、孔径、贝雷岩心靶长度、岩心直径和射孔岩心流动效率,计算压实参数;调查射孔枪的参数,包括枪外径、适用孔密、相位角、枪的工作压力和发射后外径(包括毛刺)以及适用射孔弹型号。

2. 孔弹孔深与孔径校正

1)根据混凝土靶穿透数据转换为贝雷岩心靶数据

一些油田建立了简易的混凝土靶以检验射孔弹性能。要将混凝土靶穿透数据折算为贝雷岩心靶数据,这个数据对优化设计、产能预测和动态分析有用。根据大庆检测中心近年来公布的数据,分析发现混凝土靶和贝雷岩心靶穿透数据之间有较明显的关联性(与 API RP 43 第5版的结论相同)。图3-3和图3-4是国内计算关系图,由此可估算贝雷岩心靶的穿深和孔径。

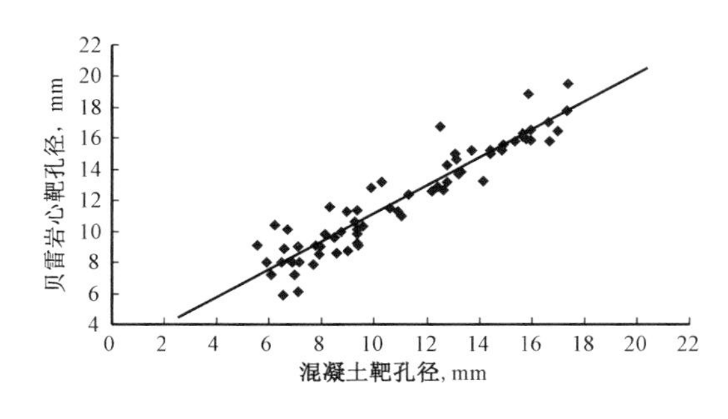

图3-3 根据混凝土靶孔径折算贝雷岩心靶孔径

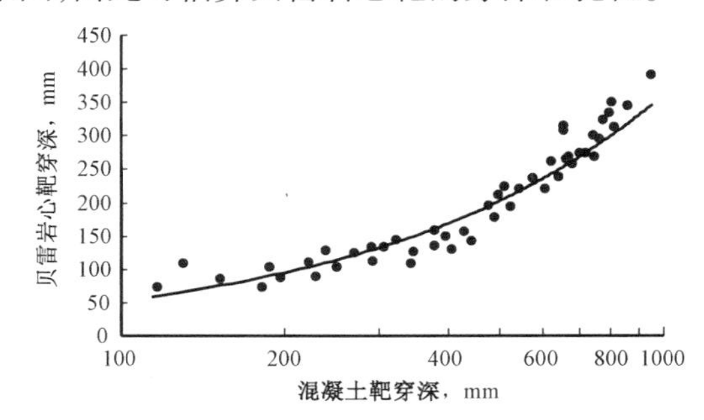

图3-4 根据混凝土靶穿深折算贝雷岩心靶穿深

2)射孔弹井下穿深和孔径的校正

虽然根据混凝土靶可以近似得到贝雷岩心靶数据结果,但实际井下条件下,穿深和孔径与地面贝雷砂岩靶的数据可能会有很大的不同。由贝雷靶向实际地层的校正应该包括枪套间隙、套管级别和层数、岩石抗压强度、射孔液垫压力、下井时间和井下温度、射孔弹存放环境和时间 6 个方面。下面是具体的经验校正方法。

(1)枪与套管间隙 δ 的校正。

最佳间隙为 0 ~ 13mm。若 δ 为 16 ~ 24mm,应将地面孔深、孔径数据乘以 0.95。若 $\delta > 25$mm,应再乘以 0.95。枪套间隙对孔深的影响要小于对孔径的影响,设计时若需要大孔径弹,则枪套间隙影响最好通过实验确定。图 3 – 5 是射孔不能居中时间隙对孔径的影响结果。

(2)下井时间和井内温度校正。

常用炸药都存在耐温与耐时问题,如果射孔环境超过炸药的耐温、耐时极限,射孔弹炸药将会降解,严重影响射孔弹性能。若可能超过耐温、耐时范围,应将地面孔深乘以 0.85 ~ 0.95。实际设计时,最好根据实际井下环境,利用射孔弹炸药的耐温、耐时曲线,选择合适的炸药类型。图3 – 6是常用炸药(RDX,HMX,HNS 和 PYX)的耐温、耐时曲线。

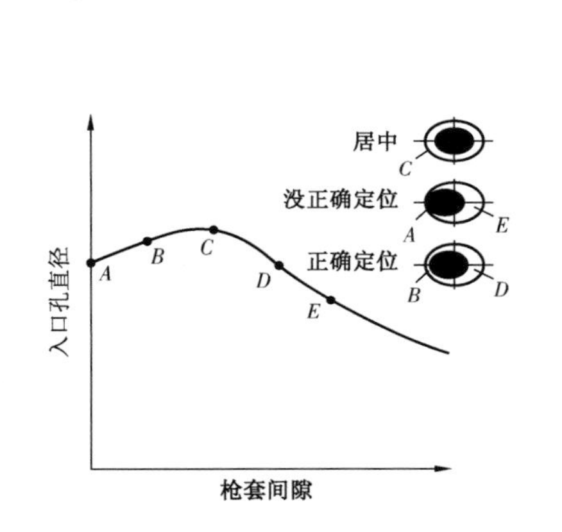

图 3 – 5　射孔枪位置对孔眼直径的影响

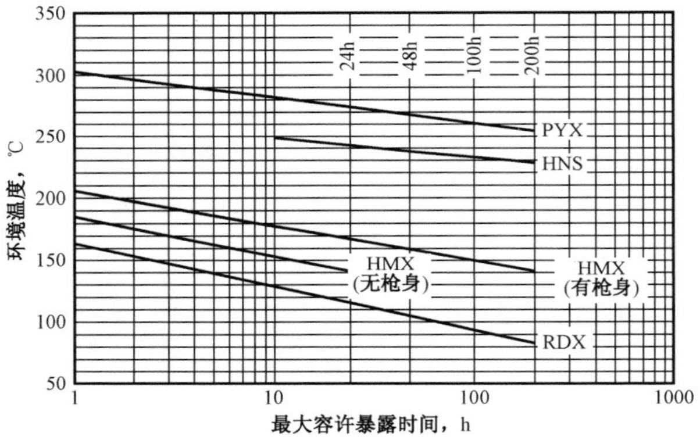

图 3 – 6　常用炸药耐温、耐时关系曲线

(3)射孔液静水压力校正。

原苏联格里戈和美国 L. A. Berhrman 等的研究表明,射孔液压增大会使孔深和孔径减小。这是由于聚能射流在穿过液层时会在液体中形成空腔。射孔液压力越大,空腔收缩回原始状态的时间就越短,使穿透能力下降。

因目前国内岩心靶测试是在“井”底压力 10.5MPa 下进行的,若实际井底压力不同则需校正。当井底压力小于 10.5MPa 时,应将地面穿深和孔径乘以 1.05;若井底压力为 15 ~ 24MPa 时,应乘以 0.95;若大于等于 25MPa 时,应再乘以 0.95。

(4)产层套管级别和层数校正。

套管强度对孔眼尺寸有直接影响,对于高速射流深穿透射孔弹,不同套管钢级下的孔眼大小可由下式计算。

$$\frac{d}{d_r} = \left(\frac{2250 + 4.2x_r}{2250 + 4.2x}\right)^{0.5} \tag{3-27}$$

式中　d——实际井下套管的孔眼直径；

d_r——地面打靶套管的孔眼直径；

x——实际井下套管的布氏硬度，无量纲；

x_r——地面打靶套管的布氏硬度，无量纲。

套管的硬度参见表3－12。

表3－12　套管级别及其物理性质

套管级别	洛氏硬度“B”	布氏硬度“C”	布氏硬度 Brinell	屈服强度，MPa
J55	81～95	—	152～209	379
K55	93～102	14～25	203～256	379
C55	93～103	14～26	203～261	517
L80	93～100	14～23	203～243	552
N80	95～102	16～25	209～254	552
C95	96～102	18～25	219～254	655
S95	—	22～31	238～294	655
P105	—	25～32	254～303	724
P110	—	27～35	265～327	758

对于油层多层套管，孔径随第二层或第三层套管的变化随弹型的不同而不同。对深穿透射孔弹来说，一般估计第二层套管孔径比第一层套管的孔径下降10%～30%，第三层套管孔径比第二层套管孔径下降10%。遇到这种情形时，最好采用地面打靶实验进行确定，特别是有特殊用途（防砂或砾石充填等）的大孔径聚能射孔弹。

穿深的校正可根据套管类型经验确定。若为N80套管，地面数据应乘以0.95；若为P110套管，地面数据应乘以0.90。双层套管时，地面孔深应乘以0.6；三层套管时，地面孔深应乘以0.4。

（5）岩石孔隙度校正。

射孔弹的穿透能力随岩石孔隙度减小（抗压强度增大）而减小。国内根据国外公司诺模图，利用回归分析方法给出了以下校正关系。

若 $\phi_f/\phi_b < 1$，则：

$$C = \left(\frac{\phi_f}{\phi_b}\right)^{1.5}\left(\frac{19}{\phi_f}\right)^{0.5} \tag{3-28}$$

当 $\phi_f/\phi_b = 1$ 时，则 $C = 1$。

若 $\phi_f/\phi_b > 1$，且 $\phi_b < 19\%$ 时，则：

$$C = \left(\frac{\phi_f}{\phi_b}\right)^{1.5}\left(\frac{\phi_b}{19}\right)^{0.5} \tag{3-29}$$

若 $\phi_f/\phi_b > 1$，且 $\phi_b \geqslant 19\%$ 时，则：

$$C = \left(\frac{\phi_f}{\phi_b}\right)^{1.5} \tag{3-30}$$

式中 C——校正系数；

ϕ_f——地层孔隙度，百分数；

ϕ_b——贝雷砂岩靶的孔隙度，百分数。

如能提供地层岩石的抗压强度，可直接采用 Thompson 方法，根据贝雷靶的抗压强度和实际地层抗压强度按下式计算：

$$C = \exp[0.0125(\sigma_r - \sigma_f)] \tag{3-31}$$

注意，该公式不能直接用于混凝土靶到地层的转换。此外，射孔弹的存放时间和存放环境对其穿透性能也有影响。

3. 钻井伤害参数的计算

主要关注钻井伤害深度和伤害程度。

钻井液滤液侵入深度的表达式为：

$$r_d = \sqrt{r_w^2 + 1.728\frac{Kt\Delta p}{\mu\phi}} - r_w \tag{3-32}$$

式中 r_d——伤害深度，mm；

r_w——井眼半径，mm；

K——地层径向渗透率，mD；

t——钻井液浸泡时间，d；

Δp——钻井压差，是指钻井过程中地层受到的回压（包括静态和动态回压），MPa；

ϕ——孔隙度，小数；

μ——滤液黏度，mPa · s。

大庆石油科学研究院根据室内实验回归得出：

$$L_d = 0.6455r_w[\ln(r_w + 0.1295\sqrt{\Delta\gamma V_1 ht}) - \ln r_w] \tag{3-33}$$

式中 L_d——钻井污染深度，cm；

r_w——井半径，cm；

$\Delta\gamma$——钻井液密度与地层压力系数之差；

t——钻井液浸泡时间，h；

V_1——钻井液失水量，mL；

h——井深，m。

4. 射孔参数优化设计

射孔参数优化必须建立在对各种地质、流体条件下射孔产能规律正确认识的基础上，或者说必须建立起正确的模型，获得定量化的关系。射孔参数优选步骤如下：

(1)建立储层和产层流体条件下射孔完井产能关系数学模型，获得各种条件下射孔产能比定量关系；

(2)收集本地区、邻井和设计井有关资料和数据，用以修正模型和优化设计；

(3)调查射孔枪、弹型号和性能测试数据；

(4)校正各种弹的井下穿深和孔径；

(5)计算各种弹的压实伤害参数；

(6)计算设计井的钻井伤害参数；

(7)计算和比较各种可能参数配合下的产能比和套管抗挤系数，优选出最佳的射孔参数配合；

(8)计算选择方案下的产量及表皮系数；

(9)计算出最小和最大负压，推荐施工负压；

(10)选择合适的射孔工艺和射孔液；

(11)最后，设计施工管柱和编写施工设计书。

射孔优化设计通常采用射孔软件完成，国内市场当前射孔软件繁多，应用较多的有斯伦贝谢公司开发的 SPAN8.0 和西南石油大学开发的油气井射孔优化设计。

5. 射孔负压差的选择

射孔负压值可按表 3－13 来确定。

表 3－13　合理负压的确定

渗透率 K，mD	气层的合理负压值，MPa
≥98.7	7.03～14.06
$9.87<K<98.7$	14.06～35.15
$K\leqslant9.87$	35.15

6. 射孔管柱深度校正及调整计算

1)射孔管柱深度校正

校正方法主要有磁定位和放射性测井深度校正两种方法，见表 3－14。

表 3－14　射孔管柱不同深度校正方法的对比

项目	磁定位测井深度校正	放射性测井深度校正
原理	用磁定位器测管柱内接箍曲线，以短套管接箍深度来校正下入深度	用放射性测井仪器测油管放射曲线，以校正后的套管放射性曲线来校正下入深度

续表

项目	磁定位测井深度校正	放射性测井深度校正
方法一	油管柱下井前,在套管内(射孔段附近)测一条磁定位接箍曲线,并测距射孔段最近的短套管,在射孔段顶部100m左右停车,在井口电缆上做一固定记号,作为标准深度标记	在下油管柱前,在定位短节内放置一粒放射性同位素,校深仪器下到预置深度后,在油管内测一条带磁定位的放射性曲线,将测得的放射性曲线与校正后的套管放射曲线对比,换算出定位短节深度,在井口利用油管短节进行调整后,坐封、射孔,进行正常开关井测试
方法二	在下油管柱前,在射孔工具顶部接一个定位短节,油管柱下至预计深度后,在油管内再测一条磁定位接箍曲线,测出定位短节。根据电缆记号深度换算出定位短节下深,根据换算结果,在井口利用短油管调整,而后封隔器才能坐封引爆射孔枪,进行正常开关井测试	
优缺点	(1)需进行两次电缆测井; (2)电缆两次下井环境不同(套管、油管),电缆伸长不同,射孔深度不够精确	校正的管柱下入深度比较精确

2)深度调整计算

管柱深度调整按下式计算:

$$L = A + B + C - D \tag{3-34}$$

式中 L——深度调整值,正值为上提,负值为下放;

A——测井定位短节深度,m;

B——定位短节到枪第一孔距离,m;

C——封隔器坐封时下滑距(对卡瓦封隔器以0.2m计算),m;

D——油层顶部深度,m。

对于采用压缩管柱加压坐封的封隔器,在调整管柱时应准确计算坐封时管柱的压缩距,要做到封隔器加的压力合适,且管柱又正好坐挂在井口油管挂法兰上,不同封隔器所加的压力不同,所以压缩距也不同,实际操作中常需用经验数据。

三、射孔器

射孔器是利用炸药爆轰的聚能效应产生的高温、高压、高速的聚能射流完成射孔作业的器械,主要由聚能射孔弹、射孔枪、起爆或传爆部件等构成,可分为有枪身射孔器和无枪身射孔器两大类。

1. 聚能射孔弹组成及分类

由弹壳、聚能药罩(金属粉末衬套)、主体炸药和导爆索4部分组成,分深穿透弹和大孔径弹,按装配形式分为有枪身射孔弹和无枪身射孔弹。其符号含义如下:

YD 为有枪身射孔弹系列；WD 为无枪身射孔弹系列；S 为深穿透射孔弹；d 为大孔径射孔弹。

聚能射孔弹结构示意图见图 3－7。

不同耐温级别的射孔弹分类及耐温指标见表 3－15。

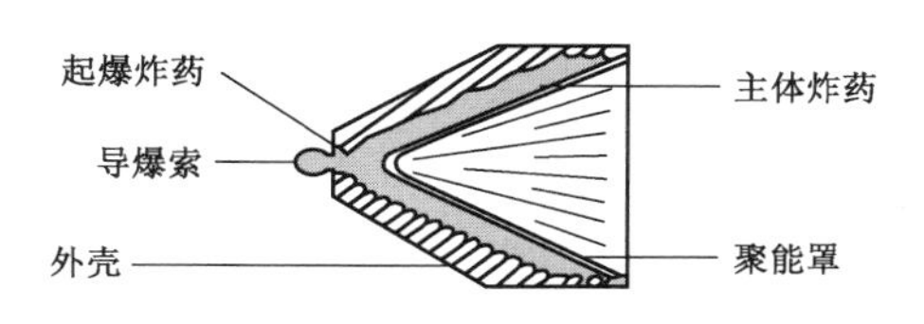

图 3－7　聚能射孔弹结构示意图

表 3－15　射孔弹分类及耐温指标

分类	装药类型	耐温极限	密度，g/cm^3	爆速，m/s
常温	RDX	180℃ 2h	1.72	8390
高温	HMX	220℃ 2h	1.81	8500
超高温	PYX	250℃ 4h	1.65	7100

常用深穿透射孔弹系列产品与性能指标见表 3－16。

表 3－16　深穿透射孔弹系列产品性能指标

射孔弹型号	适用套管内射孔尺寸，in	混凝土靶穿孔性能	
		孔径，mm	孔深，mm
SCYD－73	5～5½	10～12	≥350
SCYD－89	5～5½	10～12	≥400
SCYD－102	5½～7	10～12	≥550
SCYD－127	7	10～12	≥700

国内射孔弹主要生产厂家有四川射孔弹厂、大庆射孔弹厂、辽河双龙弹厂、新疆燎原机械厂及山西新建机械厂等，其普通型号一级有 89DP25，102DP32 及 127DP45 等（表 3－17 和表 3－18）。

2. 射孔枪组成及分类

射孔枪由枪身、弹架、射孔弹、雷管和导爆索等组成（图 3－8）。射孔枪可分为有枪身射孔枪和无枪身射孔枪。现场普遍使用一次性钢管射孔枪，无枪身射孔枪主要用于过油管射孔作业，过油管张开式射孔枪也是有枪身的。

射孔枪产品代号规范见图 3－9，按工作压力不同，分为 105MPa，70MPa 和 50MPa 三种。不同套管尺寸与射孔枪外径匹配关系见表 3－19。

常见射孔枪技术规范见表 3－20，过油管射孔枪技术规范见表 3－21，TCP 射孔枪技术规范见表 3－22，水平井射孔枪技术规范见表 3－23，无枪身普通级射孔器技术规范见表 3－24，复合射孔器技术规范见表 3－25。

表 3－17 国内部分厂家常规射孔弹技术规范

序号	射孔器名称	适用枪	孔密 孔/m	射孔弹名称		装药量 g	2h 耐温 ℃	混凝土靶			贝雷砂岩靶			检测日期
				新名称	原名称			套管外径 mm	平均孔径 mm	平均穿深 mm	入口孔径 mm	穿透深度 mm	流动效率	
1	51DP7	51	16	DP26RDX－2	DQ29YD－1S	7	180	89	7.2	202	7.5	122	0.78	1996.7
2	60DP11	60	12	DP30RDX－2	DQ34YD－1S	11	180	140	7.2	321	8.5	183	0.78	1995.9
3	73DP16	73	16	DP33RDX－2	DQ38YD－1S	16	180	140	8.5	395	9.7	207	0.75	1995.6
4	73DP16	73	16	DP33RDX－2	DQ38YD－1S	16	180	140	8.2	436	—	—	—	1997.11
5	73DP16	73	16	DP33RDX－5	DQ38YD－1S	16	180	140	7.8	429	—	—	—	1998.7
6	89DP16	89	20	DP33RDX－2	DQ38YD－1S	16	180	140	8.2	473	—	—	—	1995.10
7	89DP25	89	16	DP36RDX－1	YD89－1C	24.5	180	140	8.8	505	8.5	280	0.86	1998.6
8	89DP25	89	16	DP36HMX－1	YD89－1C	24.5	180	140	—	—	—	—	—	—
9	89DP25	89	16	DP41RDX－1	YD89－3	24.5	180	140	10.2	543	9.1	304	0.77	1998.6
10	89DP25	89	16	DP41HMX－1	YD89－3	24.5	180	140	—	—	—	—	—	—
11	89DP32	89	16	DP41RDX－2	DQ50YD－35	31.5	180	140	9.4	533	—	—	—	1998.7
12	102BH19	102	16	BH43RDX－1	DQ50YD－1D	19	180	140	18	223	—	—	—	1995.11
13	102DP25	102	20	DP36RDX－1	YD89－1C	24.5	180	140	8.3	446	—	—	—	1996.6
14	102BH31	102	20	BH42RDX－1	YD102	31	180	140	13.8	252	15.1	254	0.93	1990.9
15	102DP32	102	16	DP44RDX－1	DQ50YD－2S	31.5	180	140	11.6	639	11.9	299	0.91	1996.7
16	102DP31	102	16	DP44HMX－1	DQ50YD－2S	31	190	140	—	—	—	—	—	—
17	102DP30	102	16	DP44PYX－1	DQ50YD－2S	30	250	140	—	—	—	—	—	—

续表

序号	射孔器名称	适用枪	孔密孔/m	射孔弹名称		装药量 g	2h 耐温 ℃	混凝土靶			贝雷砂岩靶			检测日期
				新名称	原名称			套管外径 mm	平均孔径 mm	平均穿深 mm	入口孔径 mm	穿透深度 mm	流动效率	
18	102BH32	102	16	BH48RDX－1	DQ50YD－1D	31.5	180	140	16	386	17.7	304	0.84	1995.7
19	102BH32	102	12	BH54RDX－1	DQ50YD－1D	31.5	180	140	20.7	256	—	—	—	1995.10
20	102DP38	102	16	DP48RDX－1	YD127 －3	38	180	140	12.2	559	—	—	—	1995.10
21	114DP23	114	40	DP36RDX－2	HY 114	23	180	244	7.6	273	—	—	—	1996.9
22	114DP22	114	40	DP36HMX－2	HY 114	22	190	244	—	—	—	—	—	—
23	114DP21	114	40	DP36RDX－3	HY 114－2	21	180	178	9.6	332	—	—	—	1998.7
24	114DP38	114	16	DP44RDX－4	DQ52YD－1S	38	180	178	11.5	737	—	—	—	1998.7
25	127DP38	127	12	DP50RDX－1	YD127 －2	38	180	140	11	786	—	—	—	1994.8
26	127DP38	127	12	DP48RDX－1	YD127 －3	38	180	178	11.7	800	—	—	—	1993.10
27	127DP38	127	12	DP48HMX－1	YD127 －3	38	190	178	—	—	—	—	—	—
28	127DP38	127	16	DP44RDX－3	YD127 －4	38	180	178	12.0	724	—	—	—	1998.6
29	127DP37	127	16	DP44HMX－1	YD127 －4	37	190	178	—	—	—	—	—	—
30	127DP44	127	12	BH64RDX－1	DQ72YD －1D	44	180	178	27.2	246	—	—	—	1998.7
31	159DP32	159	16	DP44RDX－2	HY102	31.5	180	244	—	—	—	—	—	—
32	159DP32	159	16	DP44HMX－2	HY102	31.5	190	244	—	—	—	—	—	—
33	159BH32	159	40	BH54RDX－2	DQ62YD －1D	31.5	180	244	16.9	197	—	—	—	1998.7

表3-18 国内超高温级射孔弹技术规范

序号	产品型号	炸药类型	炸药量,g	穿孔性能		检测时间	备注
				深度,mm	孔径,mm		
1	DP29PYX-28-51	PYX	7	179	6.7	2000.09	四川检测
2	DP30PYX-34-73	PYX	20	337	8.5	2000.10	
3	DP36PYX-40-89	PYX	25	458	9.7	1999.01	
4	DP36PYX-42-89	PYX	25	427	9.2	1997.09	
5	DP36PYX-46-89	PYX	25	427	9.2	1997.09	
6	DP41PYX-46-89	PYX	25	451	9.1	1999.08	
7	DP41PYX-52-102	PYX	31.5	615	11.4	1999.07	
8	SDP43PYX-52-102	PYX	45	752	12.6	1997.07	
9	BH46PYX-52-102	PYX	31.5	300	17.6	1997.07	
10	BH43PYX-50-114	PYX	23	150	18.5	1999.05	
11	DP41PYX-51-127	PYX	38	706	10.5	2000.05	
12	DP44PYX-52-127	PYX	38	718	11.6	2000.07	
13	SDP44PYX-55-127	PYX	45	850	12.3	2001.033	

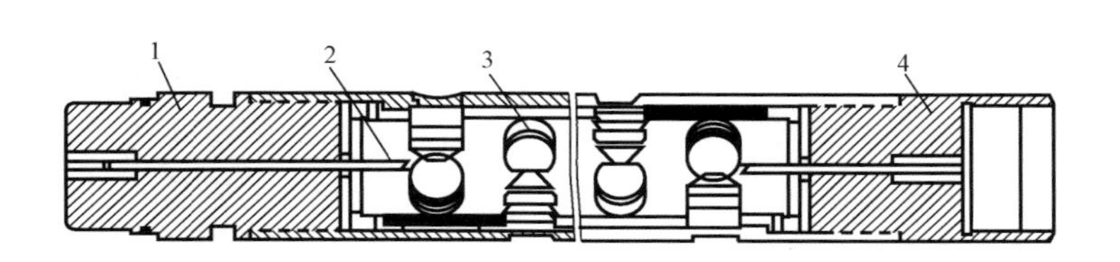

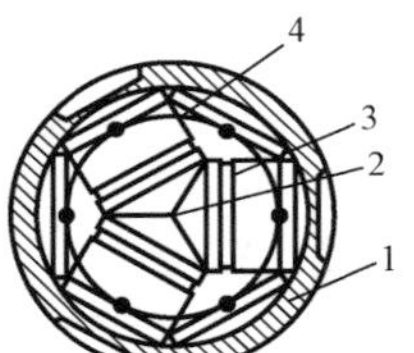

图3-8 射孔枪示意图

1—枪身;2—导爆索;3—射孔弹;4—弹架

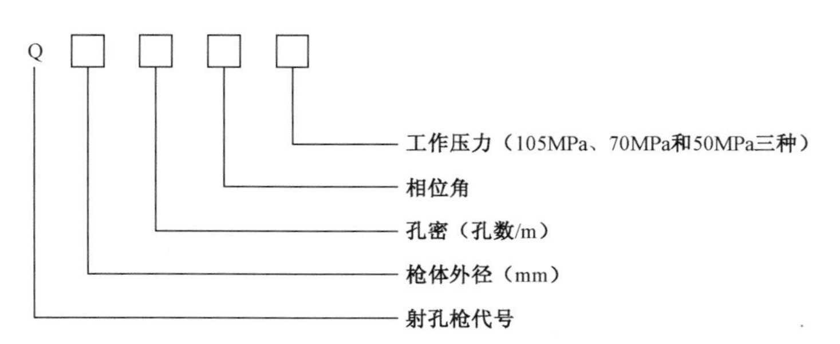

图3-9 射孔枪产品代号规范

表3-19 射孔枪外径数据表

套管尺寸,mm	127	139.7	177.8	244.5
枪身外径,mm	88.9	88.9或101.6	101.6或127	127或177.8

表 3-20 常见射孔枪技术规范

类别		枪型号	外径×壁厚 mm×mm	相位 (°)	耐压 MPa	孔密 孔/m	备注
86 枪身 (3⅜in)	板式弹架	SQ86-13	86×9.5	60,90	140	13	国际标准高强度枪
		SQ86-16	86×9.5	60,90	140	16	
	管式弹架	SQ86-13	86×9.5	45,60,90,120,180	140	13	
		SQ86-16	86×9.5	45,60,90,120,180	140	16	
		SQ86-20	86×9.5	45,60,90,120,180	140	20	
89 枪身 (3½in)	板式弹架	SQ891-13	89×6.5	60,90	60	13	
		SQ891-16	89×6.5	60,90	60	16	
		SQ892-13	89×9.5	60,90	90	13	
		SQ892-16	89×9.5	60,90	90	16	
	管式弹架	SQ891-13	89×6.5	45,60,90,120,180	60	13	有采用内、外螺纹的普通枪和采用双外螺纹的短盲区枪两种
		SQ891-16	89×6.5	45,60,90,120,180	60	16	
		SQ891-20	89×6.5	45,60,90,120,180	60	20	
		SQ892-13	89×9.5	45,60,90,120,180	90	13	
		SQ892-16	89×9.5	45,60,90,120,180	90	16	
		SQ892-20	89×9.5	45,60,90,120,180	90	20	
102 枪身 (4in)	板式弹架	SQ102-13	102×9.5	60,90	80	13	
		SQ102-16	89×9.5	60,90	80	16	
	管式弹架	SQ102-13	102×9.5	45,60,90,120,180	80	13	
		SQ102-13	102×9.5	45,60,90,120,180	80	16	
		SQ102-18	102×9.5	45,60,90,120,180	80	18	
		SQ102-20	102×9.5	45,60,90,120,180	80	20	
		SQ102-25	102×9.5	45,60,90,120,180	80	25	装 89 弹
127 枪身 (5in)	板式弹架	SQ127-13	127×9.2	90	80	13	
		SQ127-16	127×9.2	90	80	16	
	管式弹架	SQ127-13	127×9.2	45,60,90,120,180	80	13	
		SQ127-16	127×9.2	45,60,90,120,180	80	16	
		SQ127-18	127×9.2	45,60,90,120,180	80	18	
		SQ127-20	127×9.2	45,60,90,120,180	80	20	弹外形需改变
		SQ127-25	127×9.2	45,60,90,120,180	80	25	装 89 弹
		SQ127-28	127×9.2	45,60,90,120,180	80	28	
		SQ127-30	127×9.2	60,90	80	30	
		SQ127-40	127×9.2	60,90	80	40	

表 3-21　过油管射孔枪技术规范

型号	适用套管外径 mm	相位角 (°)	孔密 孔/m	弹长 mm	弹外径 mm	弹重 g	装药 类型	装药量 g	一次最多 下井弹数，发	耐温 ℃	耐压 MPa	混凝土	
												孔径，mm	穿深，mm
WD48-20	过油管及套管射孔	90	12	46	46	60	RDX	11.5	360	65	20	>7	>90
WD43-50	过油管及套管射孔	90	12	43	42	89	RDX	11.5	60	150	50	>7	>120
YD51	套管 114~140mm 过 73mm 油管	51	12	29	28.5	66	RDX	11.5	—	180	—	7	110

表 3-22　TCP 射孔枪技术规范

射孔枪径，in	每英尺最大孔数	相位角，(°)	射孔孔眼排列类型	典型应用范围
$2\frac{7}{8}$	6	60	螺旋	7in 封隔器或在 5in 封隔器以下
$3\frac{3}{8}$	6	60	螺旋	7in 封隔器或在 5in 封隔器以下
4	4	90	螺旋	≥$5\frac{1}{2}$in 套管
	6	60	螺旋	
	12	60	每个面上 3 孔	
5	5	60	螺旋	≥7in 套管
	12	120	螺旋	
	12	60	每个面上 3 孔	
$5\frac{1}{2}$	12	120	螺旋	≥$7\frac{5}{8}$in 套管
6	12	60	每个面上 3 孔	≥$7\frac{5}{8}$in 套管
	12	120	螺旋	
7	12	120	螺旋	≥$9\frac{5}{8}$in 套管

表 3－23　水平井射孔枪性技术规范

型号	外径 mm	孔密 孔/m	相位角 (°)	工作压力 MPa	发射后最大外径 mm	装配弹弹型
QSP－12－180. B	89	12	180	70	91	YD89
QSP－16－150. B	89	16	150	70	91	YD89

表 3－24　无枪身普通级射孔器技术规范

枪型	弹型	外径 mm	孔密 孔/m	相位 (°)	耐压 MPa	药量 g	混凝土靶（性能参数），mm		备注
							穿深	孔径	
43DP11	DP28RDX－42－43	43	13,20	0,40	105	11	338	8. 3	2001 年 8 月大庆检测
51DP15	DP28RDX－40－51	51	13,20	0,40	105	14	350	8. 0	四川检测
54DP15	DP30RDX－45－54	54	13,20	0,40	105	15	390	8. 3	2001 年 8 月大庆检测
63DP18	DP30RDX－45－63	63	13,20	0,40	105	18	445	9. 0	

表 3－25　复合射孔器技术规范

序号	复合射孔器编号	气体发生剂填量 kg/m	射孔弹型号	射孔弹炸药类类型	孔密 孔/m	复合射孔器外径		适用套管外径	
						mm	in	mm	in
1	SCFH89	1. 20	DP36RDX－42－89	RDX	10	89	3½	137. 9	5½
2	SCFH102	1. 20	DP41RDX－52－102	RDX	10	102	4	137. 9	5½
3	SCFH102	1. 20	DP41RDX－52－127	RDX	13	127	5	177. 8	7

3. 起爆器

起爆器主要包括导爆索、传爆管等。

1）导爆索

导爆索代号及适用温度范围见表 3－26，常用导爆索产品主要规格及技术指标见表 3－27。

表 3－26　导爆索代号及适用范围

类型	装药量，g/mm	外皮材料	适应温度范围，℃	耐温时间，h	说明
高温	—	铝锡合金	180. 0～200. 0	48	国产
低温	—	塑料	0～100. 0	48	国产
RDX	0. 2	尼龙	0～107. 2	200	美国
PYX	0. 15～0. 33	玻璃纤维	—	—	—
HNX	0. 2	涂铅	146. 0～190. 0	200	美国
HMX	0. 18	硅铜	107. 2～146. 0	200	美国

表3-27　常用导爆索产品主要规格及技术指标

型号	外径 mm	装药量 g/m	装药 类型	爆速 m/s	爆压 GPa	抗张力 kgf	抗水性	耐温性	150℃,24h 热收缩性,%
80RDX	5.3	17	RDX	6700	4.0	68	50kPa,5h	150℃,24h	6
80RDX1S	5.3	17	RDX	6700	4.0	113	50kPa,5h	150℃,24h	1
80HMX	5.3	17	HMX	6700	4.0	113	50kPa,5h	170℃,24h	1

2)传爆管

常用传爆管的型号和标记见表3-28。

表3-28　传爆管的型号和标记

类别	药型	长度,mm	颜色	使用位置	其他标记
C-63	RDX	38	黄色	枪顶	—
C-80	HNS	38	绿色	枪顶	红底
P-3	RDX	35	黑色	枪底	—
P-3A	HNS	35	黑色	枪底	红底
Bi	IIMX或PYX	35	银白色	顶或底	—
HT1	JINS	36.5	银白色	雷管	箭头

第四节　试　　气

为了认识和了解气层性质,了解气层生产能力、流体性质等,在天然气井中进行洗井、射孔、储层改造、排液、求产、试井、测压和取样等工作,这一整套工艺过程称为试气。

一、试气工艺

试气的种类可按不同类型、不同方式和不同时机来进行划分(图3-10)。按试气时机,划分为中途测试和完井测试;按坐封类别,划分为裸眼测试和套管测试;按试气方式,划分为常规测试和综合测试。目前常用APR射孔—酸化(压裂)—测试联作管柱(图3-11)。

二、试气设计

1. 测试管柱设计

井下测试管柱的设计主要包括井下工具的选择和各工具的连接位置设计。

2. 测试压差设计

测试压差设计需要考虑的因素包括油管安全压力校核、套管安全压力校核、满足测试要求的安全压力校核、应力敏感性对储层的伤害。对于封隔器胶筒所能承受的压差,一般碳酸盐岩地层小于35MPa,砂泥岩地层小于20MPa。为了造成适当的压差,常在测试阀上部的管柱中加注一些液体或气体,作为测试阀打开时对地层的回压,这些液体或气体称为测试垫。主要的测试垫有纯液垫、气垫和液气混合垫。

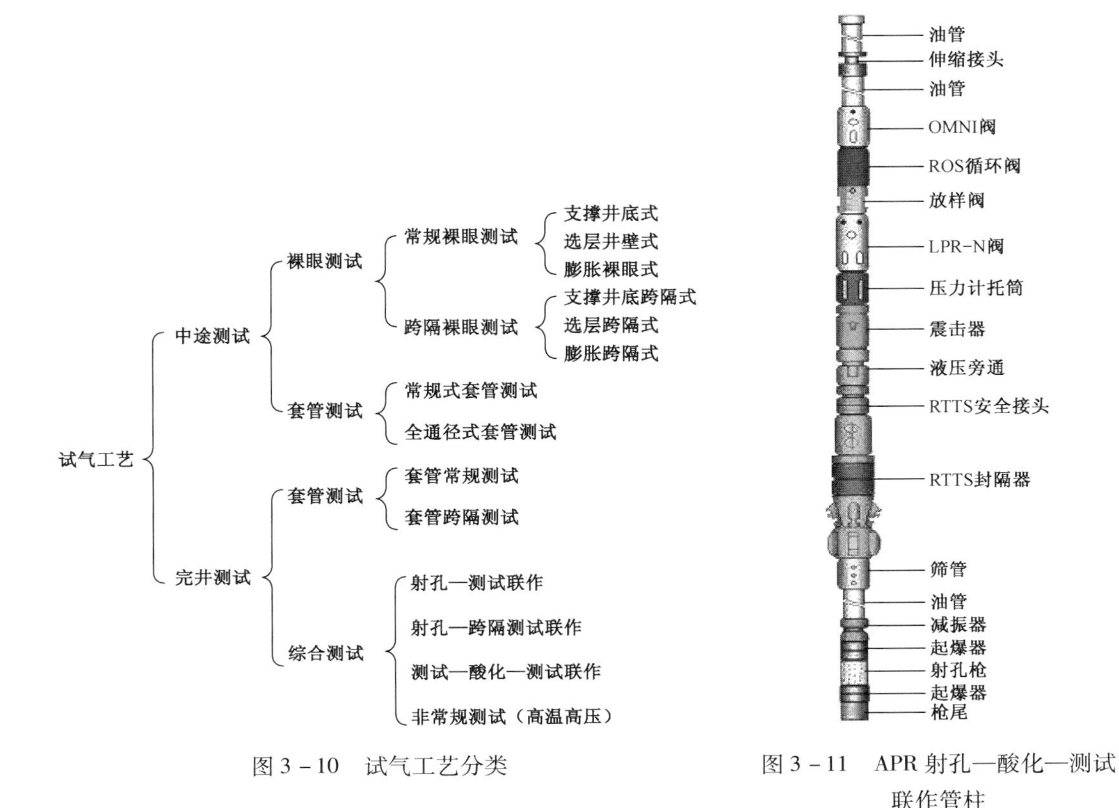

图 3－10 试气工艺分类

图 3－11 APR 射孔—酸化—测试联作管柱

3. 参数计算

1)纯液垫高度计算

$$H = \frac{p_e - H_n\rho_n g \times 10^{-3} - \Delta p_{max} - p_t}{\rho_l g \times 10^{-3}} \tag{3-35}$$

式中 H——纯液垫高度,m;

p_e——预计的地层压力(可利用电缆地层测试器或其他方法得到),MPa;

H_n——测试阀中部到待测地层中部的距离,m;

ρ_n——测试阀下部液体的相对密度,kg/m^3;

ρ_l——液垫的相对密度,kg/m^3;

p_t——井口油压,MPa;

Δp_{max}——开井初期要求的最大生产压差(设计值),MPa。

2)氮气垫在管柱内的压力计算

对于一般地层而言,氮气垫的充氮压力为:

$$p_n = p_e - p_t - \Delta p_{max} - \rho_n g H_n \times 10^{-3} \tag{3-36}$$

式中 p_n——充氮压力,MPa。

3)液气混合垫的计算

液气混合垫的设计要定出液垫的高度和氮气的充入压力,计算步骤如下:

(1)确定混合垫在井下测试阀处的总压力。

$$p_n = p_e - p_t - \Delta p_{max} - \rho_n g H_n \times 10^{-3} \tag{3-37}$$

(2)确定液垫压力及液垫高度。

在深井测试时,液垫量要保证井底测试管柱不被挤毁,即:

$$p_l \geqslant (p_m - p_c) n \tag{3-38}$$

式中 p_l——液垫压力,MPa;

p_m——油套环空中的钻井液液柱压力,MPa;

p_c——测试管柱的抗挤毁压力,MPa;

n——安全系数,取2~3。

(3)氮气垫的充入压力。

$$p_n = p_h - p_l \tag{3-39}$$

三、试气工具

主要包括MFE,HST,APR和PCT试气工具。

1. MFE试气工具

MFE试气工具主要包括多流测试器、旁通阀和安全密封封隔器等,有95mm(3¾in)和127mm(5in)两种,可用于不同尺寸的套管井和裸眼井的地层测试。

1)多流测试器

多流测试器是MFE试气工具的关键部件,由换位机构、延时机构和取样器三部分组成。主要结构见图3-12,技术规范见表3-29。

表3-29 多流测试器技术规范

工具名称	127mm MFE	95mm MFE
适用环境	无H_2S	耐H_2S、耐酸
抗拉强度,N	1870000	976720
扭矩,N·m	20237	10744
破裂压力,MPa	151.77	137.9
挤毁压力,MPa	106.7	107.7
最大工作压差,MPa	103	106
外径,mm	127	95
最小内径,mm	23.8	19
组装长度,mm	3023(2934)①	3942(3853)①

续表

工具名称	127mm MFE	95mm MFE
最大组装扭矩,N · m	13358	2711
取样器容积,cm^3	2500	1200
芯轴行程,mm	254	254
自由下落,mm	25. 4	25. 5
上接头内螺纹	3½in API 贯眼	2⅞in API 正规
下接头外螺纹	4⅜in—4 牙/in—修正	2⅞in API 正规

① 包括外螺纹端长度。

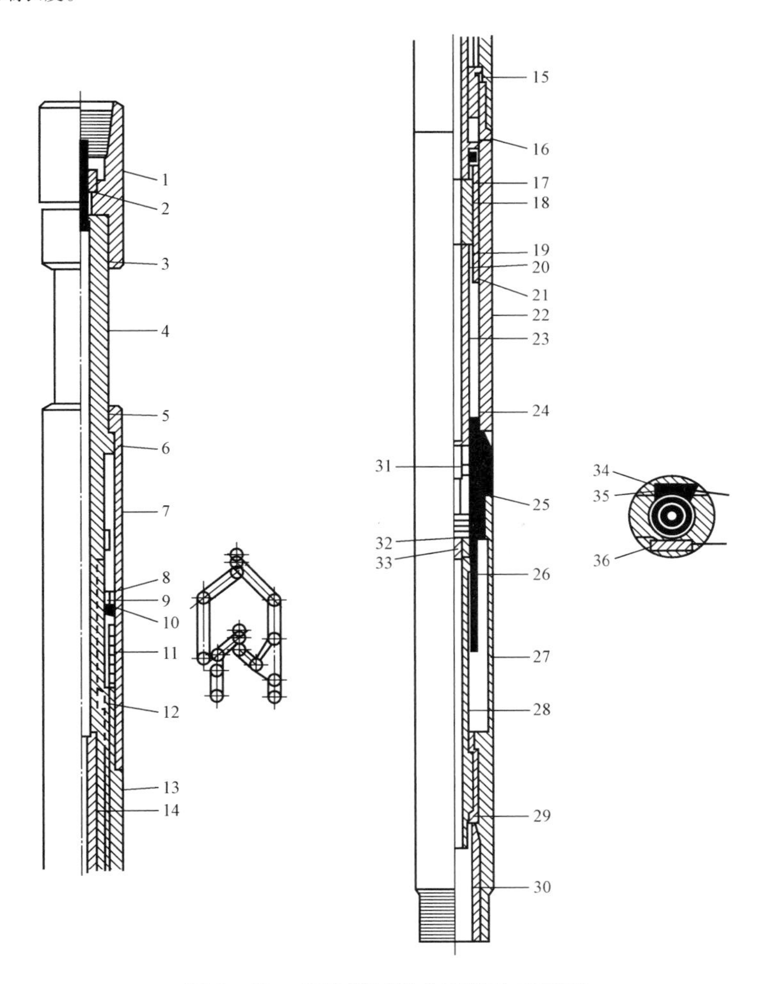

图 3-12 多流测试器主要结构示意图

1—上接头;2—油嘴挡圈;3,5,9—O 形圈;4—花键芯轴;6—沉头管塞;7—上外筒;8—垫套;10—止推垫圈;11—花键套;12—J 形销;13—花键短节;14—上芯轴;15—补偿活塞;16,24—注油塞;17—阀;18—阀座;19—上弹簧挡圈;20—阀弹簧;21—下弹簧挡圈;22—阀外筒;23—下芯轴;25—V 形密封圈;26—上密封套;27—取样器外壳;28—取样器芯轴;29—密封压帽;30—下密封套;31—密封芯轴;32—螺旋销;33—塞子;34—卸油阀;35—弹性挡圈;36—安全销帽

2)裸眼旁通阀

主要结构见图3－13,技术规范见表3－30。

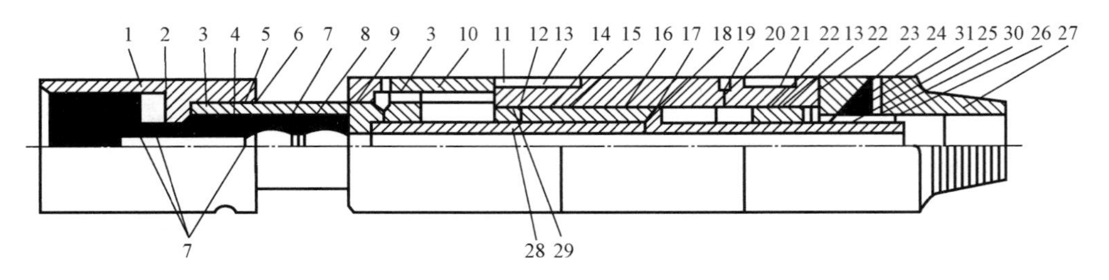

图3－13　裸眼旁通阀主要结构示意图

1—上接头;2—平衡密封套;3,5,7,12,13,19,24—O形圈;4—锁环;6—螺旋销;8—平衡阀套;9—花键芯轴;10—花键短节;11—上密封活塞;14—阀挡圈;15—螺旋锁环;16—阀;17—阀芯轴;18—阀外筒;20—注油塞;21—补偿活塞;22—挡圈盖;23—密封芯轴套;25—V形密封圈;26—密封压帽;27—密封短节;28—非挤压环;29—密封保护挡圈;30,31—密封

表3－30　裸眼旁通阀技术规范

外径,mm	拉伸强度,kN	扭矩,kN·m	破裂压力,MPa	屈服强度,MPa	接头螺纹
95	906.8	12.6	186.3	149.0	2⅞in REG
127	2382.7	32.5	112.1	120.3	3½in FH

3)安全密封

主要结构见图3－14,技术规范见表3－31。

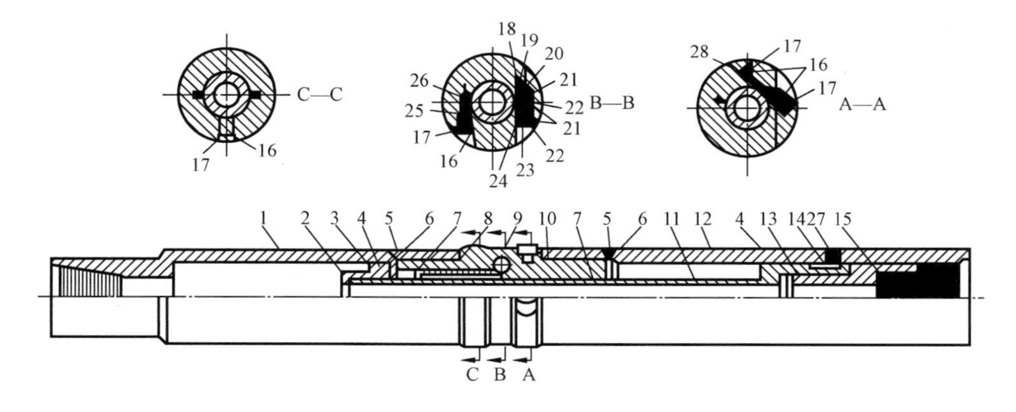

图3－14　安全密封主要结构示意图

1—活动接箍;2—密封螺母;3,4,6,7,8,10,14,15,17,21,22—O形圈;5—注油塞;9—阀短节;11—密封芯轴;12—油室外壳;13—连接短节;16—黄油塞;18—滑阀套总成;19—滑阀弹簧;20—滑阀;23—钻井液筛;24—弹性挡圈;25—弹簧;26—止回阀;27—锁紧螺丝;28—孔

表 3-31　安全密封技术规范

工具名称	152mm(6in)安全密封	127mm(5in)安全密封
适用的裸眼封隔器	168mm(6⅝in)BT 封隔器	120mm(4¾in)BT 封隔器
适用范围	无 H_2S 裸眼测试	无 H_2S 裸眼测试
外径,mm	152	127
组合长度,mm	1505	1355
顶部连接内螺纹	3½in API 贯眼	2⅞in API 内平
底部连接内螺纹	4¾in—4 牙/in—修正	4¾in—4 牙/in—修正
拉伸强度,kN	3 890	
扭矩,N·m	216930	
破裂压力,MPa	196	
挤毁压力,MPa	104	
最大工作压差,MPa	103	
最大组装扭矩,N·m	13360	

4)液压锁紧接头

主要结构见图 3-15,技术规范见表 3-32。

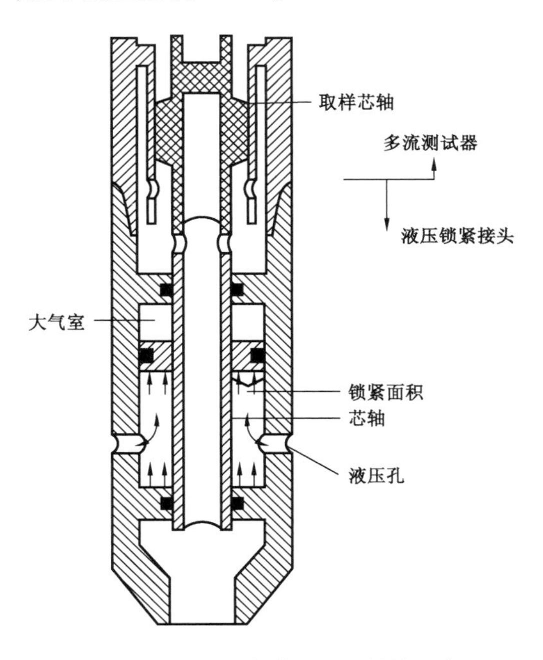

图 3-15　液压锁紧接头主要结构示意图

表 3－32　液压锁紧接头技术规范

工具名称	95mm 液压锁紧接头	127mm 液压锁紧接头
适用范围	H_2S、酸、钻井液	无 H_2S
拉伸强度，N	1015660	
扭矩，N·m	19970	
破裂压力，MPa	182.7	
挤毁压力，MPa	137.9	
最大组装扭矩，N·m	2710	
外径，mm	95	127
内径，mm	19	30.48
组装长度，mm	996.7(907.25)①	1005.84(909.32)①
上接头内螺纹	2⅞in API 正规	4⅜in—4 牙/in—修正
下接头外螺纹	2⅞in API 正规	3½in API 贯眼
试验内压②，MPa	68.95	68.95

① 不包括外螺纹端长度。
② 试压 10min 不漏。

5）反循环阀

主要结构见图 3－16 和图 3－17，技术规范见表 3－33。

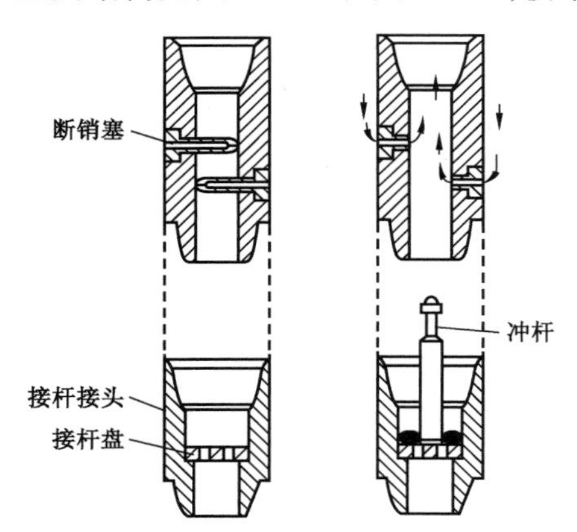

图 3－16　断销式反循环阀主要结构示意图

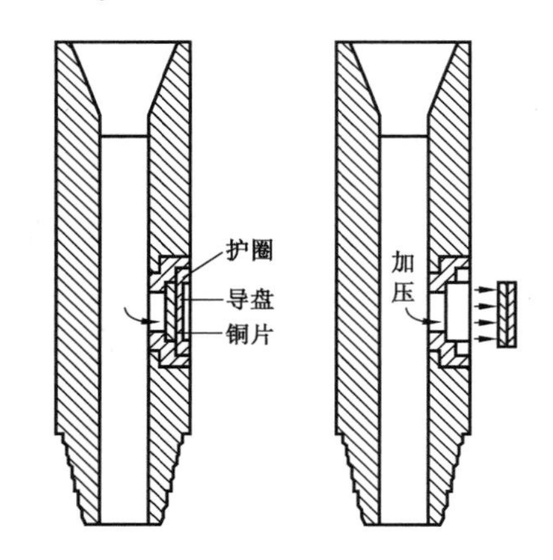

图 3－17　泵压式反循环阀主要结构示意图

表 3－33　反循环阀技术规范

类型	73mm(2⅞in)反循环阀	89mm(3½in)反循环阀	114mm(4½in)反循环阀
外径，mm	107.95	120.65	155.57
内径，mm	62	65.09	92.25
全长，mm	390	460	484
拉伸强度，N	1067570	3113740	4715090
扭矩强度，N·m	16950	29830	60470

续表

类型	73mm(2⅞in)反循环阀	89mm(3½in)反循环阀	114mm(4½in)反循环阀
上接头内螺纹	2⅞in 外加厚油管	3½in API 内平	4½in API 内平
下接头外螺纹	2⅞in 外加厚油管	3½in API 内平	4½in API 内平
试验内压①,MPa	69	69	69

① 试压 3min 不漏。

6)安全接头

主要结构见图 3－18,技术规范见表 3－34。

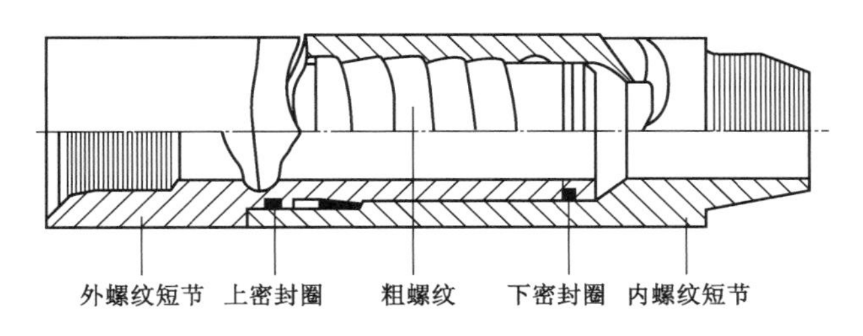

图 3－18　安全接头主要结构示意图

表 3－34　安全接头技术规范

工具名称	120mm(4¾in)安全接头	95mm(3¾in)安全接头
外径,mm	120.65	95
内径,mm	62	31.5
组装长度,mm	483(387)①	387(298)①
试内压②,MPa	68.95	68.95
上接头内螺纹	3½in API 贯眼	3½in API 贯眼
下接头外螺纹	2⅞in API 正规	2⅞in API 正规

① 不包括外螺纹端长度。
② 试压 3min 不漏。

7)压力计托筒

主要结构见图 3－19,技术规范见表 3－35。

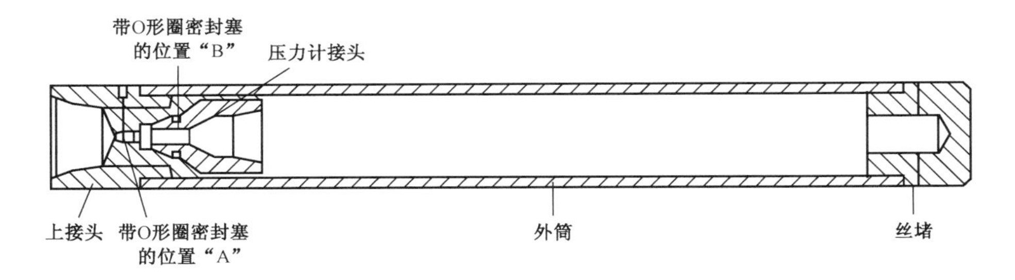

图 3－19　压力计托筒主要结构示意图

表 3－35　托筒规范

名称	外径 mm	长度 mm	试内压 （3min 不漏） MPa	上接头内螺纹	下接头外螺纹
98mm（3⅞in）压力计托筒	98.43	1884（1795）①	68.95	2⅞in API 正规内螺纹	2⅞in API 正规外螺纹
124mm（4⅞in）压力计托筒	124	1900（1804）①	68.95	3½in API 贯眼内螺纹	3½in API 贯眼外螺纹

① 不包括外螺纹端长度。

2. HST 试气工具

HST 试气工具主要包括 HST 测试阀、RTTS 反循环阀和 RTTS 封隔器等，其余与 MFE 相同。

1）HST 常规测试器

主要结构见图 3－20，技术规范见表 3－36。

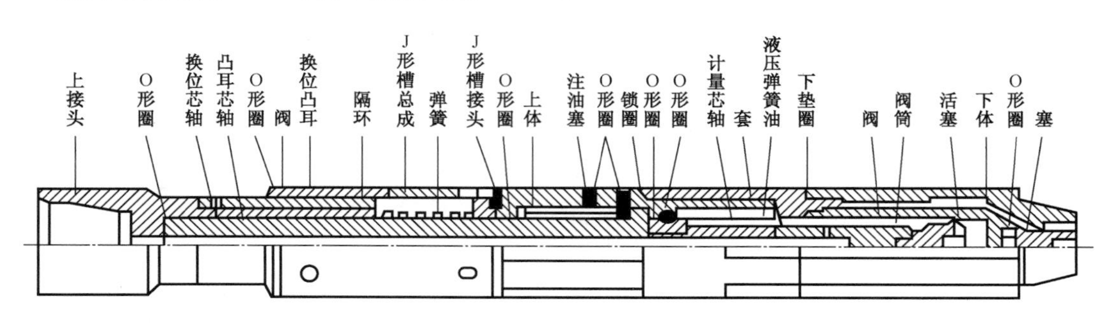

图 3－20　HST 常规测试器主要结构示意图

表 3－36　HST 常规液压弹簧测试器技术规范

工具名称	98.4mm（3⅞in）HST	127mm（5in）HST
外径，mm	98.42	127
内径，mm	15.7	19
组装长度①，mm	1912.3	1619.2
顶部连接螺纹	2⅞in 钻杆外螺纹	3½in API 贯眼内螺纹
底部连接外螺纹	3⅛in－8N－3	3½in API 贯眼
破裂压力，MPa	55.15	68.94
挤毁压力，MPa	55.15	55.15
抗拉强度，N	1703660	1822658
细螺纹许用扭矩，N·m	1356	1356
粗螺纹许用扭矩，N·m	4070	5430

① 组装长度不包括外螺纹端长度。

2）HST 全通径测试器

主要结构见图 3－21，技术规范见表 3－37。

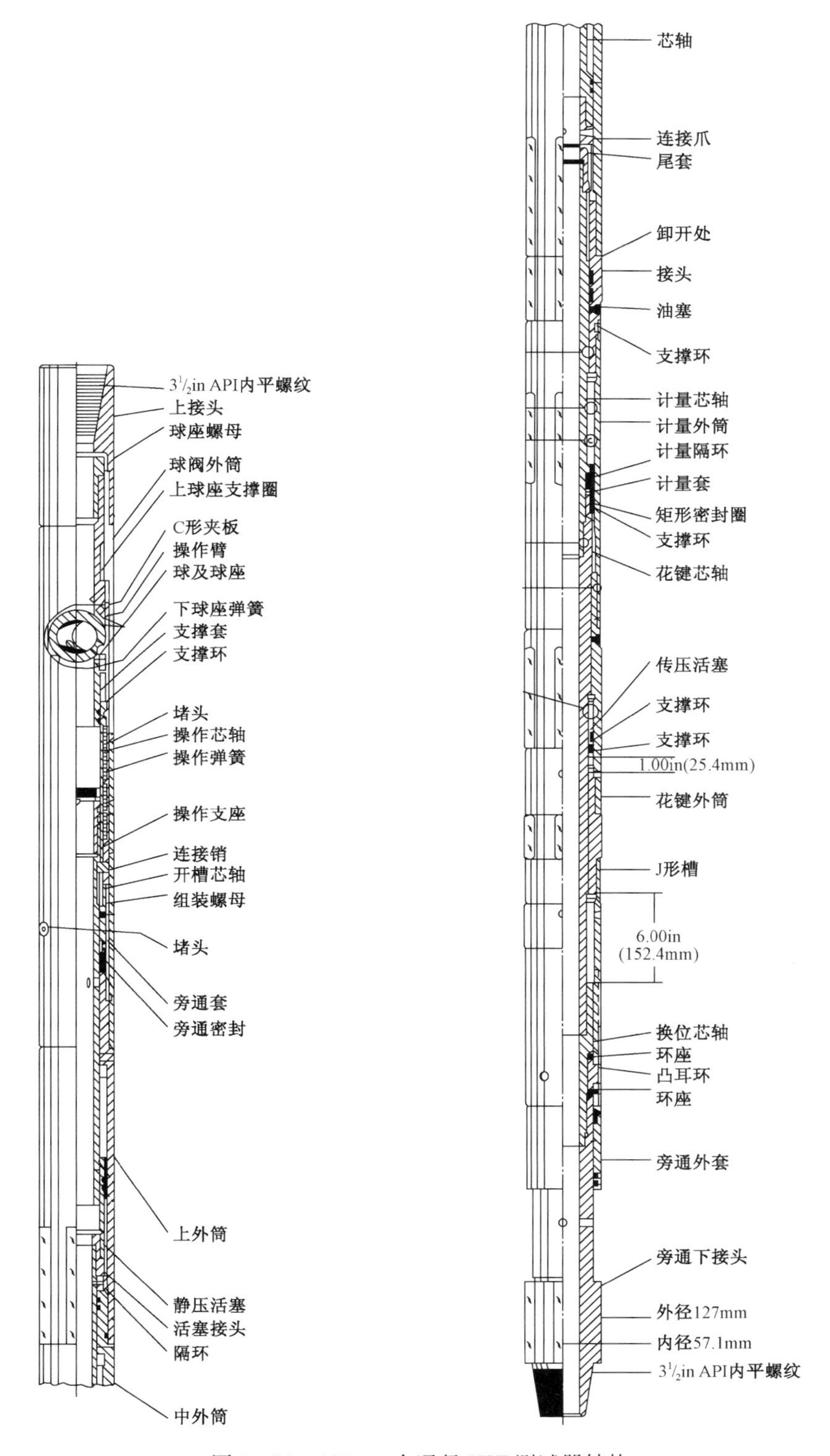

图 3－21 127mm 全通径 HST 测试器结构

表 3-37 HST 全通径测试器技术规范

名称	98.4mm(3⅞in)HST 全通径	118.9mm(4.68in)HST 全通径
外径,mm	98.42	118.87
内径,mm	45.72	57.15
组装长度,mm	3392.42	3810
工具顶部至球阀中心距离,mm	1961.39	2259.08
顶部连接螺纹	2⅞in EUE-8 内螺纹	3½in API 内平内螺纹
底部连接螺纹	2⅞in EUE-8 外螺纹	3½in API 内平外螺纹
流通面积,cm^2	16.419	25.67
破裂压力,MPa	82.73	110.3
挤毁压力,MPa	82.73	110.3
抗拉强度,N	1023090	1556870
细螺纹许用扭矩,N·m	1355	1355
粗螺纹许用扭矩,N·m	1355	5426

3)RTTS 反循环阀

主要结构见图 3-22,技术规范见表 3-38。

表 3-38 RTTS 反循环阀技术规范

工具名称	外径 mm	内径 mm	长度 mm	上接头螺纹	下接头螺纹	凸耳行程 mm
127mm(5in)反循环阀	91.4	48.3	816.9	2⅜in 外加厚油管内螺纹	3 3/32 in-10N-3 外螺纹	167.6
139.7~168mm (5½~6⅝in)反循环阀	106.2	50.3	810.5	2⅜in 外加厚油管内螺纹	3½in-8UN 外螺纹	167.6
193mm(7⅝in)反循环阀	123.7	62	835.4	2⅞in 外加厚油管内螺纹	3½in-8UN 外螺纹	167.6
244mm(9⅝in)反循环阀	155.4	76.2	974.3	4½in API 内平内螺纹	4½in API 内平外螺纹	167.6
139.7~168mm (5½~6⅝in)反循环阀	106.2	50.3	1115.3	2⅜in 外加厚油管内螺纹	3½in-8UN 外螺纹	320.0

4)RTTS 封隔器

主要结构见图 3-23,技术规范见表 3-39 和表 3-40。

表 3-39 RTTS 封隔器技术规范

套管尺寸,in	套管质量,lb/ft	摩擦块处外径,mm	内径,mm	长度,mm	连接扣型	
					上端	下端
5	15~18	120.9	45.7	1167.9	3 3/32 in-10N-3 内螺纹 8	2⅞inEUE8 牙油管外螺纹
5½	13~20	133.4	48.3	1178.1	3½in-8N-M 内螺纹	2⅞inEUE8 牙油管外螺纹

续表

套管尺寸,in	套管质量,lb/ft	摩擦块处外径,mm	内径,mm	长度,mm	连接扣型	
					上端	下端
7	17~38	—	61.0	1323.3	$4\frac{5}{32}$in-8N-M内螺纹2	$2\frac{7}{8}$inEUE8牙油管外螺纹
7	17~38	—	61.0	1005.1	$3\frac{1}{8}$in-8N-M内螺纹	$2\frac{7}{8}$inEUE8牙油管外螺纹
$9\frac{5}{8}$	29.3~53.5	—	101.6	1973.8	$4\frac{1}{2}$in API内平内螺纹	$4\frac{1}{2}$in API内平外螺纹
$9\frac{5}{8}$	29.3~53.5	—	101.6	1605.5	$3\frac{1}{2}$in API贯眼内螺纹	$4\frac{1}{2}$in API内平外螺纹

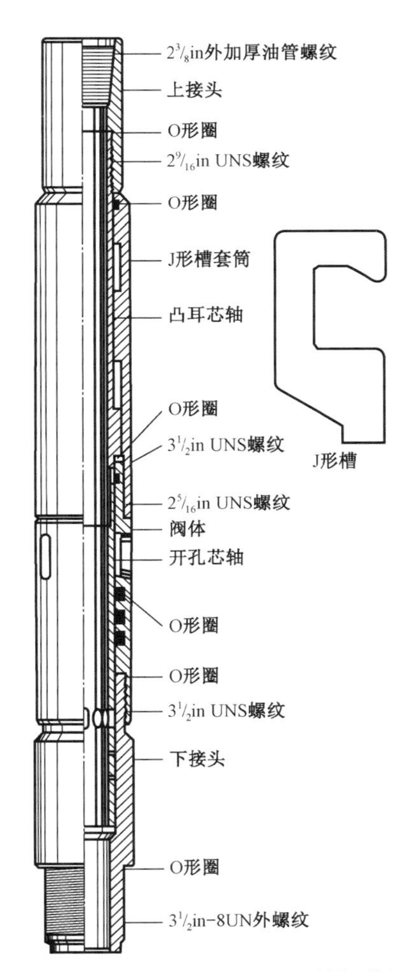

图3-22 139.7mm RTTS反循环阀主要结构示意图

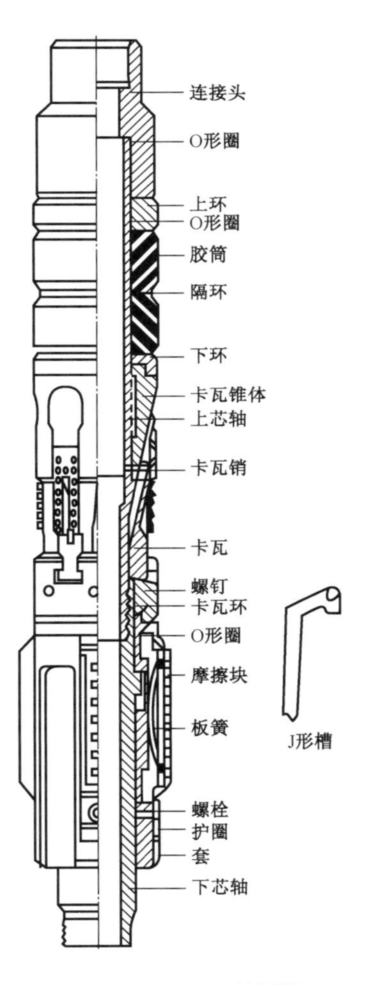

图3-23 RTTS封隔器

表 3－40 RTTS 封隔器胶筒和通径规环技术规范

套管尺寸，in	套管质量，lb/ft	邵氏硬度	胶筒外径，mm	通径规外径，mm	隔环外径，mm
5	17～18	50,75,90,95	99.1	103.1	93.5
5½	1320	75,90,95,85	113.0	115.6	101.6
7	32～38	75,85,95	172.7	143.5	137.2
7	17～26	50,70,85,95	151.1	152.4	137.2
7	23～29	90	144.8	146.1	137.2
7	32～38	90	142.7	143.5	137.2
9⅝	29.3～43.5	50,70,80,90	207.8	209.6	198.1
9⅝	47～53.5	50,70,80	201.9	209.6	198.1

3. APR 试气工具

APR 试气工具主要由压控测试阀（LPR－N 阀）、压控多次循环开关阀（OMNI 阀）、RD 循环阀、放样阀、RD 取样器、液压循环阀、震击器、RTTS 安全接头、RTTS 封隔器、压力计托筒等部件组成。

1）LPR－N 测试阀

LPR－N 测试阀主要结构见图 3－24，技术规范见表 3－41。

表 3－41 LPR－N 测试阀规范

外径 mm(in)	内径 mm(in)	组装长度 mm(in)	连接螺纹	每只销剪断压力 MPa
127 (5)	57.15 (2.25)	4993.6 (196.60)	3½in API 内平螺纹	1.93
118.9 (4.68)	56.8 (2.00)	5132.3 (202.06)	3½in API 内平螺纹	2.65
99.06 (3.90)	45.72 (1.80)	5026.2 (197.88)	2⅞in EUE8 牙油管螺纹	2.14
77.7 (3.06)	28.4 (1.12)	4241.03 (166.97)	2⅜in EUE8 牙油管螺纹	1.52

（1）充氮压力的计算。

充氮压力根据地面温度、静液柱压力和井内压井液温度查询厂家技术手册确定。为了确定精确的充氮压力，一般需用内插法计算充氮压力值。

（2）操作压力计算。

最小操作压力按照 LPR－N 阀规格，根据阀下入位置的静液柱压力和井内钻井液温度查询厂家技术手册确定，并附加 3.45MPa 作为实际操作压力。为了确定操作压力，一般需用内插法计算操作压力值。

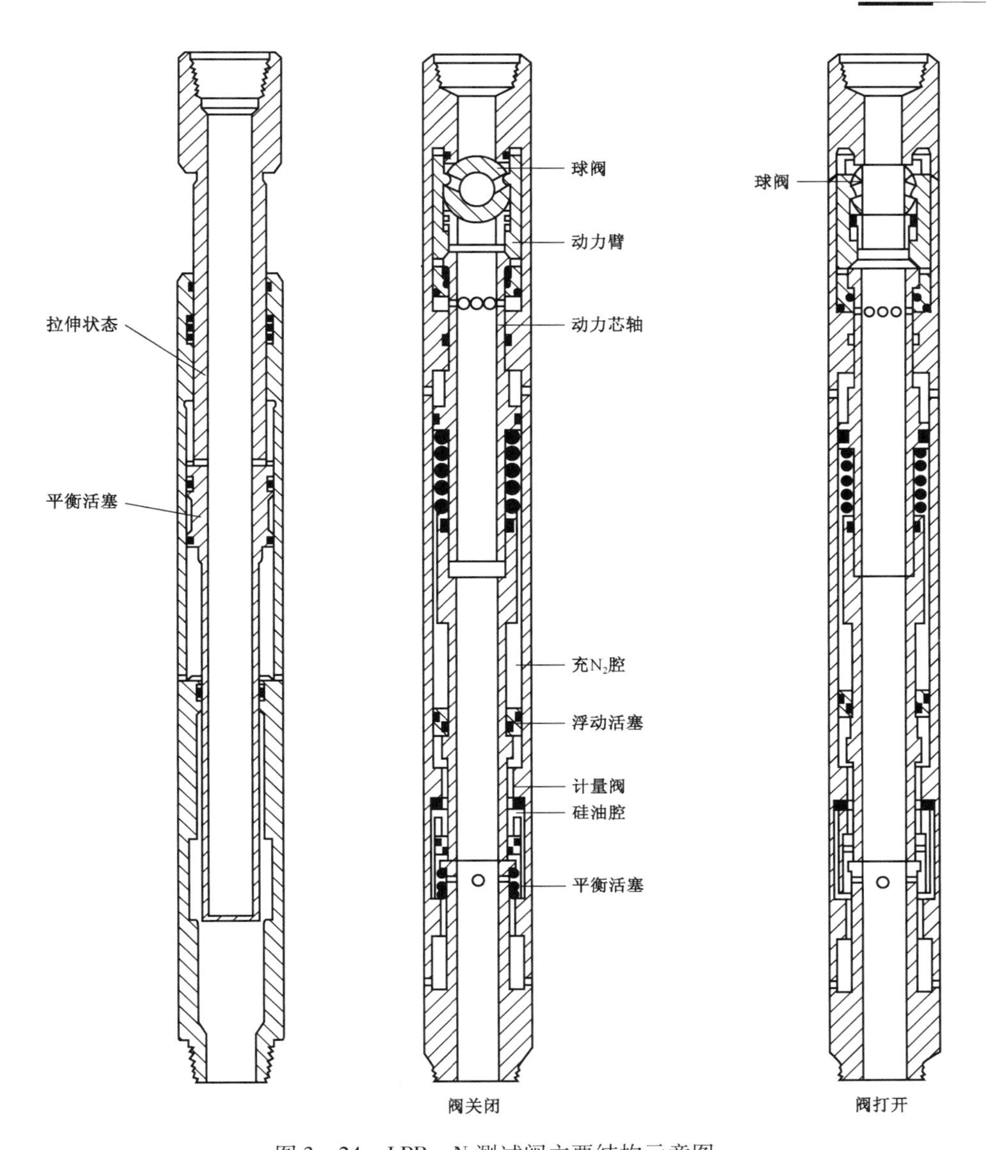

图 3－24　LPR－N 测试阀主要结构示意图

2）APR－A 反循环阀

APR－A 反循环阀主要结构见图 3－25，技术规范见表 3－42。

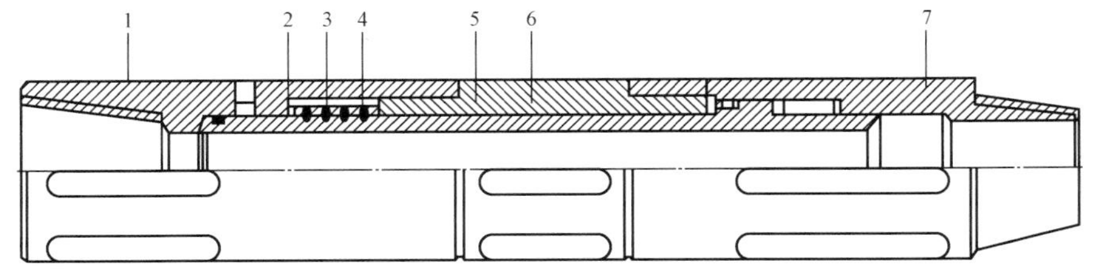

图 3－25　APR－A 反循环阀主要结构示意图

1—上接头；2—剪切套盖；3—剪销；4—剪切套；5—剪切芯轴；6—短节；7—下接头

表 3-42　APR-A 反循环阀技术规范

外径 mm(in)	内径 mm(in)	组装长度 mm(in)	端部扣型	每只剪销剪切压力 MPa
127.76 (5.03)	57.15 (2.25)	914.4 (36.0)	3½in API 内平	3.34
99.57	46	736.6	3⅞in EUE	3.69

APR-A 反循环阀操作压力计算如下：

实际操作压力：

$$p_2 = p_1 + 10.3 \tag{3-40}$$

需要安装的剪切销钉数：

$$n = \frac{p_j + p_1 + 10.3}{p_p} \tag{3-41}$$

式中　n——剪销数，个；

p_j——实际静液柱压力，MPa；

p_1——LPR-N 反循环阀操作压力，MPa；

p_p——剪销剪切强度，MPa/只；

p_2——APR-A 反循环阀操作压力，MPa。

3）APR-M_2 阀

APR-M_2阀可作为取样循环阀和循环安全阀，主要结构见图 3-26，技术规范见表 3-43 和表 3-44。

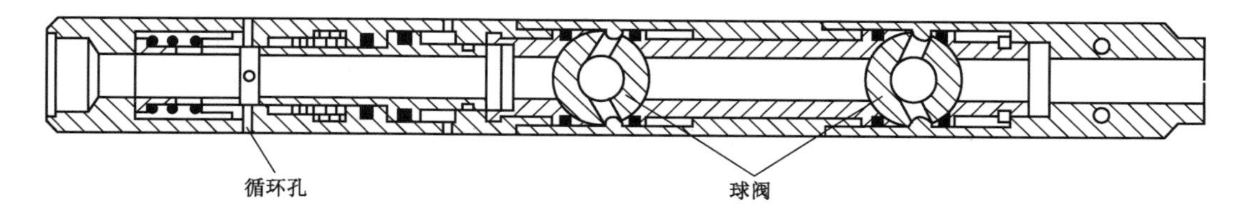

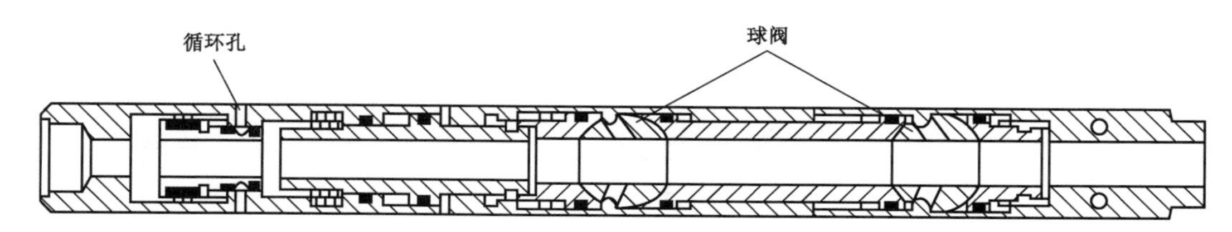

图 3-26　APR-M_2取样循环阀主要结构示意图

APR-M_2取样循环阀卸掉一个球阀就改装为循环安全阀

表 3-43　APR-M_2取样循环阀规范

外径,mm(in)	内径,mm(in)	组装长度,mm	取样体积,mL	端部连接	每只剪销剪切压力,MPa
127.76 (5.03)	57.15 (2.25)	3444.7	2775	3½in API 内平	3.69
118.9 (4.68)	50.8 (2.00)	3397	2258	3½in API 内平	3.69
118.9 (4.68)	50.8 (2.00)	3397	2258	3⅞in 65A 特殊	3.69
99.06 (3.90)	45.97 (1.81)	3457	1768	2⅞in 8 牙油管螺纹	3.69
77.7 (3.06)	25.4 (1.00)	2907.3	1000	2⅜in 8 牙油管螺纹	3.58

表 3-44　APR-M_2循环安全阀规范

外径,mm(in)	内径,mm(in)	组装长度 mm	端部连接	每只剪销剪切压力,MPa
127.76 (5.03)	57.15 (2.25)	2294.6	3½in API 内平	3.69
118.9 (4.68)	50.8 (2.00)	2220.7	3½in API 内平	3.69
99.06 (3.90)	45.97 (1.81)	2223.3	2⅞in 8 牙油管螺纹	3.69
77.7 (3.06)	25.4 (1.00)	1573.5	2⅜in 8 牙油管螺纹	3.58

APR-M_2 阀操作压力计算如下：

实际操作压力：

$$p_3 = p_1 + 6.9 \tag{3-42}$$

需要安装的剪切销钉数：

$$n = \frac{p_j + p_1 + 6.9}{p_p} \tag{3-43}$$

式中　p_3——APR-M_2阀操作压力,MPa。

4)全通径液压循环阀

主要结构见图 3-27,技术规范见表 3-45 和表 3-46。

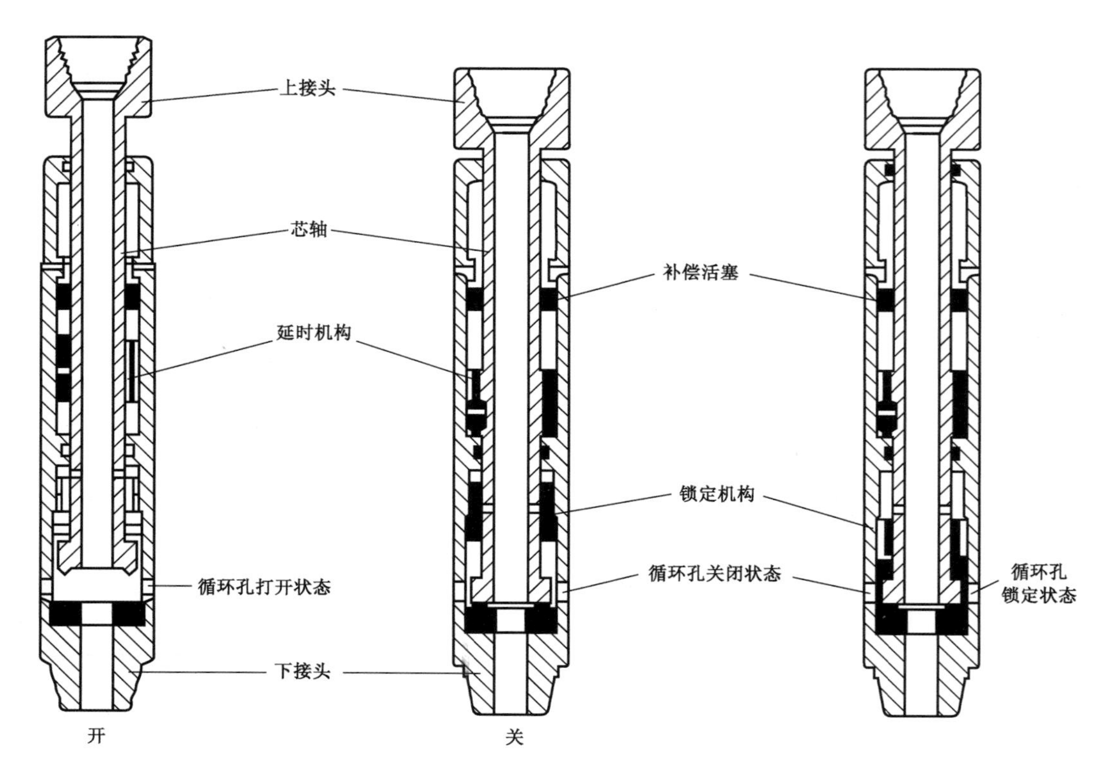

图 3－27　全通径液压循环阀主要结构示意图

表 3－45　全通径液压循环阀技术规范

外径 mm	内径 mm	长度，mm		扣型		旁通阀关闭负荷，N	计量系统最大载荷，N
		压缩	拉伸	上端	下端		
118.9	57.15	2126.5	2202.7	$3\frac{1}{2}$in API 内平内螺纹	$3\frac{1}{2}$in API 内平外螺纹	8964.4～13346.7	274900

表 3－46　旁通阀关闭所需时间

载荷 N(lbf)	温度，℃(°F)			
	37.8(100)	93.3(200)	148.9(300)	204.4(400)
88964.4 (20000)	3min 15s	3min 05s	2min 55s	2min 44s
111205.6 (25000)	2min 55s	2min 46s	2min 36s	2min 26s
133446.7 (30000)	2min 39s	2min 31s	2min 23s	2min 13s

5)全通径放样阀

主要结构见图3-28,技术规范见表3-47。

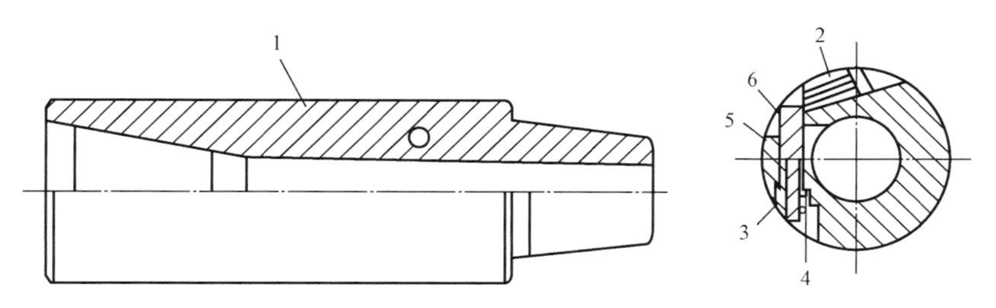

图3-28 全通径放样阀主要结构示意图

1—本体;2—放样塞;3—阀芯;4—限位螺母;5—管塞;6—O形圈

表3-47 全通径放样阀技术规范

外径,mm(in)	内径 mm	组装长度 mm	端部扣型
127.0 (5.0)	57.15	297.94	3½in 内平
118.87 (4.68)	50.8	304.8	3½in 内平
118.87 (4.68)	50.8	304.8	—
99.06 (3.90)	45.72	304.8	2⅞in EUE8 牙油管螺纹

6)全通径压力计托筒

主要结构见图3-29,技术规范见表3-48。

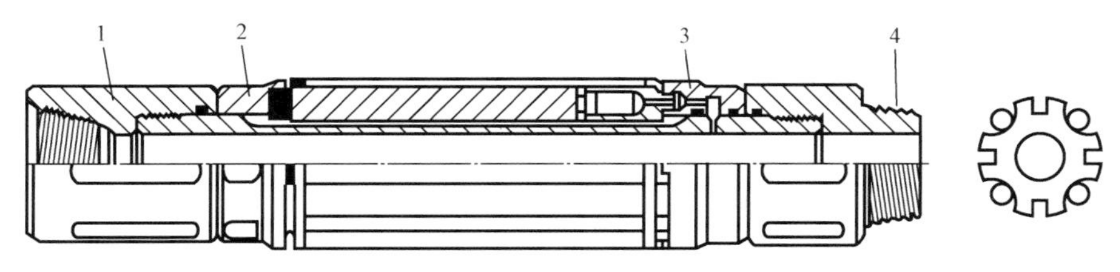

图3-29 全通径压力计托筒主要结构示意图

1—上接头;2—上挡套;3—下挡套;4—下接头

表3-48 全通径压力计托筒技术规范

外径 mm	内径 mm	长度 mm	抗拉强度 kN	抗内压 MPa	抗外挤 MPa	连接扣型	压力计
136.3	57.1	2430.0	1453.2	112.5	77.3	3½in API 平螺纹	RPG_3型

7）压控多次循环开关阀（OMNI 阀）

主要结构见图 3－30，技术规范见 3－49。

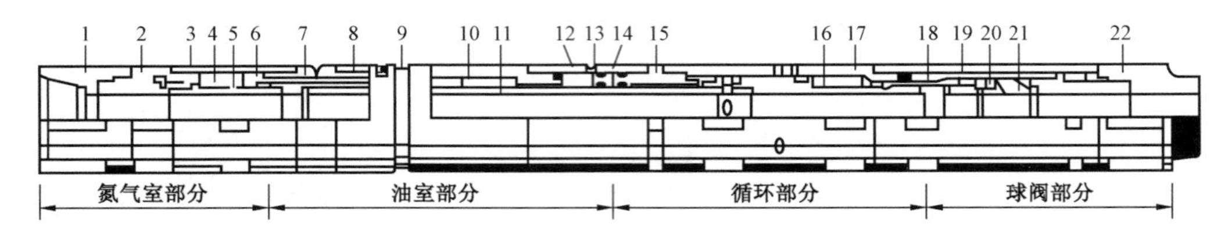

图 3－30　OMNI 阀主要结构示意图

1—上接头；2—充氮接头；3—氮气室外筒；4—氮气室；5—氮气室芯轴；6—浮动活塞；7—动力接头；8—操作外筒；9—换位总成；10—油室；11—油室芯轴；12—油室外筒；13—浮动活塞；14—传压孔；15—密封接头；16—循环孔及芯轴；17—循环外筒；18—弹簧爪；19—球阀外筒；20—操作臂；21—球及球座总成；22—下接头

表 3－49　OMNI 阀技术规范

外径 mm	内径 mm	扣型	长度 mm	额定拉力 kN	工作压力 MPa	循环孔总面积 mm^2	循环孔数目
127.8	57.9	98.43mm CAS	6446.0	1647.4	103.42	2329	6
99.1	45.7	73.00mm CAS	7081.3	774.7	103.42	2329	6

8）RD 安全循环阀和 RD 循环阀

RD 循环阀比 RD 安全循环阀少了球阀部分，其余相同，主要结构见图 3－31，技术规范见表 3－50。

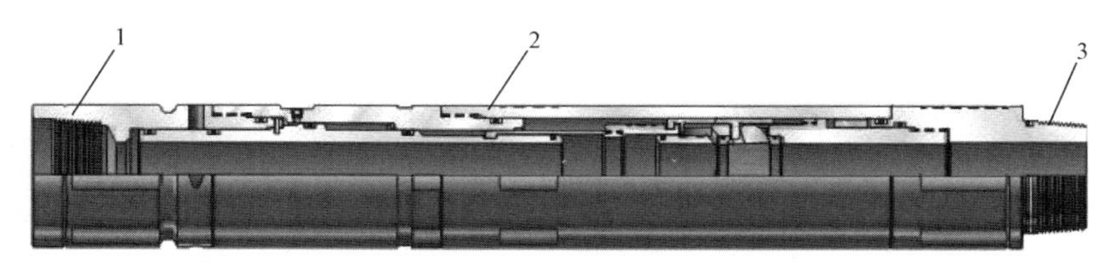

图 3－31　RD 安全循环阀主要结构示意图

1—上接头；2—阀体；3—下接头

表 3－50　RD 安全循环阀技术规范

外径，mm	内径，mm	抗拉强度，kN	工作压力，MPa
127.8	57.9	1395	105
99.1	45.7	833	105
77.7	25.4	507	105

破裂盘破裂操作压力计算如下：

实际破裂操作压力：

$$p_{RS} = p_{TP} - p_{SL} \tag{3-44}$$

式中　p_{RS}——实际破裂操作压力，MPa；

p_{SL}——静钻井液液柱压力，MPa；

p_{TP}——理论计算破裂压力，MPa。

$$p_{TP} = p_{SP} \frac{K_{RT}}{K_{ST}} \tag{3-45}$$

式中　p_{SP}——破裂盘标定压力，MPa；

K_{RT}——实际温度系数，无量纲；

K_{ST}——标定温度系数，无量纲。

9）油管测试阀（TST 阀）

主要结构见图 3－32，技术规范见表 3－51。

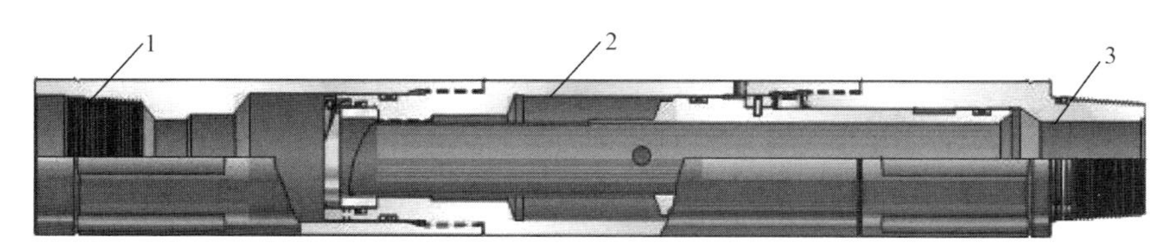

图 3－32　油管测试阀主要结构示意图

1—上接头；2—阀体；3—下接头

表 3－51　油管测试阀技术规范

外径，mm	内径，mm	螺纹	长度，mm	抗拉强度，kN	工作压力，MPa
77.7	25.4	2¼in CAS	1371.6	680.8	103.4
99.1	45.7	2⅞in CAS	1134.6	1108.0	103.4
127.8	57.9	3⅞in CAS	1219.2	1850.9	103.4
127.8	57.9	3⅞in CAS	1300.5	1642.4	103.4

4. PCT 试气工具

PCT 试气工具主要包括 PCT 测试器、HRT 液压工具和泵式反循环阀等。

1）PCT 测试器

主要结构见图 3－33，技术规范见表 3－52。

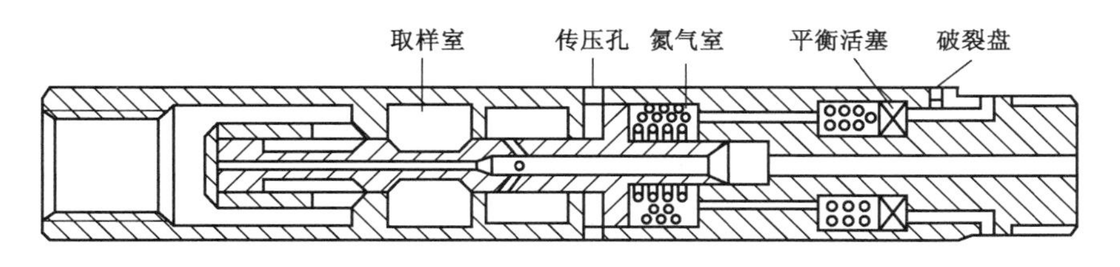

图 3－33　PCT 主要结构示意图

表 3-52　PCT 技术规范

工具尺寸,in×in	3¾×½	4¾×1½	4¾×1	5×2¼HFR
总成号	50720	52562	49955	53260
适用环境	标准型	耐 H_2S、耐酸	标准型	耐 H_2S、耐酸
取样器容积,cm^3	1800	1200	1800	无
安全阀打开压力,MPa	68.9	68.7	68.9	无
最大装配扭矩,N·m	2712	5423	5423	5423
拉伸屈服强度,N	1334470	1556880	2090660	1690320
屈服扭矩,N·m	10170	14645	14645	13560
最大静压,MPa	103	103	69	69
长度,m	5.486	5.664	4.877	5.867
内螺纹	2⅞in 正规	3½in 内平	3½in 贯眼	3½in 内平
外螺纹	3¼in—6 短梯扣	3⅞in—4 短梯扣	3⅝in—4 短梯扣	4⅜in—4 短梯扣

注:(1)外径为管串中最大直径,而且是实际值,内径为最小值。
(2)最大静压为该工具可达压力的 70% 左右。

2)HRT 液压工具

HRT 液压工具主要结构及原理图见图 3-34,技术规范见表 3-53。

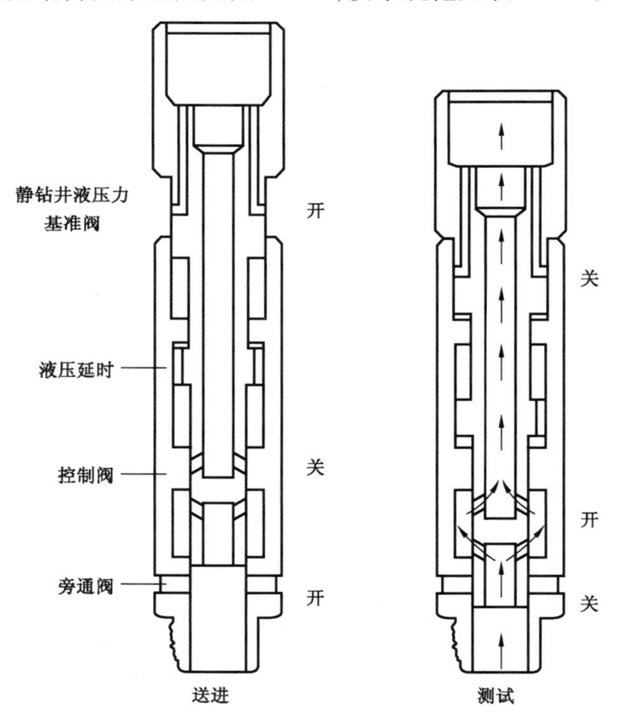

图 3-34　HRT 液压工具主要结构及原理示意图

表 3-53 HRT 技术规范

工具规格,in×in	4¾×1½	5×2¼
总成号	52400	53700
适用环境	耐 H_2S、耐酸	
最大装配扭矩,N·m	5423	5423
拉伸屈服应力,N	1405638	1725909
屈服扭矩,N·m	13560	13560
最大静压,MPa	103.4	68.9
拉伸长度,mm	2337	2819
行程,mm	152.4	152.4
连接扣型内螺纹	3⅞in—4 短梯螺纹	4⅜in—4 短梯螺纹
外螺纹	3½in 内平	3½in 内平

3)泵式反循环阀

主要结构见图 3-35,技术规范见表 3-54。

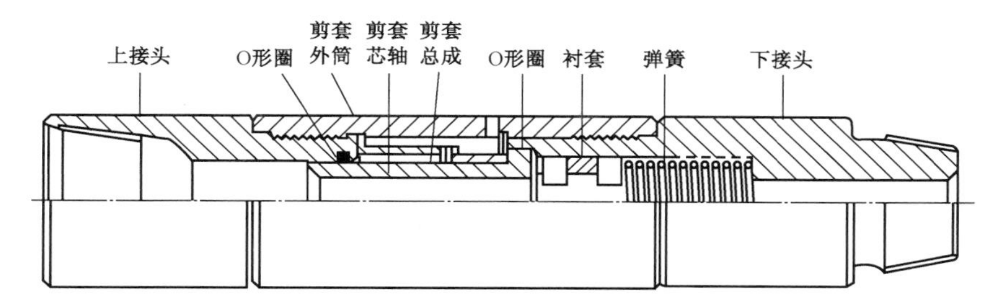

图 3-35 泵式反循环阀主要结构示意图

表 3-54 泵式反循环阀技术规范

工具规格,in×in	4¾×1½
总成号	52600
适用环境	耐 H_2S、耐酸
最大装配扭矩,N·m	5424
剪销额定压力,MPa	1.52(⅛in 剪销),0.41(1/16in)
最大静压,MPa	103
拉伸屈服应力,N	195722
屈服扭矩,N·m	18035
剪销阀所能调整承受最大内压,MPa	103
组装长度,mm	4267.2
最小内径,mm	38.1
连接扣型	3½in API 内平

5. 膨胀式试气工具

膨胀式试气工具主要包括液力开关工具、正控制取样器、B 型膨胀泵和外压力计托筒等，主要用于砂泥岩裸眼井测试。

1)液力开关工具

主要结构见图 3－36，技术规范见表 3－55。

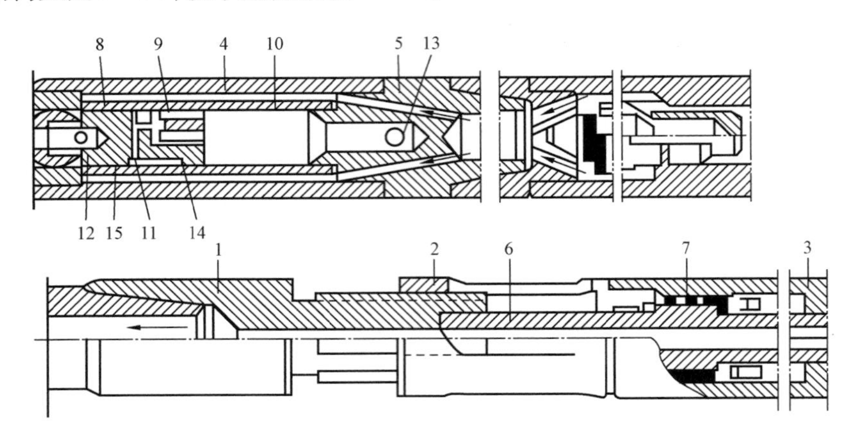

图 3－36 液力开关工具主要结构示意图

1—上接头；2—花键接头；3—油缸；4—钻井液端外筒；5—下接头；6—芯管；7—油端活塞；8—钻井液端活塞；9—单流阀总成；10—钻井液端缸套；11—缸套液流孔；12—钻井液端活塞液流孔；13—下接头旁通孔；14，15—O 形密封圈组

表 3－55 127mm(5in)液力开关工具技术规范

外径，mm	127
芯轴内径，mm	25.4
组装长度，mm	1593.9(拉伸时)
组装长度，mm	1492.3(压缩时)
挤毁压力，MPa	149
拉断负荷，kN	2140
最小流动面积，cm^2	5.06
芯轴行程，mm	101.6
自由下落，mm	31.8
上部连接螺纹	3½in API 贯眼内螺纹
下部连接螺纹	3½in API 贯眼外螺纹

2)B 型膨胀泵

主要结构见图 3－37，技术规范见表 3－56。

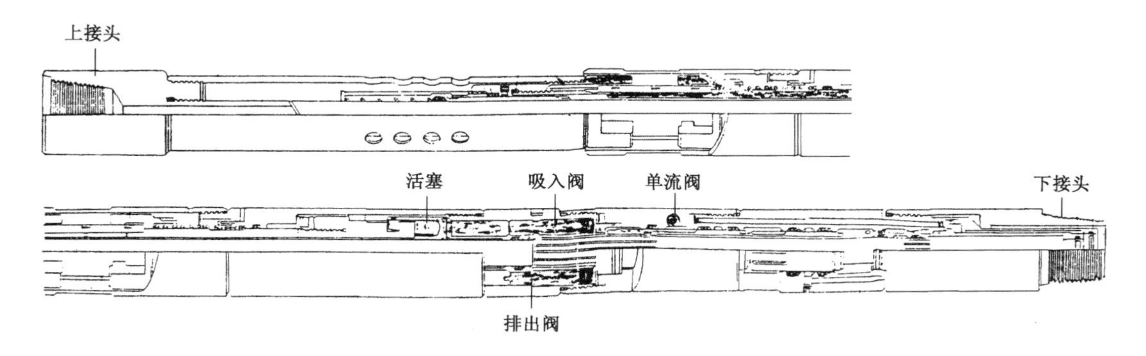

图 3-37 B 型膨胀泵主要结构示意图

表 3-56 127mm(5in)B 型膨胀泵规范

外径,mm	滑动接头外径,mm	自由行程,mm	自由下落,mm	长度,mm	顶部连接内螺纹	底部连接外螺纹
127	114	152	50.8	2388	3½in API 贯眼	4in 特殊贯眼

3)外压力计托筒

主要结构见图 3-38,技术规范见表 3-57。

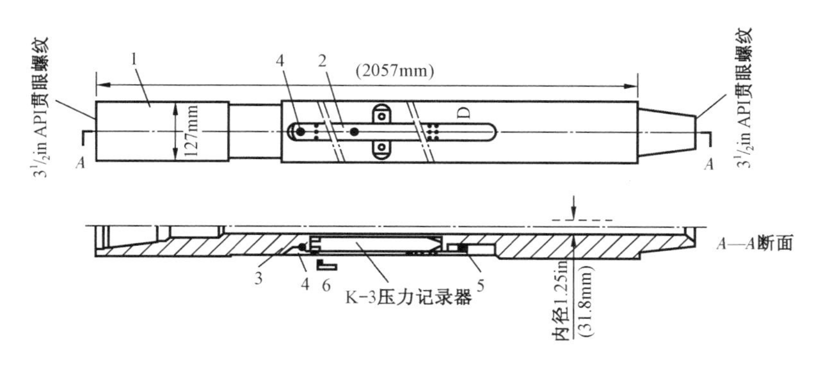

图 3-38 外压力计托筒

1—外筒接头;2—盖板;3—开口环;4—螺钉;5—销子;6—扳手

表 3-57 外压力计托筒技术规范

外径,mm	内径,mm	长度,mm	压力计托腔长,mm	温度计托腔长,mm	上接头	下接头
127	31.8	2057	1219	1484	3½in API 贯眼内螺纹	3½in API 贯眼外螺纹

四、试气制度及地面流程

1. 测试制度

测试制度分类见表 3-58。

表 3－58　测试制度分类及要求

测试制度分类	步骤
连续自喷井	(1)根据井口压力、出液情况、火焰高度，测试压差在地层压力的20%以内，选择合适的油嘴和孔板。 (2)上好压力表、油嘴、孔板、温度计。 (3)量好计量罐液面。 (4)倒好地面流程。 (5)点火口点长明火。 (6)记下油压、套压值。 (7)采气树上的生产闸阀和节流阀全开后开油嘴套上的节流阀，点火口天然气点燃后全开油嘴套上的节流阀。 (8)测试过程中每10～30min记录一次油压、套压、上压、下压、上温，每1～2h量一次计量罐的液面。 (9)根据每一点的上压和上温值，算出每一个班的平均上压和平均上温值，求出班产气量，根据计量罐算出班产液量。 (10)测试过程每天定时测流压，应测到两个基本稳定的流压。 (11)将稳定过程中的上压和平均上温算出的日产气量作为日产气量，稳定过程中3个班的产液量之和为日产液量或不够24h的产液量折算为日产液量。 (12)测试过程中取两个合格的油、气、水样进行全分析。 (13)达到测试稳定时间后结束测试工作
间开自喷井	(1)根据井口压力、出液情况、火焰高度，测试压差在地层压力的20%以内，选择合适的油嘴和孔板。 (2)上好压力表、油嘴、孔板、温度计。 (3)量好计量罐液面。 (4)倒好地面流程。 (5)点火口点长明火。 (6)记下油压、套压值。 (7)采气树上的生产闸阀和节流阀全开后开油嘴套上的节流阀，点火口天然气点燃后全开油嘴套上的节流阀。 (8)测试过程中每10～30min记录一次油压、套压、上压、下压、上温，每1～2h量一次计量罐的液面。 (9)根据每一点的上压和上温值，算出每一个班的平均上压和平均上温值，求出班产气量，根据计量罐算出班产液量。 (10)每天定时开关井。一般测试3d。 (11)开井前测关压，开井过程中测流压(至少测2d)。 (12)开井过程中的产气量和产液量作为日产气量和日产液量
探液面	(1)油管、套管全敞开。 (2)用抽汲车或试井车连续探3d液面。 (3)根据液面高差算出该时间内上涨的液量，折算成日产液量。 (4)用试井车取出水样

2. 测试求产——气产量

(1)流量计选择。

气产量通常使用临界速度流量计和垫圈流量计测得，其应用条件见表3－59。

表 3-59　流量计应用条件

<table>
<tr><th rowspan="2">流量计类型</th><th colspan="5">应用条件</th></tr>
<tr><th>测试气产量
10⁴m³/d</th><th>排气管线内径</th><th>排气管线长度</th><th>孔板</th><th>上下流压力</th></tr>
<tr><td>临界速度流量计</td><td>>0.8</td><td rowspan="2">流量计内径与排气管线内径相同</td><td rowspan="2">流量计上流直管段长度大于 10 倍流量计内径,下流直管段长度大于 5 倍流量计内径,下流直通大气,下流压力为大气压力</td><td rowspan="2">孔眼直径等于 40% ~ 80% 流量计内径,厚度 3 ~ 6mm,孔板喇叭口朝气流下方</td><td>下流压力小于或等于上流压力的 54.6%</td></tr>
<tr><td>垫圈流量计</td><td><0.8</td><td>水柱或汞柱高差控制在 75 ~ 150mm</td></tr>
</table>

(2)测试稳定时间要求。

测试稳定时间要求见表 3-60。

表 3-60　测试稳定时间要求

测试产量, $10^4 m^3/d$	测试条件		
	井口压力	日产量变化,%	稳定时间,h
>30	稳定	<5	>2
30 ~ 10	稳定	<5	>4
10 ~ 5	稳定	<5	>6
5 ~ 2	稳定	<10	>16
<2	稳定	<10	>24

(3)测试产量计算。

垫圈流量计测试产量计算:

$$q = 11.229d^2\sqrt{\frac{\Delta H}{\gamma T}} \quad (\text{适用于汞柱测气,产气量为 3000 ~ 8000m}^3/\text{d}) \tag{3-46}$$

$$q = 3.047d^2\sqrt{\frac{\Delta H}{\gamma T}} \quad (\text{适用于水柱测气,产气量小于 3000 m}^3/\text{d}) \tag{3-47}$$

式中　d——孔板直径,mm;

ΔH——汞(水)柱高度,mm;

γ——天然气相对密度;

T——气体温度,K;

q——产气量,m^3/d。

临界速度流量计测试产量计算:

$$q = 1957.84d^2\sqrt{\frac{p_1}{\gamma TZ}} \quad (\text{适用于产气量大于 8000 m}^3/\text{d}) \tag{3-48}$$

式中　p_1——孔板上流绝对压力，MPa；

Z——天然气偏差系数。

3．试气地面流程

地面流程由节流管汇、压井管汇、防喷管线、放喷管线、测试管线、回收管线、分离器、安全阀、加热装置、燃烧器和数据采集系统组成；高温高压高酸性气井还应具备紧急关断系统、多级降压装置和硫化氢在线监测系统。应根据气井的不同类型选择相应的测试流程，常用地面流程如下。

1）常压气井试气地面流程

纯气井应采用主要由采气井口、流量计、旋风分离器、测试放喷管线和燃烧筒组成的常压气井试气地面流程（图3－39）。

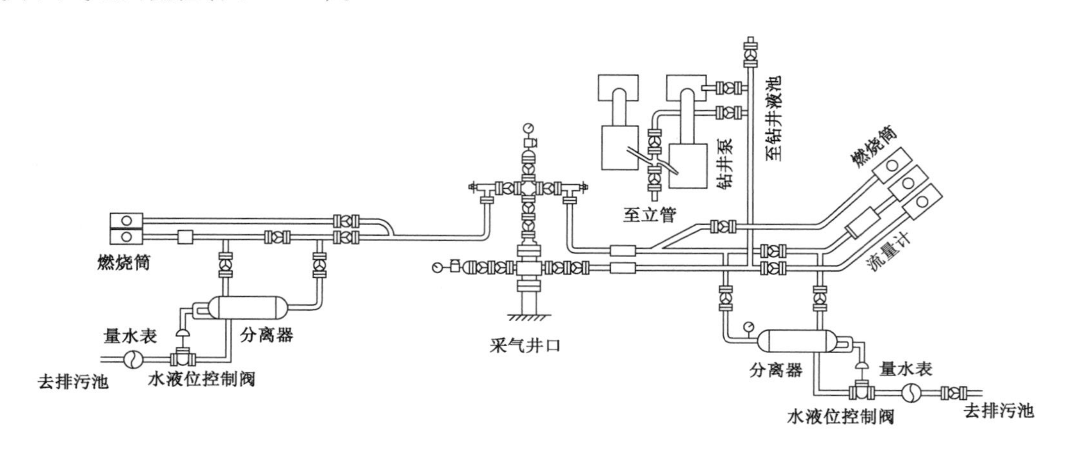

图3－39　常压气井测试流程示意图

2）高压气井测试流程

高压气井应采用带有“三级降压保温装置”和重力式分离器的高压气井测试流程（图3－40）。

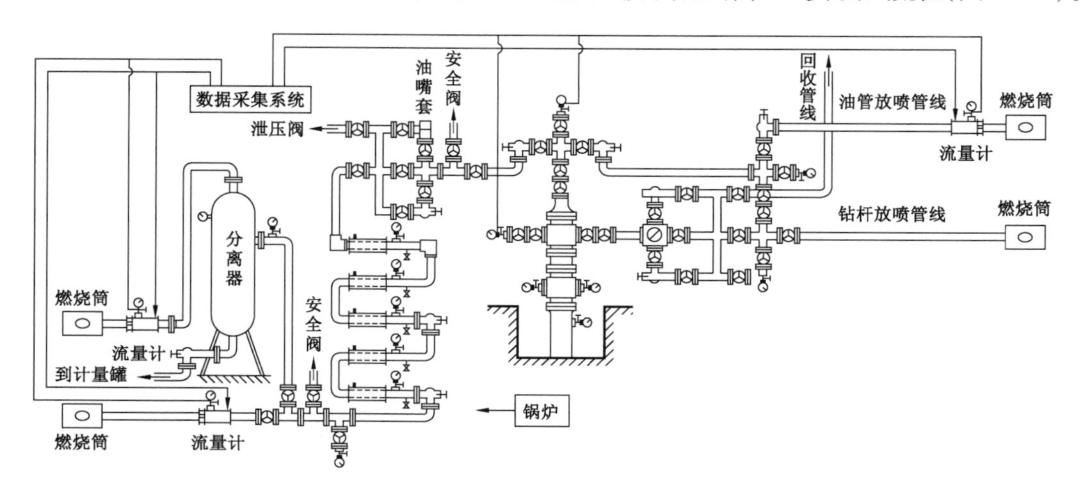

图3－40　高压气井测试流程示意图

3)产水气井试气地面流程

产水气井应采用带有重力式分离器的产水气井试气地面流程(图3-41)。

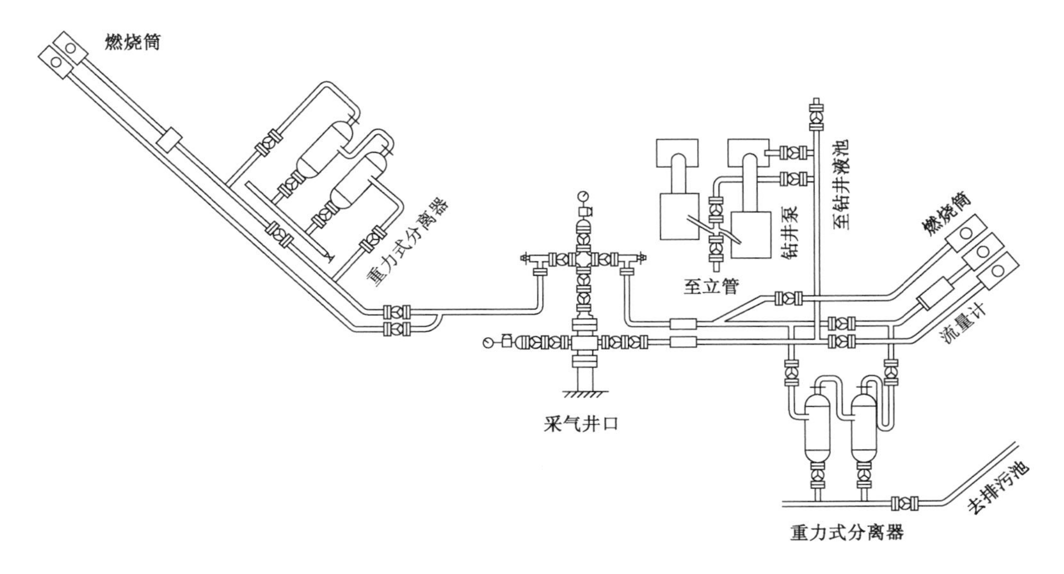

图3-41 产水气井测试流程示意图

4)常压凝析气井测试流程

常压凝析气井应采用带有油、气、水三相分离器的常压凝析气井测试流程(图3-42)。

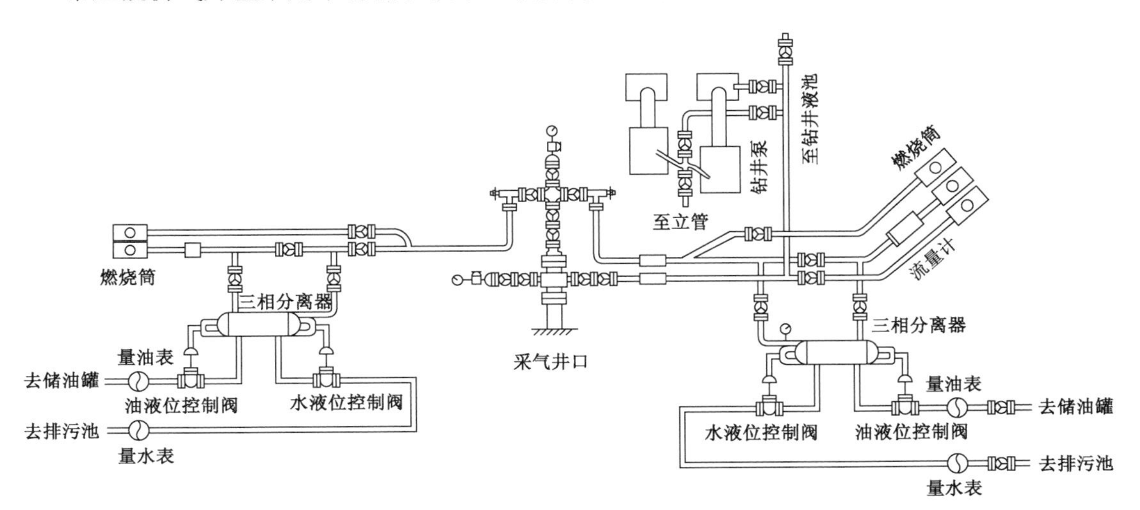

图3-42 常压凝析气井测试流程示意图

5)高压凝析气井测试流程

高压凝析气井应采用热交换器,油、气、水三相分离器和带有地面、井下安全阀的高压凝析气井测试流程(图3-43),测试装置的选择应符合SY/T 6581—2012《高压油气井测试工艺技术规程》的要求。

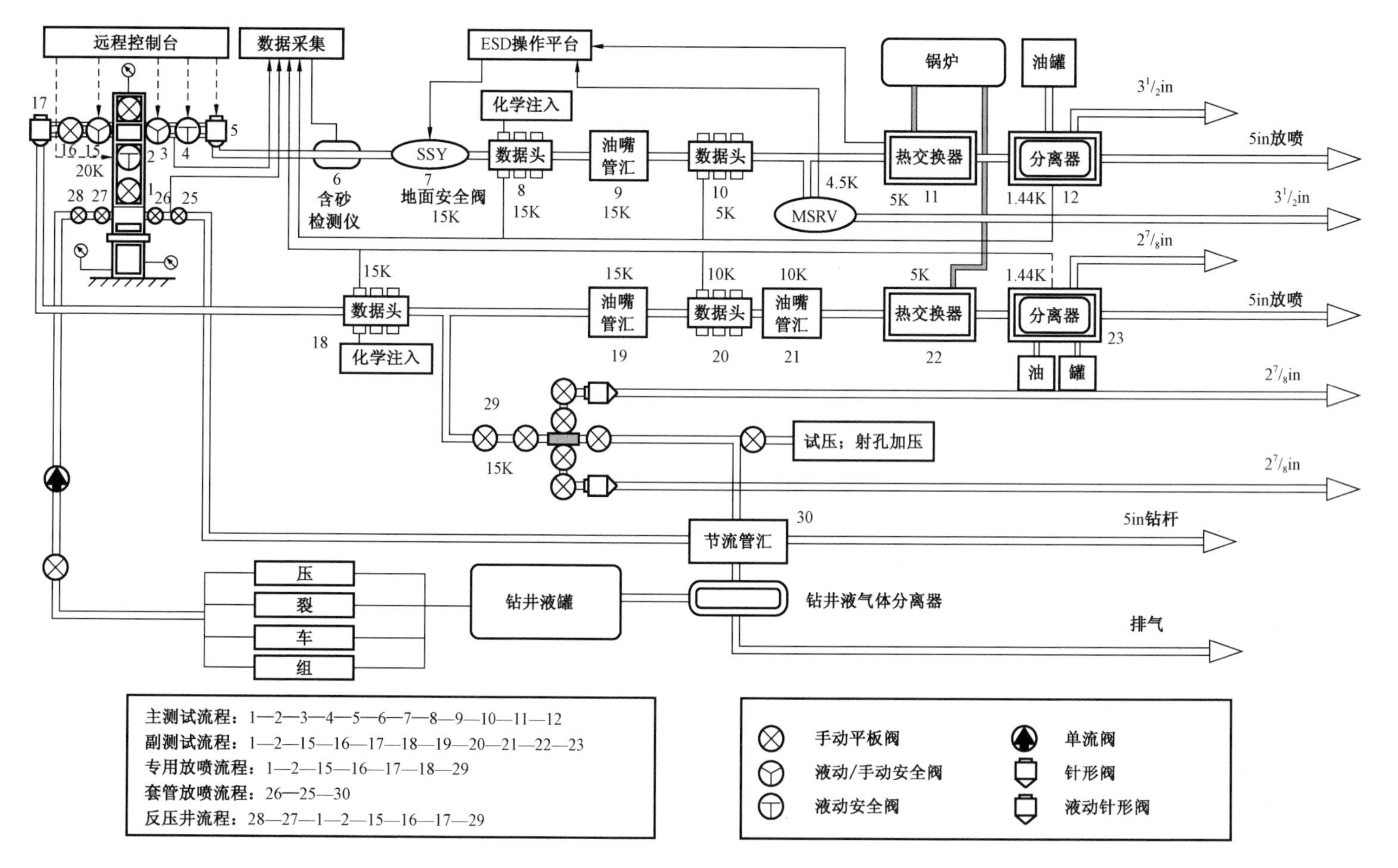

图3-43 高压凝析气井测试流程示意图

6)高含硫气井测试地面流程

单套高含硫气井测试地面流程同高压凝析气井测试流程(图 3－43),高压大产量井可根据需要采用两套或两套以上,与高压高产井的测试地面流程相比仅材质要求不同,采用抗硫材质。

4. 主要设备

1)节流管汇

主要结构见图 3－44。

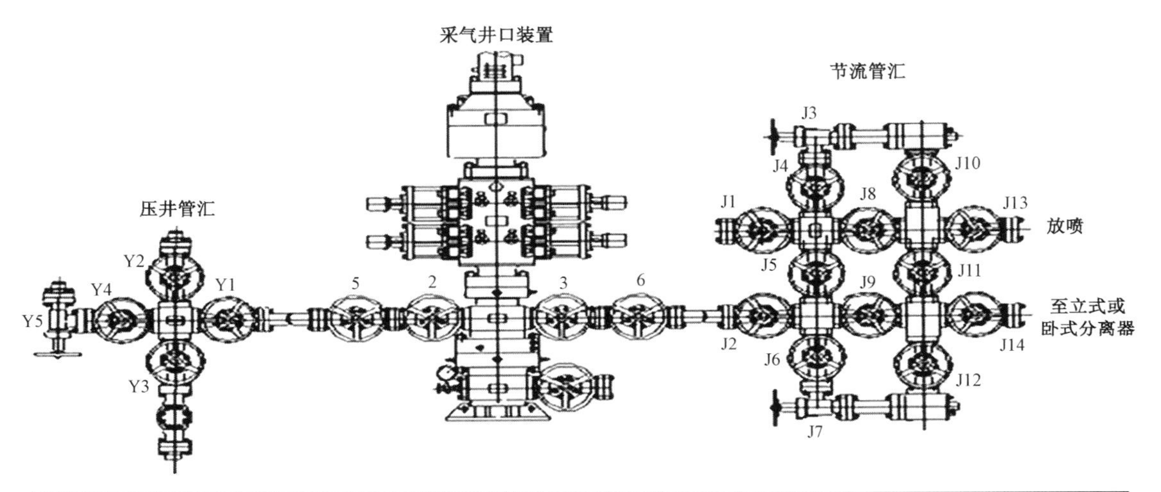

阀门编号	开关状态	阀门编号	开关状态	阀门编号	开关状态	阀门编号	开关状态	阀门编号	开关状态	阀门编号	开关状态	阀门编号	开关状态
Y1	开	5	开	J1	关	J3	半开	J8	关	J10	关	J13	开
Y2	关	2	开	J2	关	J4	开	J9	关	J11	开	J14	关
Y3	关	3	开			J5	关			J12	开		
Y4	关	6	开			J6	开						
Y5	半开					J7	半开						

图 3－44 节流管汇结构示意图

2)流量计

(1)临界速度流量计。

主要结构见图 3－45,技术规范见表 3－61。

表 3－61 临界速度流量计技术规范

流量计规范,in	工作压力,MPa	试验压力,MPa	孔板的配置
2	25	37.5	孔径 2mm,3mm,4mm,5mm,…,35mm 各一块
4	15	22.5	孔径 10mm,15mm,20mm,25mm,…,75mm 各一块

(2)垫圈流量计。

垫圈流量计主要结构见图 3－46。

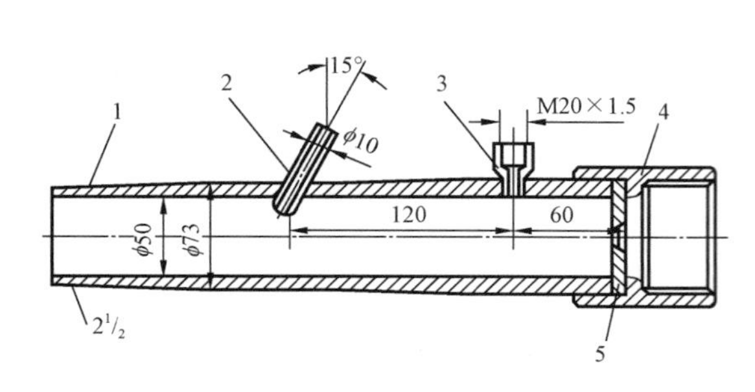

图 3-45 临界速度流量计主要结构示意图(单位:mm)
1—油管螺纹;2—温度计插管;3—压力表接头;
4—压帽;5—孔板

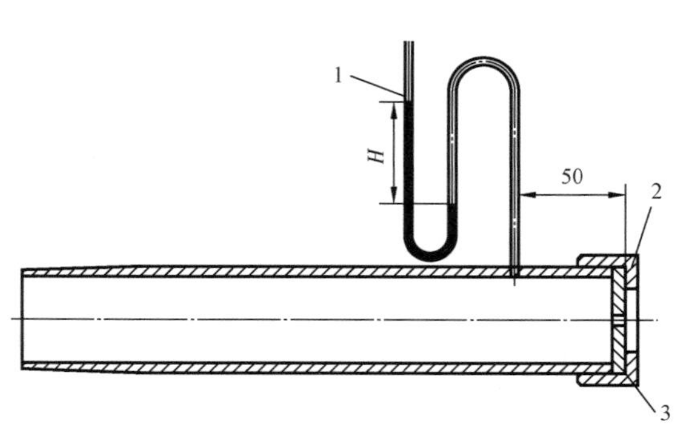

图 3-46 垫圈流量计主要结构示意图(单位:mm)
1—U 形管压力计;2—压帽;3—孔板;H—高度

第五节 气井完整性管理与评价

一、气井完整性管理

气井完整性管理是目前国际油公司普遍采用的气井管理模式,通过对气井完整性的相关信息进行综合分析,开展完整性评价,制定合理的管理制度与防治措施,从而达到减少和预防气井事故发生的目的,保障气井安全运行。气井完整性管理过程是一个持续不断的改进过程,定义为“应用技术、操作和组织的综合措施,有效地减少地层流体在井筒整个寿命期间无控制排放的风险,从而将气井建设与运营的安全风险水平控制在可接受的范围内,达到减少气井事故发生、有效地保证气井安全运行的目的”。

1. 完整性管理主要目标

(1)气井始终处于安全可靠的工作状态。

(2)气井在物理上和功能上是完整的,处于受控状态。

(3)气井管理者不断采取相关措施防止事故的发生。

2. 完整性管理内容

气井完整性管理与气井钻完井、生产、修井、废弃等各阶段的设计、施工、运行、维护、检修和管理等过程密切相关,主要内容包括:

(1)拟定工作计划、工作流程和工作程序文件。

(2)进行风险分析和安全评价,了解事故发生的可能性以及将导致的后果,制定预防和应急措施。

(3)定期进行气井完整性检测与评价,了解气井可能发生事故的原因和位置。

(4)采取修复或减轻失效威胁的措施。

(5)培训和管理现场操作人员,不断提高人员素质。

3. 完整性管理要求

(1)在设计、钻完井和新投产时,应融入气井完整性管理的理念和做法。

(2)建立气井完整性信息库并进行分析。

(3)建立负责进行气井完整性管理的机构和管理流程,配备必要的手段。

(4)结合气藏特点,持续开展完整性管理。

4. 常见气井失效模式

在气井寿命期内,可能出现一种或多种完整性失效模式,如图 3-47 所示。

5. 完整性设计

在钻完井设计阶段,应根据气井工况,在现有技术条件下,充分利用成熟的工艺技术措施,确保气井的完整性,包括以下设计:

(1)套管完整性设计:材质要求(抗CO_2腐蚀、抗硫化物应力开裂),螺纹选择(气密性),套管柱组合强度校核,各层套管全井段封固要求,回接管柱应采用回接筒连接方式等。

(2)套管头完整性设计:依据井口最大关井压力或最高工作压力选择压力等级,材质根据流体性质选择采用以金属密封为主的密封方式,防止组件间的电偶腐蚀控制措施等。

(3)采气井口完整性设计:依据石油天然气行业标准 SY/T 5127—2002《井口装置和采油树规范》选择采气井口材质、压力等级、温度等级、密封材料等,依据气井产量决定是否采用 Y 形结构。

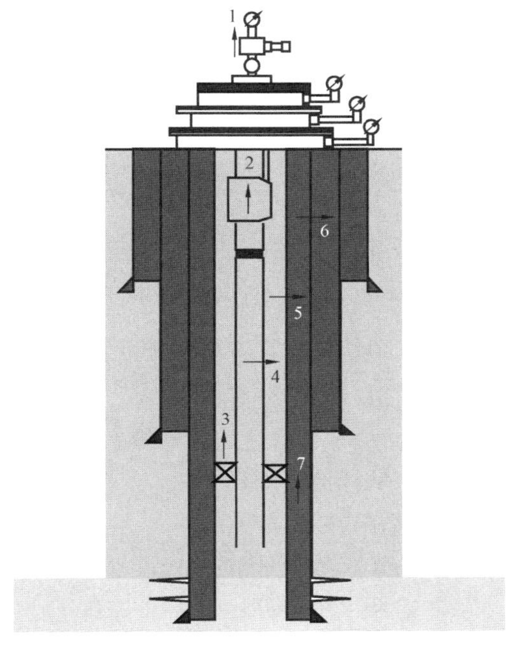

图 3-47 气井完整性失效示意图

1—采气井口渗漏;2—井下安全阀渗漏或失效;3—封隔器失效;4—油管柱渗漏或破裂(穿孔);5—生产套管渗漏或破裂(穿孔);6—技术套管渗漏或破裂(穿孔);7—水泥环纵向渗漏或失效

(4)完井管柱设计:材质抗腐蚀性及抗硫化物应力开裂要求,气密封螺纹的选择,井下工具及其他附件选择(工作压力、材质),油管柱组合强度校核等。

二、气井完整性评价

1. 完井前的井筒完整性评价

完井前(下完井管柱前)的井筒评价主要包括井下套管磨损程度和剩余强度分析,目的是摸清完井前井筒状况,为确定完井施工参数提供依据。

1)井下套管磨损程度分析

从井下切割下来的实际磨损套管来看,大部分是月牙形磨损。分析认为,磨损月牙的曲率半径与钻杆或钻杆接头的半径基本相当。因此,假设套管磨损为月牙形磨损,可用“磨损—效率”模型分析井下套管的磨损程度。根据钻井井史提取受磨损段套管对应井段的井斜角、方位角,并计算出全角变化率较大的点;对全角变化率较大的点分析剩余壁厚,分析步骤如下:

(1)计算钻杆与套管的接触力 N:

$$N = F_z \sin\beta \tag{3-49}$$

式中 F_z——计算点单位长度钻柱的轴向力,N/m;

β——计算点的井眼全角变化率。

(2)计算月牙形磨损面积 S:

$$S = \frac{\eta}{H_b} N\mu(\pi D_{jt}\omega T_{zj} + n_{qx} L_{zg}) \tag{3-50}$$

式中 S——套管横截面内壁被磨损掉的月牙形面积,m^2;

N——单位长度钻杆与套管的接触力,N/m;

$\frac{\eta}{H_b}$——钻杆—套管磨损效率,由实验测定(并考虑温度影响),也可参考《钻井工程手册(甲方)》选取;

μ——钻杆与套管之间的摩擦系数,由实验测定,也可以取值0.15~0.20;

D_{jt}——钻杆接头外径,m;

ω——转盘转速,L/s;

T_{zj}——旋转钻井时间,s;

n_{qx}——起下钻次数;

L_{zg}——磨损点以下的钻杆长度,m。

(3)计算月牙形磨损深度时,按照式(3-51)至式(3-53)计算中间参数 k,然后按照式(3-54)计算套管磨损深度 Δt,再由式(3-55)计算套管剩余壁厚 t':

$$X_1 = -\sqrt{R_1^2 - \frac{(r^2 - R_1^2 - k^2)^2}{4k^2}} \tag{3-51}$$

$$X_2 = \sqrt{R_1^2 - \frac{(r^2 - R_1^2 - k^2)^2}{4k^2}} \tag{3-52}$$

$$\begin{aligned} S &= \int_{X_1}^{X_2}\left(\sqrt{r^2 - x^2} + k - \sqrt{R_1^2 - x^2}\right)dx \\ &= X_2\left(\sqrt{r^2 - X_2^2} - \sqrt{R_1^2 - X_2^2}\right) + 2kX_2 + r^2\arcsin\frac{X_2}{r} - R_1^2\arcsin\frac{X_2}{R_1} \end{aligned} \tag{3-53}$$

$$\Delta t = k - (R_1 - r) \tag{3-54}$$

上四式中 X_1,X_2——两个圆的交点;

r——钻柱接头外圆半径,m;

R_1——套管内圆半径,m。

$$t' = t - \Delta t \tag{3-55}$$

式中　t'——套管剩余壁厚，m；

t——套管公称壁厚，m；

Δt——套管磨损深度，m。

2)井下套管剩余强度分析

套管强度包括抗拉强度、抗内压强度和抗挤强度。应用弹性力学双极坐标法，得到月牙形磨损套管在内压或外压作用下应力分布的解析解；然后，以管材屈服强度为条件，求得磨损套管剩余强度系数和剩余强度。

如图3-48所示，利用双极坐标法，可以将XY坐标系中偏心磨损套管这种具有两个非同心圆边界的问题通过坐标转化，变为$\xi\eta$平面内的轴对称同心圆问题，从而可以方便地得到解答。分析发现，在外压作用、内压作用或内外压联合作用下，磨损套管最薄处的环向应力总是最大的。因此，以该处环向应力达到管材屈服强度为判断条件，得到磨损套管剩余抗挤强度p'_{ocr}和剩余抗内压强度p'_{icr}为：

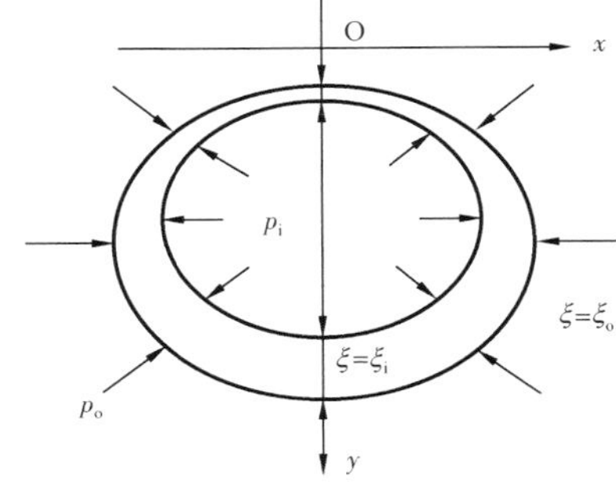

图3-48　磨损井下套管双极坐标示意图

$$p'_{ocr} = k_{ocr}p_{ocr} \tag{3-56}$$

$$k_{ocr} = \frac{(D/t)^2}{f_2(D/t-1)} \tag{3-57}$$

$$f_2 = \frac{1}{m}\left[\frac{-2\text{sh}\xi_0 - \text{sh}(\xi_1+\xi_0)}{\text{sh}(\xi_1-\xi_0)} + 1 - 2\text{sh}^2\xi_1\right] \tag{3-58}$$

$$p'_{icr} = k_{icr}p_{icr} \tag{3-59}$$

$$k_{icr} = \frac{D}{1.75tf_4} \tag{3-60}$$

$$f_4 = \frac{1}{m}\left[\frac{2\text{sh}\xi_0 + \text{sh}(\xi_1+\xi_0)}{\text{sh}(\xi_1-\xi_0)} - 1 - 2\text{sh}^2\xi_0\right] + 1 \tag{3-61}$$

式中　p_{ocr}——套管原始抗挤强度，MPa；

p_{icr}——套管原始抗内压强度，MPa；

k_{ocr}——剩余抗挤强度系数；

k_{icr}——剩余抗内压强度系数；

D——套管外径，m；

$f_2, f_4, \xi_0, \xi_1, m$——由磨损套管几何参数决定的中间参数，可由下列方程组求出。

$$\begin{cases} r_0 = a/\text{sh}\xi_0 \\ r_1 = a/\text{sh}\xi_1 \\ c = a/\text{th}\xi_0 - a/\text{th}\xi_1 \end{cases}$$

其中:

$$a = \sqrt{r_1^4 - 2c^2 r_1^2 + r_0^4 - 2c^2 r_0^2 - 2r_0^2 r_1^2 - c^4}/2c$$

$$r_1 = r_0 - \frac{t + t'}{2}$$

式中 r_0——偏心磨损套管外圆半径,m;

r_1——偏心磨损套管内圆半径,m;

t——套管名义壁厚,m;

t'——套管剩余壁厚,m;

c——偏心磨损套管偏心距。

2. 完井作业过程中的井筒完整性评价

完井过程(下完井管柱至试油放喷结束)中要计算不同工况下的工作参数(最大工作压力、排量、环空压力等),确保气井作业过程中的井筒安全。完井过程中的井筒安全主要考虑生产套管及完井管柱安全。

1)考虑生产套管安全的关键工作参数

(1)允许最低替浆密度。

允许最低替浆密度由生产套管剩余抗挤强度决定。以磨损最深处的钻井日报记录的钻井液密度推测地层压力,考虑抗挤强度安全系数(考虑膏泥岩),可以由下式求得允许最低替浆密度:

$$\text{最低替浆密度} = \text{钻井液密度} - \frac{\text{剩余抗挤强度}}{\text{抗挤强度安全系数} \times \text{井深}/100}$$

式中,钻井液密度的单位为 g/cm^3;剩余抗挤强度的单位为 MPa;井深的单位为 m。

(2)允许最高环空压力。

允许最高环空压力由生产套管剩余抗内压强度决定,根据套管磨损最深处剩余抗内压强度可以由下式求得允许最高环空压力:

$$\text{允许最高环空压力} = \frac{\text{剩余抗内压强度}}{\text{抗内压强度安全系数}} + (\text{钻井液密度} - \text{压井液密度}) \times \text{井深}/100$$

2)完井管柱力学分析与强度校核

完井管柱在自重、钻压、内外流体压力、管内流体流动黏滞摩阻、管柱弯曲后与井壁之间的支反力、库仑摩擦力及弯矩等载荷作用下,管柱会产生应力与变形。若应力或变形过大,将导致管柱破坏、封隔器失封等作业事故。因此,必须进行完井管柱力学分析与校核,以此为基础,合理地组合完井管柱,确定施工参数界限,确保完井作业的成功与安全。完井管柱力学分析与强度校核包括载荷分析、轴向变形分析、应力强度分析等内容。完井管柱力学分析与强度校核计算过程较复杂,采用以上方法计算费时、费力,通常情况下需要将以上计算过程软件化,从而提高分析效率和计算精度。目前,国外已经开发出多款完井管柱力学分析与强度校核软件,如哈里伯顿公司的 WELLCAT 软件、斯伦贝谢公司的 TDAS 软件等。

3. 生产过程中井筒完整性评价

1)评价内容

生产过程中的井筒评价主要针对气井投产后,确定因井筒压力、温度变化引起的环空压力变化、管柱受力变化等对井筒安全的影响。目前国外已经建立了比较完善的评价方法(如NORSOK D－010,API RP90 等),这里仅做一般性规定,生产气井井筒完整性评价主要包括静态评价和动态评价两方面。

(1)静态评价内容。

① 采气井口评价:材质、冲蚀、渗漏等。

② 井身结构评价:结构、强度、材质、螺纹、磨损等。

③ 固井质量评价:是否存在气窜。

④ 完井管柱评价:结构、强度、材质、螺纹、渗漏等。

⑤ 生产套管评价:强度、材质、渗漏等。

(2)动态评价内容。

① 环空压力评价:环空压力是否异常,环空压力是否可控。

② 环空流体分析:流体性质、组分、流量等。

③ 环空充满度确认:环空保护液是否存在漏失,漏失程度。

④ 环空压力测试:出现持续环空压力(即因天然气通过某种通道持续进入环空后引起的环空压力升高)后,通过环空放压(1/4in 空管线,针形阀控制)测试渗漏程度。

⑤ 漏点检测:气井出现渗漏后,通过测试、检测等手段确定漏点位置。

2)环空许可工作压力的确定

环空是指油管柱与套管柱之间的环形空间以及套管柱之间的环形空间,为方便识别及管理,将各环空分别定义为 A,B,C 和 D 4 种(图 3－49)。为保证气井生产过程中的安全,应确定各环空压力的合理值或范围,环空许可工作压力的确定方法如下:

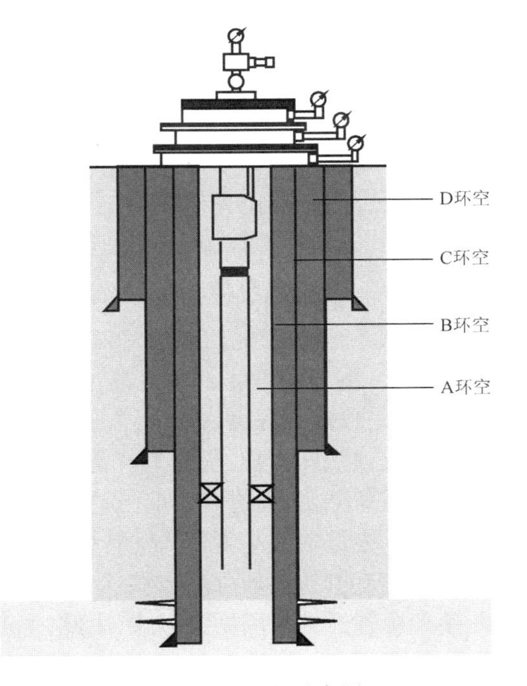

图 3－49　环空示意图

(1)B,C,D 环空最大许可工作压力值的确定。

B,C,D 环空均有水泥固井,因此,B,C,D 环空最大许可压力值取值参考 API RP 90 标准,并考虑套管头的工作压力,取值如下(如果套管为组合套管,应按组合套管强度最低部分套管强度取值):

① B 环空最大许可工作压力为以下各项中的最小者:

内层技术套管抗内压强度的 50%;生产套

管抗挤毁强度的75%；内层技术套管套管头额定工作压力的60%。

② C 环空最大许可工作压力为以下各项中的最小者：

外层技术套管抗内压强度的50%；内层技术套管抗挤毁强度的75%；外层技术套管套管头额定工作压力的60%。

③ D 环空最大许可工作压力为以下各项中的最小者：

表层套管抗内压强度的50%；外层技术套管抗挤毁强度的75%；表层套管套管头额定工作压力的60%。

（2）A 环空许可压力值的确定。

① A 环空最大许可压力值的确定。

A 环空的屏障元件主要包括油管头、油管柱、生产套管和封隔器，分别计算出每个元件对应的 A 环空最大许可工作压力，取其中的最小值作为 A 环空最大许可工作压力。

a）油管头额定工作压力的100%。

b）油管柱强度校核。

在气井正常生产、油套窜通、关井工况下，若 A 环空压力过大，易造成油管被挤扁，因此，需要开展油管柱抗外挤强度校核，确定 A 环空最大许可工作压力。对于高压、深层气井，还应该考虑内压、外挤和轴向力对油管柱的综合作用，开展油管柱三轴应力强度校核，确定 A 环空最大许可工作压力。通过不同工况下油管柱抗外挤强度校核和三轴应力强度校核，分别计算出 A 环空的最大许可工作压力，从中选取最小者便可作为油管柱强度校核对应的 A 环空的最大许可工作压力。

油管柱抗外挤强度校核：在气井正常生产、油套窜通、关井三种工况下，分别考虑油管抗外挤强度的 A 环空最大许可工作压力 p_A 由下式计算：

$$p_A = \sigma_{外}/S + p_t + (\rho_{气} gh - \rho_{保护液} gh) \times 10^{-3} \tag{3-62}$$

式中 p_A——A 环空最大许可工作压力，MPa；

$\sigma_{外}$——油管抗外挤强度，MPa；

p_t——油压，MPa；

S——油管抗外挤强度安全系数；

$\rho_{气}$——油管内气体密度，g/cm^3；

$\rho_{保护液}$——环空保护液密度，g/cm^3；

g——重力加速度，$9.81m/s^2$；

h——危险点深度，m。

三轴应力强度校核：根据单井基础数据，针对正常生产、油套窜通、关井三种工况，分别开展油管柱载荷分析，通过各工况下油管柱三轴应力校核计算得出对应的 A 环空的最大许可工作压力。从中选取最小者作为油管柱三轴应力强度校核对应的 A 环空的最大许可工作压力。

c）生产套管抗内压强度校核。

生产套管通常采用回接方式，因此，生产套管可按全新来考虑；但若采用尾管完井时，上部生产套管受到磨损，此时，应评价磨损状况。考虑生产套管抗内压强度的 A 环空最大许可工作压力 p_A 由下式计算：

$$p_A = \sigma_{内}/S + p_B + (\rho_{水泥}gh - \rho_{保护液}gh) \times 10^{-3} \tag{3-63}$$

式中 p_A——A 环空最大许可工作压力,MPa;

p_B——B 环空压力,MPa;

$\sigma_{内}$——生产套管抗内压强度,MPa;

S——生产套管抗内压强度安全系数;

$\rho_{水泥}$——考虑最恶劣的固井环境密度取值,g/cm^3;

$\rho_{保护液}$——环空保护液密度,g/cm^3;

g——重力加速度,$9.81m/s^2$;

h——危险点深度,m。

d)封隔器校核。

为防止封隔器失效,考虑封隔器强度的 A 环空最大许可工作压力 p_A 由下式计算:

$$p_A = p_{额}/S + p_t + (\rho_{气}gh - \rho_{保护液}gh) \times 10^{-3} \tag{3-64}$$

式中 p_A——A 环空最大许可工作压力,MPa;

$p_{额}$——封隔器额定工作压力,MPa;

p_t——油压,MPa;

S——封隔器额定工作压力安全系数;

$\rho_{气}$——油管内气体密度,g/cm^3;

$\rho_{保护液}$——环空保护液密度,g/cm^3;

g——重力加速度,$9.81m/s^2$;

h——封隔器坐封深度,m。

② A 环空最小预留工作压力值的确定。

对于超高压、深层气井,由于气井地层压力高,若 A 环空压力过小,气井在生产或关井过程中油管内外压差过大,易导致油管破裂,因此,需要开展油管柱抗内压强度校核,确定 A 环空最小预留工作压力。对于高压、深层气井,还应该考虑内压、外挤和轴向力对油管柱的综合作用,开展油管柱三轴应力强度校核,确定 A 环空最小预留工作压力。通过不同工况下油管柱抗内压强度校核和三轴应力强度校核,分别计算出 A 环空的最小预留工作压力,从中选取最大者作为油管柱强度校核对应的 A 环空的最小预留工作压力。

a)油管柱抗内压强度校核。

在气井正常生产和关井工况下,环空内流体密度大于或等于油管内流体密度,因此,油管柱抗内压强度危险点在井口处,考虑油管抗内压强度的 A 环空最小预留工作压力 p_A 由下式计算:

$$p_A = p_t - \sigma_{内}/S \tag{3-65}$$

式中 p_A——A 环空最小预留工作压力,MPa;

$\sigma_{内}$——油管抗内压强度,MPa;

p_t——油压,MPa;

S——油管抗内压强度安全系数。

b）油管柱三轴应力强度校核：根据单井基础数据，针对正常生产和关井工况，分别开展油管柱载荷分析，通过各工况下油管柱三轴应力校核计算得出对应的A环空的最小预留工作压力，从中选取最大者作为油管柱三轴应力强度校核对应的A环空的最小预留工作压力。

三、气井风险级别划分

气井的风险程度取决于井屏障的状况。井屏障是指为防止天然气向地面、环空或非目的层流动而设置的物理隔离措施（包括生产套管、油管、封隔器、安全阀、采气井口、套管头、固井水泥环等），通常分为一级（与流体直接接触的屏障）及二级（突破一级屏障后与流体接触的屏障）。从环空所接触的屏障元件分析，确保屏障完好从而使气井保持完整性。根据天然气渗漏速率、环空压力、井屏障失效情况等，将气井风险划分为4类分别管理。

1. 一类井

该类井可正常生产，其划分条件见表3－62，若有持续环空压力，满足如下条件也可划为该类井：

（1）二级屏障均无渗漏。

（2）环空无天然气。

（3）环空压力低于最高许可工作压力。

（4）渗漏速率可接受。

表3－62　一类井划分条件

井屏障类型	工作状态
井下安全阀	渗漏速率可接受
采气树闸阀	渗漏速率可接受
油管挂及内部密封	不渗漏
完井管柱及套管柱	不渗漏
生产封隔器	不渗漏

该类井按日常规定录取生产动态资料，常规监测。

2. 二类井

该类井可正常生产，但应加强监测，其划分条件见表3－63，若有持续环空压力，满足如下条件也可划为该类井：

表3－63　二类井划分条件

井屏障类型	工作状态
井下安全阀	渗漏速率可接受
采气树闸阀	渗漏速率可接受
油管挂及内部密封	渗漏速率可接受
完井管柱及套管柱	渗漏速率可接受
生产封隔器	渗漏速率可接受

(1)二级屏障均没有渗漏。

(2)环空充满天然气。

(3)环空压力在控制条件下低于最高许可工作压力。

(4)渗漏速率可接受。

该类井除按日常规定录取生产动态资料外,还要求连续监测各环空压力变化,并对环空压力情况进行分析,加密监测。

3. 三类井

该类井可在具有控制措施条件下正常生产,其划分条件见表3-64。

表3-64　三类井划分条件

井屏障类型	工作状态
井下安全阀	渗漏速率不可接受
采气树闸阀	渗漏速率不可接受
油管挂及内部密封	渗漏速率不可接受
完井管柱及套管柱	渗漏速率不可接受
生产封隔器	渗漏速率不可接受

该类井除按日常规定录取生产动态资料外,还要求连续监测各环空压力变化,并对环空压力情况进行分析,启动风险评估程序,分析压力异常原因,制定相应风险控制措施,监控生产,重点监测。

4. 四类井

井下安全屏障已经受到严重损坏,出现渗漏速率不可接受、环空压力超过最大许可工作压力、井下天然气突破二级屏障(甚至到达地表)现象,产生重大安全隐患。该类井需立即进行压井、修井作业。

第六节　特殊气井完井技术

一、含硫气井完井技术

1. 含硫气井完井设计

1)井筒评价

含硫气井井筒评价包括生产套管材质、强度、壁厚、损坏、腐蚀及固井质量等。

2)油管、井下工具优选

油管、井下工具优选及组配设计流程见图3-50。

3)封隔器完井管柱强度校核

封隔器完井管柱设计时,应分析各工况下管柱的轴向变形、载荷和应力,各工况下的三轴应力强度安全系数及抗外挤强度安全系数应满足表3-65和表3-66要求。

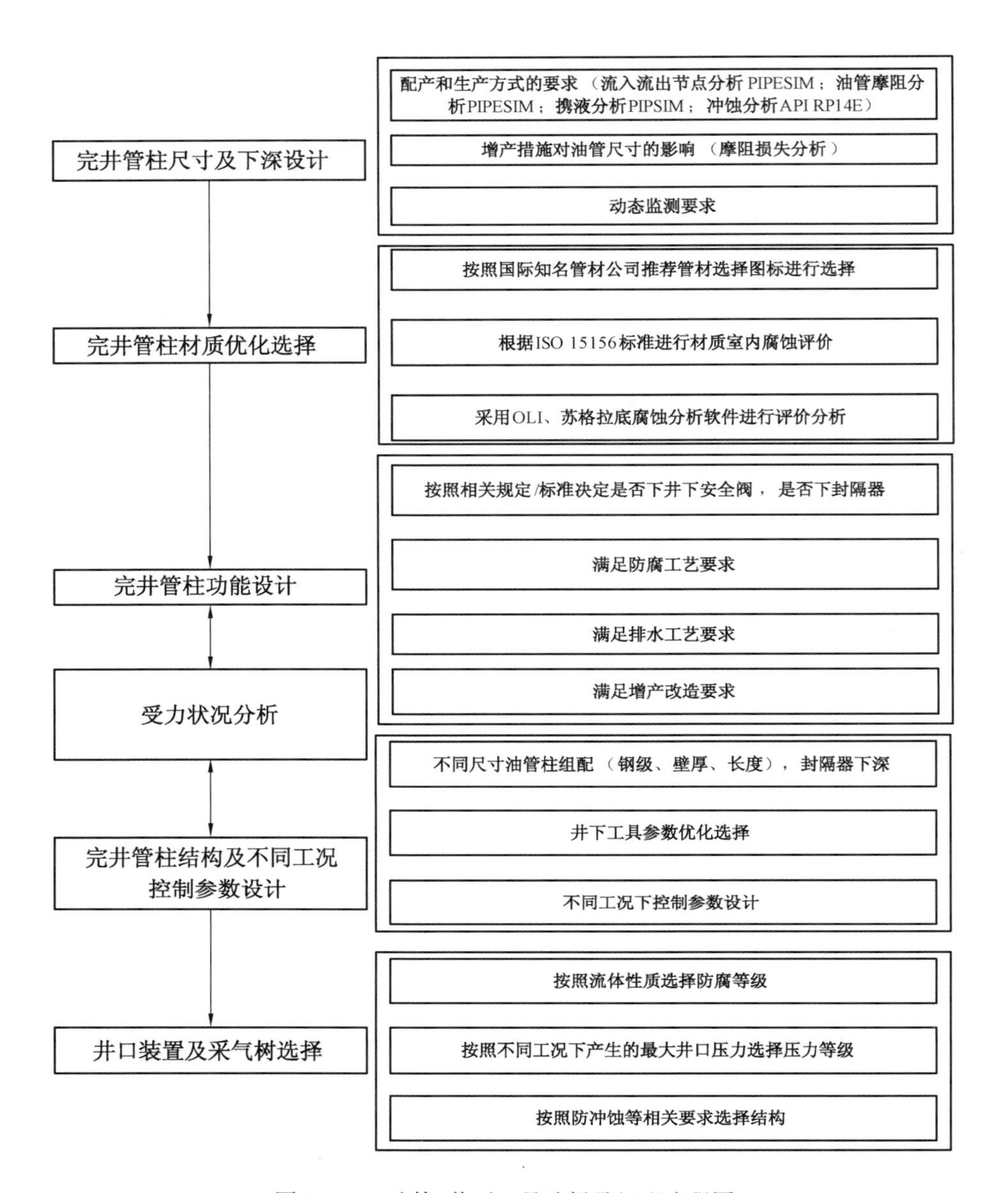

图3－50　油管、井下工具选择及组配流程图

表3－65　下管柱、坐封、替液、射孔、关井等静态工况下管柱强度安全系数

产层压力，MPa	三轴应力强度安全系数	抗外挤强度安全系数
≥70	1.5～1.6	1.3～1.4
50～70	1.4～1.5	1.2～1.3
≤50	1.25～1.4	1.2～1.3

注：(1)酸性气井和压力大于105MPa的井选用较高的值。

(2)本表系数综合考虑API SPEC 5CT允许管材壁厚制造误差12.5%，考虑API BUL 3计算管材抗挤强度的条件，考虑管材生产质量、油管入井质量、仪器仪表精度等与国外的差距，参考哈里伯顿等公司的做法制定。

表 3-66　储层改造、诱喷、开井等动态工况下管柱强度安全系数

产层压力,MPa	三轴应力强度安全系数	抗外挤强度安全系数
≥70	1.7~1.8	1.4~1.5
50~70	1.5~1.6	1.3~1.4
≤50	1.4~1.5	1.2~1.3

注:(1)酸性气井和压力大于 105MPa 的井选用较高的值。
(2)可以通过加伸缩管、环空加平衡压力等方式提高安全系数,使部分安全系数较低的井、工况达到表 3-65 和表 3-66 规定的值。
(3)当外压大于内压时,应计算抗挤强度安全系数。

2. 中—低含硫气井完井管柱结构

一般采用缓蚀剂加注完井管柱结构。根据缓蚀剂形态,分为棒状缓蚀剂投放管柱和液体缓蚀剂加注管柱;根据管柱结构,可分为光油管缓蚀剂加注完井管柱结构和封隔器缓蚀剂加注完井管柱结构,见图 3-51 和图 3-52。

3. 高含硫气井完井管柱结构

1)毛细管缓蚀剂加注完井管柱结构

毛细管缓蚀剂加注完井管柱结构如图 3-53 所示。

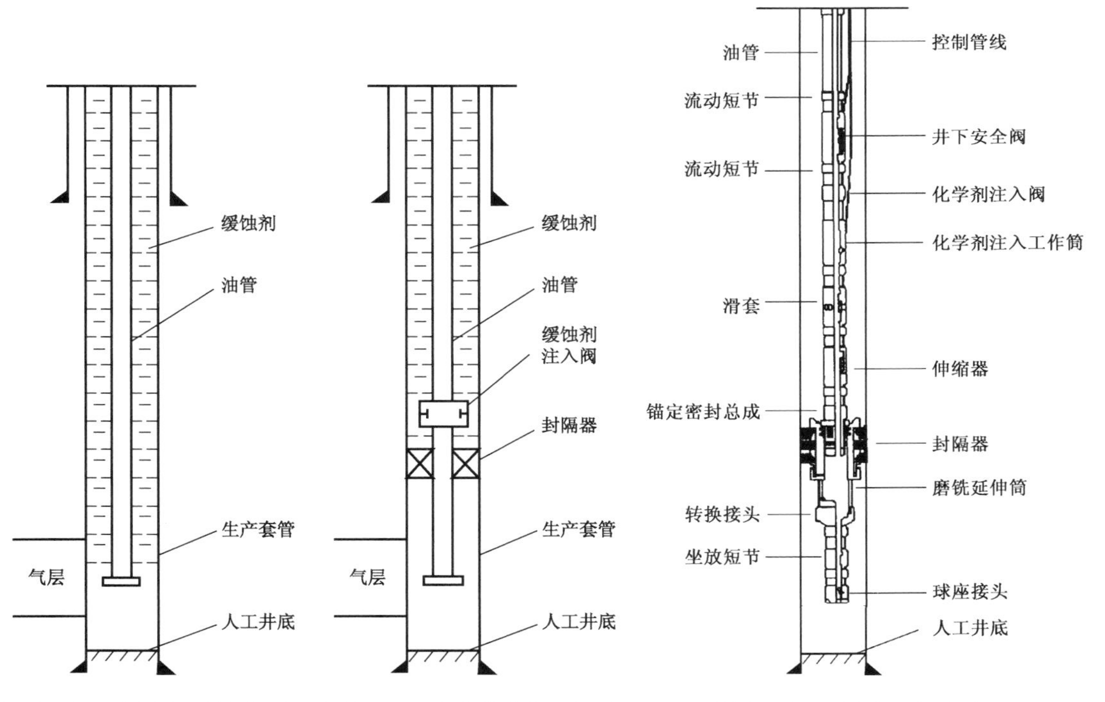

图 3-51　光油管缓蚀剂加注完井管柱结构示意图

图 3-52　封隔器缓蚀剂加注完井管柱示意图

图 3-53　毛细管缓蚀剂加注完井管柱示意图

2）耐蚀合金钢完井管柱结构

采用永久式封隔器完井管柱，油管采用高等级的耐蚀合金钢 Alloy 825，Alloy G3 材质，双公短节、转换接头和井下工具材质应等于或高于油管材质。对于高含硫气井的生产管柱，井下工具越简单越好，降低处理井下事故和修井作业的概率。其完井管柱如图 3－54 所示。

3）水平井完井管柱

高含硫气井水平井完井管柱如图 3－55 所示。

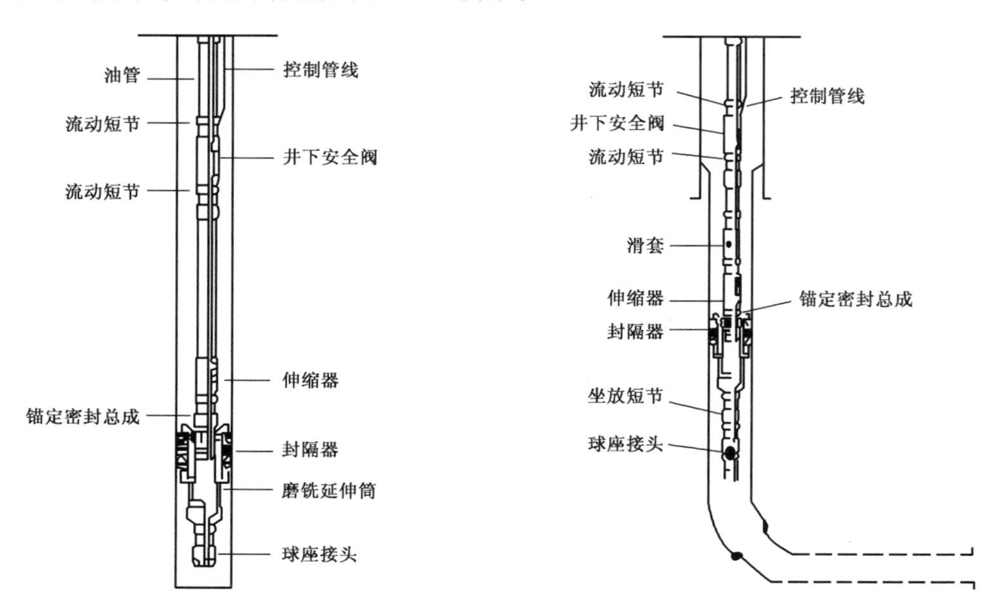

图 3－54　耐蚀合金钢油管完井管柱示意图　　图 3－55　高酸性气井水平井完井管柱示意图

4. 常用含硫气井缓蚀剂和环空保护液

环空保护液的主要作用是平衡封隔器上下压差和保护封隔器以上套管内壁和油管外壁。常用含硫气井缓蚀剂和环空保护液见表 3－67。

表 3－67　常用环空保护液优缺点对比表

缓蚀剂名称	溶解性能	理化性质	适应条件	加注方式	生产单位	应用区块
CT2－1	油溶性	密度（20℃）0.79～0.99g/cm^3，闪点（闭口）>35℃，缓蚀率≥90%	对于 $H_2S—CO_2—Cl^-—H_2O$ 类型的腐蚀介质具有良好的缓蚀效果，可广泛用于油气井开采的井下油管、套管和地面集输管线防腐	间歇加注和连续加注（泵注）	中国石油西南油气田分公司天然气研究院	川渝气田、长庆气田等

续表

缓蚀剂名称	溶解性能	理化性质	适应条件	加注方式	生产单位	应用区块
CT2－15	油溶性	密度(20℃)0.79～0.99g/cm^3，闪点(闭口)＞35℃，缓蚀率≥90%	适用于油气井及集输管线内H_2S，CO_2，Cl^-腐蚀	泵注	中国石油西南油气田分公司天然气研究院	川渝气田、大港气田等
CT2－17	水溶性	密度(20℃)1.00～1.10g/cm^3，pH值(1%水溶液)6～8，缓蚀率≥80%	适用于油气井及集输管线CO_2，Cl^-腐蚀	泵注		川渝气田、中国海洋石油总公司
CT2－19	油溶水分散性	密度(20℃)0.79～0.99g/cm^3，闪点(闭口)＞35℃，缓蚀率≥90%	能够在高含硫化氢—高含二氧化碳—高矿化度水腐蚀环境中起到良好防腐作用的缓蚀剂，适用于高酸性气田开发过程中金属管线和设备腐蚀防护	间歇加注和连续加注(泵注)		龙岗气田、磨溪气田等，西南油气田分公司各大气矿，土库曼斯坦阿姆河地区
CT2－19C	水溶性	棕红色液体，密度(20℃)1.00～1.05g/cm^3，凝固点≤－10℃，缓蚀率≥90%	对于H_2S—CO_2—Cl^-—H_2O类型的腐蚀介质具有良好的缓蚀效果，可广泛用于油气井开采的井下油管、套管及井下环空的腐蚀保护	压裂车或泵车加注		龙岗气田、须家河气田、磨溪气田等，西南油气田分公司各大气矿，海南福山气田

二、疏松砂岩气井完井技术

为了防止气井出砂，部分出砂气井在完井时就考虑防砂措施，采取防砂投产完井方式，以避免气井生产过程中出砂。

1. 防砂工艺技术

1)防砂方法分类

(1)防砂工艺分类。

不同防砂方法优缺点对比见表3－68。

表 3-68　不同防砂方法优缺点对比表

<table>
<tr><th>分类</th><th colspan="2">防砂工艺</th><th>优点</th><th>缺点</th></tr>
<tr><td rowspan="9">机械防砂法</td><td rowspan="6">滤砂器防砂</td><td>绕丝筛管</td><td rowspan="6">施工方便，成本低；适合多产层井；适用于出砂不严重的中、粗砂岩地层；可用于先期防砂</td><td rowspan="6">不适用于粉细砂岩和泥质含量高地层；滤砂管易堵塞使产能下降；滤砂管寿命短</td></tr>
<tr><td>割缝衬管</td></tr>
<tr><td>双层预充填绕丝筛管</td></tr>
<tr><td>金属棉（毡、布）滤砂管</td></tr>
<tr><td>树脂石英砂滤砂管</td></tr>
<tr><td>陶瓷滤砂管</td></tr>
<tr><td rowspan="3">管柱砾石充填防砂</td><td>裸眼砾石充填</td><td rowspan="3">成功率高达 90% 以上；有效期长，适应性强，可用于先期防砂，应用最普遍；裸眼充填产能为射孔完井的 1.2～1.3 倍</td><td rowspan="3">井内留有防砂管柱，后期处理复杂，费用高；不适用于粉细砂岩</td></tr>
<tr><td>筛管管内砾石充填</td></tr>
<tr><td>筛管管外砾石充填</td></tr>
<tr><td rowspan="14">物理化学防砂法</td><td rowspan="2">胶结固砂</td><td>酚醛树脂挤入地层</td><td rowspan="2">井内无留物，易进行后期补救作业；对地层砂粒度适应范围广</td><td rowspan="2">渗透率下降，成本高；不宜用于多层长井段和严重出砂井；化学剂有毒，易造成污染</td></tr>
<tr><td>酚醛溶液挤入地层合成</td></tr>
<tr><td rowspan="6">人工井壁</td><td>预涂层砾石人工井壁</td><td rowspan="6">化学剂用量比胶固地层少，成本可下降 20% ～30%；井内无留物，补救作业方便；可用于严重出砂的老井；成功率高达 85% 以上</td><td rowspan="6">不宜用于多产层、长井段；不能用于裸眼井</td></tr>
<tr><td>树脂砂浆人工井壁</td></tr>
<tr><td>水带干水泥砂人工井壁</td></tr>
<tr><td>水泥砂浆人工井壁</td></tr>
<tr><td>树脂核桃壳人工井壁</td></tr>
<tr><td>乳化水泥人工井壁</td></tr>
<tr><td rowspan="6">其他固砂法</td><td>焊接玻璃</td><td rowspan="6">施工简便；可用于新井防砂；井内无留物，补救作业方便</td><td rowspan="6">不宜用于多产层、长井段；易造成二次污染；有效期短</td></tr>
<tr><td>氢氧化钙</td></tr>
<tr><td>四氯化硅</td></tr>
<tr><td>水泥—碳酸钙混合液</td></tr>
<tr><td>聚乙烯</td></tr>
<tr><td>氧化有机物</td></tr>
<tr><td rowspan="3">复合防砂法</td><td colspan="2">化学 + 机械相结合的防砂方法</td><td rowspan="3">防砂效果好，有效期长；可用于先期和后期防砂</td><td rowspan="3">施工成本高；受各种防砂方法选井条件影响，适应性受限</td></tr>
<tr><td colspan="2">地层改造 + 化学（纤维复合压裂充填防砂）</td></tr>
<tr><td colspan="2">地层改造 + 机械（高压一次充填和割缝筛管压裂充填防砂）</td></tr>
</table>

续表

分类	防砂工艺		优点	缺点
其他方法	增大近井地带产层径向应力	裸眼产层膨胀式筛管防砂	既防砂又高产;消除产层伤害;有效期长	不宜用于多气层、薄层短井段和粉细砂岩;缝长和缝高控制技术难;后期处理难
		射孔防砂	操作简单,费用低;射孔防砂同时进行,减少作业污染	防砂效果受射孔器质量影响;有效期短
	砂拱防砂	产层砂堆积防砂	实施简便,无费用;可用于多层井;产能损失小,后期补救处理较容易	不宜用于粉细砂岩及疏松砂岩地层;砂拱稳定性不好;控制流速影响产量

(2)配套防砂工艺分类。

配套防砂工艺分类见表3-69。

表3-69 配套防砂工艺分类表

分类	主要方法	目的	备注
气层保护法	钻井、生产、作业全系统的气层保护	减少各种污染,避免生成各种沉淀,从而提高防砂成功率	
携砂生产法	长柱塞、短泵筒结构防止沉砂形成卡泵;双层固定阀防止沉砂对泵造成影响;螺杆泵带砂生产	降低出砂对生产的影响;地面管线和设备处理允许条件下,部分砂带出地面,以增加气井单井产能	高含水井油管产气,套管产气
减缓出砂法	大套管完井;优化射孔;限井底流速生产;限产量生产;限井底压力生产	降低井底流速,减缓地层出砂	

2)防砂方法的选择

常用防砂方法选择见表3-70,防砂工艺选择流程见图3-56。

表3-70 常用防砂方法筛选表

比较项目	防砂方法						
	滤砂管	筛管+砾石充填	树脂固砂	涂料砂	套管外封隔器	压裂(高压)充填防砂	纤维复合防砂
适应地层砂尺寸	中—粗	细—粗	细粉—中	各种尺寸	各种尺寸	各种尺寸	各种尺寸
泥质低渗透地层	—	—	—	—	适用	适用	适用
非均质地层	适用	适用	—	适用	适用	适用	适用
多气层	适用	适用	—	适用	适用	适用	适用
薄夹层中有水层	适用	适用	适用	适用	—	—	—

续表

比较项目	防砂方法						
	滤砂管	筛管 + 砾石充填	树脂固砂	涂料砂	套管外封隔器	压裂(高压)充填防砂	纤维复合防砂
井段长度	短—长	短—长	<5m	<20m	6~12m/层	<20m	<25m
无钻井或修井机	—	—	适用	—	—	—	—
高压井	—	—	适用	—	适用	适用	适用
高产井	—	适用	适用	适用	适用	适用	适用
高温井	—	适用	—	适用	—	适用	适用
高含水井	—	—	适用	适用	—	适用	适用
裸眼井	—	适用	—	—	适用	—	—
严重出砂井	—	适用	适用	适用	适用	适用	适用
定向井	适用	适用	适用	适用	适用	—	—
新井	适用	适用	适用	适用	适用	适用	适用
老井	适用	适用	—	适用	适用	适用	适用
套管完井	适用	适用	适用	适用	—	适用	适用
套管变形井	—	—	适用	适用	—	适用	适用
套管直径	常规	常规	小—常规	小—常规	小—常规	小—常规	小—常规
井下留物	有	有	无	无	无	有	无
费用	低	中	低	中—高	低	高	高
成功率	高	高	低—中	中—高	中—高	中—高	中—高
有效期	短	很长	中	中—长	中	长	长

3)防砂工艺设计

(1)设计原则。

① 正确选用防砂方法,合理设计工艺参数和工艺步骤。

② 尽量采用先进工艺技术,最大限度地保持气井的产能(产能损失小于20%)。

③ 强调综合经济效益,控制施工成本,提高防砂成功率,延长防砂有效期。

(2)设计程序。

设计程序见图3-57。

(3)砾石充填法防砂设计流程。

① 砾石充填防砂方法选择。

砾硫填工艺分类与选择见图3-58。

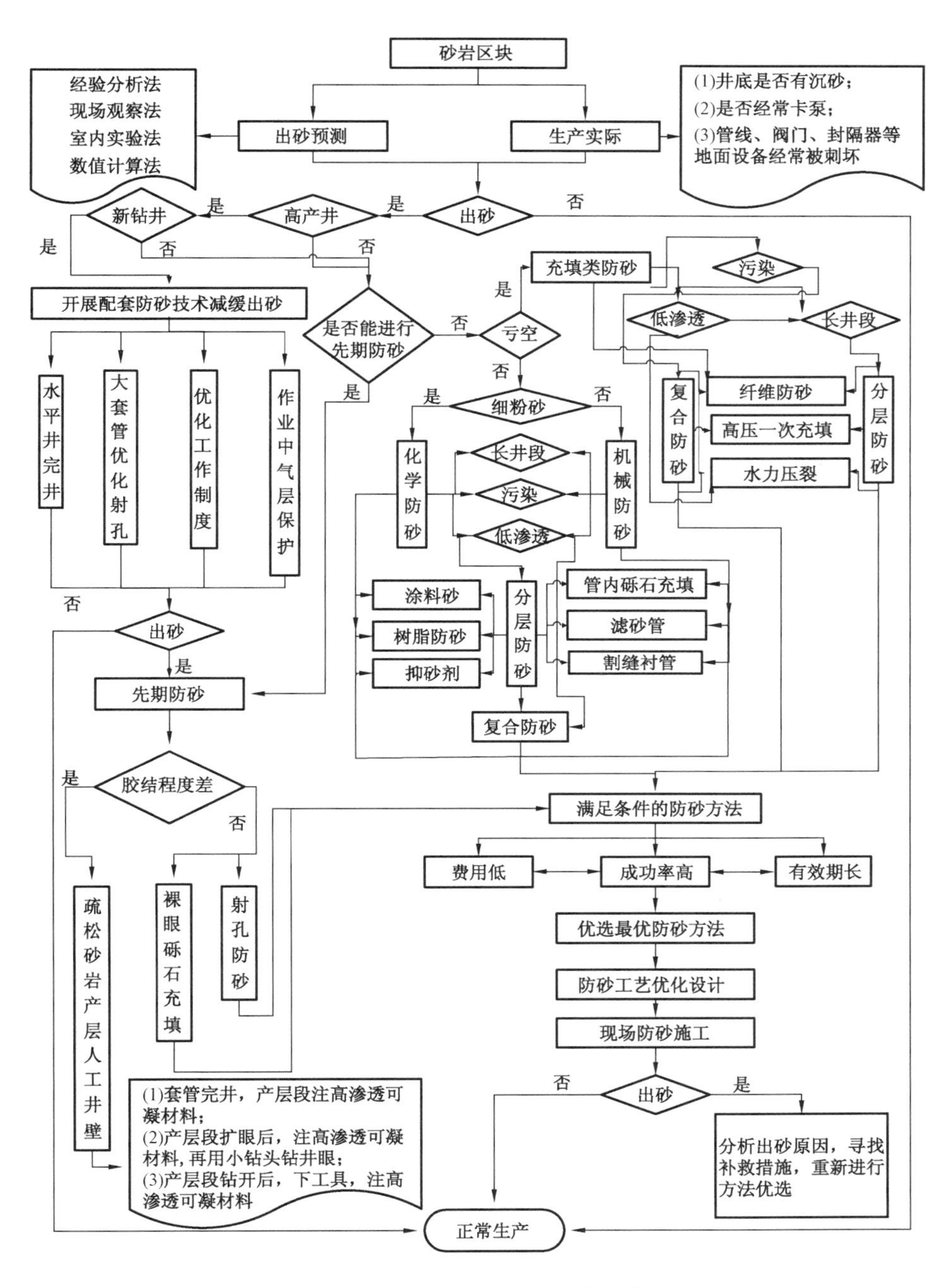

图3－56 防砂方法选择流程图

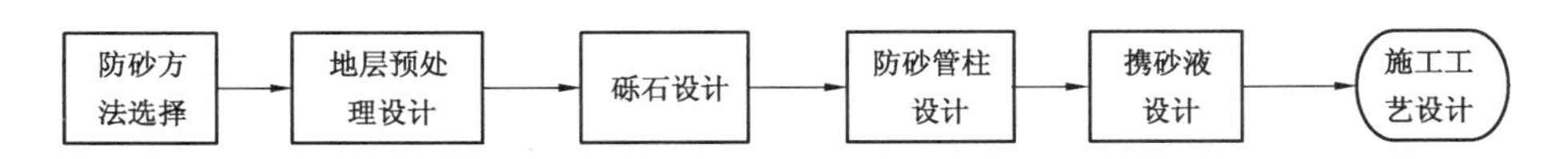

图3－57 防砂工艺设计程序

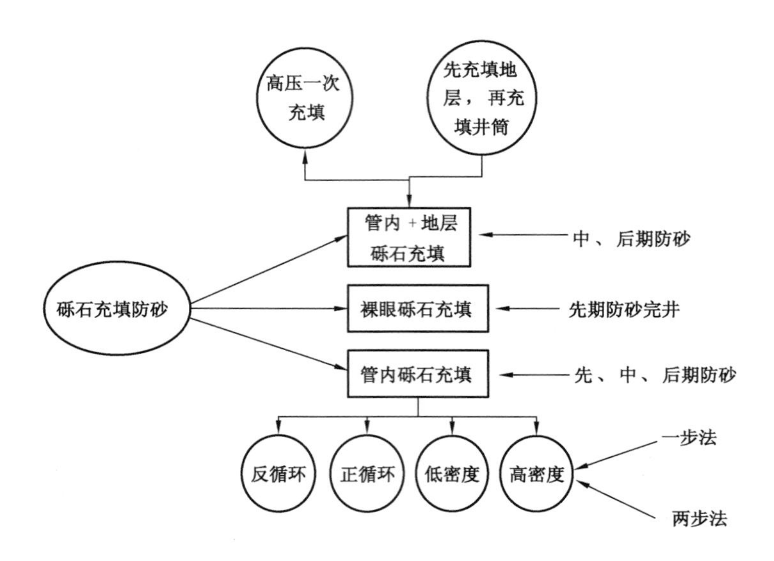

图 3-58　砾石充填工艺分类与选择

② 地层预处理设计。

地层预处理分类见图 3-59。

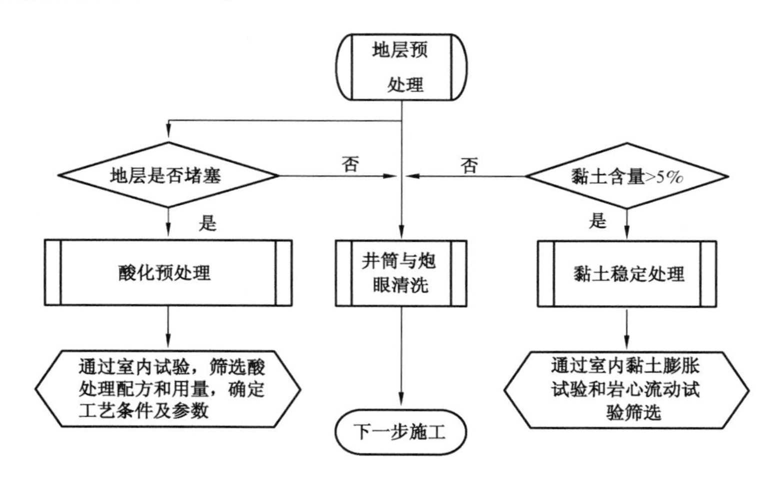

图 3-59　地层预处理分类

③ 充填砾石设计。

a)砾石尺寸设计。

根据 Saucier 公式计算：

$$D_{50}=(5\sim6)d_{50} \tag{3-66}$$

式中　D_{50}——砾石中值直径，mm；

d_{50}——地层砂的粒度中值直径，mm。

砾石与地层砂的粒度比对充填层渗透率的影响见图 3-60。

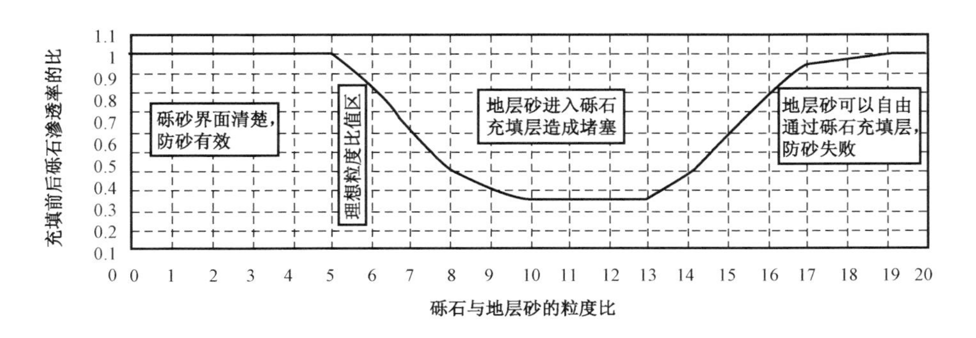

图 3-60　砾石与地层砂的粒度比对充填层渗透率的影响曲线

b)充填砾石用量设计。

砾石充填量可按照以下经验公式计算：

$$V = n(V_i + V_o) \tag{3-67}$$

式中　V——充填总砾石量，m^3；

V_i——筛套环空体积，m^3；

V_o——管外充填体积，m^3；

n——经验系数，取值 1.2～1.5。

V_i 筛套环空体积算得，V_o 设计先确定管外充填半径，一般充填半径选 1.5～2m，后根据射孔井段长度、孔隙度算得充填容积；另一个方法是根据产出砂量来确定。而实际施工中，根据施工压力的变化进行砂量调整，确保充填质量。

④ 防砂管柱设计。

a)管柱类型确定。

绕丝筛管与割缝衬管的比较见表 3-71。

表 3-71　绕丝筛管与割缝衬管的比较

项目	优点	缺点
绕丝筛管	不锈钢材质，耐腐蚀，工作寿命长；外窄内宽具有一定的“自洁”作用；流通面积大；可根据防砂需要调整缝隙宽度	造价高，通常为割缝衬管的 2～3 倍
割缝衬管	成本低，加工方便	0.3mm 以下的割缝宽度加工困难；碳素结构钢为原料，耐腐蚀性差；防砂有效期短

注：选择时，根据防砂井的具体情况和综合经济效果，如井液腐蚀性弱、产层砂较粗、产能低，则选割缝衬管，反之选绕丝筛管。

b)缝隙尺寸设计。

缝隙尺寸通常等于最小充填砾石尺寸的½～⅔，见表 3-72。

表 3－72　砾石尺寸与缝隙尺寸配合表

砾石尺寸		缝隙尺寸，mm
目	mm	
40～60	0.419～0.249	0.15
20～40	0.838～0.419	0.3
16～30	1.19～0.584	0.35
10～20	2.01～0.838	0.5
10～16	2.01～1.19	0.5
6～12	2.399～1.68	0.8

c）筛管直径设计。

筛管直径通常根据套管尺寸确定，管内充填井径向厚度大于25mm，见表 3－73。

表 3－73　套管与筛管直径配合关系表

套管尺寸，in	筛管尺寸，in	套管尺寸，in	筛管尺寸，in
$4\frac{1}{2}$	$2\frac{1}{10}$	$7\frac{5}{8}$	$3\frac{1}{2}$
5	$2\frac{3}{8}$	$8\frac{5}{8}$	4
$5\frac{1}{2}$	$2\frac{3}{8}$	$9\frac{5}{8}$	$4\frac{1}{2}$
$6\frac{5}{8}$	$2\frac{7}{8}$	$10\frac{3}{4}$	5
7	$2\frac{7}{8}$		

d）筛管长度设计。

射孔井完成井筛管的长度应超过射孔段上、下界各 1.0～1.5m；裸眼完井筛管长度应超过扩眼产层上、下界各 1.0m 以上。

e）信号筛管设计。

信号筛管的缝隙和直径与生产筛管相同，长度一般为 1～2m。通常，常规低密度循环充填选用上部信号筛管，高密度充填选用下部信号筛管，也可省去信号筛管。

f）光管设计。

低密度循环充填的光管为 20～30m，高密度挤压充填的光管长度大于生产筛管的长度，高压一次充填的光管长度为 10～20m，裸眼井光管段不应在套管内。

g）扶正器设计。

理论上，直井扶正器的间距为 10～15m，井斜大于 45°的定向井，扶正器间距应小于 3m，一般直井在井下管柱的上、中、下各安装一个。

h）充填工具的选用。

充填工具分类见表 3－74。

表 3-74　充填工具分类表

类型	技术特点	丢手方式	适用条件
反循环充填工具	工艺简便，成本低；用液量大，对充填体和地层伤害大	倒扣；水力	井深小于 1500m 浅井，低密度管内或裸眼反循环充填，洗井彻底
正循环转换充填工具	工艺成熟可靠；正循环用液量少，伤害小	倒扣；水力	井深小于 1500m 浅井，低密度管内或裸眼反循环充填
挤压充填转换工具	正循环工艺成熟，伤害小；多位转换，可实现循环和挤压充填；工具结构复杂	倒扣；水力	直井、定向井均可；管内正循环充填和挤压充填；裸眼正循环充填

⑤ 携砂液设计。

携砂液要求携砂性能好、对产层伤害小（无伤害），根据气井的具体情况和工艺要求按标准选用。

⑥ 施工压力设计。

充填施工时的井口压力可用下式表示：

$$p_w = p_f + p_p + p_e - p_h \tag{3-68}$$

式中　p_w——施工井口压力，MPa；

p_h——液柱压力，MPa；

p_f——管汇、油管、充填工具、油套环空摩阻，MPa；

p_p——射孔眼摩阻，MPa；

p_e——气层阻力，MPa。

其中 p_f 中的管汇、充填工具、油套环空摩阻都较小，油管摩阻是主要因素，其值可通过不同介质中油管流量与摩阻关系曲线查得。射孔眼摩阻 p_p 可根据 Crump 公式计算，表达式为：

$$p_p = 228.8q\left(\frac{\rho}{N_p D_p^2 C_d}\right)^2 \tag{3-69}$$

式中　q——排量，m^3/min；

ρ——携砂液密度，kg/m^3；

N_p——孔眼数目，个；

D_p——孔眼直径，mm；

C_d——孔眼流量系数，水携砂液密度取值 0.5。

气层阻力 p_e 由气层流体压力和注充填液时的流体流动阻力组成，由于流体流动阻力的影响因素很多，如流体黏度及气层污染等，致使 p_e 常随井的不同而异，应用时可通过试挤测量瞬时停泵压力的方法得到 p_e 值。实际施工中注清洗液的稳定压力，即代表正常状况下式（3-69）右侧各项压力的总和 p_w。

在充填施工过程中，随充填砂量的增加，射孔眼自下而上逐被砂堵，进液孔眼逐步减少，因而阻力越来越大,井口压力也越来越高,所以 p_w 值的变化是判断充填施工状况的重要依据。根据上述计算结果,大致可以判定充填施工结束的条件,即 p_w 值的变化范围应控制在 5~7MPa。

⑦ 施工流程设计。

砾石充填施工流程如图3-61所示。

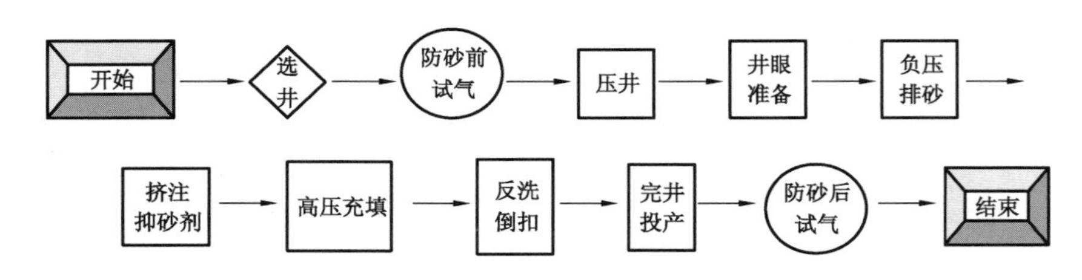

图3-61 砾石充填流程

4)防砂工艺效果评价

影响防砂效果的主要因素见表3-75。

表3-75 评价防砂效果的主要因素

评价因素	主要内容
地层条件	地层孔隙度、渗透率、粒度大小及分布、均质性、泥质含量、黏土矿物组成、气体物性、层段厚度、单层层数等
选用的防砂方法	防砂方法对地层和井况的适应性
防砂工艺设计	对选用的防砂方法进行合理的施工程序和工艺参数设计
施工质量控制	合格的原材料、井下工具和化学剂,保持施工设备工况良好,充分的室内试验,优选合理的工作液及处理剂配方,施工前要反复研究施工设计,考虑应变措施。施工过程要有严格的技术、质量监督,保证施工质量全优,争取最佳效果

主要根据以下3个指标,评价防砂效果。

(1)防砂有效。

措施后不出砂或出砂减缓,正常生产为有效,否则无效。

(2)产能损失。

通常措施后产量损失比在25%以内均为有效,计算公式如下:

$$\eta = \frac{Q_1 - Q_2}{Q_1} \times 100\% \tag{3-70}$$

式中 Q_1——防砂前产气量,$10^4 m^3/d$;

Q_2——气井产气量,$10^4 m^3/d$。

(3)有效期。

防砂后,气井能够正常生产的时间为有效期,有效期应大于防砂成本回收期。防砂成本回收期按下式计算:

$$T = \frac{F}{Q(P_0 - C_d)} \tag{3-71}$$

式中　T——防砂成本回收期，d；

F——防砂施工总费用，万元；

Q——气井产气量（出砂停产井）或气井增气量（控压生产井），$10^4 m^3/d$；

P_0——天然气价格，元/m^3；

C_d——单位采气成本，元/m^3。

2. 疏松砂岩气井完井技术

疏松砂岩气井完井技术主要指的是先期防砂完井，根据井型和已有的完井方式，主要分为直井和水平井先期防砂完井两大类8种完井方式，具体分类见表3-76。

表3-76　常见防砂完井工艺分类表

工艺分类		技术特点	示意图
直井	管外砾石充填裸眼防砂完井	在钻开气层部位前下入套管常规固井，再用偏心钻头打开气层，将筛管下至气层部位，用悬挂封隔器悬挂在上部套管内充填完井	悬挂封隔器 充填滑套
	射孔直井机械筛管防砂完井	在直段套管射孔后下入筛管，将筛管悬挂在套管上，依靠悬挂封隔器封隔管外的环形空间，利用筛管进行防砂	套管 油管 悬挂器 扶正器 筛管 底堵 人工井底
	射孔直井管内砾石充填防砂完井	在直井段套管射孔后下入筛管，将筛管悬挂在套管上，依靠悬挂封隔器封隔管外的环形空间。在筛管直井段加扶正器，以保证筛管在垂直井眼中居中，然后用充填液将在地面上预先选好的砾石泵送到筛管与套管之间的环形空间，使环形空间内及射孔孔眼中充满砾石。这种完井方法兼顾了砾石充填和射孔完井的优点	套管 油管 悬挂器 扶正器 石英砂 筛管 底堵 人工井底

续表

工艺分类		技术特点	示意图
水平井	裸眼水平井机械滤砂管防砂完井	将机械防砂筛管悬挂在技术套管上,依靠悬挂封隔器封隔管外的环形空间。在水平段处筛管加扶正器,以保证筛管在水平井眼中居中	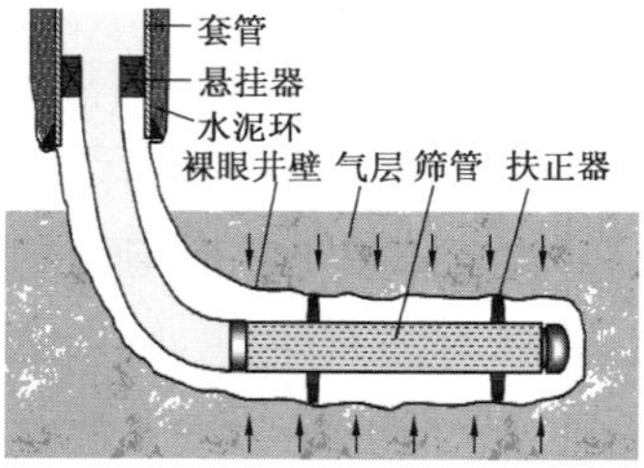 套管 悬挂器 水泥环 裸眼井壁 气层 筛管 扶正器
水平井	裸眼水平井膨胀筛管防砂完井	裸眼水平井膨胀筛管防砂完井是钻开水平段后将膨胀筛管下入生产层段,然后下入膨胀工具(机械膨胀或液压膨胀工具)将筛管胀开,紧贴在井壁,起支撑井壁和挡砂作用	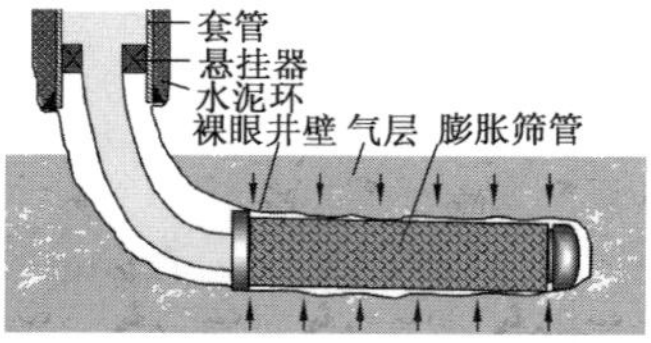 套管 悬挂器 水泥环 裸眼井壁 气层 膨胀筛管
水平井	裸眼水平井筛管砾石充填防砂完井	将技术套管下至预计的水平段顶部,注水泥固井封隔,然后换小一级钻头钻水平井段,再将装有扶正器的筛管下入井内气层部位,靠悬挂器悬挂于技术套管内,然后用充填液将在地面上预先选好的砾石泵送到筛管与井眼之间的环形空间,构成一个砾石充填层,以阻挡地层砂流入井筒	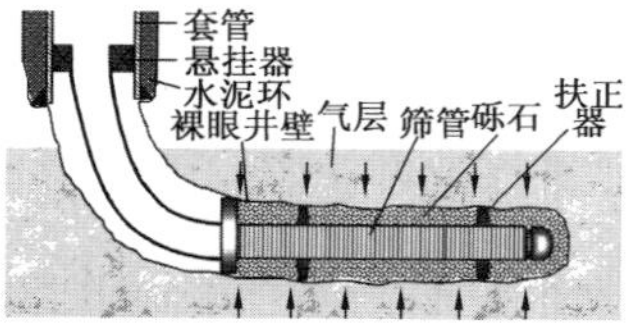 套管 悬挂器 水泥环 裸眼井壁 气层 筛管 砾石 扶正器
水平井	射孔水平井机械筛管防砂完井	在水平段套管射孔后下入筛管,将筛管悬挂在套管上,依靠悬挂封隔器封隔管外的环形空间,利用筛管进行防砂。这种方法兼顾了裸眼筛管完井和尾管射孔完井的优点	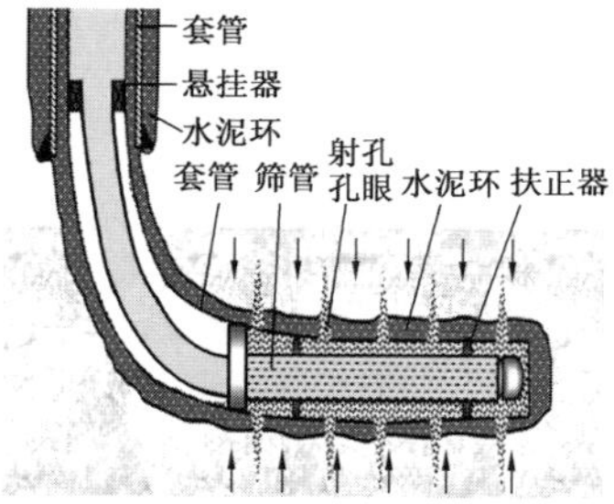 套管 悬挂器 水泥环 套管 筛管 射孔孔眼 水泥环 扶正器

续表

工艺分类		技术特点	示意图
水平井	射孔水平井管内砾石充填防砂完井	在水平段套管射孔后下入筛管，将筛管悬挂在套管上，依靠悬挂封隔器封隔管外的环形空间。在筛管水平段处加扶正器，以保证筛管在水平井眼中居中，然后用充填液将在地面上预先选好的砾石泵送到筛管与套管之间的环形空间，使环形空间内及射孔孔眼中充满砾石。这种完井方法兼顾了砾石充填和射孔完井的优点	套管 悬挂器 水泥环 套管 筛管 射孔孔眼 水泥环 扶正器

3. 防砂充填材料

先期防砂完井的主要材料是充填工作和各种不同类型的滤砂管。

1)高压充填工具

高压充填工具技术参数见表3-77。

表3-77 高压充填工具技术参数

最大外径，mm	150
留井部分最小内径，mm	70
长度，mm	1150
坐封钢球直径，mm	38
坐封压差，MPa	10~15
打开充填通道压差，MPa	15~25
密封压差，MPa	≤30
工作温度，℃	≤120
连接扣型	3½in TBG
留井打捞螺纹	3½in TBG 内螺纹
质量，kg	92

注：以高压一次充填工具FS-150为例。

2)滤砂管

目前现场常用的滤砂管包括绕丝筛管、割缝衬管、金属棉滤砂管、陶瓷滤砂管、双层预充填砾石绕丝筛管、精密复合微孔滤砂管、精密冲缝滤砂管、HCC筛管及MeshRite筛管等。对于缝隙类筛管，主要设计其缝隙宽度；对于不规则挡砂介质的筛管，主要设计其等效孔喉直径。

对于筛管砾石充填防砂中的机械筛管外径规格选择，应考虑在筛管与环空之间留出足够的环形充填空间使砾石层有足够厚度，从而有良好的挡砂能力和稳定性。如果环空间隙过小，在进行砾石充填时容易产生堵塞。推荐砾石充填环形空间的径向厚度不小于20mm。表3-78到表3-83为各种筛管与生产套管的匹配表。

表 3－78　绕丝筛管尺寸与套管配合表

套管规格		绕丝筛管外径	
mm	in	mm	in
139.7	5½	74	2⅜
168.3	6⅝	87	2⅞
177.8	7	87	2⅞
193.7	7⅝	104	3½
219.1	8⅝	117	4
244.5	9⅝	130	4½

表 3－79　割缝衬管与技术套管配合表

技术套管尺寸		割缝衬管尺寸	
in	mm	in	mm
7	177.8	5～5½	127～140
8⅝	219.1	5½～6⅝	140～168
9⅝	244.5	6⅝～7⅝	168～194
10¾	273.1	7⅝～8⅝	194～219

表 3－80　金属棉滤砂管的外径规格选择

套管规格		套管大约内径，mm	滤砂管外径，mm	中心管规格，mm
in	mm			
9⅝	244	224	184（整体式）	139
8⅝	219	201	146/140（镶嵌式）	120/120
7⅝	193	175	140/108（镶嵌式）	120/82
7	177	159	108/102（镶嵌式）	82/78
6⅝	168	150	108/102（镶嵌式）	82/78

表 3－81　陶瓷滤砂管外径规格选择

陶瓷滤砂管			配套工具						
外径 mm	内径 mm	长度 mm	钢体最大外径 mm	通径 mm	总长 mm	适应套管尺寸		最大压力	
						外径 mm	内径 mm	坐封 MPa	丢手 MPa
127	75	1200	152	60	2200	177.8	157.08	18～20	16～18
127	75	2300	152	60	2200	177.8	—		
127	75	3500	152	60	2200	177.8	161.7		

续表

陶瓷滤砂管			配套工具						
外径 mm	内径 mm	长度 mm	钢体最大外径 mm	通径 mm	总长 mm	适应套管尺寸		最大压力	
						外径 mm	内径 mm	坐封 MPa	丢手 MPa
100	48	1200	115	50	1600	139.7	124.38	18～20	16～18
100	48	2300	115	50	1600	139.7	—		
100	48	3500	115	50	1600	139.7	127.3		

表 3－82 双层预充填筛管规格尺寸

种类	套管 mm	筛管 in	最大外径 mm	充填厚度 mm	中心管外径 in	中心管内径 mm	中心管孔数 孔/m
Ⅰ	177.8	108	127	17.5	73	62	320
Ⅱ	177.8	127	140	23.5	73	62	320
Ⅲ	238.1	177.8	184	18.0	139.7	124.3	520

表 3－83 双层预充填筛管技术规范表

适用套管 mm(in)	总长度 mm	有效长度 mm	外层绕丝管	
			外径,mm	内径,mm
139.7(5½)	1320	1000	95.6	75
	2320	2000		
177.8(7)	1320	1000	126.4	104
	2320	2000		

对于树脂石英砂滤砂管,115mm 滤砂管用于 139.7mm 套管井防砂,140mm 滤砂管用于 177.8mm(7in)套管井防砂。

三、储气库完井技术

储气库注采强度高、压力变化大,为达到储气库注采系统的完整性、可靠性,储气库建设应采用先进、适用、成熟可靠的技术和装备,确保储气库安全、高效运行。

1. 井身结构及生产套管

为了提高储气库单井注采能力,宜采用较大尺寸的井身结构,同时应根据储层特征,优先选用水平井,结合储层特征具体分析储层段完井方式,宜采用裸眼或筛管完井方式。为了满足储气库长期交变应力条件下对生产套管强度的要求,应根据储气库运行压力按不同工况采用等安全系数法进行设计和三轴应力校核。生产套管材质应结合气藏流体性质和外来气质进行选择,原则上技术套管不作生产套管。生产套管及上一层技术套管应选用气密封螺纹,套管附件机械参数、螺纹密封等性能应与套管相匹配。

生产套管固井不使用分级箍,若封固段长应采用尾管悬挂再回接方式固井。生产尾管及盖层段固井应使用具有柔韧性的微膨胀水泥浆体系。水泥胶结质量检测应选择声幅/变密度测井，生产套管及盖层段应增加超声波成像测井。生产套管固井质量胶结合格段长度不小于70%；对于封固盖层的技术套管，盖层段固井质量连续优质水泥段不小于25m，且胶结合格段长度不小于70%。

套管头应根据井口最高运行压力、注采流体性质进行压力级别和材质选择，应采用金属与金属密封。

2. 完井管柱

注采井完井管柱应满足周期性交变应力条件下长期安全运行需要。根据储气库注采压力、温度变化以及极端工况，进行管柱力学分析和强度校核，并根据储层流体性质、外来气质确定防腐材质，以确保完井管柱的可靠性和完整性。注采管柱应选择密封螺纹，下入过程中应由专业队伍采用专用工具完成，注采管柱应逐根进行螺纹气密性检测，检测压力为储气库井口运行上限压力的1.1倍。注采井完井管柱应配套井下安全阀，结构力求简单、工具可靠。

注采井口装置应根据储气库运行压力上限、地层流体、外来气质确定相应压力等级和材质的防腐级别。采气树采用金属与金属密封方式，送井前应进行整体气密封检验。完井后应保留方井，安装各层套管压力表监测，并配备泄压装置。

第四章 压裂酸化技术

压裂和酸化是通过向储层注入压裂液或酸液，解除储层堵塞，打开新的渗流通道，恢复和提高储层渗流能力的井下作业。压裂和酸化是气藏最基本的增产措施，在世界范围内获得广泛应用。近10年，压裂和酸化技术得到了快速发展，成为气藏经济效益开发的重要手段。本章主要从压裂、酸化工艺技术、材料、室内评价技术、优化设计、评估技术、施工装备等方面介绍气井的压裂与酸化相关技术。

第一节 压裂与酸化

一、压裂

1. 压裂机理

利用高压向储层注入压裂液，使地层破裂，并在裂缝内铺置支撑剂，提高储层导流能力。储层中水力裂缝的形成与扩展受施工、地层等众多因素的影响，下面三个基本方程控制着压裂过程。

1）控制压裂过程的基本方程

（1）储层岩石变形与受力的关系方程。

一般假设岩石变形为弹性变形，裂缝宽度与缝内压力及地应力场的关系可以通过宽度方程来表示，不同的假设导致有不同的裂缝模拟假设。裂缝的最大宽度计算如下：

$$W \approx \frac{L(p_{\mathrm{f}} - p_{\mathrm{c}})(1 - \nu^2)}{E} \tag{4-1}$$

式中 W——裂缝的最大宽度，m；

L——裂缝半长，m；

p_{f}——裂缝内流体压力（井底压力），MPa；

p_{c}——裂缝闭合压力，MPa；

E——岩石杨氏模量，MPa；

ν——岩石泊松比，无量纲。

（2）裂缝中流体流动方程。

具有黏度的高压液体压开地层形成裂缝后，液体在缝中流动使裂缝继续向前延伸，其缝内压力梯度取决于压裂液的流变性、液体流速与宽度。压裂液的流变性通常用幂律模型表示。假设液体在缝中是层流流动的，其流动方程依据不同的裂缝模型有不同的表示方式。

幂律型流体：

$$-\frac{\mathrm{d}p}{\mathrm{d}x}=2^{n'+1}\left(\frac{2n'+1}{n'}\right)^{n'}k'\frac{Q^{n'}}{h_{\mathrm{f}}^{n'}}\frac{1}{W^{2n'+1}r^{n'}} \tag{4-2}$$

对于牛顿型流体：$n'=1$，$k'=\mu$。

PKN 模型（$r=3\pi/16$）：

$$-\frac{\mathrm{d}p}{\mathrm{d}x}=\frac{64}{\pi}\frac{\mu Q}{h}\frac{1}{W^3} \tag{4-3}$$

KGD 模型（$r=1$）：

$$-\frac{\mathrm{d}p}{\mathrm{d}x}=\frac{12\mu Q}{h_{\mathrm{f}}}\frac{1}{W^3} \tag{4-4}$$

式中 $\mathrm{d}p/\mathrm{d}x$——流体在裂缝内的压降；
n'——流体的流态指数；
k'——流体的稠度系数；
Q——流体通过裂缝一翼截面的流量；
h_{f}——裂缝高度；
W——裂缝截面上的最大宽度；
r——形状因子；
μ——流体的黏度。

（3）物质平衡方程。

假设液体是不可压缩的，在水力造缝过程中，可考虑施工注入体积与造缝体积和压裂液滤失进地层的体积之间的体积平衡来代替物质平衡：

$$Q(t)=Q_{\mathrm{L}}(t)+Q_{\mathrm{F}}(t) \tag{4-5}$$

式中 Q——总的注入体积；
Q_{L}——压裂液的滤失量；
Q_{F}——裂缝体积；
t——时间。

2）压裂模型

（1）二维模型。

根据所用岩石力学理论的不同，在边界划分条件方面，常用二维压裂模型有 PKN、KGD 及径向三种模型，各种模型的假设见表 4－1。PKN 和 KGD 模型的主要区别见表 4－2。

表 4－1 常用二维模型假设条件

模型名称	假设条件
PKN	（1）地层均厚，各向同性； （2）地层岩石变形为线弹性应变，平面应变发生在垂直剖面上，压裂层与上下岩层之间无滑移，裂缝剖面是椭圆形； （3）流体在裂缝中做 x 方向的一维流动； （4）地层为非渗透性地层，不考虑流体的滤失；

续表

模型名称	假设条件
PKN	(5)在 x 方向上的压力降完全由流体的流动阻力所引起,即在 x 方向仅考虑流体流动时所受到的摩擦阻力 (6)在裂缝延伸前缘,流体压力等于地应力; (7)幂律型流体以恒定的排量泵注; (8)裂缝高度是给定的常数,并受储层上下遮挡层的控制
KGD	(1)地层为均质,且各向同性; (2)地层岩石变形为线弹性应变,平面应变发生在水平面上,储层与上下岩层之间产生相互滑移,裂缝剖面是矩形; (3)流体在缝中做一维的层流流动; (4)地层为非渗透性地层,不考虑流体的滤失; (5)垂直剖面上,流体压力为常数,泵注排量保持恒定; (6)裂缝高度是给定的常数,并受储层上下岩层控制
径向	PKN 与 KGD 模型都可以考虑径向裂缝,即从一个点源开始无任何约束的裂缝

表 4-2 PKN 模型与 KGD 模型的对比表

项目	PKN 模型	KGD 模型
几何形状	垂直剖面为椭圆形;水平剖面为 $(2n+2)$ 次抛物形;裂缝长而窄	垂直剖面为矩形;水平剖面为椭圆形;裂缝短而宽
应变	平面应变发生于垂直剖面,层间无滑动裂缝张开,在垂直剖面求解。 $\Delta p=\frac{E}{2(1-\nu^2)}\frac{W}{H}$	平面应变发生于水平剖面,层间有滑动裂缝张开,在水平剖面求解。 $\Delta p=\frac{E}{4(1-\nu^2)}\frac{W}{L}$
压力变化	井底压力随时间和缝长的增加而升高	井底压力随时间和缝长的增加而降低

(2)三维和拟三维模型。

三维和拟三维模型一般通过软件计算。模型假设条件及常用软件见表 4-3。

表 4-3 三维和拟三维模型假设条件及常用软件

模型类型	假设条件	常用软件
三维	幂律型流体在裂缝中二维流动,裂缝按线性机理延伸,对裂缝三维延伸模拟严格	TerraFrac
		HYFRAC3D
	幂律型流体在裂缝中二维流动,裂缝按线性机理延伸,对裂缝三维延伸模拟严格,但在处理裂缝开启与裂缝延伸时采用的方法不同	GOHFER
拟三维	将裂缝视为 5~22 个相连的单元体,单元体内部为线性或均质;不需要对裂缝形态进行假设,但假设平面应变,裂缝形态由模拟确定	FracCADE
		SimPlan
		ENERFRAC
		TRIFRAC
	假设裂缝的垂向剖面由中心相连的两个椭圆组成,每个时间步计算出缝长和缝高,假设裂缝的形态也要拟合到这些位置。计算参数沿整个裂缝平均,计算结果更为平滑,裂缝形态始终是椭圆	MFRAC
		FRACPRO

3)压裂液滤失方程

一般用滤失系数来衡量压裂液的效率和在裂缝内的滤失量。根据不同滤失机理,综合滤失系数由三种不同滤失性能控制。

$$\frac{1}{C}=\frac{1}{C_1}+\frac{1}{C_2}+\frac{1}{C_3} \tag{4-6}$$

$$C_1=0.171\left(\frac{\phi K\Delta p_f}{\mu_a}\right)^{0.5} \tag{4-7}$$

$$C_2=0.136\Delta p_f\left(\frac{\phi KC_f}{\mu_r}\right)^{0.5} \tag{4-8}$$

$$C_3=\frac{0.5m}{A} \tag{4-9}$$

当实验压差与裂缝内的压差不一致时:

$$C_3=\frac{0.5m}{A}\left(\frac{\Delta p_f}{\Delta p}\right)^{0.5} \tag{4-10}$$

当压裂液为非造壁性时:$C_3=1$。

如果裂缝高度 h_f大于储层厚度 h,即 $h/h_f<1$,应对综合滤失系数做如下校正:

$$C_{校正}=C\left(\frac{h}{h_f}\right) \tag{4-11}$$

上述式中 C——压裂液综合滤失系数,$m/min^{0.5}$;

C_1——受压裂液黏度控制的滤失系数,$m/min^{0.5}$;

C_2——受地层流体压缩性控制的滤失系数,$m/min^{0.5}$;

C_3——受压裂液造壁性控制的滤失系数,$m/min^{0.5}$;

C_f——地层流体的压缩系数,MPa^{-1};

A——滤失面积,m^2;

K——地层有效渗透率,D;

m——压裂液滤失实验斜率,$m^3/min^{0.5}$;

Δp——裂缝内外压差,MPa;

Δp_f——压裂液滤失实验压差,MPa;

ϕ——地层有效孔隙度,小数;

μ_a——压裂液在裂缝中的黏度,mPa·s;

μ_r——地层流体黏度,mPa·s;

$C_{校正}$——裂缝高度大于储层厚度时的综合滤失系数,$m/min^{0.5}$;

h——储层厚度,m;

h_f——裂缝高度,m。

4)支撑剂在垂直裂缝压裂液中的沉降速度方程

$$u_t = f_c f_w v_p \tag{4-12}$$

式中 u_t——支撑剂在垂直裂缝压裂液中的沉降速度,m/s;

f_c——浓度校正系数;

f_w——垂直裂缝中的壁面校正系数;

v_p——单球形颗粒稳定沉降速度,m/s。

f_c 可由下式求得或由表4-4确定。

$$f_c = \frac{C_f^{\ 2}}{10^{1.82(1-C_f)}} \tag{4-13}$$

表4-4 雷诺数与阻力系数和浓度校正系数的关系

雷诺数 Re	流态	阻力系数 C_D	自由沉降速度 v_p	浓度校正系数 f_c
<2	层流	$24/Re$	$d_p^2(\rho_p-\rho_f)g/18\mu$	$C_f^{\ 5.5}$
2~500	过渡流	$18.5/Re^{0.6}$	$\dfrac{20.34(\rho_p-\rho_f)^{0.71}d_p^{\ 1.44}}{\rho_f^{0.29}\mu^{0.43}}$	$C_f^{\ 3.5}$
≥500	紊流(湍流)	0.44	$1.74\sqrt{g(\rho_p-\rho_f)d_p/\rho_f}$	$C_f^{\ 2}$

注:(1)支撑剂在幂律液中的沉降速度,用视黏度代替进行计算。

(2)C_f为砂液混合物中液体所占体积分数,相当于孔隙度。

垂直裂缝中的壁面校正系数 f_w 按如下公式计算。

当 $Re<1$ 时:

$$f_w = 1-0.6526\left(\frac{d_p}{w}\right)+0.147\left(\frac{d_p}{w}\right)^3-0.131\left(\frac{d_p}{w}\right)^4-0.0644\left(\frac{d_p}{w}\right)^5 \tag{4-14}$$

当 $Re>100$ 时:

$$f_w = 1-\left(\frac{d_p}{2w}\right)^{1.5} \tag{4-15}$$

当 $1\leqslant Re\leqslant 100$ 时,按线性插值确定 f_w。

单球形颗粒稳定沉降速度 v_p 按下式计算:

$$v_p = \left[\frac{4g(\rho_p-\rho_f)d_p}{3\rho_f C_D}\right]^{1/2} \tag{4-16}$$

式中 ρ_p——支撑剂密度,kg/m³;

ρ_f——液体密度,kg/m³;

d_p——支撑剂直径,m;

C_D——阻力系数,与雷诺数 Re($Re=\rho_f d_p v_p/\mu$)有关。

2. 常用压裂工艺技术及特点

不同压裂工艺特点及适用范围见表4-5。

表 4-5　不同压裂工艺特点及适用范围

压裂工艺	工艺特点	适用范围
直井分层压裂	利用井下工具，或是液体性质，或是注入工艺等手段将压裂目的层与上下层段分隔出来形成一个独立的压裂单元	多产层
水平井分段压裂	利用井下工具将水平段分隔成几段，形成几个独立的压裂单元。除具有直井分层特点外，水平裂缝间距、条数、地层垂直与水平渗透率以及地应力大小方向等是影响产能的重要因素	长井段
体积压裂	通过分段多簇射孔、高排量、大液量、低黏液体以及转向材料及技术的应用，实现对天然裂缝、岩石层理的沟通，以及在主裂缝的侧向强制形成次生裂缝，并在次生裂缝上继续分支形成二级次生裂缝，余类推，让主裂缝与多级次生裂缝交织形成裂缝网络系统	裂缝延伸净压力大于两个水平主应力的差值和岩石的抗张强度之和；脆性指数高的储层
控缝高压裂	利用储层上下的隔层，通过控制施工排量、压裂液黏度与密度来控制裂缝高度	产层与非产层互层的新老气井
高砂比压裂	随地面砂液比和铺置浓度提高，裂缝导流能力提高，支撑缝宽变大	各类新老气井，特别是高渗透储层、泥质含量高的软地层或致密的硬地层，以及重复压裂的储层
端部脱砂压裂	人为造成裂缝端部“砂堵”，使后续进入缝中的支撑剂将压开的水力裂缝全方位装实填满，形成具有高导流能力的支撑裂缝	适用于中高渗透储层
重复压裂	针对初次压裂、水力裂缝失效原因，采取针对性强的复压措施，提高支撑裂缝导流能力	各种技术原因造成初次压裂未达到预期目标的具有一定剩余可采储量和足够地层压力的新老气井
泡沫压裂	利用泡沫压裂液视黏度高、携砂和悬砂性能好、液体含量低、滤失量小、摩阻损失小效率高、返排速度快排出程度高的特点，减少储层伤害，提高压裂效果	低压、低渗透和水敏性储层
高能气体压裂	利用火药或火箭推进剂在井下燃烧产生的高温、高压气体压出多条径向裂缝以取得增产	脆性地层
清水压裂	用滑溜水在较高排量下造缝和携砂，用低浓度支撑剂支撑裂缝的一项低成本压裂技术	硬地层，有许多粗糙的节理、很高的抗剪程度、质地坚硬的岩石；薄地层；天然裂缝对交联液体伤害敏感的地层
碳酸盐岩储层加砂压裂技术	针对靖边潜台东部碳酸盐岩储层充填程度高、酸压改造产量低，提出了加砂压裂的技术思路，即采用压裂液加入支撑剂，提高改造缝长和裂缝导流能力，通过扩大泄流面积达到增产目的	碳酸盐岩储层直井/定向井
交联酸携砂压裂技术	针对靖边气田南部下古生界高充填致密云岩储层，提出酸液携砂的技术思路，即通过加砂压裂技术与酸压改造技术集成，依靠酸化溶蚀与加砂压裂的双重作用达到有效改造高充填致密Ⅲ类云岩储层的目的	碳酸盐岩储层直井/定向井

目前常用的直井分层与水平井分段压裂按照分层(段)使用的工具或方法,又细分为几种工艺,见表4-6和表4-7。

表4-6　分层(段)压裂工艺方式及特点

压裂工艺		工艺特点	适用范围
工具分层(段)	封隔器	利用封隔器将压裂目的层与上下层段分隔出来形成一个独立的压裂单元的分层压裂技术。分层(段)级数受工具限制	套管完井/裸眼完井
	桥塞	压裂前需先下入桥塞将压裂目的层分隔出来;压裂后,则需打捞或钻掉桥塞。层(段)级数不受工具限制	套管完井
	水力喷射	通过喷嘴的喷射,控制压裂层段的分隔转向。层(段)级数不受工具限制	套管完井/裸眼完井
	套管滑套	通过将套管滑套与套管连接一同下入目的层段,逐级投入飞镖打开滑套实现分层压裂,球座通过前一级压裂时压力传递缩径而形成,避免了常规分层压裂工具球座逐级缩径对压裂级数的限制	套管完井
填砂分层(段)		压裂作业结束后,填砂暂堵已压裂层;重复压裂作业过程,直至完成所有压裂层段,最后进行冲砂作业	套管完井
堵塞球分层(段)		通过堵塞球暂堵进液较好层的孔眼,改变液体流向,使进液较差层进液,直至破裂。如此反复进行,直到更多的层段被压开	套管完井
限流压裂分层(段)		控制各层的孔眼数量和孔径,通过尽可能提高注入排量,利用最先被压开层孔眼产生的摩阻,提高井底压力,使其他层相继被压开	多层之间存在应力差别

表4-7　常见的水平井分段压裂工艺

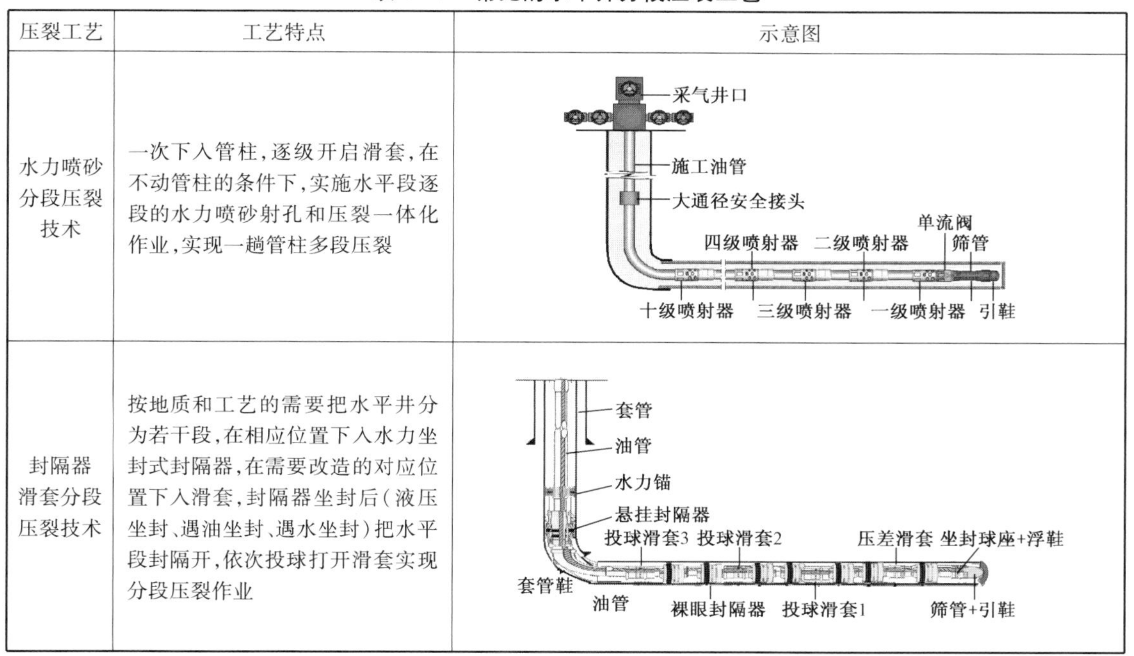

压裂工艺	工艺特点	示意图
水力喷砂分段压裂技术	一次下入管柱,逐级开启滑套,在不动管柱的条件下,实施水平段逐段的水力喷砂射孔和压裂一体化作业,实现一趟管柱多段压裂	
封隔器滑套分段压裂技术	按地质和工艺的需要把水平井分为若干段,在相应位置下入水力坐封式封隔器,在需要改造的对应位置下入滑套,封隔器坐封后(液压坐封、遇油坐封、遇水坐封)把水平段封隔开,依次投球打开滑套实现分段压裂作业	

续表

压裂工艺	工艺特点	示意图
桥塞分段压裂工艺	压裂前需先下入桥塞将压裂目的层分隔出来；压裂后，则需打捞或钻掉桥塞	

二、酸化

1. 酸化机理

利用酸液对储层的化学作用和水力作用，恢复或提高储层渗流能力。通常，施工压力低于储层破裂压力（或闭合压力）的酸化称解堵酸化，施工压力高于储层破裂压力（或闭合压力）的酸化称酸压。

1）化学反应式

酸液与储层矿物质（包括基岩矿物质和作业时进入储层的矿物质）的反应是酸化的最基本作用。常用酸和常见矿物质化学反应方程式见表4－8。反应物与生成物名称、分子式、相对分子质量见表4－9。

表4－8　不同酸液与岩石主要矿物的化学反应式

酸名称	矿物	化学反应式
盐酸 HCl	方解石	$CaCO_3 + 2HCl \longrightarrow CaCl_2 + H_2O + CO_2 \uparrow$
	白云石	$CaMg(CO_3)_2 + 4HCl \longrightarrow CaCl_2 + MgCl_2 + 2H_2O + 2CO_2 \uparrow$
甲酸 HCOOH	方解石	$CaCO_3 + 2HCOOH \longrightarrow Ca(COOH)_2 + H_2O + CO_2 \uparrow$
	白云石	$CaMg(CO_3)_2 + 4HCOOH \longrightarrow Ca(COOH)_2 + Mg(COOH)_2 + 2H_2O + 2CO_2 \uparrow$
乙酸 HCH_2COOH	方解石	$CaCO_3 + 2HCH_2COOH \longrightarrow Ca(CH_2COOH)_2 + H_2O + CO_2 \uparrow$
	白云石	$CaMg(CO_3)_2 + 4HCH_2COOH \longrightarrow Ca(CH_2COOH)_2 + Mg(CH_2COOH)_2 + 2H_2O + 2CO_2 \uparrow$
氢氟酸 HF	方解石	$CaCO_3 + 2HF \longrightarrow CaF_2 \downarrow + H_2O + CO_2 \uparrow$
	白云石	$CaMg(CO_3)_2 + 4HF \longrightarrow CaF_2 \downarrow + MgF_2 \downarrow + 2H_2O + 2CO_2 \uparrow$
	石英	$SiO_2 + 4HF \rightleftharpoons SiF_4 + 2H_2O$
	高岭石	$Al_4Si_4O_{10}(OH)_8 + 24HF + 4H^+ \rightleftharpoons 4AlF_2^+ + 4SiF_4 + 18H_2O$
	钠长石	$NaAlSi_3O_8 + 14HF + 2H^+ \rightleftharpoons Na^+ + AlF_2^+ + 3SiF_4 + 8H_2O$
	钾长石	$KAlSi_3O_8 + 14HF + 2H^+ \rightleftharpoons K^+ + AlF_2^+ + 3SiF_4 + 8H_2O$
	蒙脱石	$Al_4Si_8O_{20}(OH)_4 + 40HF + 4H^+ \rightleftharpoons 4AlF_2^+ + 8SiF_4 + 24H_2O$

表4－9　反应物与生成产物的相对分子质量表

名称	分子式	相对分子质量
盐酸	HCl	36.47
甲酸	CH_2O_2	46.03

续表

名称	分子式	相对分子质量
乙酸	$C_2H_4O_2$	60.05
氢氟酸	HF	20.00
方解石	$CaCO_3$	100.09
白云石	$CaMg(CO_3)_2$	184.30
石英	SiO_2	60.09
高岭石	$Al_4(Si_4O_{10})(OH)_8$	516.28
钠长石	$NaAlSi_3O_8$	262.24
钾长石	$KAlSi_3O_8$	278.35
蒙脱石	$Al_4Si_8O_{20}(OH)_4$	720.67
氯化钙	$CaCl_2$	110.99
氯化镁	$MgCl_2$	95.30
甲酸钙	$Ca(COOH)_2$	130.12
甲酸镁	$Mg(COOH)_2$	114.35
乙酸钙	$Ca(CH_2COOH)_2$	158.16
乙酸镁	$Mg(CH_2COOH)_2$	142.39
氟化钙	CaF_2	78.08
氟化镁	MgF_2	62.31
四氟化硅	SiF_4	104.09
水	H_2O	18.02
二氧化碳	CO_2	44.01

2)酸岩反应速率

(1)解堵酸化酸岩反应速率:

$$q_s = K_d A C^m \tag{4-17}$$

式中 q_s——反应速率,mol/s;

K_f——反应速率常数,$mol^{1-m}L^m/(cm^2 \cdot s)$;

A——反应面积,cm^2;

C——酸液浓度,mol/L;

m——反应级数。

(2)酸压酸岩反应速率。

酸岩反应速率和扩散边界层内离子浓度梯度关系式:

$$-\frac{\partial C}{\partial t} = -D_e \frac{s}{V} \frac{\partial C}{\partial y} \tag{4-18}$$

式中 $\partial C/\partial t$——瞬间酸岩反应速率,mol/(L·s);

$\partial C/\partial y$——边界层内垂直于岩面方向的酸液浓度梯度，mol/(L·cm)；

D_e——传质系数，cm^2/s；

s——酸岩反应接触面积，cm^2；

V——与岩面接触的酸液体积，L。

3）酸岩反应动力学方程

（1）解堵酸化反应动力学方程。

总体反应主要受离子传质控制的反应动力学方程。

$$q_d = \frac{DAC}{\delta} \times 10^{-3} \tag{4-19}$$

式中 q_d——反应速率，mol/s；

D——有效传质系数，cm^2/s；

A——反应面积，cm^2；

C——反应物浓度，mol/L；

δ——特征常数，即边界层厚度，指浓度由 $\overline{C}$ 变化为 0 的界面附近一层酸液厚度，cm。

（2）酸压反应动力学方程。

白云岩表面反应和系统反应动力学方程：

$$J_i = k_s C_s^{n_s}(1-\phi) \tag{4-20}$$

$$J = kC^n \tag{4-21}$$

式中 J_i，J——单位面积反应速率，$mol/(cm^2 \cdot s)$；

k_s，k——表面、系统酸岩反应速率常数，$(mol/L)^{1-n_s} \cdot L/(cm^2 \cdot s)$；

n_s，n——表面、系统反应级数，无量纲；

ϕ——岩石孔隙度，小数。

石灰岩不同温度下的反应动力学方程对应的 k 值和 n 值见表 4-10。

表 4-10　不同温度下酸岩反应动力学方程对应的 k 值和 n 值

酸液类型	温度，℃	k	n
普通酸	60	1.53×10^{-6}	1.196
	90	2.92×10^{-6}	1.2826
	120	2.44×10^{-5}	0.4259
稠化酸	60	2.14×10^{-7}	1.8367
	90	7.74×10^{-7}	1.5162
	120	1.91×10^{-5}	0.1246

2. 常用酸化工艺技术及特点

1）按酸液类型分类

按酸液类型分，不同酸化工艺特点及适用条件见表 4-11。

表 4-11 按酸液类型分,不同酸化工艺特点及适用条件

酸化工艺	特点	适用条件
常规盐酸	常规盐酸与碳酸盐岩反应速率快,作用时间和距离很短,活性酸液达不到裂缝的较深部位,通过盐酸对碳酸盐岩的化学溶蚀作用,仅能解除近井地带的伤害堵塞,不能沟通较深部位的油流通道	碳酸盐岩储层中生产井的表皮解堵和新井的投产解堵
胶凝酸	具有高温下剪切性能稳定、与地层岩石反应速率慢、滤失速度小、泵送摩阻小、表面张力低、残液易返排的特点;且具有一定的携带能力,易于将地层中的酸不溶物微粒排出,减少了微粒对裂缝和基质渗透率的伤害	中低渗储层改造
乳化酸	乳化酸液到达地层一定深度后油膜破裂,释放出的盐酸与地层岩石反应,刻蚀并沟通较深部的孔、缝、洞,提高深部地层的渗透率;继续泵入常规酸液,填补井壁到乳化酸作用的地段,可提高近井地带的渗透率	低渗透碳酸盐岩储层
变黏酸	酸液在浓度变化过程中实现变黏转向,对储层实现均匀酸化,通过调整配方可以实现不同酸浓度条件下的转向。自转向酸酸液体系具有腐蚀速度小、转向效果好、自动破胶、酸岩反应速率低、动态滤失低等特点	非均质强储层
稠化酸	与普通酸相比,黏度高,既能降低酸液滤失,也能延缓酸岩反应速率,且具有较好的降低摩阻的作用(为清水的 40% ~60%),为提高排量创造了条件	适用于中低渗透储层,深度酸化或天然裂缝发育地层的深穿透施工
交联酸	分地下交联酸和地面交联酸,都是在酸性环境下交联。地下交联酸有利于降低施工过程中的管柱摩阻,而且酸液优先进入高渗透层,随酸液消耗后发生交联,黏度迅速增加,把高渗透层暂时堵住,迫使后续注入的酸液进入低渗透层,达到转向酸化目的;地面交联酸与压裂液交联体系性能相似,具有良好的耐温耐剪切性和携砂性能,同时具有高黏度、延缓酸岩反应、低滤失、提高酸蚀裂缝导流能力的优良性能	适用于低渗透性和天然裂缝的碳酸盐岩储层的深度改造
降阻酸	主要特点是降低酸液管路摩阻损失,提高泵注排量	深井的低渗透储层改造
降滤失酸	保持了稠化酸优点,初始黏度低,随酸岩反应黏度增高后又随之降低,具有较好的降滤失效果及较深的酸液有效作用距离	天然裂缝发育储层的深度酸压
泡沫酸	泡沫酸具有深穿透能力,由于泡沫酸与碳酸盐岩反应的不稳定性,造成气相大量滤失,降低泡沫质量,影响处理效果。在泡沫酸之前使用胶凝水前置液,则降滤失效果更好	滤失难以控制的储层以及低压、低渗透或水敏性储层
自转向酸	酸液在浓度变化过程中实现变黏转向,对储层实现均匀酸化,通过调整配方可以实现不同酸浓度条件下的转向。自转向酸酸液体系具有腐蚀速度小、转向效果好、自动破胶、酸岩反应速率低、动态滤失低等特点	非均质强储层
清洁酸	酸液中含有黏弹性表面活性剂,在鲜酸中分散为单个小分子,酸液进入储层与岩石反应后在岩石表面迅速形成片状胶束,在岩石表面变黏,从而达到降滤失和缓速效果,并且在残酸时可自行降黏,有利于降低压后的返排阻力	碳酸盐岩储层
土酸	能溶解近井砂粒之间的胶结物和部分砂粒、孔隙中泥质堵塞物和其他结垢物,恢复和提高井底附近地层的渗流能力。土酸酸化常采用的工艺是注前置液、注处理液和注后置液 3 个连续注液过程	黏土矿物含量较低的砂岩储层酸化

续表

酸化工艺	特点	适用条件
自生土酸	注入混合处理液后关井时间较长(一般为6~30h),待酸反应后再缓慢投产	泥质砂岩储层
缓速土酸	通过弱酸与弱酸盐间的缓冲作用,控制在储层中生成的HF浓度,使处理液始终保持较高的pH值,从而达到缓速的目的。所用弱酸不同,pH值范围也不同	储层温度较高的砂岩储层酸化
氟硼酸	不会引起储层出砂、黏土膨胀及颗粒运移;酸化后增产稳产有效期长	砂岩深部储层

2)按施工工艺分类

按施工工艺分,不同酸化工艺特点及适用条件见表4-12。

表4-12　按施工工艺分,不同酸化工艺特点及适用条件

分类方式	酸化工艺	特点
分层(分段)—机械分隔	工具分层(段)	井下工具(封隔器、桥塞等)分层能准确地控制注入各层段的液量
	堵塞球分层	分层数较多,特别适合于层间距离短的井,施工方便,但酸量分配不可靠
分层(分段)—化学分隔	转向酸化	利用稠化剂与酸液在化学反应、微观结构和尺度、黏度及滤失等特性方面存在的巨大差异,对原注酸层段进行迅速充填、有效降滤和快速暂堵,从而实现快速有效地转向分流
注入工艺	前置液酸压	先注入高黏前置液压开储层或延伸储层中原有裂缝,后注入酸液,从而改善储层的导流能力,可提高高温地层酸蚀裂缝长度
	闭合酸化	采用常规酸液压开地层后停歇,等待裂缝闭合,再以低于地层破裂压力略高于闭合压力的处理压力,将酸液注入闭合或部分闭合的裂缝,提高均质地层酸蚀裂缝导流能力
	多级注入酸压闭合酸化	有效地降低酸液滤失;因黏度差异造成的黏性指进可在裂缝壁面形成不均匀的刻蚀形态,从而增加裂缝的导流施力;采用闭合酸化工艺,从而增加裂缝的导流能力

3. 参数计算

1)酸的溶解能力

指给定体积或质量的酸所溶解的岩石矿物量,包括质量溶解能力与体积溶解能力。

(1)质量溶解能力。

质量溶解能力为给定质量的酸溶解的岩石矿物量,用β表示。

$$\beta = \frac{M_r \times Mol_r}{M_A \times Mol_A} \tag{4-22}$$

式中　M_r——矿物相对分子质量;

M_A——酸相对分子质量;

Mol_r——矿物在反应式中的摩尔数;

Mol_A——酸在反应式中的摩尔数。

(2)体积溶解能力。

体积溶解能力为给定体积的酸溶解的岩石矿物体积,用 X 表示。

$$X = \beta \frac{\rho_A}{\rho_r} \quad (4-23)$$

式中 ρ_A——酸液密度,g/cm³;

ρ_r——岩石矿物密度,g/cm³。

常用酸对碳酸盐岩的体积溶解能力见表4-13。氢氟酸的溶解能力见表4-14。

表4-13 常用酸对碳酸盐岩的体积溶解能力

反应矿物	酸液类型	不同浓度酸的体积溶解能力			
		5%	10%	15%	30%
方解石	盐酸	0.026	0.053	0.082	0.175
	甲酸	0.02	0.041	0.062	0.129
	乙酸	0.016	0.031	0.047	0.096
白云石	盐酸	0.023	0.046	0.071	0.152
	甲酸	0.018	0.036	0.064	0.112
	乙酸	0.014	0.627	0.041	0.083

表4-14 氢氟酸的溶解能力

酸浓度 %	石英(SiO_2)		钠长石($NaAlSiO_8$)	
	β	X	β	X
2	0.015	0.006	0.019	0.008
3	0.023	0.010	0.028	0.011
4	0.030	0.018	0.037	0.015
6	0.045	0.019	0.056	0.023
8	0.060	0.025	0.075	0.03

2)酸液用量计算

(1)盐酸液。

浓盐酸用量:

$$Q_{HCl} = \frac{V\rho X}{X_{HCl}} \quad (4-24)$$

清水用量:

$$V_w = V - \frac{Q_{HCl}}{\rho_{HCl}} \quad (4-25)$$

式中 Q_{HCl}——浓盐酸用量,t;

ρ_{HCl}——浓盐酸密度,g/cm³;

X_{HCl}——浓盐酸质量分数；

X——稀盐酸质量分数；

V——所需稀盐酸用量，m^3；

ρ——所需稀盐酸密度，g/cm^3；

V_w——清水用量，m^3。

盐酸密度与浓度对照见表4－15，配制$1m^3$稀盐酸所需31%浓盐酸和清水用量见表4－16。

表4－15 盐酸密度、浓度对照表

盐酸浓度 %	密度 g/cm^3	盐酸浓度 %	密度 g/cm^3	盐酸浓度 %	密度 g/cm^3	盐酸浓度 %	密度 g/cm^3
3	1.015	12	1.060	21	1.105	30	1.150
4	1.020	13	1.065	22	1.110	31	1.155
5	1.025	14	1.070	23	1.115	32	1.160
6	1.030	15	1.075	24	1.120	33	1.165
7	1.035	16	1.080	25	1.125	34	1.170
8	1.040	17	1.085	26	1.130	35	1.175
9	1.045	18	1.090	27	1.135	36	1.180
10	1.050	19	1.095	28	1.140	37	1.185
11	1.055	20	1.100	29	1.145	—	—

表4－16 配制$1m^3$稀盐酸所需浓度31%的浓盐酸和清水用量表

稀盐酸质量分数，%	5	6	7	8	9	10	11	12	13	14	15
浓盐酸用量，kg	165	199	234	268	303	339	374	410	447	483	520
清水（含添加剂用量），kg	856	827	798	768	737	707	676	645	613	582	550

（2）土酸液。

浓盐酸用量：

$$Q_{HCl} = \frac{V\rho X}{X_{HCl}} \tag{4-26}$$

浓氢氟酸用量：

$$Q_{HF} = \frac{V\rho Y}{X_{HF}} \tag{4-27}$$

清水用量：

$$V_w = V - \frac{Q_{HCl}}{\rho_{HCl}} - \frac{Q_{HF}}{\rho_{HF}} \tag{4-28}$$

式中 Q_{HCl}——浓盐酸用量，t；

Q_{HF}——土酸中浓氢氟酸用量,t;

ρ_{HCl}——浓盐酸密度,g/cm^3;

ρ_{HF}——浓氢氟酸密度,g/cm^3;

ρ——所需土酸混合密度,g/cm^3;

X_{HCl}——浓盐酸质量分数;

X_{HF}——浓氢氟酸质量分数;

X——土酸中浓盐酸质量分数;

Y——土酸中浓氢氟酸质量分数;

V——所需土酸用量,m^3;

V_w——清水用量,m^3。

土酸密度与盐酸和氢氟酸浓度关系见表4－17,配制1m^3土酸时40%浓度的氢氟酸与31%浓度盐酸及清水用量见表4－18。

表4－17　土酸密度与盐酸和氢氟酸浓度关系表

密度,g/cm^3 氢氟酸浓度,% / 盐酸浓度,%	3	4	5	6	7	8	9	10
3	1.023	1.027	1.030	1.034	1.037	1.041	1.044	1.048
4	1.028	1.031	1.035	1.039	1.042	1.046	1.049	1.053
5	1.033	1.036	1.040	1.043	1.047	1.051	1.054	1.058
6	1.038	1.041	1.045	1.048	1.052	1.055	1.059	1.063
7	1.042	1.046	1.050	1.053	1.056	1.060	1.064	1.068
8	1.047	1.051	1.054	1.058	1.061	1.065	1.069	1.073
9	1.052	1.055	1.059	1.063	1.067	1.070	1.074	1.077
10	1.057	1.060	1.064	1.068	1.072	1.075	1.079	1.082
11	1.062	1.065	1.069	1.072	1.077	1.080	1.084	1.087
12	1.066	1.070	1.074	1.077	1.082	1.084	1.089	1.092

表4－18　配制1m^3土酸时40%浓度的氢氟酸与31%浓度盐酸及清水用量

浓盐酸、浓氢氟酸、清水用量,kg 氢氟酸浓度,% / 盐酸浓度,%		3	4	5	6	7	8	9	10
3	浓盐酸	99	99	100	100	100	101	101	101
	浓氢氟酸	77	103	129	155	181	208	235	262
	清水	846	822	799	775	751	727	703	678
4	浓盐酸	133	133	134	134	134	135	135	136
	浓氢氟酸	77	103	129	156	182	209	236	263
	清水	816	793	769	745	721	696	672	647

续表

浓盐酸、浓氢氟酸、清水用量,kg / 氢氟酸浓度,% / 盐酸浓度,%		3	4	5	6	7	8	9	10
5	浓盐酸	167	167	168	168	169	170	170	171
	浓氢氟酸	77	104	130	156	183	210	237	265
	清水	787	763	739	715	690	666	641	616
6	浓盐酸	201	201	202	203	204	204	205	206
	浓氢氟酸	78	104	131	157	184	211	238	266
	清水	757	733	708	684	659	635	610	585
7	浓盐酸	235	236	237	238	238	239	240	241
	浓氢氟酸	78	105	131	158	185	212	239	267
	清水	727	702	678	653	629	603	578	553
8	浓盐酸	270	271	272	273	274	275	276	277
	浓氢氟酸	79	105	132	159	186	213	241	268
	清水	696	671	647	622	597	572	546	521
9	浓盐酸	305	306	307	309	310	311	312	313
	浓氢氟酸	79	106	132	159	187	214	242	269
	清水	665	641	616	590	565	540	514	489
10	浓盐酸	341	342	343	345	346	347	348	349
	浓氢氟酸	79	106	133	160	188	215	243	271
	清水	634	609	584	559	533	508	482	456
11	浓盐酸	377	378	379	380	382	383	385	386
	浓氢氟酸	80	107	134	161	188	216	244	272
	清水	603	578	552	527	501	475	449	423
12	浓盐酸	413	414	416	417	419	420	422	423
	浓氢氟酸	80	107	134	162	189	217	245	273
	清水	571	546	520	495	468	443	416	390

第二节　压裂液与酸液

一、压裂液

1. 压裂液分类

(1)压裂液分类及适用范围见表4－19。

表 4－19　压裂液分类及适用范围表

类型	特点	适用范围
水基压裂液	性能好，易于控制压裂液状态；液柱密度大，可降低泵压；廉价、安全，可操作性强，伤害大，不易返排	除强水敏地层以外均可以使用
油基压裂液	配伍性好，密度低，易返排，伤害小，流变性能差，不易控制；摩阻高，泵压高；液体效率低；成本高，安全性差	强水敏、低压储层以及加砂规模小、温度低于110℃储层
泡沫压裂液（包括 CO_2 或 N_2）	携砂能力强；液体效率高；密度低，易返排，伤害小，摩阻高，施工压力高	低压、水敏储层或裂缝性储层
乳化压裂液	残渣少，滤失少，伤害较小，摩阻较高，油水比例较难控制	水敏、低压储层及低中温井
清洁压裂液	在盐水中添加表面活性剂形成的一种低黏阳离子凝胶液体，当液体与油气接触或地层水稀释时，便出现破胶	低渗透储层
醇基压裂液	用醇作为分散介质，添加各种添加剂配制而成的压裂液。表面张力低，能消除水锁	水敏、低压、低渗透易于发生水锁的气藏

（2）现场施工时又可根据压裂液的不同工艺作用进行分类，见表 4－20。

表 4－20　压裂液按不同工艺分类表

类别	液体性质	作用	适用范围	一般用量
前置液	正式压裂液	压开并延伸水力裂缝	一切压裂井	总液量的（前置液和携砂液）25% ～40%
携砂液	正式压裂液	进一步延伸水力裂缝，携带支撑剂	一切压裂井	根据支撑剂总量和浓度确定
顶替液	正式压裂液	将携砂液全部顶替到裂缝中	一切压裂井	井筒（油管或环空）容积

2. 压裂液常用添加剂

1）稠化剂

稠化剂是水基压裂液的主剂，用以提高水溶液黏度，降低液体滤失，悬浮和携带支撑剂。常用稠化剂的品名、适用条件、一般加量及生产厂家见表 4－21。

表 4－21　常用稠化剂表

品名	适用条件	加入量，%	生产厂家
CT9－1	魔芋胶压裂液	0.5	西南油气田分公司
CT9－10	低分子压裂液	0.35～0.4	西南油气田分公司
CT9－13	低伤害压裂液	0.36～0.42	西南油气田分公司
WG－11	HPG	取决于现场需要	哈里伯顿公司
WG－18	CMHPG	取决于现场需要	哈里伯顿公司
WG－19	瓜尔胶	取决于现场需要	哈里伯顿公司
J457	可液化瓜尔胶，批混或连续混配，使用温度参照压裂液	0.12～0.72	斯伦贝谢公司
J580	超级瓜尔胶，干添连续混配，使用温度参照压裂液	0.12～0.72	斯伦贝谢公司

续表

品名	适用条件	加入量,%	生产厂家
J576	超级瓜尔胶,批混,使用温度参照压裂液	0.12～0.72	斯伦贝谢公司
J456	可液化 HPG,批混或连续混配,使用温度参照压裂液	0.12～0.72	斯伦贝谢公司
J566	表面活性剂,38～135℃	2～6	斯伦贝谢公司
改性瓜尔胶	不大于 120℃的砂岩储层压裂	羟丙基瓜尔胶:0.36 低分子瓜尔胶:0.30～0.45 超级瓜尔胶:0.20～0.45	圣油科技开发公司

2)交联剂

交联剂是能与聚合物线型大分子链形成新的化学键,使其连接成网状体型结构的化学剂。聚合物水溶液因交联作用形成水冻胶。常用交联剂的品名、适用条件、一般加量及生产厂家见表4－22。

表4－22 常用交联剂表

品名	适用条件	加入量,%	生产厂家
CT9－6	低伤害压裂液用,80～100℃	0.5	西南油气田分公司
CT9－11	低伤害压裂液用,<80℃	0.6	西南油气田分公司
CT9－12	低分子压裂液用	0.5	西南油气田分公司
BC－200	水基延迟	取决于稠化剂量	哈里伯顿公司
CL－28M	水基延迟	取决于稠化剂量	哈里伯顿公司
CL－22M	油基延迟	取决于稠化剂量	哈里伯顿公司
L010	高温、中低温延迟压裂液,低聚合物体系	0.024～0.072	斯伦贝谢公司
J604	适用于各种聚合物体系	0.125～0.5	斯伦贝谢公司
J532	高盐度海水压裂液	0.15～0.6	斯伦贝谢公司
BA1－21	27～200℃井温地层压裂	0.3～0.6	华星新技术开发研究所
SD2－2	不大于 120℃的砂岩储层改造压裂施工中,作为植物胶压裂液的交联剂	0.08～1.2	圣油科技开发公司
SD2－8A SD2－8B	不大于 120℃的砂岩储层改造压裂施工,作为植物胶压裂液的交联剂	0.5～0.6 [SD2－8A∶SD2－8B＝10∶(0.5～4.0)]	圣油科技开发公司 (延迟交联剂)

3)破胶剂

施工结束后,压裂液需尽快降低黏度,以便从地层中返排,减少对地层的伤害。受地层温度影响或依时间缓释的破胶剂,通过破坏交联条件而降解聚合物大分子,使冻胶压裂液达到破胶降黏的效果。常用破胶剂的品名、适用条件、一般加量及生产厂家见表4－23。

表 4-23　常用破胶剂表

品名	适用条件	加入量,%	生产厂家
CT9-7A	≤40℃	0.02~0.04	西南油气田分公司
CT9-7B	≤40℃	0.02~0.2	西南油气田分公司
CT9-7C	≤60℃	0.03~0.08	西南油气田分公司
CT9-7D	≤60℃,CT 低伤害压裂液	0.01~0.03	西南油气田分公司
CT9-7E	≤60℃,CT 低伤害压裂液	0.01~0.03	西南油气田分公司
CT9-7F	CT 低分子压裂液	0.1~0.15	西南油气田分公司
OptiFlo Ⅱ	胶囊破胶剂	取决于稠化剂量	哈里伯顿公司
VICON NF	氧化破胶	取决于稠化剂量	哈里伯顿公司
GBW-30	酶类破胶剂	取决于稠化剂量	哈里伯顿公司
J218	25~100℃	~0.012	斯伦贝谢公司
J475	57~100℃	0.06~0.12	斯伦贝谢公司
J569	79~121℃	0.06~0.12	斯伦贝谢公司
J481	93~149℃	0.06~0.12	斯伦贝谢公司
J490	≤177℃	0.06~0.12	斯伦贝谢公司
胶囊 BA1-38	压裂液中起延迟破胶作用	4~500μg/g	华星新技术开发研究所
APS	不大于 120℃的砂岩储层改造压裂施工,作为植物胶压裂液的破胶剂	0.005~0.5	圣油科技开发公司
胶囊破胶剂	不大于 120℃的砂岩储层改造压裂施工,作为植物胶压裂液的破胶剂	0.02~0.03	圣油科技开发公司

4)黏土稳定剂

利用黏土表面化学离子交换的特点,用黏土稳定剂改变结合离子而改变其理化性质,或破坏其离子交换能力,或破坏双电层离子氛之间的斥力,达到防止黏土水合膨胀或分散迁移的效果。常用黏土稳定剂的品名、适用条件、一般加量及生产厂家见表 4-24。

表 4-24　常用黏土稳定剂表

品名	适用条件	加入量,%	生产厂家
CT5-8	压裂液	0.5~1.0	西南油气田分公司
Clayfix	压裂液	0.5	哈里伯顿公司
Clayfix-Ⅱ	适用压裂液	0.35	哈里伯顿公司
Claysta XP	压裂液砂岩/碳酸盐岩,≤260℃	0.10~0.7	哈里伯顿公司
L055	黏土含量 1%~20%	0.1~0.6	斯伦贝谢公司
L064	黏土含量 1%~20%	0.1~0.2	斯伦贝谢公司
B345	黏土含量 1%~100%	1.5~3.0	斯伦贝谢公司
BA1-13	酸化、压裂中使用,≤66℃	0.3~1.0	华星新技术开发研究所
TDC-15	不大于 120℃的砂岩储层改造压裂施工,作为植物胶压裂液的黏土稳定剂	0.2	圣油科技开发公司

5)杀菌剂

用杀菌剂杀灭高分子水溶液中的细菌,保证胶液在配制后至施工前不腐败变质,并遏制水基液注入地层中的细菌滋生。常用杀菌剂的品名、适用条件、一般加量及生产厂家见表4－25。

表4－25 常用杀菌剂表

品名	适用条件	加入量,%	生产厂家
CT10－4	压裂液	0.1～0.3	西南油气田分公司
CT10－4A	压裂液	0.01～0.015	西南油气田分公司
BE－3	快速杀菌	取决于现场需要	哈里伯顿公司
BE－6	慢速杀菌	取决于现场需要	哈里伯顿公司
BE－7	快速杀菌	取决于现场需要	哈里伯顿公司
M275	所有压裂液体系	0.0036～0.0072	斯伦贝谢公司
M290	所有压裂液体系(J313降阻水除外)	0.0036～0.0072	斯伦贝谢公司
BA2－3	压裂液中用于防腐	0.05～0.15	华星新技术开发研究所
SD2－3	≤120℃,作为植物胶压裂液的杀菌剂适用于砂岩改造压裂施工中	0.1～0.2	圣油科技开发公司

6)起泡剂

起泡剂能降低界面张力,促使空气在液体中弥散,形成小气泡,并防止气泡兼并,增加分选界面,提高气泡的稳定性。常用起泡剂的名称、适用条件、一般加量及生产厂家见表4－26。

表4－26 常用起泡剂表

品名	适用条件	加入量,%	生产厂家
CT5－7S	压裂液	1～2	西南油气田分公司
CT5－7CⅢ	压裂液	1～2	西南油气田分公司
PEN－5M		0.15	哈里伯顿公司
F109	≤121℃	0.5～1.5	斯伦贝谢公司
F－2	酸化、压裂、排水采气	0.5～1	华星新技术开发研究所
SD2－10	≤120℃,作为植物胶压裂液的起泡剂适用于各类储层的改造	0.5～2.0	圣油科技开发公司

7)助排剂

助排剂能降低压裂液破胶液的表面张力、增加能量,促进其返排,减少对地层的伤害。常用助排剂的品名、适用条件、一般加量及生产厂家见表4－27。

表4－27 常用助排剂表

品名	适用条件	加入量,%	生产厂家
CT5－4	油井、气井	0.2～0.5	西南油气田分公司
CT5－9	气井	0.5	西南油气田分公司
CT5－11	气井	0.5～1.0	西南油气田分公司

续表

品名	适用条件	加入量,%	生产厂家
CT5-12	低分子可回收压裂液	0.5~1.0	西南油气田分公司
CT5-13	滑溜水	0.5~1.0	西南油气田分公司
GasPerm1000	Microemulsion(ME)additive	0.1~0.3	哈里伯顿公司
Pen-88M^{TM}	适用各种液体,≤107℃	0.5	哈里伯顿公司
SSO-21MW	各种液体	0.1~0.3	哈里伯顿公司
F108	所有压裂液体系,适用温度参照酸液体系	0.2	斯伦贝谢公司
F103	所有压裂液体系,适用温度参照酸液体系	0.2	斯伦贝谢公司
F111	所有压裂液体系,适用温度参照酸液体系	0.2	斯伦贝谢公司
BA1-5	用于酸化、压裂以及其他入井液体中	0.5~1.0	华星新技术开发研究所
SD2-9	≤120℃,能够用于压裂液,也可以用于酸液。适用于各类储层的改造	0.5~1.0	圣油科技开发公司
SD2-10	≤120℃,用于压裂液,适用于各类储层的改造	0.5~2.0	圣油科技开发公司

3. 常用压裂液配方

1)常用水基压裂液

按照储层温度,常用水基压裂液可分为低温压裂液(小于60℃)、中温压裂液(60~120℃)和高温压裂液(120~180℃)。

(1)低温压裂液(小于60℃)。

常用配方见表4-28,压裂液综合性能见表4-29。

表4-28 低温压裂液配方表(20~60℃)

压裂液	添加剂类型	添加剂名称	用量①,%
基液	稠化剂	羟丙基瓜尔胶	0.3~0.35
		香豆胶	0.3~0.4
		羟乙基田菁胶	0.4~0.5
	杀菌剂	甲醛	0.1~0.2
	pH值调节剂	Na_2CO_3	0.03~0.06
		$NaHCO_3$	0.03~0.06
	黏土稳定剂	KCl/季铵盐	1~2/0.3
	助排剂	含氟类表面活性剂	0.1~0.2
	破乳剂	SP169	0.1~0.3
交联液	交联剂	硼砂	0.7
		有机硼	100
	破胶剂	过硫酸铵	0.2~1.0
	破胶活化剂亚硫酸钠	0.1~0.3	
交联比(基液:交联液)		100:5(硼砂),100:(0.2~0.25)(有机硼)	

① 基液中添加剂用量相对于基液总量而言;交联液中添加剂用量相对于交联液总量而言,下同。

表 4－29　低温压裂液性能表（20～60℃）

性能		实验条件	单位	值
基液黏度		20℃，170s^{-1}	mPa·s	20～35
黏温性		20～60℃，170s^{-1}连续剪切 1h	mPa·s	75～80
流变参数	k'	20～60℃	Pa·$s^{n'}$	0.5～1.0
	n'	20～60℃	无量纲	0.3～0.5
滤失系数 C_n		20～60℃	m/$min^{0.5}$	（7.8～8.0）×10^{-4}
破胶液黏度		20℃，2.0～6.0h 破胶时间	mPa·s	<5.0
残渣含量		完全破胶	%	<0.5
伤害率		20～60℃，压裂液冻胶	%	<20.0
摩阻		1000～2000s^{-1}		相当于清水的 40%～50%

（2）中温水基压裂液。

中温水基压裂液可细分为中低温水基压裂液和中高温水基压裂液，中低温水基压裂液根据稠化剂不同，其配方又分两种。常用配方见表 4－30 至表 4－35。

表 4－30　中低温（羟丙基瓜尔胶、香豆胶、羟乙基田菁胶）压裂液配方表（60～90℃）

压裂液	添加剂类型	添加剂名称	用量，%
基液	稠化剂	羟丙基瓜尔胶	0.35～0.5
		香豆胶	0.4～0.55
		羟乙基田菁胶	0.45～0.6
	杀菌剂	甲醛	0.1～0.2
	pH 值调节剂	Na_2CO_3	0.08～0.10
		$NaHCO_3$	0.06～0.08
	黏土稳定剂	KCl/季铵盐	（1～2）/0.3
	助排剂	含氟类表面活性剂	0.1～0.2
	破乳剂	SP169	0.1～0.3
	降滤失剂	柴油	1.0～2.0
交联液	交联剂	硼砂	0.8
		有机硼	100
	破胶剂	过硫酸铵＋胶囊破胶剂	0.1～1.0
交联比（基液：交联液）		100：5（硼砂），100：（0.2～0.3）（有机硼）	

表 4-31　中低温(羟丙基瓜尔胶、香豆胶、羟乙基田菁胶)压裂液性能表(60~90℃)

性能		实验条件	单位	值
基液黏度		20℃,$170s^{-1}$	mPa·s	35~50
黏温性		20~60℃,$170s^{-1}$连续剪切1~2h	mPa·s	75~100
流变参数	k'	60~90℃	$Pa\cdot s^{n'}$	0.8~1.2
	n'	60~90℃	无量纲	0.4~0.5
滤失系数 C_n		60~90℃	$m/min^{0.5}$	$(4.0\sim7.0)\times10^{-4}$
破胶液黏度		60~90℃,破胶时间2.0~6.0h	mPa·s	<5.0
残渣含量		完全破胶	%	2.0~5.0
伤害率		60~90℃,压裂液冻胶	%	<20.0
摩阻		1000~$2000s^{-1}$		相当于清水的40%~55%

表 4-32　中低温(魔芋胶)压裂液配方表(60~90℃)

压裂液	添加剂类型	添加剂名称	用量,%
基液	稠化剂	魔芋胶	0.30~0.4
	杀菌剂	甲醛	0.1~0.2
	pH值调节剂	Na_2CO_3	0.08~0.10
		$NaHCO_3$	0.06~0.08
	黏土稳定剂	KCl/季铵盐	(1~2)/0.3
	助排剂	含氟类表面活性剂	0.1~0.2
	破乳剂	SP169	0.1~0.3
	降滤失剂	柴油	1.0~2.0
交联液	交联剂	硼砂	2.0
	破胶剂	过硫酸铵	0.1~1.0
交联比(基液:交联液)		100:10	

表 4-33　中低温(魔芋胶)压裂液性能表(60~90℃)

性能		实验条件	单位	值
基液黏度		20℃,$170s^{-1}$	mPa·s	60~70
延迟交联时间		20~30℃	s	60~120
黏温性		60~90℃,$170s^{-1}$连续剪切1~2h	mPa·s	75~100
流变参数	k'	60~90℃	$Pa\cdot s^{n'}$	0.8~1.2
	n'	60~90℃	无量纲	0.45~0.55
滤失系数 C_n		60~90℃	$m/min^{0.5}$	$(4.0\sim7.0)\times10^{-4}$
破胶液黏度		破胶时间3~6h	mPa·s	<5.0
残渣含量		完全破胶	%	3.0~6.0
伤害率		60~90℃,压裂液冻胶	%	<15.0
摩阻		1000~$2000s^{-1}$		相当于清水的30%~50%

表 4－34　中高温压裂液配方表（90～120℃）

压裂液	添加剂类型	添加剂名称	用量，%
基液	稠化剂	羟丙基瓜尔胶	0.50～0.55
		香豆胶	0.55～0.60
	杀菌剂	甲醛	0.1～0.2
	pH 值调节剂	Na_2CO_3	0.10～0.12
		$NaHCO_3$	0.08～0.10
		NaOH	0.003～0.005
	黏土稳定剂	KCl/季铵盐	(1～2)/0.3
	助排剂	含氟类表面活性剂	0.1～0.2
	破乳剂	SP169	0.1～0.3
	降滤失剂	柴油	1.0～2.0
交联液	交联剂	有机硼	100
	破胶剂	过硫酸铵＋胶囊破胶剂	1.0～10.0
交联比（基液：交联液）		100：(0.25～0.35)	

表 4－35　中高温压裂液性能表（90～120℃）

性能		实验条件	单位	值
基液黏度		20℃，$170s^{-1}$	mPa·s	60～70
延迟交联时间		20～30℃	s	60～120
黏温性		90～120℃，$170s^{-1}$连续剪切 1～2h	mPa·s	75～100
流变参数	k'	90～120℃	$Pa \cdot s^{n'}$	0.8～1.2
	n'	90～120℃	无量纲	0.45～0.55
滤失系数 C_n		90～120℃	$m/min^{0.5}$	$(4.0～7.0)\times10^{-4}$
破胶液黏度		破胶时间 3～6h	mPa·s	<5.0
残渣含量		完全破胶	%	3.0～6.0
伤害率		90～120℃，压裂液冻胶	%	<15.0
摩阻		1000～$2000s^{-1}$		相当于清水的 30%～50%

（3）高温压裂液（120～180℃）。

有机硼（或锆）交联羟丙基瓜尔胶（或香豆胶）高温压裂液配方见表 4－36，综合性能见表 4－37。

表 4－36　高温压裂液配方表（120～180℃）

压裂液	添加剂类型	添加剂名称	用量，%
基液	稠化剂	羟丙基瓜尔胶	0.55～0.65
		香豆胶	0.60～0.70
	杀菌剂	甲醛	0.1～0.2

续表

压裂液	添加剂类型	添加剂名称	用量,%
基液	pH 值调节剂	Na_2CO_3	0.10～0.12
		$NaHCO_3$	0.08～0.10
		NaOH	0.004～0.006
	黏土稳定剂	KCl/季铵盐	(1～2)/0.3
	助排剂	含氟类表面活性剂	0.1～0.2
	破乳剂	SP169	0.1～0.3
	降滤失剂	柴油	1.0～2.0
交联液	交联剂	有机硼	100
		有机锆	100
	破胶剂	过硫酸铵＋胶囊破胶剂	1.0～10.0
交联比(基液：交联液)		100：(0.35～0.5)	

表 4－37　高温压裂液性能表(120～180℃)

性能		实验条件	单位	值
基液黏度		20℃,170s^{-1}	mPa·s	70～90
延迟交联时间		20～30℃	s	90～180
黏温性		120～180℃,170s^{-1}连续剪切 1～2h	mPa·s	75～100
流变参数	k'	120～180℃	Pa·$s^{n'}$	0.8～1.2
	n'	120～180℃	无量纲	0.45～0.55
滤失系数 C_n		120～180℃	m/$min^{0.5}$	(4.0～7.0)×10^{-4}
破胶液黏度		破胶时间 4～8h	mPa·s	<5.0
残渣含量		完全破胶	%	4.0～7.0
伤害率		90～120℃,压裂液冻胶	%	<15.0
摩阻		1000～2000s^{-1}		相当于清水的30%～50%

水基压裂液通用技术指标见表 4－38。

表 4－38　水基压裂液通用技术指标

项目		指标
基液表观黏度,mPa·s	20℃≤t<60℃	10～40
	60℃≤t<120℃	20～80
	120℃≤t<180℃	30～100
交联时间,s	20℃≤t<60℃	15～60
	60℃≤t<120℃	30～120
	120℃≤t<180℃	60～300
耐温耐剪切能力	表观黏度,mPa·s	≥50

续表

项目		指标
黏弹性	储能模量,Pa	≥1.5
	耗能模量,Pa	≥0.3
静态滤失性	滤失系数,$m/min^{0.5}$	$\leqslant 1.0\times10^{-3}$
	初滤失量,m^3/m^2	$\leqslant 5.0\times10^{-2}$
	滤失速率,m/min	$\leqslant 1.5\times10^{-4}$
岩心基质渗透率伤害率,%		≤30
动态滤失性	滤失系数,$m/min^{0.5}$	$\leqslant 9.0\times10^{-3}$
	初滤失量,m^3/m^2	$\leqslant 5.0\times10^{-2}$
	滤失速率,m/min	$\leqslant 1.5\times10^{-4}$
动态滤失渗透率伤害率,%		≤60
破胶性能	破胶时间,min	≤720
	破胶液表观黏度,mPa·s	≤5.0
	破胶液表面张力,mN/m	≤28.0
	破胶液与煤油界面张力,mN/m	≤2.0
残渣含量,mg/L		≤600
破乳率,%		≥95
压裂液滤液与地层水配伍性		无沉淀、无絮凝
降阻率,%		≥50

2)常用油基压裂液

油基压裂液配方组成见表4-39。油基压裂液通用技术指标见表4-40。

表4-39 油基压裂液配方表(60~90℃)

压裂液	添加剂类型	添加剂名称	用量,%
基液(油相)	稠化剂	磷酸酯	1.0~2.0
交联液(水相)	交联剂	偏铝酸钠	0.8
	破胶剂	乙酸钠	0.1~1.0
交联比(基液:交联液)		100:5	

表4-40 油基压裂液通用技术指标表

项目		指标
基液表观黏度,mPa·s	20℃≤t<60℃	20~50
	60℃≤t<120℃	30~80
	120℃≤t<180℃	40~120
交联时间,s	20℃≤t<60℃	15~60
	60℃≤t<120℃	30~120
	120℃≤t<180℃	60~300

续表

项目		指标
开口闪点,℃		≥60
耐温耐剪切能力	表观黏度,mPa·s	≥50
黏弹性	储能模量,Pa	≥1.0
	耗能模量,Pa	≥0.3
静态滤失性	滤失系数,$m/min^{0.5}$	6.0×10^{-3}
	初滤失量,m^3/m^2	$\leqslant5.0\times10^{-2}$
	滤失速率,m/min	$\leqslant1.0\times10^{-3}$
岩心基质渗透率伤害率,%		≤25
动态滤失性	滤失系数,$m/min^{0.5}$	$\leqslant5.0\times10^{-3}$
	初滤失量,m^3/m^2	$\leqslant9.0\times10^{-2}$
	滤失速率,m/min	$\leqslant1.5\times10^{-3}$
动态滤失渗透率伤害率,%		≤55
破胶性能	破胶时间,min	≤720
	破胶液表观黏度,mPa·s	≤5.0
	破胶液表面张力,mN/m	≤28.0
	破胶液与煤油界面张力,mN/m	≤2.0
降阻率,%		≥50

3)常用泡沫压裂液

CO_2泡沫压裂液和N_2泡沫压裂液的配方和性能见表4-41至表4-43。

表4-41 CO_2泡沫压裂液配方表(50~100℃)

压裂液	添加剂类型	添加剂名称	用量,%
基液(水相)	稠化剂	羟丙基瓜尔胶、羟甲基羟丙基瓜尔胶等	0.5~0.6
	杀菌剂	甲醛	0.1~0.2
	黏土稳定剂	KCl/季铵盐	(1~2)/0.3
	阳离子或阴离子表面活性剂	起泡剂	0.5~1.0
	表面活性剂	破乳助排剂	0.1~0.2
交联液(水相)	交联剂	有机锆AC-8	100
	破胶剂	过硫酸铵	5~30
交联比(基液:交联液)		100:(0.8~1.5)	
气相		CO_2	
泡沫质量,%		30~70	

表 4-42 N_2泡沫压裂液配方表(50~100℃)

压裂液	添加剂类型	添加剂名称	用量,%
基液	稠化剂	羟丙基瓜尔胶	0.45~0.55
		香豆胶	0.5~0.65
	杀菌剂	甲醛	0.1~0.2
	pH 值调节剂	Na_2CO_3	0.10~0.12
		$NaHCO_3$	0.08~0.10
	黏土稳定剂	KCl/季铵盐	(1~2)/0.3
	起泡剂	阳离子或阴离子表面活性剂	0.5~1~1.0
	破乳助排剂	表面活性剂	0.1~0.2
	降滤失剂	柴油	1.0~2.0
交联液	交联剂	硼砂	0.03~0.05
		有机硼、有机锆	0.2~0.4
	破胶剂	过硫酸铵	0.005~0.05
交联比(基液:交联液)		100:(0.03~0.05)(硼砂),100:(0.2~0.4)(有机硼、有机锆)	

表 4-43 泡沫压裂液通用技术指标表

项目	指标
泡沫寿命,min	500~1500
泡沫特征值	0.7~0.9
泡沫黏度,mPa·s	500~3000

4)常用乳化压裂液

乳化压裂液配方见表 4-44 和表 4-45。

表 4-44 乳化压裂液配方表

压裂液	添加剂类型	添加剂名称	用量,%
水包油乳化压裂液	稠化剂	羟丙基瓜尔胶	0.4~0.6
	交联剂	硼砂	0.1~0.2
	破胶剂	过硫酸铵	0.05~0.1mg/L
	表面活性剂	聚氧乙烯辛基酚醚	0.1~0.2
		聚氧乙烯十二胺	0.05~0.1
	原油或成品油及水	—	油:原胶=50:50~80:20
油包水乳化压裂液	乳化剂	聚氧乙烯硬脂醇醚	0.1~0.2
		山梨糖醇单油酸酯	0.2~0.5
	原油及水	—	油水比=60:40~70:30

表 4－45 乳化压裂液通用技术指标表

项目	指标
基液黏度（25℃≤t≤80℃），mPa·s	1000～2000
破胶液黏度，（80℃下1～2h），mPa·s	<10
滤失系数，$m/min^{0.5}$	8×10^{-3}～4×10^{-4}
伤害率，%	<10
降阻率（2000～3000s^{-1}），%	70

5）常用清洁压裂液

清洁压裂液配方见表4－46和表4－47。

表 4－46 清洁压裂液配方表

压裂液	添加剂类型	添加剂名称	用量，%
基液	稠化剂	表面活性剂	2～6
	杀菌剂	—	—
	反离子稳定剂	Na_2CO_3	0.08～0.10
	黏土稳定剂	KCl/季铵盐	（0.5～2）/0.3
	助排剂	—	—
	破乳剂	SP169	0.1～0.3
交联液	交联剂	—	—
		—	—
	破胶剂	互溶剂	压裂前泵注，需隔离
交联比（基液：交联液）		—	

表 4－47 清洁压裂液通用技术指标表

项目		指标
稠化时间，s	20℃≤t≤60℃	15～60
	60℃≤t≤120℃	30～120
	120℃≤t≤180℃	60～300
耐温耐剪切能力	表观黏度，mPa·s	≥20
黏弹性	储能模量，Pa	≥2.0
	耗能模量，Pa	≥0.3
静态滤失性	滤失系数，$m/min^{0.5}$	≤1.0×10^{-3}
	初滤失量，m^3/m^2	≤5.0×10^{-2}
	滤失速率，m/min	≤1.5×10^{-4}
岩心基质渗透率伤害率，%		≤20
动态滤失渗透率伤害，%		≤40

续表

项目		指标
破胶性能	破胶时间,min	≤720
	破胶液表观黏度,mPa·s	≤5.0
残渣含量,mg/L		≤100
压裂液滤液与地层水配伍性		无沉淀、无絮凝
降阻率,%		≥50

6)常用醇基压裂液

醇基压裂液配方见表4-48,其通用技术指标参见水基压裂液性能指标。

表4-48 醇基压裂液配方表

压裂液	添加剂类型	添加剂名称	用量,%
基液	稠化剂	二甲氨基甲基聚丙烯酰胺	1~5
	交联剂	甲醛	0.1~0.5
	乙醇溶液	—	75
交联液	稠化剂	羟乙基纤维素	02~0.4
	起泡剂	氟碳表面活性剂	0.2~0.5
	乙醇溶液	—	75
	液氮	—	—

二、酸液

1. 常用酸

1)盐酸

常用工业盐酸质量分数为30%~32%,现场使用的常规酸浓度一般为15%~28%,中国以20%居多。盐酸工业标准见表4-49,盐酸密度与浓度对应关系见表4-15。

表4-49 盐酸工业标准表

氯化氢含量,%	铁含量,%	硫酸含量,%	砷含量,%
≥31	≤0.01	≤0.07	0.00002

2)氢氟酸

氢氟酸对金属和玻璃有强烈的腐蚀性,能溶解硅酸盐矿物。在气井酸化作业中,最普通的配方用盐酸与氢氟酸混合成土酸。现场使用的氢氟酸一般按照40%浓度计算。氢氟酸的工业标准见表4-50。氢氟酸密度与浓度的对应关系见表4-51。

表4-50 氢氟酸工业标准表

氟化氢含量,%	铁含量,%	硫酸含量,%	氟硅酸含量,%
≥40	≤0.01	≤0.02	≤2

表4－51　氢氟酸密度与浓度的对应关系表

浓度,%	密度,g/cm^3	浓度,%	密度,g/cm^3	浓度,%	密度,g/cm^3
2	1.005	16	1.057	30	1.102
4	1.013	18	1.064	32	1.107
6	1.021	20	1.070	34	1.110
8	1.029	22	1.077	36	1.118
10	1.036	24	1.084	38	1.123
12	1.043	26	1.090	40	1.128
14	1.050	28	1.096	42	1.134

3)甲酸

甲酸的工业标准见表4－52。甲酸密度与浓度的对应关系见表4－53。

表4－52　甲酸工业标准表

甲酸含量,%	铁含量,%	硫酸盐含量,%	氯化物含量,%
≥85	≤0.001	≤0.05	≤0.022

表4－53　甲酸密度与浓度的对应关系

浓度,%	密度,g/cm^3	浓度,%	密度,g/cm^3	浓度,%	密度,g/cm^3
1	1.002	35	1.085	70	1.164
5	1.012	40	1.096	75	1.177
10	1.025	45	1.109	80	1.186
15	1.037	50	1.121	85	1.195
20	1.049	55	1.132	90	1.204
25	1.061	60	1.142	95	1.214
30	1.073	65	1.154	100	1.221

4)乙酸

乙酸的工业标准见表4－54。乙酸密度与浓度的对应关系见表4－55。

表4－54　乙酸工业标准表

乙酸含量,%	铁含量,%	甲酸含量,%	乙醛含量,%
≥99	≤0.0002	≤0.15	≤0.05

5)氟硼酸

氟硼酸进入地层后,通过多级水解缓慢生成HF,凡是氟硼酸能达到的深度都有HF生成,这样可以增加活性酸的穿透深度,达到深度酸化的目的。气井酸化作业时可用来代替土酸进行使用。氟硼酸工业品一般为42%～48%的水溶液,氟硼酸工业标准见表4－56,其密度与浓度的对应关系见表4－57。

表 4－55　乙酸密度与浓度的对应关系表

浓度,%	密度,g/cm³	浓度,%	密度,g/cm³	浓度,%	密度,g/cm³
1	0.999	8	1.009	20	1.026
2	1.001	9	1.011	30	1.038
3	1.002	10	1.012	40	1.048
4	1.004	12	1.015	50	1.057
5	1.005	13	1.016	60	1.064
6	1.006	14	1.018	70	1.068
7	1.008	15	1.019	80	1.071

表 4－56　氟硼酸的工业标准表

氟硼酸含量,%	铁含量,%	游离硼酸,%	氯化物,%	硫酸盐,%
≥49.5	≤0.01	≤2.5	0.005	≤0.03

表 4－57　氟硼酸密度与浓度的对应关系表

浓度,%	密度,g/cm³	浓度,%	密度,g/cm³
42	1.32	48	1.37

6）磷酸

磷酸为中等强度的三元酸,能延缓酸岩反应速率,可用于深部酸化。磷酸的工业标准见表 4－58,磷酸密度与浓度对应关系见表 4－59。

表 4－58　磷酸工业标准表

磷酸含量,%	铁含量,%	游离硼酸,%	砷,%	硫酸盐,%
≥85	≤0.005	≤2.5	0.01	≤0.01

表 4－59　磷酸密度与浓度的对应关系表

浓度,%	密度,kg/m³	浓度,%	密度,kg/m³	浓度,%	密度,kg/m³
1	1008.5	8	1043.3	30	1177.9
2	1013.3	9	1048.5	40	1251.9
3	1018.1	12	1064.9	50	1333.9
4	1022.9	15	1081.9	60	1423.9
5	1027.9	18	1099.7	70	1521.9
6	1032.9	21	1118.1	80	1627.9

2. 酸化常用添加剂

1)缓蚀剂

缓蚀剂是以适当的浓度和形式存在于环境介质中的,能减缓酸化过程中酸对与其接触的油管和任何其他金属腐蚀的化学物质。常用缓蚀剂的品名、适用条件、一般加量及生产厂家见表4-60。

表4-60 常用缓蚀剂表

品名	适用条件	加入量,%	生产厂家
CT1-2	150~180℃的油溶性、高温酸液	3.5~4.0	西南油气田分公司
CT1-3	温度≤150℃的油溶性酸液	1.0~3.0	西南油气田分公司
CT1-3B	温度≤100℃的水溶性、低浓度酸液	1.0~2.0	西南油气田分公司
CT1-3C	温度≤150℃转向酸	1.0~3.0	西南油气田分公司
CT1-3D	温度≤100℃有机多元土酸、自生酸	1.0~2.0	西南油气田分公司
Hal-82	90~150℃	0.1~2	哈里伯顿公司
Hal-85	≤204℃	0.1~2	哈里伯顿公司
Hal-303E	150~204℃	0.1~4	哈里伯顿公司
Hal-404M	≤204℃	0.1~2.5	哈里伯顿公司
Hal-GE	≤90℃	0.1~2	哈里伯顿公司
A262	盐酸和土酸体系,适用温度38~149℃	0.1%~2%取决于酸液类型、浓度和温度	斯伦贝谢公司
A270	盐酸和土酸体系,适用温度135~204℃	0.5%~2%取决于酸液类型、浓度和温度	斯伦贝谢公司
A272	有机酸液体系,适用温度66~260℃	0.1%~3%取决于酸液类型、浓度和温度	斯伦贝谢公司
BA1-11	适用于碳酸盐岩、白云岩、砂岩,适用温度≤120℃	1.0	华星新技术开发研究所
BA1-11B	适用于碳酸盐岩、白云岩、砂岩,适用温度≥120℃	2.0	华星新技术开发研究所
SD1-3	适用温度<150℃,主要适用于对碳酸盐岩进行盐酸或土酸酸化改造	1.0~3.0	圣油科技开发公司
SD1-41	适用温度≤150℃,主要用于转向酸酸液体系中对碳酸盐岩进行盐酸酸化改造	1.0~3.0	圣油科技开发公司
SD1-2A SD1-2B	适用温度≤180℃,主要用于深井及超深井,对碳酸盐岩进行盐酸或土酸酸化改造	1.0~3.0	圣油科技开发公司(A剂和B剂不能分开使用)

2)表面活性剂

表面活性剂通过降低酸液表面张力和界面张力,从而降低毛细管阻力、有利助排,同时可用于防止生成乳状液。

常用表面活性剂的品名、适用条件、一般加量及生产厂家见表4-61至表4-63。

表 4－61 常用表面活性剂表

品名	适用条件	加入量,%	生产厂家
CT5－4	油、气井,酸液	0.2～0.5	西南油气田分公司
CT5－9	油、气井,非均质性强地层酸液	0.5	西南油气田分公司
CT5－11	油、气井,非均质性强地层酸液	0.5～1.0	西南油气田分公司
CT5－12	油、气井,非均质性强地层酸液	0.5～1.0	西南油气田分公司
Pen－88M™	适用107℃以下各种液体	0.5	哈里伯顿公司
SSO－21MW	各种液体	0.1～0.3	哈里伯顿公司
F108	所有酸液体系,适用温度参照酸液体系	0.2	斯伦贝谢公司
SD2－9	适用于120℃以下气井,适合于碳酸盐岩、页岩、砂岩等各种储层	0.5～1.5	圣油科技开发公司
SD2－10	适用于120℃以下气井,适合于碳酸盐岩、页岩、砂岩等各种储层	0.5～2.0	圣油科技开发公司

表 4－62 用于降低表面张力的表面活性剂表

品名	适用条件	一般加量,%	生产厂家
PEN－5	酸液中通用	0.15～0.2	哈里伯顿公司
Superflow	气井酸化使用	0.1	哈里伯顿公司
LoSurf－300D	砂岩、碳酸盐岩	0.05～0.5	哈里伯顿公司
F103	所有酸液体系,适用温度参照酸液体系	0.075	斯伦贝谢公司
BA1－5	碳酸盐岩、白云岩、砂岩地层	0.5～1.0	华星新技术开发研究所
SD1－16	适用于120℃以下碳酸盐岩的缓速酸化作业	2.0～3.0	圣油科技开发公司
SD1－13	适用于120℃以下碳酸盐岩的缓速酸化作业	2.5～3.5	圣油科技开发公司
SD2－14	适用于120℃以下碳酸盐岩的缓速酸化作业	1.0～2.0	圣油科技开发公司

表 4－63 防破乳用表面活性剂表

品名	适用条件	一般加量,%	备注
CT1－12	油井、气井,酸液	0.5～1.0	西南油气田分公司
GasPerm1000	Microemulsion(ME)additive	0.1～0.3	哈里伯顿公司
W054/W060	所有酸液体系,适用温度参照酸液体系,油井	0.05～1	斯伦贝谢公司
BA1－3	适用于碳酸盐岩、白云岩、砂岩地层酸化和压裂防乳化	0.5	华星新技术开发研究所
SD2－11	适用于120℃油井或含油气井的防乳破乳,同时适用于气井的酸化液	0.5～1.0	圣油科技开发公司

3)铁离子稳定剂

铁离子稳定剂防止铁及其他金属盐形成配位离子而沉淀,常用铁离子稳定剂的品名、适用条件、一般加量及生产厂家见表4－64。

表4－64　常用铁离子稳定剂表

品名	适用条件	加量,%	备注
CT1－7	≤204℃,低含硫	0.5～2.0	西南油气田分公司
CT1－7A	高含硫	0.5～2.0	西南油气田分公司
CT1－7B	降滤失酸	0.5～1.0	西南油气田分公司
Fe－5A	≤120℃	0.025～0.07	哈里伯顿公司
Ferchek	≤66℃	0.2	哈里伯顿公司
Ferchek A	≤60℃	0.12～0.6	哈里伯顿公司
FDP－S769－05	无限制	0.3	哈里伯顿公司
L058	≤204℃,盐酸体系	0.06～0.18	斯伦贝谢公司
U042	≤204℃,盐酸体系	0.2～2.5	斯伦贝谢公司
L062	≤204℃,盐酸和土酸体系	0.4～3.6	斯伦贝谢公司
BA1－2	≤200℃,碳酸盐岩、白云岩、砂岩酸化	1.0	华星新技术开发研究所
SD1－11	≤120℃	1	圣油科技开发公司

4)黏土稳定剂

在酸液中加入黏土稳定剂的作用是防止酸化过程中酸液引起储层黏土膨胀、分散、运移,造成对储层的伤害。常用黏土稳定剂的品名、适用条件、一般加量及生产厂家见表4－65。

表4－65　常用黏土稳定剂表

品名	适用条件	加入量,%	生产厂家
CT12－1	可用于氢氟酸体系	—	西南油气田分公司
CT5－8B	酸液	0.5～1.0	西南油气田分公司
Clayfix	氢氟酸砂岩	0.5	哈里伯顿公司
Clayfix－Ⅱ	不推荐酸化使用	0.35	哈里伯顿公司
Claysta XP	适用大部分酸砂岩/碳酸盐岩,<260℃	0.1～0.7	哈里伯顿公司
L042	盐酸或盐水	≤5	斯伦贝谢公司
L055	盐酸,黏土含量1%～20%	0.1～0.6	斯伦贝谢公司
BA1－13	适用于碳酸盐岩、白云岩、砂岩酸化和压裂,低于66℃时增加用量	0.5	华星新技术开发研究所
SD1－12	<120℃,油、气井酸化作业	2	圣油科技开发公司

5)降阻剂

降阻剂可降低工作液在井筒流动的沿程摩阻。常用降阻剂的品名、适用条件、一般加量及生产厂家见表4－66。

表 4-66 常用降阻剂表

品名	适用条件	加入量，%	生产厂家
CT1-20	酸液	1~2	西南油气田分公司
TSY1-8	酸液	1~2	西南油气田分公司
HEC	防砂用液体系，24~150℃	0.1~0.5	哈里伯顿公司
FR-5	适用油基，无限制	0.5~1	哈里伯顿公司
J429	盐酸体系，适用温度参照酸液体系	0.1~0.2	斯伦贝谢公司
BA1-9	适用于碳酸盐岩、白云岩、砂岩、页岩油气井改造	2.0~4.0	华星新技术开发研究所
SD1-8	<120℃，适用于压裂酸化施工中常用的盐酸酸液中，也适用于土酸酸液以及其他施工用酸液	2	圣油科技开发公司

6）胶凝剂

胶凝剂是稠化酸体系的主要添加剂。常用胶凝剂的品名、适用条件、一般加量及生产厂家见表 4-67。

表 4-67 常用胶凝剂表

品名	适用条件	加入量，%	生产厂家
CT1-6	≤100℃	3.0~3.5	西南油气田分公司
CT1-9	≤120℃	3.0~3.5	西南油气田分公司
CT1-9B	120~150℃	3.0~3.5	西南油气田分公司
CT1-14	降滤失酸	3.0~3.5	西南油气田分公司
SGA-Ⅰ	适用酸压	1.5~4	哈里伯顿公司
SGA-Ⅱ	93~107℃，酸压	1~3	哈里伯顿公司
SGA-Ⅲ	149~163℃，酸压	1~3	哈里伯顿公司
SGA-HT	204℃，酸压	1~4	哈里伯顿公司
VTC-21	—	0.8~1.0	哈里伯顿公司
KMS-20	—	0.6~1.0	哈里伯顿公司
ZX-14	—	0.6~1.0	哈里伯顿公司
J429	盐酸体系，≤93℃	0.24	斯伦贝谢公司
J507	盐酸体系，≤149℃	0.24~0.36	斯伦贝谢公司
J557	盐酸和土酸体系，≤149℃	7.5~10	斯伦贝谢公司
BA1-6	适用于碳酸盐岩、白云岩酸化改造	0.8	华星新技术开发研究所
SD1-15	≤120℃，适用于压裂酸化施工中常用的盐酸酸液中	2.0-3.0	圣油科技开发公司

3. 常用酸液配方

酸化常用酸液配方见表 4-68。

表4-68　酸化常用酸液配方表

酸液名称	典型配方	适用范围
常规盐酸	15%~28% HCl+2%~3%缓蚀剂+1%~3%表面活性剂+1%~3%铁离子稳定剂	碳酸盐岩储层中生产井的表皮解堵和新井的投产解堵
乳化酸	20%~25% HCl+1%~3%缓蚀剂+2%~3%表面活性剂+2%~3%铁离子稳定剂+1%~3%乳化剂+30%原油或成品油	低渗透碳酸盐岩储层
胶凝酸	20%~25% HCl+2%酸液增稠剂+0.5%~1.0%成胶剂+0.01%~0.05%交联剂+1%~3%缓蚀剂+2%~3%表面活性剂+2%~3%铁离子稳定剂+1%~2%助排剂	中、低渗透储层改造
稠化酸	20%~28% HCl+2%酸液增稠剂+2%~3%缓蚀剂+2%~3%表面活性剂+2%~3%铁离子稳定剂	适用于中低渗透储层，深度酸化或天然裂缝发育地层的深穿透施工
交联酸	20% HCl+0.4%~3.5%酸液交联剂+其他添加剂	适用于低渗透性和天然裂缝的碳酸盐岩储层的深度改造
降阻酸	15%~20% HCl+降阻剂+2%~3%缓蚀剂+2%~3%表面活性剂+2%~3%铁离子稳定剂+助排剂	深井的低渗透储层改造
泡沫酸	15%~30% HCl+65%~85% N_2(或 CO_2)+0.5%~1%表面活性剂+铁离子稳定剂+缓蚀剂等	滤失难以控制的储层、低压、低渗透或水敏性储层
自转向酸	20% HCl+8%转向剂+1%促凝剂+2%缓蚀剂+2%铁离子稳定剂+其他添加剂	非均质强储层
降滤失酸	20% HCl+2%~3.5%胶凝剂+1.5%~2.0%缓蚀剂+3%~4%铁离子稳定剂+0.2%~0.4%降滤失控制剂+1.0%转相剂+0.5%~1.0%助排剂	天然裂缝发育储层的深度酸压
土酸	8%~12% HCl+3%~5% HF+2%~3%缓蚀剂+2%~3%表面活性剂+1%~3%铁离子稳定剂+1%~3%黏土稳定剂	黏土矿物含量较低的砂岩储层酸化
自生土酸	$HCOOCH_2$+NH_4F+黏度稳定剂+表面活性剂	泥质砂岩储层
缓速土酸	清水+13% HCl+2.5% HF+3.5%丙苯树脂+2.5%表面活性剂+2.5%缓蚀剂-3+2.5% NH_4Cl	储层温度较高的砂岩储层酸化
氟硼酸	6%~9% HBF_4+2%~3%专用缓蚀剂+1%~2%铁离子稳定剂+1%~2%黏土稳定剂+1%~2%表面活性剂	砂岩储层
有机土酸	9%甲酸(10%~15%乙酸)+1%~3% HF+2%~3%缓蚀剂+1%~2%铁离子稳定剂+1%~2%黏土稳定剂+0.5%~1%表面活性剂	120℃高温储层、酸敏性矿物储层
醇土酸	9%~12% HCl+0.5%~6% HF+20%~40%甲醇+2%~3%缓蚀剂+1%~2%铁离子稳定剂+0.5%~1%黏土稳定剂	水敏性强储层
磷酸	5%~36%磷酸+2.5%强极性表面活性剂+0.2%~2%磷酸盐结晶改良剂+0.1%~1%缓蚀剂	钙质含量高的砂岩或石灰岩储层
胶束酸体系	伤害不严重，温度小于130℃：15~28% HCl+1.0%缓蚀剂+0.5%~1.0%铁离子稳定剂+2%~5%胶束剂。 伤害严重，温度大于130℃：15%~28% HCl+1.0%缓蚀剂+0.5%~1.0%铁离子稳定剂+5%~10%胶束剂	解除泥质、硫化亚铁、碳酸盐类无机固体堵塞，以及烃类有机堵塞、水垢及钻井液对油气层的伤害

第三节　支　撑　剂

一、支撑剂类型

国内外支撑类型见表4－69，支撑剂选择见图4－1。

表4－69　国内外支撑剂类型表

名称	特点	常用产品
石英砂	密度低，强度低，导流能力低，易于施工，价格便宜，适宜于低闭合压力地层，不适合中、高闭合压力地层	国内：兰州砂、承德砂、福州砂、和丰砂等。 国外：Ottawa 砂、Jordan 砂、St. Peter 砂、Wonec-woc 砂等
树脂涂层砂	相对密度低，其导流能力比石英砂高，比陶粒的低，适合较高闭合压力地层，并有助于防砂	国内：预固化树脂涂层砂、固化树脂涂层砂
陶粒	相对密度高，抗压强度高，抗盐，耐高温，适合高闭合压力地层	国内：攀钢陶粒、宜兴陶粒等。 国外：Carbo－lite、Carbo－Porp 等
树脂涂层陶粒	比陶粒更具有抗破碎能力，在裂缝中提前固结，可改善支撑剂在裂缝中的铺置方式，提高裂缝长期导流能力；可以有效防止支撑剂返吐，减少对井筒堵塞和地面流程的冲蚀，加快残液返排等综合效果	Santrol（山拓）、冰杰低温树脂涂层陶粒、奥杰高端多层树脂涂层陶粒、帝杰高强度多重树脂涂层陶粒产品

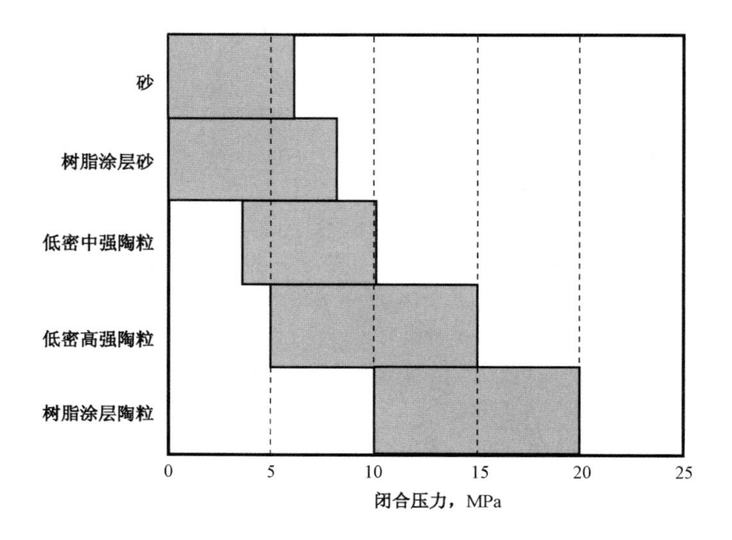

图4－1　支撑剂选择指导图

二、常用支撑剂性能

1. 物理性能

常用支撑剂物理性能见表4－70。

表 4-70 常用支撑剂的物理性能表

支撑剂类型		粒径 目	视密度 g/cm^3	体积密度 g/cm^3	圆度	球度	浊度	酸溶解度 %	铺置浓度 kg/m^2	闭合压力 MPa	破碎率 %
兰州石英砂		20~40	2.64	1.55	0.7	0.7	>200	5.09	—	28	4.38
承德石英砂		20~40	2.68	1.60	0.85	0.83	29	4.9	—	28	8.3
陶粒	攀钢	20~40	3.35	1.78	0.9	0.9	<100	6.0	22.3	52	2.7
										69	3.8
		30~60	3.08	1.63	0.88	0.9	<100	7.2	19.9	52	3.09
										69	5.65
	圣戈班	20~40	3.31	1.89	0.9	0.88	<100	6.7	21.6	52	3.1
										69	4.6
										86	6.9
		30~50	3.13	1.76	0.9	0.9	<100	6.7	21.5	52	0.91
										69	3.29
	宜兴	20~40	3.2	1.8	0.9	0.9	<100	5.0	20.49	52	19.2
										69	21.5
	秉扬	30~50	3.26	1.79	0.9	0.9	<100	8.0	21.9	52	0.55
										69	1.4
		40~70	2.99	1.52	0.9	0.9	<100	9.32	18.54	69	9.6
										86	14.4
	阳泉长青	20~40	3.15~3.30	1.7~1.9	0.9	0.9	<60	<8	20	69	<5
	阳泉兴陶	20~40	3.27	1.81	0.9	0.9	15	7.5	—	86	5.12
		30~50	3.29	1.82	0.9	0.9	20	7.6	—	86	3.05

2. 导流能力及渗透率

1)导流能力

(1)常用支撑剂导流能力(铺置浓度为 $5kg/m^2$)见表 4-71。

表 4-71 常用支撑剂导流能力对比表

导流能力 D·cm / 闭合压力 MPa / 类型	10	20	30	40	50	60	70	80
兰州砂(24~35 目)	88	42	15	6	—	—	—	—
兰州砂(16~24 目)	106	59	24	—	—	—	—	—
承德砂(20~40 目)	114.60	77.56	42.20	22.28	—	—	—	—
攀钢陶粒(20~40 目)	258	220	179	143	115	93	75	—
宜兴陶粒(20~40 目)	153	111	85	62	44	31	18	13

续表

类型 \ 导流能力 D·cm \ 闭合压力 MPa	10	20	30	40	50	60	70	80
宜兴陶粒(16~24 目)	250	203	129	82	48	30	19	12
阳泉长青陶粒(20~40 目)	142	130	118	105	93	79.2	—	—
阳泉兴陶陶粒(20~40 目)	159	147	132	124	105	84	71	62
阳泉兴陶陶粒(30~50 目)	109	77	64.87	56	49	40	35	34

(2)不同类型支撑剂导流能力与时间关系见表 4-72。

表 4-72 时间与导流能力关系表

时间,h \ 导流能力 D·cm \ 类型	闭合压力 35MPa		闭合压力 60MPa	
	阳泉兴陶陶粒(20~40 目)	阳泉长青陶粒(20~40 目)	阳泉兴陶陶粒(20~40 目)	阳泉长青陶粒(20~40 目)
0	145.21	92	104.71	45
0.5	135.18	85	91.25	40
1.0	130.52	82	87.34	39
2.0	129.94	80	86.57	38
4.0	129.81	79	85.23	38
8.0	129.55	77	84.89	36
14.0	129.54	75	84.65	36
22.0	129.51	73	84.62	35
30.0	128.89	73	84.55	35
38.0	128.87	73	84.51	35
46.0	128.15	73	84.21	35
54.0	128.07	73	84.05	35

2)渗透率

常用支撑剂渗透率(铺置浓度为 $5kg/m^2$)见表 4-73。

表 4-73 常用支撑剂渗透率对比表

类型 \ 渗透率 D \ 闭合压力 MPa	10	20	30	40	50	60	70	80
兰州砂(24~35 目)	276	142	62	29	—	—	—	—
兰州砂(16~24 目)	353	211	99	—	—	—	—	—
承德砂(20~40 目)	348	245	138	75	—	—	—	—
攀钢陶粒(20~40 目)	597	502	309	215	153	109	84	—

续表

渗透率 D / 闭合压力 MPa / 类型	10	20	30	40	50	60	70	80
宜兴陶粒(20~40目)	462	347	272	205	148	108	65	46
宜兴陶粒(16~24目)	746	625	412	269	162	102	69	46
阳泉长青陶粒(20~40目)	470	439	398	358	319	275	—	—
阳泉兴陶陶粒(20~40目)	527	498	471	458	387	319	276	248
阳泉兴陶陶粒(30~50目)	437	316	275	241	201	189	152	124

第四节 实验评价

压裂酸化材料性能关系到压裂施工的成败与作业效果的好坏。压裂酸化材料性能测试和评价为压裂酸化设计提供有效参数。本节将涉及添加剂、酸液、压裂液、支撑剂等方面的室内实验评价方法和评价标准,为压裂酸化室内评价提供参考。

一、添加剂性能评价

1. 缓蚀剂性能评价

酸液缓蚀性能的评价包括常压静态腐蚀速率及缓蚀速率评价,高温、高压动态腐蚀速率、缓蚀速率评价,乏酸中缓蚀剂防腐速率评价,缓蚀剂溶解分散性能评价以及缓蚀剂对岩心的伤害评价等几个方面。评价方法见SY/T 5405—1996《酸化用缓蚀剂性能试验方法及评价指标》,评价指标见表4-74至表4-78。

表4-74 常压静态腐蚀速率测定条件及缓蚀剂评价指标

酸液类型	试验温度	反应时间 h	酸液质量分数,%		缓蚀剂质量分数 %	缓蚀剂评价指标		
						一级	二级	三级
			HCl	HF		缓蚀速率,g/(m² · h)		
盐酸	60	4	15	—	0.3~1.0	2~3	>3~4	>4~5
			20			3~4	>4~5	>5~8
	90		15		0.5~1.0	3~4	>4~5	>5~10
			20			3~5	>5~10	>10~15
土酸	60		7.5	1.5	0.3~0.5	0.5~1	>1~3	>3~8
			12	3		2~3	>3~5	>5~10
	90		7.5	1.5	0.5~1.0	2~3	>3~5	>5~10
			12	3		3~5	>5~10	>10~15

表 4－75　高温、高压腐蚀速率测定条件及缓蚀剂评价指标

酸液	实验温度 ℃	实验压力 MPa	搅拌速度 r/min	反应时间 h	酸液质量分数,%		缓蚀剂质量分数,%	缓蚀剂评价指标		
					HCl	HF		一级	二级	三级
								缓蚀速率,g/(m²·h)		
盐酸	100	16	60	4	15		1.0～2.0	3～5	>5～10	>10～15
					20				>10～15	>15～20
	120				15		1.0～2.0	10～20	>20～30	>30～40
					20			20～30	>30～40	>40～50
	140				15		2.0～3.0	30～40	>40～50	>50～60
					20			40～50	>50～60	>60～70
	160				15		3.0～4.0	70～80	>80～90	>90～100
					20			60～70	>70～80	>80～100
	180				15		4.0～5.0	70～80	>80～100	>100～120
					20			70～80	>80～100	>100～120
土酸	100				7.5	1.5	1.0～1.5	3～5	>5～7	>7～15
					12	3		4～7	>7～12	>12～20
	120				7.5	1.5	1.5～2.0	10～20	>15～25	>25～30
					12	3		15～20	>20～30	>30～40
	140				7.5	1.5	2.0～3.0	20～25	>25～30	>30～40
					12	3		25～30	>30～40	>40～50
	160				7.5	1.5	2.0～3.0	30～40	>40～50	>50～60
					12	3		35～50	>50～60	>60～70
	180				7.5	1.5	2.0～3.0	50～70	>70～80	>80～100
					12	3		60～80	>80～90	>90～110

表 4－76　乏酸中缓蚀剂防腐蚀评价指标

温度 ℃	一级	二级	三级
	平均腐蚀速率,g/(m²·h)		
60	0.1～0.2	>0.2～0.3	>0.3～0.5
90	0.3～0.5	>0.5～0.7	>0.7～1.0
100	0.5～0.7	>0.7～1.0	>1.0～1.5
120	1.5～2	>2～4	>4～6
140	2.5～3	>3～5	>5～7
160	3～4	>4～6	>6～8
180	5～6	>6～9	>9～12

表 4-77 乏酸的点蚀评价指标

等级	点蚀空数,个/m^2	最大点蚀面积,mm^2	最大点蚀深度,mm	点蚀因数
1	2.5×10^3	0.5	0.4	160
2	1.0×10^4	2.0	0.8	320
3	5×10^4	8.0	1.6	640

表 4-78 缓蚀剂溶解分散性评价指标

指标	观察时间,h	溶解分散状况
一级	24~48	酸液透明清亮,无液/液相分层,无液/固相分离
二级		酸液不透明,但仍是均匀液体,并在试验时间内液体稳定,无分层、无沉淀

2. 黏土稳定剂性能评价

黏土稳定剂性能评价包括泥岩损失率测定、防膨率测定以及岩心流动试验等几个方面。黏土稳定剂评价方法建议采用 SY/T 5762—1995《压裂酸化用黏土稳定剂性能测定方法》,技术指标见表 4-79。

表 4-79 黏土稳定剂技术指标表

检验项目	技术指标
外观	均匀液体
溶解性	水溶、酸溶
防膨率,%	≥80
岩心伤害率,%	≤30
配伍性	加样品后的酸液无分层、沉淀、乳化或悬浮现象

3. 助排剂性能评价

助排剂评价包括密度、溶解度、表面张力、界面张力、润湿性、热稳定性、配伍性以及助排性能的评价。助排剂评价方法建议采用 SY/T 5755—1995《压裂酸化用助排剂性能评价方法》,技术指标见表 4-80。

表 4-80 助排剂技术指标表

检验项目		技术指标
外观		均匀液体
溶解性		水溶、酸溶
表面张力(0.3%水溶液),mN/m		≤35
界面张力(25℃,0.3%水溶液),N/m		≤5
润湿性		水湿性
热稳定性(0.3%水溶液,150℃,3d)	表面张力,mN/m	≤35
	界面张力,N/m	≤5
返排性能提高率,%		≥15

4. 铁离子稳定剂性能评价

在 pH 值 5 ~6 的溶液中,单位质量(或体积)铁离子稳定剂使体系不发生三价铁离子沉淀。铁离子稳定剂分为:pH 值控制剂、螯合剂和还原剂。根据地层温度、矿物组成、流体性质等情况单独或配合使用。铁离子稳定剂评价方法建议采用 SY/T 6571—2012《酸化用铁离子稳定剂性能评价方法》,技术指标见表 4 -81。

表 4 -81 铁离子稳定剂技术指标表

检验项目	企业技术指标
外观	均匀液体
溶解性	水溶、酸溶
稳定铁离子(Fe^{3+})能力,mg/mL	≥60
配伍性	加样品后的酸液无分层、沉淀、乳化或悬浮现象

二、压裂液性能评价

1. 压裂液的流变性评价

1)压裂液流体类型

压裂液流体类型包括牛顿流体、假塑性流体、胀塑性流体和宾汉型流体,可以通过流变性方程描述,见表 4 -82。

表 4 -82 常规流变性能方程

压裂液流体类型	流变性能方程
牛顿流体	$\tau = \eta \dot{\gamma}$
假塑性流体	$\tau = k' \dot{\gamma}^{n'}$
胀塑性流体	
宾汉型流体	$\tau = \tau_y + \eta \dot{\gamma}$

注:τ 为剪切应力,mPa;$\dot{\gamma}$ 为剪切速率,s^{-1};η 为黏度,mPa · s;k' 为稠度系数,mPa · s^n;n' 为流态指数;τ_y 为屈服应力,mPa。

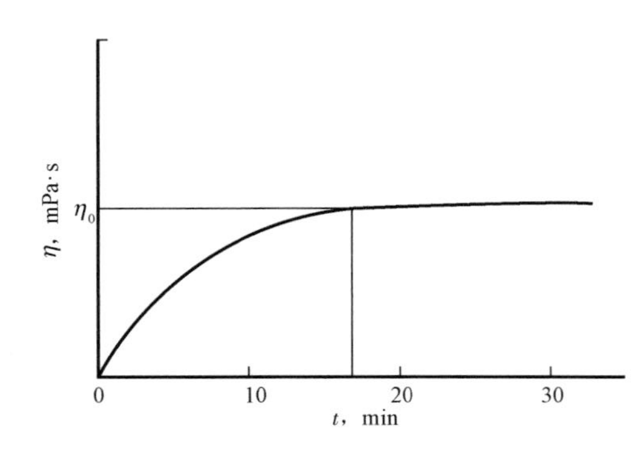

图 4 -2 增稠剂溶解时间和黏度关系

2)流变性测量和计算

(1)基液黏度。

① 对于黏性基液,可用各种黏度计在任何剪切速率下测定出给定温度下的黏度 η。

② 对于用稠化剂增稠的基液,可用各种黏度计在 170s^{-1}下,测定并绘出给定温度下的稠化剂溶解增稠的 η—t 曲线,增稠剂溶解时间和黏度关系见图 4 -2。由该图可以给出稠化剂充分溶解的时间 t(min)和稠化液的表观黏度 η_a(mPa · s)。

(2)压裂液初始黏度。

初始黏度和交联的压裂液流动特性是变化的,但基本上属于黏塑性非牛顿流体,可用各种黏度计测定出在地面温度下、$170s^{-1}$时的表观黏度值 η_a。压裂液初始黏度一般控制为 100 ~ 200mPa · s。

(3)压裂液流变性。

压裂液指已增稠或交联的用以携砂的液体,其试样不含支撑剂。压裂液需测定的流变性如下:

① 压裂液流动曲线。

用黏度计测定压裂液室温至气层温度下的流动曲线如图 4 -3 所示。用此图可以计算得出压裂液在不同温度下的 k'值和 n'值。

② 压裂液温度稳定性。

将图 4 -3 和 $170s^{-1}$下的表观黏度 η_a 与温度 T 的关系绘制成图 4 -4,即可得到压裂液的温度稳定性曲线(黏温曲线)。

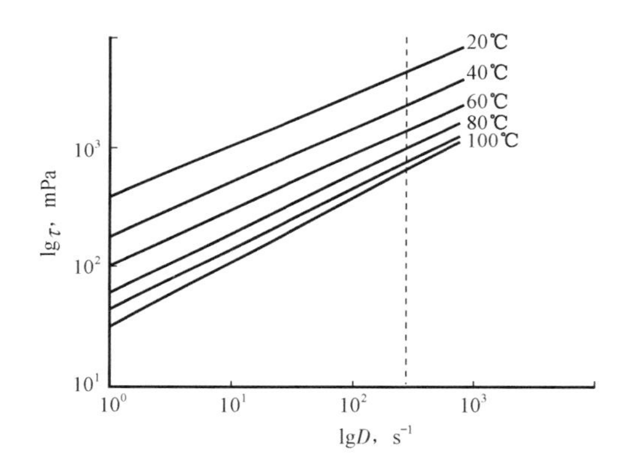

图 4 -3 不同温度下的流变曲线

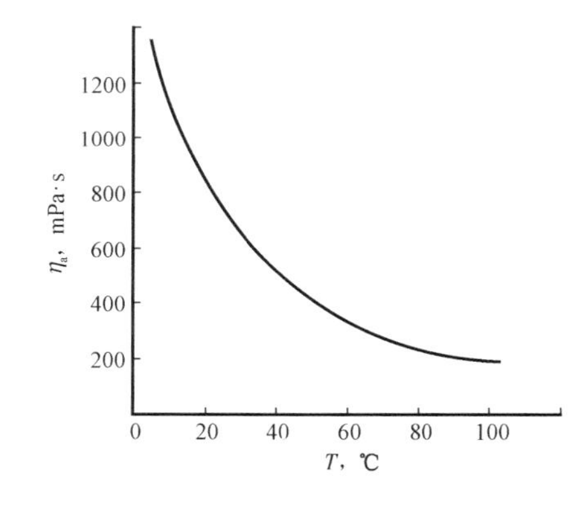

图 4 -4 压裂液的温度稳定性曲线

③ 压裂液剪切稳定性。

评价压裂液的剪切稳定性实际上是测定压裂液的黏时关系。测定压裂液在 $170s^{-1}$下的表观黏度与测定时间曲线见图 4 -5,并测定压裂液自受剪切作用开始,相隔一定时间及结束时的流动曲线,得到压裂液受剪切后表观黏度 η_a、稠度系数 k'和流态指数 n'值下降程度。

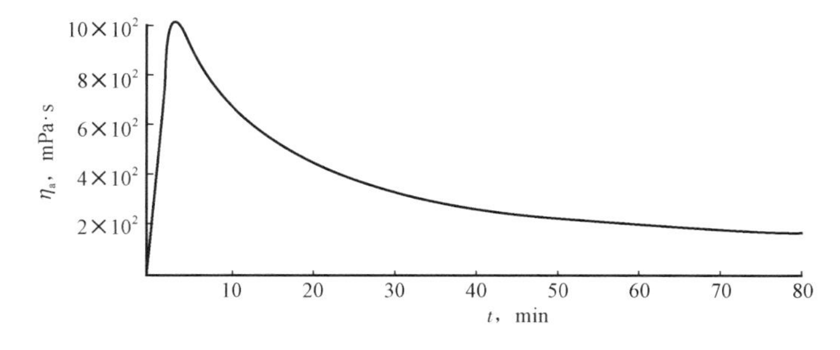

图 4 -5 压裂液的剪切稳定性曲线

④ 压裂液黏时、黏温叠加效应。

观察压裂液在 $170s^{-1}$ 下的黏度与剪切时间、黏度与温度的叠加效应。这是对压裂液在作业过程中黏度变化的模拟实验考察。

2. 压裂液滤液对岩心渗透率的伤害性评价

$$D = \frac{K_1 - K'_2}{K_1} \times 100\% \tag{4-29}$$

$$K = 10^{-1} \frac{Q\mu L}{\Delta pA} \tag{4-30}$$

式中 D——伤害率,%;

K,K_1,K_2——压裂液通过岩心的渗透率、作用前和作用后的岩心渗透率,D;

μ——流动介质的黏度,mPa · s;

Q——流动介质的体积流量,cm^3/s;

L——岩心轴向长度,cm;

A——岩心横截面积,cm^2;

Δp——岩心进出口的压差,MPa。

3. 压裂液与地层流体配伍性评价

1)乳化率和破乳率

$$\eta_1 = \frac{V_1}{V} \times 100\% \tag{4-31}$$

$$\eta_2 = \frac{V_2}{V_1} \times 100\% \tag{4-32}$$

式中 η_1——原油与破胶液的乳化率,%;

η_2——原油与破胶乳化液的破乳率,%;

V——用于乳化的破胶液总体积,mL;

V_1——V 中被乳化破胶液体积,mL;

V_2——V_1 中脱出破胶液体积,mL。

2)压裂液与地层水配伍性观察

取压裂液滤液与地层水按 1∶2,1∶1,2∶1 的体积比混合,总液量均为 60mL,在实验温度下观察 24h 是否产生沉淀或絮凝。

3)压裂液添加剂之间的配伍性观察

取压裂液添加剂按配方要求顺序依次加入,观察 24h 是否产生沉淀或絮凝。

4. 压裂液的滤失性评价

压裂液的滤失性能参见本章第一节的“压裂液滤失方程”。

5. 压裂液残渣含量评价

$$\eta = \frac{m}{V} \tag{4-33}$$

式中　η——压裂液残渣含量,mg/L;

m——残渣质量,mg;

V——压裂液用量,L。

要求平行做两个样品,测定结果误差不大于0.5%时取算术平均值。

6. 压裂液降阻率评价

压裂液降阻率测定按照SY/T 6376—2008《压裂液通用技术条件》中7.13执行。

7. 泡沫压裂液特性评价

1)泡沫特征值

泡沫的特征值是指气体体积和泡沫总体积的比值,可用下式表示:

$$F_{ftp} = \frac{V_g}{V_f} \tag{4-34}$$

式中　F_{ftp}——一定温度和压力下泡沫的特征值;

V_g——气体体积,m^3;

V_f——泡沫总体积,m^3。

泡沫特征值一般为0.523~0.999,最佳值为0.6~0.85。

2)泡沫黏度

用Blaver经验公式计算泡沫黏度,当泡沫特征值小于0.74时:

$$\mu_f = \mu_0(1.0 + 4.5F_{ftp}) \tag{4-35}$$

式中　μ_f——泡沫黏度,mPa·s;

μ_0——基液黏度,mPa·s;

F_{ftp}——泡沫特征值,%。

当泡沫特征值$F_{ftp}>0.74$时:

$$\mu_f = \mu_0\left(\frac{1}{1 - \sqrt[3]{F_{ftp}}}\right) \tag{4-36}$$

在层流状态,泡沫特征值$F_{ftp}=0.5\sim0.96$时,泡沫的流动性与宾汉型流体十分接近,可用下式表示:

$$\tau - \tau_y = \mu_p\gamma \tag{4-37}$$

式中　τ——剪切应力,mPa;

τ_y——屈服应力,mPa;

γ——剪切速率,s^{-1};

μ_p——塑性黏度,mPa·s。

泡沫黏度与泡沫特征值的关系见图4－6,该图表示泡沫黏度随泡沫特征值的增大而急剧增高。计算的泡沫黏度/基液黏度值与泡沫特征值的对应关系见表4－83。可用图4－6和表4－83指导泡沫压裂液的配制。

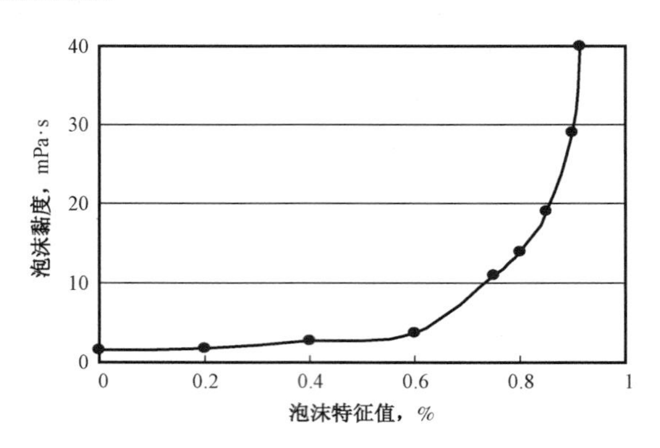

图4－6　泡沫黏度与泡沫特征值的关系

表4－83　μ_f/μ_0 与 F_{ftp}的对应关系

F_{ftp}	μ_f/μ_0	F_{ftp}	μ_f/μ_0
0.2	1.80	0.75	11.0
0.3	2.35	0.8	14.0
0.4	2.80	0.85	19.0
0.5	3.25	0.9	29.0
0.6	3.70	0.95	58.8

3)泡沫稳定性

用半衰期 t_{HL}来表示泡沫的稳定性。泡沫半衰期是指一定体积的泡沫破坏一半所需要的时间。最简单的方法是在带磨口塞的量筒中装上一定量的起泡剂,以一定的摇动方式、强度和时间振摇量筒。停摇后,记录泡沫从起始高度到破坏到一半所需要的时间 t_{HL}。

三、酸液性能评价

1. 常规性能评价

常规性能评价包括腐蚀性、酸岩反应速率、残酸性能、流变性能、摩阻性能及滤失性能等。评价表见4－84至表4－89。

表4－84　腐蚀性评价表

评价方法	用途	实验仪器	参照标准
静态评价	高温、高压酸静止条件下酸液对钢材的腐蚀速率	常压静态腐蚀试验装置	SY/T 5405—1996《酸化用缓蚀剂性能试验方法及评价指标》
动态评价	模拟高温、高压下酸液流动时酸液对钢材的腐蚀速率	动态腐蚀试验仪或旋转岩盘仪	

表 4－85　反应速率评价表

评价方法	用途	实验仪器	参照标准
静态反应速率	酸液静止条件下的酸岩反应速率	高温高压反应釜或二氧化碳常压反应试验仪	SY/T 5405—1996《酸化用缓蚀剂性能试验方法及评价指标》
动态反应速率	模拟酸液流动条件下的酸岩反应速率，还可测定氢离子有效混合系数、表面和系统反应动力学参数	高温高压流动模拟试验装置或旋转岩盘仪	SY/T 6526—2002《盐酸与碳酸盐岩动态反应速率测定方法》

表 4－86　残酸性能评价表

评价方法	用途	实验仪器	参照标准
残酸表面张力	测定残酸表面张力，评价残酸返排难易程度	界面张力仪	SY/T 5370—1999《表面及界面张力测定方法》
接触角	测定残酸在岩面上的接触角，评价残酸返排难易程度	界面张力仪、润湿角仪或接触角仪	SY/T 5153.3—2007《润湿性接触角方法》

表 4－87　酸液流变性能评价表

评价方法	用途	实验仪器	参照标准
流变性	对非牛顿流体（如胶凝酸、乳化酸及泡沫酸）流变参数测量	Fan50C 旋转黏度计、RS6000 或其他型号的流变仪	SY/T 5107—2005《水基压裂液性能评价方法》

表 4－88　酸液降阻性能评价表

评价方法	用途	实验仪器	参照标准
降阻率	测定酸液在不同管路中流动时的摩阻	摩阻仪	SY/T 5107—2005《水基压裂液性能评价方法》

表 4－89　酸液滤失性能评价表

评价方法	用途	实验仪器	参照标准
滤失速度	酸液滤失速度测量	酸液滤失仪	SY/T 5107—2005《水基压裂液性能评价方法》

2. 与储层相容性评价

储层相容性评价包括渗透率改善、乳化和破乳、酸蚀裂缝导流能力等评价。评价表见 4－90 至表 4－92。

表 4－90　酸液渗透率改变评价表

评价方法	用途	实验仪器	参照标准
酸化效果评价	解堵酸化后储层渗透率改善程度	岩心伤害仪、酸液滤失仪	SY/T 5107—2005《水基压裂液性能评价方法》
伤害评价	当酸液与地层不配伍时，使得地层渗透率下降，对酸液进行伤害性评价	岩心伤害仪、酸液滤失仪	

表4-91　乳化和破乳评价表

评价方法	用途	实验仪器	参照标准
乳化和破乳	了解乳化程度并评价防乳破乳程度	混调器	SY/T 5753—1995《油井增产水井增注措施用表面活性剂的室内评价方法》

表4-92　酸蚀裂缝导流能力评价表

评价方法	用途	实验仪器	参照标准
酸蚀导流能力	评价过酸后岩石在不同闭合压力下的导流能力	酸蚀裂缝导流实验仪	SY/T 6302—2009《压裂支撑剂充填层短期导流能力评价推荐方法》

四、支撑剂性能评价

支撑剂性能评价包括粒径、球度与圆度、酸溶解度、浊度、抗破碎能力、密度、导流能力的评价。评价方法建议采用SY/T 5108—2006《压裂支撑剂性能指标及测试推荐方法》。

1. 粒径

1)评价方法

支撑剂粒径利用标准筛组合进行筛析实验进行评价,筛析实验标准筛组合见表4-93。

表4-93　筛析实验标准筛组合

粒径规格 μm	3350～1700	2360～1180	1700～1000	1700～850	1180～850	1180～600	850～425	600～300	425～250	425～212	212～106
筛目,目	6～12	8～16	12～18	12～20	16～20	16～30	20～40	30～50	40～60	40～70	70～140
标准筛组合 μm	4750	3350	2360	2360	1700	1700	1180	850	600	600	300
	3350	2360	1700	1700	1180	1180	850	600	425	425	212
	2360	2000	1400	1400	1000	1000	710	500	355	355	180
	2000	1700	1180	1180	850	850	600	425	300	300	150
	1700	1400	1000	1000	710	710	500	355	250	250	125
	1400	1180	850	850	600	600	425	300	212	212	106
	1180	850	600	600	425	425	300	212	150	150	75
	底盘	底盘	底盘	底盘	底盘	底盘	底盘	底盘	底盘	底盘	底盘

注:表中黑体数字为相应粒径规格的上下限。

2)平均粒径

在规定的筛网尺寸条件下,支撑剂的平均粒径按下式计算:

$$d_A = \frac{S_1W_1 + S_2W_2 + \cdots + S_6W_6}{W_1 + W_2 + \cdots + W_6} \tag{4-38}$$

式中　d_A——在规定的筛网尺寸中,支撑剂的平均粒径,mm;

$S_1, S_2, \cdots, S_6$——自上而下各层筛网的尺寸,mm;

$W_1, W_2, \cdots, W_6$——自上而下各层筛网里支撑剂量占试样总量的百分数。

3）评价标准

通过筛析结果来评价，评价标准见表4－94。

表4－94　粒径评价表

粒径规格 μm	落在粒径规格内的样品质量	小于支撑剂粒径规格下限的样品质量	大于顶筛孔径的支撑剂样品质量	落在支撑剂粒径规格下限筛网上的样品质量
3350～1700，2360～1180，1700～1000，1700～850，1180～850，1180～600，850～425，600～300，425～250，425～212，212～106	≥90%	≤2%	≤0.1%	—

2. 球度与圆度

1）评价方法

支撑剂球度与圆度利用实体显微镜直接观测或拍成照片，与标准图版对照，进行评价。

2）计算方法

通常每批取样20～30粒，计算平均球度与圆度，作为这批支撑剂的球度与圆度。推荐Sloss图版为标准图版，见图4－7。

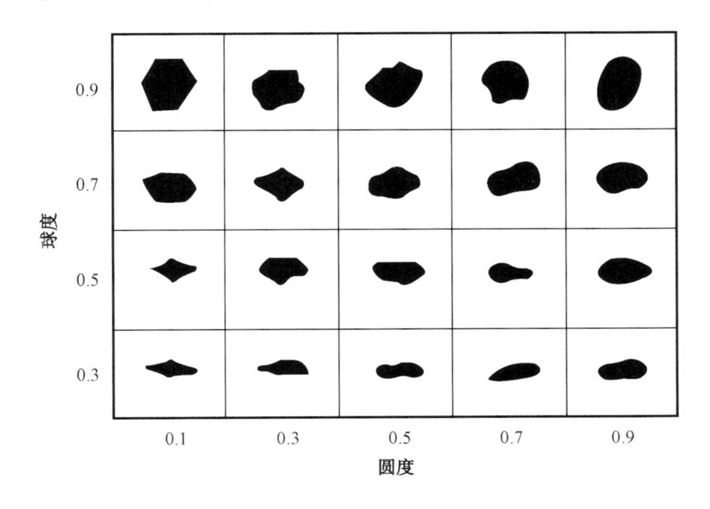

图4－7　球度与圆度的比较图版

3）评价标准

实体显微镜应符合表4－95的规定。评价标准见表4－96。

表 4-95　实体显微镜要求表

粒径		实体显微镜放大倍数
目	mm	
12~20	1.6~0.9	15
16~20	1.25~0.9	30
20~40	0.9~0.45	30
40~70	0.45~0.224	40

表 4-96　国内外支撑剂圆度与球度评价标准表

支撑剂类型	SY/T 5108—2006 标准		API 推荐标准	
	圆度	球度	圆度	球度
天然石英砂	>0.6	>0.6	>0.6	>0.6
树脂涂层砂	—	—	>0.7	>0.7
陶粒	>0.8	>0.8	>0.7	>0.7

3. 支撑剂酸溶解度

1)评价方法

测量支撑剂上混杂的碳酸盐岩、长石和铁等氧化物及黏土等杂质含量,采用 12% 盐酸和 3% 氢氟酸液进行溶解测试。

2)参数计算

支撑剂样品的酸溶解度计算:

$$S = \frac{W_s + W_f - W_{fs}}{W_s} \times 100\% \tag{4-39}$$

式中　S——支撑剂的酸溶解度,%;

W_s——支撑剂样品质量,g;

W_f——坩埚及滤纸质量,g;

W_{fs}——坩埚、滤纸及酸后支撑剂样品总质量,g。

3)评价标准

支撑剂酸溶解度评价标准见表 4-97。

表 4-97　支撑剂酸溶解度评价标准表

粒径范围,mm	酸溶解度的最大允许值,%
1.18~0.85	≤5
0.85~0.425	≤5
0.425~0.212	≤7

4. 支撑剂浊度

WGZ-100 型浊度计测定支撑剂浊度,或是用 WGZ-Ⅱ光电浊度计测定支撑剂的浊度。

支撑剂浊度应低于100NTU或100度。

5. 支撑剂抗破碎能力

1)评价方法

支撑剂抗破碎能力即支撑剂在不同闭合压力下的破碎率,利用支撑剂破碎率进行评价。

2)参数计算

$$\eta = \frac{W_e}{W_p} \times 100\% \quad (4-40)$$

式中 η——支撑剂破碎率,%;

W_p——支撑剂样品的质量,g;

W_e——破碎样品的质量,g。

3)评价标准

石英砂的抗破碎率能力标准见表4-98。

表4-98 石英砂支撑剂的抗破碎能力评价标准表

粒径范围,mm	闭合压力,MPa	破碎时受力,kN	破碎率,%
1.18~0.85	21	42	≤14.0
0.85~0.425	28	57	≤14.0
0.425~0.212	35	71	≤8.0

陶粒的抗破碎率能力标准见表4-99。

表4-99 陶粒粒径范围的破碎率指标表

粒径范围,mm(目)	规定闭合压力,MPa	破碎率,%	破碎时的受力,kN	备注
1.18~0.85(16~20)	69	≤20	140	—
0.85~0.425(20~40)	52	≤9	105	低密度
0.85~0.425(20~40)	52	≤5	105	中密度
0.85~0.425(20~40)	69	≤5	140	高密度
0.425~0.212(40~70)	86	≤10	174	—

6. 支撑剂密度

1)评价方法

支撑剂密度利用密度瓶进行评价。

2)参数计算

(1)视密度:

$$\rho_a = \frac{G_S}{V_S} \quad (4-41)$$

式中 ρ_a——支撑剂视密度，g/cm^3；

G_S——密度瓶内支撑剂的质量，g；

V_S——密度瓶内支撑剂的体积，cm^3。

(2)体积密度：

$$\rho_b = \frac{W_{fp} - W_f}{V} \tag{4-42}$$

式中 ρ_b——支撑剂体积密度，g/cm^3；

W_{fp}——密度瓶与支撑剂质量，g；

W_f——密度瓶的质量，g；

V——密度瓶标定体积，cm^3。

7. 支撑剂导流能力

1)评价方法

导流能力为支撑裂缝中渗透率与缝宽的乘积。

2)参数计算

支撑剂充填层与液体在层流(达西流)条件下的渗透率计算：

$$K = \frac{99.998\mu QL}{A\Delta p} \tag{4-43}$$

式中 K——支撑剂充填层渗透率，D；

μ——实验温度条件下试验液体的黏度，mPa·s；

Q——流量，cm^3/s；

L——测压孔之间的长度，cm；

A——流通面积，cm^2；

Δp——压差，kPa。

使用API导流室进行试验并使用上式计算导流能力时，可将API导流室导流槽宽度和测压孔间距离带入上式，便可得到下式：

$$Kw_f = \frac{5.555\mu Q}{\Delta p w_f} \tag{4-44}$$

式中 Kw_f——支撑剂充填层的导流能力，D·cm；

w_f——支撑剂充填厚度，cm。

五、实验评价主要仪器设备

常用实验评价主要仪器设备及性能指标见表4-100。

表 4-100　实验评价主要仪器设备的用途及性能指标

实验评价	设备名称	测试参数	主要性能指标	示意图
岩石力学参数	岩石力学仪	抗压强度、弹性模量、泊松比、内聚力、地应力大小	轴向压力 2600kN，围压 140MPa，孔隙压力 140MPa，温度 200℃，轴向应变仪 0～5.08mm，径向应变仪 0～8mm。岩心尺寸：ϕ25.4mm×50.8mm 或 ϕ50.8mm×101.6mm	
地应力大小与方向	地应力测试仪	最大/最小水平主应力大小与方向	围压 140MPa，工作压力 140MPa，温度 200℃。 波速异性方法岩心尺寸：ϕ25.4mm×50.8mm 或 ϕ50.8mm×101.6mm。 差应变方法岩心尺寸： 边长为 25.4mm 或 50.8mm 的立方体	
地应力方向（岩心上标志线相对于现代地理北极的方位角）	弱磁空间	屏蔽外部磁场的影响	2.5m 长的正方形框架，15 个方形线圈，3 轴磁通门磁力仪自动控制	

续表

实验评价	设备名称	测试参数	主要性能指标	示意图
地应力方向(岩心上标志线相对于现代地理北极的方位角)	旋转磁力仪	测量岩石磁性参数	灵敏度:2×10^{-6}A/m。 旋转速度:高速87.7r/s,低速度6.7r/s。 测量范围:高达12500A/m	
	热退磁仪	岩心退磁	温度≤800℃; 80个样品从25℃加热到600℃的加热时间小于30min; 80个样品从600℃冷却到40℃的冷却时间小于40min	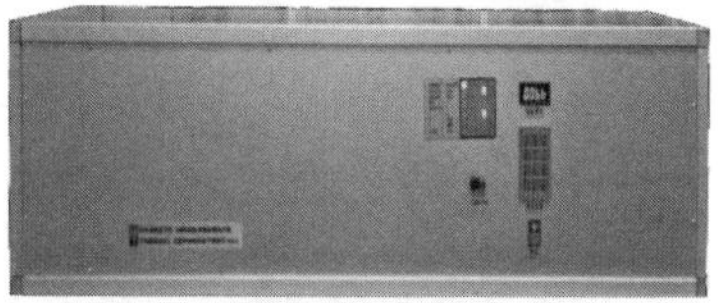
	交变退磁仪	岩心退磁	AF峰值场:0.15T(1500Gauss)。 最小AF场间隔:0.0001T(1.0Gauss)。 ARM峰值场:0.0015T(1.5Gauss)。 PARM峰值场:0.0015T(1.5Gauss)。 AF衰减速度:8个优化速度可选。 最小PARM间隔:0.0001T(1.0Gauss)	
岩石硬度	岩石硬度仪	岩石硬度参数	液压最大压力:20MPa。 载荷传感器:10t,精度5‰。 位移传感器:25mm,精度0.5‰	

续表

实验评价	设备名称	测试参数	主要性能指标	示意图
岩石矿物成分分析	X射线衍射仪	(1)岩石矿物分析,确定岩石组成和黏土矿物含量,化合物定量分析,为压裂酸化制定方案作基本分析; (2)腐蚀产物鉴定和定量分析,从而确定各类腐蚀机理; (3)金属材料分析; (4)结垢化合物定量分析	电压、电流稳定度:≤0.03%。 θ精确度≤0.002°	
岩石微观结构分析	扫描电镜仪	直接观察矿物分布形态、保存方式及孔洞的形成等,是研究物品表面结构的有效工具,不但可以对物体表面迅速作定性与定量分析,还可以检查金属或非金属的断口,磨损面,涂覆面,粉末,复合材料,切削表面,抛光以及蚀刻表面等	温度≥150℃; 分辨率≤4nm; 放大倍数≥3×10^5,连续可调; 样品台可装直径不小于100mm的样品	

续表

实验评价	设备名称	测试参数	主要性能指标	示意图
岩心流动	气测渗透率仪	用于岩心气体渗透率测量	围压:103MPa。 流动压力:34.5MPa。 差压:34.5MPa。 温度:85℃。 气体注入流量:0~50mL/min。 0~100mL/min、0~1000mL/min。 0~5000mL/min、0~10000mL/min。 岩心尺寸:直径25.4mm,长度25.48~76.2mm	
	岩心伤害仪	速敏伤害率、水敏伤害率、碱敏伤害率、应力敏感伤害率	径向围压:103MPa。 轴向压力:69MPa。 注入压力:34.5MPa。 回压:34.5MPa。 高压差:34.5MPa。 流量:10mL/min。 温度:100℃。 岩心尺寸:直径25.4mm,长度25.48~76.2mm	
	酸液滤失仪	速敏伤害率、水敏伤害率、碱敏伤害率、酸敏伤害率、应力敏感伤害率、正反向渗透率测试、酸化效果、滤失速率	围压:84MPa。 流压:70MPa。 回压:70MPa。 压差:70MPa。 温度:177℃。 液体流量:50mL/min。 气体流量:0~1000mL/min。 气体注入压力:34.5MPa。 岩心尺寸:ϕ25.4mm×(25.48~76.2mm) ϕ50.8mm×(38.1~152.4mm)	

续表

实验评价	设备名称	测试参数	主要性能指标	示意图
岩心流动	长岩心酸化流动仪	速敏伤害率、水敏伤害率、酸敏伤害率、碱敏伤害率、应力敏感伤害率、正反向渗透率测试、酸化效果	围压:0～100MPa。 流动压力:0～60MPa。 高压差:0～50MPa。 温度:室温至90℃。 液体流量:0～9.99mL/min。 渗透率:1×10^{-6}～3.3352D。 岩心:ϕ25.4mm × 80mm;ϕ25.4mm × 1000mm;ϕ38.1mm × 1000mm	
液体流变	流变仪	剪切速率、剪切应力、应变、动力黏度、动态黏度、屈服点、储能模量、损耗模量、损耗因子、扭矩、温度、频率、角频率、松弛时间、松弛模量等	压力:20MPa。 应力:7MPa。 温度:0～200℃。 转速:1500r/min。 样品体积:13～58.4mL。 黏度范围:1～1000mPa·s(能测试液体低黏、中黏及高黏)	
反应速率	旋转岩盘仪	酸岩反应速率、酸岩反应速率常数、酸岩反应级数、腐蚀速率	压力:50MPa。温度:250℃。转速:100～2000r/min。 岩心直径:2.5cm或3.8cm,可安放2～4个金属腐蚀挂片。 反应容器体积:500mL。预热容器体积:600mL	

续表

实验评价	设备名称	测试参数	主要性能指标	示意图
导流能力	支撑裂缝导流仪	支撑剂短期导流能力、支撑剂中期导流能力、支撑剂长期导流能力	闭合压力:0～100MPa。 流动压力:0～10MPa。 温度:室温至180℃。 压差:0～10kPa、0～100kPa、0～300kPa、0～500kPa、0～2MPa。 液体流量:0～9.99mL/min、0～400mL/min。 气体流量:0～50L/min。 导流能力:0～400D・cm。 支撑剂厚度:0.25～1.27cm。 岩模厚度:1.5～2.0cm。 线性流岩模:13.97cm×3.8cm。 径向流岩模:ϕ9cm×3cm	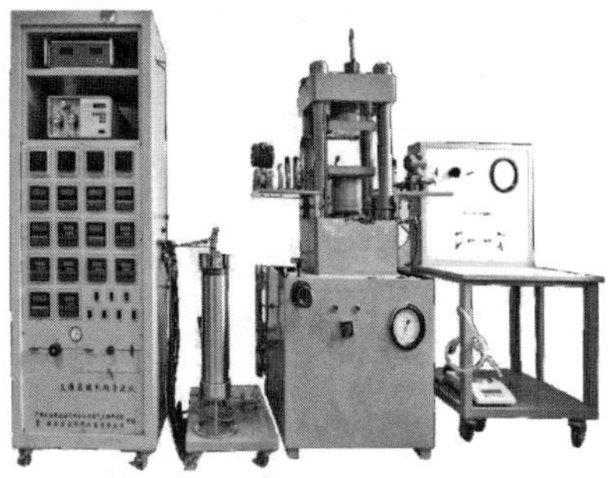
	酸蚀裂缝导流仪	酸蚀裂缝导流能力评价、支撑剂短期和长期导流能力评价、改造液岩心板滤失测试、API标准导流能力评价、气体导流能力评价试验	闭合压力:138MPa。 温度:177℃。 酸液注入压力20.7MPa,注入流量2000mL/min。 支撑剂试验液体注入压力6.9MPa,注入流量20mL/min。 气体注入压力6.9MPa, 注入流量:100～1000slpm和10～100slpm。 压差:0.249MPa和2.1MPa,其量程可用手持通信器按100:1比例改变	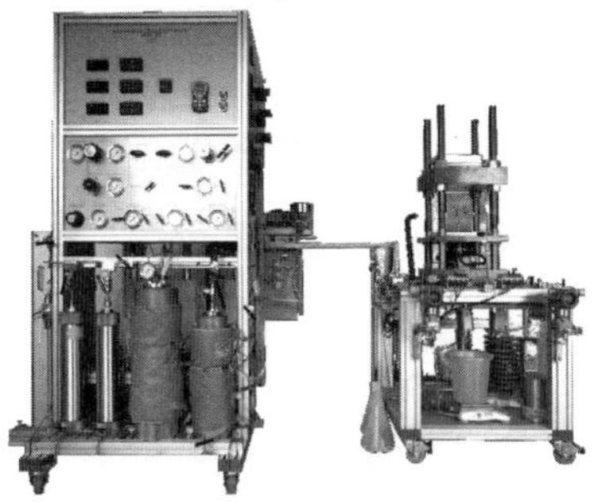

续表

实验评价	设备名称	测试参数	主要性能指标	示意图
降阻率	摩阻测试仪	液体摩阻	环流回路尺寸: 1/4in 回路:ϕ0.64cm(内径0.31cm)×3.241m。 1/2in 回路:ϕ1.27cm(内径0.94cm)×3.335m。 3/4in 回路:ϕ1.91cm(内径1.58cm)×3.342m。 实验最高温度:177℃。 实验最高系统静态压力:10MPa。 泵注排量:0.45~10L/min。 泵送黏度1000mPa·s的液体能够产生15000s^{-1}的剪切	
界面张力	界面张力仪	液—液界面张力、气—液表面张力、液体接触角	工作压力:70MPa。温度:室温至177℃。界面张力0.001~90mN/m,分辨率0.001mN/m。 接触角0°~180°,分辨率0.1°	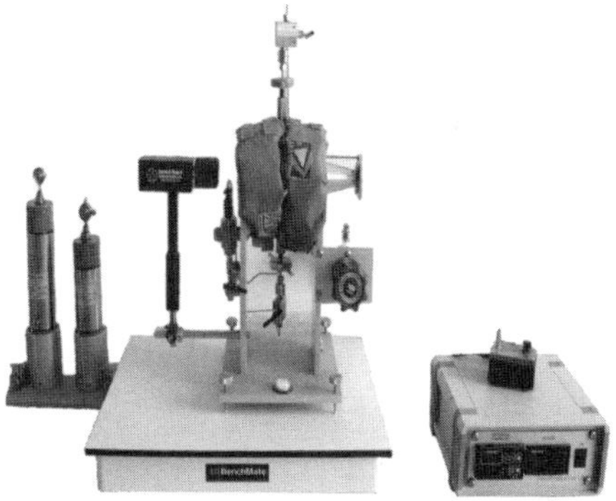

第五节　压裂酸化工艺设计

一、压裂设计

1. 设计内容

压裂设计主要内容包括气井参数、压裂模拟参数及地层参数等,见表4－101。

表4－101　水力压裂设计参数分类表

类别	参数	控制类别
气井参数	井类别及井网密度	可控制参数
	井径、井下管柱(套管、油管)与井口装置规范、尺寸及额定压力	
	固井质量	
	射孔段位置、长度、密度及射孔弹型	
	井下工具名称、规范、尺寸、额定压力及位置	
压裂模拟参数	压裂液视黏度、流态指数和稠度系数	
	压裂液初滤失系数、综合滤失系数	
	管柱(油管或环空)摩阻、孔眼摩阻	
	压裂液滤失高度	
	支撑剂类型、粒径、密度及体积密度	
	支撑剂不同闭合压力下的导流能力	
	压裂液泵注排量	
	施工设备功率及额定压力	
	裂缝延伸压力与闭合压力	
储层参数	有效渗透率、孔隙度与含气饱和度	不可控制参数
	有效厚度	
	静压力与压力梯度	
	温度	
	流体性质,包括密度、黏度与压缩系数等	
	储层与隔层岩石力学,包括泊松比、杨氏模量、抗压强度、断裂韧性等	
	储层与隔层地应力大小与梯度值、最小主应力的方向	

水力压裂优化设计原则:最大的储层供给能力、最优的支撑裂缝穿透深度、最优的泵送参数、最低的施工成本以及最大的经济效益。

2. 优化设计流程

水力压裂优化设计流程见图4－8。

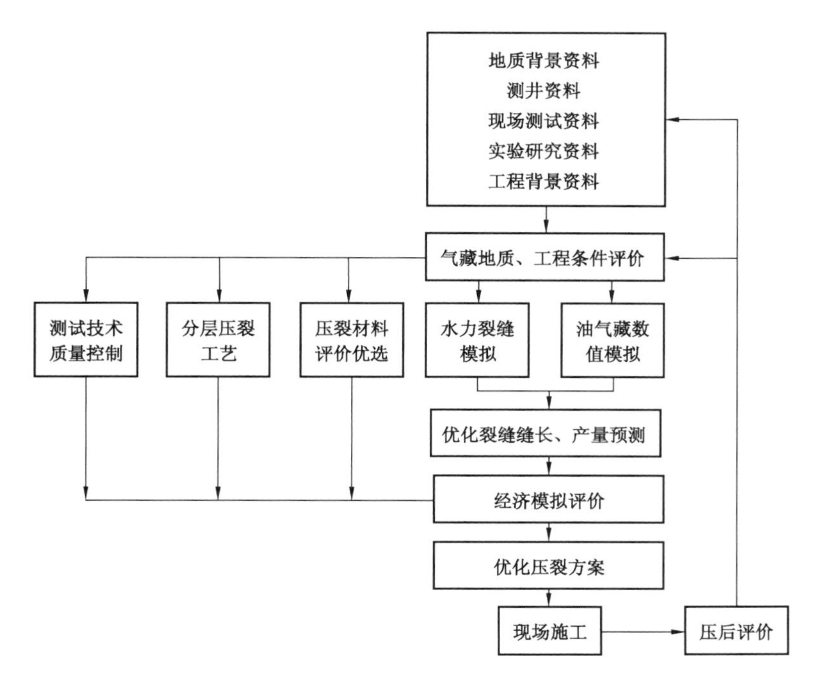

图4-8　优化压裂设计的工作流程图

3. 设计分析与主要参数计算

1)压裂液液体选择

针对不同地质特征及施工状况,压裂液优选见表4-102。

表4-102　不同条件下的压裂液优选表

项	压裂液性能	条件	关注等级①
气层特征	流体的乳化性能	凝析油气藏	3
		干气气藏	1
	气层的相对渗透率及毛细管力的影响	致密储层	4
		高渗透储层	1
	黏土敏感性	高黏土含量(高渗透储层)	3
		高黏土含量(低渗透储层)	1
		低黏土含量(蒙皂石)	1
	气层pH值的相容性	中性或者低pH值	5
压裂液	压裂液屈服应力效应	高渗透储层(压裂液黏度控制滤失)	4
		中等到高渗透储层(造壁性控制滤失)	1
	压裂液的滤失	低渗透(<0.1mD)	1
		中低渗透(0.1~5mD)	2
		中高渗透(5~200mD)	3
		高渗透(>200mD)	5
		天然裂缝发育	5

续表

项	压裂液性能	条件	关注等级[1]
压裂液	近井效应	裂缝复杂弯曲	5
	高黏度	高杨氏模量（>4×10^{4}MPa）	4
		低杨氏模量（<7×10^{4}MPa）	1
		高应力及高杨氏模量	4
	剪切敏感性	油管大排量注入	3
		环空或套管注入	1
	液体摩阻	浅井（<1200m）	2
		中深井（1200~3000m）	3
		深井（>3000m）	4
		小通径油管施工	4
		大通径油管施工	2
	压裂液价格	压裂液费用占总压裂施工费用<15%	3
		压裂液费用占总压裂施工费用15%~30%	4
		压裂液费用占总压裂施工费用>30%	5
支撑剂	支撑导流能力伤害情况	高渗透储层	5
		低渗透储层	4
		压力梯度大于0.8MPa/100m	4
		压力梯度0.55~0.8MPa/100m	4~5
	支撑导流能力伤害情况——低压地层	压力梯度小于0.55MPa/100m	5
	支撑剂的输送	短缝（<30m）	2
		中等长缝（30~100m）	3
		长缝（>100m）	4
		高密度支撑剂	4

① 关注等级：1代表不重要，5代表非常重要。

2）支撑剂类型选择

针对不同储层条件与压裂施工预期达到的目的选择不同支撑剂类型，其优选参见图4－1。

3）压裂施工参数计算

（1）注入方式。

通常注入方式有油管注入、环空注入、油套合注等，根据实际井身结构，计算压裂液摩阻与排量的关系。各种注入方式和注入管径下的清水摩阻与排量关系曲线见图4－9和图4－10。

（2）井口压力与施工排量。

压裂时井口压力的大小主要受裂缝延伸压力、压裂液流动摩阻、液柱压力及其他摩阻影响，即：

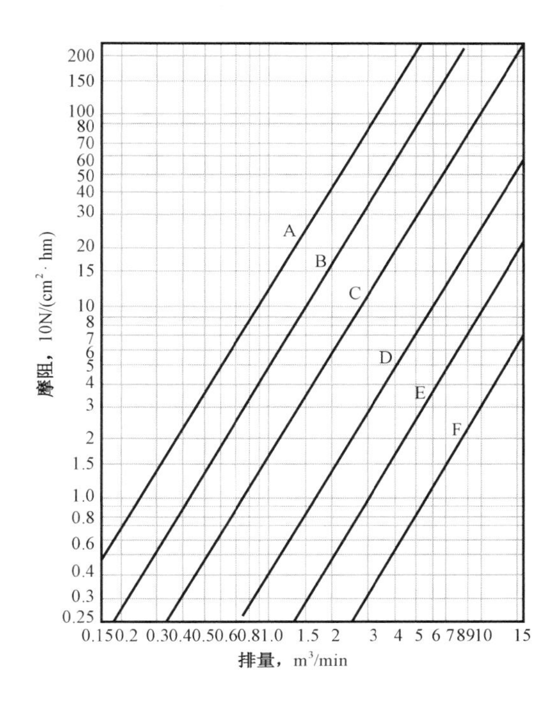

图 4－9 清水摩阻与排量曲线(油管、套管)

油管内径:A—50.8mm;B—62mm;C—76mm

套管内径:D—101.6mm;E—124.4mm;F—161.9mm

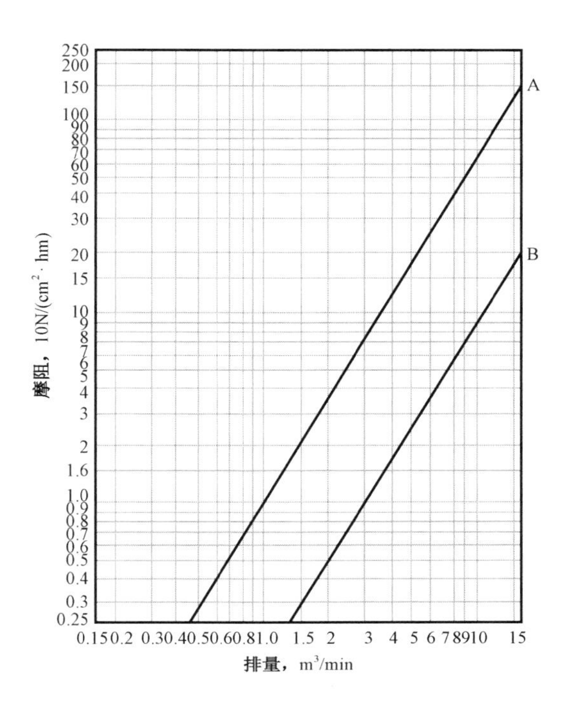

图 4－10 清水摩阻与排量曲线(环空)

环空尺寸:A—油管外径 73mm,套管内径 124.4mm;

B—油管外径 73mm,套管内径 161.9mm

$$p_{井口} = p_{延} - p_{静} + p_{阻} + p_{其他} \quad (4-45)$$

式中 $p_{井口}$——井口压力,MPa;

$p_{延}$——裂缝延伸压力,MPa;

$p_{静}$——静水柱压力,MPa;

$p_{阻}$——压裂液在管路中的流动摩阻,MPa;

$p_{其他}$——压裂液通过喷砂器、射孔孔眼等摩阻,MPa。

在井口限压允许和确保提高排量时裂缝垂向延伸许可的条件下,应尽可能提高施工排量。

(3)压裂施工水力功率。

压裂施工水力功率的确定,主要取决于施工排量和井口压力。其水力功率为:

$$W = 16.67pQ \quad (4-46)$$

式中 W——水力功率,kW;

p——井口压力,MPa;

Q——施工排量,m^3/min。

(4)压裂车数量。

根据所需水力功率和每台压裂车可使用的水力功率即可得到压裂车数量:

$$N = W/W_1 \quad (4-47)$$

式中 N——压裂车数量;

W_1——每台压裂车可使用的水力功率,kW。

(5)砂液比。

一般情况下,低渗透油气藏需造长缝,但不需太高导流能力,平均砂液比为30% ~50%即可;中高渗透油气藏则需短、宽裂缝高导流能力,平均砂液比高达50%以上。

(6)加砂程序。

砂液比以一条直线式增加的线性加砂程序,可实现较理想的支撑剖面,但实施中很难操作,故尽可能使砂液比增加幅度减小,使得裂缝导流能力沿缝长分布更加合理。

(7)施工规模。

通常利用FracproPT、Gohfer、E - Stimplan以及Stimplan等压裂设计软件(各软件特点见表4 - 103),模拟计算不同规模下形成的人工裂缝形态与导流能力等参数,从而确定施工规模。

表4 - 103 常用软件特点

软件名称	模型内容	特点及功能	适用范围
FracproPT	全三维模型: (1)充分地表现出了水力压裂物理过程的复杂性和实际状况。 (2)为压裂设计和压裂分析提供了4个不同的模块:压裂分析模式、压裂设计模式、储藏分析模式和压裂裂缝优化模式	(1)它优于其他的水力压裂模型的功能,即能有效地使用现场施工数据。 (2)可根据实际压裂施工中的观测结果,以及实验室模型的实验结果中所得到的对压裂过程的基本认识来求解压裂裂缝尺寸、支撑剂分布和裂缝净压力的基本方法。 (3)可提供油藏模拟、裂缝设计及模拟、经济评价、施工设计、测试压裂数据分析与处理、施工数据的实时监测与分析、施工曲线的拟合和压裂后评估	水力压裂设计与分析
Gohfer	全三维: 采用三维网络结构算法,动态计算和模拟三维裂缝的扩展,计算过程考虑了地层各向异性、多相流多维流动、支撑剂输送、压裂液流变性及动滤失、酸岩反应等有关各种因素,能计算和模拟多个射孔层段非对称裂缝扩展	(1)能进行压裂、酸压设计、监测与分析,包括压裂施工监测、实时监测施工参数、分析压力变化趋势,以及预测裂缝扩展及缝内输砂状态,并预报事故以指导事故。 (2)配制了丰富的压裂液、酸液、支撑剂综合数据库,该数据库储存并可计算大部分压裂液、酸液的流变性,并每年对数据库进行扩展升级	压裂与酸压设计与模拟
E - Stimplan	全三维裂缝几何模型: (1)采用了有限元计算方法,考虑了重力分异与裂缝平面流动模式,引入了层模量。 (2)具备压裂设计、分析、经济优化、油藏模拟等模块	(1)能完成地层压前评估、压裂方案设计与优化、全三维压裂、酸压模拟与敏感性分析、压裂过程及压后压力降落实时数据采集与分析、压力历史拟合、压裂效果评价等。 (2)更适合对复杂薄层、多层及非均质性强的长射孔段的油气井压裂设计与分析。 (3)具有压裂测试与评估的全部诊断技术。 (4)具有酸压模拟分析功能。 (5)具有岩石力学参数与地应力计算,并根据测井资料校正的功能	压裂与酸压设计与分析

续表

软件名称	模型内容	特点及功能	适用范围
ENGRLIR	采用二维： (1)压裂设计。 (2)酸化设计。 (3)液氮泡沫压裂设计。 (4)二氧化碳泡沫设计。 (5)气藏试井、产量拟合与预测及管柱位移等	(1)程序包括压裂、液氮与二氧化碳泡沫压裂、酸化及有关气藏模拟五大类别，涉及面广，内容较为充实，操作灵活。 (2)程序考虑温度场对压裂液、泡沫液黏度与流变性的影响，从而为选择适应的液体性能与支撑剂泵注程序提供依据	泡沫压裂与酸压设计
ACIDGUIDE	收集整理了石油酸化界若干知名专家的理论和经验	(1)市面上唯一的基质酸化专家系统。储层诊断、评层选井、油气井损害因素的诊断与分析，酸化工作液配方的建议以及酸化解堵施工方案的确定等。 (2)系统化的数据输入，完整的岩性数据库，快速估算表皮系数，地层伤害指示器，使用模糊逻辑进行候选井评价，以流程图的方式来诊断伤害机理，诊断伤害机理时考虑钻井、完井、生产、增产、修井和注水 6 种施工方式，可诊断出 29 种地层伤害机理，自动给出最小伤害半径，可选择 20 种酸液和流体。 (3)使用扩充 Mcleod 酸化指南来找出既能消除地层伤害，又能避免形成二次伤害的最佳酸液及强度，给出预处理、后处理及添加剂建议，可修改添加剂数据库	基质酸化设计
Stimpro	—	能预测不同解堵酸化施工方案，表皮系数的变化情况以及酸化施工过程中实时显示储层表皮系数的变化情况	基质酸化设计与分析
Saphir	—	(1)判断用酸化模型还是酸压裂模型。 (2)可评价压裂效果及压后裂缝情况。 (3)对地层试井资料进行解释，可以了解储层的储渗能力、储层受伤害情况、产层的伤害范围以及储层可以改造的能力。 (4)通过实际曲线和理论曲线的拟合，可以获得渗透率、地层系数、表皮系数、附加表皮压降、调查半径、流度、扩散系数和边界半径，从而优化压裂酸化设计	压裂前论证及压裂后评估分析
碳酸盐岩储层酸压设计	全三维模型	包含目前国内外常见的多种碳酸盐岩储层改造工艺。具有施工设计、施工数据历史拟合、压降分析、经济评价等比较全面的功能。模型的建立和求解调研了大量国内外有关技术资料，并且应用了大量前期科研成果和室内实验数据，是目前酸压设计和室内研究的有力工具	酸压设计与分析

二、酸化及酸压设计

1. 设计内容

酸化及酸压设计内容包括地层伤害评价、酸液类型及配方、酸化规模、最佳施工工艺、施工步骤和 QHSE、效果预测等。

2. 基本流程

(1)评价地层位置、岩性、伤害的类型、强度。

(2)选择酸化施工工艺。

(3)通过实验评价优选确定酸液体系及添加剂。

(4)确定每一步需要的酸液用量、排量等参数。

(5)酸化计算酸液有效作用距离,酸压计算酸液有效穿透距离和酸蚀裂缝导流能力。

(6)计算酸液有效作用距离和增产倍比。

(7)确定关井反应时间及返排工艺。

(8)了解设备能力并编写施工设计。

砂岩酸化设计流程图见图 4-11,酸压优化设计及现场试验研究流程图见图 4-12。

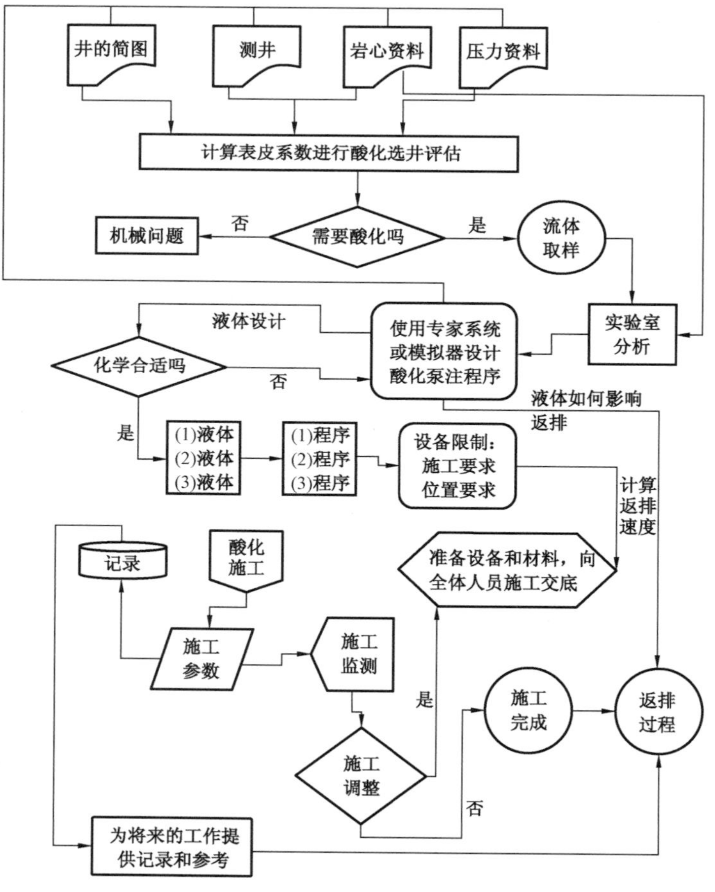

图 4-11　酸化优化设计流程图

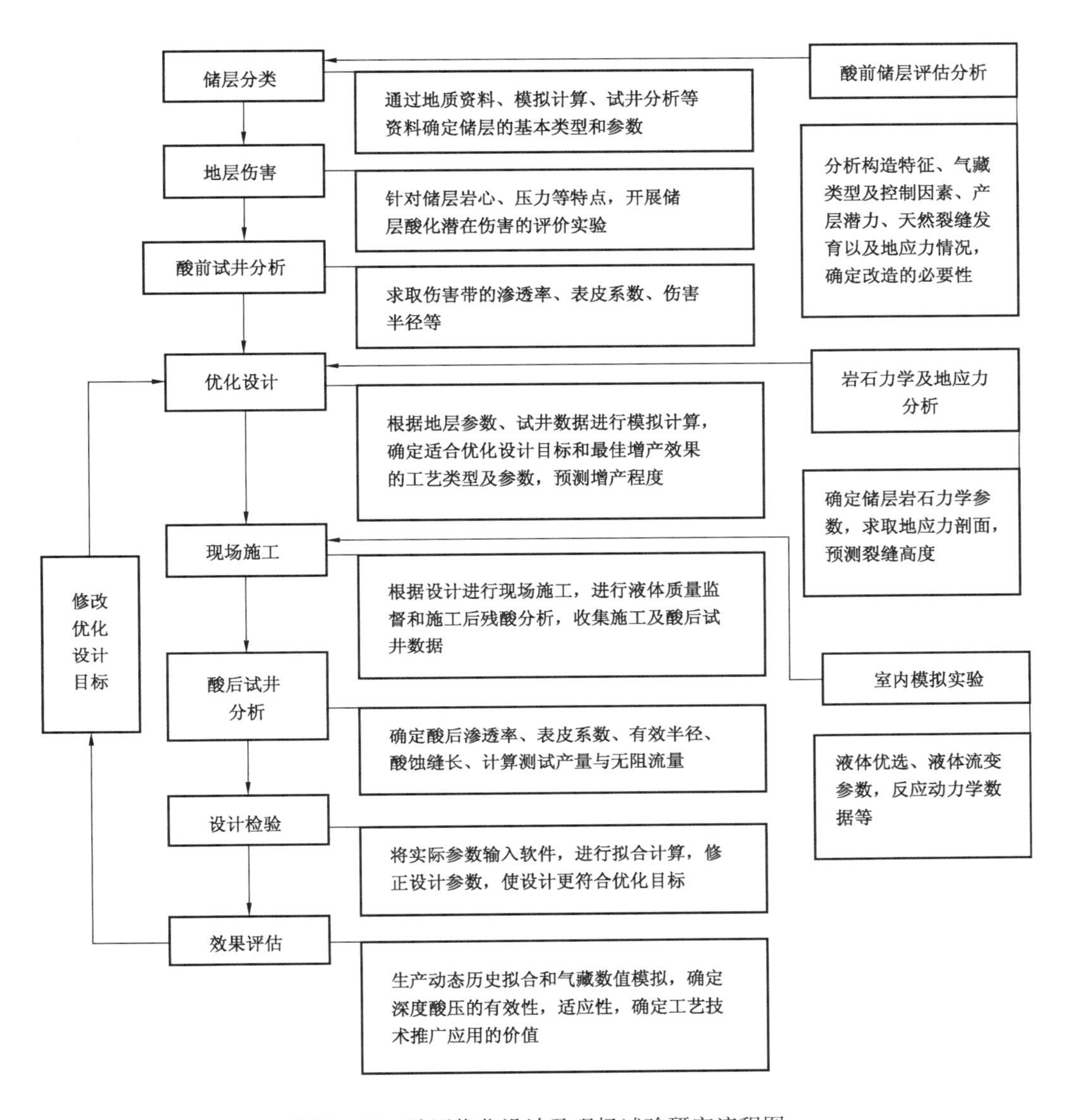

图4－12　酸压优化设计及现场试验研究流程图

3.设计分析与参数计算

1)酸液的选择

(1)砂岩酸化。

砂岩酸化一般由前置液、主体酸和后冲洗液三部分组成。

① 前置液。

前置酸一般采用5%～15%盐酸，前置酸选择标准见表4－104。

表 4-104　前置酸选择标准表

矿物	不同渗透率下的盐酸浓度,%		
	>100mD	20~100mD	<20mD
井底温度<90℃			
石英>80%和黏土<10%	15	10	10
黏土>10%和微粒<10%	10	7.5	5
黏土>10%和微粒>10%	10	7.5	5
黏土<10%和微粒>10%	15	10	7.5
井底温度>90℃			
石英>80%和黏土<10%	15	10	7.5
黏土>10%和微粒<10%	7.5	5	5
黏土>10%和微粒>10%	7.5	5	5
黏土<10%和微粒>10%	10	5	5%

注:对4%~6%绿泥石,用低于20mD的标准;对6%~8%绿泥石,用10%的乙酸和土酸在主体酸后注入;对大于8%绿泥石,用乙酸和有机土酸(10%的甲酸+0.5%HF)在主体酸后注入。并采用额外的离子稳定剂。

盐酸用量设计见表4-105至表4-108,推荐了不同的酸溶蚀率矿物与孔隙度下,不同浓度盐酸在井筒附近产生0.6m溶蚀半径时的每米井段的用酸量。

表 4-105　每米井段15%盐酸用量表

盐酸用量,L / 盐酸可溶蚀率,% / 孔隙度,%	2	4	6	8	10	12	14	16	18
15	295	591	886	1181	1476	1772	2067	2362	2657
20	283	566	849	1132	1415	1698	1981	2264	2547
25	271	541	812	1083	1353	1624	1895	2165	2436
30	258	517	775	1033	1292	1550	1809	2067	2325
35	246	492	738	984	1230	1476	1722	1969	2215

表 4-106　每米井段10%盐酸用量表

盐酸用量,L / 盐酸可溶蚀率,% / 孔隙度,%	2	4	6	8	10	12	14	16	18
15	443	886	1329	1772	2215	2657	3100	3543	3986
20	418	837	1255	1673	2092	2510	2928	3346	3765
25	406	812	1218	1624	2030	2436	2842	3248	3654
30	381	763	1144	1526	1907	2288	2670	3051	3433
35	369	738	1107	1476	1845	2215	2584	2953	3322

表 4-107 每米井段 7.5%盐酸用量表

盐酸用量,L \ 盐酸可溶蚀率,% / 孔隙度,%	2	4	6	8	10	12	14	16	18
15	591	1181	1772	2362	2953	3543	4134	4724	5315
20	566	1132	1673	2264	2830	3396	3962	4528	5094
25	541	1083	1624	2165	2707	3248	3789	4331	4872
30	517	1033	1526	2067	2584	3100	3617	4134	4651
35	492	984	1476	1969	2461	2953	3445	3937	4429

表 4-108 每米井段 5%盐酸用量表

盐酸用量,L \ 盐酸可溶蚀率,% / 孔隙度,%	2	4	6	8	10	12	14	16	18
15	886	1772	2657	3543	4429	5315	6201	7087	7972
20	849	1673	2510	3346	4245	5094	6029	6877	7640
25	812	1624	2436	3248	4060	4872	5684	6496	7308
30	775	1526	2288	3051	3875	4651	5426	6201	6976
35	738	1476	2215	2953	3691	4429	5167	5906	6644

② 主体酸。

主体酸的选择标准主要是依据黏土矿物和储层渗透率。对于易于出砂的地层使用低浓度和低酸量;对于含有大量绿泥石的储层酸化,采用有机酸酸化。选择标准见表 4-109。

表 4-109 土酸选择标准表

矿物		不同渗透率下的酸液浓度		
		>100mD	20~100mD	<20mD
井底温度小于 90℃	石英>80% 黏土<10%	12%盐酸 3%氢氟酸	10%盐酸 2%氢氟酸	6%盐酸 1.5%氢氟酸
	黏土>10% 微粒<10%	7.5%盐酸 3%氢氟酸	6%盐酸 1%氢氟酸	4%盐酸 0.5%氢氟酸
	黏土>10% 微粒>10%	10%盐酸 1.5%氢氟酸	8%盐酸 1%氢氟酸	6%盐酸 0.5%氢氟酸
	黏土<10% 微粒>10%	12%盐酸 1.5%氢氟酸	10%盐酸 1%氢氟酸	8%盐酸 0.5%氢氟酸

续表

<table>
<tr><td colspan="2" rowspan="2">矿物</td><td colspan="3">不同渗透率下的酸液浓度</td></tr>
<tr><td>>100mD</td><td>20~100mD</td><td><20mD</td></tr>
<tr><td rowspan="4">井底温度大于90℃</td><td>石英>80%
黏土<10%</td><td>10%盐酸
2%氢氟酸</td><td>6%盐酸
1.5%氢氟酸</td><td>6%盐酸
1%氢氟酸</td></tr>
<tr><td>黏土>10%
微粒<10%</td><td>6%盐酸
1%氢氟酸</td><td>4%盐酸
0.5%氢氟酸</td><td>4%盐酸
0.5%氢氟酸</td></tr>
<tr><td>黏土>10%
微粒>10%</td><td>8%盐酸
1%氢氟酸</td><td>6%盐酸
0.5%氢氟酸</td><td>6%盐酸
0.5%氢氟酸</td></tr>
<tr><td>黏土<10%
微粒>10%</td><td>10%盐酸
1%氢氟酸</td><td>8%盐酸
0.5%氢氟酸</td><td>8%盐酸
0.5%氢氟酸</td></tr>
</table>

注:对于4%~6%绿泥石,用小于20mD的标准;对于6%~8%绿泥石,用10%的乙酸和土酸在主体酸后注入(用小于20mD的标准);对于大于8%绿泥石,用乙酸和有机土酸(10%的甲酸+0.5%HF)预冲洗地层。

③ 后冲洗液。

后冲洗液的主要作用是保持近井地带的低pH值,避免产生酸岩反应产物的沉淀。土酸酸化使用的典型后冲洗液是:

a)3%~8% NH_4Cl 盐水;

b)弱酸(3%~10%盐酸);

c)氮气(仅对气井使用,仅在弱酸后使用)。

④ 添加剂选择。

添加剂选择的原则是针对性采用添加剂。通常,缓蚀剂、铁离子稳定剂、水湿性表面活性剂是必需的。其他添加剂是可选的。添加剂的误用和添加剂的过量使用是施工失败常见的原因。添加剂使用的推荐作法见表4-110。

表4-110 添加剂使用的推荐作法表

添加剂名称	使用目的	推荐作法	备注
缓蚀剂	延缓腐蚀	高于150°C,添加增效剂(碘盐2%~3%,甲酸0.5%~5%)	过量缓蚀剂会引起地层产生油湿性
铁离子稳定剂	防止铁离子形成沉淀,在地层形成酸渣	180°C以上: 异抗坏血酸在20% HCl和HCl-HF中采用,使用浓度1.2~12kg/m³; EDTA(二价钠盐)仅用于HCl,不用于HF,使用浓度4.8~9.6kg/m³; EDTA(三价钠盐)仅用于HCl,不用于HF,使用浓度6~12kg/m³。 180°C及以下: EDTA(酸形式)在HCl和HCl-HF中使用,溶解度有限,使用浓度3.6~7.2kg/m³。 NTA(酸形式)所有酸,在弱酸中溶解度低,一般使用浓度6~12kg/m³。 65~95°C:在所有酸中使用,使用浓度3~24kg/m³	用量不足,随着酸液消耗和pH值上升,地层中溶解的铁离子再次沉淀堵塞孔道。 处理含 H_2S 气井要注意FeS在pH值为2时产生沉淀,需要考虑FeS防沉淀剂

续表

添加剂名称	使用目的	推荐作法	备注
水湿性表面活性剂	有助于排酸和保持地层水湿性，提高油气流动性	用量0.1%～1%（0.1%～0.4%最优）	高浓度表面活性剂将引起乳化和起泡
互溶剂	帮助保持地层水湿性	推荐EGMBE使用浓度范围为1%～10%（3%～5%最优）	油气井中有效，更适合油井。过量使用导致酸与添加剂在酸罐分离
醇	与酸混合在气井中帮助残酸返排	推荐最大的醇浓度为：甲醇25%；异丙醇20%	在气井中加入酸的甲醇会在井下形成水合物，堵塞井筒
防乳化剂破乳剂	防止酸油乳化、破坏已形成的表面活性剂	推荐使用浓度范围0.1%～2%（0.1%～0.8%最优）	过量使用防乳剂会引起乳化
抗渣剂	防止酸与原油反应产生的酸渣	推荐使用浓度范围0.1%～4%	
黏土稳定剂	防止酸后黏土膨胀和运移	有效的黏土稳定剂浓度使用范围0.1%～2%（0.1%～0.4%推荐）	
微粒固定剂（FFA）	解决砂岩酸后硅质微粒运移问题	推荐使用浓度范围0.5%～1%	
起泡剂	帮助残酸返排	推荐使用浓度范围0.3%～0.8%	
抗石膏剂（$CaSO_4$）	防止硫酸盐垢生成	推荐使用浓度范围随着垢的类型和严重性而变化	
降阻剂	降低流体管内流动摩阻	推荐使用浓度为0.1%～0.3%	

（2）碳酸盐岩酸化。

常规酸化用酸参见表4－111。

表4－111 常规酸化用酸指南

目的	推荐酸类型
解除射孔伤害	9%甲酸
	10%乙酸
	15% HCl

续表

目的	推荐酸类型
解除深度伤害	15% HCl
	28% HCl
	HCl—有机酸①
	甲酸—乙酸②
	乳化酸③
	泡沫酸④

① 有机酸可与 HCl 体系混合使用，特别是高温井。
② 适合高温井（>120℃）。
③ 适合深度酸化。
④ 能提高酸的覆盖率，而且可深度酸化。

2）酸化施工参数计算

（1）排量。

一般而言，酸化施工排量为不压开地层的条件下，采用最大排量的90%，计算公式如下：

$$q_{max} = a \cdot \frac{Kh(p_{fg}H - \Delta p_{safe} - p_r)}{\mu B\left(\ln \frac{r_e}{r_n} + S\right)} \tag{4-48}$$

式中 q_{max}——最大注入排量，m^3/min；
a——单位换算系数，为 6.5×10^{-8}；
K——地层的初始有效渗透率，mD；
h——施工井段厚度，m；
H——深度，m；
p_{fg}——破裂压力梯度，MPa/m；
p_{safe}——安全压力，MPa（通常是1.4～3.5MPa）；
p_r——气藏压力，MPa；
r_e——泄油半径，m；
r_w——井眼的半径，m；
μ——注入流体的黏度，mPa·s；
B——地层体积系数，对不可压缩流体的数值是1；
S——表皮系数。

（2）井口压力：

$$p_s = p_{fg}H - p_h + p_f \tag{4-49}$$

式中 p_s——地面施工压力，MPa；
p_h——液柱压力，MPa；
p_f——摩阻梯度，MPa/m。

其中，破裂压力梯度可按下式计算：

$$p_{fg} = \frac{\nu}{(1-\nu)}(\sigma_y - p_r) + p_r \tag{4-50}$$

式中　ν——泊松比，无量纲；

σ_v——垂向应力，MPa。

（3）液体用量：

$$V = \pi h\phi r_s^2 \tag{4-51}$$

式中　V——酸液用量，m^3；

ϕ——孔隙度；

r_s——穿过污染或顶替部分的距离，m。

3）酸化施工增产倍比预测

简化增产倍比公式：

$$\frac{J_s}{J_g} = \frac{\frac{K_s}{K_g}\lg\left(\frac{r_e}{r_w}\right)}{\lg\left(\frac{r_s}{r_w}\right) + \frac{K_s}{K_g}\lg\left(\frac{r_e}{r_s}\right)} \tag{4-52}$$

式中　J_s/J_g——伤害后与伤害前的气井产量比；

K_s——伤害区渗透率，mD；

K_g——储层原始渗透率，mD；

r_e——伤害半径，m；

r_w——井半径，m。

4）酸压优化设计

通常采用FracproPT、Gohfer等三维酸压裂优化设计软件或其他各种酸压软件（各软件特点参见表4－103），针对不同储层酸压模拟计算，优选了酸压工艺类型和酸压施工参数系统，提出了酸压裂设计指南（表4－112）。

表4－112　酸压裂设计

流动系数 mD·m/(mPa·s)	渗透率 mD	酸蚀裂缝长度 m	导流能力 D·cm	用酸强度 m^3/m	排量 m^3/min	酸压工艺
≥100	≥2	20～40	≥100	3～5	3～5	胶凝酸酸压＋闭合酸化 前置液胶凝酸酸压＋闭合酸化
20～100	0.5～2	40～80	≥50	5～8	4～6	前置液胶凝酸酸压＋闭合酸化 乳化酸酸压＋闭合酸化
5～20	0.1～0.5	80～120	≥50	8～15	5～8	乳化酸酸压＋闭合酸化 多级注入酸压＋闭合酸化
＜5	＜0.1	＜5	—	—	—	水力压裂

注：以上工艺适用于酸压有效厚度10～40m，如果有效厚度过大，则需要根据设计作相应调整。

第六节　评估技术

一、水力裂缝诊断技术

水力裂缝诊断技术主要用于对压后形成水力裂缝的大小、方向与对称性的认识，包括压裂压力分析与实时模拟技术，以及其他多种方法用于诊断水力裂缝的特性(表4－113)。

表4－113　水力裂缝诊断分析技术

技术	缝高	缝长	方位	对称性
井温测井	√			
同位素测井	√			
井下微地震	√	√	√	√
地面微地震	?	?	?	?
地面倾斜			√	
地面电位			√	√
压裂压力分析与实时模拟		√		

注：√为已成功的方法，? 为目前不成熟的方法。

最方便、最常用的水力裂缝诊断技术是压裂压力测试分析与实时模拟技术，见表4－114。

表4－114　压裂压力测试内容与诊断参数

测试内容	模拟分析方法	诊断参数	示意图
裂缝延伸压力测试	阶梯升排量曲线法	裂缝延伸压力	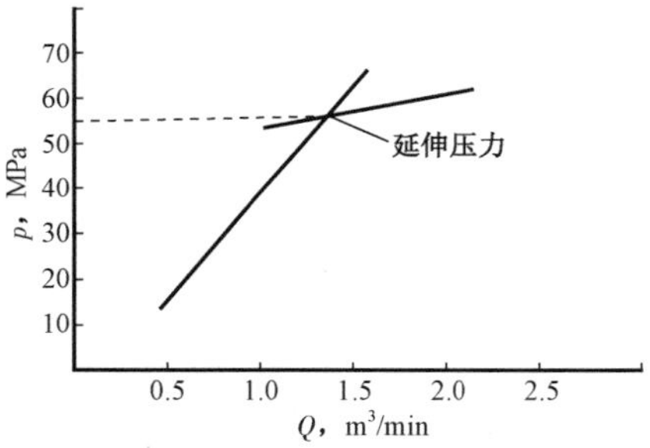
裂缝闭合压力测试	Horner 曲线法①	储层孔隙压力 闭合压力下限值	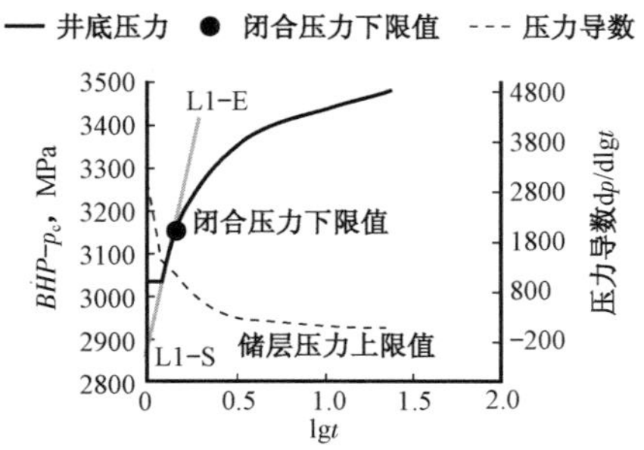

续表

<table>
<tr><th>测试内容</th><th>模拟分析方法</th><th>诊断参数</th><th>示意图</th></tr>
<tr><td rowspan="3">裂缝闭合压力测试</td><td>平方根曲线法[②]</td><td>闭合压力</td><td>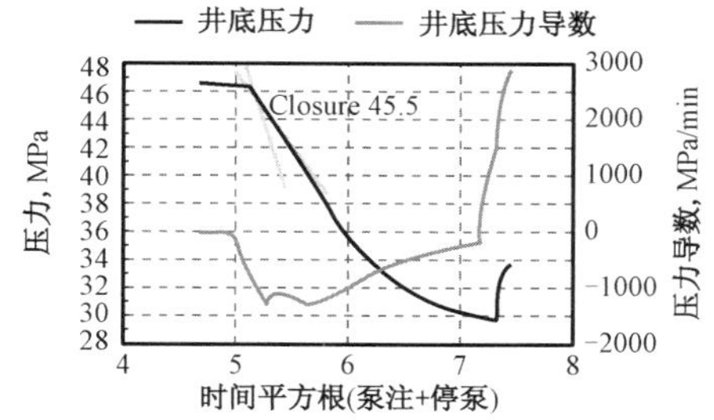
</td></tr>
<tr><td>双对数曲线法[③]</td><td>闭合压力</td><td>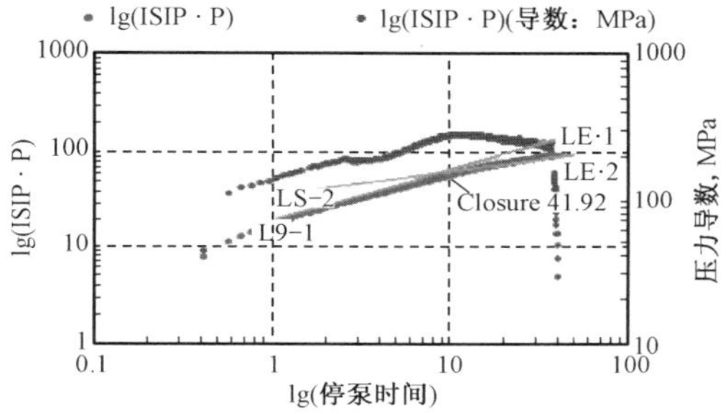
</td></tr>
<tr><td>G 函数法</td><td>闭合压力
压裂液效率</td><td>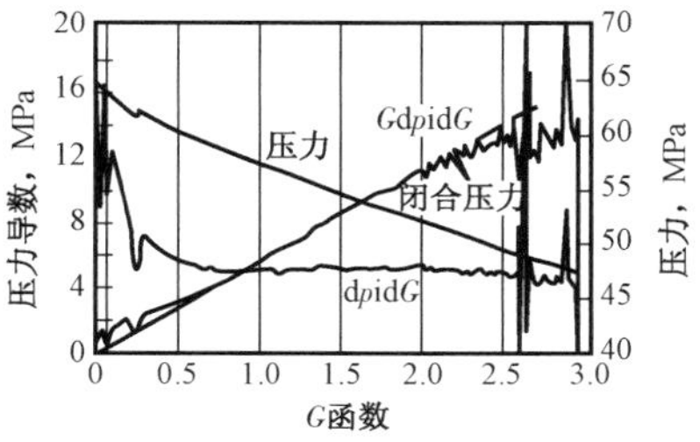
</td></tr>
<tr><td>近井筒摩阻测试</td><td>阶梯降排量法</td><td>孔眼摩阻
近井筒弯曲摩阻</td><td>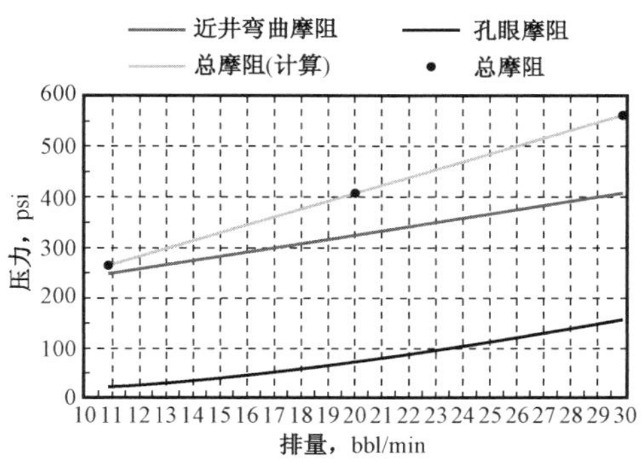
</td></tr>
</table>

续表

测试内容	模拟分析方法	诊断参数	示意图
裂缝几何尺寸	Nolte – Smith 双对数曲线法	裂缝延伸规律	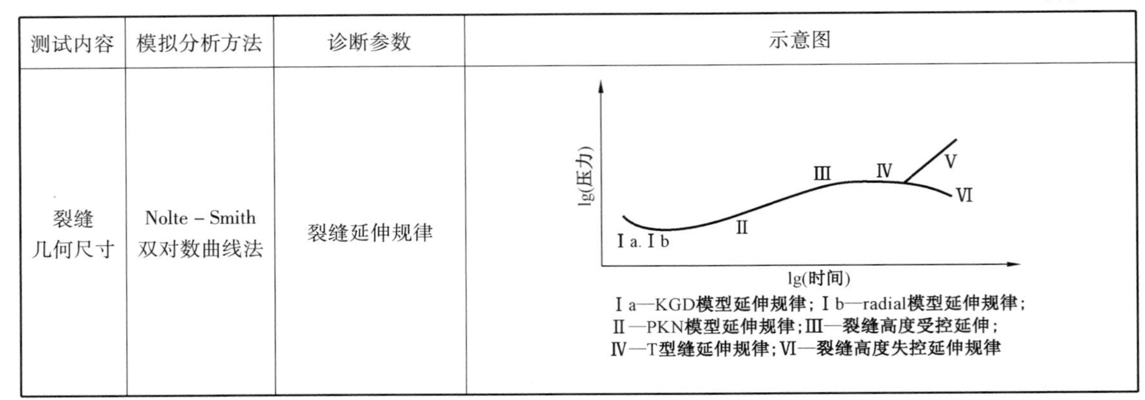

① Horner 曲线对应的示意图横坐标为 $\log10(t_{\text{Horner Time}})$，其中 $t_{\text{Horner Time}}=(t_p+\Delta t_s)/(\Delta t_s)$，$t_p$ 是泵注时间，Δt_s 是泵注后的关井时间。

② 平方根曲线左侧坐标是压力，单位 MPa；右侧纵坐标是压力导数曲线，单位 MPa/min。

③ 双对数曲线左侧坐标是压力，单位 MPa；右侧纵坐标是压力导数曲线，单位 MPa/min。

二、酸化监测评估技术

酸化监测评估内容及方法见表 4 – 115。

表 4 – 115　酸化监测评估内容及方法

监测内容	分析方法	评估内容
施工过程中压力与排量监测	Mcleod 和 Coulter 法 Paccaloni 法 Prouvost 和 Economides 法 Behenna 法 Hill 和 Zhu 法	转向剂效果、表皮系数
返排酸样分析	残酸组分分析法	酸浓度、乳化、固体颗粒、黏度等
产量比较分析	测试产量、无阻流量及 3 个月实际产量	酸前和酸后产量
试井分析	压力恢复试井等	表皮系数
经济分析	收益与投资回报率(ROI)	投入和产出

三、压后评估技术

压后评估使用的基本技术手段就是压后不稳定试井分析和使用气藏模拟的生产历史拟合分析。

压后不稳定试井分析可以取得支撑裂缝长度、支撑裂缝导流能力以及地层的渗透率。压后具有有限导流能力垂直裂缝井的不稳定试井，可根据流动类型分为拟径向流阶段、地层线性流阶段、双线性流阶段、裂缝存储的线性流阶段和井筒储集为主的流动阶段。不同阶段可以对不同的参数进行评价，压力恢复试井分析阶段及评价参数见表 4 – 116。

表 4 - 116　压力恢复试井分析阶段及评价参数

流动类型	评价参数	流动类型示意图
拟径向流阶段	地层渗透率、表皮系数、地层压力	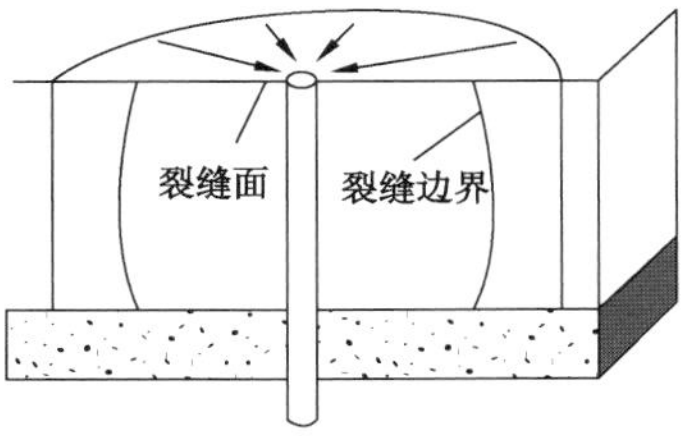 地层拟径向流到裂缝 裂缝面 裂缝边界
地层线性流阶段	裂缝半长	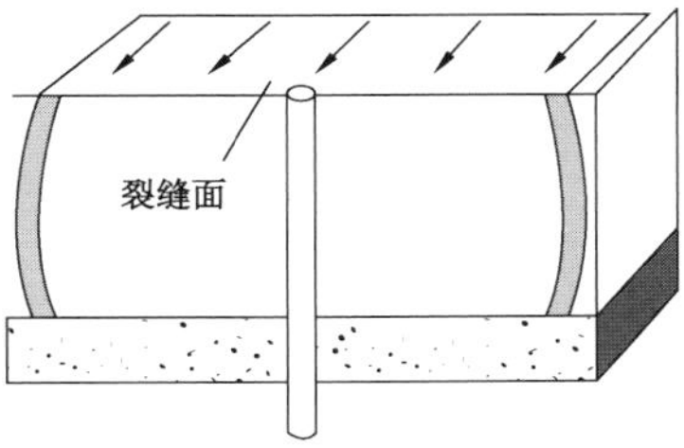 地层线性流 裂缝面
双线性流阶段	裂缝导流能力	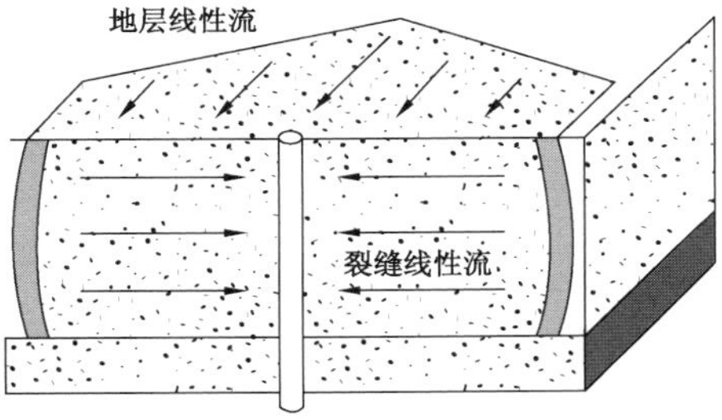 地层线性流 裂缝线性流
裂缝存储的线性流阶段	裂缝扩散系数与导流能力比值	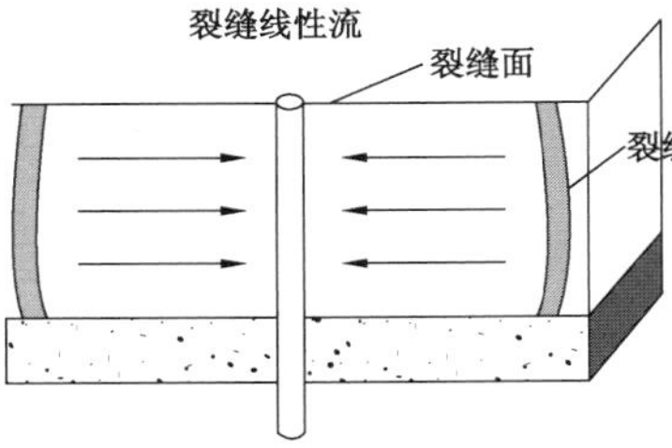 裂缝线性流 裂缝面 裂缝边界
井筒储集为主的流动阶段	井筒储集系数	

气藏模拟生产历史拟合反演可根据在一定的气藏静压与流压条件下压后生产井产量随时间的变化等有关资料,使用气藏模拟进行生产历史拟合,可反演取得支撑裂缝的导流能力或裂缝半长,从而取得压后生产动态结果。

第七节　压裂酸化装备

一、压裂车

常用压裂车主要技术参数见表4－117。

表4－117　常用压裂车主要技术参数表

型号	HQ2000型压裂车	BL1600型压裂车	YLC－1050型压裂车	B－516型压裂车	WESTERN1500型压裂车	HQ2500型压裂车	HQ2500型压裂车
制造公司	美国哈里伯顿公司	美国SS公司	兰州通用机器厂	美国DOWELL公司	美国西方公司	烟台杰瑞	荆州四机厂
最高工作压力，MPa	103.4	103.4	103	103.4	103.4	137.9	123
最大泵冲参数次/min	136.8	146.6	117	147	A型115.6；B型135.9	300	300
最大排量 m^3/min	1.81	1.515	0.695	1.226	A型1.194；B型1.403	2.17	2.471
最大排量泵冲数次/min	301.0	322.7	272	396	A型254；B型299.1	300	300
最大排量下压力MPa	53.04	47.1	47.5	43.6	A型56；B型47.7	51.4	45
额定输出水功率，kW	1492	1193	552	895	1119	1860	1860
排量系数	0.95	0.95	0.95	0.95	0.95	0.95	0.95
吸入压力，kPa	—	345	345	345	345	—	—
外形尺寸（长×宽×高）m×m×m	11.78×2.6×3.97	11.05×2.54×3.96	10.25×2.50×3.60	11.13×2.44×3.76	9.45×2.44×4.11	12.3×2.8×4.2	12.126×2.5×4.145

二、混砂车

常用混砂车主要技术参数见表4－118。

表4－118　常用混砂车主要技术参数表表

型号	FBRC100ARC	HS60B	HSC－GOL	E231	WESTERN100
制造公司	美国哈里伯顿公司	美国SS公司	兰州通用机器厂	美国DOWELL公司	美国西方公司
额定排量，m^3/min	15.9	9.54	7	11.92	15.9
最大输砂能力，m^3/min	6.8	2.27	1	3.4	5.67
吸入管口径，mm	305	100	100	100	100
外形尺寸（长×宽×高）m×m×m	10.94×2.6×4.05	7.95×2.44×3.60	10.14×2.5×3.4	10.54×2.44×3.71	10.60×2.44×3.80

三、液氮车

常用液氮车主要技术参数见表4-119。

表4-119　常用液氮车主要技术参数表

型号		PAUL37500-1	TR-6000C10S/15	M300-15CH	NTP-3500
整机	制造公司	美国AIRCO公司	美国CRYOTEX公司	美国哈里伯顿公司	加拿大NOWSCO公司
	最高排出压力，MPa	68.9	103.4	103.4	103.4
	试验压力，MPa	103.4	155.1	155.1	155.1
	最大排量	液氮111.4L/min，氮气2730ft³/min	液氮176.5L/min，氮气4339ft³/min	液氮109.1L/min，氮气2684ft³/min	液氮142.5L/min，氮气3500ft³/min
	排出温度，°C	21~38	1~40	21~38	10~40
	蒸发器交换强度	2.04×10^9J/h	—	203.4L/min 5000ft³/min	203L/min 5000ft³/min
	外形尺寸（长×宽×高）m×m×m	8.54×2.44×3.91	9.37×2.44×4.11	10.85×2.50×4.13	9.25×2.44×3.56
	满载载荷（前桥×后桥×总载荷），kN×kN×kN	64×148.6×212.6	83.5×192.4×275.9	93.5×195.7×289.2	52.2×184.7×236.9
高压液氮泵	型号	3GMPD	3LMPD	HT-150	3LMPD
	制造公司	AIRCO公司	AIRCO公司	美国哈里伯顿公司	AIRCO公司
	类型	并联二组，三缸单作用活塞泵	三缸单作用活塞泵，带减速机构	三缸单作用活塞泵，带减速机构	三缸单作用活塞泵，带减速机构
	最大工作压力，MPa	68.9	103.4	103.4	103.4
	试验压力，MPa	103.4	155.1	155.1	155.1
	活塞直径×冲程，mm	31.75×22.987	38.1×60.325	50.8×101.6	38.1×60.325
	工作泵最大冲数，min^{-1}	1200	900	300	900
	容积效率	0.85	0.91	0.95	0.91
	输入水功率，kW	128	305	149	305
液氮增压泵	型号	3GMPD	3LMPD	HT-150	3LMPD
	制造公司	AIRCO公司		AIRCO公司	AIRCO公司
	类型	离速离心式增压泵	离速离心式增压泵	增压泵	离速离心式增压泵
	最大排出压力，MPa	726	968	686	968
	额定排量，L/min	151	—	218	—
	额定转速，r/min	7900	5700	4700	5700
	动密封方式	波纹管式机械密封			

四、管汇车

常用管汇车主要技术参数见表 4－120。

表 4－120　常用管汇车主要技术参数表

型号	SMT 型管汇车	F－601 型管汇车	SS－1 型管汇车	SS－2 型管汇车
制造公司	美国 哈里伯顿公司	美国 DOWELL 公司	美国 SS 公司	美国 SS 公司
可供配套使用设备		B－516 型压裂车 6 台，E－231 型混砂车 1 台，液氮车 2 台	SS1000 型压裂车 4 台，SS70 型混砂车 1 台，PAUL37500－1 型液氮车 2 台	BL1600 型压裂车 6 台，HS60B 型混砂车 1 台，TR—6000DF－15 型液氮车 1 台
高压管汇最大工作压力，MPa	103.4	103.4	103.4	103.4
高压管汇试验压力，MPa	155.1	155.1	155.1	155.1
高压管汇名义口径，mm		50、75	75	75
低压管汇口径，mm	102	100	100	100
液吊起重力矩，kN·m	130	95	54.2	38
液吊旋转力矩，kN·m	—	14.7	—	—
试压最大工作压力，MPa	103.4	155.1	122.7	206.8
外形尺寸（长×宽×高），m×m×m	10.08×2.6×3.97	10.1×2.44×3.53	9.16×2.44×3.61	9.00×2.44×3.58

五、仪表车

常用仪表车主要技术参数见表 4－121。

表 4－121　常用仪表车主要技术参数表

型号	FARCVAN－Ⅱ	YBC08－2
制造公司	美国哈里伯顿公司	烟台杰瑞
总质量，kg	11750	14000
外形尺寸（长×宽×高），m×m×m	10.33×2.5×3.85	9.79×2.5×2.96
底盘	KENWORTH T300 型	Howo 4×2
有线控制距离，m	50	105
有线控制设备的能力，台	10	>6

第五章　采 气 技 术

采气技术是基于流体在气井中的流动规律和生产要求，为实现生产目的而采取的工艺措施和方法。本章结合气井生产系统分析方法和天然气水合物生成预测方法，重点介绍了有水气藏排水采气技术和气井测井技术，同时也介绍了酸性气井和出砂气井常用的采气技术，以及采气工程方案编制要点等。

第一节　气井生产诊断技术

一、气井生产系统

本节所指气井生产系统包括产层、生产管柱和采气井口（图 5－1）。

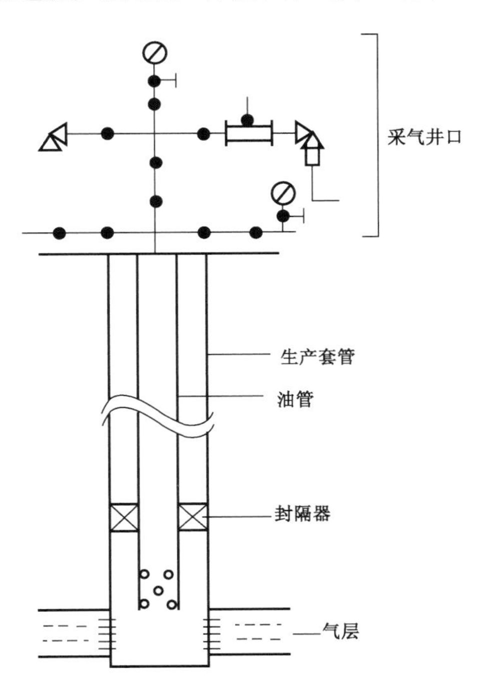

图 5－1　气井生产系统组成示意图

二、气井生产制度

气井生产制度是根据气井储层物性、产能、流体性质、井筒条件和地理环境等特点制定的，是现场组织生产的依据。常见气井生产制度见表 5－1。

表5-1　气井生产制度

制度名称	制定原则
定产量生产	储层条件好的气井：根据气井产能及生产的需要确定，一般控制在无阻流量的15%～25%； 特殊地质条件气井：井壁地层不垮塌、气层不出砂、边底水不快速窜进或舌进
定压力生产	井底压力高于凝析气藏的露点压力； 井口压力等于外输压力或增压机组进气压力
定开度(气嘴)生产	偏远或无人值守井采用井下节流嘴或地面节流嘴生产； 出水气井定开度，维持气井正常带水生产
定时间生产	用户用气需求、气井间歇生产特点、工艺运行要求

三、气井生产分析方法

1. 气井生产系统基本流动规律

在气井生产系统中，气和水经过地层、油管、井下节流嘴和油管到井口，流动规律分别符合渗流、垂管流、嘴流等流动规律。

1)气井产能方程

气井产能方程反映的是生产压差与气井产量之间关系，在气井一定生产时期(地层压力不变)，可通过气井产能方程求出井底流动压力与气井产量的对应关系。常用二项式表示，其中生产压差的表现方式有3种：压力平方差($p_f^2-p_{wf}^2$)、压力差(p_f-p_{wf})、拟压力差[$\psi(p_f)-\psi(p_{wf})$]，式(5-1)是常见的压力平方差表现形式：

$$p_f^2-p_{wf}^2=Aq_g+Bq_g^2 \tag{5-1}$$

式中　q_g——气产量，$10^4m^3/d$；

p_f——地层压力，MPa；

p_{wf}——井底压力，MPa；

A——摩擦阻力系数，$MPa^2/(10^4m^3\cdot d)$；

B——惯性附加阻力系数，$MPa^2/(10^4m^3\cdot d)^2$。

2)干气气井井底压力计算

(1)静气柱井底压力。

$$p_d=p_c e^S \tag{5-2}$$

其中

$$S=\frac{0.03415\gamma_g H}{\overline{Z}\,\overline{T}} \tag{5-3}$$

$$\overline{T}=\frac{T_c+T_d}{2} \tag{5-4}$$

$$\bar{p}=\frac{p_c+p_d}{2} \tag{5-5}$$

式中　p_c——井口关井压力，MPa；

p_d——井深为 H(m)所对应的气柱压力，MPa；

T_c——井口温度，K；

T_d——井深为 H(m)所对应的井筒温度，K；

$\bar{Z}$——温度和压力分别为 $\bar{T}$ 和 $\bar{p}$ 时所对应的天然气压缩因子；

H——井深，m；

γ_g——天然气相对密度。

井深为 H(m)处的静压力估计初值可由式(5-6)确定：

$$p_d^{(0)}=p_c\left(1+\frac{H}{12192}\right) \tag{5-6}$$

(2)动气柱井底压力(油管)。

$$p_{wf}=\sqrt{p_{wh}^2 e^{2S}+\frac{1.324\times10^{-18}f(\bar{Z}\bar{T}q_{sc})^2(e^{2S}-1)}{d^5}} \tag{5-7}$$

$$S=\frac{0.03415\gamma_g H}{\bar{Z}\bar{T}} \tag{5-8}$$

$$\bar{T}=\frac{T_{wh}+T_{wf}}{2} \tag{5-9}$$

$$\bar{p}=\frac{p_{wh}+p_{wf}}{2} \tag{5-10}$$

式中　p_{wh}——井口流动压力，MPa；

p_{wf}——井深为 H(m)所对应的流动压力，MPa；

T_{wh}——井口流动温度，K；

T_{wf}——井底流动温度，K；

$\bar{Z}$——温度和压力分别为 $\bar{T}$ 和 $\bar{p}$ 时所对应的天然气压缩因子；

q_{sc}——天然气产量，m^3/d；

d——油管内径，m；

γ_g——天然气相对密度；

f——Moody 摩阻系数。

动压力估计初值可由式(5-11)确定：

$$p_{wf}^{(0)}=p_{wh}\left(1+\frac{H}{12192}\right) \tag{5-11}$$

(3)动气柱井底压力(环空)。

$$p_{wf}=\sqrt{p_{wh}^2 e^{2S}+\frac{1.324\times10^{-18}f(\bar{Z}\bar{T}q_{sc})^2(e^{2S}-1)}{(d_2-d_1)^3(d_2+d_1)^2}} \tag{5-12}$$

式中　d_1, d_2——分别为油管外径和套管内径，m。

其余参数含义同前文。

3）常用井筒两相流动模型

常用的井筒两相流动模型有 Hagedorn－Brown 模型、Orkiszewski 模型和 Beggs－Brill 模型等。应用模型时，要先用该井的动态监测数据对模型进行拟合、修正。各模型的一些背景情况说明见表5－2。

表5－2　常用井筒流动模型的提出背景

模型名称	背景说明
Hagedorn－Brown	该模型是在深457m的井中，对1in，1¼in和1½in 3种尺寸的垂直管，进行了大量的油水气混合流动实验。在对数据研究的基础上，于1965年提出。是目前应用最广的模型之一
Orkiszewski	1967年提出，对前人计算压力梯度的方法在148口井上进行了检验和对比，选择不同的流动形态下的优秀方法，综合得出的新方法
Aziz－Govier	以Duns－Ros为基础，引入新的流动形态图，计算时应用了持液率。于1972年提出

下面主要介绍哈格多恩及布朗（Hagedorn－Brown）计算模型。

（1）相关式。

$$10^6 \frac{\Delta p}{\Delta h} = \overline{\rho_m} g + \frac{f_m q_L^2 M_t^2}{9.21 \times 10^9 d^5 \overline{\rho_m}} + \overline{\rho_m}\left[\frac{\Delta\left(\frac{u_m}{2}\right)^2}{\Delta h}\right] \tag{5-13}$$

$$\overline{\rho_m} = \overline{\rho_L} H_L + \overline{\rho_g}(1 - H_L) \tag{5-14}$$

式中　$\overline{\rho_m}$——气液混合物密度，kg/m^3；

f_m——两相摩阻系数；

d——油管管径，m；

q_L——地面产液量，m^3/d；

u_m——两相混合物流速，m/s；

Δp——垂直管压力增量，MPa；

Δh——深度变化值，m；

g——重力加速度，m/s^2；

M_t——地面标准条件下，每生产$1m^3$气体伴生油、气、水的总质量，kg/m^3。

$\overline{\rho_L}$——液相平均密度，kg/m^3；

$\overline{\rho_g}$——气相平均密度，kg/m^3；

H_L——持液率。

（2）流态分区。

计算A和B的值：

$$A = 1.071 - \frac{0.727504 \times (V_{SL} + V_{sg})^2}{d} \tag{5-15}$$

$$B = \frac{V_{sg}}{V_{SL} + V_{sg}} \quad (5-16)$$

式中　V_{SL}——液体表观速度，m/s；

V_{sg}——气体表观速度，m/s。

如果 $A<0.13$，则令 $A=0.13$

如果 $(B-A)\geqslant 0$，用哈格多恩及布朗法。

(3)持液率。

液体的滞留量 H_L，即持液率，与4个无量纲参数有关。

液相黏度准数：

$$N_L = 0.31471\mu_L\left(\frac{1}{\rho_L\sigma_L^3}\right)^{\frac{1}{4}} \quad (5-17)$$

液相速度准数：

$$N_{LV} = 3.1775V_{SL}\left(\frac{\rho_L}{\sigma_L}\right)^{\frac{1}{4}} \quad (5-18)$$

气相速度准数：

$$N_{GV} = 3.1775V_{sg}\left(\frac{\rho_L}{\sigma_L}\right)^{\frac{1}{4}} \quad (5-19)$$

管径准数：

$$N_d = 99.045d\sqrt{\frac{\rho_L}{\sigma_L}} \quad (5-20)$$

式中　ρ_L——液相密度，kg/m^3；

σ_L——液相表面张力，mN/m；

μ_L——液相黏度，mPa·s。

算出4个无量纲参数后，可用式(5-21)计算持液率 H_L：

$$H_L = A(\phi_1)\times B(\phi_2) \quad (5-21)$$

其中

$$\phi_1 = \frac{N_{LV}}{N_{GV}^{0.575}}\left(\frac{\bar{p}}{0.101325}\right)^{0.1}\left(\frac{CN_L}{N_d}\right) \quad (5-22)$$

$$\phi_2 = \frac{N_{GV}N_L^{0.38}}{N_d^{2.14}} \quad (5-23)$$

式中　$\bar{p}$——平均压力；

CN_L——由图5-2查出；

$A(\phi_1)$——ϕ_1 的函数，由图5-3查出；

$B(\phi_2)$——ϕ_2 的函数，由图5-4查出。

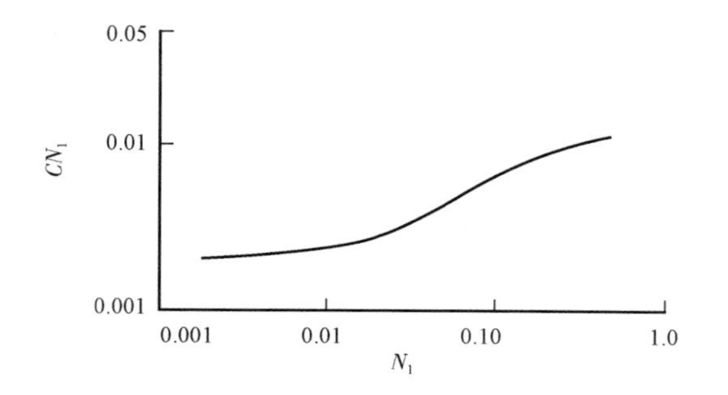

图 5－2　CNl 与 Nl 的关系

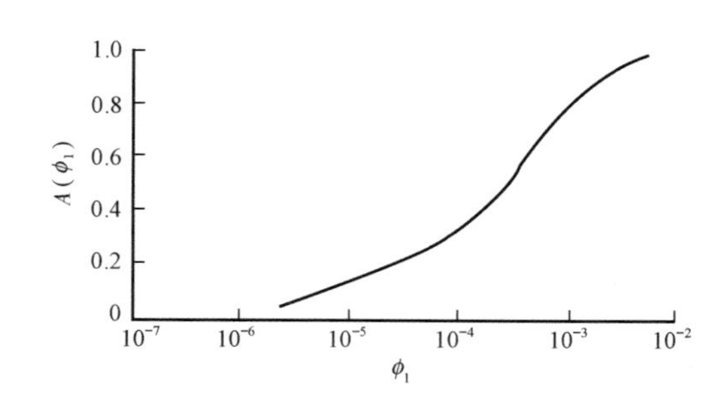

图 5－3　修正系数

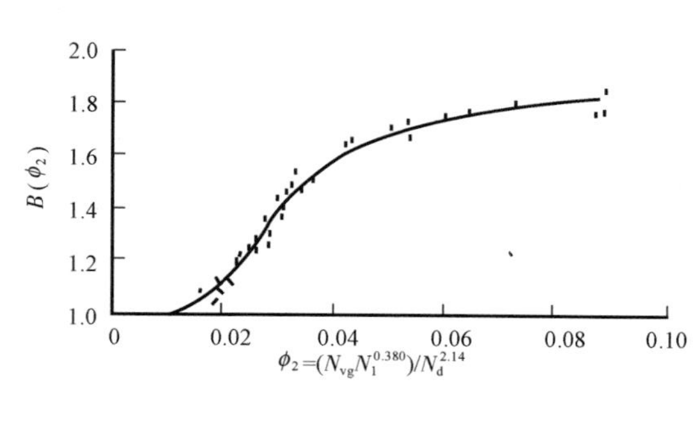

图 5－4　持液率系数

4）嘴流规律

在生产系统中，可能存在井下节流嘴、井口节流嘴等通径大幅变小的部位，当流体通过这些部位时，压力温度变化符合嘴流规律。

当节流前、后压力满足式（5－22）时，为临界流；否则为亚临界流。

$$\frac{p_2}{p_1} < \left(\frac{2}{k+1}\right)^{\frac{k}{k-1}} \tag{5-24}$$

临界流动状态下：

$$d = \sqrt{\frac{Q_{sc}\sqrt{\gamma_g T_1 Z_1}}{0.408 \times p_1 \sqrt{\frac{k}{k+1}\left[\left(\frac{2}{k+1}\right)^{\frac{2}{k-1}} - \left(\frac{2}{k+1}\right)^{\frac{k+1}{k-1}}\right]}}} \tag{5-25}$$

亚临界流动状态下：

$$d = \sqrt{\frac{Q_{sc}\sqrt{\gamma_g T_1 Z_1}}{0.408 \times p_1 \sqrt{\frac{k}{k+1}\left[\left(\frac{p_2}{p_1}\right)^{\frac{2}{k}} - \left(\frac{p_2}{p_1}\right)^{\frac{k+1}{k}}\right]}}} \tag{5-26}$$

式中　Q_{sc}——通过节流嘴的体积流量（标准状态下），$10^4 m^3/d$；

p——压力，MPa；

d——嘴眼直径，mm；

T——温度，K；

下标 1 和 2——分别表示嘴前、嘴后位置；

p_2/p_1——压力比。

2. 节点分析方法

节点分析方法是在给定系统始末边界条件下，根据需要分析的问题在系统中选择一个合适的点（节点），通过计算节点处理论上的流入动态和流出动态关系，从而求出节点处唯一可能的动态参数的气井动态分析方法。主要应用于气井生产动态分析、生产异常诊断、优化子系统（管柱尺寸、节流嘴尺寸）等方面。

1）节点选择

节点的选择应满足以下基本要求：节点处只有一个压力参数；通过节点只有一个与该压力相对应的流量参数。

节点的位置要根据需要分析的对象合理选择，常见节点有井底、井下节流嘴底、气举工作阀注气孔等位置。

2）流入动态与流出动态

天然气在节点上游子系统流动时，节点处的压力与产量之间的关系称为流入动态，需要给定上游子系统起始点的状态参数，在压力—产量坐标图上表现为流入曲线。

天然气在节点下游子系统流动时，节点处的压力与产量之间的关系称为流出动态，需要给定下游子系统终点的状态参数，在压力—产量坐标图上表现为流出曲线。

3）节点分析典型图形

（1）井底节点—油管尺寸敏感性分析。

图5-5是将节点选择在井底，天然气在地层中的流动为流入系统，在井筒的流动为流出系统。图中的两条流入曲线分别代表某井地层压力为40MPa和30MPa情况下的流入动态；三条流出曲线分别代表在相同井口压力条件下，油管内径为50.8mm，62.0mm和76mm时的流出动态。

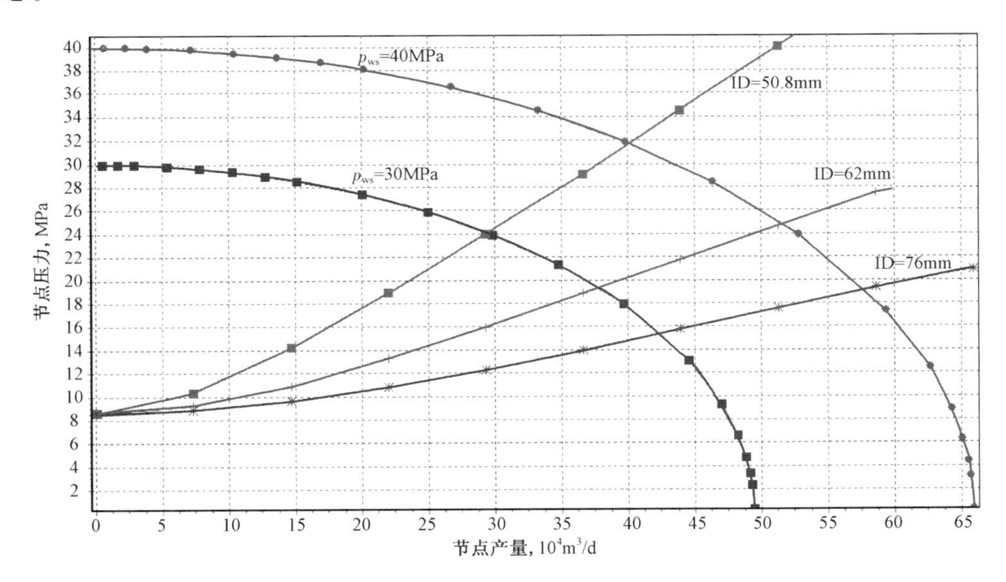

图5-5　节点分析——油管尺寸优化图解

流入曲线与流出曲线的交汇点即气井生产的协调点，即在给定边界条件（上游子系统起始点的状态、下游子系统终点的状态）下气井可得的生产数据。

（2）井下节流嘴节点—嘴径敏感性分析。

图 5－6 是将节点选择在井下节流嘴下，天然气从地层—井底—井筒—节流嘴前的流动为流入系统，在节流嘴（嘴流）—井筒—井口的流动为流出系统。图中的两条流入曲线分别代表在气井实际管柱结构情况下，地层压力为 40MPa 和 30MPa 的流入动态；三条流出曲线分别代表在相同井口压力、气井实际油管结构条件下，井下气嘴内径为 6mm，9mm 和 12mm 时的流出动态。

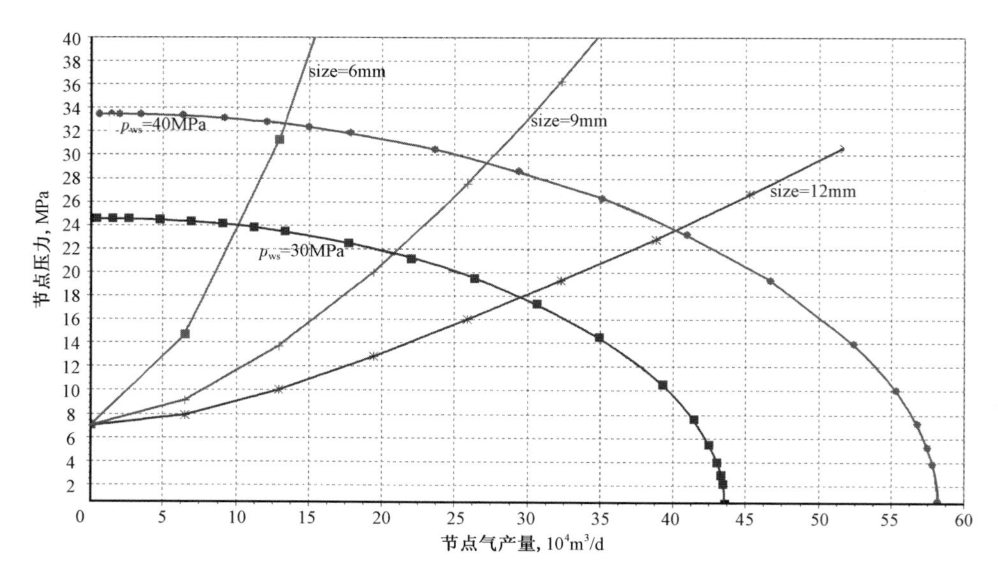

图 5－6　节点分析——井下气嘴尺寸优化图解

协调点即在给定边界条件（上游子系统起始点的状态、当前气井管柱结构，下游子系统节流嘴尺寸、油管结构、终点的状态）下气井可得的生产数据。

3. 系统分析方法

系统分析是将已完成的气井系统当作一个整体，将气井各子系统不同的流动规律综合在一起考虑计算，预测系统边界生产参数之间的变化规律。对于同一口气井，在一定的生产阶段，其生产参数是相互关联的，即在一定的井口压力条件下，只可能对应一个相应的气产量。

图 5－7 是一口气井的系统分析图，反映了在某一地层压力（边界）时，50. 8mm，62. 0mm 和 76. 0mm 3 种不同内径油管条件下，井口压力的变化与产量之间的关系。

四、临界携液流量

临界携液流量，是气井不积液的最小生产气量。

一般是在对气流中存在液滴分析的基础上，以液滴不沉降到井底为前提条件，建立数学模型并推导出的公式计算，一般不适应于以段塞流态生产的较大产水量的气井。

1. Turner 模型

气体携液的最小流速公式：

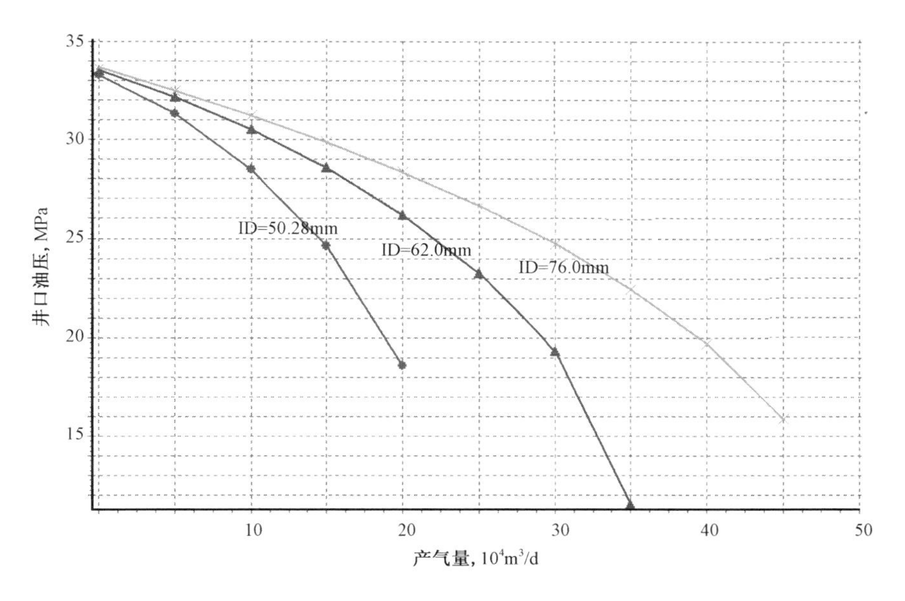

图 5－7　系统分析图

$$u_g = 6.55\left(\frac{\rho_L \rho_g \sigma}{\rho_g^2}\right)^{\frac{1}{4}} \tag{5-27}$$

气体携液的最小产量公式：

$$q_{sc} = 2.5 \times 10^8 \frac{Apu_g}{ZT} \tag{5-28}$$

式中　u_g——气井临界流速，m/s；

ρ_L——液体密度，kg/m^3；

ρ_g——气体密度，kg/m^3；

σ——气水表面张力，N/m；

q_{sc}——气井临界产量，m^3/d；

A——油管内横截面积，m^2；

p——压力，MPa；

T——温度，K；

Z——气体压缩因子，无量纲。

此模型适用于气液比非常高（$GLR > 1367$m^3/m^3），流态属雾状流的气液井。

2. 四川气田经验模型

由杨川东等人根据四川气田大量出水气井生产数据，推导并逐步完善得出。

气体携液的最小产量公式：

$$q_{kp} = 0.648(\gamma_g zT)^{-\frac{1}{2}}\left(10553 - 34158\frac{\gamma_g p_{wf}}{zT}\right)^{\frac{1}{4}} p_{wf}^{\frac{1}{2}} d_i^{\ 2} \tag{5-29}$$

气体携液的最小流速公式：

$$v_{kp} = 0.03313\left(10553 - 34158\frac{\gamma_g p_{wf}}{zT}\right)^{\frac{1}{4}}\left(\frac{\gamma_g p_{wf}}{zT}\right)^{-\frac{1}{2}} \tag{5-30}$$

$$v_r = \frac{v}{v_{kp}} \tag{5-31}$$

$$q_r = \frac{q_{sc}}{q_{kp}} \tag{5-32}$$

连续排液的合理油管直径由式(5－33)确定：

$$d_i = 1.2433(\gamma_g zT)^{\frac{1}{4}}\left(10553 - 34158\frac{\gamma_g p_{wf}}{zT}\right)^{-\frac{1}{8}} p_{wf}^{-\frac{1}{4}} q_{sc}^{\frac{1}{2}} \tag{5-33}$$

式中 q_{sc}——气体在标准状况下的体积流量，$10^3m^3/d$；

q_{kp}——气井连续排液，在标准状态下必需建立的临界流量，$10^3m^3/d$；

q_r——气井的无量纲对比流量；

v_{kp}——气井连续排液，在油管鞋处的临界气流速度，m/s；

v——气井在标准状态下的气流速度，m/s；

v_r——油管鞋处气流的无量纲对比流速；

p_{wf}——油管鞋处的井底绝对压力，MPa；

T——油管鞋处气体的绝对温度，K；

z——油管鞋处气体的偏差系数；

γ_g——天然气的相对密度；

d_i——设计的油管内径，cm。

第二节　天然气水合物预测与防治

一、水合物生成预测

1. 水合物生成的临界温度

指水合物可能存在的最高温度。高于此温度，不论压力多高，气体也不会生成水合物。各种气体水合物的临界温度见表5－3。

表5－3　气体水合物生成的临界温度

气体	甲烷	乙烷	丙烷	异丁烷	正丁烷	二氧化碳	硫化氢
临界温度，℃	21.5	14.5	5.5	2.5	1.0	10.0	29.0

2. 水合物生成预测方法

1)统计热力学方法

适用于已知天然气组成,迭代法求压力为 p 条件下水合物生成温度 T。

迭代格式为:

$$T_{n+1} = T_n - \frac{F(T_n)}{F'(T_n)} \tag{5-34}$$

其中

$$F(T) = a - bT - cp/T + d\ln(1 + \sum C_{1i}y_i \times 9.869p) + e\ln(1 + \sum C_{2i}y_i \times 9.869p) \tag{5-35}$$

$$F'(T) = -b - d\frac{9.869p}{1 + \sum C_{1i}y_i \times 9.869p} \times \sum B_{1i}C_{1i}y_i + cp/T^2 - e\frac{9.869p}{1 + \sum C_{2i}y_i \times 9.869p} \times \sum B_{2i}C_{2i}y_i \tag{5-36}$$

$$C_{1i} = \exp(A_{1i} - B_{1i}T) \tag{5-37}$$

$$C_{2i} = \exp(A_{2i} - B_{2i}T) \tag{5-38}$$

系数 a,b,c,d 和 e 根据天然气类型在表5-4中查得;

系数 A_{1i},A_{2i},B_{1i} 和 B_2 根据天然气组分在表5-5中查得。

表5-4　天然气在不同条件下的系数

气体类型	系数				
	a	b	c	d	e
$p \leqslant 6.865$ 天然气	3.69974	0.01476	0.6138	0.11766090	0.05883045
$p > 6.865$ 天然气	8.975110	0.03303965	0	0.11766090	0.05883045
含 H_2S 的天然气	5.40694	0.02133	0	0.11766090	0.05883045

表5-5　不同组分天然气的系数

组分		CH_4	C_2H_6	C_3H_8	C_4H_{10}	N_2	CO_2	H_2S
系数	A_{1i}	6.0499	9.4892	-43.6700	-43.6700	3.2485	23.0350	4.9258
	B_{1i}	0.02844	0.04058	0	0	0.02622	0.09037	0.00934
	A_{2i}	6.2957	11.9410	18.2760	13.6942	7.5990	25.2710	2.4030
	B_{2i}	0.02845	0.04180	0.04613	0.02773	0.024475	0.09781	0.00633

T 的初值由式(5-39)获得。

$$T^{(0)} = 6.38\ln(9.869p) + 262 \tag{5-39}$$

式中　p——天然气压力,MPa;

T——天然气在压力为 p 时水合物生成温度,K。

2)波诺马列夫方法

适用于不同相对密度气体天然气水合物生成条件预测。

对 $T>273$K,有:

$$\lg p = -1.0055 + 0.0541(B + T - 273) \tag{5-40}$$

对 $T\leqslant273$K,有:

$$\lg p = -1.0055 + 0.0171(B_1 - T + 273) \tag{5-41}$$

式中　T——温度,K;

p——水合物生成压力,MPa。

系数 B 和 B_1 可根据气体相对密度从表 5-6 查得。

表 5-6　不同相对密度天然气的系数

γ_g	0.56	0.58	0.60	0.62	0.64	0.66	0.68	0.70	0.72	0.75	0.80	0.85	0.90	0.95	1.00
B	24.25	20.00	17.67	16.45	15.47	14.76	14.34	14.00	13.72	13.32	12.74	12.18	11.66	11.17	10.77
B_1	77.4	64.2	64.2	51.6	48.6	46.9	45.6	44.4	43.4	42.0	39.9	37.90	36.20	34.5	33.1

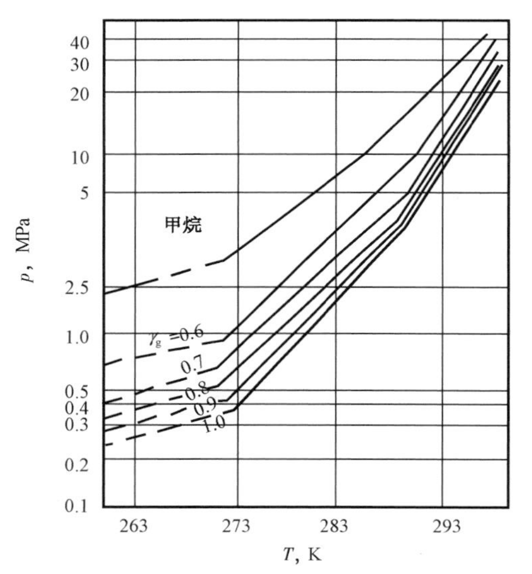

图 5-8　预测生成水合物的压力—温度曲线

3)水合物 p—T 图版法

适用于酸性气体含量较低、已知天然气相对密度的天然气水合物生成条件预测,图 5-8 为预测水合物生成的 p—T 图。

4)Katz 等方法

适用于已知组分的天然气。

$$K_{vs} = \frac{Y}{X_S} \tag{5-42}$$

式中　K_{vs}——固体蒸发平衡系数;

Y——气相中烃类组分的摩尔分数;

X_S——固相水合物中烃类组分的摩尔分数。

当满足下列方程时,将会形成水合物:

$$\sum_{i=1}^{n}(Y_i/K_{vsi}) = 1 \tag{5-43}$$

二、水合物防治方法

常见防治井筒中生成水合物的方法见表 5-7。本节只介绍抑制剂加注法。

表 5-7 常用井筒水合物防治方法对比表

防治方法	工作原理	工艺特点
井下节流法	通过节流降低天然气压力来降低水合物形成温度,通过地热提高天然气温度来防治水合物形成	通过钢丝作业下入井下节流器,定期维护,调产不方便
加热法	通过提高天然气温度来防治水合物形成	用电热转换装置或热液循环加热井口附近油管;需井口穿越
抑制剂加注法	通过降低水合物形成温度来防治水合物的形成	需泵将抑制剂注入井内

1. 常用水合物抑制剂物理化学性质

常用水合物抑制剂的物理化学性质见表 5-8。

表 5-8 常用水合物抑制剂的物理化学性质

物理化学性质	抑制剂		
	甲醇	乙二醇	二甘醇
分子式	CH_3OH	$C_2H_6O_2$	$C_4H_{10}O_3$
相对分子质量	32.04	62.1	106.1
沸点(760mmHg),℃	64.7	197.3	244.8
蒸汽压,mmHg	92(20℃)	0.12(25℃)	0.01(25℃)
密度,g/cm^3	0.7928(20℃)	1.110(25℃)	1.113(25℃)
冰点,℃	-97.8	-13	-8
黏度,mPa·s	0.5945(20℃)	16.5(25℃)	28.2(25℃)
表面张力,10^{-3}N/m	22.99(15℃)	47(25℃)	44(25℃)
折光指数	1.329(20℃)	1.430(25℃)	1.446(25℃)
比热容,J/(g·℃)	2.512(20℃)	2.428(25℃)	2.303(25℃)
闪点(开杯法),℃	15.6	116	138
汽化热,J/g	1101.1	845.7	540.1
水中溶解性(20℃)	完全互溶	完全互溶	完全互溶
性 状	无色易挥发,易燃液体,有中等毒性	无色无臭无毒,有甜味液体	无色无臭无毒,有甜味,黏性液体

2. 水合物抑制剂加注

对生产时井筒可能形成水合物的井,一般在开井前 2~3 天,从油管中将水合物抑制剂注入井内,投产后再从套管或专用管线注入。

抑制剂水溶液的质量分数 W 与天然气水合物生成温度降 ΔT 的关系用 Hammerschmidt 半经验式计算:

$$W = 100\frac{M \cdot \Delta T}{\Delta T \cdot M + K} \tag{5-44}$$

式中 W——抑制剂在液相水溶液中必须达到的最低浓度,%(质量分数);

M——抑制剂相对分子质量,取值见表 5-8;

ΔT——根据工艺要求而确定的天然气水合物形成温度降，℃，$\Delta T = t_1 - t_2$；

t_1——未加抑制剂时，天然气在管道或设备中最高操作压力下形成水合物的温度，℃；

t_2——要求加入抑制剂后天然气不会形成水合物的最低温度，℃；

K——与抑制剂种类有关的常数，取值见表5－9。

表5－9　常用抑制剂的K值

抑制剂种类	甲醇	乙二醇	二甘醇
相对分子质量	32.04	62.1	106.1
K值	1228	2195	24250

第三节　井下节流技术

在生产油管中一定深度下入井下节流器，降低节流器以上油管内及井口的生产流动压力。利用地温加热节流后温度降低的天然气，使井筒中不形成天然气水合物。

一、工艺流程

井下节流工艺生产流程同正常采气工艺流程。地面流程增加井口自动截断阀，在井下节流器失效时自动关井，确保气井安全（图5－9）。

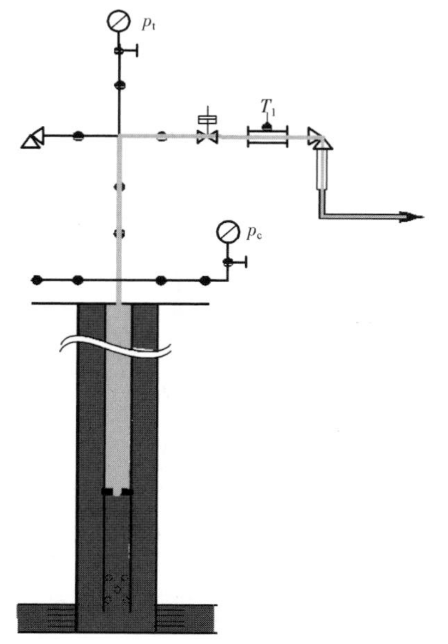

图5－9　井下节流工艺流程示意图

二、工艺设计

设计内容主要包括节流器坐放深度、节流嘴直径。

1. 最小下入深度设计

节流前的天然气流温度 t_1：

$$t_1 = L_{min}/M_0 + t_0 + 273 \tag{5-45}$$

节流后的天然气流温度 t_2：

$$t_2 = \frac{t_1}{\beta k^{-z(k-1)/k}} \tag{5-46}$$

下流温度 t_2 必须高于水合物形成温度 t_h，即 $t_2 > t_h$。

气嘴最小下入深度计算公式：

$$L_{min} \geqslant M_0[(t_h + 273)\beta k^{-z(k-1)/k} - (t_0 + 273)] \tag{5-47}$$

式中　L_{min}——节流器最小下入深度，m；

M_0——地温增率，m/℃；

t_h——水合物形成温度，℃；

βk——临界压力比，为0.546；

z——天然气偏差系数；

k——天然气绝热指数；

t_0——地面平均温度，℃。

2. 节流嘴直径设计

计算方法参见本章第一节。

不同直径节流嘴通过能力快速查找法：

当天然气相对密度 $\gamma_g=0.64$、温度 $T_g=20$℃时，不同尺寸节流嘴在一定的上下游压力条件下的流量可通过表5-10插值求得。

表5-10　不同上下游压力条件下节流嘴通过天然气流量表（温度20℃，相对密度0.64）

<table>
<tr><th rowspan="2">嘴径
mm</th><th rowspan="2">上游压力
MPa</th><th colspan="9">不同下游压力下的流量，$10^4m^3/d$</th></tr>
<tr><th>5MPa</th><th>10MPa</th><th>15MPa</th><th>20MPa</th><th>25MPa</th><th>30MPa</th><th>35MPa</th><th>40MPa</th><th>45MPa</th></tr>
<tr><td rowspan="9">1</td><td>50</td><td colspan="5">0.632</td><td>0.629</td><td>0.599</td><td>0.531</td><td>0.403</td></tr>
<tr><td>45</td><td colspan="5">0.589</td><td>0.572</td><td>0.513</td><td>0.393</td><td></td></tr>
<tr><td>40</td><td colspan="4">0.545</td><td>0.538</td><td>0.492</td><td>0.382</td><td></td><td></td></tr>
<tr><td>35</td><td colspan="4">0.496</td><td>0.465</td><td>0.367</td><td></td><td></td><td></td></tr>
<tr><td>30</td><td colspan="3">0.444</td><td>0.431</td><td>0.349</td><td></td><td></td><td></td><td></td></tr>
<tr><td>25</td><td colspan="2">0.386</td><td>0.384</td><td>0.324</td><td></td><td></td><td></td><td></td><td></td></tr>
<tr><td>20</td><td colspan="2">0.32</td><td>0.289</td><td></td><td></td><td></td><td></td><td></td><td></td></tr>
<tr><td>15</td><td>0.244</td><td>0.236</td><td></td><td></td><td></td><td></td><td></td><td></td><td></td></tr>
<tr><td>10</td><td>0.158</td><td></td><td></td><td></td><td></td><td></td><td></td><td></td><td></td></tr>
<tr><td rowspan="9">2</td><td>50</td><td colspan="5">2.527</td><td>2.515</td><td>2.396</td><td>2.123</td><td>1.612</td></tr>
<tr><td>45</td><td colspan="5">2.358</td><td>2.286</td><td>2.052</td><td>1.573</td><td></td></tr>
<tr><td>40</td><td colspan="4">2.178</td><td>2.153</td><td>1.966</td><td>1.527</td><td></td><td></td></tr>
<tr><td>35</td><td colspan="3">1.986</td><td>1.985</td><td>1.86</td><td>1.47</td><td></td><td></td><td></td></tr>
<tr><td>30</td><td colspan="3">1.777</td><td>1.723</td><td>1.396</td><td></td><td></td><td></td><td></td></tr>
<tr><td>25</td><td colspan="2">1.544</td><td>1.537</td><td>1.297</td><td></td><td></td><td></td><td></td><td></td></tr>
<tr><td>20</td><td colspan="2">1.281</td><td>1.156</td><td></td><td></td><td></td><td></td><td></td><td></td></tr>
<tr><td>15</td><td>0.975</td><td>0.945</td><td></td><td></td><td></td><td></td><td></td><td></td><td></td></tr>
<tr><td>10</td><td>0.631</td><td></td><td></td><td></td><td></td><td></td><td></td><td></td><td></td></tr>
<tr><td rowspan="9">3</td><td>50</td><td colspan="5">5.687</td><td>5.659</td><td>5.39</td><td>4.776</td><td>3.627</td></tr>
<tr><td>45</td><td colspan="5">5.305</td><td>5.144</td><td>4.617</td><td>3.54</td><td></td></tr>
<tr><td>40</td><td colspan="4">4.901</td><td>4.844</td><td>4.424</td><td>3.436</td><td></td><td></td></tr>
<tr><td>35</td><td colspan="3">4.468</td><td>4.465</td><td>4.185</td><td>3.307</td><td></td><td></td><td></td></tr>
<tr><td>30</td><td colspan="3">3.997</td><td>3.876</td><td>3.141</td><td></td><td></td><td></td><td></td></tr>
<tr><td>25</td><td colspan="2">3.475</td><td>3.458</td><td>2.918</td><td></td><td></td><td></td><td></td><td></td></tr>
<tr><td>20</td><td colspan="2">2.881</td><td>2.601</td><td></td><td></td><td></td><td></td><td></td><td></td></tr>
<tr><td>15</td><td>2.193</td><td>2.126</td><td></td><td></td><td></td><td></td><td></td><td></td><td></td></tr>
<tr><td>10</td><td>1.421</td><td></td><td></td><td></td><td></td><td></td><td></td><td></td><td></td></tr>
</table>

续表

<table>
<tr><th rowspan="2">嘴径
mm</th><th rowspan="2">上游压力
MPa</th><th colspan="9">不同下游压力下的流量,$10^4 m^3/d$</th></tr>
<tr><th>5MPa</th><th>10MPa</th><th>15MPa</th><th>20MPa</th><th>25MPa</th><th>30MPa</th><th>35MPa</th><th>40MPa</th><th>45MPa</th></tr>
<tr><td rowspan="9">4</td><td>50</td><td colspan="5">10. 11</td><td>10. 061</td><td>9. 583</td><td>8. 49</td><td>6. 448</td></tr>
<tr><td>45</td><td colspan="5">9. 432</td><td>9. 145</td><td>8. 207</td><td>6. 294</td><td></td></tr>
<tr><td>40</td><td colspan="4">8. 713</td><td>8. 611</td><td>7. 865</td><td>6. 109</td><td></td><td></td></tr>
<tr><td>35</td><td colspan="3">7. 943</td><td>7. 938</td><td>7. 44</td><td>5. 879</td><td></td><td></td><td></td></tr>
<tr><td>30</td><td colspan="3">7. 106</td><td>6. 89</td><td>5. 585</td><td></td><td></td><td></td><td></td></tr>
<tr><td>25</td><td colspan="2">6. 178</td><td>6. 148</td><td>5. 188</td><td></td><td></td><td></td><td></td><td></td></tr>
<tr><td>20</td><td colspan="2">5. 122</td><td>4. 624</td><td></td><td></td><td></td><td></td><td></td><td></td></tr>
<tr><td>15</td><td>3. 899</td><td>3. 78</td><td></td><td></td><td></td><td></td><td></td><td></td><td></td></tr>
<tr><td>10</td><td>2. 526</td><td></td><td></td><td></td><td></td><td></td><td></td><td></td><td></td></tr>
<tr><td rowspan="9">5</td><td>50</td><td colspan="5">15. 796</td><td>15. 72</td><td>14. 973</td><td>13. 266</td><td>10. 075</td></tr>
<tr><td>45</td><td colspan="5">14. 737</td><td>14. 29</td><td>12. 824</td><td>9. 834</td><td></td></tr>
<tr><td>40</td><td colspan="4">13. 615</td><td>13. 455</td><td>12. 29</td><td>9. 545</td><td></td><td></td></tr>
<tr><td>35</td><td colspan="3">12. 411</td><td>12. 403</td><td>11. 624</td><td>9. 186</td><td></td><td></td><td></td></tr>
<tr><td>30</td><td colspan="3">11. 103</td><td>10. 766</td><td>8. 726</td><td></td><td></td><td></td><td></td></tr>
<tr><td>25</td><td colspan="2">9. 653</td><td>9. 606</td><td>8. 107</td><td></td><td></td><td></td><td></td><td></td></tr>
<tr><td>20</td><td colspan="2">8. 004</td><td>7. 225</td><td></td><td></td><td></td><td></td><td></td><td></td></tr>
<tr><td>15</td><td>6. 092</td><td>5. 907</td><td></td><td></td><td></td><td></td><td></td><td></td><td></td></tr>
<tr><td>10</td><td>3. 946</td><td></td><td></td><td></td><td></td><td></td><td></td><td></td><td></td></tr>
<tr><td rowspan="9">6</td><td>50</td><td colspan="5">22. 746</td><td>22. 637</td><td>21. 561</td><td>19. 103</td><td>14. 508</td></tr>
<tr><td>45</td><td colspan="5">21. 222</td><td>20. 577</td><td>18. 467</td><td>14. 161</td><td></td></tr>
<tr><td>40</td><td colspan="4">19. 605</td><td>19. 375</td><td>17. 697</td><td>13. 744</td><td></td><td></td></tr>
<tr><td>35</td><td colspan="3">17. 872</td><td>17. 861</td><td>16. 739</td><td>13. 228</td><td></td><td></td><td></td></tr>
<tr><td>30</td><td colspan="3">15. 989</td><td>15. 503</td><td>12. 566</td><td></td><td></td><td></td><td></td></tr>
<tr><td>25</td><td colspan="2">13. 9</td><td>13. 833</td><td>11. 674</td><td></td><td></td><td></td><td></td><td></td></tr>
<tr><td>20</td><td colspan="2">11. 525</td><td>10. 404</td><td></td><td></td><td></td><td></td><td></td><td></td></tr>
<tr><td>15</td><td>8. 772</td><td>8. 505</td><td></td><td></td><td></td><td></td><td></td><td></td><td></td></tr>
<tr><td>10</td><td>5. 682</td><td></td><td></td><td></td><td></td><td></td><td></td><td></td><td></td></tr>
<tr><td rowspan="9">7</td><td>50</td><td colspan="5">30. 96</td><td>30. 811</td><td>29. 347</td><td>26. 001</td><td>19. 747</td></tr>
<tr><td>45</td><td colspan="5">28. 885</td><td>28. 008</td><td>25. 135</td><td>19. 275</td><td></td></tr>
<tr><td>40</td><td colspan="4">26. 685</td><td>26. 372</td><td>24. 088</td><td>18. 707</td><td></td><td></td></tr>
<tr><td>35</td><td colspan="3">24. 326</td><td>24. 311</td><td>22. 784</td><td>18. 005</td><td></td><td></td><td></td></tr>
<tr><td>30</td><td colspan="3">21. 762</td><td>21. 101</td><td>17. 103</td><td></td><td></td><td></td><td></td></tr>
<tr><td>25</td><td colspan="2">18. 92</td><td>18. 829</td><td>15. 889</td><td></td><td></td><td></td><td></td><td></td></tr>
<tr><td>20</td><td colspan="2">15. 687</td><td>14. 161</td><td></td><td></td><td></td><td></td><td></td><td></td></tr>
<tr><td>15</td><td>11. 94</td><td>11. 577</td><td></td><td></td><td></td><td></td><td></td><td></td><td></td></tr>
<tr><td>10</td><td>7. 734</td><td></td><td></td><td></td><td></td><td></td><td></td><td></td><td></td></tr>
</table>

续表

<table>
<tr><td rowspan="2">嘴径
mm</td><td rowspan="2">上游压力
MPa</td><td colspan="9">不同下游压力下的流量，$10^4 m^3/d$</td></tr>
<tr><td>5MPa</td><td>10MPa</td><td>15MPa</td><td>20MPa</td><td>25MPa</td><td>30MPa</td><td>35MPa</td><td>40MPa</td><td>45MPa</td></tr>
<tr><td rowspan="9">8</td><td>50</td><td colspan="5">40.438</td><td>40.244</td><td>38.331</td><td>33.961</td><td>25.792</td></tr>
<tr><td>45</td><td colspan="5">37.728</td><td>36.582</td><td>32.83</td><td>25.175</td><td></td></tr>
<tr><td>40</td><td colspan="4">34.853</td><td>34.444</td><td>31.461</td><td>24.434</td><td></td><td></td></tr>
<tr><td>35</td><td colspan="3">31.773</td><td>31.753</td><td>29.758</td><td>23.517</td><td></td><td></td><td></td></tr>
<tr><td>30</td><td colspan="3">28.424</td><td>27.561</td><td>22.339</td><td></td><td></td><td></td><td></td></tr>
<tr><td>25</td><td colspan="2">24.711</td><td>24.593</td><td>20.753</td><td></td><td></td><td></td><td></td><td></td></tr>
<tr><td>20</td><td colspan="2">20.49</td><td>18.496</td><td></td><td></td><td></td><td></td><td></td><td></td></tr>
<tr><td>15</td><td>15.595</td><td>15.121</td><td></td><td></td><td></td><td></td><td></td><td></td><td></td></tr>
<tr><td>10</td><td>10.102</td><td></td><td></td><td></td><td></td><td></td><td></td><td></td><td></td></tr>
<tr><td rowspan="9">9</td><td>50</td><td colspan="5">51.179</td><td>50.933</td><td>48.513</td><td>42.981</td><td>32.643</td></tr>
<tr><td>45</td><td colspan="5">47.749</td><td>46.299</td><td>41.55</td><td>31.863</td><td></td></tr>
<tr><td>40</td><td colspan="4">44.111</td><td>43.594</td><td>39.818</td><td>30.924</td><td></td><td></td></tr>
<tr><td>35</td><td colspan="3">40.213</td><td>40.187</td><td>37.663</td><td>29.763</td><td></td><td></td><td></td></tr>
<tr><td>30</td><td colspan="3">35.975</td><td>34.882</td><td>28.273</td><td></td><td></td><td></td><td></td></tr>
<tr><td>25</td><td colspan="2">31.275</td><td>31.125</td><td>26.265</td><td></td><td></td><td></td><td></td><td></td></tr>
<tr><td>20</td><td colspan="2">25.932</td><td>23.409</td><td></td><td></td><td></td><td></td><td></td><td></td></tr>
<tr><td>15</td><td>19.737</td><td>19.137</td><td></td><td></td><td></td><td></td><td></td><td></td><td></td></tr>
<tr><td>10</td><td>12.786</td><td></td><td></td><td></td><td></td><td></td><td></td><td></td><td></td></tr>
<tr><td rowspan="9">10</td><td>50</td><td colspan="5">63.185</td><td>62.881</td><td>59.892</td><td>53.063</td><td>40.3</td></tr>
<tr><td>45</td><td colspan="5">58.95</td><td>57.159</td><td>51.296</td><td>39.337</td><td></td></tr>
<tr><td>40</td><td colspan="4">54.458</td><td>53.82</td><td>49.159</td><td>38.178</td><td></td><td></td></tr>
<tr><td>35</td><td colspan="3">49.645</td><td>49.614</td><td>46.498</td><td>36.745</td><td></td><td></td><td></td></tr>
<tr><td>30</td><td colspan="3">44.413</td><td>43.064</td><td>34.905</td><td></td><td></td><td></td><td></td></tr>
<tr><td>25</td><td colspan="2">38.612</td><td>38.426</td><td>32.427</td><td></td><td></td><td></td><td></td><td></td></tr>
<tr><td>20</td><td colspan="2">32.015</td><td>28.899</td><td></td><td></td><td></td><td></td><td></td><td></td></tr>
<tr><td>15</td><td>24.366</td><td>23.626</td><td></td><td></td><td></td><td></td><td></td><td></td><td></td></tr>
<tr><td>10</td><td>15.785</td><td></td><td></td><td></td><td></td><td></td><td></td><td></td><td></td></tr>
<tr><td rowspan="9">11</td><td>50</td><td colspan="5">76.453</td><td>76.085</td><td>72.47</td><td>64.207</td><td>48.764</td></tr>
<tr><td>45</td><td colspan="5">71.329</td><td>69.163</td><td>62.069</td><td>47.597</td><td></td></tr>
<tr><td>40</td><td colspan="4">65.895</td><td>65.122</td><td>59.482</td><td>46.196</td><td></td><td></td></tr>
<tr><td>35</td><td colspan="3">60.071</td><td>60.032</td><td>56.262</td><td>44.461</td><td></td><td></td><td></td></tr>
<tr><td>30</td><td colspan="3">53.74</td><td>52.108</td><td>42.235</td><td></td><td></td><td></td><td></td></tr>
<tr><td>25</td><td colspan="2">46.72</td><td>46.495</td><td>39.236</td><td></td><td></td><td></td><td></td><td></td></tr>
<tr><td>20</td><td colspan="2">38.738</td><td>34.968</td><td></td><td></td><td></td><td></td><td></td><td></td></tr>
<tr><td>15</td><td>29.483</td><td>28.588</td><td></td><td></td><td></td><td></td><td></td><td></td><td></td></tr>
<tr><td>10</td><td>19.099</td><td></td><td></td><td></td><td></td><td></td><td></td><td></td><td></td></tr>
</table>

续表

<table>
<tr><th rowspan="2">嘴径
mm</th><th rowspan="2">上游压力
MPa</th><th colspan="9">不同下游压力下的流量,$10^4m^3/d$</th></tr>
<tr><th>5MPa</th><th>10MPa</th><th>15MPa</th><th>20MPa</th><th>25MPa</th><th>30MPa</th><th>35MPa</th><th>40MPa</th><th>45MPa</th></tr>
<tr><td rowspan="9">12</td><td>50</td><td colspan="5">90.986</td><td>90.548</td><td>86.245</td><td>76.411</td><td>58.033</td></tr>
<tr><td>45</td><td colspan="5">84.888</td><td>82.309</td><td>73.867</td><td>56.645</td><td></td></tr>
<tr><td>40</td><td colspan="4">78.42</td><td>77.5</td><td>70.788</td><td>54.977</td><td></td><td></td></tr>
<tr><td>35</td><td colspan="3">71.489</td><td>71.443</td><td>66.957</td><td>52.913</td><td></td><td></td><td></td></tr>
<tr><td>30</td><td colspan="3">63.955</td><td>62.012</td><td>50.263</td><td></td><td></td><td></td><td></td></tr>
<tr><td>25</td><td colspan="2">55.601</td><td>55.333</td><td>46.694</td><td></td><td></td><td></td><td></td><td></td></tr>
<tr><td>20</td><td colspan="2">46.102</td><td>41.615</td><td></td><td></td><td></td><td></td><td></td><td></td></tr>
<tr><td>15</td><td>35.088</td><td>34.022</td><td></td><td></td><td></td><td></td><td></td><td></td><td></td></tr>
<tr><td>10</td><td>22.73</td><td></td><td></td><td></td><td></td><td></td><td></td><td></td><td></td></tr>
</table>

当天然气相对密度和温度变化时,可通过校正系数 C_{gt} 计算实际通过气量。

$$C_{gt} = 0.073\sqrt{\gamma_g(273.15 + T_g)} \tag{5-48}$$

式中 γ_g——天然气相对密度;

T_g——温度,℃。

$$Q_{校正} = Q_{实际}C_{gt} \tag{5-49}$$

式中 $Q_{校正}$——节流嘴在基准条件下($\gamma_g=0.64$,$T_g=20$℃)的可通过气量,可查表5-10得。

$Q_{实际}$——节流嘴所在井深的 γ_g 和 T_g 条件下的通过气量。

C_{gt} 也可通过表5-11插值求得。

表5-11 天然气流量的温度—相对密度校正系数表(基准条件:温度20℃,相对密度0.64)

温度 ℃	不同天然气相对密度下的校正系数										
	0.58	0.6	0.62	0.64	0.66	0.68	0.7	0.72	0.74	0.76	0.78
10	0.936	0.951	0.967	0.983	0.998	1.013	1.028	1.042	1.057	1.071	1.085
20	0.952	0.968	0.984	1.000	1.015	1.031	1.046	1.061	1.075	1.090	1.104
30	0.968	0.985	1.001	1.017	1.033	1.048	1.063	1.078	1.093	1.108	1.123
40	0.984	1.001	1.017	1.033	1.049	1.065	1.081	1.096	1.111	1.126	1.141
50	0.999	1.016	1.033	1.050	1.066	1.082	1.098	1.114	1.129	1.144	1.159
60	1.015	1.032	1.049	1.066	1.082	1.099	1.115	1.131	1.146	1.162	1.177
70	1.030	1.047	1.065	1.082	1.099	1.115	1.131	1.147	1.163	1.179	1.194
80	1.045	1.063	1.080	1.097	1.114	1.131	1.148	1.164	1.180	1.196	1.212
90	1.059	1.078	1.095	1.113	1.130	1.147	1.164	1.180	1.197	1.213	1.229
100	1.074	1.092	1.110	1.128	1.146	1.163	1.180	1.197	1.213	1.229	1.245
110	1.088	1.107	1.125	1.143	1.161	1.178	1.196	1.212	1.229	1.246	1.262

续表

温度℃	不同天然气相对密度下的校正系数										
	0.58	0.6	0.62	0.64	0.66	0.68	0.7	0.72	0.74	0.76	0.78
120	1.102	1.121	1.140	1.158	1.176	1.194	1.211	1.228	1.245	1.262	1.278
130	1.116	1.135	1.154	1.173	1.191	1.209	1.226	1.244	1.261	1.278	1.295
140	1.130	1.149	1.168	1.187	1.205	1.224	1.241	1.259	1.276	1.294	1.310
150	1.144	1.163	1.182	1.201	1.220	1.238	1.256	1.274	1.292	1.309	1.326

三、井下节流器

1. 活动式井下节流器

主要结构如图5－10所示，主要技术参数见表5－12。

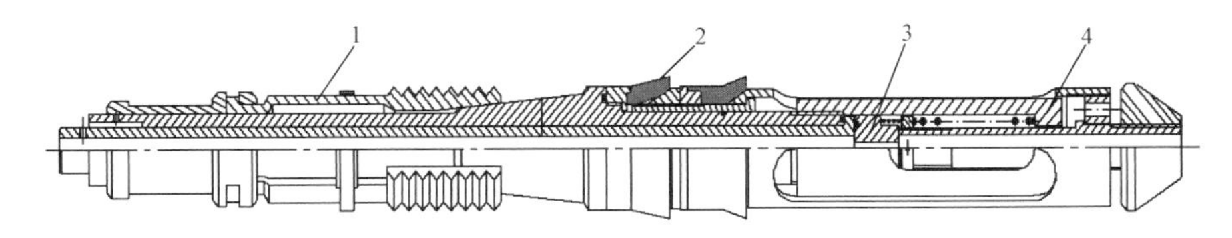

图5－10 活动式井下节流器结构示意图

1—卡瓦牙总成；2—密封件；3—节流嘴；4—密封启动总成

表5－12 活动式井下节流器主要技术参数

型号	外径，mm	长度，mm	最大工作压差，MPa	最大节流嘴径，mm	备注
HJL58－36－08	58	636	35	8	西南油气田
HJL71－36－08	71	665	35	8	
JL71－35－H08－B	71	665	35	8	
CQX－72	72	780	35	8	长庆油田
CQX－58	58	780	35	8	
CQX－47	47	680	35	8	
CQX－45	45	680	35	8	

2. 固定式井下节流器

主要结构如图5－11所示，主要技术参数见表5－13。

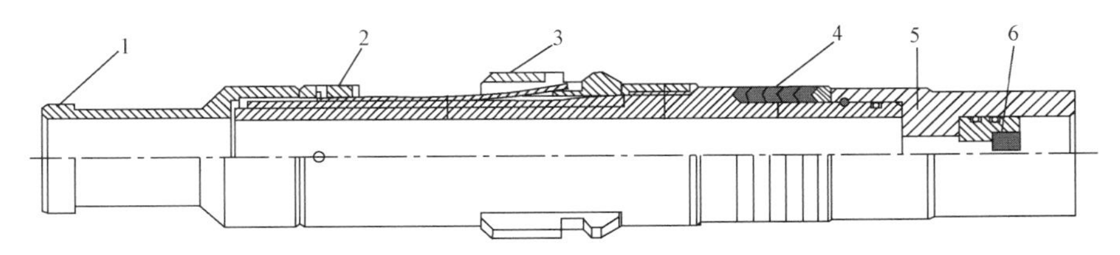

图5－11 固定式井下节流器结构示意图

1—外打捞颈；2—卡瓦牙本体；3—卡瓦牙；4—“V”形密封件；5—节流嘴座；6—节流嘴

表 5－13　固定式井下节流器主要技术参数

型号	外径，mm	长度，mm	最大工作压差，MPa	最大节流嘴径，mm	备注
JL65－70－G30－B	65	410	70	30	西南油气田
JL59－70－G30－B	59	405	70	30	
JL57－70－G30－B	57	405	70	30	
JL47－35－G20－B	47	400	35	20	
CQZ－72	72	625	35	27	长庆油田
CQZ－58	58	375	35	26	
CQZ－47	47	488	35	26	

3. 固定式井下节流器坐放短节

主要结构见图 5－12，主要技术参数见表 5－14。

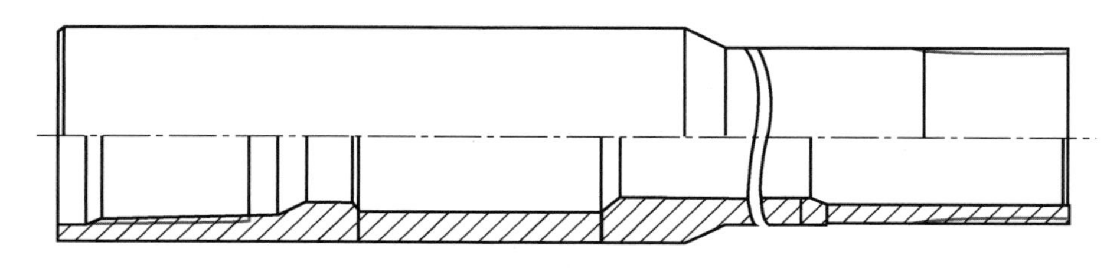

图 5－12　固定式井下节流器坐放短节示意图

表 5－14　固定式井下节流器坐放短节规格参数与技术参数

型号	外径，mm	长度，mm	抗压强度，MPa	抗拉强度，kN
JLD114.3－64.2	114.3	400	105	1200
JLD95－58.2	95	365	105	1160
JLD95－55.3	95	365	105	1160
JLD80－46.2	80	330	105	800

第四节　排水采气技术

气井排水采气是指通过改变气井生产制度，使用一定的工具、药剂、设备以及配套的工艺流程，将井筒中的液体排出，从而有效降低井底压力，获得足够的生产压差，维持气井按照一定产量生产的目的。

一、排水采气工艺分类及适用条件

常用排水采气工艺适用范围见表 5－15。

表 5－15 常用排水采气工艺适用范围

对比项目		优选管柱	泡排	气举	柱塞举升	机抽深井泵—抽油机	电潜泵	螺杆泵
最大井(泵挂)深,m		无限制	6000	5500	4200	4000	4300	2800
开采条件	高气液比	适宜	适宜	适宜	适宜	有影响	有影响	适宜
	含砂	适宜	适宜	适宜	受限	较差	较差	适宜
	地层水结垢	适宜	适宜	有影响	适宜	较差	较差	较差
	腐蚀性	适宜	适宜	有影响	适宜	受限	较差	较差
	斜井	适宜	适宜	适宜	受限	受限	有影响	较差
	大排液量	适宜	较差	适宜	受限	受限	适宜	受限
	深井	适宜	适宜	适宜	受限	受限	有影响	较差

二、泡沫排水采气工艺

溶入水中的起泡剂在气流的搅动下,产生泡沫,降低水的密度,同时降低举升泡沫流所需的气流速度,减小滑脱损失,达到排水采气目的。

1. 工艺流程

在气水井自喷带水生产流程的基础上,增加了起泡剂及消泡剂地面加注流程。起泡剂的加注流程根据加注通道及起泡剂的物理状态可分为5类,见表5－16。

液体起泡剂柱塞泵加注地面工艺流程:

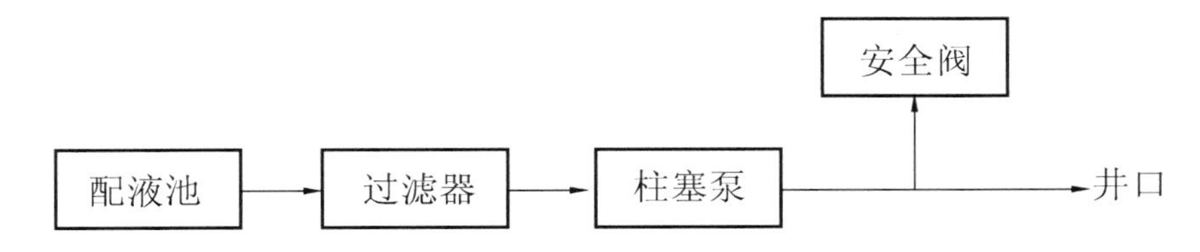

液体消泡剂柱塞泵加注地面工艺流程:

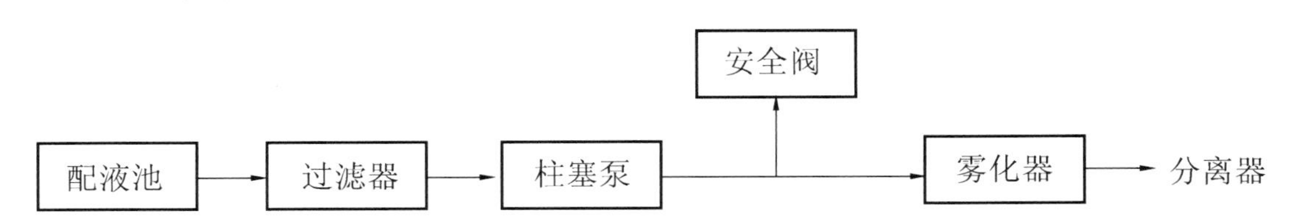

2. 工艺设计

1)加注方式选择

常见起泡剂的加注方式有5种,根据表5－16中适用条件,结合单井站特点选择加注方式。

消泡剂在分离器前加注,加注方式主要有平衡罐滴注及泵加注两种,柱塞泵加喷雾装置效果最好。

2）药剂类型选择

根据使用井所产流体温度、矿化度、是否含凝析油等条件初选起泡剂，结合对起泡剂表面张力、起泡力、泡沫动态性能、热稳定性、与其他入井流体配伍性等实验室评价结果，综合决定。

消泡剂应与起泡剂有良好的配伍性，一般选用同一厂家产品。

3）加注制度确定

起泡剂加注制度一般根据厂家的产品说明，并通过现场试验确定，四川气田的经验做法见表5-17。

表5-16　常用起泡剂加注方式表

加注方式		适用条件	工艺流程
环空直接加注	平衡罐 柱塞泵	光油管完井、油套环空畅通	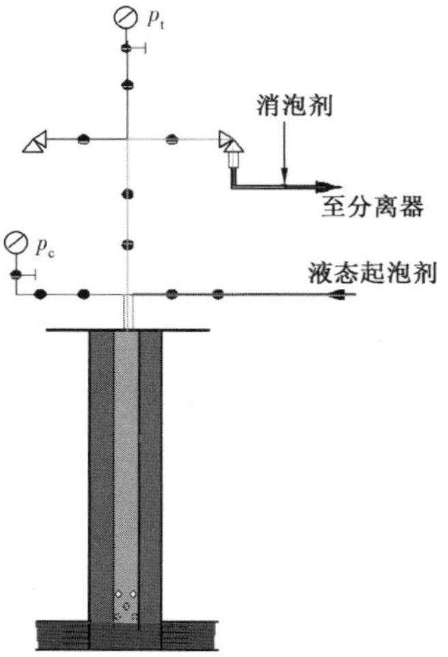 p_t　消泡剂　至分离器　p_c　液态起泡剂
环空毛细管加注		封隔器完井、毛细管完井、环空充保护液	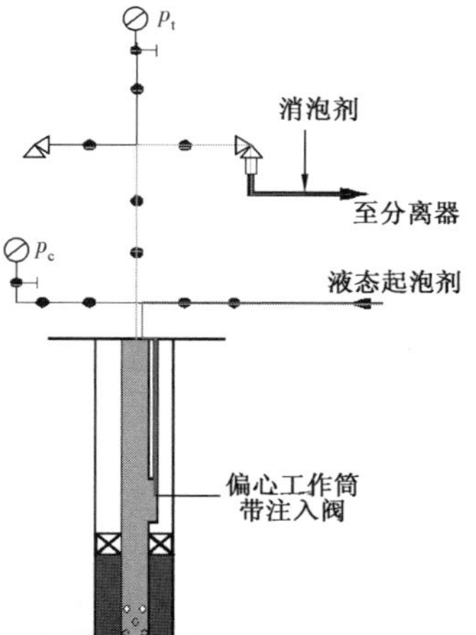 p_t　消泡剂　至分离器　p_c　液态起泡剂　偏心工作筒带注入阀

续表

加注方式	适用条件	工艺流程
同心管加注	油套环空不通，需连续加注或一段时间连续加注	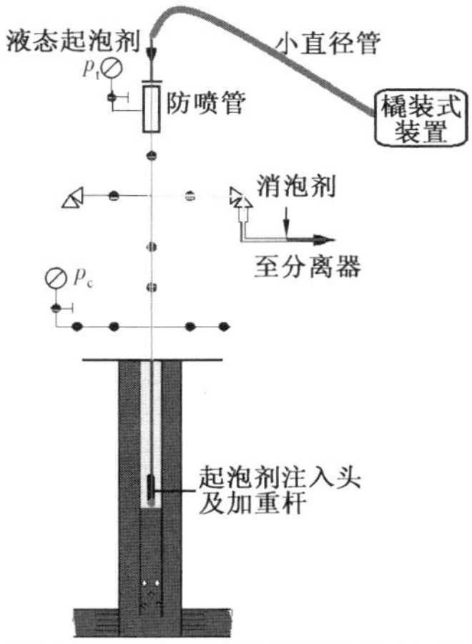
环空注入阀加注	封隔器完井，生产管柱上预置注入阀	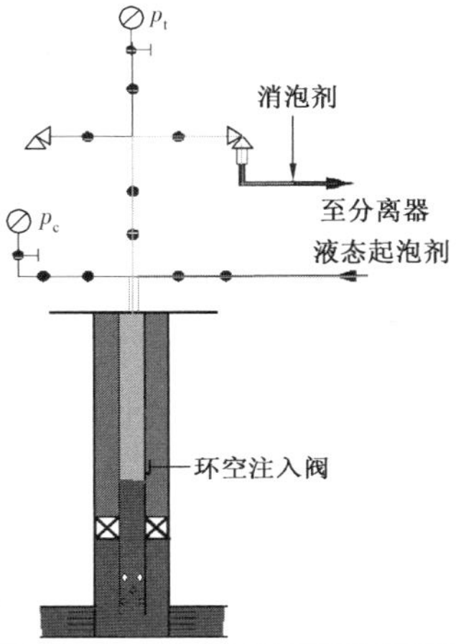
生产油管投注	加注液体泡排剂条件不具备（如：缺水、缺电或无泡排车、柱塞泵、平衡罐）。 油套管连通不好或封隔器完井； 不需连续加注起泡剂； 对加注频繁的井可使用自动投棒（球）辅助加注装置	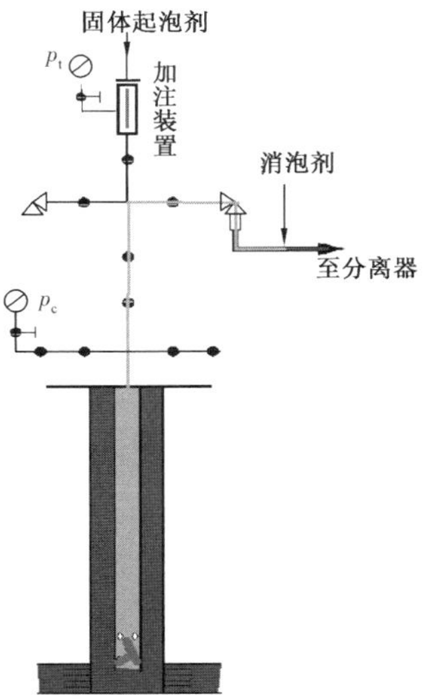

表 5－17　起泡剂加注经验做法表

内容		确定原则	经验做法
注入浓度		一般小于临界胶束浓度(CMC)	使用过程中，根据气井泡沫剂带水多少和泡沫量的多少等情况，对其浓度进行调整
注入量	工艺启动阶段	确保气井带水稳定连续生产	根据气井本身的带水能力，可以达到厂家推荐正常加注量的 3～4 倍
	调整试验阶段	第一次投加量为推荐加量的 2 倍。加量的降低分成 3 个梯度进行，即 2 倍、1.5 倍和 1.0 倍	每改变一加量，观察 5 天，若气井能正常生产带水，则改成下一加量，否则恢复到上一加量继续观察。根据气井正常生产时产液量及气井生产情况确定最终加量
注入周期		在条件的许可下，注入周期尽量短	产地层水小于 $30m^3/d$，宜采用间隙加注方式，一般每隔数天、数月一次即可； 产水量 q_w 大于 $30m^3/d$，最好连续注入

消泡剂加注制度确定原则，主要包括消泡剂浓度、加注量、加注时间及加注方式，见表 5－18。

表 5－18　消泡剂加注经验做法表

内容	确定原则	经验做法
加注时间	根据加注起泡剂后带出水的时间确定初次加注时间； 产出液中存在泡沫就必须加注	初次加注时间根据井深确定：2000～3000m 为 3～4h，3000～4000m 为 5～6h，4000～5000m 为 7～8m，5000m 以上为 8～10h； 结合分离器排污口的泡沫量情况确定
加注方式	确保不影响下游工艺，采气井场方便可行	间歇加注起泡剂且气井出水规律性强的气井，可间歇加注； 连续加注起泡剂或者间歇加注起泡剂但气井出水规律性不强的气井，消泡剂连续加注
浓度及注入量	参考厂家推荐量	根据气水分离后液体中泡沫的多少调整
注入周期	连续加注	柱塞泵与雾化装置结合使用

3. 常用药剂

川渝气田常用起泡剂、消泡剂及应用条件见表 5－19。

表 5－19　川渝气田常用起泡剂与消泡剂应用条件表

配方名称		适用范围			厂家	备注
		温度，℃	矿化度，g/L	凝析油(石油醚)含量，%		
CT5－2		≤120	≤120	≤10	中国石油西南油气田天然气研究院	
CT5－7		≤100	≤250	≤50		
CT5－7	B	≤120	≤120	≤10		
	C	≤100	≤150	约≤30		
	D	≤120		含凝析油		含 Ca^{2+} 和 Ba^{2+} 水

续表

配方名称		适用范围			厂家	备注
		温度,℃	矿化度,g/L	凝析油(石油醚)含量,%		
CT5－7E		≤100			中国石油西南油气田天然气研究院	棒状
CT5－7H		高温				
CT5－7HⅠ		高温	低矿化度			
CT5－7HⅡ		高温	高矿化度			
UT－1			≤60	≤5	成都孚吉科技有限责任公司	棒状
UT－4		高、低温	≤60			
UT－5	A		≤60	不含油		
	B		≤100	≤5		
UT－11	A	70	≤80	≤10		
	B	70	≤150	≤15		
	C	70	≤200	≤30		
	D	150	≤260	≤50		缓蚀率不小于70%
UT－15		耐高温	抗高矿化度	低抗凝析油		抑盐、阻垢
UT－16		≤130	抗高矿化度			棒状
UT－6	B	100	≤200	≤30		
	C	100	≤50	≤30		
UT－8		泡沫含水率低,适于低压小产水井				消泡剂
FG－2		与UT－1,UT－4,UT－5,UT－11,UT－15和UT－16配套使用				
PR－3		与UT－6B和UT－6C配套使用				
SPI—C11(A)			≤200	≤50	中国石油西南油气田勘探开发研究院	
SPI—C11(B)						
SPI—C11(D)		≤120	≤200			
KY－1		≤180	≤200			阻垢、耐高温、含硫的产水气井

4. 常用设备

1)常规加注设备

主要设备有:配液池、过滤器、防爆柱塞泵、安全阀、消泡剂雾化装置。

2)国产小直径管加注装置

XPCQ－36－42Q/H型橇装式小直径管排水采气作业装置组成:柴油机、主橇体、燃料油箱、液压系统、控制系统、盘管绞车、小直径连续管、导向器、注入头、防喷系统、井下工具串注剂系统等。主要技术参数见表5－20。

表 5-20　XPCQ-36-42Q/H 型橇装式小直径管排水采气作业装置主要技术参数

项目		参数
小直径管	外径,mm	9.525/19.05/25
	长度,m	3600/4200
注入头	最大提升力,kN	25~50
	最大注入力,kN	10/15
	最大提升速度,m/min	40
井口密封压力,MPa		35
注剂泵	最大注入压力,MPa	50
	最大注入排量,L/h	50~100
环境温度,℃		-15~65
橇装装置规格(长×宽×高),m×m×m		5×2.2×2.6
质量,t		6
作业能力	最大起下管柱深度,m	3000
	起下管柱速度,m/min	22
	最大井斜角,(°)	52

三、气举排水采气工艺

从地面将高压气注入停喷井中,利用高压气体的膨胀能将井筒中液体举升出井口,不断降低井筒积液对地层造成的回压,同时补充气井带液能量,不断将进入井筒的地层水带出井口,达到排水采气目的。

1. 工艺流程

气举工艺流程如图 5-13 所示。高压气源供给流程,根据实际情况可以是压缩机+注气管线(或连续油管)、液氮泵车+注气管线(或连续油管)、高压气源井+注气管线(或连续油管)。

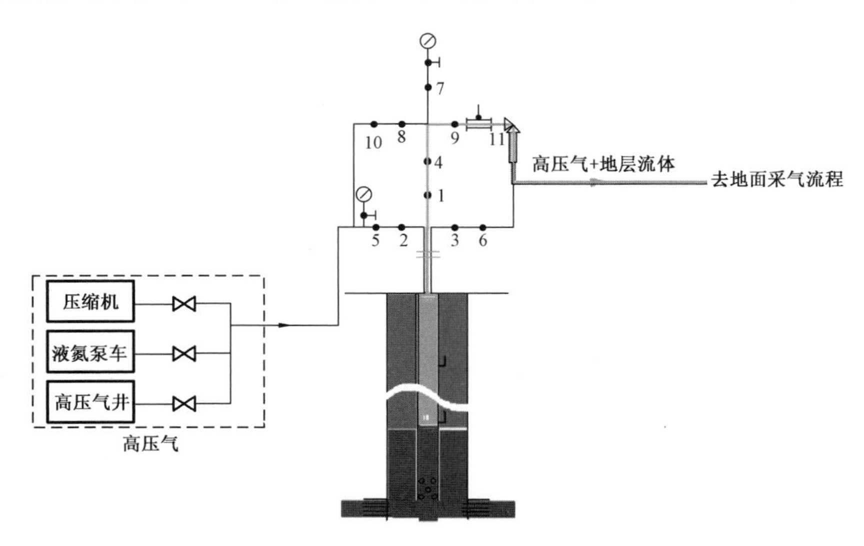

图 5-13　气举工艺流程示意图

2. 常规连续气举工艺设计

1)设计内容

设计依据有:可提供的注气压力及注气量、井筒工程现状(生产套管、油管规格尺寸及入井深度)、产出流体物理性质和气水井流入动态(产能方程)等。

设计内容主要包括:气举方式选择、气举装置选择、注气点深度、气举阀类型、下入井深、打开压力、阀嘴尺寸及装配要求等。

2)气举方式选择

气举方式有连续气举及间歇气举两种。适用井况及操作特点见表5－21。

影响气举方式选择的因素有:天然气产能方程、井底压力、产液指数、举升高度及注气压力。

表5－21　气举方式及适用条件

气举方式	适用条件	操作特点
连续气举	高产液指数、高井底压力	需对注入气进行控制,以便使气液混相
间歇气举	低产液指数、低井底压力	注入气量及压力要足够大,减少气体窜流和流体回落

3)气举装置选择

气举装置有半闭式、闭式及开式3种,适用条件见表5－22。

表5－22　气举装置及适用条件

装置名称	结构特点	适用条件	优点	结构示意图
半闭式气举装置	带封隔器	低井底压力	可避免注入气进入地层;环空液面稳定,易控制注入气;避免每次关井后都要卸载	返出流体 高压气

续表

装置名称	结构特点	适用条件	优点	结构示意图
闭式气举装置	带封隔器带单向阀	低井底压力	防止井筒内液体被压回地层；同时具有半闭式气举装置的优点	
开式气举装置		高产液指数高井底压力	完井工艺简单；可用于无法使用封隔器的气井；理论注气深度可达油管鞋；适应井底条件范围大	

4）主要参数计算

（1）阀打开压力计算。

令 $R \frac{A_{\mathrm{v}}}{A_{\mathrm{b}}}$，当 $p_{\mathrm{t@}h_i}=0$ 时，在井温 T_{v} 条件下打开阀的最大套压：

$$p_{\mathrm{vo@}T_{\mathrm{v}}} = \frac{p_{\mathrm{bt}}}{1-R} \tag{5-50}$$

顶阀打开压力设计原则：低于阀深度处的启动压力；气井卸载或复产后，高于阀深度处注气压力。

（2）阀的地面调试压力和井下打开压力的计算。

在井下，阀的充氮压力为：

$$p_{\mathrm{bt}} = p_{\mathrm{v@}h_i}(1-R) + p_{\mathrm{t@}L} \cdot R \tag{5-51}$$

令油管效应系数 $TEF=\dfrac{R}{1-R}$，用计算得到的 p_{bt}，确定 p_{b}：

$$p_{\mathrm{b}}=\frac{Z_0T_0}{Z_{\mathrm{v}}T_{\mathrm{v}}}p_{\mathrm{bt}} \tag{5-52}$$

阀调试温度下的打开压力 p_{vo}：

$$p_{\mathrm{vo}}=\frac{p_{\mathrm{b}}}{1-R} \tag{5-53}$$

阀在井下的打开压力 $p_{\mathrm{v@}L}$：

$$p_{\mathrm{v@}L}=\frac{p_{\mathrm{b}}}{1-R}-p_{\mathrm{v@}L}\cdot TEF \tag{5-54}$$

弹簧加载气举阀，可不考虑井温对气举阀打开压力的影响。

(3)顶阀深度 h_1 计算。

顶阀的深度根据最高注气压力(启动压力)、井底压力和静液压力梯度确定。为确保工艺正常运行，考虑适当安全距离，一般采用50m。

如果液面接近井口，顶阀的深度根据能提供的最大启动压力来确定：

$$h_1=\frac{p_{\mathrm{ko}}-p_{\mathrm{tf}}}{G_{\mathrm{s}}}-50 \tag{5-55}$$

若产层吸液能力强，在注气压力作用下井筒中有部分或全部流体被压入到地层中，则根据装备或气源井能力适当增加顶阀深度，顶阀设置深度如下：

正举

$$h_1D_{\mathrm{sc}}+\frac{p_{\mathrm{ko}}-p_{\mathrm{tf}}}{G_{\mathrm{s}}+\dfrac{S_{环}}{S_{油}}(1-k)G_{\mathrm{s}}}-50 \tag{5-56}$$

反举

$$h_1D_{\mathrm{sc}}+\frac{p_{\mathrm{ko}}-p_{\mathrm{tf}}}{G_{\mathrm{s}}+\dfrac{S_{油}}{S_{环}}(1-k)G_{\mathrm{s}}}-50$$

其中

$$k=\frac{h_{\mathrm{L}}-h_{\mathrm{S}}}{h_{\mathrm{L}}}$$

(4)其余阀(指非平衡式套管压力操作阀)安置深度的计算。

已知顶阀深度，其余阀的深度可通过阀的间距公式求出，即：

$$h_{i+1}=h_i+\frac{p_{\mathrm{v@}h}-p_{\mathrm{tf}}-G_{\mathrm{fa}}h_i}{G_{\mathrm{s}}} \tag{5-57}$$

(5)阀嘴尺寸。

阀嘴尺寸设计方法见井下节流嘴径设计。高压气通过阀嘴产生的压力损失为过阀压差。

(6)天然气的温度—重力修正系数。

天然气的温度—重力修正系数的计算：

$$c_i = 0.0544[\gamma_g(1.8T_v + 492)]^{\frac{1}{2}} \tag{5-58}$$

式中 $p_{v@h_i}$——阀深度处的套管注气压力，MPa；

$p_{t@h_i}$——阀深度处的油管压力，MPa；

$p_{vo@h_i}$——在井温为 T_v 条件下打开阀的最大压力，MPa；

p_{vo}——调试温度条件下，阀的打开压力，MPa；

p_b——调试温度条件下，阀的充氮压力，MPa；

p_{bt}——井温条件下，波纹管及腔室的充氮压力，MPa；

p_{ko}——地面注气启动压力，MPa；

p_{tf}——井口流动压力，MPa；

p_{vo}——调试温度条件下，阀的打开压力，MPa；

D_{sc}——气井静液面深度，m；

A_v——阀座孔眼面积，mm^2；

A_b——波纹管有效截面积，mm^2；

T_0——气举阀调试温度，℃；

T_v——气举阀所在井深温度，℃；

Z_0——温度为 T_0 时氮气的压缩系数，无量纲；

Z_v——温度为 T_v 时氮气的压缩系数，无量纲；

G_{fa}——注气点以上的流压梯度，MPa/m；

G_s——静液梯度，MPa/m；

h_1——顶阀深度，m；

h_i——第 i 级阀深度，m；

C_i——第 i 级阀的温度—重力修正系数，无量纲；

r_g——天然气的相对密度，无量纲；

DBV——阀之间的距离，m；

DOV——阀的深度，m；

DVA——上一支阀的深度，m。

$S_{环}$——顶阀以上环空面积，m^2；

$S_{油}$——未注气时静液面以上油管面积，m^2；

$S''_{环}$——未注气时静液面以上环空面积，m^2；

$S''_{油}$——顶阀以上油管面积，m^2；

k——地层吸液系数，无量纲；

H_L——注气通道中顶阀以上液体全部进入生产通道中，理论上生产通道中应增加的液面高度。

h_S——当高压气将气井注气通道中液面降到顶阀注气孔位置时，生产通道里实际增加的液面高度。

3. 常用气举阀及配套工具

1）气举阀

按安装方式分为投捞式气举阀和固定式气举阀；根据打开方式分为套管压力操作阀和油管压力操作阀，用于气井排液采气的常用国产气举阀主要技术参数参见表5－23。常用气举阀名称及代号变更见表5－24。

表5－23　常用国产气举阀主要技术参数表

厂家	代号	外径 mm	波纹管最高充氮压力 MPa	抗挤压差 MPa	阀座孔径 mm	备注
中国航天科技集团川南机械厂	100TGP11	25.4	10	35	3.2～7.1	IPO（固定式）
	150TGP11	38.1			4.8～11.1	
	100TGF21	25.4			3.2～4.8	PPO（固定式）
	150TGF21	38.1			3.2～6.4	
	100WGP11	25.4			3.2～7.1	IPO（投捞式）
	150WGP11	38.1			4.8～11.1	
	100WGF11	25.4			3.2～7.1	PPO（投捞式）
	150WGF11	38.1			4.8～11.1	
泸州瑞奥机械有限公司	100TGP11	25.4	14	35	3.0～5.5	IPO（固定式）
	100TGP11N25		25			
	150TGP11N25		25			
	100TGP11W90		14	90		
	100TGP11W70			70		
	100FGP31			35		PPO（固定式）
	100TGP12					高抗硫、IPO（固定式）
	100TGP12N25		25			高抗硫、IPO（固定式）
	100TGP12W90		14	90		抗高外压、IPO（固定式）
	100TGP11N25W90		25			高抗硫、高外压
共性	波纹管有效截面积200mm²，固定式气举阀连接扣型1/2NPT					

表5－24　常用气举阀名称及其代号变更表

气举阀名称	气举阀代号	可代替的原用代号
气举阀	100TGP11	YC01－350，YC01－350A
25MPa高压气举阀	100TGP11N25	100ZGP11
25MPa高压气举阀	150TGP11N25	150ZGP11
90MPa气举阀	100TGP11W90	QJ254－2H

续表

气举阀名称	气举阀代号	可代替的原用代号
70MPa 气举阀	100TGP11W70	QJ254 - 1H
油管压力操作气举阀	100FGP31	ZYH2 - 1
高抗硫气举阀	100TGP12	
25MPa 高抗硫气举阀	100TGP12N25	
90MPa 高抗硫气举阀	100TGP12W90	
高压气举阀	100TGP11N25W90	

投捞式盲阀是一种与偏心工作筒配套使用的堵头工具，主要技术参数见表 5 - 25。

表 5 - 25　投捞式盲阀主要技术参数表

代号	规格（外径），mm	配套打捞头	配套工作筒	最大压差，MPa（psi）
RD - 1	25.4	SDT1 - 1	A - series	58.6（8500）
RD - 2	38.1	SDT2 - 1 SDT2 - 2	A - series	

投捞式气举阀打捞头结构见图 5 - 14；投捞式气举阀打捞头主要技术参数见表 5 - 26。

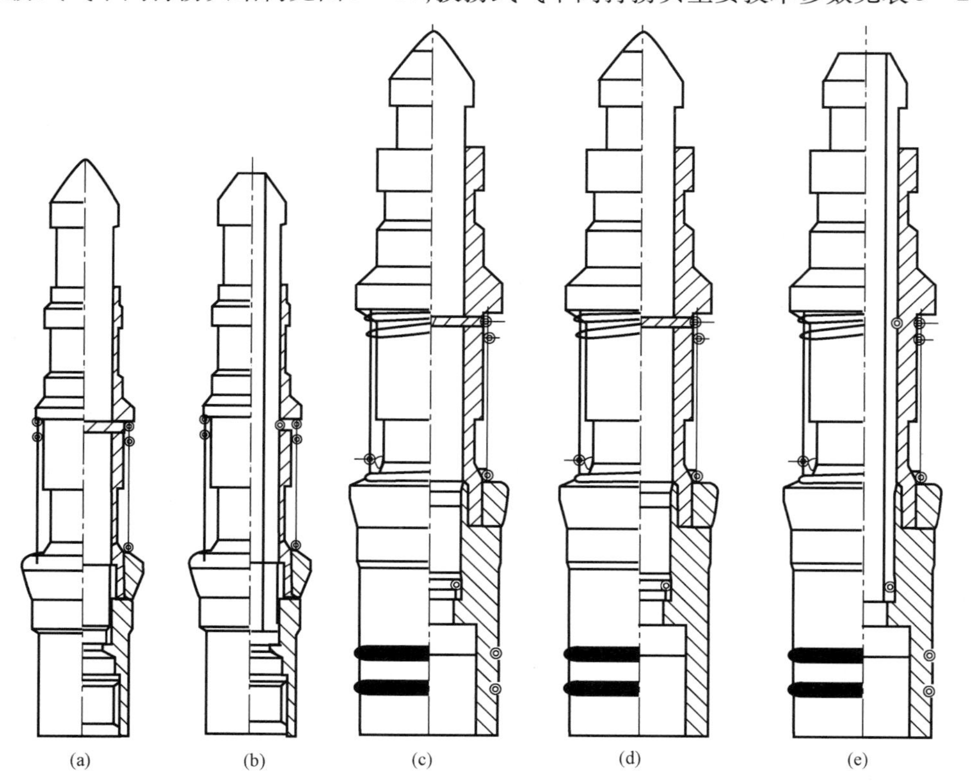

图 5 - 14　投捞式气举阀打捞头结构示意图

表 5 – 26 投捞式气举阀打捞头主要技术参数表

代号	规格(外径) mm	最大外径 mm	长度 mm	投放头外径 mm	投放工具型号	打捞外径 mm	打捞工具型号
SDT 1 – 1	25.4	34.5	169	19.1	HgMp – 16	22.3	DL22B1 – 1
SDT 1 – 2							
SDT 2 – 1	38.1	45.3	208	23.8	TF1 – 1	30.0	DL – 30
SDT 2 – 2							
SDT 2 – 3							

2)工作筒

(1)投捞式气举阀工作筒。

投捞式气举阀对应的 A – 系列工作筒主要结构尺寸参数见表 5 – 27 及表 5 – 28。与 A – 系列偏心工作筒配套的各类阀见表 5 – 29。

表 5 – 27 A – 系列圆截面偏心工作筒主要技术参数表

技术参数代号	油管规格,mm	最大外径,mm	通径,mm	耐压,MPa	配套打捞头	配套造斜工具
288A1 – D2347 – S7055	73	118.6	59.6	70	SDT1 – 1	Zx1 – 2
350A1 – D2867 – S8055	88.9	134.9	72.8		SDT1 – 1	Zx1 – 1
288A2 – D2347 – S7055	73	139.7	59.6		SDT2 – 1 SDT2 – 2	Zx1 – 2
350A2 – D2867 – S8055	88.9	151.6	72.8		SDT2 – 1 SDT2 – 2	Zx1 – 1

表 5 – 28 A – 系列椭圆截面偏心工作筒主要技术参数表

技术参数代号	油管规格,mm	最大外径,mm	通径,mm	耐压,MPa	配套打捞头	配套造斜工具
288A1 – D2347 – S7055(o)	73	118.6	59.6	48.2	SDT1 – 1	Zx1 – 2
350A2 – D2867 – S8055(o)	88.9	151.6	72.8		SDT2 – 1 SDT2 – 2	Zx1

表 5 – 29 与 A – 系列偏心工作筒配套的各类阀型号表

气举阀	盲阀	孔板阀	循环阀	化学注入阀
100WGP11 100WGF11 150WGP11 150WGF11	RD – 1 RD – 2	KBF – 1 KBF – 2	XHF – 1 XHF – 2	HXF1 – 1 HXF1 – 2

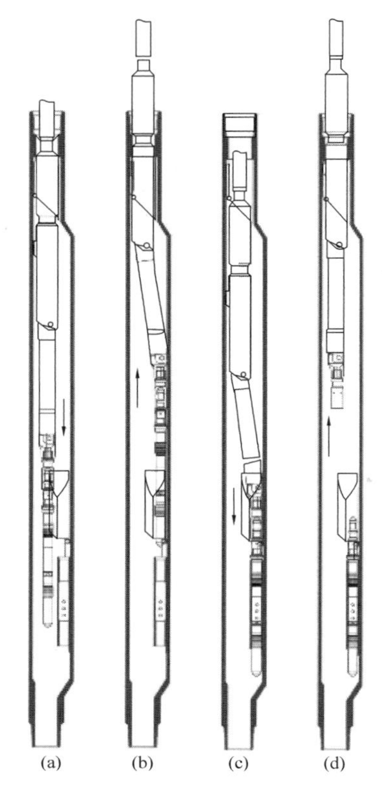

图 5 – 15 投捞式气举阀投放过程

投捞式气举阀的投捞过程如图 5 – 15 所示。

① 用钢丝绳将投放工具串(由上而下,绳帽—加重杆—机械震击器—万向节—造斜工具—投放工具—气举阀)下放到需投放的气举阀位置以下约 5 ~ 8m。如图 5 – 15(a)所示。

② 缓慢上提投放工具串,使造斜工具上的控制块滑入偏心工作筒导向槽内,这时在钢丝绳上施加 2kN 的造斜拉力,造斜杠杆偏转约 6°,使得气举阀对准偏心工作筒阀囊孔。如图 5 – 15(b)所示。

③ 投放工具串下的气举阀进入偏心工作筒阀囊孔孔口,向下振击使气举阀进入偏心工作筒阀囊孔内,这时气举阀被锁定在偏心工作筒阀囊孔内。如图 5 – 15(c)所示。

④ 向上振击直到投放工具上剪切销被剪断,气举阀与工具串分离,继续向上振击直到工具串从工作筒内捞出。如图 5 – 15(d)所示。

(2)常规套管压力操作气举阀工作筒。

主要技术参数见表 5 – 30。

(3)滑套式套管压力操作气举阀工作筒。

主要技术参数见表 5 – 31。

表 5 – 30 常规套管压力操作气举阀工作筒主要技术参数表

<table>
<tr><th>序号</th><th>代号</th><th>适用油管规格(外径),mm</th><th>最大外径,mm</th><th>长度,mm</th><th>内径,mm</th><th colspan="2">承压,MPa</th></tr>
<tr><td>1</td><td>GZT – 1.9</td><td>48.3</td><td colspan="2">86.3</td><td rowspan="4">1000</td><td>40.3</td><td rowspan="4">30</td></tr>
<tr><td>3</td><td>GZT – 2.375</td><td>60.3</td><td colspan="2">98.2</td><td>50.3</td></tr>
<tr><td>3</td><td>GZT – 2.5</td><td>73</td><td colspan="2">110</td><td>62</td></tr>
<tr><td>4</td><td>GZT – 3.0</td><td>88.9</td><td colspan="2">126</td><td>75.9</td></tr>
</table>

表 5 – 31 滑套式套管压力操作气举阀工作筒主要技术参数表

<table>
<tr><th rowspan="2">序号</th><th rowspan="2">油管内径,mm</th><th rowspan="2">外径,mm</th><th rowspan="2">最小内径,mm</th><th rowspan="2">长度,mm</th><th rowspan="2">承压,MPa</th><th colspan="2">配套位移器</th></tr>
<tr><th>收拢外径,mm</th><th>张开外径,mm</th></tr>
<tr><td>1</td><td>50.8</td><td>115.1</td><td>47.5</td><td rowspan="2">1052</td><td rowspan="2">50</td><td>46.74</td><td>54.76</td></tr>
<tr><td>2</td><td>62</td><td>132</td><td>58.75</td><td>54.76</td><td>67.46</td></tr>
</table>

滑套式套管压力操作气举阀工作筒,主要用于地层压力、气井产液量不清楚的气举排水采气井,其开关和投捞工具串主要结构如图 5 – 16 所示。

(4)整体式套管压力操作气举阀工作筒。

主要技术参数见表 5 – 32,主要用于酸化、压裂后气举排液。

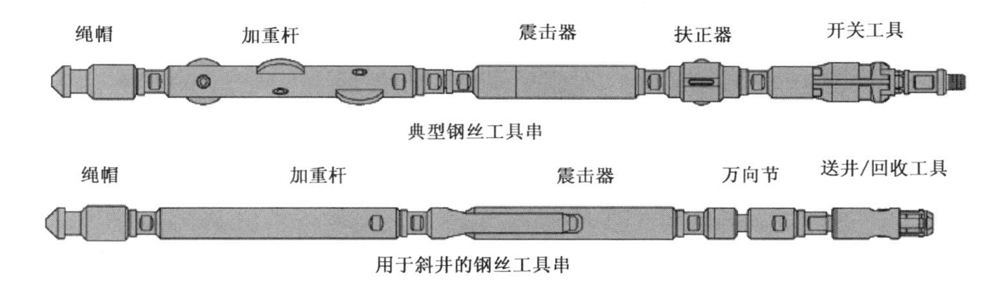

图 5－16　用于滑套式套管压力操作气举阀工作筒的典型钢丝作业工具串示意图

表 5－32　整体式工作筒主要技术参数

序号	型号	扣型	最大外径，mm	长度，mm	内径，mm	承压，MPa
1	GZT96A1－238A	2⅜TBG	96	770	48	70
2	GZT105A1－238		105			
3	GZT110A1－238E	2⅜EUE	110			
4	GZT114A1－288EA	2⅞EUE	114	820	62	90
5	GZT115A1－288A	2⅞TBG	115			70
6	GZT125A1－288EA	2⅞EUE	125	832		90
7	GZT125A1－288E		125	780		
8	GZT140A1－350EA	3½EUE	140	865	76	78
9	GZT145A1－350E		145	780		
10	GZT125C2－288EA	2⅞EUE	125	832	62	105
11	GZT140C2－350EA	3½EUE	140	865	76	90

（5）油管压力操作阀工作筒。

主要技术参数见表 5－33。

表 5－33　常用油管压力操作阀工作筒型号及技术参数

序号	型号	扣型	最大外径，mm	长度，mm	内径，mm	最高耐压，MPa	承重，kN
1	GZT140A1－350Y	3½EUE	140	865	76	35	1030
2	GZT122A1－288E Y	2⅞EUE	122	780	62		725
3	GZT120A1－288 Y	2⅞TBG	120				528
4	GZT110A1－238 Y	2⅜TBG	110		48		360
5	GZT114A1－238E Y	2⅜EUE	114				520

注：承重和抗腐蚀与所选材质有关，该表中承重仅供参考。

4. 主要装备

天然气压缩机是提供高压气源的重要设备，一般采用往复活塞式压缩机。

1)整体式天然气压缩机

整体式压缩机的动力机和压缩机共用一根曲轴,国内气田常用整体式天然气压缩机结构示意图如图5-17所示,主要技术参数见表5-34及表5-35。

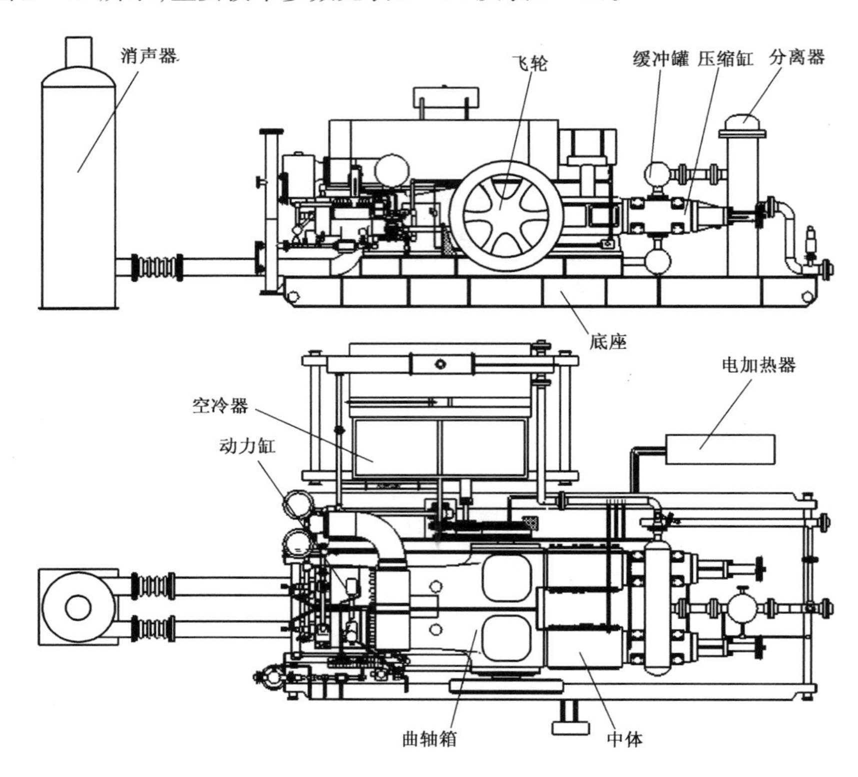

图5-17　整体式天然气压缩机结构示意图

表5-34　成都压缩机厂整体式压缩机主要技术参数

型号	动力缸列数	动力缸(缸径×冲程)mm×mm	标定功率 kW	标定转速 r/min	平均有效制动压力 MPa	压缩缸列数	压缩活塞杆最大允许杆载 kN	吸气压力 MPa	排气压力 MPa	处理气量 nm^3/d
ZTY85	1	336×406	85	360	0.395	1	97.861	根据用户工况确定,最高排气压力35MPa		
ZTY170	2	336×406	170	360	0.395	2	97.861			
ZTY265	2	381×406	265	400	0.433	2	133.449			
ZTY440	3	381×406	440	440	0.433	2	177.811			
ZTY470	3	381×406	470	440	0.48	2	177.811			
ZTY630	4	381×406	630	440	0.48	3	177.811			

表 5 – 35 COOPER 整体式压缩机主要技术参数

型号		DPC – 2201		DPC – 2801		DPC – 2202		DPC – 2802		DPC – 2803		DPC – 2804	
		STD	LE	STD	LE	STD	LE	STD	LE	STD	LE	STD	LE
标定功率,bhp		147.8	147.8	192	192	295.68	295.68	422	384	634	600	845	800
标定转速,r/min		440	440	440	440	440	440	440	440	440	440	440	440
转速范围,r/min		265 ~ 440											
动力缸数		1	1	1	1	2	2	2	2	3	3	4	4
压缩机	列数	1	1	1	1	2	2	2	2	2	2	3	3
	冲程,in	11	11	11	11	11	11	11	11	11	11	11	11
	活塞杆直径,in	2.5	2.5	2.5	2.5	2.5	2.5	2.5	2.5	2.5	2.5	2.5	2.5
	杆载,lbf	30000	30000	30000	30000	33000	33000	33000	33000	40000	40000	40000	40000

2)分体式天然气压缩机

分体式天然气压缩机的动力机和压缩机各自相对独立,结构示意图如图 5 – 18 所示。

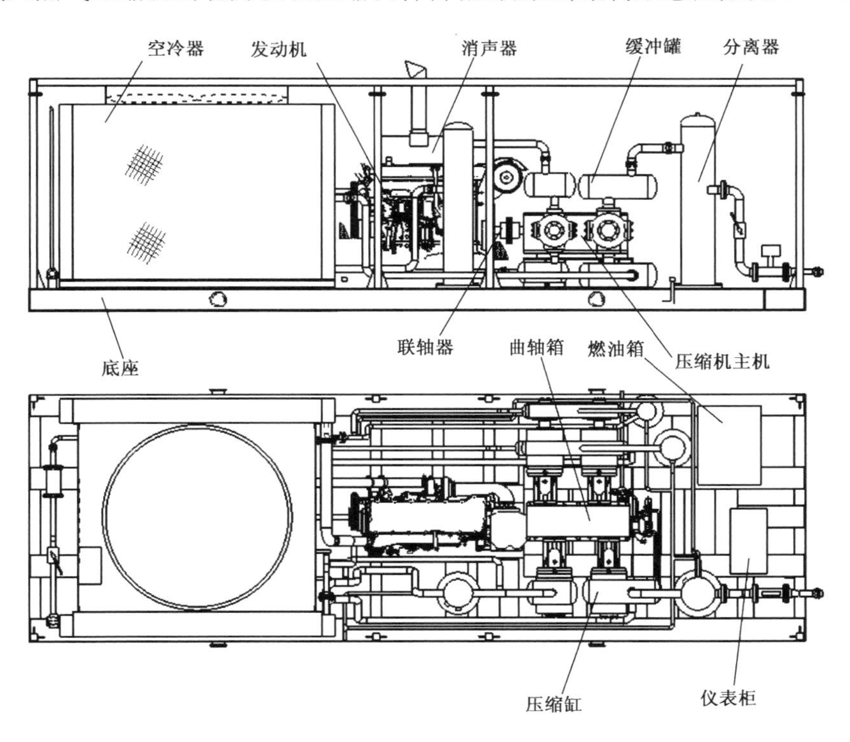

图 5 – 18 分体式天然气压缩机结构示意图

动力机常用电动机、柴油发动机和天然气发动机。国内气田常用的天然气发动机主要技术参数见表 5 – 36 和表 5 – 37,常用的压缩机主要技术参数见表 5 – 38 ~ 表 5 – 43。

表 5-36　WAUKESHA 燃气发动机规格型号及主要技术参数

系列号	型号	排气量 L	缸径×冲程 mm×mm	压缩比	轴功率,kW						
					800 r/min	900 r/min	1000 r/min	1200 r/min	1400 r/min	1600 r/min	1800 r/min
275GL	16V275GL	285	275×300	9:1	2686	3020	3356	—	—	—	—
	12V275GL	214			2013	2267	2517	—	—	—	—
VHP	P9390GSI	154	238×216	8:1	984	1107	1230	1476	—	—	—
	P9390GL			10.5:1	984	1107	1230	1476	—	—	—
	L7044GSI	116	238×216	8:1	835	940	1044	1253	—	—	—
	L7042GSI			8:1	736	828	920	1104	—	—	—
	L7042GL			10.5:1	736	830	920	1104	—	—	—
	L7042G			10:1	546	610	668	764	—	—	—
	L5794GSI	95	216×216	8.2:1	686	772	858	1029	—	—	—
	L5794LT			10.2:1	—	—	901	1081	—	—	—
	L5774LT			10.2:1	—	—	795	954	—	—	—
	L5790G			10:1	450	501	550	630	—	—	—
	F3524GSI	58	238×216	8:1	418	470	522	626	—	—	—
	F3514GSI			8:1	368	414	460	552	—	—	—
	F3521GL			10.5:1	367	413	459	550	—	—	—
	F3521GL			10:1	273	305	334	384	—	—	—
VGF	P48GSI/GSID	48	152×165	8.6:1	—	—	—	—	620	705	800
	P48GL/GLD			11:1	—	—	—	—	620	705	800
	L36GSI/GSID	36	152×165	8.6:1	—	—	—	—	460	530	600
	L36GL/GLD			11:1	—	—	—	—	460	530	600
	H24GSI/GSID	24	152×165	8.6:1	—	—	—	—	310	355	400
	H24GL/GLD			11:1	—	—	—	—	310	355	400
	F18GDI/GSID	18	152×165	8.6:1	—	—	—	—	230	265	300
	F18GL/GLD			11:1	—	—	—	—	230	265	300

表 5-37　CAT 燃气发动机规格型号及主要技术参数

系列号	型号	排气量 L	缸径×冲程 mm×mm	轴功率,kW				
				1000 r/min	1200 r/min	1400 r/min	1500 r/min	1800 r/min
G3300	G3304NA	7	121×152					71
	G3306NA	10.5						108
	G3306TA							151

续表

系列号	型号	排气量 L	缸径×冲程 mm×mm	轴功率,kW				
				1000 r/min	1200 r/min	1400 r/min	1500 r/min	1800 r/min
G3400	G3406NA	14	137×165					160
	G3406TA							206
	G3408NA	18	137×152					190
	G3408TA							248
	G3412NA	27						272
	G3412TA						373	
G3500	G3508LE	34. 5	170×190			500		
	G3508TA				391			
	G3512LE	51. 8				749		
	G3512TNA				589			
	G3516LE	68			858	1000		
	G3516NA				492			
	G3516TA				783			
G3600	G3606LE	127. 2	300×300	1324				
	G3608LE	169. 6		1767				
	G3612LE	254. 4		2647				
	G3616LE	339. 2		3531				

表5－38　成都压缩机厂压缩机规格型号及主要技术参数

系列号	型号	列数	机身功率,kW	冲程,in	转速,r/min	杆载,kN
CFP	2CFP	2	100	3	1500	20
	4CFP	4	200	3	1500	20
CFA	2CFA	2	200	3. 5	1500	55
	4CFA	4	400	3. 5	1500	55
	6CFA	6	600	3. 5	1500	55
CFH	2CFH	2	650	4. 5	1200	120
	4CFH	4	1300	4. 5	1200	120
	6CFH	6	1950	4. 5	1200	120
CFC	2CFC	2	1150	5. 5	1200	220
	4CFC	4	2300	5. 5	1200	220
	6CFC	6	3500	5. 5	1200	220
CFV	2CFV	2	2750	7. 25	750	400
	4CFV	4	5500	7. 25	750	400
	6CFV	6	8250	7. 25	750	400

表 5－39　江汉石油管理局第三机械厂压缩机规格型号及主要技术参数

系列号	型号	列数	机身功率，hp	冲程，in	转速，r/min	杆载，kN
RDS	2RDS	2	1200	5.5	1000	166.7
	4RDS	4	2400	5.5	1000	166.7
	6RDS	6	3600	5.5	1000	166.7
RDSA	2RDSA	2	1900	5.5	1000	266.7
	4RDSA	4	3300	5.5	1000	266.7
	6RDSA	6	4600	5.5	1000	266.7
RDSB	2RDSB	2	1900	6	1000	266.7
	4RDSB	4	3300	6	1000	266.7
	6RDSB	6	4600	6	1000	266.7

表 5－40　GE 压缩机规格型号及主要技术参数

系列号	型号	列数	机身功率，kW	冲程，in	转速，r/min	杆载，lbf
M	M301	1	44	3	1800	6000
	M302	2	88	3	1800	6000
H	H301	1	75	3	1800	10000
	H302	2	149	3	1800	10000
	H304	4	298	3	1800	10000
A	A352	2	298	3.5	1800	12500
	A354	4	596	3.5	1800	12500
B	B352	2	447	3.5	1800	25000
	B354	4	900	3.5	1800	25000
	B452	2	528	4.5	1500	30000
	B454	4	1193	4.5	1500	30000
	B502	2	596	5	1200	30000
	B504	4	1193	5	1200	30000
DS	DS422	2	895	4.25	1600	18000
	DS424	4	1790	4.25	1600	18000
	DS502	2	895	5	1500	35000
	DS504	4	1790	5	1500	35000
	DS602	2	895	6	1200	35000
	DS604	4	1790	6	1200	35000
ES	ES502	2	1790	5	1500	50000
	ES504	4	3580	5	1500	50000
	ES506	6	5370	5	1500	50000
	ES602	2	1790	6	1200	50000

续表

系列号	型号	列数	机身功率,kW	冲程,in	转速,r/min	杆载,lbf
ES	ES604	4	3580	6	1200	50000
	ES606	6	5370	6	1200	50000
	ES702	2	1790	7	1000	50000
	ES704	4	3580	7	1000	50000
	ES706	6	5370	7	1000	50000
FS	FS502	2	1790	5	1500	57000
	FS504	4	3580	5	1500	57000
	FS506	6	5370	5	1500	57000
	FS602	2	1790	6	1200	57000
	FS604	4	3580	6	1200	57000
	FS606	6	5370	6	1200	57000
	FS702	2	1790	7	1000	57000
	FS704	4	3580	7	1000	57000
	FS706	6	5370	7	1000	57000

表 5－41 COOPER 压缩机规格型号及主要技术参数

系列号	型号	列数	机身功率,kW	冲程,in	转速,r/min	活塞杆直径,in	杆载,lbf
CFA	CFA32	2	216	3	1800	1. 125	13000
	CFA34	4	433	3	1800	1. 125	131000
RAM	RAM52	2	888	5	1500	2	40000
	RAM54	4	1771	5	1500	2	40000
MH6	MH62	2	1342	6	1200	2. 25	47000
	MH64	4	2685	6	1200	2. 25	47000
	MH66	6	4027	6	1200	2. 25	47000
WH6	WH62	2	1342	6	1200	2. 25	65000
	WH64	4	2685	6	1200	2. 25	65000
	WH66	6	4027	6	1200	2. 25	65000
WH7	WH72	2	1268	7	1000	2. 25	65000
	WH74	4	2535	7	1000	2. 25	65000
	WH76	6	3803	7	1000	2. 25	65000
WG6	WG62	2	2237	6	1200	2. 75	75000
	WG64	4	4474	6	1200	2. 75	75000
	WG66	6	6711	6	1200	2. 75	75000
WG7	WG72	2	1864	7	1000	2. 75	75000
	WG74	4	3728	7	1000	2. 75	75000
	WG76	6	5593	7	1000	2. 75	75000

表 5-42 ARIEL 压缩机规格型号及主要技术参数

系列号	型号	列数	机身功率,kW	冲程,in	转速,r/min	杆载,lbf
JGM	JGM/2	2	167	3.5	1500	6000
JGP	JGP/2	2	170	3	1800	6000
JGN	JGN/2	2	252	3.5	1500	9000
JGQ	JGQ/2	2	280	3	1800	10000
JG	JG/2	2	188	3.5	1500	9000
	JG/4	4	376	3.5	1500	9000
JGA	JGA/2	2	209	3	1800	10000
	JGA/4	4	418	3	1800	10000
	JGA/6	6	626	3	1800	10000
JGR	JGR/2	2	321	4.25	1200	16000
	JGR/4	4	642	4.25	1200	16000
JGJ	JGJ/2	2	462	3.5	1800	21000
	JGJ/4	4	925	3.5	1800	21000
	JGJ/6	6	1387	3.5	1800	21000
JGH	JGH/2	2	507	4.5	1200	24000
	JGH/4	4	1014	4.5	1200	24000
JGE	JGE/2	2	798	4.5	1500	30000
	JGE/4	4	1596	4.5	1500	30000
	JGE/6	6	2394	4.5	1500	30000
JGK	JGK/2	2	947	5.5	1200	37000
	JGK/4	4	1894	5.5	1200	37000
	JGK/6	6	2841	5.5	1200	37000
JGT	JGT/2	2	969	4.5	1500	37000
	JGT/4	4	1939	4.5	1500	37000
	JGT/6	6	2908	4.5	1500	37000
JGC	JGC/2	2	1544	6.5	1000	57000
	JGC/4	4	3087	6.5	1000	57000
	JGC/6	6	4631	6.5	1000	57000
JGD	JGD/2	2	1544	5.5	1200	57000
	JGD/4	4	3087	5.5	1200	57000
	JGD/6	6	4631	5.5	1200	57000
JGZ	JGZ/2	2	1939	6.75	1000	75000
	JGZ/4	4	3878	6.75	1000	75000
	JGZ/6	6	5817	6.75	1000	75000

续表

系列号	型号	列数	机身功率,kW	冲程,in	转速,r/min	杆载,lbf
JGU	JGU/2	2	1939	5. 75	1200	75000
	JGU/4	4	3878	5. 75	1200	75000
	JGU/6	6	5817	5. 75	1200	75000
KBB	KBB/4	4	4972	7. 25	900	95000
	KBB/6	6	7457	7. 25	900	95000
KBV	KBV/4	4	4972	8. 5	750	95000
	KBV/6	6	7457	8. 5	750	95000

表 5-43 DRESSER-RAND 压缩机规格型号及主要技术参数

系列号	型号	列数	机身功率,hp(kW)	冲程,in	转速,r/min	杆载,kN
A-VIP	4. 5A-VIP2	2	540(403)	4. 5	1500	68
	4. 5A-VIP4	4	1080(805)	4. 5	1500	68
	3. 5A-VIP2	2	650(485)	3. 5	1800	68
	3. 5A-VIP4	4	1300(969)	3. 5	1800	68
B-VIP	6B-VIP2	2	850(634)	6	1200	108
	6B-VIP4	4	1700(1268)	6	1200	108
	5B-VIP2	2	1062(792)	5	1500	108
	5B-VIP4	4	2125(1585)	5	1500	108
C-VIP	6C-VIP2	2	960(716)	6	1200	147
	6C-VIP4	4	1920(1432)	6	1200	147
	5C-VIP2	2	1200(895)	5	1500	147
	5C-VIP4	4	2400(1790)	5	1500	147
	4C-VIP2	2	1440(1074)	4	1800	147
	4C-VIP4	4	2880(2148)	4	1800	147
D-VIP	7D-VIP2	2	1800(1342)	7	1000	200
	7D-VIP4	4	3600(2685)	7	1000	200
	7D-VIP6	6	4800(3580)	7	1000	200
	6D-VIP2	2	1500(1119)	6	1200	200
	6D-VIP4	4	3000(2237)	6	1200	200
	6D-VIP6	6	4500(3356)	6	1200	200
	5D-VIP2	2	1875(1398)	5	1500	200
	5D-VIP4	4	3750(2797)	5	1500	200
	5D-VIP6	6	5625(4195)	5	1500	200
HOS	7HOS2	2	2200(1641)	7	1000	267
	7HOS4	4	4400(3281)	7	1000	267

续表

系列号	型号	列数	机身功率,hp(kW)	冲程,in	转速,r/min	杆载,kN
HOS	7HOS6	6	6000(4475)	7	1000	267
	6HOS2	2	2000(1492)	6	1200	267
	6HOS4	4	4000(2983)	6	1200	267
	6HOS6	6	6000(4475)	6	1200	267
	5HOS2	2	2400(1790)	5	1500	267
	5HOS4	4	4800(3580)	5	1500	267
	5HOS6	6	7200(5370)	5	1500	267
HOSS	7 HOSS 2	2	2800(2088)	7	1000	337
	7 HOSS 4	4	5600(4176)	7	1000	337
	7 HOSS 6	6	7800(5816)	7	1000	337
	6 HOSS 2	2	3100(2312)	6	1200	337
	6 HOSS 4	4	6200(4623)	6	1200	337
	6 HOSS 6	6	8700(6488)	6	1200	337
BOS	8.50 BOS 2	2	3650(2722)	8.5	850	400
	8.50 BOS 4	4	7300(5444)	8.5	850	400
	8.50 BOS 6	6	10,950(8166)	8.5	850	400
	7.25 BOS 2	2	3750(2796)	7.25	1000	400
	7.25 BOS 4	4	7500(5593)	7.25	1000	400
	7.25 BOS 6	6	11,250(8389)	7.25	1000	400

3)车载式压缩机

车载式压缩机是分体式压缩机的一种特例,适用于短期气举。国内主要生产厂家为成都压缩机厂,主要型号及生产参数见表5-44。

表5-44 车载式压缩机主要技术参数

参数			CFY400 型	CCTY300 型	CRTY300 型	CZ/FTY300H 型	CZ/FTY250H 型
工艺性能参数		进气压力,MPa	0.5~2	0.5~2	0.4~2	0.5~2	0.5~2
		排气压力,MPa	10~25	10~25	15~25	15~25	10~25
		排气量,$10^4 m^3/d$	2.6~9.9	1.9~6.7	2.4~6.2	2.2~5	2.3~5.5
压缩机车配置参数	发动机	型号	VOLVO TAD1641VE	CAT C15	CAT G3408	CAT 3408C	CAT C15
		额定功率,kW	420	300	298	321	317
		额定转速,r/min	1500	1500	1800	1500	1800
	压缩机	压缩机型号	FY400	FY400	CFA34	JG/4	JGA/4
		制造厂	成压厂	成压厂	美国 COOPER	美国 ARIEL	
		机身功率,kW	400	400	433	376	417
		转速,r/min	1500	1500	1800	1500	1800

四、柱塞排水采气工艺

柱塞作为液体和举升气体之间的机械界面，可防止气体窜流和液体回落，减少井筒流动滑脱损失。依靠气井自身能量推动柱塞运动，称之为柱塞举升；需注入高压气推动柱塞称为柱塞气举。

1. 工艺流程

柱塞举升的工艺流程如图5－19所示。

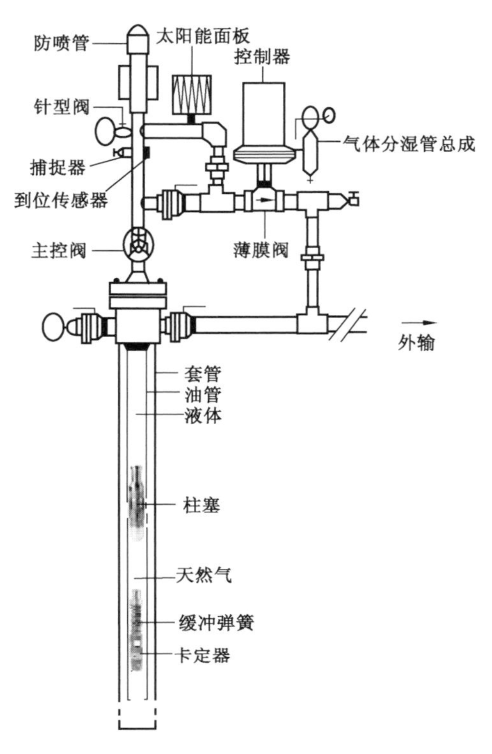

图5－19　柱塞举升的工艺流程示意图

2. 工艺设计

1)设计内容

主要包括柱塞类型选择、卡定器下入深度、柱塞运行井口压力、柱塞运行周期、气动阀低压控制气流程等。

2)主要参数计算

(1)千米气液比。

$$R = \frac{Q_g}{Q_w H} \tag{5-59}$$

式中　R——每千米气液比，$m^3/(m^3 \cdot km)$；

Q_g——日产气量，m^3；

Q_w——日产水量，m^3；

H——产层中部井深，km。

柱塞举升工艺井的千米气液比必须大于或等于$233m^3/(m^3 \cdot km)$。柱塞举升工艺一般不用于带封隔器的气井中，若在封隔器井中应用，千米气液比应不低于$500m^3/(m^3 \cdot km)$。

(2)净操作压力。

$$p_j = p_c - p_s$$

式中　p_j——净操作压力，MPa；

p_s——分离器压力，MPa。

在油管尺寸一定时，净操作压力、气井的气液比与柱塞举升高度存在一定关系，图5－20是内径62mm油管中，净操作压力、气井的气液比与柱塞举升高度的关系图版。

井的实际气液比大于或等于图中所查到的预测值时，可使用柱塞举升工艺；若井的实际气液比接近图中的预测值，则应根据井的实际情况来定是否采用柱塞举升工艺。

(3)载荷因素。

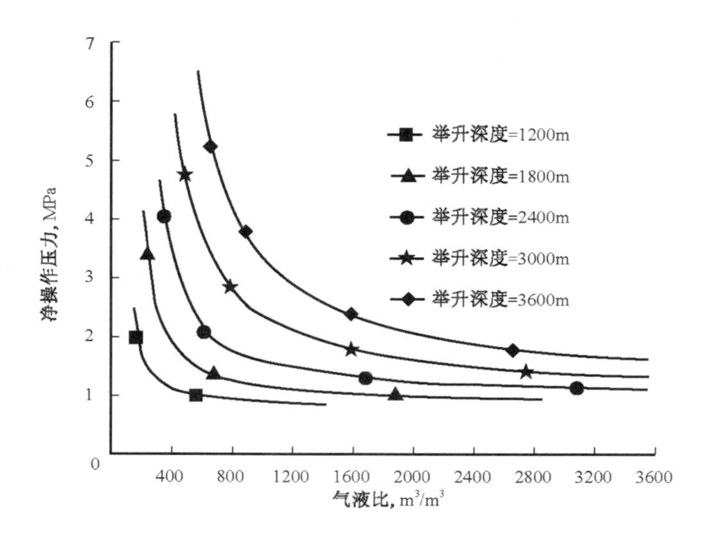

图 5－20　内径 62mm 油管的柱塞可行性图

$$R_1 = \frac{p_c - p_t}{p_c - p_1} \tag{5-60}$$

式中　R_1——载荷因素，无量纲；

p_c——关井套压，MPa；

p_t——关井油压，MPa；

p_1——管线压力，MPa。

柱塞是否可以开始投入运行，可用载荷因素来进行判断：载荷因素在 0.4～0.5 之间时，柱塞可投入运行。

3. 常用装备

1）柱塞及配套工具

（1）柱塞。

常用柱塞主要技术参数及实物图见表 5－45。气井排水，通常选用柔性组合型或双 T 型柱塞，一般不选择油井上常用的刷式柱塞或紊流柱塞。

表 5－45　排水采气井常用柱塞主要技术参数表

适用油管尺寸 in	柔性组合柱塞			双 T 型柱塞		
	总长，mm	最大外径，mm	最小外径，mm	总长，mm	最大外径，mm	最小外径，mm
2⅜	410	50.8	47	250	50.8	47
2⅞	420	62.5	58	275	62.5	58
3½	420	74.8	70	300	74.8	70
实物图						

注：打捞颈尺寸均为 35mm；除了用打捞工具打捞外也可采用磁性工具进行打捞；在气井有能量时，柱塞能上升到井口时，可采用捕捉器进行捕集打捞。

（2）卡定器。

用于井下柱塞运行最大深度的定位。常用卡定器结构如图5－21和图5－22所示，主要技术参数见表5－46，其中油管接箍卡定器卡定在油管接箍上，油管卡定器卡定在油管的任意位置。

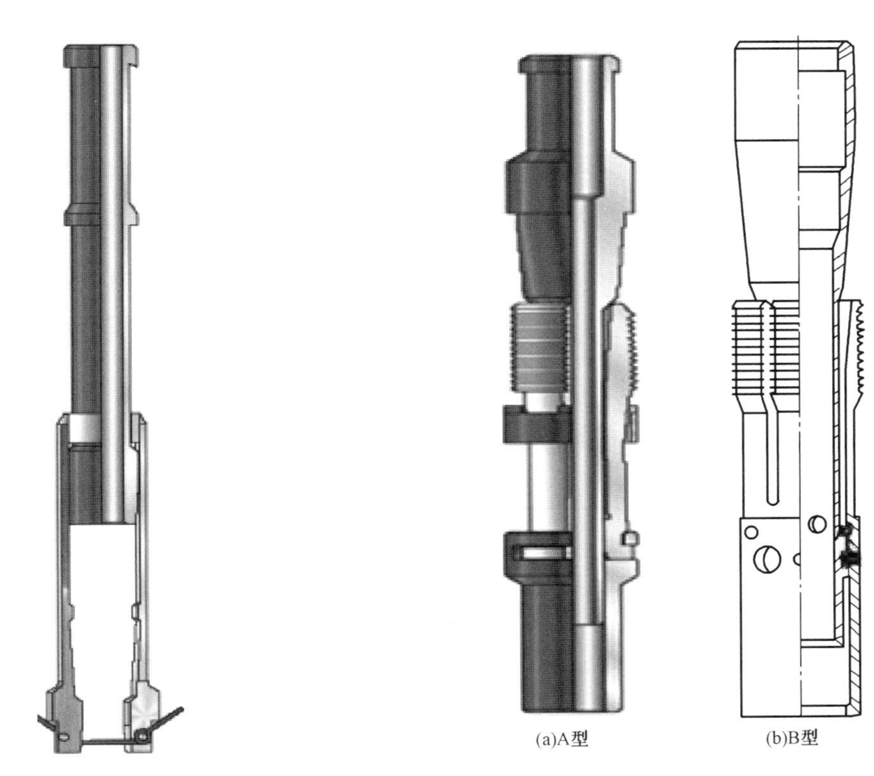

(a)A型　(b)B型

图5－21　油管接箍卡定器　　图5－22　油管卡定器

表5－46　常用卡定器主要技术参数表

类型	适合油管规格，in	最小内径，mm	最大外径，mm
油管卡定器	2.0	19	43.6
	2.5	25	55.8
	3.0	38	68.8
油管接箍卡定器	2.0	23	51.6
	2.5	28	64.0
	3.0	42	92

（3）缓冲弹簧。

用于减轻柱塞对卡定器的撞击力。常用缓冲弹簧主要技术参数及实物图见表5－47。

表 5-47 常用缓冲弹簧主要技术参数表

适合油管规格,in	总长,mm	最大外径,mm	打捞颈尺寸,mm	实物图
2.0	500	48.8	35	
2.5	500	58.5	35	
3	450	68.2	58	

2)地面装置

柱塞工艺气井地面装备主要包括井口总成(包括出水三通、捕捉器和防喷器)、控制器、控制阀。各部件功能及结构示意图见表5-48。

表 5-48 柱塞气举地面装置主要作用

名称		功能	实物图
井口总成	出水三通	位于井口总成下端,与清蜡阀门上螺纹法兰连接,是井内流体的生产通道	防喷器 捕捉器 出水三通
	捕捉器	位于出油三通的上部,当需要的时候可以将柱塞捕获或释放	
	防喷器	位于井口总成顶端,主要部分是缓冲弹簧,以减轻柱塞上行到井口时对井口的撞击	
控制器		根据气井的工作状况,设定柱塞运行工作制度:柱塞运行周期、开井时间、关井时间等操作参数,又被称为柱塞举升系统的 CEO	
气动薄膜阀		在氮气瓶或油套环空提供的工作气支持下,执行控制器发出的开井或关井的指令	

五、机械排水采气工艺

1. 电潜泵排水采气工艺技术

通过井下电动潜油离心泵，将液体排出地面，降低回压，形成生产压差，恢复气井生产，达到排水采气目的。

1）工艺流程

排水流程：气水混合物由井下气水分离器将气排到油套环空，水经离心电泵、油管、油管头、采气树、地面管线到排液计量池。

采气流程：进入油套环空的天然气经井口、采气管线进入地面气水分离器，将气中所带水分离后进入集（输）气管线（图5－23）。

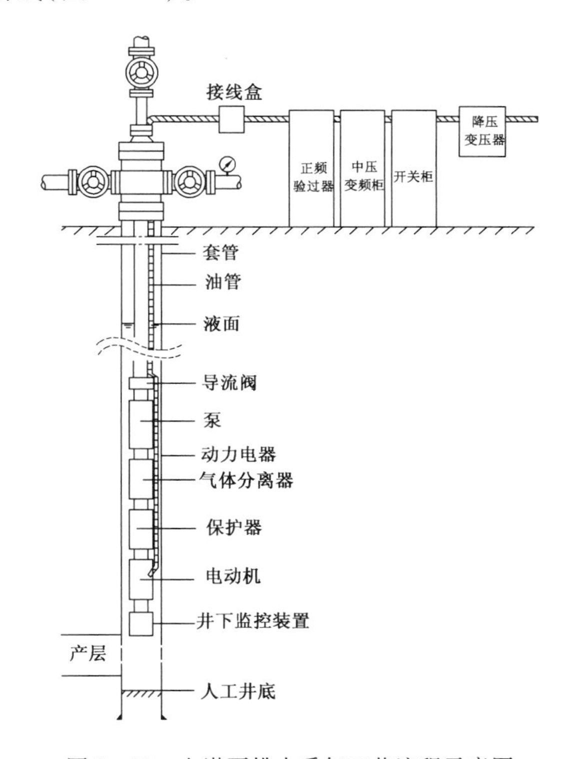

图5－23 电潜泵排水采气工艺流程示意图

电潜泵排水采气主要装置见表5－49。

表5－49 电潜泵排水采气主要装置表

井下装置	电机、保护器、分离器、离心泵、动力电缆、ADV（单流阀）、井下传感器
井口装置	专用井口装置
地面装置	降压变压器、变频器、升压变压器、接线盒
辅助装置	电缆保护器（绑带）、扶正器

2)工艺设计

(1)主要内容。

确定总扬程,选定电潜泵及级数、电机、保护器,选择分离器、电缆、井下传感器、变压器、变频控制器等。

(2)主要参数计算。

① 总扬程。气井总扬程(总动压头)是指在气井生产情况下,井底压力将井液举升到地面所消耗的能量折算成液柱高度。对于电潜泵井来说,就是电潜泵将井液举升到地面所消耗能量折算成液柱高度。潜油电泵井总动压头可由下式进行计算:

$$H = H_d + p_o + F_t = H_p + p_o + F_t - p \tag{5-61}$$

式中 H——气井总动压头,m;

H_d——垂直举升高度,m;

H_p——泵挂深度,m;

p_o——油压折算压头,m;

p——泵吸入口压力折算压头,m;

F_t——油管摩阻损失压头,m。

油管摩阻损失 F_t 可用式(5-62)进行计算:

$$F_t = (1 - \eta_o)L = 0.11 \times 10^{-10}\lambda \frac{Q^2}{d^2} \tag{5-62}$$

式中 η_o——油管效率,%;

λ——摩阻系数;

Q——液体流量,m^3/d;

d——油管直径,m。

此外,也可以从油管压头损失曲线中查出油管摩阻损失 F_t。

② 电潜泵级数。

潜油电泵的选择主要是选择泵型及计算所需要的级数。

泵叶导轮的级数可按式(5-63)进行计算:

$$n = \frac{H}{h} \tag{5-63}$$

式中 n——泵的总级数,级;

H——泵的单级扬程,根据所选电潜泵工作特性曲线上查得,m/级。

③ 电动机、保护器、分离器选择。

a. 电动机选择。

潜油泵所需要的轴功率:

$$N = \frac{QH\gamma_1}{8812.8\eta} \tag{5-64}$$

式中 N——泵所需要的轴功率,kW;

Q——泵的额定排量,m^3/d;

H——泵的额定扬程,m;

γ_1——井液平均相对密度;

η——泵的效率,%。

泵的轴功率也可以用下式求得:

泵所需要的轴功率 = 单级功率 × 总级数 × 井液平均相对密度

井液流经电动机表面流速为:

$$v = \frac{1250Q}{27\pi(D^2 - d^2)} \tag{5-65}$$

式中 v——井液流经电机表面流速,m/s;

Q——气井产液量,m^3/d;

D——护罩内径,mm;

d——电动机外径,mm。

潜油电泵在气井内运行时,流经电动机表面的液体流速必须不小于0.3048m/s(1ft/s),

电动机功率等于泵所需要的轴功率加上分离器和保护器等设备的功率损耗。根据气井温度和潜油电动机性能参数,确定相匹配的电机规格。

b. 气体分离器的选择。

常用井下气体分离器适用范围见表5-50。

表5-50 常用井下气体分离器适用范围表

井下气体分离器类型	泵吸入口气液比,%
沉降式分离器	<17
旋转式分离器	<30
高级气体分离器	>60

c. 保护器的选择。

保护器包括沉淀式结构、胶囊式结构以及沉淀与胶囊复合结构。

选择的主要依据为:机组系列、电动机功率及气井情况。对于斜井,则必须采用胶囊式或复合结构保护器。

④ 电缆选择。

电缆的压降损失和功率损失的公式如下:

$$\Delta U = \sqrt{3}IL(\gamma\cos\varphi + X\sin\varphi) \tag{5-66}$$

$$\Delta P = 3I^2R \times 10^{-3} \tag{5-67}$$

式中 ΔU——潜油电缆压降损失,V;

I——潜油电动机额定电流,A;

L——潜油电缆长度,m;

γ——导体有效阻抗,Ω/km;

$\cos\varphi$——功率因数;

X—导体电抗,Ω/km;

$\sin\varphi$——无功功率因数;

ΔP——潜油电缆功率损失,kW;

R——潜油电缆的内阻,Ω。

潜油电缆的压降损失也可以从压降损失曲线上查得。

气井排水采气应选用具有良好防气侵功能的铅封电缆。

⑤ 变压器的选择。

变压器容量必须满足电机最大负载时的启动,变压器的容量为:

$$P = \frac{\sqrt{3}I(U + \Delta U)}{1000} \tag{5-68}$$

式中 P——变压器容量,kV·A;

U——电动机额定电压,V;

ΔU——电缆压降损失,V;

I——电动机额定电流,A。

⑥ 变频控制器选择。

变频控制器输出额定电流值:

$$I_k = 1.2 I_d K_v \tag{5-69}$$

式中 I_k——变频控制器输出额定电流值,A;

I_d——电动机的额定电流,A;

K_v——升压变压器的变压比。

变频控制器容量一般与配套变压器容量相等,现场应用时可提高到1.1~1.2。

$$KVA = \frac{1.73 V_s A_m}{1000} \tag{5-70}$$

式中 KVA——总功率及控制屏功率,kW;

V_s——最高频率时的地面电压,V;

A_m——电机额定电流,A。

在井的工况发生变化时,如产液量突变,则需要通过泵的工作特定与供电频率公式计算出新的排量和扬程所要的频率,在变频控制器上进行修改。

$$\frac{P_1}{P_2} = \left(\frac{f_1}{f_2}\right)^3, \frac{n_1}{n_2} = \frac{f_1}{f_2}, \frac{H_1}{H_2} = \left(\frac{f_1}{f_2}\right)^2 \tag{5-71}$$

式中 Q_1, H_1, P_1——频率为f_1时的排量、扬程、功率;

Q_2, H_2, P_2——频率为f_2时的排量、扬程、功率。

3)特殊工具和装置

主要包括多相流泵、自动换向阀、气体分离器以及电缆井口穿越密封系统等。

(1)MVP 多相流泵。

深锤潜油电泵公司针对高气液比流体设计的 MVP 多相流泵(图 5-24),主要的技术特点如下:

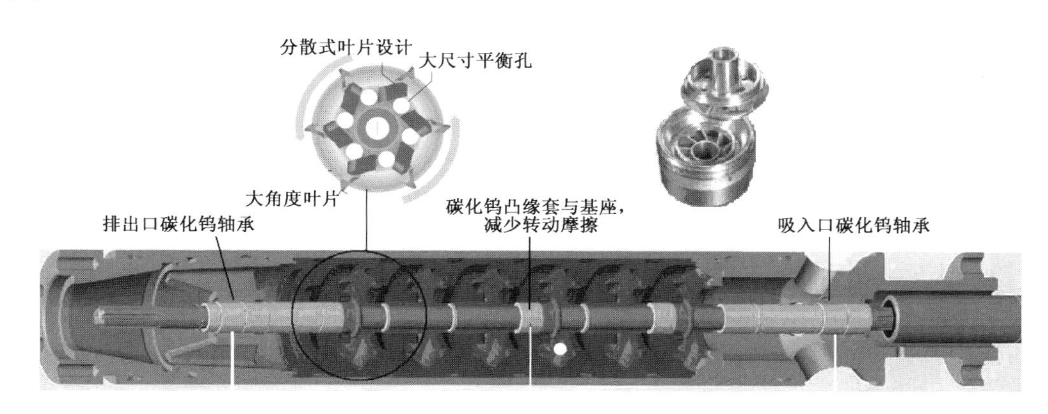

图 5-24 MVP 泵实物及结构示意图

① 分离叶片和超大平衡孔。更好地处理高气液比的流体。

② 陡峭的叶片角度。大动量传递,单级扬程高。

③ 耐磨配置。防砂卡专利系统(SSD 系统),采用特殊合金做止推轴承和扶正轴承,泵系统的稳定性增大,系统寿命延长。

深锤潜油电泵公司 MVP 多相流泵技术参数见表 5-51。

表 5-51 深锤潜油电泵公司 MVP 多相流泵技术参数表

系列	外径 mm	型号	最佳点				高效区排量范围 m^3/d		备注
			效率,%	排量,m^3/d	扬程,m	轴功率,kW			
400G	101.6	MVP400G12	48	192	9.9	0.447	128	248	60Hz
		MVP400G22	57	352	7.1	0.499	160	496	60Hz
		MVP400G42	59	672	7.6	0.969	384	928	60Hz
538G	136.7	MVP538G31	48	496	17.9	1.788	288	704	60Hz
		MVP538G68	60	1088	14.3	2.943	640	1520	60Hz
		MVP538G110	62	1760	13.7	4.396	960	2240	60Hz

(2)自动换向阀—ADV。

① 原理。如图 5-25 所示,泵启动时,阀上的滑门立刻关闭,油管和环空隔离;当泵停止时,阀上的滑门立刻打开,油管和环空连通。

安装在泵的出口处,或者根据需要安装在油管的任何部位,取代传统的单流阀和泄油阀。

② 主要应用。

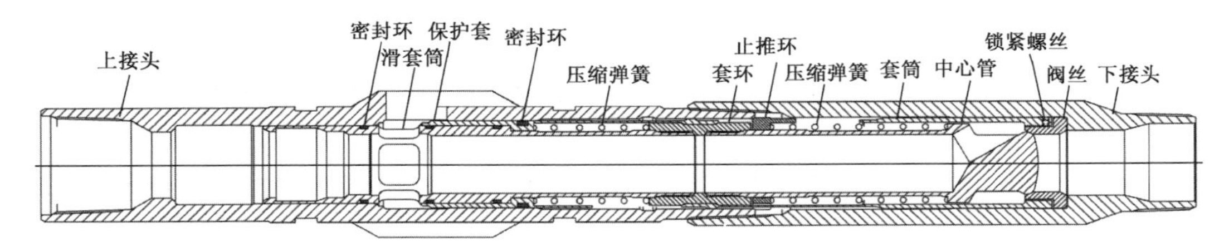

图 5－25　自动换向阀—ADV 工作原理示意图

a. 出砂井。防止砂子坐落到泵上，再次启动时卡、磨泵。

b. 自喷井。当气井处于自喷状态，流体可从阀上的通道，绕过电泵，从油管流动，减少流体流过泵流道的压力损失。

c. 注入通道。电潜泵排水初期，关闭油管与环空；当气井复活以后，电潜泵停止运转，可作为起泡剂的注入通道。

(3)气体分离器。

如图 5－26 所示。通过设计的大角度螺旋叶轮、吸入口、分离流道、气体出口，深锤潜油电泵公司生产的 GasMaste 处理游离气体含量(井底)极限为 70%。主要技术参数见表 5－52。大庆油田气体处理器主要技术参数见表 5－53。

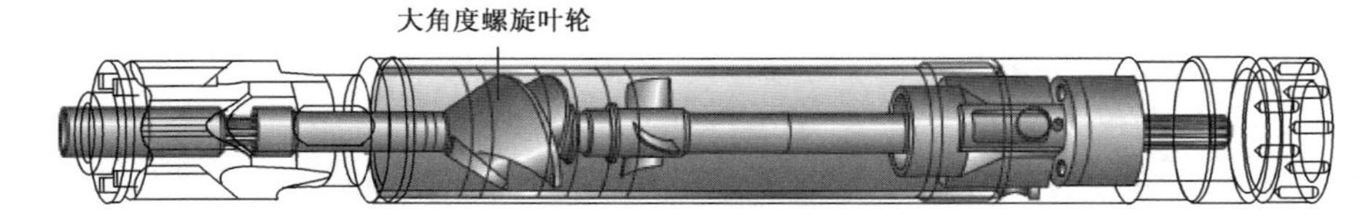

图 5－26　GasMaster 气体分离器示意图

表 5－52　深锤潜油电泵公司 GasMaster 气体分离器主要技术参数

系列	外径，mm	型号名称		类型	最高流量，m^3/d	60Hz 时的轴功率能力，kW
400	101.6	标准	400GSR	旋转式	640	180
		标准	400GSV	涡流式	800	180
		高容量	400GSVHV	涡流式	1280	410
538	136.7	标准	538GSR	旋转式	1440	930
		高容量	538GSVHV	涡流式	2400	930

表 5－53　大庆油田装备制造公司气体处理器产品型号及技术参数

系列	外径 mm	标配级数	吸入口最大气液比百分数 %	型号	最佳点				适应排量范围 m^3/d		备注
					轴功率利用率 %	最佳排量 m^3/d	扬程 m	单级消耗轴功率 kW			
101	101.6	16 级	35	101PGP－D	69	230	4.7	0.19	150	300	50Hz
		16 级	57	101PGP－A	66	250	4.6	0.18	150	300	50Hz
130	130	16 级	74	130PGP－A	27	900	4	1.5	600	1000	50Hz
		16 级	100	130PGP－Y	11	300	2.8	0.8	100	400	50Hz

（4）BIW电缆穿越密封系统。

这种穿越系统在满足电缆穿越的同时，还保证了密封，可以在35MPa甚至更高的压力下提供稳定密封，符合排液井环空富含高压气体的需求。图5－27是西南油气田采气工程研究院研发的BIW电缆穿越密封系统，在四川一口5000m深的气藏强排水井中，成功应用了气举＋电潜泵复合排水采气工艺。

2. 机抽排水采气工艺技术

在抽油机的驱动下，通过深井泵柱塞上、下往复运动，将液体排出地面，降低回压，形成生产压差，恢复气井生产，达到排水采气目的。深井泵工作原理如图5－28所示。

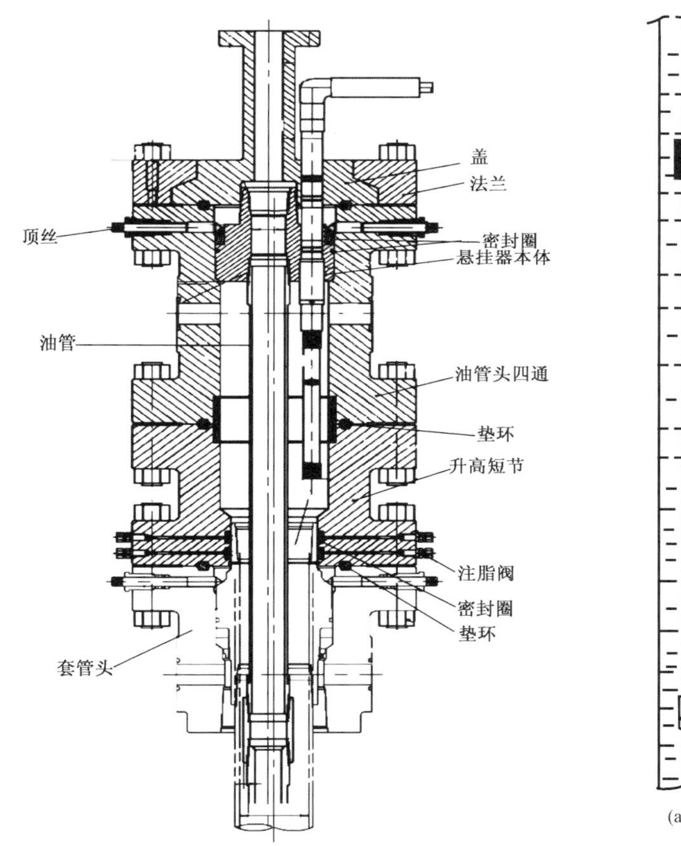

图5－27　BIW电缆穿越密封系统示意图

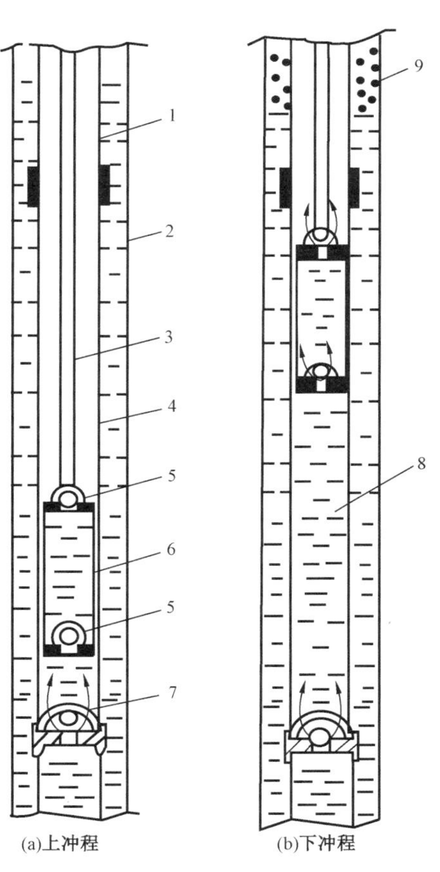

图5－28　泵工作原理示意图

1—油管；2—套管；3—抽油杆；4—泵筒；5—排出阀；6—柱塞；7—固定阀球；8—地层水；9—天然气

1）工艺流程

机抽排水采气的工艺流程如图5－29所示。

（1）排水流程。气水混合物由井下气水分离器将气排到油套环空，水经深井泵、油管、采气树、地面管线到排液计量池。

(2)采气流程。进入油套环空的天然气经井口、采气管线进入地面气水分离器,将气中所带水分离后进入集(输)气管线。

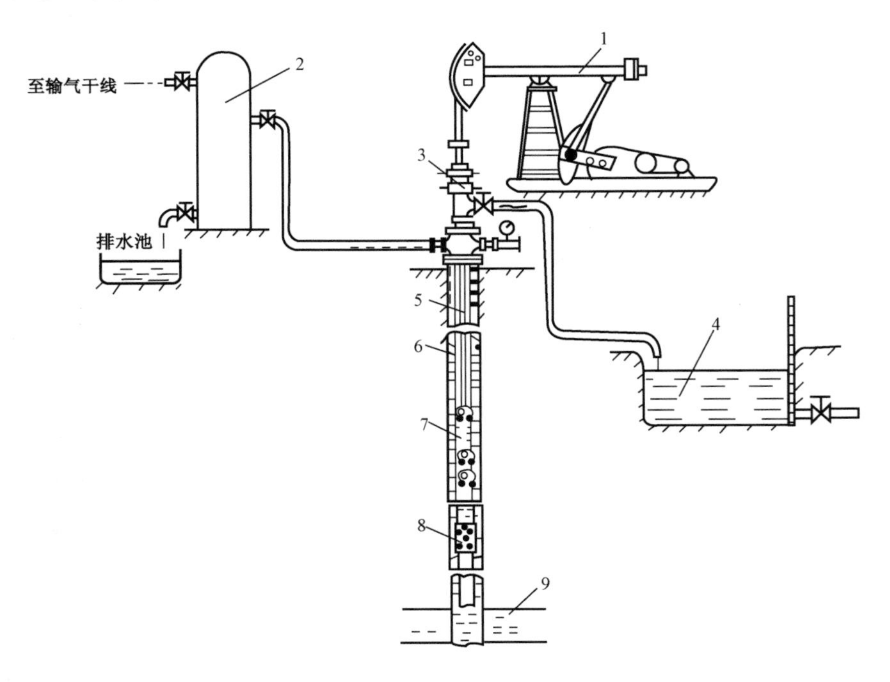

图 5-29　机抽排水采气工艺流程示意图

1—抽油机;2—地面气水分离器;3—气井机抽井口装置;4—卤水计量池;
5—抽油杆;6—油管;7—深井泵;8—井下气水分离器;9—产层

2)工艺设计

(1)主要内容。

抽油机、深井泵、抽油杆及井下气水分离器选择,泵挂深度及机抽参数确定。

(2)主要参数计算。

① 驴头最大荷载。

$$P_{max} = P_L + P_g\left(1 + \frac{SN^2}{1790}\right) \tag{5-72}$$

单级抽油杆:

$$P_g = q_g L$$

多级抽油杆:

$$P_g = q_{g1}L_1 + q_{g2}L_2$$

式中　P_{max}——驴头悬点最大载荷,N;

P_l——在柱塞有效断面(柱塞断面减去抽油杆断面)上的液柱重量,N;

q_g——每米抽油杆在空气中的重量,N/m;

q_{g1},q_{g2}——分别为第一级和第二级抽油杆每米在空气中的重量,N/m;

L_1,L_2——分别为第一级和第二级抽油杆的长度,m;

S——悬点的最大冲程长度,m;

N——悬点的最大冲程次数,min^{-1}。

② 曲柄轴最大扭矩计算。

$$M_{max} = 300S + 0.236S(P_{max} - P_{min}) \tag{5-73}$$

$$P_{min} = P_g\left(1 - \frac{SN^2}{1790}\right) \tag{5-74}$$

式中 M_{max}——曲柄轴最大扭矩,N·m;

P_{max}——悬点最大载荷,N;

P_{min}——悬点最小载荷,N:

S——悬点的最大冲程长度,m。

③ 排量及泵效计算。

$$Q_n = 360\pi D^2 Sn \tag{5-75}$$

式中 Q_n——泵的理论排量,m^3/d;

S——光杆冲程,m;

n——冲次,次/min;

D——泵径,m。

机抽井生产过程中的实际排液量一般都小于理论排液量。二者比值就叫泵效,用 η 表示,即:

$$\eta = \frac{Q_s}{Q_n} \tag{5-76}$$

式中 Q_s——机抽井在正常生产过程中所测得的实际排水量,m^3/d。

在设计计算时,可以通过抽油杆及油管的弹性伸缩来计算,其最大泵效(忽略其他因素影响)。抽油杆及有关的弹性伸缩可由式(5-43)求得:

$$\lambda = \frac{\gamma_1 f_z L^2}{E}\left(\frac{1}{f_g} + \frac{1}{f_y}\right) \quad 或者 \quad \lambda = \frac{\gamma_1 f_z L}{E}\left(\frac{L_1}{f_{g1}} + \frac{L_2}{f_{g2}} + \frac{L_3}{f_{g3}} + \frac{L}{f_y}\right) \tag{5-77}$$

式中 λ——弹性伸缩量,m

γ_1——井液重度,N/m^3;

f_z——柱塞面积,m^2;

f_g——抽油杆面积,m^2;

L——泵挂深度,m

L_1——第一级抽油杆长度,m;

f_{g1}——第一级抽油杆面积,m^2;

L_2——第二级抽油杆长度,m;

f_{g2}——第二级抽油杆面积，m^2；
L_3——第三级抽油杆长度，m；
f_{g3}——第三级抽油杆面积，m^2；
E——钢的弹性模量，$2.1\times10^{17}N/m^2$；
f_y——油管金属截面积，m^2。

④ 抽油杆的强度校核。

抽油杆柱最上端的许用应力 σ_d 应满足：

$$\sigma_d = \left(\frac{T}{4} + 0.5625\sigma_{min}\right)\times F \tag{5-78}$$

$$\sigma_{min} = \frac{p_{min}}{f_g}\times10^{-6} \tag{5-79}$$

$$\sigma_{max} = \frac{p_{max}}{f_g}\times10^{-6} \tag{5-80}$$

$$\sigma_d \geqslant \sigma_{max} \tag{5-81}$$

式中 σ_d——抽油杆许用应力，MPa；
T——抽油杆材料的抗拉强度，MPa；
σ_{min}——抽油杆柱的最小应力，MPa；
σ_{max}——抽油杆柱的最大应力，MPa；
P_{max}——抽油机驴头最大载荷，N；
P_{min}——抽油机驴头最小载荷，N；
f_g——抽油杆横截面积，m^2；
F——腐蚀系数，根据气水介质中所含的 H_2S，CO_2 和 Cl^- 等腐蚀介质的浓度在 0.65～0.9 范围内取值。

⑤ 功率计算。

抽油机所需电动机功率，可按式(5－82)经验公式计算：

$$N = 0.15\times10^{-7}\gamma_1 Q_n H\psi \tag{5-82}$$

式中 N——电动机功率，kW；
H——动液面深度，m；
ψ——抽油机平衡程度系数，一般为 1.2～3.4。

其余符号含义同前文。

3）主要装置

抽油机排水采气装置主要由抽油机、抽油杆、深井泵、泵下附件和井口装置等五部分组成。

(1)防砂深井泵。

防砂深井泵是一种管式深井泵，在泵筒外设计有沉砂的环形空间，用来沉积进入柱塞以上的井下脏物，以避免造成泵筒与柱塞的阻卡，延长检泵周期。结构示意图如图 5－30 所示。常用系列防砂泵基本参数见表 5－54。

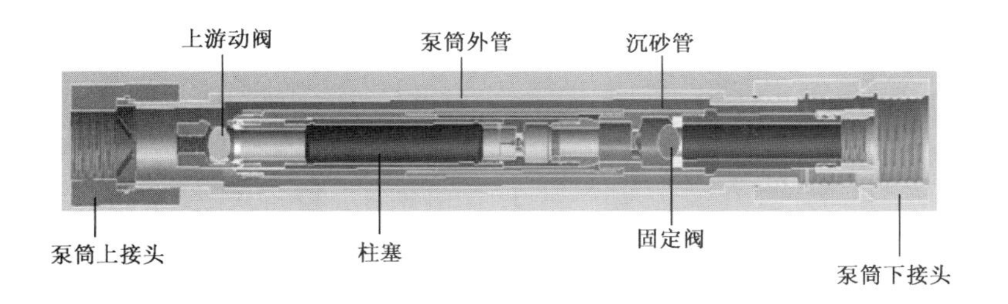

图 5－30 防砂深井泵结构示意图

表 5－54 防砂泵系列、基本参数表

泵径，mm	56	44	38
冲程长度，m	1.8～5.1		
泵筒最大外径，mm	114	100	100
泵筒连接螺纹	外径 88.9mm 平式油管扣	外径 73mm 平式油管扣	外径 73mm 平式油管扣
柱塞连接螺纹	19mm 抽油杆扣	16mm 抽油杆扣	16mm 抽油杆扣

(2)光杆密封器。

机抽排水采气生产中，抽油机停止运转时，用以实现井口控制，结构如图 5－31 所示。

光杆密封器的工作压力不大于 35MPa。表 5－55 为山东万泰石油设备有限公司生产的光杆密封器的技术参数。

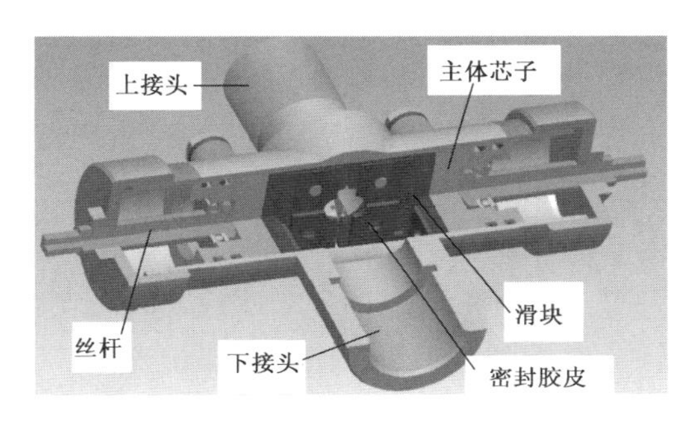

图 5－31 光杆密封器

表 5－55 山东万泰石油设备有限公司产光杆密封器技术参数

型号	适用光杆直径 mm	最大工作压力 MPa	水平最大调偏 mm	倾角最大调偏 度	总体高度 mm	连接方式	备注
WGMQ38LA	38	35	13		540	外径 73mm 油管平式油管扣	
WGMQ32LA	32	35	16		540	外径 73mm 油管平式油管扣	
WGMQ28LA	28	35	16		540	外径 73mm 油管平式油管扣	
WGMQ25KA	25	10	16		520	外径 73mm 油管卡箍	
WGMQ22KA	22	10	16		520	外径 73mm 油管卡箍	
WGMQ38KB	38	10	13	7	530	外径 73mm 油管卡箍	
WGMQ32KB	32	10	16	7	530	外径 73mm 油管卡箍	
WGMQ28KB	28	10	16	7	530	外径 73mm 油管卡箍	

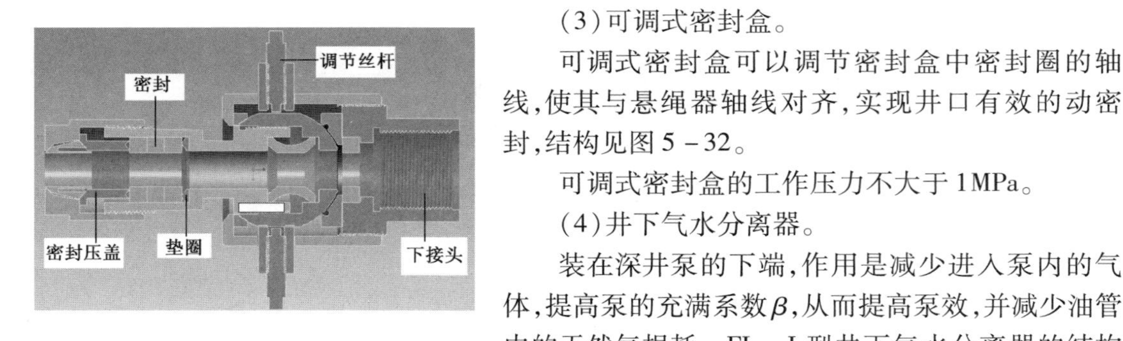

图 5－32　可调式密封盒

(3)可调式密封盒。

可调式密封盒可以调节密封盒中密封圈的轴线,使其与悬绳器轴线对齐,实现井口有效的动密封,结构见图 5－32。

可调式密封盒的工作压力不大于 1MPa。

(4)井下气水分离器。

装在深井泵的下端,作用是减少进入泵内的气体,提高泵的充满系数β,从而提高泵效,并减少油管内的天然气损耗。FL－I 型井下气水分离器的结构原理示意图如图 5－33 所示。

3. 螺杆泵排水采气工艺技术

通过螺杆泵将液体举升出井口,降低气层的回压。形成生产压差,恢复气井生产,达到排水采气的目的。

1)工艺流程

工艺流程同机抽排水采气。

螺杆泵适合于高黏度、高含砂、高含气,高含水的油液。

2)工艺设计

(1)主要内容。

螺杆泵、抽油杆及地面驱动装置选择,泵挂深度及运行参数确定。

(2)主要设计参数计算。

① 理论排量。

$$q = 4e \times 2R \times T = 8eRT = 4eDT \qquad (5-83)$$

式中　T——定子导程,m;

e,R——分别为泵转子的偏心距和截面圆半径,m。

② 泵的水力功率及轴功率。

水力功率:

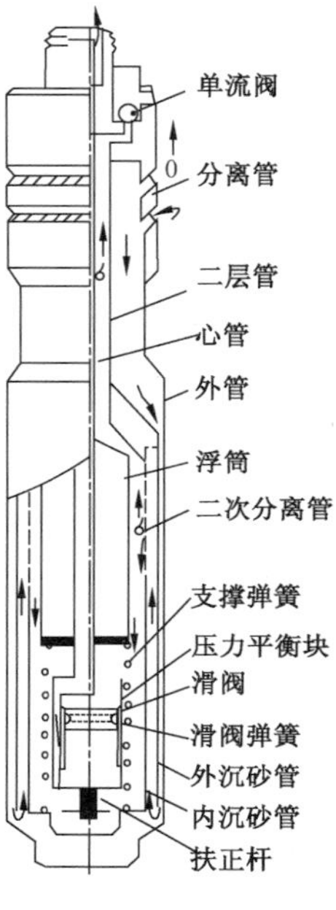

图 5－33　FL－1 型井下气水分离器

$$N_H = \frac{\gamma QH}{86400 \times 102} \qquad (5-84)$$

式中　N_H——泵的水力功率,kW;

γ——液体密度,kg/m^3;

H——压头,m;

Q——流量,m^3/d;

Δp——进出口压差,MPa。

轴功率：

$$N_A = \frac{N_H}{\eta} = \frac{\gamma HQ}{86400 \times 102\eta} \tag{5-85}$$

式中　N_A——轴功率，kW；

η——泵效率，%。

③ 转子轴向力。

$$F_a = 4eD\Delta p \tag{5-86}$$

式中　Δp——进出口压差，MPa。

④ 螺杆泵扭矩。

$$M = \frac{2 \times 10^6 eDT\Delta p}{\pi} \tag{5-87}$$

式中　M——螺杆泵扭矩，N·m；

Δp——进出口压差，MPa。

⑤ 螺杆泵的进出口压差。

$$\Delta p = 10^{-5}H\gamma = 10^{-5}l_L\gamma + p_t - p_c \tag{5-88}$$

式中　H——泵的压头，m；

γ——液体密度，kg/m³；

l_L——液面深度，m；

p_t——油压，MPa；

p_c——套压，MPa。

3）主要装置

螺杆泵可分为4种结构形式：地面驱动采油（排水）单螺杆泵、电动潜油单螺杆泵、单螺杆液动机—单螺杆泵装置和多头螺杆泵。地面驱动采油（排水）单螺杆泵是采油螺杆泵，因其结构形式简单，是国内外螺杆泵中采用的主要结构形式，主要由地面驱动装置和井下螺杆泵两部分组成（图5－34）。

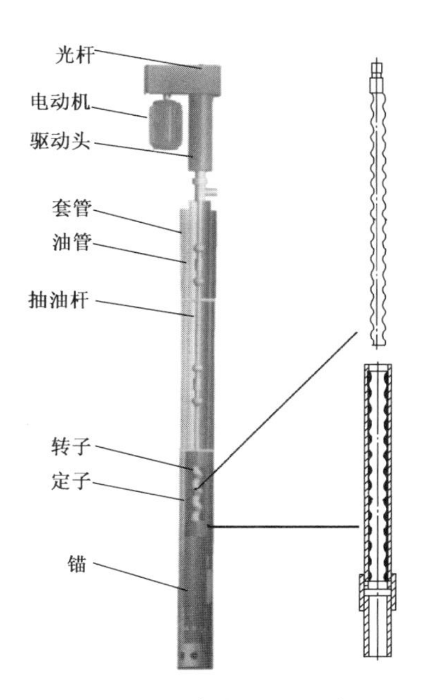

图5－34　螺杆泵的组成

地面驱动装置将井口动力通过抽油杆的旋转运动传递到井下，驱动螺杆泵工作。地面驱动由电控箱、防爆电动机、皮带轮、锥齿轮箱、机架、光杆密封装置和大四通组成，电控箱将电源输入防爆电动机，通过皮带轮、锥齿轮箱后将旋转动力传给抽油杆和转子。

井下的螺杆泵由转子和定子组成（图5－34），定子用高弹性合成橡胶制作而成，根据不同的应用场合有多种橡胶类型。

螺杆泵采油（排水）系统的井下部分，主要由抽油杆、接头、转子、导向头和油管、接箍、定子、尾管等组成。为了防止油管、定子脱扣，在尾管下部装有固定锚或封隔器。

常规螺杆泵举升系统共由5部分组成，见表5－56。

表5－56 螺杆泵举升系统构成表

电控	控制器、电缆
地面驱动	减速箱、电动机、密封盒、方卡子
杆柱	井下螺杆泵、专用抽油杆、光杆
管柱	油管、筛管、丝堵、尾管
配套工具	螺杆泵井口、抽油杆扶正器、油管扶正器、抽油杆防倒转装置、油管锚

表5－57为大庆腾高采油技术开发有限公司地面驱动螺杆泵主要技术参数。

表5－57 大庆腾高采油技术开发有限公司地面驱动螺杆泵主要技术参数

型号	理论排量 m^3/d	额定扬程 m	转速范围 r/min	适用套管 m	转子螺纹 mm	定子螺纹(TBG)外径 mm
KGLB(2:3)1600－13	242～391	700	105～170	≥140	KG42	114
KGLB(2:3)1400－14	131～342	700	65～170	≥140	KG42	114
GLB(2:3)1200－14	207～432	900	120～250	≥140	KG42	114
GLB1000－14	172～350	800	120～250	≥140	KG42	114
GLB800－20	138～280	1000	120～250	≥140	KG38	114
GLB800－14	138～280	800	120～250	≥140	KG36	114
GLB500－14	86～180	800	120～250	≥140	KG36	114
GLB375－17	64～130	900	120～250	≥140	KG36	114
GLB280－20	20～68	1000	50～170	≥140	φ25	88.9
GLB200－20	14.4～40	1000	50～170	≥140	φ25	88.9
GLB200－14	14.4～40	700	50～170	≥140	φ25	88.9
GLB120－34	8.6～25	1700	50～170	≥114	φ22	88.9
GLB120－27	8.6～25	1300	50～170	≥114	φ22	88.9
GLB70－30	5～15	1500	50～170	≥114	φ22	88.9
GLB70－20	5～15	1000	50～170	≥114	φ22	88.9
GLB40－40	2.8～8	1600	50～170	≥114	φ22	88.9
GLB20－50	1.44～4	2000	50～170	≥114	φ22	88.9

表5－58为胜利油田高原石油装备有限责任公司生产螺杆泵主要技术参数，表5－59为地面驱动设备主要技术参数。

表 5-58 胜利油田高原石油装备有限责任公司生产螺杆泵主要技术参数

型号①	额定排量			举升能力		最大长度 mm
	mL/r	m^3/(d·r)	m^3/(d·200r)	级数	水柱高,m	
LB40 系列	40	0.057	11.4	0～50	0～2200	5130
LB75 系列	75	0.094	18.8	0～50	0～2200	7230
LB120 系列	120	0.171	34.2	0～40	0～1800	6700
LB190 系列	190	0.267	53.4	0～40	0～1800	7600
LB300 系列	300	0.432	86.4	0～27	0～1200	6613
LB400 系列	400	0.596	119.2	0～27	0～1200	7620
LB500 系列	500	0.72	144	0～21	0～900	9460
LB600 系列	630	0.916	183.2	0～21	0～900	9000
LB800 系列	800	1.15	230	0～18	0～850	9970
LB1100 系列	1100	1.58	316	0～14	0～700	9980
LB230DT 系列	230	0.331	66.2	0～40	0～1800	5835
LB375DT 系列	375	0.54	108	0～40	0～1800	6940
LB460DT 系列	460	0.66	132	0～33	0～1500	7575
LB580DT 系列	580	0.83	166	0～27	0～1200	9030
LB800DT 系列	800	1.15	230	0～24	0～1100	7055
LB1200DT 系列	1200	1.728	345.6	0～22	0～1000	9500
LB1100TT 系列	1100	1.58	316	0～27	0～1200	6750

① 泵型号中符号的含义,如 LB120-40 泵:LB120—每转排量 120mL,40—级数 40 级;LB375DT40 泵:LB375—每转排量 375mL,DT/TT—双头泵/三头泵,40—级数 40 级。

表 5-59 地面驱动设备主要技术参数

型号	传动比	最大许用扭矩,N·m	最大轴向负荷,kN	电机最大功率,kW	转速,r/min
GBF2	2.1	2000	150	37	150～500
GBF5B	4.9	2500	200	37	70～250
GBF5C	4.5	2000	150	37	70～250
GBF5D	4.9	3000	250	55	70～250
GBF6	6.17	1500	150	22	50～200
VED		2000	150	45	250～500

4. 气体加速泵排水采气工艺技术

由地面提供的高压气体通过喷嘴把其位能转换成高速流束的动能,在吸入口形成低压区,井下流体被吸入,在扩散管中高压气体动能传递给井下流体使之压力增高而排出井口。工作原理示意图如图 5-35 所示。

1)工艺流程

气体加速泵排水采气工艺流程同半闭式常规气举工艺流程。

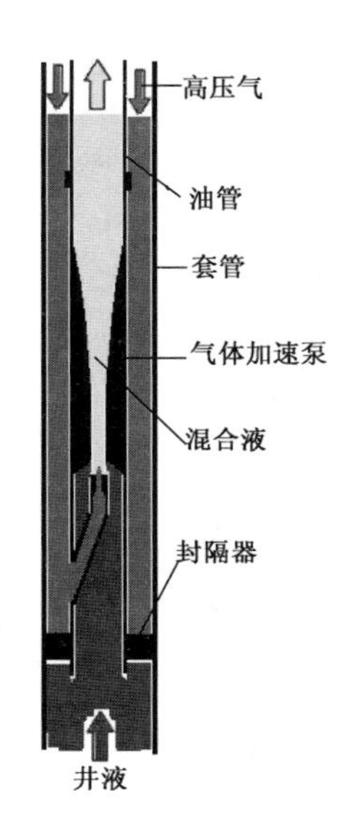

图5－35　气体加速泵工作原理示意图

气体加速泵一般与气举阀结合使用,气举阀主要作用是初期卸载,高压气在气体加速泵的位置从油套环空进入油管,工艺流程示意图如图5－36所示。

2)工艺设计

顶阀及卸载阀设计同常规气举工艺设计。

封隔器型号及设计井深根据生产套管尺寸及固井质量选择。

气体加速泵下入井深为气举排水采气注气点。

3)主要工具

(1)固定式气体加速泵。

泵固定在泵筒上,直接与油管连接入井,结构如图5－37所示。

(2)投捞式气体加速泵。

泵筒与油管连接入井,根据需要,可通过绳索作业将泵下入或取出(图5－38)。

(3)配套工具。

投捞式气体加速泵送入工具,结构如图5－39所示。

投捞式气体加速泵打捞工具,结构如图5－40所示。

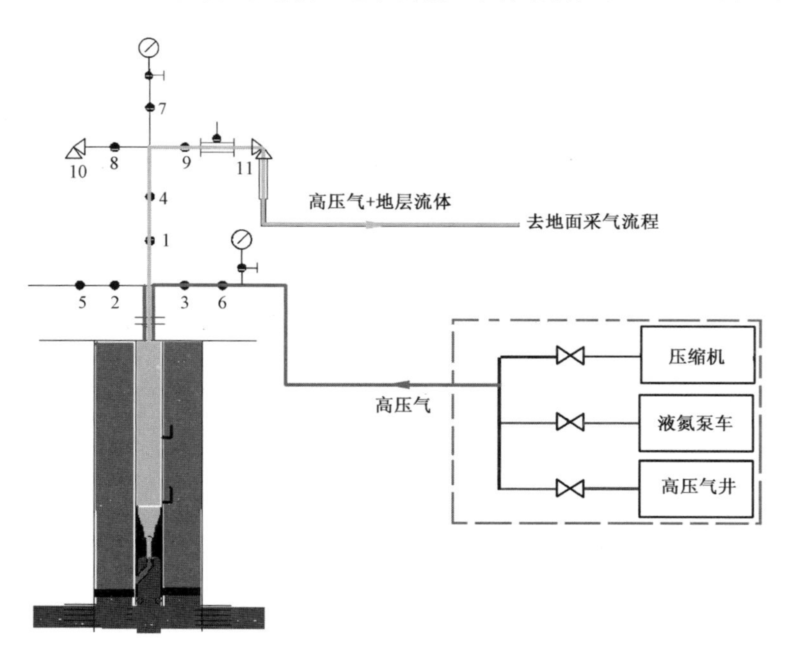

图5－36　气体加速泵排水采气工艺流程

六、组合排水采气工艺

组合排水采气工艺是指在同一口井,同时采用两种或两种以上的排水采气工艺技术,且两种排水采气工艺同时或交替实施。

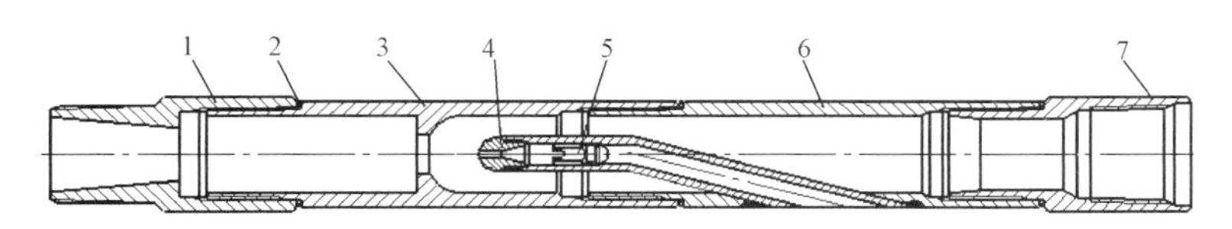

图5-37　加速泵结构示意图

1—扩散管；2—密封件；3—过渡管；4—喷嘴；5—单流阀；6—泵体组件；7—接头

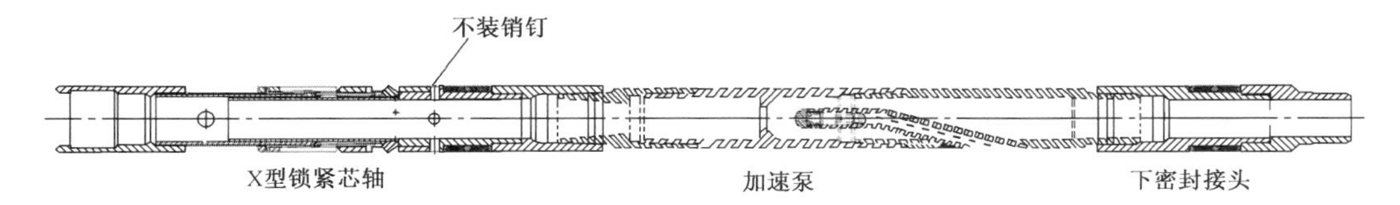

图5-38　投捞式气体加速泵示意图

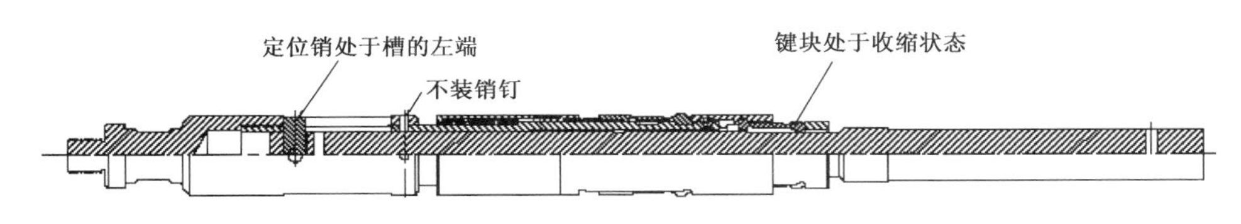

图5-39　投捞式气体加速泵送入工具示意图

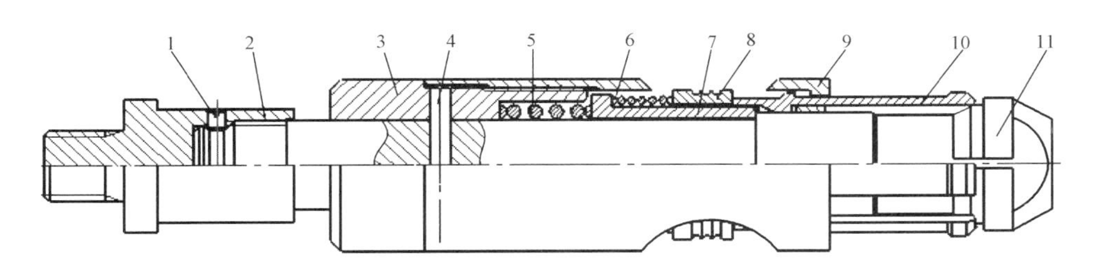

图5-40　投捞式气体加速泵打捞工具示意图

1—紧定螺钉；2—打捞头；3—剪切套；4—剪切销；5—弹簧2；6—弹簧1；

7—弹簧座；8—卡爪座；9—外筒；10—卡爪；11—芯轴

对于所有需要井下作业下入工具的排水采气工艺，优选管柱都是必然要同时实施的，因此本文不再罗列。

1. 泡排+优选管柱

适用于气水产量较低、地层压力较低的气井。该类井产量不高、剩余储量不多，通过泡排+优选管柱能连续生产。但若选用气举或机械排水采气等工艺，运行、管理费用高，不经济。

优选管柱可使用连续油管，泡排加注与生产通道可在连续油管、连续油管与原井油管小环空、油套环空之间优化选择。

优选管柱也可通过不压井更换管柱作业，更换原井生产油管为合理油管。

2. 气举+泡排

适用于压力低、地层渗透性较好、水产量较大、液气比较低的井。该类井仅泡沫带水稳定生产比较困难，纯气举排液时井底回压较高，气井产能发挥受限。

3. 泡排+电潜泵

适用于地层压力低、地层渗透性好、产水量大的水淹气井。通过电潜泵工艺初期大排量排水复活气井，然后通过泡排维持气井带液生产，当井下积液较严重时再启动电潜泵排除积液。

4. 电潜泵+气举

适用于地层压力不高、地层渗透性好、产水量大、附近有高压气源的水淹气井。通过电潜泵工艺初期大排量排水复活气井，然后通过气举维持气井带液生产，当井下积液较严重时再启动电潜泵排除积液。

5. 电潜泵+气举+泡排

适用于地层压力低、地层渗透性好、产水量大、附近有高压气源的重点气藏排水采气井。通过电潜泵工艺初期大排量排水复活气井，然后通过泡排维持气井带液生产，当井下积液较严重时再启动电潜泵排除积液，在电潜泵出现故障时，在检泵作业准备期间，临时采用气举工艺排水。

部分学者把增压开采当作一种排水采气工艺，一些出版物也将增压与其他排水采气工艺组合，如气举+增压、泡排+增压等组合排水采气工艺。但本文趋向于认同“增压虽然在事实上对气井排水采气能起到重要作用，但它是气藏开采的后期阶段都要采用的一种生产措施，主要目地是提高采收率”，它不涉及井下工具与药剂的运用，它适用于所有气井，有利于出水气井的排水只是一个副产品，因此不作为组合排水采气工艺的方式介绍。

第五节　酸性气井采气技术

一、腐蚀监测

1. 腐蚀监测部位

在采气树上监测井口腐蚀；在井下气水界面附近或特定流动温度井段监测井下腐蚀；一般通过修井时对井下油管直接取样研究。

2. 腐蚀监测方法——失重挂片法

把已知质量和尺寸规则的金属试片放入被监测的腐蚀系统介质中，经过一定时间的暴露期后取出，仔细清洗并处理后称重，根据试片质量变化和暴露时间的关系计算平均腐蚀速率。计算公式见本书第二章。

技术要求：井下的油套管腐蚀检测挂片法通常使用专门的夹具固定试片，并使试片与夹具之间、试片与试片之间相互绝缘，以防止电偶腐蚀效应的产生；实验测试中应尽量减少试片与支撑架之间的支撑点，以防止缝隙腐蚀效应。

主要优点：许多不同的材料可以保留在同一位置，以进行对比试验和平行试验；可以定量地测定均匀腐蚀速率；可直观了解腐蚀现象，确定腐蚀类型。

局限性：试验周期只能由气井的生产条件和修井计划所限定，这对于腐蚀试验来说是很被动的。挂片法只能给出暴露时间段的总腐蚀质量,提供该实验周期内的平均腐蚀速率,反映不出有重要意义的介质条件变化所引起的腐蚀变化,也检测不出短期内的腐蚀量或偶发的局部严重腐蚀状态。

二、缓蚀剂防腐措施

1. 常用缓蚀剂性能

常用缓蚀剂见表5－60。一般使用量约0.3%,缓蚀率可达90%左右。

表5－60　中国石油西南油气田常用缓蚀剂

缓蚀剂名称及代号	主要用途
气井缓蚀剂 CT2－1	H_2S,CO_2和Cl^-腐蚀防护
水溶性缓蚀剂 CT2－4	H_2S,CO_2和Cl^-腐蚀防护
注水缓蚀剂 CT2－7	开式或闭式回注水系统腐蚀防护
注水缓蚀剂 CT2－10	开式或闭式回注水系统腐蚀防护
气液两相缓蚀剂 CT2－15	H_2S,CO_2和Cl^-腐蚀防护
水溶性棒状缓蚀剂 CT2－14	大产水量井中H_2S,CO_2和Cl^-腐蚀防护
抗CO_2腐蚀缓蚀剂 CT2－17	CO_2和Cl^-腐蚀防护
长效膜缓蚀剂 CT2－19	高酸性气井H_2S,CO_2和Cl^-腐蚀防护

2. 缓蚀剂预膜量计算

常用预膜量经验公式:

$$V = 2.4DL \tag{5-89}$$

式中　V——预膜量,L;

D——管径,cm;

L——管长,km。

三、加注工艺

常用缓蚀剂注入法优缺点见表5－61;缓蚀剂、硫溶剂加注工艺见图5－41。

表5－61　常用缓蚀剂注入法的对比表

注入法	优点	缺点
开式环空(无封隔器)完井注入法	不需附助设备	套管承受高压
同心管、平行管、"Y"型块注入法	套管不承受高压	费用高、施工难度大、需特殊井口。修井作业复杂、产量受限
环空气举注入法	注入阀靠油套管的压差来启动,用泵施加压力打开注入阀	注入孔易被堵塞
毛细注入管注入法	套管不承受高压,有利于保护油套管,不易被堵塞	施工难度大、需井口穿越;修井作业复杂

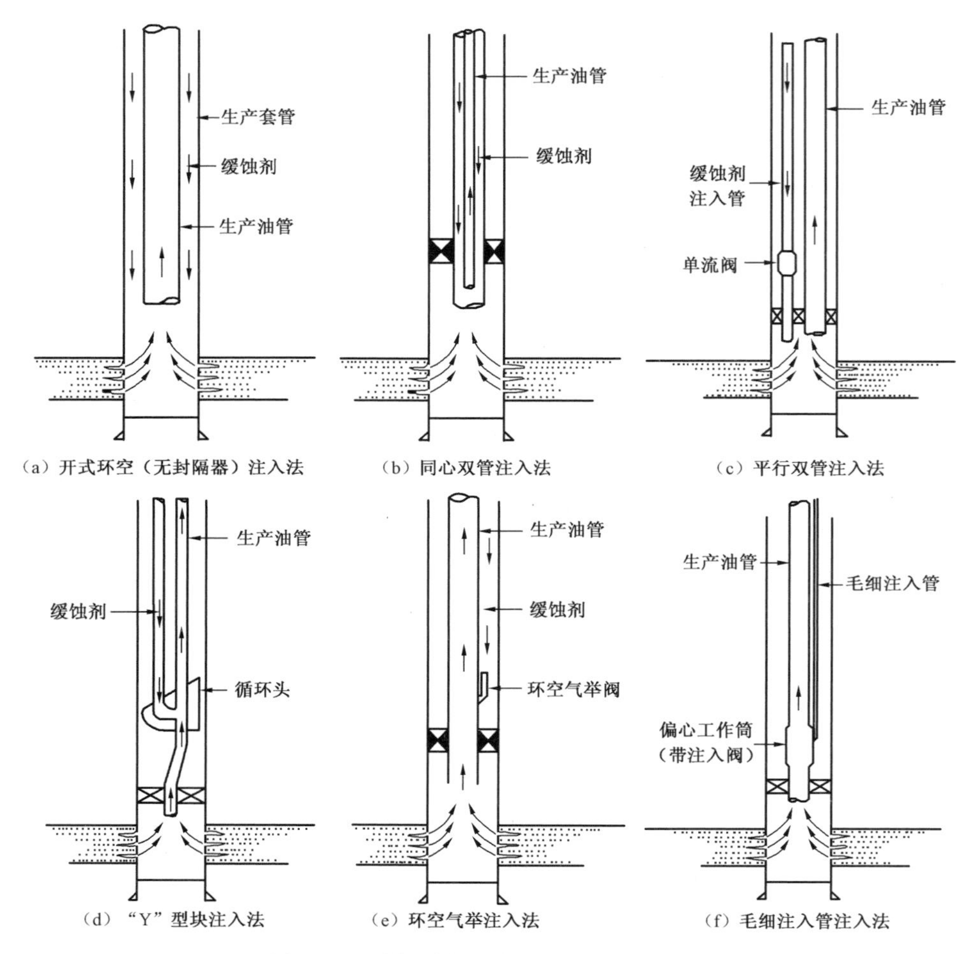

图 5－41　缓蚀剂、硫溶剂加注工艺示意图

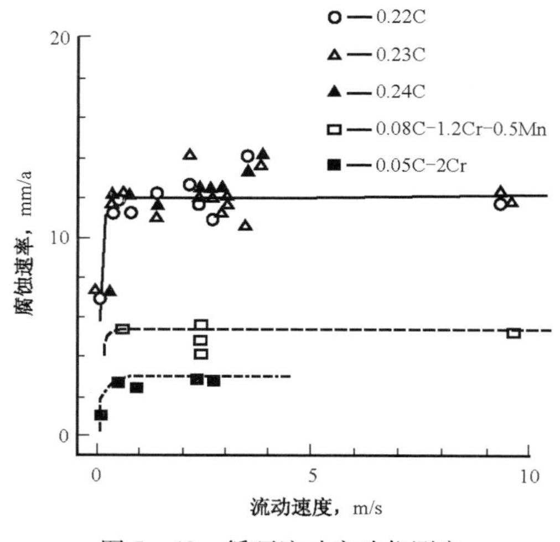

图 5－42　循环流动实验仪测定流速对 CO_2 腐蚀的影响

四、合理生产制度防腐

在 CO_2 含量高的气井，当天然气沿油管流动的速度超过一定值后对管柱的接头产生强烈的腐蚀作用，若天然气含水，则电化学腐蚀作用更强。

保持一种腐蚀小的流速也是一种有效的防腐蚀措施。

实验得出：腐蚀介质流速在 0.32m/s 以下时，腐蚀速率随流速增加而加速，此后在 10m/s 范围内腐蚀速率基本不随流速的变化而变化（图 5－42）。这可能与流速对腐蚀介质传质效果之间的关系有关。

第六节　出砂气井采气技术

出砂气井投产后，常采用控砂生产（控制在临界出砂生产压差之下生产）防止气井出砂；砂埋产层后，采取井筒清砂来恢复气井生产；对于部分出砂严重的井，采取防砂重建人工井壁的措施，来恢复气井的正常生产。对于部分产出砂，通过分离器分离排污除去。出砂气田要定期进行场站检修，来确保集输系统安全平稳输气。

一、出砂监测

常用的砂量监测方法有井下探砂面、地面砂计量等方法。

在出砂监测过程中，保持气井生产制度稳定，定期安排砂面探测，根据气井出砂量大小，及时调整气井出砂监测周期，制定适当的砂治理措施。

在气井压力、产量同时异常降低，或关井复压、试井时，应开展砂面监测或探测，为气井控砂生产提供依据。

出砂在线监测法，根据“超声波智能传感器”进行出砂在线监测，这种传感器安装在井口弯管上，气体携砂通过时碰击管壁的内壁，产生一种超声波脉冲信号，由声敏传感器接收，从而判断气井是否出砂。此方法结合试采法使用，可以及时发现出砂，克服单一气井试采法出砂判断滞后的问题。

二、控砂生产

对投产后出砂的气井，需控制地层中的压降及流体流速，使气井不出砂或少出砂。通常是结合出砂监测和出砂预测资料，通过控制气井临界出砂生产压差（产量）来实现。

确定临界出砂生产压差的主要方法有以下两种：

一是岩心判断法，主要是通过岩心室内实验确定其合理的出砂临界生产压差。对于易出砂、气岩性差的储层，此方法难于获得。

二是气井试采法，气井产能试井时，随着工作制度的逐一放大，气井出砂程度也在变化，通过取水样和气嘴的刺损情况判断出砂时的工作制度或井下生产压差，通常选用出砂前的一个工作制度进行生产，此方法较常用，但存在一定滞后性，发现出砂时，地层已经在此压差下生产一段时间，可能对地层造成破坏。

三、带砂生产

（1）对不可避免地层出砂的气井，在确保地面安全的条件下，实施带砂生产。

带砂流体对管柱临界冲蚀速度：

$$v_e = \frac{D\sqrt{\rho_m}}{20\sqrt{W}} \tag{5-90}$$

式中　v_e——临界冲蚀速度，m/s；

D——管内径,mm,

W——砂产量,kg/d;

ρ_m——流体混合密度,kg/m^3。

$$\rho_m = \frac{\rho_l v_l + \rho_g v_g}{v_l + v_g} \quad (5-91)$$

式中 ρ_l——液体密度,kg/m^3;

ρ_g——气体密度,kg/m^3;

v_l——液相表观速度,m/s;

v_g——气相表观速度,m/s。

现场组织生产时应根据气井的管径、出砂量、流体密度以及管线内的流动压力,将临界冲蚀速度转换成对应产量,作为制定生产制度的重要参考依据。

(2)排水采气工艺井。

首选对出砂适应性强的泡排、气举或螺杆泵排水采气工艺。

机抽排水采气工艺应选择防砂泵。

柱塞排水采气应选择防砂柱塞。

(3)生产过程中平稳操作。

生产制度改变和产量调整,要分次逐步进行。

尽量少关井停产,除特殊情况外开井、关井要缓慢进行。

第七节 气井试井工艺技术

气井试井,就是依据气井试井设计,通过绳索(钢丝或电缆)作业,将测试工具下入井内设计位置,录取所需数据,来监测井筒生产动态、气井产出剖面、气水产量大小等的技术。气井试井是一项带压作业,通过试井井口装置来实现绳索起下时的动态密封,通过试井绞车提供动力带动钢丝或电缆来实现入井工具的起、下及震击等操作,通过选择适当的井下测试仪器来录取所需资料,通过配备合理的工具串来保证入井仪器或工具在井筒中的正常运动。

一、施工主要工序

设备准备及安装、空气置换、验漏、计数器校零、通井、起下仪器操作、确认工具进入防喷装置操作、防喷装置泄压、设备拆卸。

二、施工设计

1. 主要内容

包括测试井井况,试井设备、工具、仪器需求及准备,试井施工方案及计划进度安排,试井施工岗位及责任人安排,井场试井设备部署和入井工具结构说明。

2. 试井设计相关计算

1) 钢丝试井入井工具串长度设计

试井仪器的长度受水平井眼几何形状的限制，如图5-43。

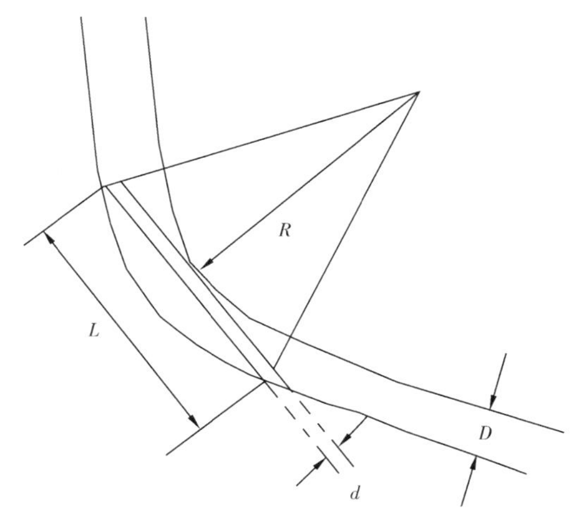

图5-43　工具长度的限制示意图

单件入井工具串的最大允许长度：

$$L_{\max} = 2\sqrt{(D+R)^2 - (R+d)^2} \tag{5-92}$$

式中　$L_{\max}$——工具串最大允许长度，m；

D——油管内径，m；

d——工具串外径，m；

R——水平井最小曲率半径，m。

2) 测静压时钢丝或电缆张力

在测静压力过程中，由于井下工具串长度不大，压力计两端处于同一压力系统，工具仅受井筒天然气的浮力作用。工具所受浮力由式(5-93)计算。井底天然气密度由式(5-94)计算。

工具所受浮力：

$$f_{浮} = \rho_g V_1 + \overline{\rho_g}\pi\frac{D^2}{4}L \tag{5-93}$$

式中　$f_{浮}$——入井工具和钢丝或电缆所受总浮力，kgf；

ρ_g——井底天然气密度，kg/m^3；

$\overline{\rho_g}$——井筒天然气平均密度，kg/m^3；

V_1——入井工具体积，m^3；

L——钢丝或电缆长度，m；

D——钢丝或电缆直径，m。

$$\rho_g = \frac{28.97\gamma_g p}{RTz} \tag{5-94}$$

式中　ρ_g——气体密度，kg/m^3；

γ_g—天然气相对密度；

p——井筒中天然气压力，Pa；

R——通用气体常数，$R=8315Pa \cdot m^3/(kmol \cdot K)$；

T——温度，K；

z——气体偏差系数。

井口试井钢丝或电缆张力：

$$F_{张} = G_1 H + G \times \cos\theta - f_{浮} \tag{5-95}$$

式中 $F_{张}$——井口试井钢丝或电缆张力,kgf;

H——工具所在井深,m;

G_1——每米钢丝或电缆重力,kgf;

θ——工具所在井深处井斜角,(°);

G——工具总重量,kgf。

理论上,当井口钢丝张力为0时,入井工具处于平衡状态,所对应的井深为最大测试深度。

3)测流压时钢丝张力

在测流压过程中,井下工具串及钢丝受力更为复杂,除受到静止测压的各种力之外,还受到天然气高速流动的影响。

在测流压过程中,由于测试工具的存在减小了油管的过流面积,使流速大大增加,井下工具串受井筒天然气浮力和天然气高速流动时的冲击力的作用。对于斜井还受井斜角增大对工具有效重力的影响。

三、试井常用仪表、工具

试井测试主要使用压力计(温度计)、取样器和回声仪等井口与井下仪表和工具。

1. 井口电子压力测试系统

表5-62列出了常用井口电子压力计主要技术参数表。

表5-62 常用型号井口电子压力计主要技术参数表

参数	HAWK9000	KUSTER10	PPS 31	AKS	SAS	DDI	DDI
传感器类型	硅晶体	硅晶体	硅晶体	石英晶体	硅晶体	硅晶体	石英晶体
工作压力,MPa	5~103	0~70	103	35,70,137.9	10~103	103	137.9
工作温度,℃	-20~80	-40~50	-40~80	-40~85	-20~70	-40~60	-40~80
压力精度,%	±0.024	±0.024	±0.03	<0.01	±0.05	±0.05	±0.02
压力分辨率,%	0.0003	0.0003	0.0003	0.006	0.0003	0.0003	<0.006
压力漂移,psi/a	<3	<3	<3	<1		<3	<1
温度精度,%	±0.15	±0.25	±0.5	±1	±0.3	±0.4	±1
温度分辨率,%	0.002	0.001	0.01	<0.005	<0.005	0.001	<0.005
最小采样速度 s/次	1	3	1	1	1	1	1
外形尺寸(外径×长度×宽度) mm	ϕ99×300×100		ϕ117×254	ϕ133.35×161.9	ϕ210×120×240		
质量,kg	2			2.5	2.7	2.6	2.6
接口方式	RS232	USB	RS232	RS232	RS232,USB	RS232,USB,RS485,无线连接	RS232,USB,RS485,无线连接

续表

参数	HAWK9000	KUSTER10	PPS 31	AKS	SAS	DDI	DDI
电源	一组两节 3.6V 锂电池	3.6V 锂电池	一组两节 锂电池	一组两节 D 型 锂电池或 9~15V 外接电	一组两节 3.6V 锂电池	一组两节 3.6V 锂电池	一组两节 3.6V 锂电池
储存器容积	696000 组数据点	1220700 组数据点	1000000 组数据点	1200000 组数据点	1400000 组数据点	600000 或 1200000 组数据点	600000 或 1200000 组数据点

2. 机械式井下压力计

机械式井底压力计主要有弹簧管式和弹簧式两种。表 5-63 列出了国内常用的弹簧管式井下机械压力计主要技术参数,表 5-64 列出了国内常用的弹簧式井下机械压力计主要技术参数,表 5-65 列出的美国 KUSTER 公司 16 种机械式井底压力计在目前常用的机械式井底压力计,具有较好的代表性。

表 5-63 弹簧管式井下机械压力计主要技术参数表

型号	直径 mm	长度 mm	质量 kg	隔离方式	仪器测量上限,MPa	压力精度 %	灵敏限 %	工作温度 ℃	卡片尺寸 mm×mm	时钟 h	备注
CY613-A	36	1425	6	褶皱盒式	5~30 系列	0.5	0.3	80	54×60	10,50	
CY613-B	36	1420	6	褶皱盒式	20~60 系列	0.5	0.3	120	54×60	10,50	
JY72-1	36	1470	6	褶皱盒式	10~80 系列	0.5	0.3	120~150	50×66	取决于所用钟机	
SY4	36	1477	6	褶皱盒式	30~70 系列	0.35,0.5	0.2	150	75×112	2.5,5,10,12.5,25,50	带有变速器,变速比为 1:1 和 2:1
SY5	25	1200	3	褶皱盒式	20~35 系列	0.35,0.5	0.2	120	53.5×95	10	
KPG	31.8	1880	6.8	褶皱盒式	5.45~136 系列	0.2	0.05	260	51×127	2,3,4,6,12,24,48,72,120,144,168,180,360	
RPG-3	31.8	1960	6.8	褶皱盒式	3.5~176 系列	0.2	0.05	260	51×127	2,3,12,24,48,72,120,144,168,180,360	

续表

型号	直径 mm	长度 mm	质量 kg	隔离方式	仪器测量上限,MPa	压力精度 %	灵敏限 %	工作温度 ℃	卡片尺寸 mm×mm	时钟 h	备注
RPG－4	25.4	1910	5	褶皱盒式	3.5～141系列	0.2	0.056	260	46×127		
RPG－5A	38.1	1510	2.8	褶皱盒式	3.5～105系列	0.25	0.05	232	50.8×127		
RPG－7	57.2	990.6	11.4	褶皱盒式	7～210系列	0.25	0.025	260	101.6×127		
K－2	25.4	990,1130	2.7	褶皱盒式、过滤器式	7～110系列	0.25	0.025	260	57×72	6,12,24,36,48,120	带有变速器，变速比为1∶1,2∶1和1/2∶1
K－3	31.8	1050,1200	4	褶皱盒式、过滤器式	7～136系列	0.25	0.04	260	66.7×124	3,6,12,24,48,60,120	带有变速器，变速比为1∶1,2∶1和1/2∶1
K－4	19	1070	2.3	褶皱盒式、过滤器式	5.6～81系列	0.25	0.067	204	38×63.5	3,6,12,18,24,36,72	带有变速器，变速比为1∶1,2∶1和1/2∶1
DPG－125	31.8	1860	6.8	褶皱盒式、螺旋毛细管	5.6～150系列	0.2	0.05	260	50×127		

表5－64　弹簧式井下机械压力计主要技术参数表

型号	直径 mm	长度 mm	质量 kg	隔离方式	仪器测量上限 MPa	压力精度 %	灵敏限 %	工作温度 ℃	工作位移记录笔 mm	记录筒	时间 h
CY641	36	1820	9.5	过滤式	39,44,49	1	1	150	110	60	10
CY651	36	2020	12.5	过滤式	59	0.5	0.5	150	110	60	10,50,200
J－200	73	1378		隔膜式	11,19,32,44,62,95,140	0.25	0.25	60～177			24,48,96,112
DMH－66	32,36	3500		迷宫式	5.86,10.34,15.86,24.82,31.72,49.64,68.95	0.025	0.02	80	200	74	2.5,5,15,30,90,180,360

续表

型号	直径 mm	长度 mm	质量 kg	隔离方式	仪器测量上限 MPa	压力精度 %	灵敏限 %	工作温度 ℃	工作位移记录笔 mm	记录筒	时间 h
“七一”	36,38	1340	7	隔离包	10,12,14,16,18,20,22,24,26,28,30,32,36,38,40	0.1	0.1	80	100	72	4,20
QTY－400	36,38	1800	9	迷宫式	39.2	0.1	0.1	150	100	72	4,10
QTY－X	20	2270	4.3	迷宫式	13.7	0.3	0.2	80	50		10,100

表5－65 KUSTER公司机械式井底压力计主要技术参数表

型号	直径 mm	长度 mm	质量 kg	压力精度 %	工作压力 MPa	工作温度 ℃	时间 h
KPG	31.8	1880	6.8	0.2	137.9	260	2,3,4,6,12,24,48,72,120,144,168,180,360,720
KPG(高温)	31.8	1880	8.6	0.2	137.9	371	2,3,4,6,12
KPG(高压)	38.1	1880	8.6	0.2	206.9	260	2,3,4,6,12,24,48,72,120,144,168,180,360,720
K－2(过滤器)	25.4	991	2.7	0.25	110.3	260	6,12,24,36,48,72,120
K－2(波纹管)	25.4	1130	2.7	0.25	110.3	260	6,12,24,36,48,72,120
K4	19.1	483	2.3	0.25	79.3	204	3,6,12,18,24,36,48,72,120
AK－1	57.2	991	11	0.25	206.9	204	3,12,18,24,48,72,96,120
K－3(过滤器)	31.8	1054	4	0.25	137.9	260	3,6,12,24,30,48,60,90,120
K－3(波纹管)	31.8	1207	4	0.25	137.9	260	3,6,12,24,30,48,60,90,120
KTG	31.8	1656	6	0.25	151.7	260	2,3,4,6,12,24,48,72,120,144,168,180,360,720
KT－B	31.8	1397	5.2	0.25	137.9	371	2,3,4,6,12,24,48,72,120,144,168,180,360,720
K2－T	25.4	1295	2.8	0.25	137.9	200	6,12,24,36,48,72,120
K2－TB	25.4	927	2.5	0.25	137.9	300	6,12,24,36,48,72,120
K4－T	19.1	1168	1.9	0.25	137.9	232	6,12,48,72,144
K3－T	31.8	1359	5.5	0.25	137.9	200	6,12,30,36,48,72,96,120
K3－TB	31.8	1029	4.5	0.25	137.9	300	6,12,36,48,72,96,120

3. 井下电子压力测试系统

井下电子压力测试系统精度远高于机械式压力计，有地面直读式和井下存储式两种。

表5－66是常用地面直读式井下电子压力计的主要技术参数表，表5－67是几种存储式井下电子压力计的主要技术参数。

表 5 - 66　不同型号地面直读式井下电子压力温度计主要技术参数表

参数		EPG - 520	PANEX 1575	QPG - 820	MEKUSTER	M/CQG	PPS 2600
外径,mm		38.1	31.8	07 ~ 140	38.1	32	31.75
长度,mm		346	-4 ~ 82	1291	1500	1000	139.7
质量,kg		0.9	5	4.5	6.2	3.5	2
变送器类型		电容	硅晶体	石英晶体	硅晶体	石英晶体	石英晶体
测压部分	量程,MPa	17.237	69	35	110	35	41.36
		34.475		70		70	68.94
		68.949		100		100	86.18
		103.424					137.9
	精度,%FS	±0.08 ~ 0.1	±0.025	±0.02	±0.02	±0.025	±0.02
	分辨率,Pa	100	100	68.9	100	100	206.9
测温部分	量程,℃	177	175	25 ~ 177	175	175	125,150,177
	精度,℃	±1	±0.1	±1	±1	±1	±0.2
	分辨率,℃	0.006	0.01	0.01	0.01	0.02	0.01

表 5 - 67　不同型号存储式井下电子压力温度计主要技术参数表

参数	DDI DDIQ175	KUSTER	PANTHER	MCALLISTER WHT - 712Q	PPS2800	NANGALL	MCALLISTER WHT - 712Q
传感器类型	石英晶体	硅晶体	石英晶体	石英晶体	硅晶体	石英晶体	石英晶体
工作压力,MPa	0 ~ 137.9	5 ~ 103	0 ~ 103	0 ~ 172	10 ~ 103	137.9	0 ~ 172
工作温度,℃	175	-20 ~ 80	175	185	-20 ~ 70	200	185
压力精度,%	±0.02	±0.024	±0.02	±0.02	0.05	±0.025	±0.02
压力分辨率,%	0.0001	0.0003	0.0001	0.00006	0.0003	0.00006	0.00006
压力漂移,psi/a	<1	<3	<3	<0.1		<3	<0.1
温度精度,%	±0.5	±0.15	±1	±0.15	±0.3	±0.5	±0.15
温度分辨率,%	0.0002	0.002	0.001	0.005	<0.005	0.001	0.005
采样频率	0.1 ~ 18 小时/次	1	1	0.1 秒 ~ 6 天/次	1	1	0.1 秒 ~ 6 天/次
外径,mm	31.8	31.8	31.8	25.4/31.8/33.3	31.75	31.8	25.4/31.8/33.3
长度,mm	762 或 864	1000	840	838	660.4	1220	838
外筒材质	INCONEL 718	INCONEL 718	INCONEL 718	Hastelloy C - 276™			Hastelloy C - 276™
质量,kg	2	3.5	3	6.5		2.3	6.5
接口方式	RS232/USB	RS232/USB	USB	RS232/USB	RS232/USB	RS232/USB	RS232/USB

续表

参数	DDI DDIQ175	KUSTER	PANTHER	MCALLISTER WHT－712Q	PPS2800	NANGALL	MCALLISTER WHT－712Q
电源	一个或两个3.6V或3.9VC/CC锂电池	一组两节3.6V锂电池	7.2V锂电池	两节AA3.6V或一节CC3.6V锂电池	一组两节3.6V锂电池	两节CC锂电池	两节AA3.6V或一节CC3.6V锂电池
储存器容积	696000组数据点	696000组数据点	500000组数据点	2000000或4000000组数据点	1400000组数据点	800000组数据点	2000000或4000000组数据点

四、试井作业工具

1. 绳帽

1) 钢丝绳帽

钢丝绳帽有普通型、圆盘型和卡瓦型等，主要结构如图5－44所示，主要技术参数见表5－68。

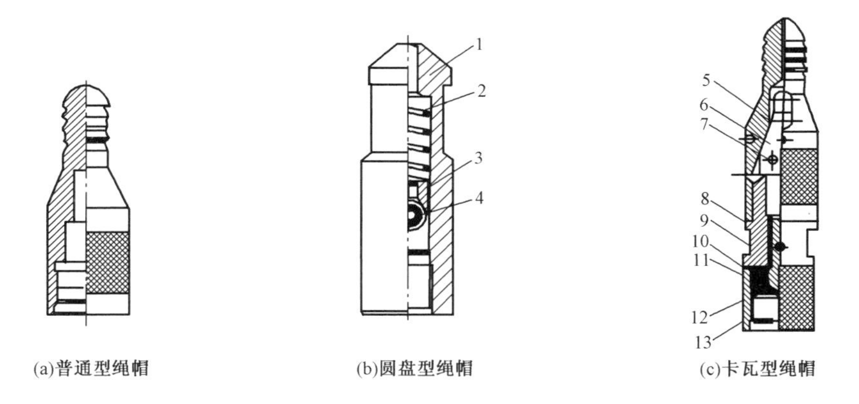

图5－44　钢丝绳帽主要结构示意图

1—绳帽；2，7—弹簧；3—圆型托盘；4—圆形环；5—锥管绳帽；6—卡瓦；8—销子；9—压紧短节；10—垫片；11—止推轴承；12—转轴；13—转动短节

表5－68　常用钢丝绳帽主要技术参数

外径，in	打捞颈尺寸，in	连接螺纹，in
1.25	1.187	15/16
1.5	1.375	1 1/16
1.875	1.75	1 1/16
2.125	1.75	1 1/16

2)电缆绳帽

电缆绳帽有胜利型、捷尔哈特型和佛罗比托型,主要结构如图5-45~图5-47所示。

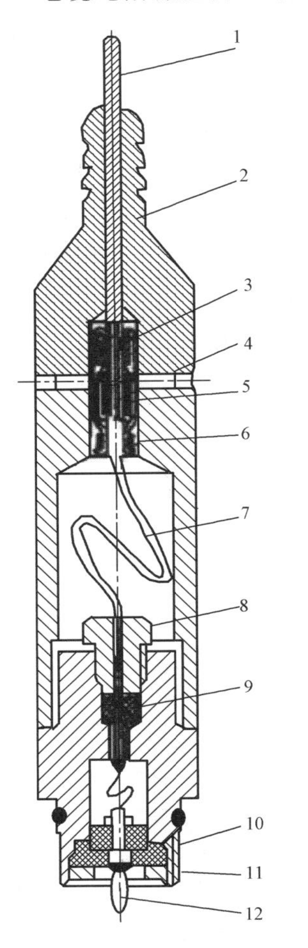

图5-45　胜利型电缆绳帽

1—单心双铠装电缆;2—绳帽;3—上锁紧套;4—紧定螺钉;5—中锁紧套;6—下锁紧套;7—心线;8—压帽;9—盘根;10—胶木支承座;11—压盖;12—芯线插头

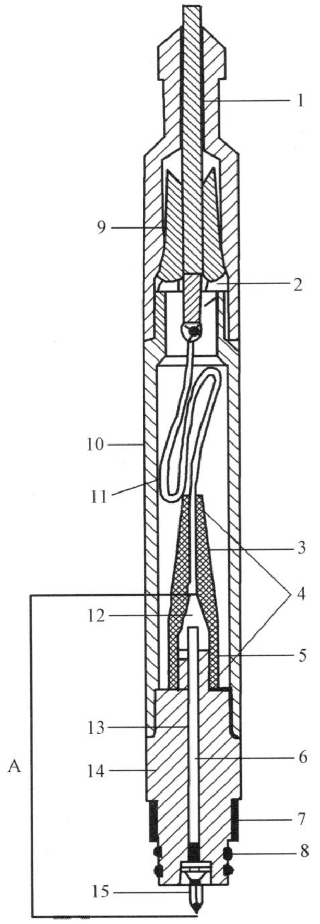

图5-46　捷尔哈特型电缆绳帽

1—绳帽;2—压紧格兰;3—橡胶绝缘护套;4—尼龙扎紧绳;5—绝缘垫;6—导电连杆;7—连接仪器公纹;8—“O”形密封圈;9—梨形电缆锁紧头;10—绳帽接头;11—电缆心线;12—心线上绝缘头;13—绝缘套;14—密封绝缘接头;15—心线下插头;A—封绝缘套总成

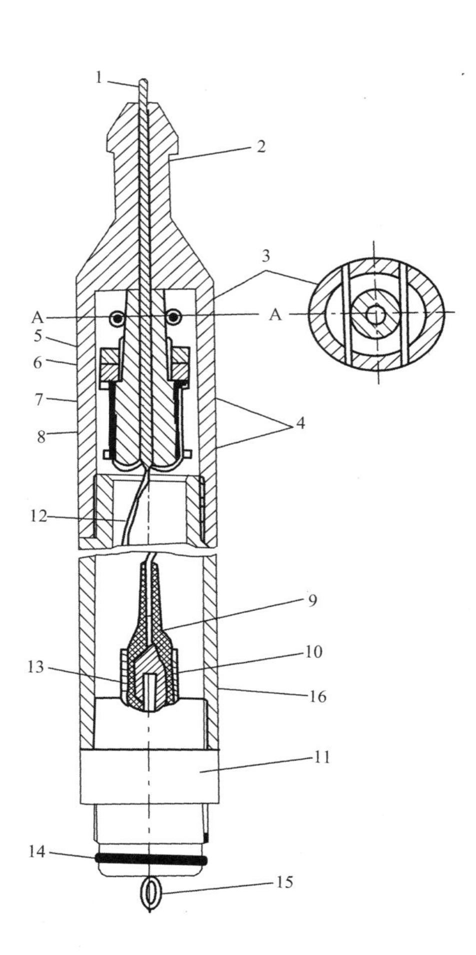

图5-47　佛罗比托型电缆绳帽

1—电缆;2—绳帽;3—空心销钉;4—铠装钢丝穿孔处;5—背紧螺母;6—压紧螺母;7—承重死坠;8—翻转的铠装钢丝;9—橡胶密封套;10—导电接头;11—线引进短节;12—心线;13—金属固定套;14—“O”形密封圈;15—电插头;16—正反扣短节

2. 加重杆

1）钢丝加重杆

其分为普通型和加重型。普通型由普通圆钢材加工而成，高压气井试井一般选用加重型加重杆，其内充填钨，而外壳则根据气井硫化氢等腐蚀性气体含量，选用不同的合金钢制成。其主要技术参数见表5－69。

表5－69　常用普通钢丝加重杆主要技术参数表

外径，in	打捞颈，in	连接螺纹，in	长度，in	质量，lb
1.25	1.187	15/16	24	8.4
1.25	1.187	15/16	36	12.8
1.25	1.187	15/16	60	20.9
1.5	1.375	15/16	24	11.0
1.5	1.375	15/16	36	17.6
1.5	1.375	15/16	60	28.7
1.875	1.75	$1\frac{1}{16}$	24	17.6
1.875	1.75	$1\frac{1}{16}$	36	26.5
1.875	1.75	$1\frac{1}{16}$	60	45.2
2.125	1.75	$1\frac{1}{16}$	24	22.9
2.125	1.75	$1\frac{1}{16}$	36	34.8
2.125	1.75	$1\frac{1}{16}$	60	58.6
2.5	2.313	$1\frac{9}{16}$	24	31.3
2.5	2.313	$1\frac{9}{16}$	36	48.5
2.5	2.313	$1\frac{9}{16}$	60	81.6

2）电缆加重杆

其分为普通型、充铅型、充钨型和滚轮型。通过电缆井下作业时加重电缆工具串，使其能快速下行，而外壳则根据气井硫化氢等腐蚀性气体含量，选用不同的合金钢制成。其主要技术参数见表5－70。

表5－70　常用普通电缆加重杆主要技术参数表

外径，in	打捞颈，in	连接螺纹，in	长度，in
1.25	1.187	15/16	24
1.25	1.187	15/16	36
1.25	1.187	15/16	60
1.5	1.375	15/16	24
1.5	1.375	15/16	36
1.5	1.375	15/16	60
1.875	1.75	$1\frac{1}{16}$	24

续表

外径,in	打捞颈,in	连接螺纹,in	长度,in
1.875	1.75	$1\frac{1}{16}$	36
1.875	1.75	$1\frac{1}{16}$	60
2.125	1.75	$1\frac{1}{16}$	24
2.125	1.75	$1\frac{1}{16}$	36
2.125	1.75	$1\frac{1}{16}$	60
2.5	2.313	$1\frac{9}{16}$	24
2.5	2.313	$1\frac{9}{16}$	36
2.5	2.313	$1\frac{9}{16}$	60

3. 震击器

1)机械式震击器

机械震击器结构简单、性能可靠,可用于向上或向下振击,现场用得最为普遍,表5－71和表5－72分别为国内和国外常用的机械震击器主要技术参数。

表5－71 国内常用的机械震击器主要技术参数表

外径,in	打捞颈,in	连接螺纹,in	冲程,in
1.25	1.187	15/16	24
1.25	1.187	15/16	30
1.5	1.375	15/16	20
1.5	1.375	15/16	24
1.875	1.375	15/16	30
1.875	1.75	$1\frac{1}{16}$	24
1.875	1.75	$1\frac{1}{16}$	30
2.125	1.75	$1\frac{1}{16}$	24
2.125	1.75	$1\frac{1}{16}$	30
2.5	2.313	$1\frac{9}{16}$	24
2.5	2.313	$1\frac{9}{16}$	30

表5－72 国外常用的机械震击器主要技术参数表

规格型号,in	1	$1\frac{1}{4}$	$1\frac{1}{2}$	$1\frac{3}{4}$	$1\frac{7}{8}$
冲程,in	18				
		20	20	20	20
		30	30	30	30
打捞头外径,in	7/8	$1\frac{3}{16}$	$1\frac{3}{8}$	$1\frac{3}{4}$	$1\frac{3}{4}$
连接螺纹,in	5/8～11	15/16～10	15/16～10	$1\frac{1}{16}$～10	$1\frac{1}{16}$～10

2)液压式震击器

液压式只能向上震击,其瞬间震击力强,通常用在机械震击器效果不够理想的井中或井下操作位置较深和井液黏度较大的井,常用的液压式震击器主要技术参数见表5-73。

表5-73 常用的液压式震击器主要技术参数表

外径,in	打捞颈,in	连接螺纹,in	冲程,in
1.5	1.375	15/16	24
1.75	1.75	$1\frac{1}{16}$	30
1.875	1.75	$1\frac{1}{16}$	30
2.125	1.75	$1\frac{9}{16}$	30
2.5	2.313	$1\frac{9}{16}$	30

五、试井装备

1.试井主机

分为车载式和橇装式两大类,其主要配置见表5-74。南阳华美石油设备有限公司的部分产品技术参数见表5-75。

表5-74 试井车类型和主要配备主要设备

试井车类型	主要配置	驱动方式
车载式	钢丝滚筒绞车,排丝、测深、指重等装置	液压
	钢丝滚筒+钢丝绳滚筒绞车,排丝、测深、指重等装置及计算机	液压或机械
	电缆滚筒绞车,排丝、测深、指重等装置,信号转换仪表及计算机	液压或机械
	电缆滚筒绞车,排丝、测深、指重等装置,信号转换仪表及计算机	液压
橇装式	钢丝(钢丝绳)滚筒绞车,排丝、测深、指重等装置等	电动

表5-75 南阳华美石油设备有限公司部分试井车技术参数

型号	ES5100TSJ	ES5042TSJ	ES5211TCJ
滚筒种类	钢丝单滚筒	钢丝单滚筒	电缆单滚筒
滚筒容绳量,m/对应绳外径,mm	7000/2.4	7000/2.4	5500/12.7
最大提升负荷,kN	10	8	50
整车外形尺寸(长×宽×高),mm×mm×mm	7755×2435×3220	5950×1880×2270	9700×2490×3675

2.井口防喷装置

井口防喷装置作用:钢丝或电缆起下作业时密封井口,防止上起过程中仪器发生顶碰防喷装置或仪器落井。其分类见表5-76。

表 5-76　试井井口防喷装置分类表

类型	压力等级,MPa	主要设备
钢丝	21,35,70,105,140	防喷盒(含天滑轮)、防喷管、工具捕捉器、钢丝防喷器、地滑轮等
电缆	35,70,105,140	防喷盒(含天滑轮)、防喷管、电缆防喷器、注脂密封装置(由气泵、注脂泵、阻流管组成)、工具捕捉器(上、下)、地滑轮等

35MPa 以下普通气井试井井口防喷装置如图 5-48 所示。70MPa 以上高压、高含硫气井试井井口防喷装置如图 5-49 所示。

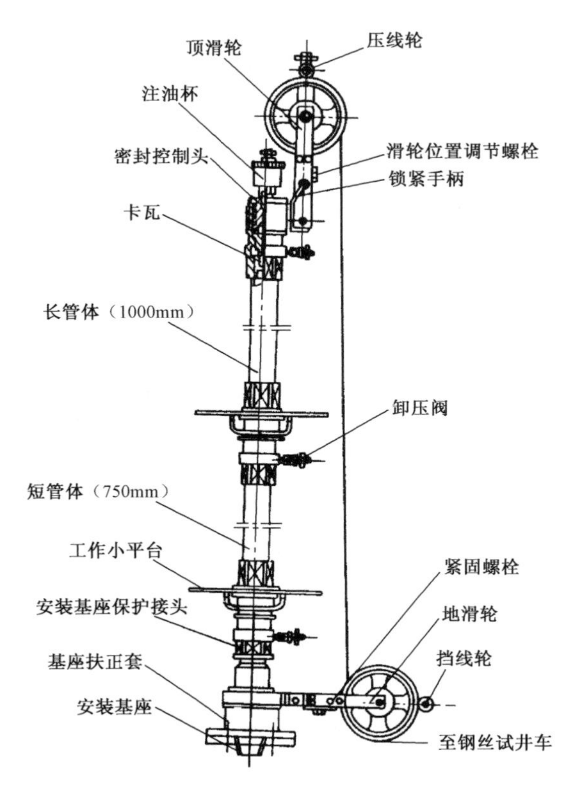

图 5-48　35MPa 以下普通气井试井井口装置安装示意图

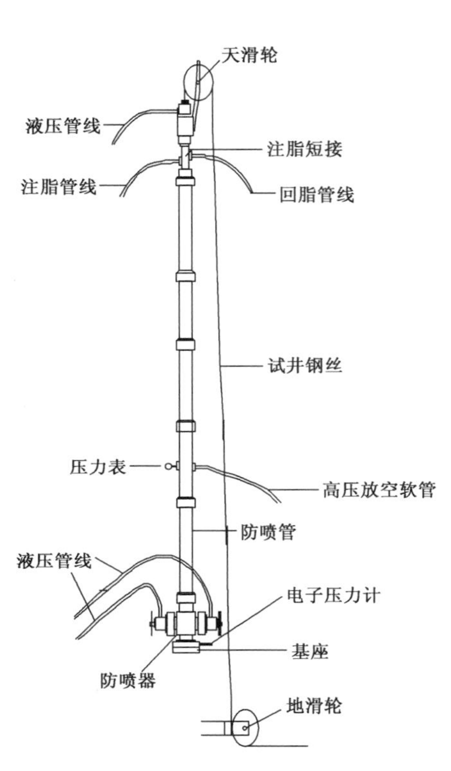

图 5-49　70MPa 以上高压、高含硫气井试井井口装置安装示意图

1)防喷管

防喷管长度选择一般为 1.0～2.5m,耐压范围从 21MPa 到 140MPa,常用的为 35MPa 和 70MPa,表 5-77 和表 5-78 分别为 35MPa 和 70MPa 防喷管的参数表。

表 5-77　35MPa 防喷管的参数表

公称直径,mm(in)	内径,mm(in)	外径,mm(in)
50.8(2)	50.9(2 1/16)	122.2(4 13/16)
63.5(2 1/2)	63.5(2 1/2)	133.4(5 1/4)
76.2(3)	74.6(2 15/16)	160.3(6 5/16)
88.9(3 1/2)	90.5(3 9/16)	171.5(6 3/4)

表 5－78　70MPa 防喷管的参数表

公称直径,mm(in)	内径,mm(in)	外径,mm(in)
50.8(2)	50.9(2⅟₁₆)	127(5)
63.5(2½)	63.5(2½)	152.4(6)
76.2(3)	76.2(3)	171.5(6¾)
101.6(4)	101.6(4)	238.1(9⅜)

2)阻流管

阻流管的作用:在电缆测试作业或在高压、高含硫气井钢丝起下测试工具时,通过注密封脂来进行动态密封,注脂密封装置结构如图 5－50 所示。

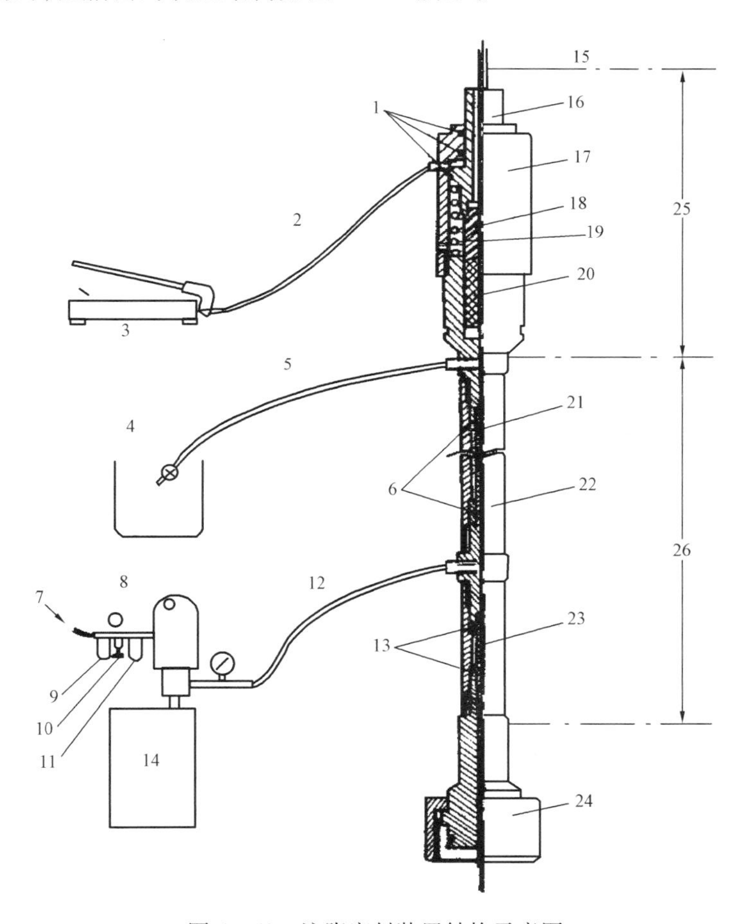

图 5－50　注脂密封装置结构示意图

1,6,13—“O”形胶圈;2—防喷盒密封管线;3—手压泵;4—回收油筒;5—回流管线;7—输入压缩空气;8—注脂泵;9—滤清器;10—压力调节器;11—润滑油杯;12—注脂管线;14—密封脂筒;15—电缆;16—压紧柱塞;17—防喷盒;18—压紧格兰;19—放松弹簧;20—橡胶密封圈;21—上阻流管;22—注脂密封段;23—下阻流管;24—连接防喷管活接头;25—防喷盒部分;26—阻流管部分

选用阻流管时，一般要求阻流管内径比钢丝或电缆实际外径大 0.15～0.20mm。表 5－79 为美国 TOT 公司在同一电缆公称直径下可选用的阻流管内径尺寸分布。

表 5－79　电缆阻流管内径尺寸系列表

公称直径，mm(in)	阻流管可选择内径，mm
4.763(3/16)	4.394，4.496，4.572，4.699，4.775，4.851，4.928，4.978，5.055
5.556(7/32)	5.105，5.182，5.309，5.410，5.537，5.613，5.791，5.944，6.045，6.147，6.375

3）防喷盒

防喷盒的作用：当试井钢丝从防喷盒上方通过时，可保持不漏气，分为手压紧密封和液压密封两种类型。

手压紧密封的防喷盒一般用于低压气井，当防喷盒钢丝外侧间隙有气漏出时，可用手或小型扳手上紧堵头，达到密封要求，主要结构如图 5－51 所示。

液压密封防喷盒通常用于中压、高压气井，该类型的防喷盒要在地面用手压泵，通过液压管线往防喷盒的液压孔加压，从而完成压紧密封动作，主要结构如图 5－52 所示。

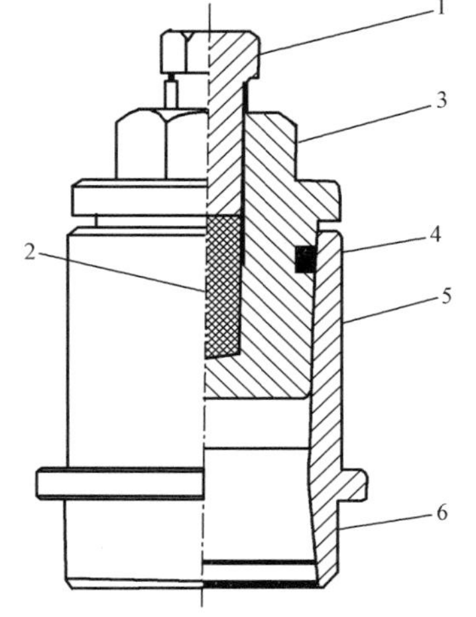

图 5－51　普通防喷盒结构图

1—压帽螺栓；2—堵头；3—密封；4—锥管扣螺纹；5—防喷盒体；6—锥管扣螺纹

4）防喷器

防喷器的作用：在测试作业中紧急关闭井口，防止发生井喷事故，又称 BOP。BOP 分为手动（图 5－53）和液压传动（图 5－54）两种类型，目前大部分 BOP 均同时具备手动和液压两种功能，工作压力一般分为 35MPa，70MPa，105MPa 和 140MPa 4 个等级。

根据密封要求，BOP 可单级使用，也可双级或多级叠用。用于高压密封的 BOP，一般其本身即制造为多级的（图 5－55）。

表 5－80～表 5－83 分别为西安金辉石油天然气新技术装备有限公司 35MPa 单闸板防喷器和 70MPa 双闸板防喷器主要技术参数。

根据气井硫化氢等腐蚀气体含量，又可分为普通型和防硫化氢型。

5）捕捉器

（1）上捕捉器。

上捕捉器安装在防喷管顶部，当捕捉器内的弹簧撑起时，机械爪向下移动，在闭锁斜面作用下，机械爪紧缩抓住仪器绳帽上的打捞头，使其不致从防喷管中脱落。

释放仪器时，可通过手压泵往捕捉器的液压孔加压，推动衬套上移，压缩支撑弹簧使机械爪上移并张开，从而释放仪器（图 5－56）。

（2）下捕捉器。

下捕捉器安装在防喷管底部，用电缆或钢丝下入仪器后，电缆或钢丝可从叉形瓣片中间的槽内通过，不影响起下。

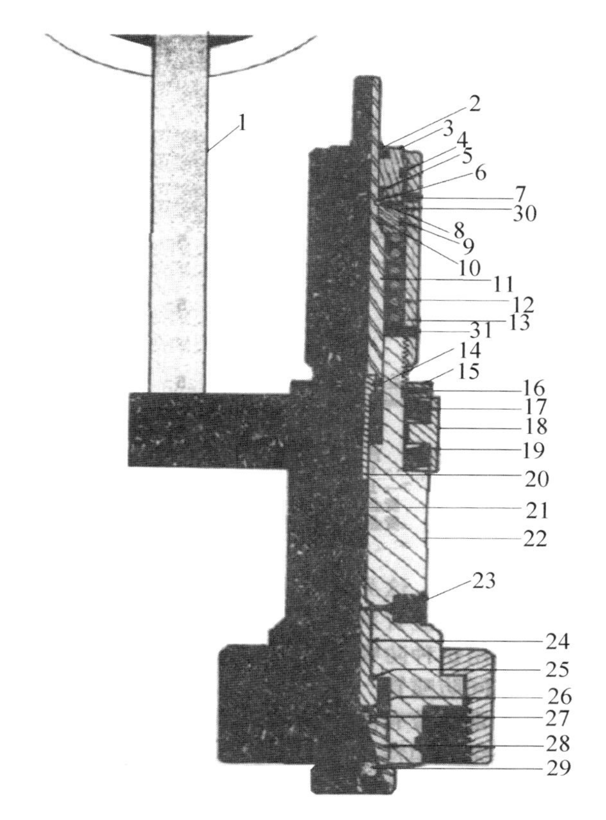

图 5－52　液压密封防喷盒结构图

1—滑轮及支架;2—刮油器;3—油缸盖;4,9,10,25,26—“O”形圈;5—密封圈;6,21—隔板;7—活塞;8—隔板;11—空心推杆;12—支撑复位弹簧;13—油缸外套;14,16—定位螺栓;15—轴承挡圈;17—止推轴承;18—轴承架;19—止推轴承;20—上衬套;22—防喷盒体;23—测试孔;24—下衬套;27—密封垫;28—压盖;29—密封球;30—液压油孔;31—液压油回油孔

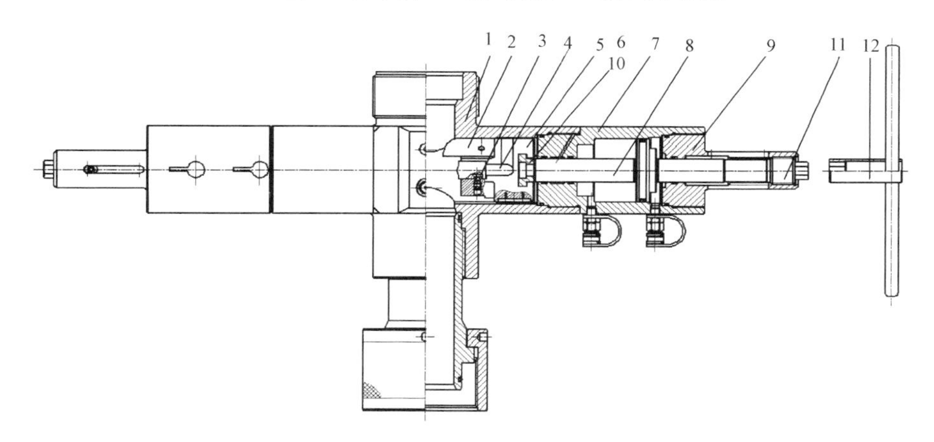

图 5－53　西安金辉石油天然气新技术装备有限公司单闸板防喷器结构示意图

1—本体;2—护片;3—闸板内密封;4—闸板外密封;5,6—闸板体Ⅰ,Ⅱ;7—接头;8—活塞杆;9—油缸缸盖;10—滑块;11—丝杠;12—手把

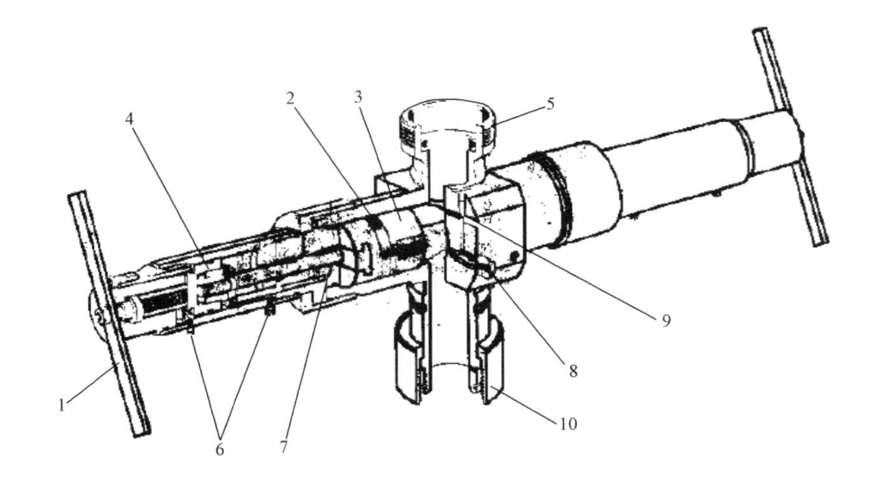

图 5－54　美国 TOT 公司单闸板液压防喷器结构图

1—手动辅助阀杆；2—橡胶闸板；3—闸板金属套；4—闸板杆液压推动活塞；5—上方连接活接头；6—液压管线接口；7—阀门杆密封圈；8—平衡阀；9—放气孔；10—下连接活接头

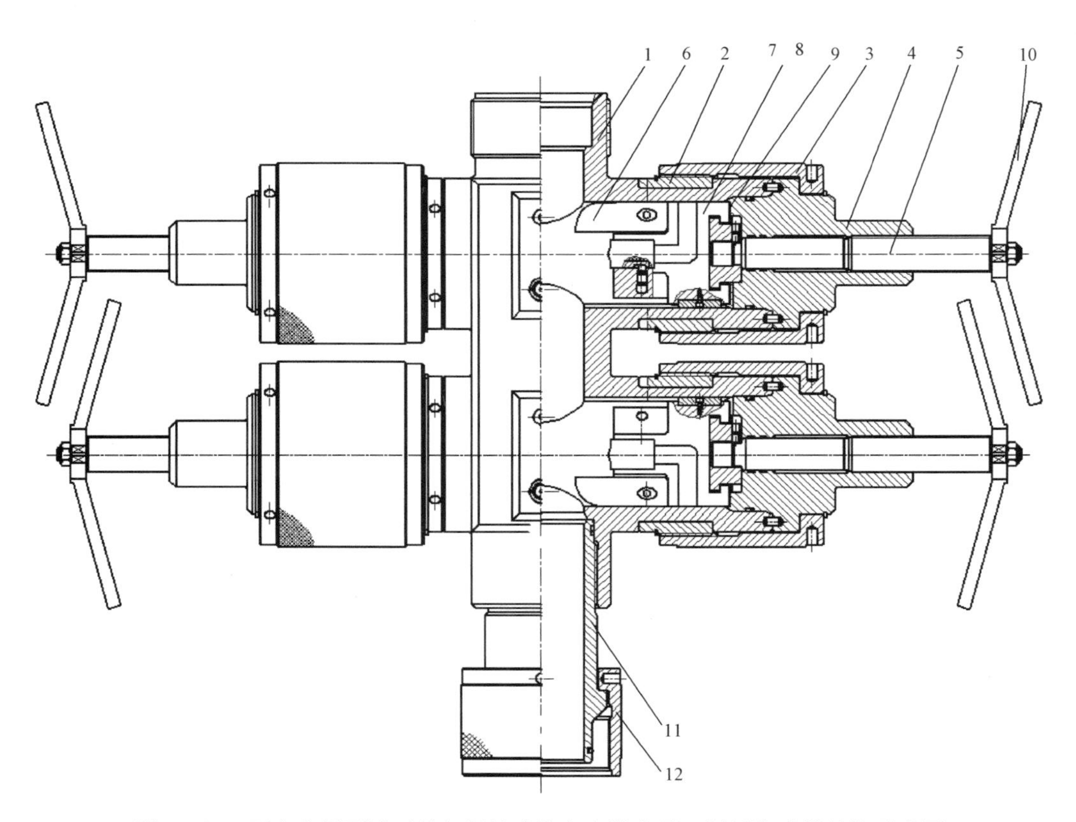

图 5－55　西安金辉石油天然气新技术装备有限公司双闸板防喷器结构示意图

1—壳体；2—卡瓦；3—油缸活接头；4—端盖；5—丝杠；6—护片；7，8—闸板体Ⅰ，Ⅱ；9—滑块；10—手把；11—下接头；12—活接头盖

表 5－80 西安金辉石油天然气新技术装备有限公司 35MPa 单闸板防喷器主要技术参数表

序号	通径,mm(in)	连接螺纹	连接型式	压力等级,MPa	液缸最大控制压力,MPa	操作方式
1	63.5($2\frac{1}{2}$)	5in－4 ACME	O 型	35		手动
2	63.5($2\frac{1}{2}$)	5in－4 ACME	B 型	35		手动
3	76.2(3)	$5\frac{3}{4}$in－4 ACME	O 型	35		手动
4	76.2(3)	$5\frac{3}{4}$in－4 ACME	B 型	35		手动
5	88.9($3\frac{1}{2}$)	$6\frac{1}{2}$in－4 ACME	B 型	35		手动
6	101.6(4)	$6\frac{1}{2}$in－4 ACME	O 型	35		手动
		$8\frac{3}{8}$in－4 ACME				
7	101.6(4)	7in－4 ACME	B 型	35		手动
8	127(5)	$8\frac{1}{4}$in－4 ACME	O 型	35	21	液压
9	127(5)	$8\frac{1}{2}$in－4 ACME	B 型	35	21	液压
10	162($6\frac{3}{8}$)	$9\frac{1}{2}$in－4 ACME	O 型	35	21	液压
11	162($6\frac{3}{8}$)	$9\frac{7}{8}$in－4 ACME	B 型	35	21	液压

表 5－81 西安金辉石油天然气新技术装备有限公司 70MPa 单闸板防喷器主要技术参数表

序号	通径,mm(in)	连接螺纹	连接型式	压力等级,MPa	液缸最大控制压力,MPa	操作方式
1	63.5($2\frac{1}{2}$)	5in－4 ACME	O 型	70	21	液压
2	63.5($2\frac{1}{2}$)	5in－4 ACME	B 型	70	21	液压
		$5\frac{3}{4}$in－4 ACME				
3	76.2(3)	$5\frac{3}{4}$in－4 ACME	O 型	70	21	液压
4	76.2(3)	$5\frac{3}{4}$in－4 ACME	B 型	70	21	液压
		$6\frac{5}{16}$in－4 ACME				
5	88.9($3\frac{1}{2}$)	$6\frac{1}{2}$in－4 ACME	B 型	70	21	液压
6	101.6(4)	$6\frac{1}{2}$in－4 ACME	O 型	70	21	液压
		$8\frac{3}{8}$in－4 ACME				
7	101.6(4)	$6\frac{1}{2}$in－4 ACME	B 型	70	21	液压
		$8\frac{1}{4}$in－4 ACME				
8	127(5)	$8\frac{1}{4}$in－4 ACME	O 型	70	21	液压
		9in－4 ACME				
9	127(5)	$8\frac{1}{2}$in－4 ACME	B 型	70	21	液压
		$8\frac{7}{8}$in－4 ACME				
10	162($6\frac{3}{8}$)	$10\frac{1}{2}$in－4 ACME	O 型	70	21	液压
11	162($6\frac{3}{8}$)	11in－4 ACME	B 型	70	21	液压

表 5-82　西安金辉石油天然气新技术装备有限公司 35MPa 双闸板防喷器主要技术参数表

序号	通径，mm(in)	连接螺纹	连接型式	压力等级，MPa	液缸最大控制压力，MPa	操作方式
1	63.5(2½)	5in-4 ACME	O 型	35		手动
2	63.5(2½)	5in-4 ACME	B 型	35		手动
3	76.2(3)	5¾in-4 ACME	O 型	35		手动
4	76.2(3)	5¾in-4 ACME	B 型	35		手动
5	88.9(3½)	6½in-4 ACME	B 型	35		手动
6	101.6(4)	6½in-4 ACME 8⅜in-4 ACME	O 型	35		手动
7	101.6(4)	7in-4 ACME	B 型	35		手动
8	127(5)	8¼in-4 ACME	O 型	35	21	液压
9	127(5)	8½in-4 ACME	B 型	35	21	液压
10	162(6⅜)	9½in-4 ACME	O 型	35	21	液压
11	162(6⅜)	9⅞in-4 ACME	B 型	35	21	液压

表 5-83　西安金辉石油天然气新技术装备有限公司 70MPa 双闸板防喷器主要技术参数表

序号	通径，mm(in)	连接螺纹	连接型式	压力等级，MPa	液缸最大控制压力，MPa	操作方式
1	63.5(2½)	5in-4 ACME	O 型	70	21	液压
2	63.5(2½)	5in-4 ACME 5¾in-4 ACME	B 型	70	21	液压
3	76.2(3)	5¾in-4 ACME	O 型	70	21	液压
4	76.2(3)	5¾in-4 ACME 6$\frac{5}{16}$in-4 ACME	B 型	70	21	液压
5	88.9(3½)	6½in-4 ACME	B 型	70	21	液压
6	101.6(4)	6½in-4 ACME 8⅜in-4 ACME	O 型	70	21	液压
7	101.6(4)	6½in-4 ACME 8¼in-4 ACME	B 型	70	21	液压
8	127(5)	8¼in-4 ACME 9in-4 ACME	O 型	70	21	液压
9	127(5)	8½in-4 ACME 8⅞in-4 ACME	B 型	70	21	液压
10	162(6⅜)	10½in-4 ACME	O 型	70	21	液压
11	162(6⅜)	11in-4 ACME	B 型	70	21	液压

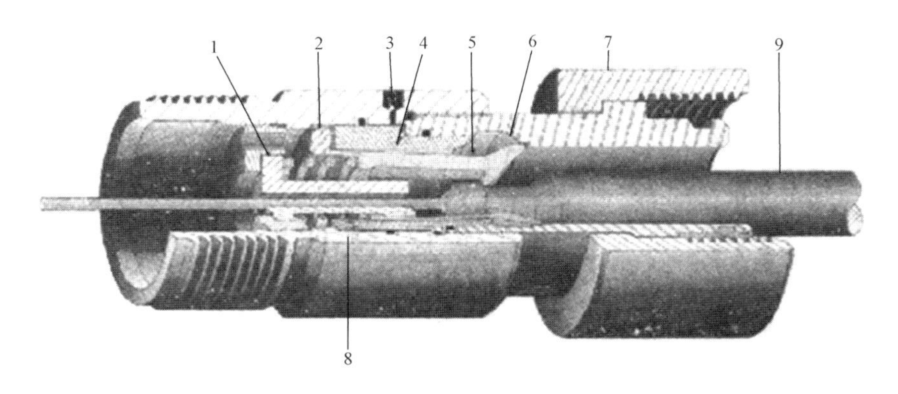

图 5－56 上捕捉器结构图

1—压盖;2—机械爪根部挂圈;3—液压释放油孔;4—液压推移衬套;5—机械爪;6—闭锁斜面;7—活接头;8—芯轴;9—被捕捉到的仪器

仪器进入井口后,绳帽把瓣片顶起成竖直状,直至仪器完全通过后,在弹簧作用下,瓣片倒落成水平状,把仪器阻挡在防喷管内而不致落井(图 5－57)。

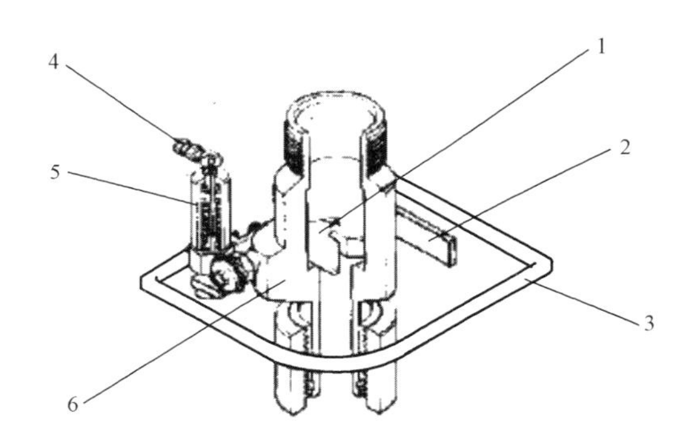

图 5－57 带手柄及外液压缸的捕捉器

1—捕捉板;2—开启手柄/开关指示器;3—护圈;4—动力液注入口;5—液压缸及活塞;6—捕捉器壳体

3. 试井钢丝

试井钢丝的主要功能是悬挂测试仪表和井下工具,是试井设备的薄弱环节。通常分为普通试井钢丝和抗腐蚀试井钢丝。

1)普通试井钢丝

普通试井钢丝一般用于低腐蚀和无腐蚀井的井下测压、测温、探砂面、取样以及投捞堵塞器等,它由优质碳钢冷拔而成,见表 5－84。

表 5－84 普通试井钢丝主要技术规范表

钢丝直径,mm	面积,mm^2	钢丝质量,10^{-2}kg/m	钢丝长度,m/kg	抗拉极限,kN	弯曲折断次数
1.6	2.01	1.58	63.29	3.63～4.31	≥13
1.8	2.54	2.00	50.00	4.41～5.20	≥10
2.0	3.14	2.47	40.49	5.49～6.37	≥9
2.2	3.80	2.99	33.44	6.28～7.45	≥8
2.4	4.52	3.84	26.04	7.94～9.32	≥7

2)抗腐蚀试井钢丝

当气井中含有 H_2S,CO_2和 Cl^-等腐蚀介质时,要用抗腐蚀试井钢丝。

目前国产抗腐蚀录井钢丝有 DL659 及其二代产品 DL600 型,化学成分见表 5－85。

表 5－85　DL600 型抗硫试井钢丝钢材化学成分表

元素	C	Mn	Si	P	S	Cr	Ni	Mo
规格控制含量,%	<0.08	<0.80	<0.80	<0.035	<0.3	17～19	17～20	4.5～5.5
含量,%	0.06～0.08	0.60～0.7	0.4～0.5			17.5～18.5	18～19	4.6～5.0

DL600 主要技术指标为:弯曲次数为 4 次;扭转次数为 5 次;抗腐蚀性能符合美国 NACE－TM－01－77 标准。

国外常用抗蚀钢丝化学成分见表 5－86,直径及最小断裂强度见表 5－87,推荐的安全负荷为最小断裂强度的 60%。

Sandvik 公司试井钢丝技术参数见表 5－88。

表 5－86　国外常用抗腐蚀试井钢丝化学成分　　单位:%

钢丝型号	C	Mn	Cr	Ni	Mo	Cu	N	Co	Ti
316	0.08	2.0	16.0～18.0	10.0～14.0	2.0～3.0	—	—	—	—
XM19	0.06	4.0～6.0	20.5～23.5	11.5～13.5	1.5～3.0	—	0.20～0.40	—	—
25～6MO	0.02	2.0	19.0～21.0	24.0～26.0	6.0～7.0	0.5～1.5	0.15～0.25	—	—
27～7MO	0.02	3.0	20.5～23.0	26.0～28.0	6.6～8.0	0.5～1.5	0.30～0.40	—	—
MP35N	0.02	0.1	19.0～21.0	33.0～37.0	9.0～10.5	—	—	BAL	1.0

表 5－87　国外常用抗腐蚀试井钢丝最小断裂强度表

直径,in	不同型号钢丝的最小断裂强度,lbf				
	316	XM19	25－6MO	27－7MO	MP35N
0.082	1100	1190	1175	1200	1225
0.092	1400	1500	1475	1510	1520
0.108	1880	2065	2050	2075	2090
0.125	2500	2740	2650	2750	2770
0.140	3140	3430	3250	3460	3470
0.150	3620	3950	3750	3960	3970
0.160	4100	4500	4250	4510	4520

表 5－88　Sandvik 公司试井钢丝性能表

型号	成分及其含量,%						参数				
	C	Cr	Ni	Mo	Cu	N	最小抗拉强度 10^3lbf/in^2	直径 in	最小断裂载荷 lbf	质量 lb/10^3ft	最大长度 ft(近似)
Sandvik 36Mo 奥氏合金钢 *PRE*[①] ≥50	≤0.020	27	34	5.5	—	0.4	276	0.092	1831	22.95	55000
								0.105	2524	29.89	43000
								0.108	2457	31.63	40000
								0.125	3381	42.37	35000

续表

型号	成分及其含量,%						参数				
	C	Cr	Ni	Mo	Cu	N	最小抗拉强度 10^3 lbf/in^2	直径 in	最小断裂载荷 lbf	质量 lb/10^3 ft	最大长度 ft(近似)
Sandvik 36Mo 奥氏合金钢 *PRE*≥43	≤0. 020	20. 5	25	6. 3	0. 8	0. 2	230	0. 082	1214	18. 31	70000
								0. 092	1530	23. 95	55000
								0. 105	1990	30. 02	43000
								0. 108	2105	31. 76	40000
								0. 125	2820	42. 55	35000
								0. 150	4061	61. 27	25000
Sandvik 28 奥氏合金钢 *PRE*≥38	≤0. 020	27	31	3. 5	1. 0	—	220	0. 082	1149	18. 31	70000
								0. 092	1446	23. 95	55000
								0. 105	1883	30. 02	43000
								0. 108	1992	31. 76	40000
								0. 125	2669	42. 55	35000
								0. 150	3843	61. 27	25000
SAF 2707 HD 双相不锈钢 *PRE*≥48	≤0. 030	27	6. 5	4. 8	—	0. 4	268	0. 108	2457	31. 00	40000
								0. 125	3292	41. 50	35000
SAF 2205 双相不锈钢 *PRE*≥35	≤0. 030	22	5. 5	3. 2	—	0. 18	250	0. 082	1302	17. 81	70000
								0. 092	1639	22. 42	55000
								0. 105	2134	29. 21	43000
								0. 108	2258	30. 90	40000
								0. 125	3025	41. 39	35000
								0. 150	4356	59	25000
5R60 AISI 316,奥氏合金钢 *PRE*≥38	0. 04	17	11	2. 6	—	—	220	0. 082	1149	17. 99	70000
								0. 092	1446	22. 64	55000
							203	0. 105	1758	29. 49	43000
								0. 108	1860	31. 20	40000
								0. 125	2491	41. 80	35000
								0. 150	3587	60. 19	25000

① *PRE*—等效抗腐蚀性,*PRE* = %Cr + 3. 3 × %Mo + 16 × %N。

4. 试井电缆

试井电缆作用:悬挂仪表,传输井下温度变送器、压力变送器传出的电信号,给井下仪器供电。

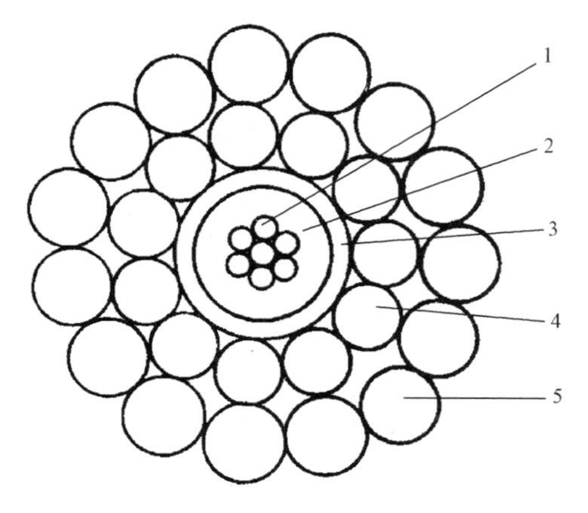

图 5－58　单心试井电缆结构示意图

1—多股铜丝导电芯线；2—绝缘层；3—外套层；4—内铠装层；5—外铠装层

试井电缆从里到外依次为多股钢丝绞成的线芯；聚合物绝缘层、聚合物外套层，这两层起绝缘、防水、防腐作用；内铠装层、外铠装层；内铠装层一为右旋绞合，一为左旋绞合。铠装层作用是保护线心、承受载荷，并作为接地回路，如图 5－58 所示。

镀锌钢丝铠装，耐腐蚀性能差，只能用于不含 H_2S 和 Cl^- 的气井，抗蚀合金铠装，耐腐蚀性能，可用于高含 H_2S 等强腐蚀环境。

目前常用的是美国罗杰斯特公司和斯伦贝谢公司电缆，罗杰斯特公司型号及技术参数见表 5－89，其中 1－H－226K－MP35N 是高抗腐蚀试井电缆。试井电缆型号表示方法如图 5－59 所示。

斯伦贝谢公司电缆型号及技术参数见表 5－90，试井电缆型号表示方法如图 5－60 所示。

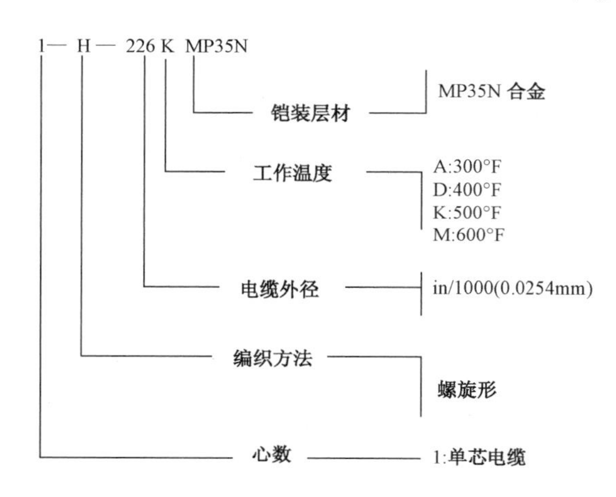

图 5－59　罗杰斯特公司电缆型号说明图

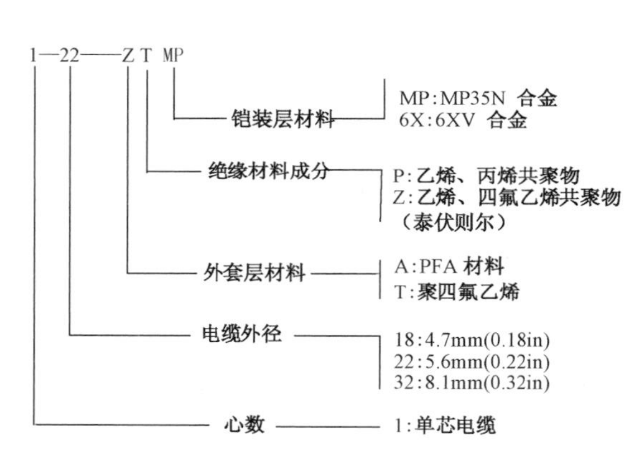

图 5－60　斯伦贝谢公司电缆型号说明图

表 5－89　罗杰斯特公司常用的电缆型号及性能参数

电缆型号	电缆断裂强度 lbf	质量 lb	铠装金属线（外/内）	金属线断裂强度（外/内）	电缆延伸系数 ft/kft · klb	补偿双电阻率 $\Omega/10^6$ft	电容 pF · ft	最小滑轮直径 in	额定电压（DC）V
1－H－100A	1000	19	18/12	43/43	14	25.2	40	6	600
1－H－125A	1500	27	18/12	64/64	10	25.2	35	7	700
1－H－125K	1500	28	18/12	64/64	10	25.2	50	7	700
1－H－181A	3900	63	15/12	198/127	4	9.8	50	12	1000
1－H－181D	3900	65	15/12	198/127	4	9.8	55	12	1000
1－H－181K	3900	65	15/12	198/127	4	9.8	51	12	1000

续表

电缆型号	电缆断裂强度 lbf	质量 lb	铠装金属线（外/内）	金属线断裂强度（外/内）	电缆延伸系数 ft/kft · klb	补偿双电阻率 $\Omega/10^6$ft	电容 pF · ft	最小滑轮直径 in	额定电压（DC） V
1 - H - 181M	3900	66	15/12	198/132	4	12.5	45	12	1000
4 - H - 181A	3300	60	18/18	143/76	5.1	26	50	10	400
1 - H - 220A	6100	94	18/12 HS	234/234	2.6	4.5	56	12	1200
1 - H - 220K	6100	97	18/12 HS	234/234	2.6	4.5	58	12	1200
1 - H - 224A	5600	92	15/15 HS	290/134	2.6	4.5	—	12	1200
1 - H - 224K	5600	95	15/15 HS	290/134	2.8	4.5	58	14	1200
1 - H - 220M	5500	97	18/12	211/211	2.6	5.2	52	12	1200
1 - H - 226K	4800	95	18/12	211/211	2.6	7.7	45	12	1200
1 - H - 226K - 31MO	4800	97	18/12 31MO	190/190	2.6	7.7	45	12	1200
1 - H - 226K - MP35N	5000	99	18/12MP35N	196/196	2.6	7.7	45	12	1200
1 - H - 281A	10300	153	18/12 HS	390/390	1.6	2.8	55	16	1500
1 - H - 281K	10300	158	18/12 HS	390/390	1.6	2.8	54	16	1500
1 - H - 281K - 31MO	8100	163	18/12 31MO	320/320	1.6	3.3	54	16	1500
1 - H - 314A	12400	183	18/12 HS	471/471	1.3	2.8	47	17	1800
1 - H - 314K	12400	190	18/12 HS	471/471	1.3	2.8	48	17	1800
1 - H - 322A	12400	188	18/12 HS	482/482	1.3	2.8	47	17	1800
1 - H - 322K	12400	196	18/12 HS	482/482	1.3	2.8	48	17	1800
1 - H - 314K - 31MO	9000	194	18/12 31MO	385/385	1.3	3.3	48	17	1800
1 - H - 314M	11200	193	18/12	426/426	1.3	3.3	42	17	1800
7 - H - 314A	11000	183	18/18	426/232	1.9	16.6	58	17	600
1 - H - 375A	14600	253	18/12	595/595	1	2.9	39	20	2000
1 - H - 375K	14600	261	18/12	595/595	1	2.9	45	20	2000
3 - H - 375A	15600	235	20/16 HS	535/435	1.2	7.1	43	18	1200
7 - H - 375A	12800	243	18/18	572/301	1.4	10	66	20	600
1 - H - 422A	17800	307	18/12	727/727	0.8	2.9	35	23	2000
1 - H - 422K	17800	317	18/12	727/727	0.8	2.9	40	23	2000
7 - H - 422A	18300	314	18/18	766/397	0.9	11.2	57	23	1000
7 - H - 422D	18300	324	18/18	766/397	0.9	10	63	23	1000
7 - H - 422K	18300	326	18/18	766/397	0.9	10	54	23	1000
7 - H - 464A	18300	325	24/24	539/335	0.9	10	43	20	1200
7 - H - 464D	18300	331	24/24	539/335	0.9	10	45	20	1200
7 - H - 464K	18300	347	24/24	539/335	0.9	10	40	20	1200
7 - H - 472A	24500	377	18/18 HS	1029/538	0.6	10	47	26	1000

续表

电缆型号	电缆断裂强度 lbf	质量 lb	铠装金属线（外/内）	金属线断裂强度（外/内）	电缆延伸系数 ft/kft·klb	补偿双电阻率 $\Omega/10^6$ft	电容 pF·ft	最小滑轮直径 in	额定电压（DC）V
7－H－472D	24500	382	18/18 HS	1029/538	0.6	10	50	26	1000
7－H－472K	24500	392	18/18 HS	1029/538	0.6	10	45	26	1000
7－H－484K	27600	420	18/16 HS	1110/708	0.6	10	45	27	1200
7－H－490K	26500	412	20/20 HS	1110/519	0.6	10.4	32	24	1200
7－H－520A	26000	462	20/16	958/778	0.6	10	42	26	1200
7－H－520D	26000	467	20/16	958/778	0.6	10	46	26	1200

表5－90　斯伦贝谢公司常用电缆技术参数表

电缆型号	质量 kg/km	耐温范围 ℃	断裂强度 kN	拉伸长度 m/(km·t)	滑轮直径 mm	直流电阻			额定电压 V
						心线 Ω/km	铠装层 Ω/km	绝缘层 10^3kΩ/km	
22－P	138	－40～150	15.51～24.00	4.14	305	34.1	13.1	4920	1000
22－T	140	－68～210	15.51～24.00	4.14	305	34.1	13.1	4920	1000
22－ZT	143	－68～232	15.51～24.00	4.14	305	34.1	13.1	4920	1000
22－ZT6XV	146	－68～232	13.74～23.00	4.14	305	38.1	43.3	4920	1000
22－ZTMP	152	－68～232	15.20～25.45	4.14	305	38.1	72.2	4920	1000

第八节　采气工程方案编制要点

一、方案设计原则

（1）以地质与气藏工程方案为依据，以气田（藏）类型、储层岩性、物性、流体特征为基础。

（2）应充分合理利用地层能量，应用先进适用、安全可靠、经济可行的成熟工艺技术以有利于提高气田开发总体技术经济水平。

（3）开发概念设计中的采气工程方案应优选以提高单井产量及储量动用程度为目的的采气主体工艺和技术。

（4）试采方案中的采气工程方案应对概念设计中提出的采气主体工艺进行适应性评价。

（5）开发方案中的采气工程方案应充分应用前期评价筛选的成熟且经济可行的采气工艺技术，并提出采气工艺新技术的应用方案和攻关目标。

（6）开发调整方案中的采气工程方案应论证开发方案中的采气工程方案的适应性及调整的可行性，并提出工艺调整方案、工作量及实施步骤。

（7）应符合国家、行业相关标准规范，并提出健康、安全及环境风险分析及防护措施。

（8）应为设备装置选型、地面工程方案设计和经济评价提供相关基础数据。

二、方案设计基础

(1)气田(藏)地质概况。地理位置及环境条件,构造位置及构造特征,储层分布特征,岩性及物性特征,油气、水关系,流体性质,地层压力、温度系统,岩石力学及地应力特征。

(2)气藏工程方案要点。开发层系、开发方式、产能评价、开发指标、气井配产、地质与气藏工程对采气工程提出的要求。

(3)试气、试采情况。

三、工程设计内容

1. 储层保护

1)储层伤害因素

储层敏感性实验(水敏、碱敏、盐敏、酸敏、速敏及应力敏等),试气、试井资料和试采动态分析。

2)储层保护措施

筛选与储层配伍的入井液,提出完井、措施作业及采气生产等过程中经济有效的储层保护措施。

2. 完井

1)完井方式选择

优选并提出合理的完井方式。

2)生产管柱设计

生产管柱结构,生产管柱尺寸,油管材质,螺纹形式及强度校核,井下工具。

3)生产套管要求

尺寸、材质、螺纹形式及强度、固井水泥返高、固井质量。

4)射孔工艺设计

射孔方式、射孔枪及射孔弹,射孔参数优化设计,射孔液,射孔管柱尺寸、结构、强度及材质,推荐工艺及参数。

5)采气井口装置

主要参数(包括型号、压力等级、温度、材料、规范与性能要求级别等),井口安全控制系统和测温装置。

3. 老井利用

老井转生产井、老井转注水井应对井口装置、井身结构、套管状况及固井质量进行适应性评价,提出修井作业方案等。

4. 储层改造

(1)工艺设计。气藏主体改造工艺类型,施工管柱、工具及注入方式,施工井口装置承压能力要求,施工排量范围要求,施工规模(包括压裂液、酸液及支撑剂量),水平井分段改造应提出分压段数及段间距,排液措施。

(2)施工材料。液体体系:压裂液或酸液类型,性能要求。

支撑剂:支撑剂类型,性能要求。

(3)装备及井下工具。

5. 排液采气

1)气藏工程研究及生产动态资料

产液层位、井深、性质、特点、产液量等。

2)排液采气工艺适应性评价

应对各项成熟排液采气工艺进行适应性评价,提出适宜的排液采气工艺类型。

3)排液采气工艺措施

应针对推荐的排液采气工艺,提出井下工具和配套装置、主要技术参数优化及新工艺试验方案。

6. 防腐

1)腐蚀预测

腐蚀环境、腐蚀因素分析,腐蚀评价试验。

2)防腐措施

防腐方法和防腐工艺,腐蚀监测。

7. 防砂、防垢和防水合物

1)防砂

气井出砂预测:出砂因素分析,出砂临界生产压差预测。

防砂及清砂措施:防砂方法及防砂工艺,气井生产压差控制范围,清砂工艺。

2)防垢

结垢因素,防垢措施,除垢措施。

3)防水合物

水合物形成预测,水合物防治措施,井下节流工艺设计。

8. 气田水回注

1)回注井完井

应提出井身结构、生产套管尺寸、材质及强度、井口装置及完井要求等,优选管柱结构,并对油管及井下工具的尺寸、强度以及材质等提出要求。

2)回注工艺

回注方式及水处理方法,增注措施,资料录取要求。

9. 生产监测

1)监测内容

应包括压力、温度、油气水产量、产出剖面、流体性质与组分、油气水界面、井筒内液面与砂面、裂缝形态、油套管及井下设施的腐蚀及运行情况等监测。

2)监测要求

监测方法及工艺、仪器仪表、工具规格、型号及性能、资料录取等要求。

10. 健康、安全和环境保护要求

(1)采气工程实施过程中的健康、安全、环境影响因素分析及防护措施。

(2)采气的健康、安全和环境要求按 SY/T 6361—1998《采油采气注水矿物健康、安全与环境管理体系指南》的规定执行。

(3)井下作业的健康、安全和环境要求按 SY/T 6362—1998《石油天然气井下作业健康、安全与环境管理体系指南》的规定执行。

(4)试气、采气的健康、安全和环境管理要求按 SY/T 6125—2013《气井试气、采气及动态监测工艺规程》中第 7 章的规定执行。

(5)含 H_2S 和 CO_2 气井的防护应按 AQ 2012—2007《石油天然气安全规程》中第 4 章和第 5 章的规定执行。

(6)储层改造的安全要求按 SY/T 5727—2007《井下作业安全规程》的规定执行。

(7)含 H_2S 气井井下作业安全要求按 SY/T 6610—2005《含硫化氢油气井井下作业推荐作法》中第 6 章至第 11 章规定执行。

四、投资概算

1. 投资概算范围

包括前期试验、完井投产、生产监测、新工艺、新技术试验、采气工程特殊装备及采气工程方案编制等费用。

2. 投资编制依据

应以采气工程相关工作量和所需装备数量、价格及工程定额为主要依据。

3. 投资概算

前期试验费用,完井投产费用,生产监测费用,采气工程特殊装备费用,新工艺、新技术试验费用,采气工程方案编制费用,投资概算汇总。

五、推荐方案

主体工艺方案推荐;新工艺、新技术试验方案推荐。

第六章　修 井 技 术

气井在长期生产过程中，其完整性会随时间的推移发生缺陷即故障，致使气井的生产和安全状态受到威胁，严重的不但会导致气井停产、减产，还会造成严重的安全事故。如井口装置失效导致井口失控、井下套管腐蚀破裂导致产层失控等。为了保证井身结构的完整性，不但要进行气井的日常维护，还要进行日常监测检测，发现缺陷及时处理。本章基于井身结构故障主要介绍了常规修井技术和近年来引进推广的连续油管和不压井修井技术，以及更换井口主控阀的机械带压和冷冻暂堵法技术。

第一节　常规修井技术

常规修井是根据井下情况，借助修井机和修井工具来处理井下故障，恢复气井完整性功能的作业。通常包括起下井内工艺管柱，检泵、冲砂捞砂、解堵等气井的小修作业，以及动用大型修井设备甚至钻机进行解卡、打捞、钻磨套铣、侧钻、修套补套、废弃井封堵等大修作业。

一、井下故障诊断

井下故障诊断是利用井下工具或仪器检测判断井筒故障状态，为修井措施的制定提供重要依据。

1. 井下落鱼及油套管变形的诊断

1）印模打印诊断

利用管柱或绳索将印模类打印工具下入井内，对井下落鱼鱼顶及套损部位打印，通过对印痕的分析、判断来确定落鱼类型、鱼顶状况、套损类型、套损程度及其故障位置。常规井下工具串组合有印模＋油（钻）杆或印模＋加重杆＋绳索组合。

印模按照制造材料和基本结构形式分为铅模、泥模、蜡模和胶模等4种类型，常用的有正面打印平底铅模和侧面打印胶模。主要结构示意图如图6－1和图6－2所示，基本参数见表6－1，常见印痕描述、故障判断及建议处理方法见表6－2。

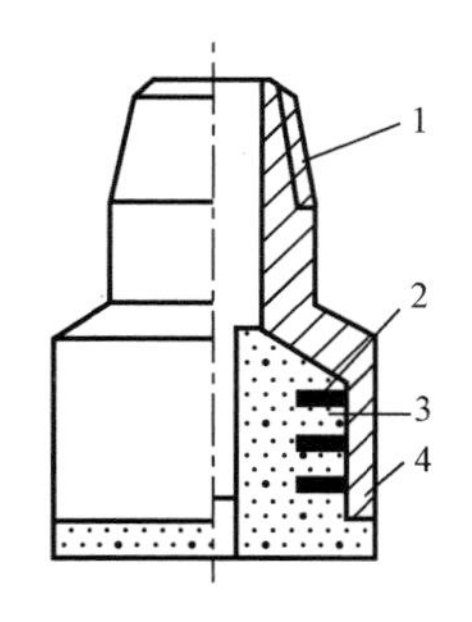

图6－1　正面打印平底铅模结构示意图图

1—螺纹；2—骨架；3—铅体；4—护罩

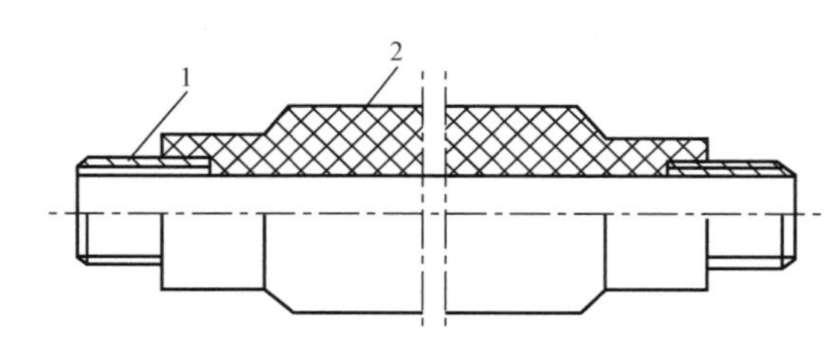

图6－2　侧面打印胶膜示意图

1—硫化钢心；2—橡胶筒

表 6－1　铅模基本参数表

外径,mm	95	105	118	120	145	158	174
长度,mm	120	120	150	150	180	180	180
适用套管直径,mm	114.3	127	139.7	146.05	168.3	177.8	193.7

表 6－2　常见印痕描述及事故判断处理方法表

印痕图形	简单描述	故障判断		建议处理方法
		类型	状态	
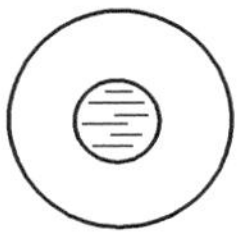	印模底正中有圆形印痕	杆类	鱼顶清楚,落鱼直立正中	下母锥或卡瓦打捞筒
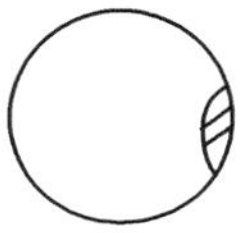	印模底边缘有斜印痕		落鱼斜倒	下带引鞋或扶正器的打捞工具
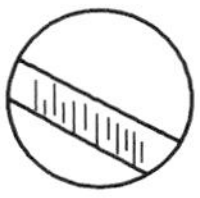	印模底有一横倒半圆长条痕		落鱼倒放	
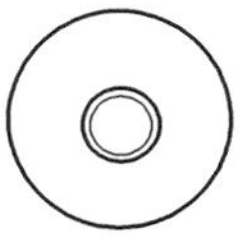	印模底正中有圆环,壁薄,直径较小印痕	管类	落物为管类,外螺纹鱼头,直立于中间	下母锥或卡瓦打捞筒
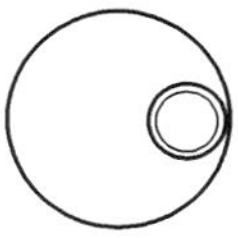	印模底靠边有圆环,壁薄,直径较小印痕		落物为管类,外螺纹鱼头,偏斜并有破坏	下母锥或卡瓦打捞筒,注意保护鱼头
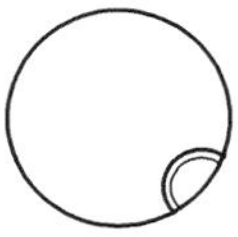	印模底边缘有圆环,壁薄,直径较小,有缺口印痕		落物为管类,外螺纹鱼头,斜立于井中	下带引鞋或扶正器的打捞工具
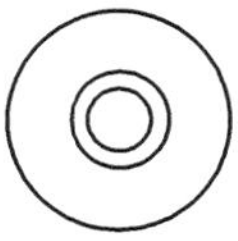	印模底正中有圆环,壁较厚,直径较大印痕		落物为管类,内螺纹鱼头,直立于中间	下捞矛或公锥打捞
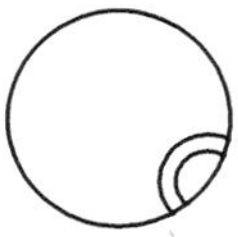	印模底边缘有圆环,壁较厚,直径较大,有缺口印痕		落物为管类,内螺纹鱼头,斜立于井中	下带引鞋或扶正器的打捞工具

续表

印痕图形	简单描述	故障判断		建议处理方法
		类型	状态	
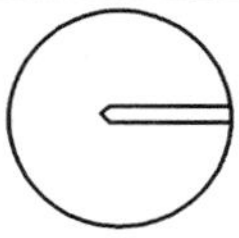	印模底有绳痕	绳类	落物钢丝绳，在井底	下绳类打捞工具
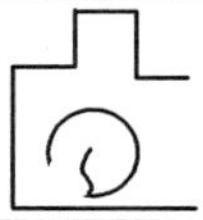	印模侧面有绳痕		落物钢丝绳，靠井壁	下绳类打捞工具
	印模底有丝痕		落物钢丝，在井底中部	下绳类打捞工具
	印模底有几段直杆圆形痕		落物为电缆	下绳类打捞工具
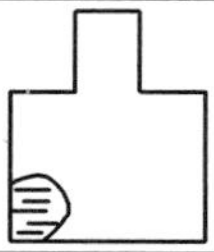	印模角有半圆洞痕	小件落物	落物钢球	下小件落物打捞工具
	印模底有很清晰的扳手等工具印痕		落物扳手	下小件落物打捞工具
	印模底有很清晰的 3 个牙块		多种落物 3 个牙块在正中	下小件落物打捞工具
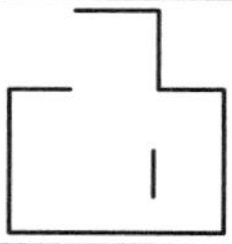	印模侧缘有两道刀切条痕	套管破裂	套管裂纹缘划破	进行套管补贴或更换
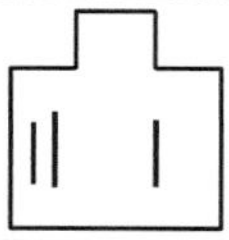	印模侧面有两道宽裂痕		套管裂口缝缘划破	进行套管补贴或更换
	印模一边缘挤压偏陷	套管变形	单向套管变形	采用胀管器或爆炸整形
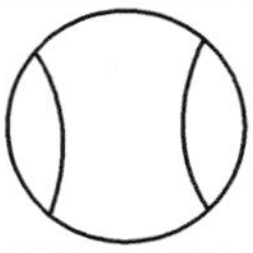	印模两缘挤压偏陷		双向或多向变形	采用胀管器或爆炸整形

续表

印痕图形	简单描述	故障判断		建议处理方法
		类型	状态	
	印模边缘切削偏陷	套管错段	套管错断	磨铣整形
	印模底有砂粒痕迹	其他	说明接触到沙面，如有落物已砂埋	冲砂
	印模底正中间内陷，但边缘是钝角没有锐角		泥浆将印模压穿，井下没遇到落物	

2）多臂井径仪测径诊断

将多臂井径仪实测的油（套）管内半径数据与原油（套）管数据对比，分析判断油（套）管内表面腐蚀损坏情况、射孔质量和套管补贴效果等。其主要结构见图6－3，主要技术参数见表6－3、表6－4。

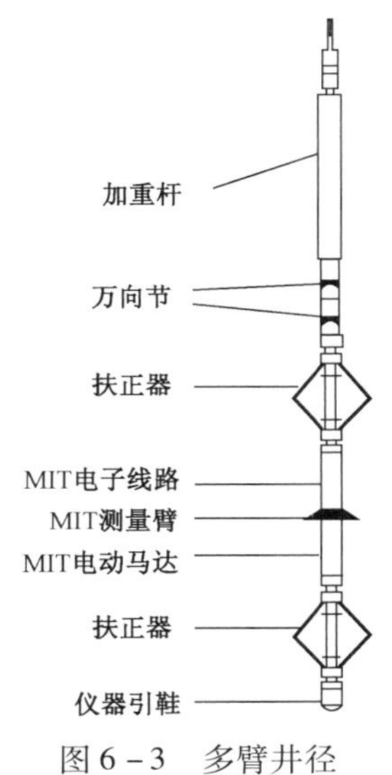

图6－3　多臂井径仪器构成

3）彩色超声波井下电视成像诊断

利用超声波井下电视成像测井仪将井筒状况直观地反映在地面显示屏上，结合井径测井可定量地得到套管损坏情况与尺寸。工作原理见图6－4，主要技术参数见表6－5。

4）鹰眼井下视像系统测井诊断

通过井下摄像机等组成的井下视像系统拍摄所测井段油（套）管或井下落物的视频图像在地面监视器上直观显示，从而识别油（套）管状况或井下落物形状、位置和流体入口等。鹰眼井下视像系统工作原理见图6－5，主要技术参数见表6－6。

表6－3　油管井径仪主要技术参数表

仪器直径，in	探针数目，根	适应油管外径尺寸，in
$1\frac{1}{8}$	20	2
$1\frac{1}{2}$	20	$2\frac{1}{16}$
$1\frac{3}{4}$	26	$2\frac{3}{8}$
$2\frac{3}{16}$	32	$2\frac{7}{8}$
$2\frac{11}{16}$	44	$3\frac{1}{2}$
$3\frac{1}{32}$	44	4

表6-4 套管井径仪主要技术参数表

仪器直径,in	探针数目,根	适应套管外径尺寸,in
$3\frac{5}{8}$	40	$4\frac{1}{2}$ ~6
$5\frac{3}{8}$	64	$6\frac{5}{8}$ ~ $7\frac{5}{8}$
$7\frac{1}{4}$	64	$8\frac{5}{8}$ ~9
$7\frac{3}{4}$	64	$9\frac{5}{8}$
$8\frac{1}{4}$	64	$10\frac{3}{4}$
$9\frac{9}{16}$	64	$11\frac{3}{4}$

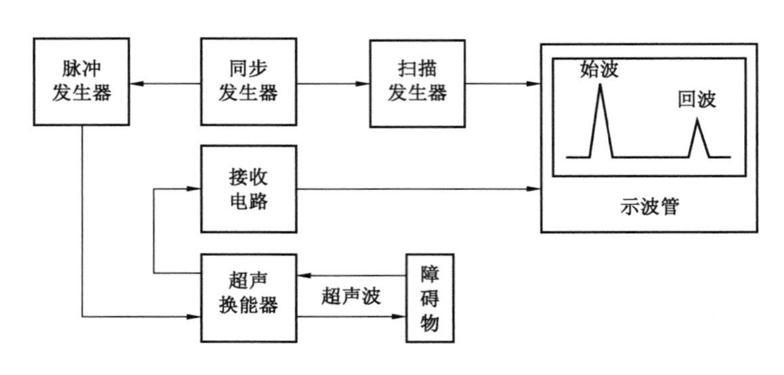

图6-4 彩色超声波井下电视成像原理图

表6-5 彩色超声波井壁成像测井仪主要技术参数表

规范	分辨能力,mm	测试内容	诊断故障
耐温:<120℃ 耐压:<60MPa 外径:90mm 长度:4125mm	纵缝:>1.2 孔洞:≥ϕ8 声波井径相对:>2 相对误差:±2	横、纵截面; 立体图; 直观图像; 声波井径曲线	套损的直观图像、资料及井壁状况

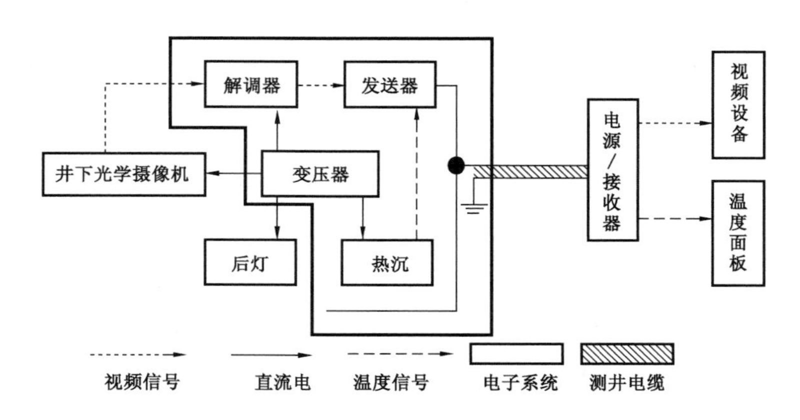

图6-5 鹰眼井下视像系统工作原理图

表 6-6　鹰眼井下视像系统主要技术参数表

规范	分辨能力	测试内容	诊断故障
高温性能：125℃； 连续工作 3 小时以上； 最大耐压：40MPa	图像色彩：彩色/黑白； 图像分辨率：550×350 像素（黑白）； 317×262 像素（彩色）； 图像更新速率：10 幅图像/秒； 最大测井深度：3000m	落鱼位置、状态， 套管的状况等	油管与套管检测、打捞落鱼、 流体入口识别等

5）磁性测井仪测井诊断

利用磁测井仪的磁重量测井和磁井径测井两套系统，同时测得油（套）管质量和井径两个参数，通过综合解释确定油（套）管腐蚀状况和破损程度。其测井原理见图 6-6，主要技术参数见表 6-7。

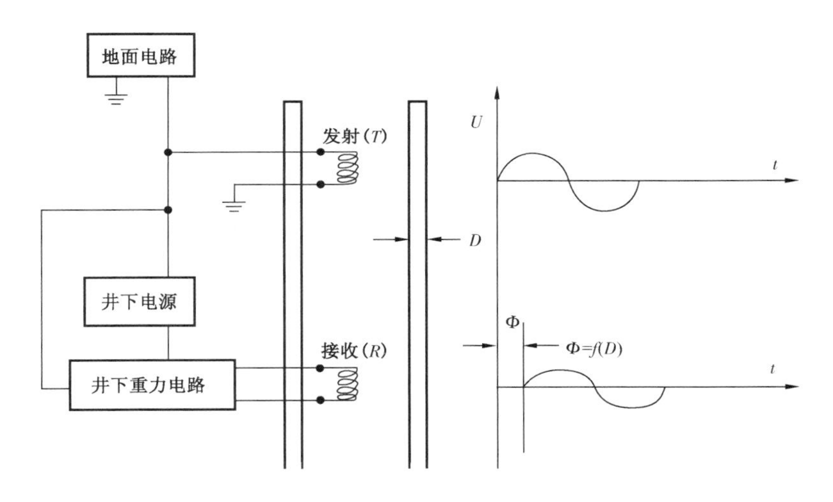

图 6-6　磁重量测井原理图

表 6-7　磁性测井仪主要技术参数表

规范	分辨能力	测试内容	诊断故障
额定温度：150℃ 额定压力：15000psi（105MPa） 工具直径：1 11/16 in（43mm） 长度：85.8in（2.179m） 质量：30lb（13.6kg）	测量范围：内径 2in（50.8mm）到 7in（177.8mm）； 厚度精度：无损伤油管精度为 15% 壁厚； 缺陷分辨率：直径 0.375in 的缺陷：50% 的壁厚，35% 的金属损失量； 直径 0.75in 的缺陷：30% 的壁厚，20% 的金属损失量； 大的裂纹缺陷最好超过 10% 的壁厚	套管腐蚀后的壁厚、破损、错断等	检测套管破裂、管壁变化引起的磁通量的变化，判断井下套管或油管的状况

2. 套管管外窜诊断技术

1)声幅测井找窜技术

由声源发出的声波经井内的液体、套管、水泥环和地层各自返回接收器。利用声波在不同介质的传播速度和声幅衰减均不同的原理,分析判断因套管外水泥固结差造成窜通的情况的方法。如图6-7所示。

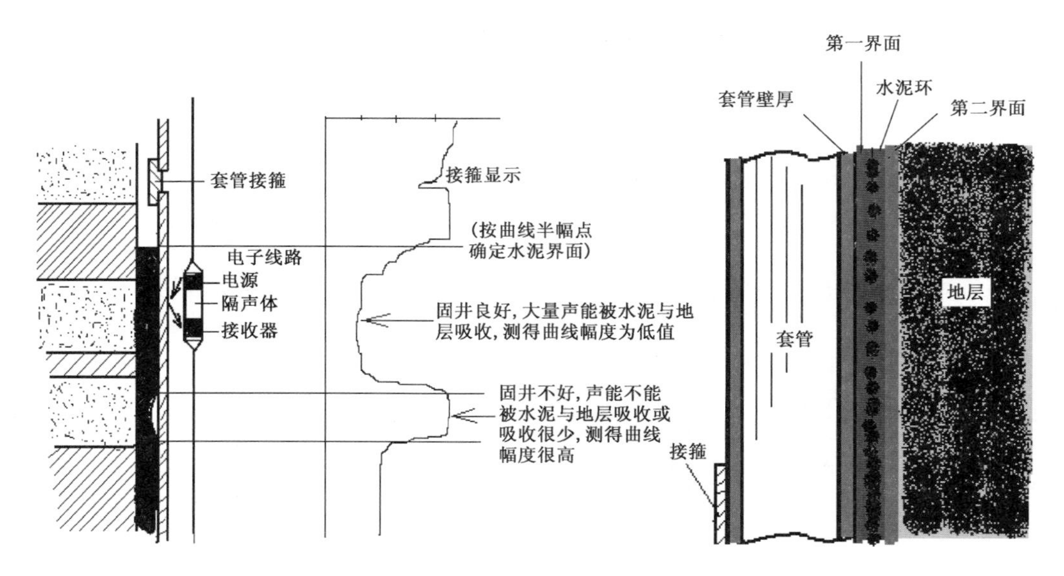

图6-7　声幅测井找窜原理图

2)同位素找窜技术

利用往地层内挤入含放射性同位素液体并测得放射性曲线,与地层的自然放射性曲线作对比,分析判断地层窜通情况的方法(图6-8)。常用放射性同位素见表6-8。

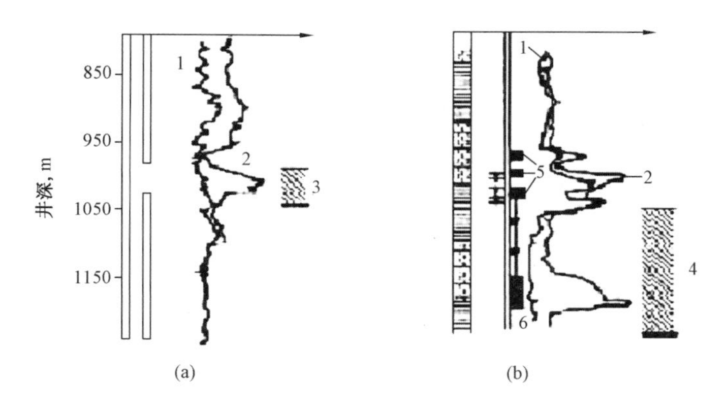

图6-8　同位素找窜原理图

1—注同位素前的曲线;2—注同位素后的曲线;3—套管破裂位置;4—管外窜通段;5—含油层;6—出水层

表6-8　常用放射性同位素表

溶解于水的同位素				
同位素	支撑物	半衰期	伽马，MeV	应用
碘131	NaI，水	8.05	0.364	水的注入剖面，“窜槽”等
铱192	Na_2IrCl，HCl	74	0.46	水的注入剖面，“窜槽”等
溶解于油的同位素				
碘131	C_6H_5I在苯—汽油中	8.05	0.364	油的生产剖面
铱192	Na_2IrCl在苯—二甲苯中	74	0.46	油的生产剖面
用于气的同位素				
碘131	CH_3I	8.05	0.364	注入剖面或气的生产剖面
碘131	C_2H_5I	74	0.46	注入剖面或气的生产剖面

3）封隔器找窜技术

将封隔器下入井内适当位置，封隔怀疑窜通井段，通过向井内注入液体，观察环空液体返出情况或井筒内压力变化情况，以此来分析判断窜通情况的方法。根据找窜时使用封隔器的数目可分为单水力压差式封隔器找窜和双水力压差式封隔器找窜两种方法。如图6-9所示。

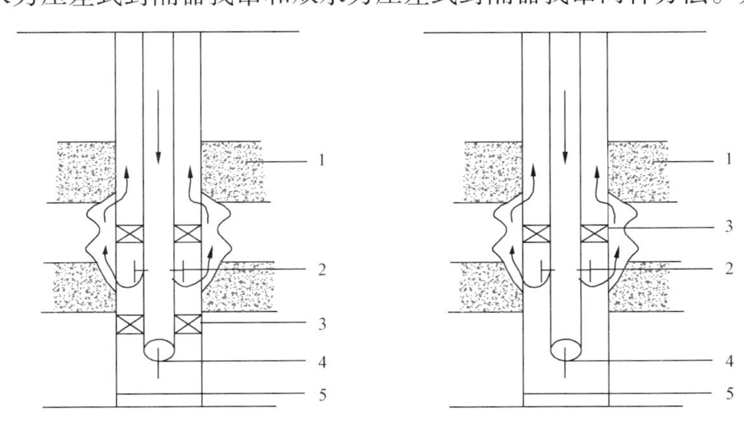

图6-9　水力压差式封隔器找窜示意图

1—气层；2—节流器；3—封隔器；4—单流阀；5—人工井底

3. 通井刮管诊断井下套管通道技术

用油管或钻杆将通井规缓慢下入井内，检查套管内径变化情况和核实人工井底。若有卡堵现象，结合井史资料判断套管是否变形。其主要结构见图6-10，主要技术参数见表6-9。

4. 其他工程测井

主要包括陀螺方位井径仪测井、方位测井仪测井、连续测斜仪测井、管子探伤仪测井等，主要作用是为了落实井筒技术状况。其主要技术参数见表6-10～表6-13。

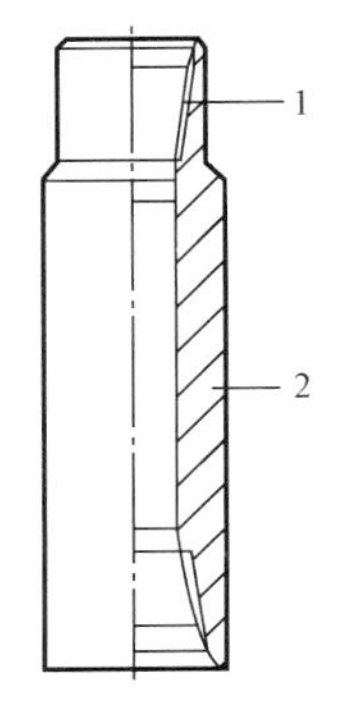

图6-10　套管通径规结构示意图

1—接头；2—本体

表 6－9 套管通井规主要技术参数表

套管规格	mm	114.30	127.00	139.70	146.05	168.28	177.80
	in	4½	5	5½	5¾	6⅝	7
通井规	外径，mm	92～95	102～107	114～118	116～128	136～148	144～153
	长度，mm	500	500	500	500	500	500
连接螺纹	钻杆	NC26	NC26	NC31	NC31	NC31	NC38
	油管	2⅜ TBG	2⅜ TBG	2⅞ TBG	2⅞ TBG	2⅞ TBG	3½ TBG

表 6－10 陀螺方位井径仪主要技术参数表

规范	分辨能力	测试内容	诊断故障
耐温：－10～45℃； 耐压：19.6MPa； 方位漂移：≤12°/h； 外径：54mm	测量范围：70～180mm； 方位：0°～358°； 井径：±2mm； 精度：方位±10°	套管内径变化，套管变形方位走向	检测套损部位，内径变化，套损点受力方向

表 6－11 方位测井仪主要技术参数表

规范	分辨能力	测试内容	诊断故障
时漂：15°/h； 图温：0～45℃； 耐压：＜15MPa	测量范围：0°～358°； 精度：±6°	套管损坏受力方向方位	检测套损受力方位，分析受力来源，为研究治理服务

表 6－12 连续测斜仪主要技术参数表

规范	分辨能力	测试内容	诊断故障
耐温：＜45℃； 耐压：＜40MPa； 外径：54mm； 长度：2790mm	斜度范围：0°～35°； 方位范围：0°～358°； 测量精度：斜度±0.5°； 方位：±6°，斜度≥1°	斜度、方位	检测套损弯曲方向，为套损机理研究提供资料

表 6－13 管子探伤仪主要技术参数表

规范	分辨能力	测试内容	诊断故障
耐温：－25～175℃； 耐压：＜140MPa； 分辨能力：最小孔眼，直径 10mm，锈蚀范围 12mm	精度：涡流（内壁）±15%； 漏磁通（壁厚）±10%	涡流、磁通量漏失	套管腐蚀，内、外壁残余壁厚，射孔质量等

二、小修作业

1. 起下管柱作业

利用修井作业设备，将井下管柱起出和下入合格的管柱。作业过程中，必须逐根通内径、丈量。通径规是检测套管、油管、钻杆内通径尺寸的常用工具。通径规主要结构见图6－11，主要技术参数见表6－14。

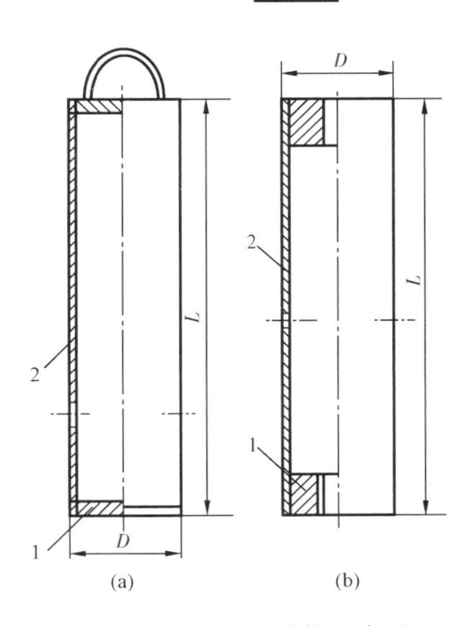

图6－11　通径规结构示意图

1—接头；2—本体

2. 刮管

刮管是用油管或钻杆将套管刮削器下入井内，在目标段反复起下清除套管内壁异物，使套管保持原有内径并畅通无阻。

1）胶筒式套管刮削器

主要结构见图6－12，主要技术参数见表6－15。

表6－14　通井规主要技术参数表

套管系列	套管规范，mm	114.3	127	139.72	168.28	177.8
	外径 D，mm	92～95	102～107	114～118	136～148	146～158
	长度 L，mm	500	500	500	500	500
油管系列	油管规范，mm	48.3	60.3	73	88.9	101.60
	外径 D，mm	38	48	59	73	90
	长度 L，mm	500	500	500	500	600

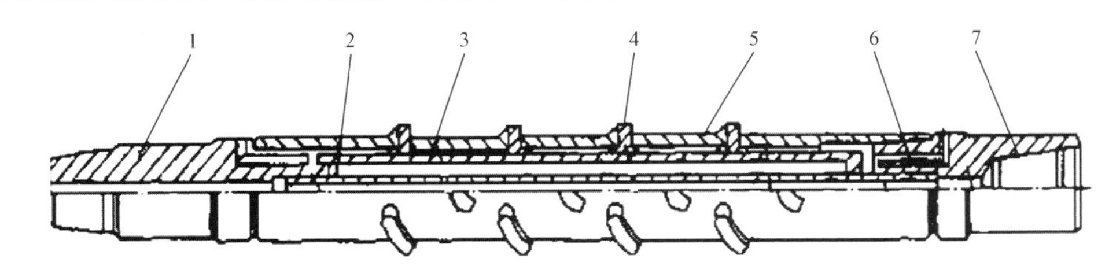

图6－12　胶筒式套管刮削器结构

1—下接头；2—冲管；3—胶筒；4—刀片；5—壳体；6—“O”形密封圈；7—上接头

表6－15　胶筒式套管刮削器主要技术参数表

规格型号	外形尺寸 mm	接头 螺纹	使用规范及性能参数	
			刮削套管，mm	刀片伸出量，mm
GX－G114	112×1119	2A10	114.30	13.5
GX－G127	119×1340	2A10	127.0	12
GX－G140	129×1443	210	139.72	9
GX－G168	156×1604	330	168.28	15.5
GX－G178	166×1604	330	177.8	20.5

2)弹簧式套管刮削器

主要结构见图6-13,主要技术参数见表6-16。

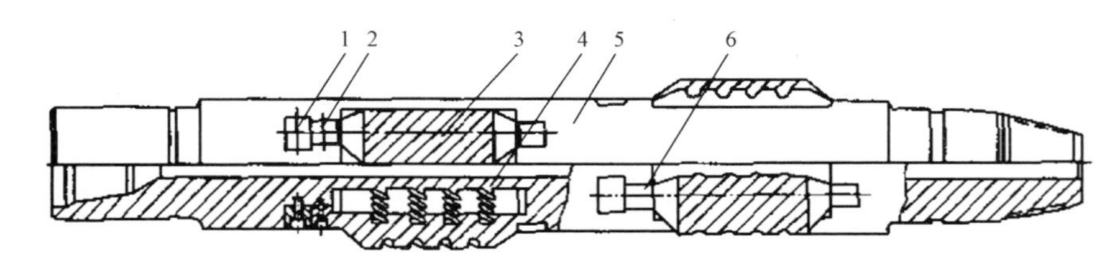

图6-13　弹簧式套管刮削器结构示意图

1—固定块;2—内六角螺钉;3—刀板;4—弹簧;5—壳体;6—刀板座

表6-16　弹簧式套管刮削器主要技术参数表

规格型号	外形尺寸 mm	接头 螺纹	使用规范及性能参数	
			刮削套管,mm	刀片伸出量,mm
GX-T114	112×1119	2A10	114.30	13.5
GX-T127	119×1340	2A10	127.0	12
GX-T140	129×1443	210	139.72	9
GX-T168	156×1604	330	168.28	15.5
GX-T178	166×1604	330	177.8	20.5

3.探砂面清砂作业

在出砂井修井中,必须用钻杆或油管探得砂面位置,并用冲砂液冲至井底。对于低压气井,可采取捞砂方式清除井底沉砂,因此,目前主要有冲砂和捞砂两种工艺。

1)冲砂工艺

冲砂就是用高速流动的液体将井底沉砂冲散,并带至地面的工艺过程。冲砂的方式有正冲、反冲和旋转冲砂等。

冲砂时所需最低排量为:

$$Q_{\min} = 720Fv_{\mathrm{d}} \tag{6-1}$$

式中　$Q_{\min}$——冲砂要求的最低排量,m^3/h;

F——冲砂液上返流动截面积,m^2;

v_{d}——砂子在冲砂液中的自由降落速度,m/s,见表6-17。

表6-17　相对密度2.65的石英砂在水中自由沉降速度

平均颗粒大小 mm	在水中下降速度 m/s	平均颗粒大小 mm	在水中下降速度 m/s	平均颗粒大小 mm	在水中下降速度 m/s
11.9	0.393	1.85	0.147	0.2	0.0244
10.3	0.361	1.55	0.127	0.156	0.0172
7.3	0.303	1.19	0.105	0.126	0.012

续表

平均颗粒大小 mm	在水中下降速度 m/s	平均颗粒大小 mm	在水中下降速度 m/s	平均颗粒大小 mm	在水中下降速度 m/s
6.4	0.289	1.04	0.094	0.116	0.0085
5.5	0.26	0.76	0.077	0.112	0.0071
4.6	0.24	0.51	0.053	0.08	0.0042
3.5	0.209	0.37	0.041	0.055	0.0021
2.8	0.191	0.3	0.034	0.032	0.0007
2.3	0.167	0.23	0.0285	0.001	0.0001

2)捞砂工艺

将捞砂泵下入砂面,将硬实的沉砂捣松成砂浆,再由地面动力及连接装置拉动捞砂泵柱塞做上下往复运动,将砂吸入沉砂油管内带至地面。其捞砂工作原理见图6-14。

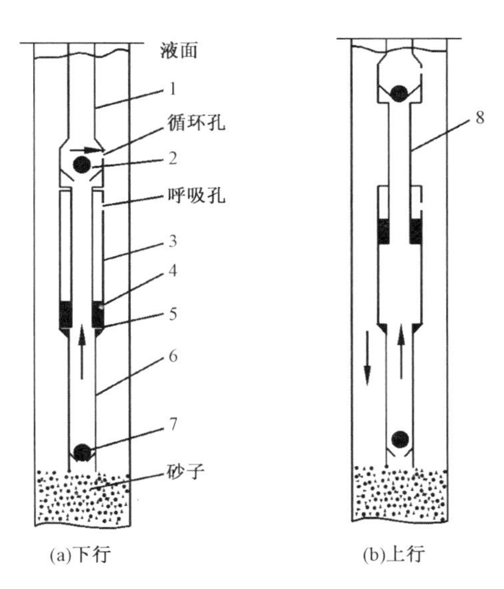

图6-14 捞砂泵工作原理图

1—动力油管;2—单流阀;3—泵筒;4—硬活塞;5—软活塞;6—储砂油管;7—底阀;8—活塞杆

4.解堵作业

井筒或油管堵塞,除采用合适的井下工具进行解除外,还可采用注入化学剂的方式进行解除常用解堵剂有有机解堵剂和无机解堵剂。有机解堵剂主要技术指标见表6-18,常用无机解堵剂主要技术指标见表6-19。

5.洗井作业

洗井作业就是用光油管或钻杆下入井底,注入洗井液将井筒内的脏物冲洗出井筒的过程。常用洗井液相对密度见表6-20。

表6-18 UT3-2有机解堵剂主要技术指标表

密度,g/cm^3	沸点,℃	闪点,℃	溶垢时间,min	适用范围
≥1	70	≥80	≤40	微晶蜡质及化学药剂中无法分解的高聚合物沉积物等有机物堵塞

表6-19 UT3-3无机解堵剂主要技术指标表

密度,g/cm^3	pH值	溶垢时间,min	适用范围
1.20±0.2	1~4	≤20	钙、镁、钡等易垢离子以及硫化铁粉末、泥沙等物质的附着、聚积造成的无机物堵塞

表 6-20 常用洗井液相对密度表

洗井液	盐水		地层水
	普通盐水	加入氯化钙	
相对密度	1~1.18	1~1.26	1~1.03

6. 替喷作业

替喷作业就是用密度低于压井液的液体、惰性气体或天然气等替出原井内压井液，诱发地层流体流入井筒达到自喷目的的过程，分为正替和反替。

1）井筒为清水柱时，最大掏空深度

$$H_{max}=\frac{101.97P_{抗挤}}{K_{挤}}-h_{底}(\gamma_{泥}-1) \tag{6-2}$$

式中 H_{max}——允许最大掏空深度，m；

$P_{抗挤}$——套管抗挤强度，MPa；

$K_{挤}$——套管抗挤安全系数，$K_{挤}=1.25$；

$h_{底}$——各段套管底界井深，m；

$\gamma_{泥}$——固井时套管外泥浆密度，g/cm^3。

2）井筒为纯气柱时，井口最小控制套压

$$p_{c\,min}=\frac{K_{抗挤}h_{底}\gamma_{泥}-101.97_{抗挤}}{101.97K_{挤}e^{S}} \tag{6-3}$$

其中

$$S=1.25\times10^{4}\times\gamma_{气}h_{底}$$

式中 $p_{c\,min}$——允许最低套压，MPa；

e——自然对数的底，e=2.716；

$\gamma_{气}$——天然气的相对密度。

3）井筒为纯气柱时，井口最大关井压力

对井口第一根套管：

$$p_{c\,min}=\frac{P_{抗压}}{K_{压}} \tag{6-4}$$

对井下各段套管：

$$p_{c\,min}=\frac{101.97P_{抗压}+K_{压}h_{顶}\gamma_{水}}{101.97K_{抗压}e^{S}} \tag{6-5}$$

$$S=1.25\times10^{4}\times\gamma_{气}h_{顶}$$

式中 $p_{c\,max}$——允许最高套压，MPa；

$P_{抗压}$——套管抗内压强度,MPa;

$K_{压}$——套管抗内压安全系数,$K_{压}=1.25$;

$h_{顶}$——各段套管顶界井深,m;

$\gamma_{水}$——清水密度,g/cm^3。

4)井筒为清水柱时,套管最大施工压力

$$p_{c\,min}=\frac{P_{抗压}}{K_{压}} \tag{6-6}$$

三、大修作业

1. 解卡工艺

因落物、套管变形或气井出砂等原因造成井下管柱卡死,不能正常起下管柱,解除阻卡作业称为解卡作业。常用管柱结构:解卡工具+钻杆。

1)卡点的判断

常用的卡点预测方法有计算法和测卡仪方法。

(1)计算法。

$$L=\Delta L\frac{EF}{P}=K\frac{\Delta L}{P} \tag{6-7}$$

式中　L——卡点深度,m;

E——钢材弹性系数,为 2.1×10^8kN/m^2;

F——被卡管柱截面积,m^2;

ΔL——管柱在上提拉力下的伸长量,m;

P——上提拉力,kN;

K——计算系数,取值见表6-21。

表6-21　常用API钻杆和油管的K值表

管柱	公称直径,mm	壁厚,mm	不同拉力($P=P_2-P_1$)下的K值						
			100kN	150kN	200kN	250kN	300kN	350kN	400kN
钻杆	73.02	9.2	3868	2579	1934	1547	1289	1105	967
	88.90	9.35	4902	3268	2451	1961	1634	1401	1226
油管	73.02	5.51	1453	1635	1226	981	818	701	613
	88.90	7.34	3952	2635	1976	1581	1317	1129	988

(2)测卡仪测卡点。

测卡仪法是利用测卡仪实测卡点位置,测卡仪主要结构见图6-15,主要技术参数见表6-22。

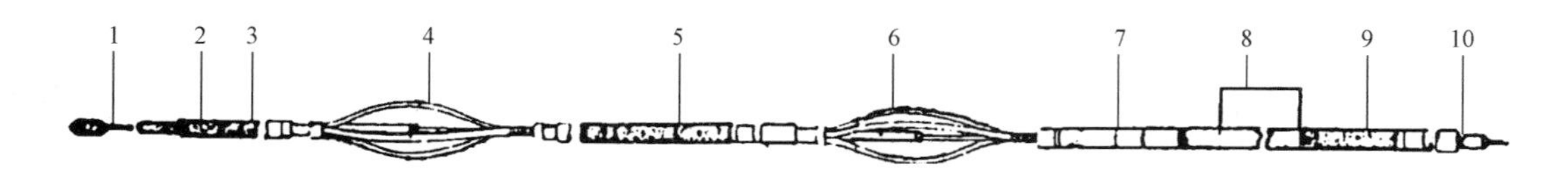

图6－15　测卡仪结构示意图

1—爆炸杆;2—起爆器;3—安全接头;4—扶正器;5—应力感应器;
6—扶正器;7—震击器;8—加重杆;9—磁性定位器;10—绳帽

表6－22　测卡仪主要技术参数表

井下仪器		地面仪器	精度	适用范围
工作温度,℃	工作压力,MPa	工作温度:－40～70℃	±1.5m	内径为42～254mm的管柱
<120	<120			

2)解卡工具

(1)润滑式下击器。

主要结构见图6－16,主要技术参数见表6－23。

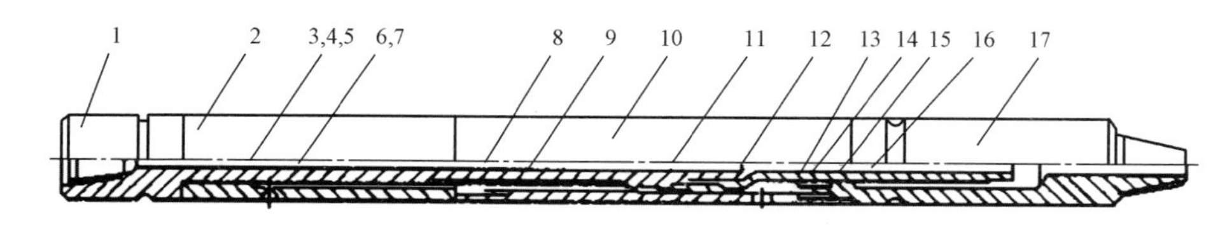

图6－16　润滑式下击器结构示意图

1—接头芯轴;2—上缸体;3,7,8,9,12,14,15—“O”形密封圈;4,16—挡圈;
5,17—保护圈;6—油塞;10—中缸体;11—上击锤;13—导管

表6－23　润滑式下击器主要技术参数表

规格型号	工具尺寸		接头螺纹	性能参数		
	外径,mm	内径,mm		冲程,mm	许用拉力,kN	许用扭矩,N·m
USJQ－95	95	32	NC26	394	170	11630
USJQ－108	108	50	NC31	394	186	21150
USJQ－117	117	50.8	NC31	394	227	23455
USJQ－146	146	71	NC38	457	292	52930
USJQ－159	159	54	NC46	457	364	68990
USJQ－197	197	89	NC46	457	598	137360

(2)开式下击器。

主要结构见图6－17,主要技术参数见表6－24。

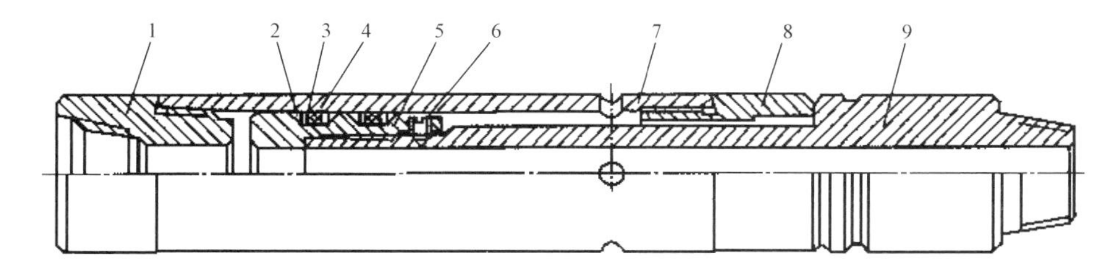

图 6－17 开式下击器结构示意图

1—上接头;2—抗挤压环;3—"O"形密封圈;4—挡圈;5—撞击套;
6—紧固螺钉;7—外筒;8—芯轴外套;9—芯轴

表 6－24 开式下击器主要技术参数表

规格型号	外形尺寸 mm × mm	接头螺纹	使用规范及性能参数			
			许用拉力,kN	冲程,mm	水眼直径,mm	许用扭矩,N·m
XJ－K95	95 × 1413	230	1250	508	38	11700
XJ－K108	108 × 1606	210	1550	508	49	22800
XJ－K121	121 × 1606	210	1960	508	51	29900
XJ－K140	140 × 1850	410	2100	508	51	43766

(3)地面下击器。

主要结构见图 6－18,主要技术参数见表 6－25。

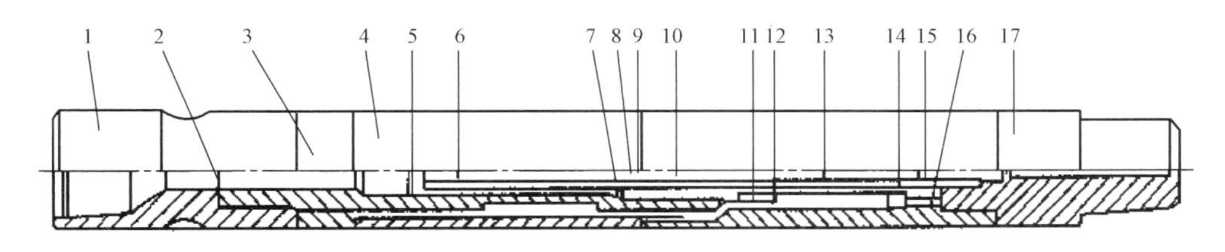

图 6－18 地面下击器结构示意图

1—上接头;2,7,8,9—"O"形密封圈;3—短节;4—上壳体;5—芯轴;6—冲洗管;
10—密封座;11—锁紧螺钉;12—调节环;13—摩擦芯轴;14—摩擦卡瓦;
15—支撑套;16—下筒体;17—下接头

表 6－25 地面下击器主要技术参数表

型号	尺寸,mm		接头螺纹	性能参数				
	外径	内径		冲程 mm	极限扭矩 N·m	极限拉力 kN	最大泵压 MPa	调节范围 kN
DXJ－M178	178	48	139.7FH	1219	7100	3833	56.2	0～1000

(4)液压式上击器。

主要结构见图 6－19,主要技术参数见表 6－26。

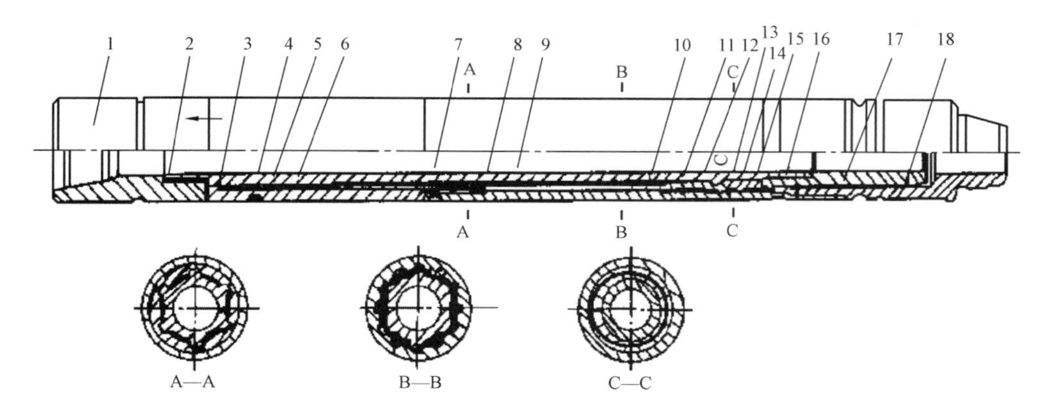

图 6－19　液压式上击器结构示意图

1—上接头;2—芯轴;3,5,7,8,11,16—密封圈;4—放油塞;6—上壳体;9—中壳体;10—撞击锤;12—挡圈;13—保护套;14—活塞;15—活塞环;17—导管;18—下接头

表 6－26　液压式上击器主要技术参数表

规格型号	外径 mm	内径 mm	接头螺纹	冲程 mm	推荐使用钻铤质量 kg	最大上提负荷 kN	震击时计算载荷 kN	最大扭矩 N·m	推荐最大工作负荷 kN
YSQ－95	95	38	2A10	100	1542～2087	260	1442	15500	204.5
YSQ－108	108	49	210	106	1588～2131	265	1923	31200	206.7
YSQ－121	121	51	310	129	2540～3402	423	2282	34900	331.2

(5)液体加速泵。

主要结构见图 6－20,主要技术参数见表 6－27。

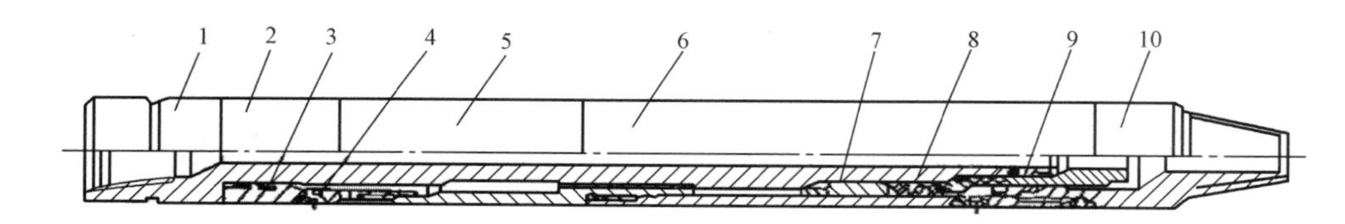

图 6－20　液体加速泵结构示意图

1—芯轴;2—短节;3—密封装置;4—注油塞;5—外筒;6—缸体;
7—撞击锤;8—活塞;9—导管;10—下接头

表 6－27　液体加速泵主要技术参数表

规格型号	外径 mm	内径 mm	冲程 mm	接头螺纹	推荐使用钻铤质量 kg	完全拉开负荷 kN	获得撞击最小拉力 kN	强度数据		配套上击器型号
								拉力 kN	扭矩 N·m	
YJ－95	95	38	200	NC26	1542～2087	1973	1973	1442	15500	YSQ－95
YJ－108	108	49	219	NC31	1588～2123	1950	1360	1923	31200	YSQ－108
YJ－121	121	51	257	NC38	2540～3402	2858	1950	2282	34900	YSQ－121

2. 倒扣工艺

用钻杆将打捞工具或倒扣器下入井底捞住落鱼进行倒扣，使被卡落物从卡点以上连接扣处退扣，从而起出卡点以上管柱。常见管柱结构：倒扣工具 + 安全接头 + 钻杆。

1) 倒扣器

主要结构见图6－21，主要技术参数见表6－28。

2) 倒扣捞筒

主要结构见图6－22，主要技术参数见表6－29。

3) 倒扣捞矛

主要结构见图6－23，主要技术参数见表6－30。

4) 倒扣安全接头

主要结构见图6－24，主要技术参数见表6－31。

5) 倒扣下击器

主要结构见图6－25，主要技术参数见表6－32。

6) 爆炸松扣工具

主要结构见图6－26，主要技术参数见表6－33和表6－34。

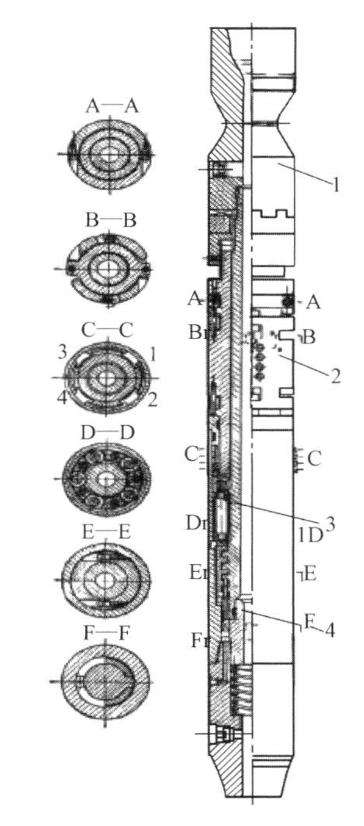

图6－21　倒扣器结构示意图
1—接头总成；2—锚定机构；3—转向机构；4—锁定机构

表6－28　倒扣器主要技术参数表

型号		DKQ95	DKQ103	DKQ148		DKQ196
外径，mm		95	103	148		196
内径，mm		16	25	29		29
长度，mm		1829	2642	3073		3073
锚定套管尺寸（内径），mm		99.6～127	108.6～150.4	152.5～205	216.8～228.7	216～258
抗拉极限负荷，kN		400	660	390	890	1780
扭矩值 N·m	输入	5423	13558	18982	18982	29828
	输出	9653	24133	33787	33787	53093
井内锁定工具压力，MPa		4.1	3.4	3.4	3.4	3.4

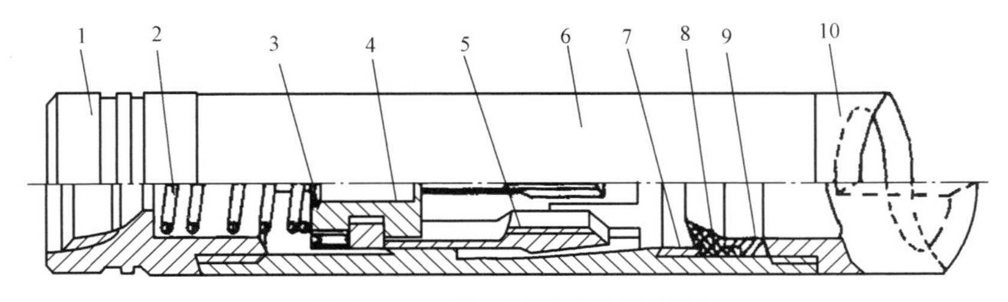

图6－22　倒扣捞筒结构示意图
1—上接头；2—弹簧；3—螺钉；4—限位座；5—抓捞卡瓦；6—筒体；7—上隔套 8—密封圈；9—下隔套；10—引鞋

表 6－29 倒扣捞筒主要技术参数表

规格型号	外型尺寸(直径×长度) mm	扣型	打捞尺寸	许用提拉负荷 kN	许用倒扣扭矩	
					拉力,kN	扭矩,N·m
DLT－T48	95×650	230	47～49.3	300	117.7	2754
DLT－T60	105×720	210	59.7～61.3	400	147.1	3059
DLT－T73	114×735	210	72～74.5	450	147.1	3467
DLT－T89	134×750	210	88～91	550	166.7	4079
DLT－T102	145×750	310	101～104	800	166.7	4487
DLT－T114	160×820	4A10	113～115	1000	176.5	6118
DLT－T127	185×820	4A10	126～129	1600	196.1	7138
DLT－T140	200×850	4A10	139～142	1800	196.1	8158

表 6－30 倒扣捞矛主要技术参数表

规格型号	外型尺寸(直径×长度) mm	接头螺纹	使用规范及性能参数		
			打捞尺寸,mm	许用拉力,kN	许用扭矩,N·m
DLM－T48	95×600	2A10	39.7～41.9	250	3304
DLM－T60	100×620	230	49.7～51.9	392	5761
DLM－T73	114×670	210	61.5～77.9	600	7732
DLM－T89	138×750	310	75.4～91	712	14710
DLM－T102	145×800	310	88.2～102.8	833	17161
DLM－T114	160×820	410	99.8～102.8	902	18436
DLM－T127	160×820	410	107～115.8	931	21221
DLM－T140	160×820	410	117～128	931	21221
DLM－T168	175×870	410	145～155	2400	25423
DLMI－T178	175×870	410	153～166	2400	25423

表 6－31 倒扣安全接头主要技术参数表

规格型号	外形尺寸,mm	接头螺纹	传递扭矩,N·m	配套倒扣器规格
DANJ95	95×762	230×231	11000	DKQ95
DANJ105	105×762	210×211	21000	DKQ103
DANJ148	148×813	310×311	48000	DKQ146
DANJ197	197×813	410×411	86000	DKQ196

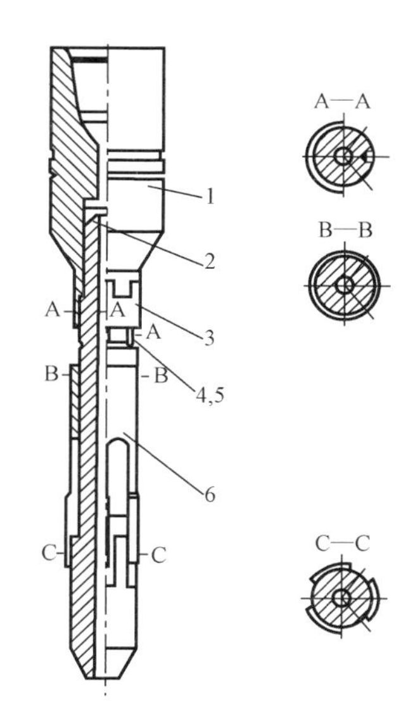

图 6－23　倒扣捞矛结构示意图

1—上接头；2—矛杆；3—花键套；
4—限位块；5—定位螺钉；6—卡瓦

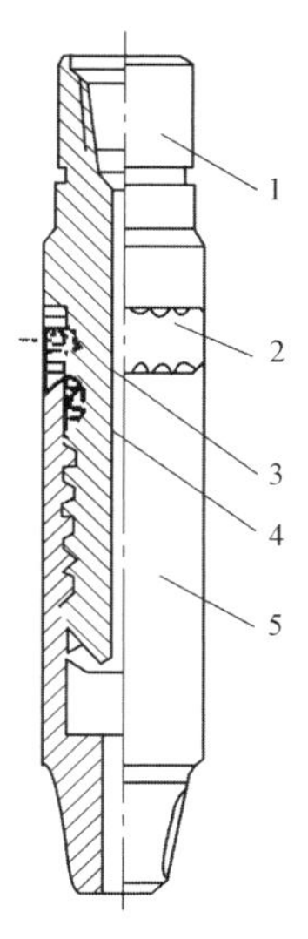

图 6－24　倒扣安全接头结构示意图

1—上接头；2—防挤环；3—螺钉；
4—密封圈；5—下接头

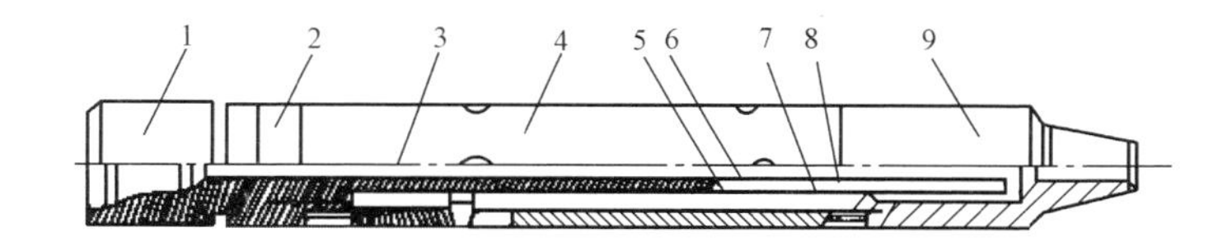

图 6－25　倒扣下击器结构示意图

1—芯轴；2—承载套；3—圆柱键；4—筒体；5—弹性销；
6，8—密封圈，7—导管；9—下接头

表 6－32　倒扣下击器主要技术参数表

规格型号	外形尺寸（外径×长度）mm×mm	接头代号	适用范围及性能参数		配套倒扣器规格 mm（in）
			冲程 mm	允许传递扭矩 kN·m	
DXJQ95	95×762	2⅞ REG	406	10.8	95（3¾）
DXJQ105	105×762	NC31（210）	406	20.7	103（4）
DXJQ148	148×813	NC38（310）	457	48.39	168（6）
DXJQ197	197×813	NC50（410）	457	85.72	197（8）

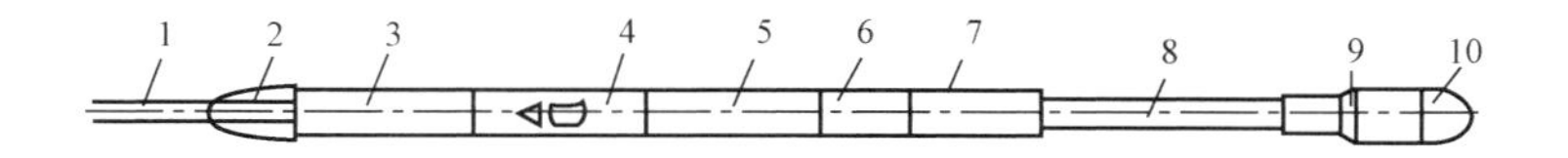

图 6－26　爆炸松扣工具结构示意图

1—电缆；2—提环；3—电缆头；4—磁定位仪；5—加重杆；6—接线盒；
7—雷管；8—爆炸杆；9—导爆索；10—导向头

表 6 - 33　防喷盒、提升短节、钻杆旋转工具、短钻杆主要技术参数表

名称	代号	规格		参数			
		内径 mm	外径 mm	抗拉屈服载荷 kN	抗压屈服载荷 kN	能传递最大扭矩 kN · m	耐压 MPa
防喷盒	FH - 102	102					35
提升短节	TJ - 127		127	2100			
钻杆旋转工具	ZX - 127	184			800	44.1	
短钻杆	DG - 127		127	2100			35

表 6 - 34　旋转头主要技术参数表

代号	外径,mm	参数			
		静载荷,kN	动载荷,kN	承载转速,r/min	耐压,MPa
XT - 286	286	1500	900	≤95	35

3. 切割井下管柱工艺

用切割工具切割出卡点以上管柱的方法,分内切割和外切割两种方法。常用管柱组合:切割工具 + 钻杆。

1)机械式内割刀切割法

将机械式内割刀下入管柱内,伸出割刀由内向外切割管子以实现切割的目的,机械式内割刀的主要结构如图 6 - 27 所示,主要技术参数见表 6 - 35。

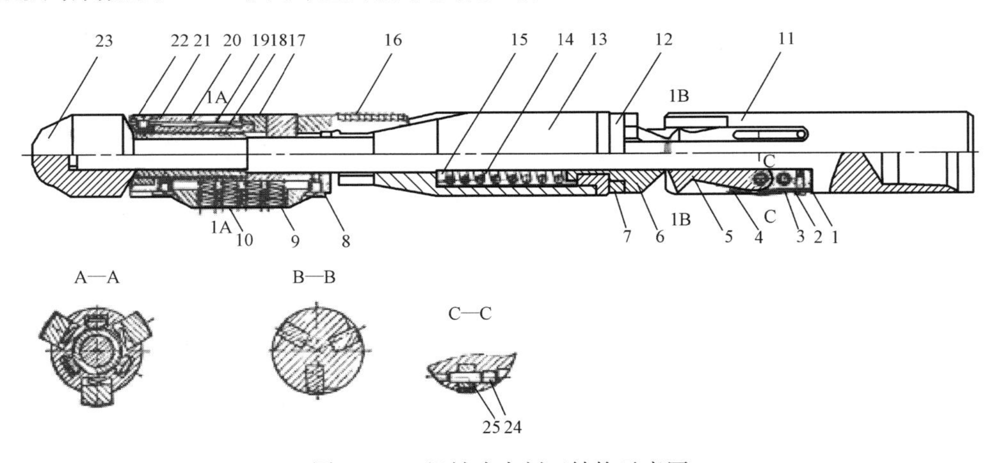

图 6 - 27　机械式内割刀结构示意图

1—刀片座;2—螺钉;3—内六角螺钉;4—弹簧片;5—刀片;6—刀枕;7—卡瓦锥体座;8—螺钉;9—扶正块弹簧;10—扶正块;11—芯轴;12—限位圈;13—卡瓦锥体;14—主弹簧;15—垫圈;16—卡瓦;17—滑牙片;18—滑牙套;19—弹簧片;20—扶正块体;21—止动圈;22—螺钉;23—底部螺帽;24—丝堵;25—圆柱销

表 6－35 机械式内割刀主要技术参数表

型号规格		JNGD73	JNGD89	JNGD101	JNGD140	JNGD168
外形尺寸(直径×长度) mm		55×584	83×600	90×784	101×956	138×1208
接头螺纹代号		1.900TBG	1.900TBG	2A10	230	330
使用规范及性能参数	切割范围,mm	57～62	70～78	97～105	107～125	137～158
	座卡范围,mm	54.4～65	67～81	92～108	104～118	137～158
	切割转速,r/min	40～50	30～20	20～10	20～10	20～10
	给进量,mm	1.2～2.0	1.5～3.0	1.5～3.0	1.5～3.0	1.5～3.0
	钻压,kN	3	4	5	5	7
	更换件后扩大的切割范围,mm		101 油管	114 套管	139,146 套管	177.8 套管

2)机械式外割刀切割

将机械式外割刀下入井内内,从管柱的外面由外向内切割管子以实现切割的目的,机械式外割刀的主要结构如图 6－28 所示,主要技术参数见表 6－36。

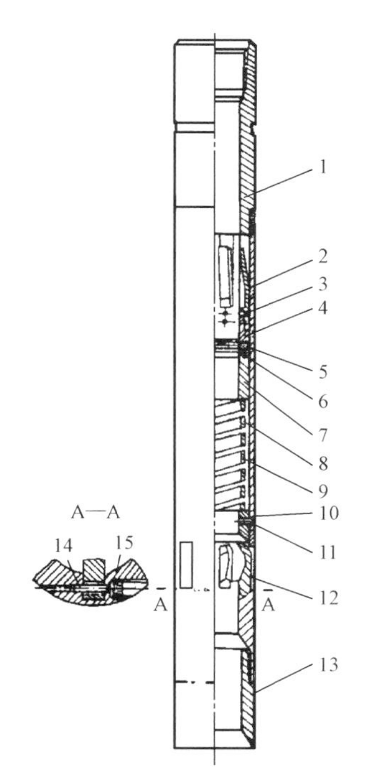

(a) 弹簧爪式卡爪装置

1—上接头; 2—卡簧爪; 3—铆钉; 4—卡簧套; 5—止推环; 6—承载圈; 7—隔套; 8—筒体; 9—主弹簧; 10—进给套; 11—剪销; 12—刀片; 13—引鞋; 14—销轴; 15—顶丝

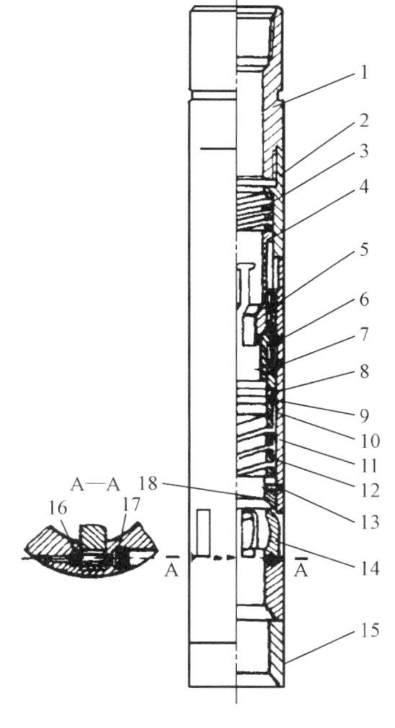

(b) 棘爪式卡爪装置

1—上接头; 2—套; 3—卡爪; 4—扭力弹簧; 5—销轴; 6—座体; 7—止推环; 8—承载圈; 9—隔套; 10—筒体; 11—主弹簧; 12—进给套; 13—剪销; 14—刀片; 15—引鞋; 16—轴销; 17—顶丝; 18—进给套

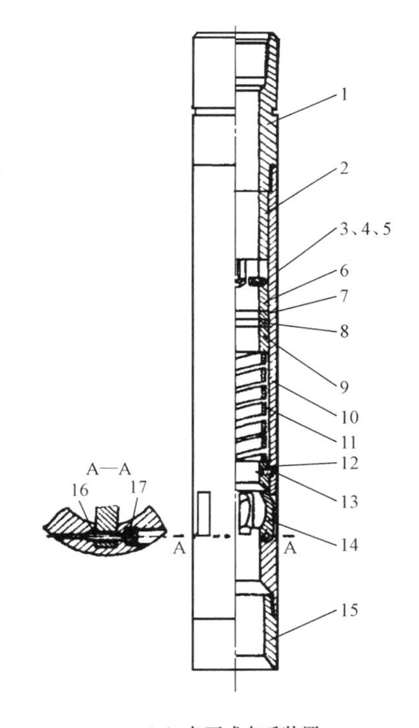

(c) 卡瓦式卡爪装置

1—上接头; 2—中间接头; 3—弹簧; 4—卡瓦锥体; 5—卡瓦; 6—卡瓦锥体座; 7—剪销; 8—止推环; 9—承载圈; 10—隔套; 11—筒体; 12—弹簧; 13—剪销; 14—刀片; 15—下接头; 16—轴销; 17—顶丝

图 6－28 机械式外割刀

表 6－36　机械式外割刀主要技术参数表

规格型号	割刀尺寸,mm		使用规范及性能参数				
	外径	内径	允许通过尺寸 mm	切割范围 mm	双剪销强度 kN	剪断滑动卡瓦销负荷 kN	井孔最小尺寸 mm
JWGD01	120	98.4	95.3	48.3～73	2.53	1.87	125.4
JWGD02	143	111.1	108	52.4～88.9	5.66	3.76	149.2
JWGD03	149	117.1	114.3	60.3～88.9	5.66	3.76	155.6
JWGD04	154	123.8	127.0	60.3～101.6	5.66	3.76	158.8
JWGD05	194	161.9	139.7	88.9～114.3	5.66	3.76	209.6
JWGD06	206	168.3	158.8	101.6～146.1	5.66	3.76	219.1

3）水力式外割刀

水力式外割刀靠液体的压差推动活塞，随着活塞下移，使进刀套剪断销钉，进刀套继续下移推动刀片绕刀销轴向内转动。此时转动工具管柱，刀片就切入管壁，实现切割。其主要结构见图 6－29，主要技术参数见表 6－37。

表 6－37　水力式外割刀主要技术参数表

规格型号	工具尺寸,mm		使用规范及性能参数		
	外径	内径	切割外径,mm	工作压力,MPa	工作流量,L/min
SWD95	95	73	33.4～52.4	137～275	7.57～12.62
SWD113	113	92	48.3～60.3	68～173	7.89～9.15
SWD116	116	97	48.3～73	68～206	7.89～12.62
SWD103	103	97	33.4～60.3	137～304	7.50～13.12
SWD119	119	98	48.3～73	68～173	7.89～8.08
SWD143	143	110	52.4～88.9	103～380	13.25～14.64
SWD154	154	124	60.3～101.6	103～275	8.52～12.62
SWD203	203	165	88.9～127	68～137	8.96～11.48

4）水力式内割刀

因喷嘴的限流作用，在活塞上下形成压力差，推动活塞及进刀杆下行，同时压缩复位弹簧，进刀杆推出刀头吃入落鱼内壁，钻具带动割刀旋转，完成切割。停泵后，循环压差消除，复位弹簧带动活塞、进刀杆、刀头复位。其主要结构见图 6－30，主要技术参数见表 6－38。

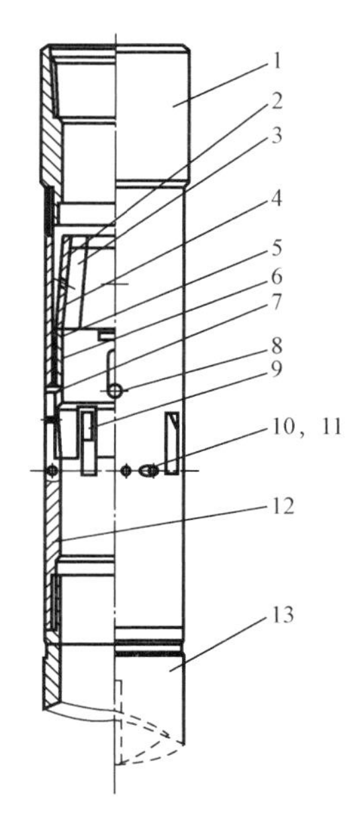

图 6 - 29 水力式外割刀结构示意图

1—上接头;2—橡胶箍;3—活塞片;4—活塞"O"形圈;
5—进刀片"O"形圈;6—进刀套;7—剪销;
8—导向螺栓;9—刀片;10—刀销;
11—刀销螺栓;12—外筒;13—引鞋

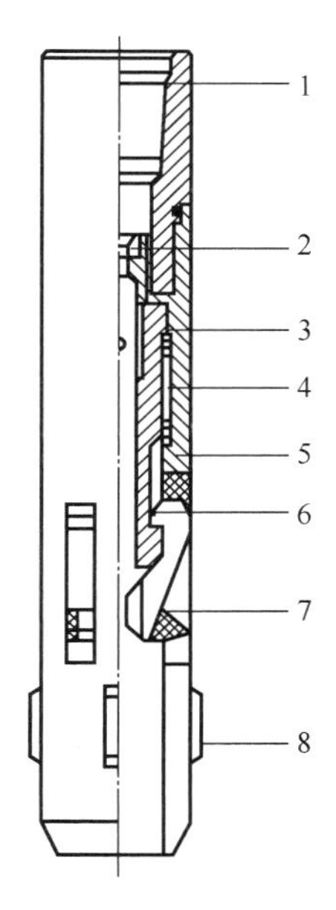

图 6 - 30 水力式内割刀结构示意图

1—上接头;2—喷嘴;3—活塞;4—复位弹簧;
5—外壳;6—进刀杆;7—刀头;8—扶正块

表 6 - 38 水力式内割刀主要技术参数

<table>
<tr><th rowspan="2">规格型号</th><th rowspan="2">接头螺纹</th><th colspan="2">切割参数</th></tr>
<tr><th>排量,L/min</th><th>转速,r/min</th></tr>
<tr><td>ND - S73</td><td>1½油管扣</td><td>180 ~ 240</td><td rowspan="3">20 ~ 30</td></tr>
<tr><td>DN - S89</td><td>1½油管扣</td><td>240 ~ 360</td></tr>
<tr><td>ND - S114</td><td>2A10</td><td>300 ~ 420</td></tr>
<tr><td>DN - S127</td><td>2A10</td><td>360 ~ 480</td><td rowspan="3">30 ~ 40</td></tr>
<tr><td>DN - S140</td><td>210</td><td>480 ~ 600</td></tr>
<tr><td>DN - S178</td><td>310</td><td>600 ~ 900</td></tr>
<tr><td>DN - S245</td><td>410</td><td>900 ~ 1200</td><td rowspan="2">40 ~ 50</td></tr>
<tr><td>DN - S340</td><td>410</td><td>1200 ~ 1500</td></tr>
</table>

4. 打捞工艺

打捞就是捞出井下落鱼的过程。打捞可分为管类落物打捞、绳类落物打捞和小件落物打捞等三类。

1)管类落物打捞

常用打捞管柱组合(自上而下)结构:钻杆(油管)+上击器+安全接头+打捞工具。对鱼顶不正的落物视情况下扶正器和引鞋。常用打捞工具见表6－39。

表6－39　管类落物常用打捞工具

工具名称		主要适用范围
内捞工具	打捞公锥	鱼顶带接箍或接头,被卡落物
	滑块卡瓦打捞矛	鱼顶带接箍或接头,经套铣可倒扣的落物
	可退式捞矛	鱼顶带接箍或接头,可能遇卡的井下落物
	倒扣捞矛	鱼顶带接箍或接头,遇卡落物或经套铣出的部分落物
	油管接箍捞矛	油管接箍完好及下部落物无卡
	水力捞矛	内径较大的落物及下部落物无卡
外捞工具	打捞母锥	鱼顶为油管、钻杆本体等落物
	可退式卡瓦捞筒	鱼顶外径基本完整而可能有卡的井下落物
	倒扣捞筒	鱼顶外径基本完整而可部分倒出或全部倒出的落物
	开窗捞筒	鱼顶外径基本完整并带接箍或接头台肩的无卡落物
辅助工具	开式下击器	经活动、憋压等方法解卡无效时使用,可反复振击被卡落物,使卡点松动而解卡
	液压上击器	处理深井砂卡、封隔器卡及小件落物卡,尤其是井架载荷小而不能实施解卡时使用
	铅模	探试套管内径变形及损坏程度、深度和落物深度、鱼顶状况等
	套、磨铣工具	打捞落物前的先期处理工具或无法打捞时使用

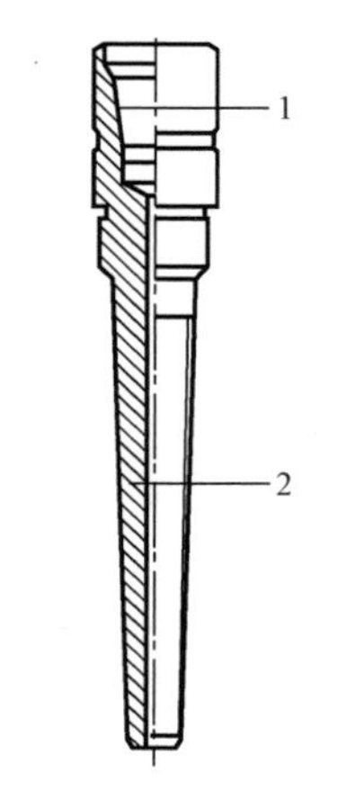

图6－31　公锥结构示意图
1—接头;2—本体

(1)公锥。

公锥是一种专门从油管、钻杆、套铣管、封隔器等有孔落物的内孔进行造扣打捞的工具。其主要结构见图6－31,主要技术参数见表6－40。

(2)可退式打捞矛。

可退式卡瓦打捞矛是从落鱼内孔进行打捞的工具。主要结构见图6－32,主要技术参数见表6－41。

(3)滑块卡瓦打捞矛。

滑块捞矛是内捞工具,它可以打捞钻杆、油管、套铣管等具有内孔的落物,又可对遇卡落物进行倒扣作业。滑块卡瓦打捞矛分为双滑块卡瓦打捞矛和单滑块打捞矛,主要结构见图6－33和图6－34,主要技术参数见表6－42。

表 6-40 修井用公锥技术规范

规格型号	外型尺寸（直径×长度）mm	接头螺纹	使用规范及性能参数		
			螺纹表面硬度	抗拉极限，MPa	打捞直径，mm
GZ86-1	86×560	2A10	HRC60~HRC65	≥932	39~67
GZ86-2	86×535	2A10			54~77
GZ105-1	105×535	210			54~77
GZ105-2	105×475	210			72~90
GZ121	121×455	310			88~103

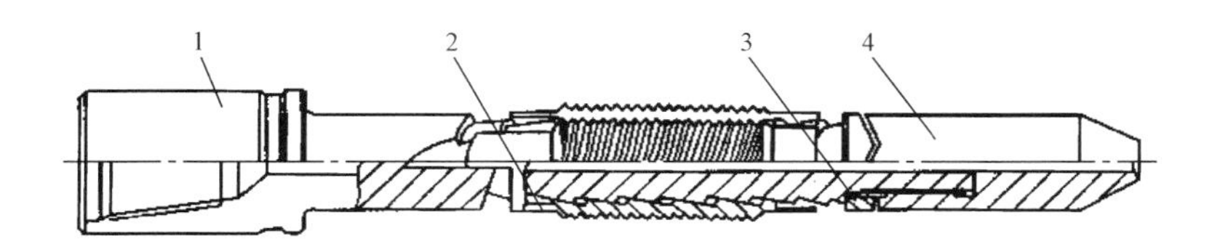

图 6-32 可退式打捞矛结构示意图

1—芯轴；2—圆卡瓦；3—释放圆环；4—引鞋

表 6-41 可退式捞矛主要技术参数表

规格型号	外型尺寸（外径×长度）mm×mm	接头螺纹		使用规范及性能参数		
		钻杆扣	油管扣	打捞范围，mm	许用拉力，kN	卡瓦窜动量，mm
LM-T48	48×447	2A10	1.900 TBG	44~45	210	6
LM-T60	86×618	2A10	$2\frac{3}{8}$ TBG	46.1~50.3	340	7.7
LM-T73	95×651	230	$2\frac{7}{8}$ TBG	54.6~62	535	7.7
LM-T89	105×670	210	$2\frac{7}{8}$ TBG	66.1~77.9	814	10
LM-T102	105×761	210	$3\frac{1}{2}$ TBG	84.8~90.1	1078	10
LM-T114	105×823	210		92.5~102.3	1078	10
LM-T127	110~118×850	210		101.6~115	1450	13
LM-T140	120~130×896	210		117.7~127.7	1632	13
LM-T168	146~160×1100	310		140.3~155.3	1920	16
LM-T178	157~170×1100	310		149.8~163.8	1920	19
LM-T219	198~210×1200	410		190.9~205.7	2200	19
LM-T245	222~235×1200	410		216.8~228.7	2200	19

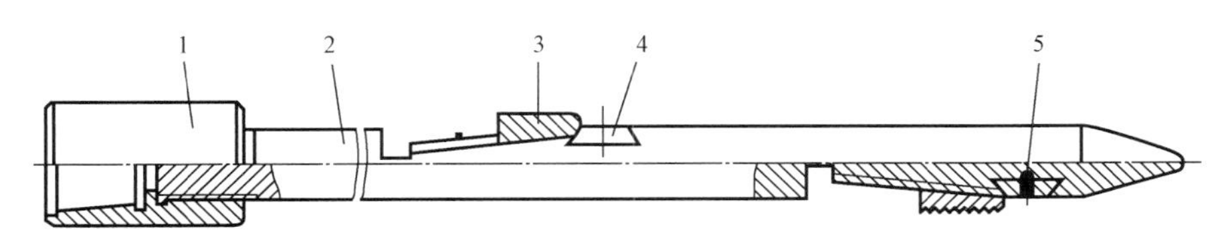

图 6-33 双滑块卡瓦打捞矛结构示意图

1—上接头；2—矛杆；3—卡瓦；4—锁块；5—螺钉

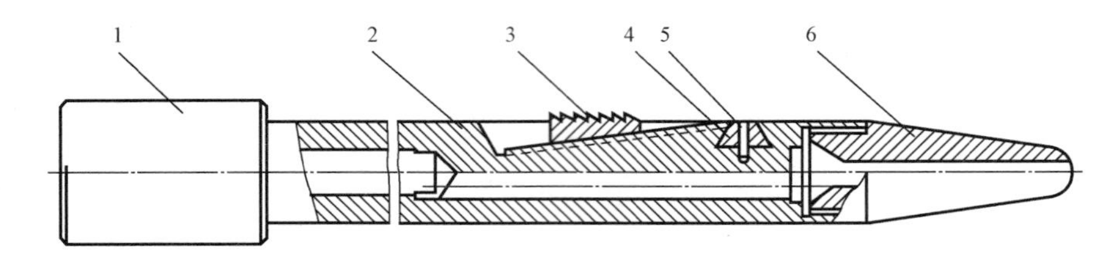

图 6－34 单滑块打捞矛结构示意图

1—上接头;2—矛杆;3—卡瓦;4—锁块;5—螺钉;6—引鞋

表 6－42 滑块打捞矛主要技术参数表

规格型号	外径 mm	接头螺纹	使用规范及性能参数	
			打捞内径,mm	许用拉力,kN
HLM－D(S)48	73	2⅜ TBG	38	251
HLM－D(S)60	86	2A10	42～53.8	496
HLM－D(S)73	105	210	52.6～64	781
HLM－D(S)89	105	210	64.1～77.9	1093
HLM－D(S)102	105	210	77.6～92.1	1147
HLM－D(S)114	121	310	90～102.5	2246
HLM－D(S)127	121	310	103～117.8	2746
HLM－D(S)140	135	310	115.7～129.3	3854
HLM－D(S)168	165	310	138.3～156.3	5348
HLM－D(S)178	175	310	152.3～168.1	5928

(4)提放式分瓣捞矛。

通过落鱼内径实现打捞的工具,其特点是:当落物卡死,不能捞出时,不必旋转管柱,只要上提下放管柱,工具即可退出鱼腔。避免事故复杂化。其主要结构见图 6－35,主要技术参数见表 6－43。

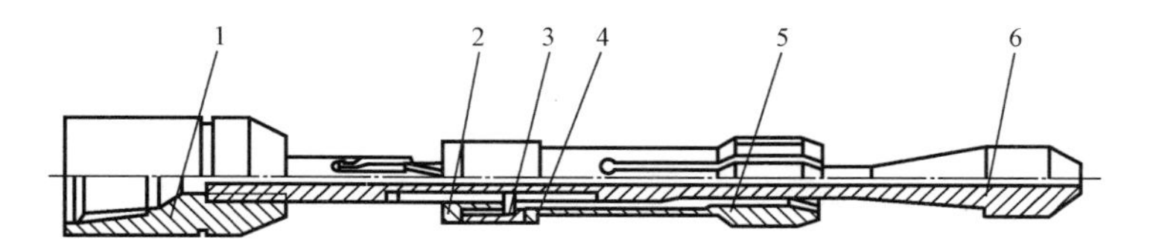

图 6－35 提放式分瓣捞矛结构示意图

1—上接头;2—内套;3—导向销;4—外套;5—打捞抓;6—芯轴

表 6－43 分瓣捞矛技术规范

规格型号	外形尺寸(外径×长度) mm	适用套管,mm	接头螺纹	适用落鱼	工作负载,kN
TFB－73	107×580	140	3½ TBG	ϕ73mm 油管接箍	400
TFB－89	107×600	178	3½ TBG	ϕ89mm 油管接箍	500

(5)接箍捞矛。

接箍捞矛是专门用来捞取鱼顶为接箍的工具。其主要结构见图 6－36,主要技术参数见表 6－44。

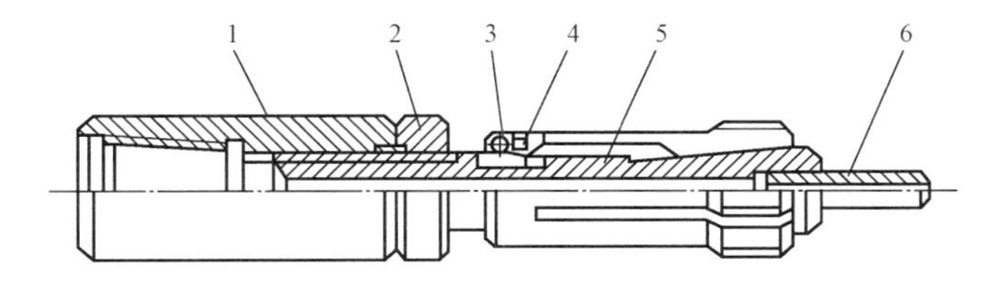

图 6－36 油管接箍捞矛

1—上接头;2—锁紧螺母;3—导向螺钉;4—芯轴;5—卡瓦;6—冲砂管

表 6－44 接箍捞矛主要技术参数

规格型号	外型尺寸(外径×长度) mm	接头螺纹	使用规范及性能参数		
			落鱼规格,in	许用拉力,kN	适用井孔规格,in
JGLM73	85×300	2⅜ TBG	2⅞油管接箍	350	4 套管
JGLM90	95×380	2⅞ TBG	2 膃油管接箍	550	5、5½套管
JGLM107	112×480	3½ TBG	3½油管接箍	700	5½、6⅝套管
JGLM121	126×550	4TBG	4 油管接箍	700	6⅝以上套管
JGLM133	140×600	4½ TBG	4½油管接箍	850	6⅝以上套管

(6)卡瓦打捞筒。

主要结构见图 6－37,主要技术参数见表 6－45。

(7)可退式打捞筒。

可退式打捞筒是从管子外部进行打捞的一种工具,可打捞不同尺寸的油管、钻杆和套管等鱼顶为圆柱形的落鱼,并可与震击类工具配合使用。可退式打捞筒分为篮式和螺旋式两种,其主要结构见图 6－38 和图 6－39。主要技术参数见表 6－46 和表 6－47,其中,A 代表篮式卡瓦捞筒,B 代表螺旋卡瓦捞筒。

(8)短鱼头打捞筒。

短鱼头打捞筒主要打捞一些落鱼可抓获的部分过短,普通捞筒无法打捞的落物。一般情况下,鱼头露出 50mm 短鱼头捞筒就能抓住落物。其主要结构见图 6－40,主要技术参数见表 6－48。

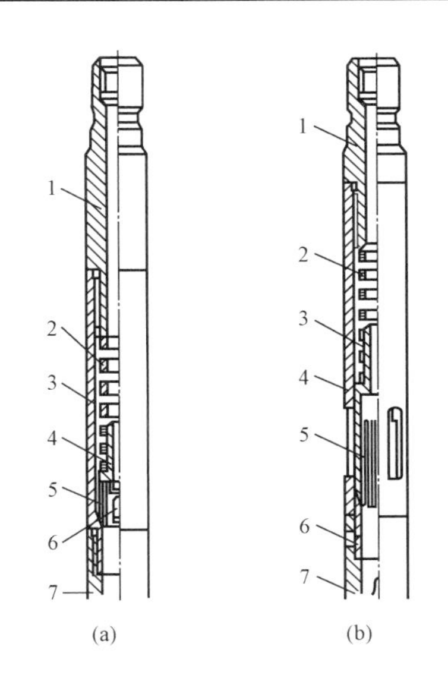

图 6－37 卡瓦捞筒结构示意图

1—上接头;2—弹簧;3—筒体;4—弹簧座;5—卡瓦;6—螺钉;7—引鞋

表 6－45　卡瓦打捞筒主要技术参数表

规格型号	最大外径，mm	长度，mm	内径，mm	落物外径，mm	连接螺纹
QLT48－73	114.3	660.4	39.3	48.3、60.3、73	NC31HL
QLT89	150.0	975.1	75.0	88.9	3½ TBG
QLT102	150.0	975.1	55.2	101.6	NC31HL
QLT114	156.0	975.1	71.0	114.3	4½ TBG
QLT127	156.0	744.9	69.85	127	NC38
QLT140	180.6	1027.9	69.85	139.7	NC38
QLT178	220.3	1105.3	69.85	177.8	NC38

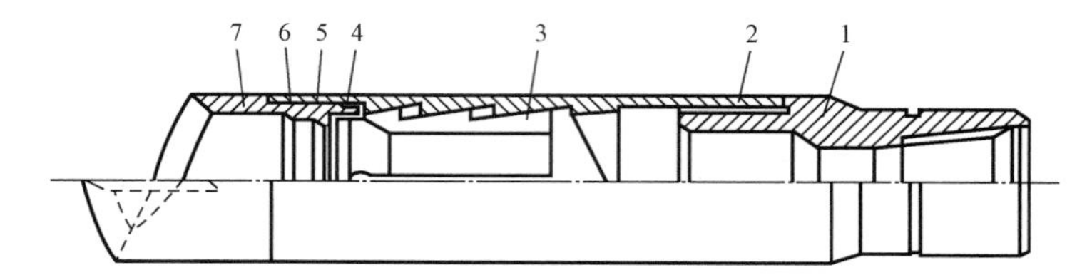

图 6－38　篮式卡瓦打捞筒结构示意图

1—上接头；2—筒体总成；3—密封圈；4—挡圈；5—螺旋卡瓦；6—控制环；7—引鞋

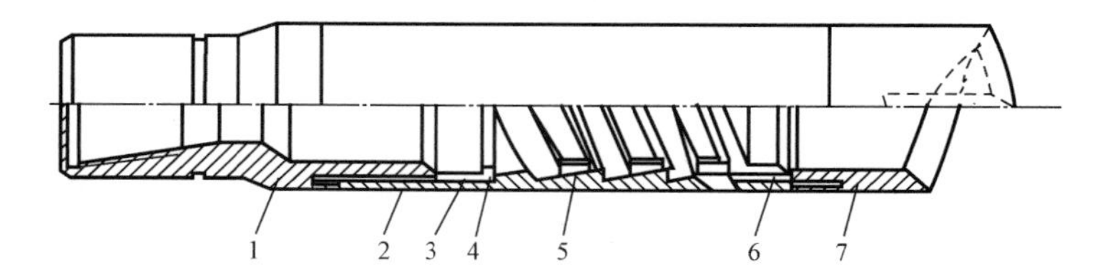

图 6－39　螺旋式卡瓦打捞筒结构示意图

1—上接头；2—筒体总成；3—密封圈；4—挡圈；5—螺旋卡瓦；6—控制环；7—引鞋

表 6－46　B 系列可退式打捞筒技术规范

序号	规格型号	外型尺寸（直径×长度）mm×mm	扣型	打捞尺寸 mm	许用提拉负荷 kN	适用套管尺寸 mm
1	LT－01TB	95×795	2A10	53～62	1200	114.30
2	LT－02TB	105×815	210	63～79	1200	127.00
3	LT－03TB	114×846	210	81～90	1000	139.70　146.05
4	LT－04TB	134×875	310	93～105	1460	168.28
5	LT－05TB	145×900	310	106～119	1410	168.28　177.80
6	LT－06TB	160×900	410	120～134	1530	193.68
7	LT－07TB	185×950	410	139～156	2130	219.08

表 6-47 A 系列可退式打捞筒技术规范

序号	规格型号	外型尺寸(直径×长度) mm×mm	扣型	打捞尺寸,mm		许用提拉负荷,kN		适用套管尺寸 mm
				不带台肩	带台肩	不带台肩	带台肩	
1	LT-01TA	95×795	2A10	47~49.3	52.2~55.7	100	620	114.30
2	LT-02TA	105×875	210	59.7~61.3	63~65 65.4~68	850	600	127.00
3	LT-03TA	114×846	210	72~74.5	77~79	900	450	139.70 146.05
4	LT-04TA	134×875	310	88~91	92~94.5 94.5~97.3	1300	928	168.28
5	LT-05TA	145×900	310	101~104	104~106 106.5~108.5	1330	950	168.28 177.80
6	LT-06TA	160×900	410	113~115	116~119	1300	928	193.68
7	LT-07TA	185×950	410	126~129 139~142	145~148	1800	1280	219.08

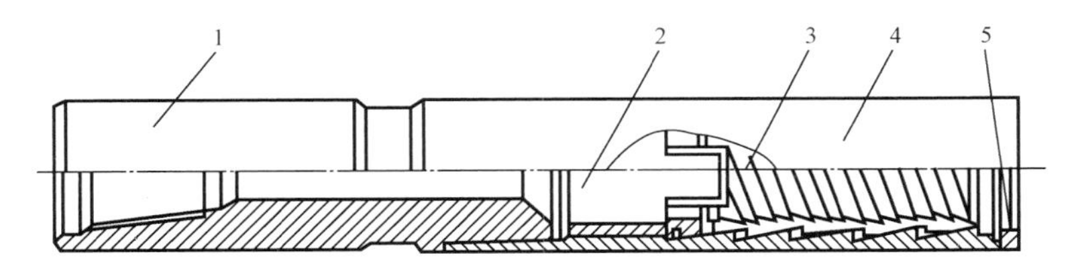

图 6-40 短鱼头打捞筒结构示意图

1—上接头;2—控制环;3—篮式卡瓦;4—筒体;5—引鞋

表 6-48 短鱼头打捞筒主要技术参数表

规格型号	外型尺寸(直径×长度) mm×mm	扣型	打捞尺寸 mm	许用提拉负荷 kN	适用套管尺寸 mm
LT-01DJ	95×540	2A10	47~49.3	100	114.30
LT-02DJ	105×540	210	59.7~61.3	850	127.00
LT-03DJ	114×560	210	72~74.5	900	139.70~146.05
LT-04DJ	134×580	310	88~91	1300	168.28
LT-05DJ	145×580	310	101~104	1330	168.28~177.80
LT-06DJ	160×600	410	113~115	1300	193.68
LT-07DJ	185×600	410	126~129 139~142	1800	219.08

(9)弯鱼头打捞筒。

弯鱼头打捞筒是从管柱外部进行打捞的一种不可退式工具,主要用于在套管内打捞由于单吊环或其他原因造成弯扁形鱼头的落井管柱,其特点是在不用修整鱼顶的情况下可直接进行打捞。其主要结构见图 6－41，主要技术参数见表 6－49。

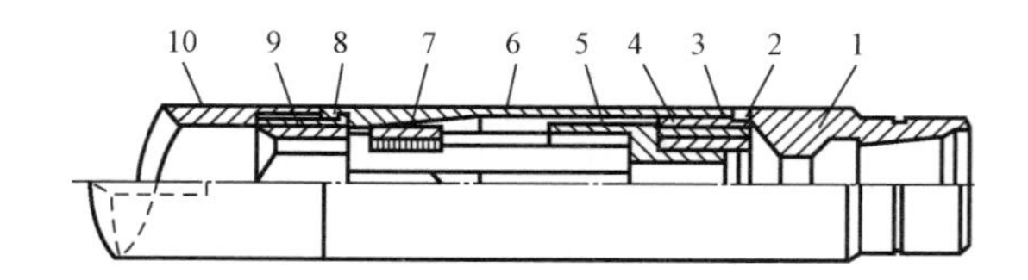

图 6－41　弯鱼头打捞筒主要结构示意图

1—上接头；2—顶丝；3—花键套；4—座键；5—筒体；6—卡瓦座；7—卡瓦；8—腰形套；9—键；10—引鞋

表 6－49　弯鱼头打捞筒打捞规格

序号	规格型号	打捞尺寸，mm	鱼头最大长轴尺寸，mm	许用拉力，kN
1	WYLT－48	48.3	63	200
2	WYLT－60	60.3	81	300
3	WYLT－73	73	100	400
4	WYLT－89	88.9	116	450

（10）母锥。

主要结构见图 6－42，主要技术参数见表 6－50。

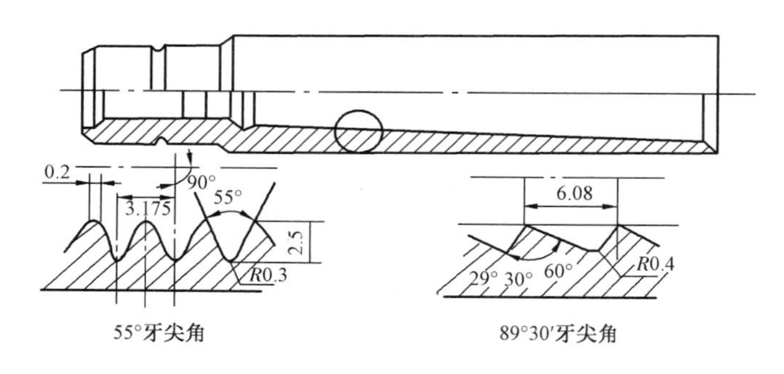

图 6－42　母锥结构示意图（单位：mm）

表 6－50　母锥技术规范表

规格型号	接头螺纹	外型尺寸，mm	使用规范及主要参数
MZ/Z50	50 钻杆扣	68×260	打捞 ϕ73mm 油管，ϕ50.8mm 钻杆
MZ/NC26－1	2A10	86×295	打捞 ϕ73mm 油管，ϕ50.8mm 钻杆
MZ/NC26－2	2A10	95×280	打捞 ϕ73mm 油管，ϕ60.3mm 钻杆
MZ/NC26－3	2A10	95×340	打捞 ϕ73mm 油管，ϕ62.3mm 钻杆，ϕ60.3mm 油管接箍
MZ/NC31－1	210	114×350	打捞 ϕ73mm 油管，ϕ62.3mm 钻杆，ϕ60.3mm 油管接箍
MZ/NC31－2	210	114×390	打捞 ϕ73mm 油管，ϕ73mm 钻杆加厚部分
MZ/NC31－3	210	115×440	打捞 ϕ73mm 外加厚油管接箍，ϕ88.9mm 油管，ϕ101.40mm 钻杆
MZ/NC38－1	310	135×480	打捞 ϕ88.9mm 油管及加厚部分

续表

规格型号	接头螺纹	外型尺寸,mm	使用规范及主要参数
MZ/NC38 -2	310	146×670	打捞直径 90mm
MZ/NC50	410	180×750	打捞直径 127mm
MZ/4½FH	420	168×700	打捞直径 114mm
MZ/5½FH	520	194×750	打捞直径 141mm
ME/6⅝FH	620	219×730	打捞直径 168mm

(11)开窗捞筒。

开窗打捞筒是一种用来打捞具有卡取台阶或凹槽的管、杆柱落物的工具,如油管短节、筛管、测井仪器、加重杆等。主要结构见图6-43,主要技术参数见表6-51。

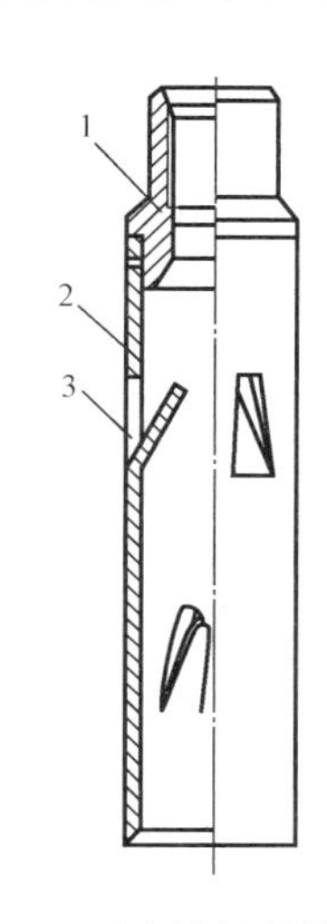

图6-43　开窗捞筒结构示意图

1—上接头;2—筒体;3—窗舌

2)小件落物打捞

小件落物打捞是指打捞螺栓、钢球、钳牙、牙轮、撬杠等小件落物,其钻具组合为钻杆(油管)+打捞工具。井下小件落物常用打捞工具适用范围见表6-52。

(1)磁力打捞器。

强磁打捞器是用来在打捞掉入井里的钻头巴掌、牙轮、轴、卡瓦牙、钳牙、手锤及油、套管碎片等小件铁磁性落物的工具。磁力打捞器分为正循环和反循环两类,主要结构见图6-44和图6-45。主要技术参数见表6-53。

表6-51　开窗捞筒主要技术参数表

规格型号	工具外径 mm	接头螺纹	使用规范及性能参数			
			接箍尺寸,mm	窗口排数	窗舌数	套管外径,mm
KLT92 -1	92	2A10	38,42,46,55	2	6	114.30
KLT114 -1	114	210	38,42,46,55	2	6	139.72
KLT92 -1	92	2A10	73	2~3	6~12	114.30
KLT114	114	210	89.5	2~3	6~12	139.72
KLT140	140	210	107,121	3~4	9~16	168.28
KLT148	148	310	121,132	3~4	9~16	177.80

表6-52　井下小件落物常用打捞工具适用范围

工具名称	主要适用范围
磁力打捞器	可进入筒体内的铁磁落物
循环打捞器	体积很小或已成为碎屑的落物
抓捞类打捞工具	未成为碎屑的落物
测井仪器打捞器	测井仪器

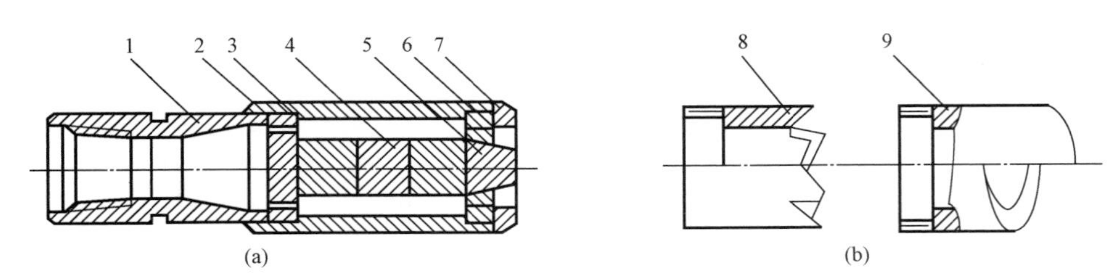

图 6－44　正循环磁力打捞器结构示意图

1—上接头;2—压盖;3—壳体,4—磁钢;5—芯铁;6—隔磁套;7—平鞋;8—铣磨鞋;9—引鞋

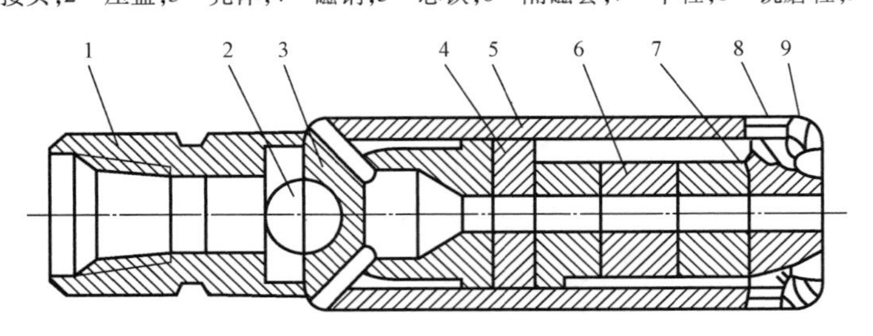

图 6－45　反循环磁力打捞器结构示意图

1—上接头;2—钢球;3—打捞杯,4—压盖;5—壳体;6—磁钢;

7—芯铁;8—隔磁套;9—引鞋

表 6－53　磁力打捞器主要技术参数表

规格型号	外径 mm	接头 螺纹	使用规范及性能参数			
			吸力,N		适应温度 ℃	适用井孔 mm
			A	B		
CL(F)86	86	2A10	3500	1000	≤210	95～108
CL(F)100	100	210	5500	1700		108～137
CL(F)125	125	310	9500	2200		137～149
CL(F)140	140	310	11000	4000		149～184
CL(F)175	175	410	18000	5000		184～216
CL(F)196	196		21000	6200		203～220
CL(F)200	200		23000	6800		216～241
CL(F)225	225	630	28000	9800		241～279
CL(F)265	265		38000	13000		279～311
CL(F)290	290		42000	14000		311～375

(2)反循环打捞篮。

反循环打捞篮是专门用以打捞诸如钢球、钳牙、炮弹垫子、井口螺母、胶皮碎片等井下小落物的一种工具。其主要结构见图 6－46,主要技术参数见表 6－54。

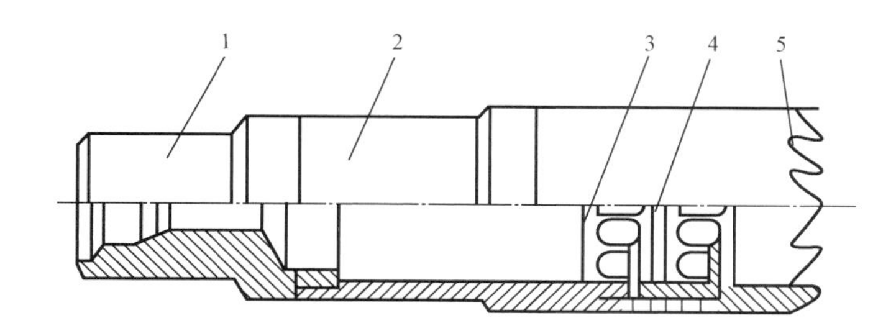

图 6 –46 反循环打捞篮结构示意图

1—上接头;2—筒体;3—篮筐总成;4—隔套;5—引鞋

表 6 –54 反循环打捞篮主要技术参数表

型号	工具尺寸,mm	接头扣代号	使用规范及性能参数	
			落物最大直径,mm	套管尺寸,mm
FLL01	90 ×940	2A10	55	114. 30
FLL02	100 ×1150	230	65	127. 00
FLL03	110 ×1153	210	75	139. 70
FLL04	115 ×1153	210	80	146. 05
FLL05	140 ×1155	310	105	168. 28
FLL06	147 ×1161	310	110	177. 80

(3)局部反循环打捞篮。

主要结构见图 6 –47,主要技术参数见表 6 –55。

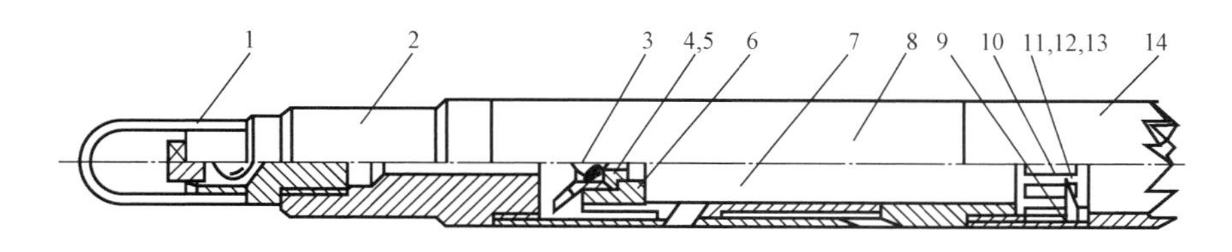

图 6 –47 局部反循环打捞篮结构示意图

1—提升接头;2—上接头;3—钢球;4—阀罩;5—阀座;6—阀闸;
7—内筒;8—外筒;9—外套;10—筒体;11—捞爪;
12—轴销;13—弹簧;14—引鞋

表 6 –55 局部反循环打捞篮主要技术参数表

规格	DL01 –00	DL02 –00	DL03 –00	DL04 –00	DL05 –00	DL06 –00
套管直径,mm	114. 30	127. 00	139. 70	146. 05	168. 28	177. 80
打捞落物的最大直径,mm	52	64	74	79	99	104
工具尺寸 $D \times L$,mm	88 ×940	100 ×1050	110 ×1153	115 ×1155	135 ×1155	140 ×1161
接头扣型	2A10	230	210	210	310	310

(4)LB 型打捞杯。

LB 型打捞杯是用来捞取修井过程中修井液循环无法带出的较重的钻屑或金属碎屑的一种实用有效的打捞工具。其主要结构见图 6-48,主要技术参数见表 6-56。

表 6-56 LB 型打捞杯技术参数

型号	最大外径 mm	水眼尺寸 mm	接头螺纹	总长,mm			使用井孔,mm
				标准型(S 型)	长型(L 型)	超长型(EX 型)	
LB94	94	19	2A11×2A10	737	1092	1359	108~118.6
LB102	102	32	231×230	749	1118	1327	118.6~124
LB114	114	38	211×210	775	1143	1397	130~149
LB127	127	38	311×310	775	1143	1397	152.4~162
LB140	140	38	311×310	775	1143	1397	165~190.5
LB168	168	57	4A11×4A10	800	1168	1422	190.5~216
LB178	178	57	411×410	800	1168	1422	219~244.5
LB190	190	57	411×410	838	1168	1422	229~273
LB197	197	70	411×410	838	1168	1422	235~279.5
LB219	219	89	631×630	838	1219	1473	244.5~295
LB229	229	70	631×630	838	1219	1473	254~305
LB245	245	89	631×630	838	1219	1473	292~330
LB280	280	89	631×630	914	1270	1524	327~375
LB327	327	102	631×630	914	1270	1524	375~444.5
LB340	340	102	631×630	914	1270	1524	386~456

(5)一把抓。

一把抓是专门用于打捞井底不规则的小件落物,如钢球、阀座、螺栓、螺母、刮蜡片、钳牙、扳手、胶皮等。其主要结构见图 6-49,主要技术参数见表 6-57。

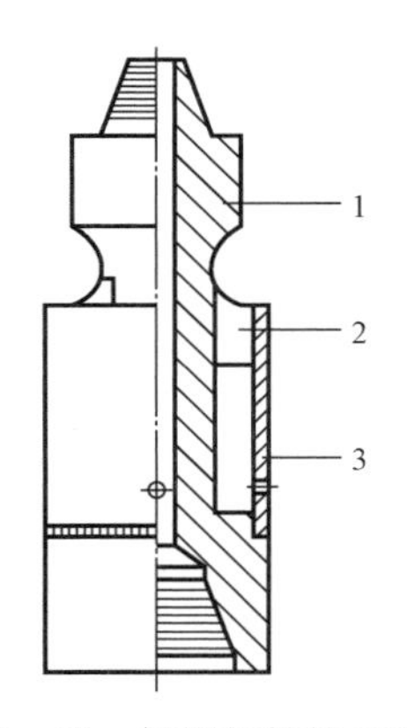

图 6-48 打捞杯结构示意图

1—芯轴;2—扶正块;3—杯体

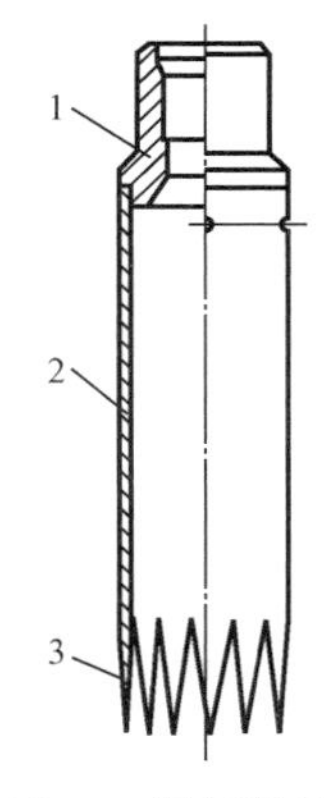

图 6-49 一把抓结构示意图

1—上接头;2—本体;3—抓齿

表 6－57　一把抓技术规范

适用套管尺寸，mm	114.3	127	139.7	146.05	168.28	177.8	193.68	219.08	244.5
工具外径，mm	95	89～108	108～114	114～130	120～140	146～152	146～168	180～194	203～219
齿数	6	6～8	6～8	6～8	8～10	8～10	10～12	10～12	10～16

3）绳类落物打捞

绳类落物主要有录井钢丝和电缆，常用钻具组合为钻杆（油管）＋打捞工具。见表 6－58。

表 6－58　绳类落物常用打捞工具

工具名称	主要适用范围
活动外钩	在套管内呈自由状态和挤压成团状的绳类落物
死外钩	在套管内呈自由状态，受较轻打捞挤压的绳类落物
壁钩	在套管内自由落井的居中较多的绳类落物
老虎嘴	在套管内松散自由状的绳类落物
内钩	套管内较松散且靠套管内壁的绳类落物
外钩	套管内较松散的绳类落物
油管接箍母锥	在套管内径多次打捞后被压实的绳类落物
套铣筒	经多次打捞，用母锥打捞无效后压实的绳类落物

（1）老虎嘴。

老虎嘴是一种由内、外捞钩结合的变种工具，可以打捞井下各种悬浮物和碎块胶皮、密封圈、电缆、刮蜡片和其他短节、接箍等落物。其主要结构见图 6－50，主要技术参数见表 6－59。

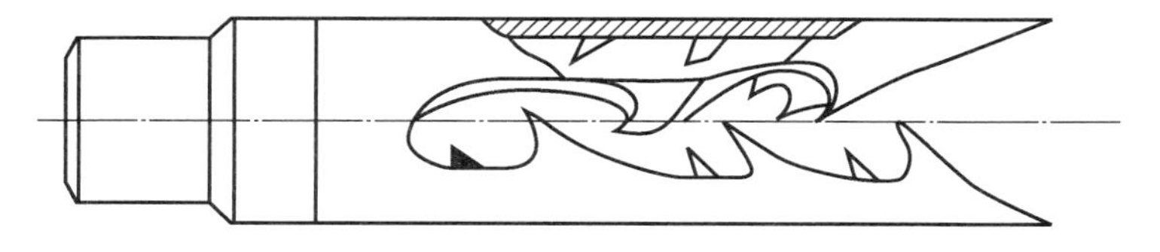

图 6－50　老虎嘴结构示意图

表 6－59　老虎嘴主要技术参数表

规格型号	外型尺寸（直径×长度）mm×mm	接头代号	使用规范及性能参数	
			嘴腔数	虎牙对数
HZ92	92×650	2A10	2	2
HZ100	100×650	230	2	2
HZ114	114×700	210	3	3
HZ140	140×750	310	3	3
HZ148	148×800	410	4	4

(2)钩类打捞工具。

钩类打捞工具可分为内钩、外钩、组合钩和活动齿外钩4类,主要结构见图6-51,主要技术参数见表6-60。

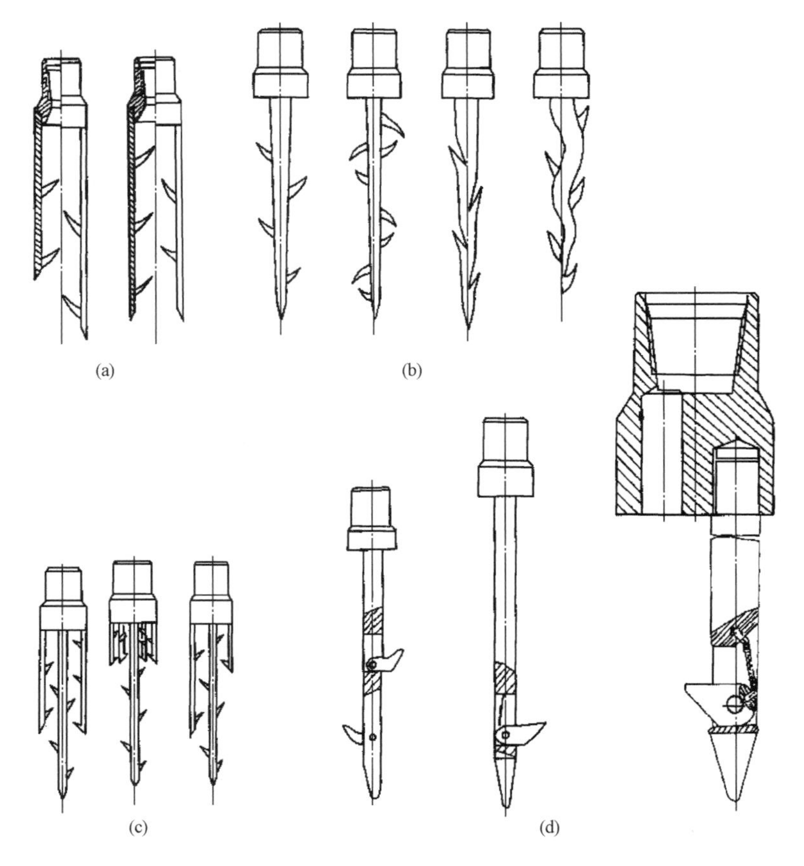

图6-51 钩类打捞工具结构示意图

(a)内钩;(b)外钩;(c)组合钩;(d)活动齿外钩

表6-60 钩类打捞工具主要技术参数表

公称尺寸,mm	60.3	73	88.9	114.3	139.7	152.4	177.8	203.2	244.5
工具外径,mm	46	58	70	95	114	136	150	180	210
长度,mm	400	450	450	500	500	600	700	800	900

4)水平井打捞

水平井在水平段打捞的技术关键就是要解决整个管柱在提负荷时力的传导问题。由于造斜段和稳斜段的斜度较大,整个管柱的负荷将有相当的部分在这两段被消耗,既增加了作业难度,又提高了打捞的风险。为解决此类难题,采用井下增力器配合可退式捞矛来打捞井下落物。其管柱结构见图6-52,液压式井下增力器结构示意图见图6-53,液压式井下增力器主要技术参数见表6-61。

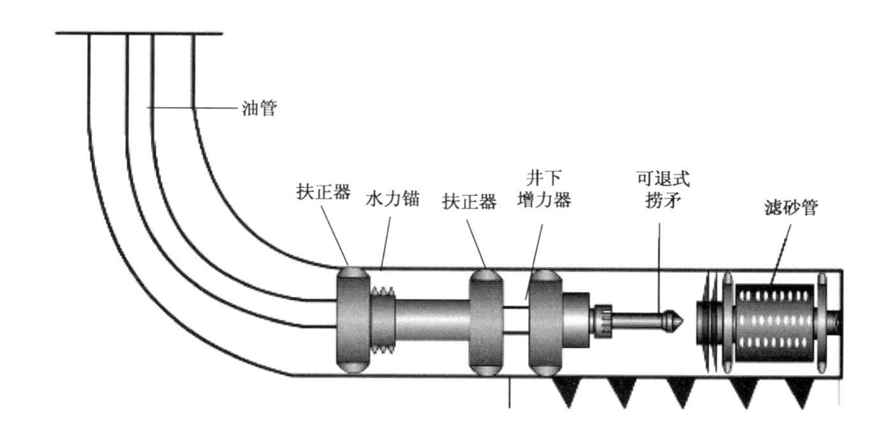

图 6－52　井下增力器打捞管柱结构示意图

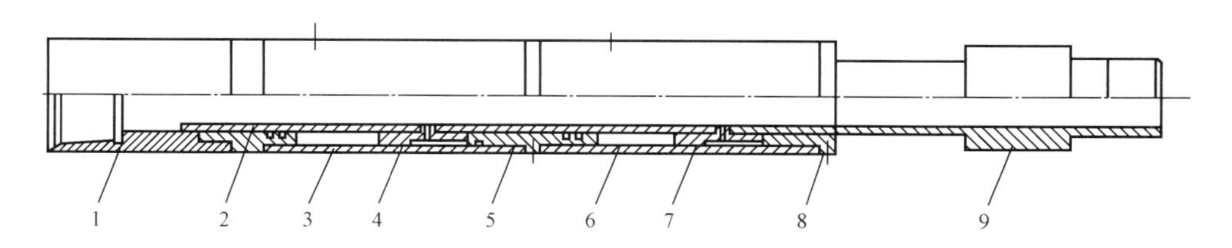

图 6－53　液压式井下增力器结构示意图

1—上接头；2—中心管；3—上外套；4—一级活塞；5—连接套；
6—下外套；7—二级活塞；8—承托套；9—下接头

表 6－61　液压式井下增力器主要技术参数表

<table>
<tr><td rowspan="2">技术参数</td><td colspan="2">最大外径，mm</td><td>长度，mm</td><td colspan="2">最大工作压力，MPa</td><td>工作介质</td><td>液缸行程，mm</td><td>最大拉力，kN</td></tr>
<tr><td colspan="2">130</td><td>6000</td><td colspan="2">25</td><td>水</td><td>500</td><td>575</td></tr>
<tr><td rowspan="2">压力与拉力的换算</td><td>压力，MPa</td><td>12</td><td>14</td><td>16</td><td>18</td><td>20</td><td>22</td><td>25</td></tr>
<tr><td>拉力，MPa</td><td>276</td><td>322</td><td>368</td><td>414</td><td>460</td><td>506</td><td>575</td></tr>
</table>

5. 钻磨套铣工艺

利用钻头、磨鞋、铣锥或套铣筒等工具解除井下复杂状况的作业过程称为钻磨套铣作业。除了工具和工艺参数不同其工艺与常规钻井作业一样。

1）钻水泥塞、桥塞

钻具组合通常为钻杆＋钻铤＋钻头。

（1）刮刀钻头。

刮刀钻头分为鱼尾刮刀钻和三刮刀钻头。刮刀钻头头部增加一段尖部领眼，称其为领眼钻头。尖部领眼的重要作用之一是使钻头沿原孔眼刮削钻进。主要结构见图 6－54 ~ 图 6－56，主要技术参数见表 6－62。

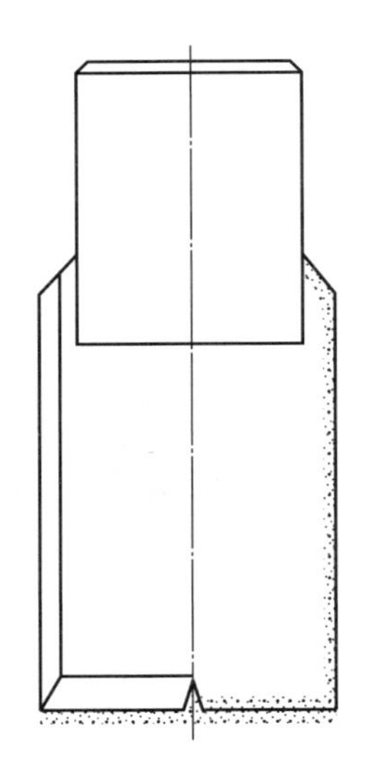

图 6－54　鱼尾刮刀钻头

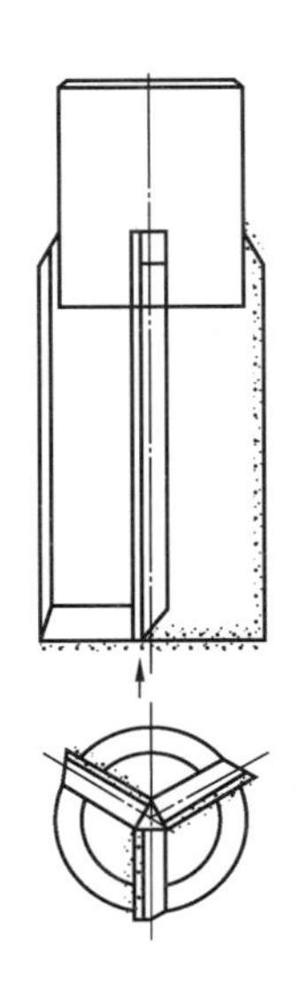

图 6－55　三刮刀钻头

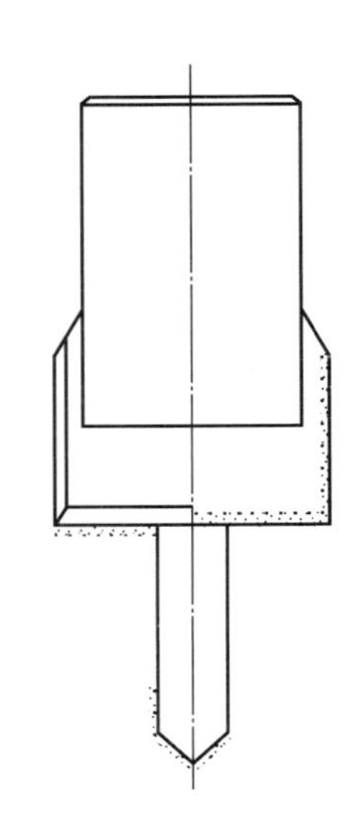

图 6－56　领眼刮刀钻头

表 6－62　刮刀钻头主要技术参数表

套管规范，mm	114.30	127.00	139.72	146.05	168.28	177.80
外径，mm	92～95	105～107	114～118	119～128	136～148	146～158
总长，mm	300	350	350	350	380	400
接头螺纹	2A10	210	210	210	310	310

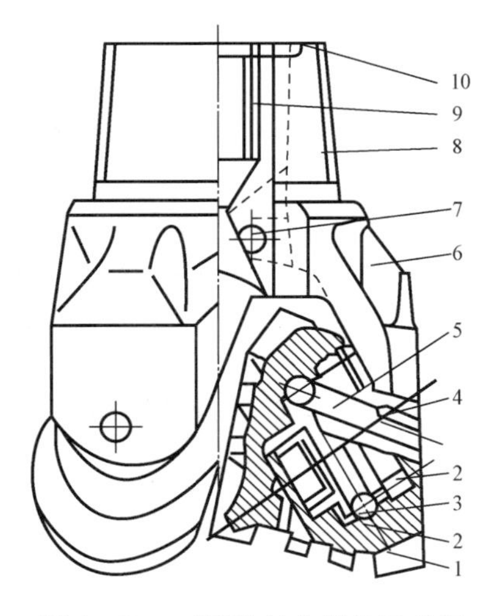

图 6－57　三牙轮钻头结构示意图
1—牙轮；2—滚柱；3—滚珠；4、7—销钉；
5—堵销；6—牙掌；8—连接螺纹；
9—焊缝；10—标记端面

（2）三牙轮钻头。

三牙轮钻头是用以钻井、钻水泥塞、砂桥和各种矿物结晶的工具。一般分为铣齿式和镶齿式。其结构见图 6－57～图 6－59，三牙轮钻头系列特征代号见表 6－63，三牙轮钻头型式代号见表 6－64，三牙轮钻头直径系列见表 6－65。

（3）PDC 钻头。

基本特点是切削刃锋利耐磨，钻头无轴承，一般分为钢体式和胎体式钻头（图 6－60 和图 6－61），IADC 编码标准见表 6－66，根据岩石强度选择 PDC 钻头见表 6－67。

2）磨井下坚硬落物

磨鞋主要用于磨铣落物、管柱及多鱼头落鱼。依其用途或外形分为平底磨鞋、凹底磨鞋、领眼磨鞋、梨形磨鞋和柱形磨鞋等。主要结构见图 6－62～图 6－66，主要技术参数见表 6－68。

图 6－58　铣齿三牙轮钻头

图 6－59　镶齿三牙轮钻头

表 6－63　三牙轮钻头系列特征代号

代号	类别	系列全名	
		全称	简称
Y	钢齿钻头	普通三牙轮钻头	普通钻头
P		喷射式三牙轮钻头	喷射式钻头
MP		液动密封轴承喷射式三牙轮钻头	密封喷射钻头
H		滑动密封轴承三牙轮钻头	滑动轴承钻头
HP		滑动密封轴承喷射式三牙轮钻头	滑动喷射钻头
XMP	镶齿钻头	镶硬质合金齿滚动密封喷射式三牙轮钻头	镶齿密封喷射钻头
XH		镶硬质合金齿滑动密封轴承三牙轮钻头	镶齿滑动钻头
XHP		镶硬质合金齿滑动密封喷射式三牙轮钻头	镶齿滑动喷射钻头

表 6－64　三牙轮钻头型式代号

岩性	极软	软	中软	中	中硬	硬	极硬
型式代号	1	2	3	4	5	6	7
标志颜色	乳白	黄	浅蓝	灰	黑绿	红	褐

表 6－65　三牙轮钻头直径系列

钻头直径			连接螺纹	台阶倒角直径	
基本尺寸 mm	尺寸代号	极限偏差 mm	旋转台阶式外螺纹 规格和型式	基本尺寸 mm	极限偏差 mm
95.2～114.3	$3\frac{3}{4}$～$4\frac{1}{2}$	$^{+0.80}_{0}$	$2\frac{3}{8}$ REG	78.18	±0.40
117.4～127	$4\frac{5}{8}$～5		$2\frac{7}{8}$ REG	92.47	
130.2～187.3	$5\frac{1}{8}$～$7\frac{3}{8}$		$3\frac{1}{2}$ REG	105.17	

图 6－60　钢体式 PDC 钻头

图 6－61　胎体式 PDC 钻头

表 6－66　PDC 钻头 IADC 编码标准

钻头体材料		代号/布齿密度/当量齿数	PDC 齿直径代号		PDC 钻头冠部形状高度代号			
胎体	钢体		分级代号	尺寸，mm	鱼尾形	短（<58mm）	中（58～114mm）	长（>114mm）
M	S	1/稀/≤30	1	>24	1	2	3	4
			2	14～24				
			3	<14				
			4	≤8				
		2/中/30<齿数≤40	1	>24				
			2	14～24				
			3	<14				
			4	≤8				
		3/密/40<齿数≤50	1	>24				
			2	14～24				
			3	<14				
			4	≤8				
		4/高密/>50	1	>24				
			2	14～24				
			3	<14				
			4	≤8				

表 6－67　利用岩石强度选择 PDC 钻头表

抗压强度 MPa	地层强度		PDC 钻头 选型	刀翼数量	切削齿尺寸 mm
	类别	级别			
<28	极软	1～2	M/S112—M/S222	≤5	≥19
28～56	软	3	M/S122—M/S223	4～5	19
56～84	软～中硬	4	M/S223—M/S323	5～6	16，19

续表

抗压强度 MPa	地层强度		PDC 钻头 选型	刀翼数量	切削齿尺寸 mm
	类别	级别			
84～112	中硬～硬	5	M/S323—M/S433	6～7	13
112～147	硬	6	M/S433—M/S444	≥8	8,13
＞147	极硬	7 级以上	牙轮钻头或巴拉斯钻头或孕镶钻头		

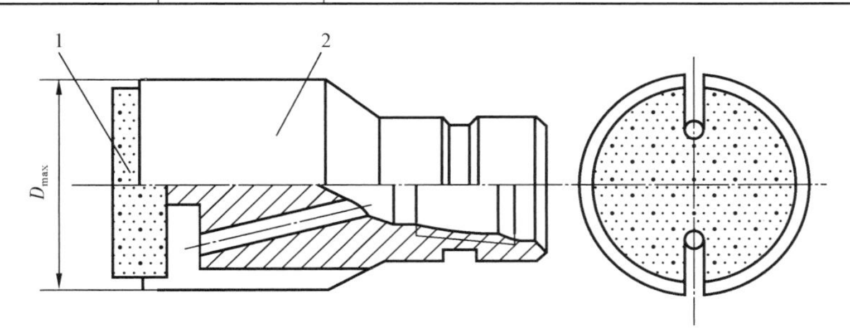

图 6－62　平底磨鞋结构示意图

1—碳化钨材料；2—本体

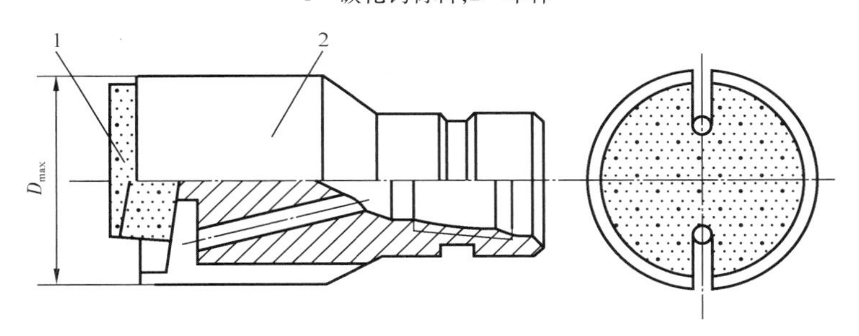

图 6－63　凹底磨鞋结构示意图

1—碳化钨材料；2—本体

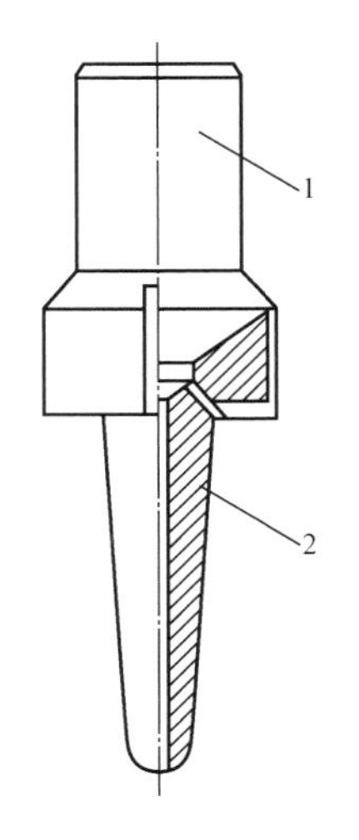

图 6－64　领眼磨鞋结构示意图

1—磨鞋体；2—领眼锥体

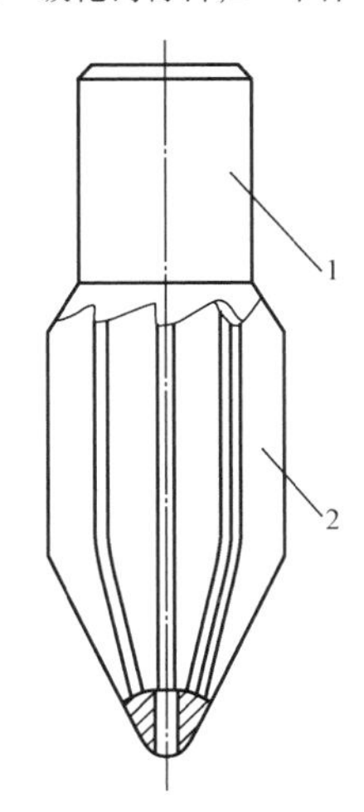

图 6－65　梨形磨鞋结构示意图

1—磨鞋本体；2—YD 合金

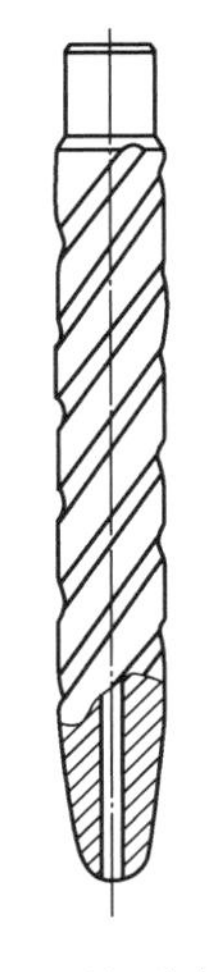

图 6－66　柱形磨鞋结构示意图

表 6－68　磨鞋主要技术参数表

规格型号	接头螺纹	钻铤规格 mm	随钻打捞杯规格 mm	钻杆规格 mm	钻压 kN	转速 r/min
MX－GF95	2A10	88.9	92.1	60.32	10～25	45
MX－GF105	2A10	88.9	101.6	60.32	15～30	50
MX－GF118	210	104.78	114.3	73	20～40	65
MX－GF150	310	120.65	139.7	88.9	30～50	80
MX－GF200	410	158.75	193.7	127.0	15～30	70
MX－GF300	630	203.20	273	127(139.7)	35～50	70

3)铣套管或坚硬鱼头

铣鞋可以分为内齿铣鞋、外齿铣鞋、裙边铣鞋和套铣鞋等多种。其中套铣鞋中的 A 型、E 型、K 型和 L 型套铣鞋适用于套铣落鱼外部环空的岩屑、重晶石、水泥块；C 型、E 型、F 型、H 型和 J 型套铣鞋适用于修理鱼顶外部；B 型、D 型、E 型、F 型、G 型、I 型、J 型、M 型和 N 型套铣鞋适用于套铣金属落物和稳定器。主要结构见图 6－67～图 6－73，主要技术参数见表 6－69～表 6－71。

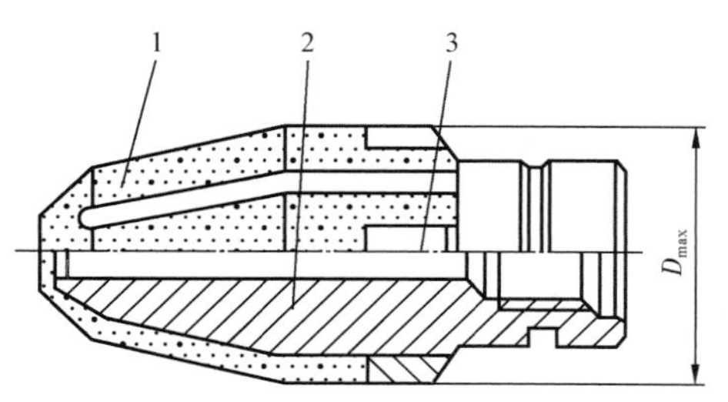

图 6－67　梨形铣鞋结构示意图

1—碳化钨材料；2—本体；3—扶正块

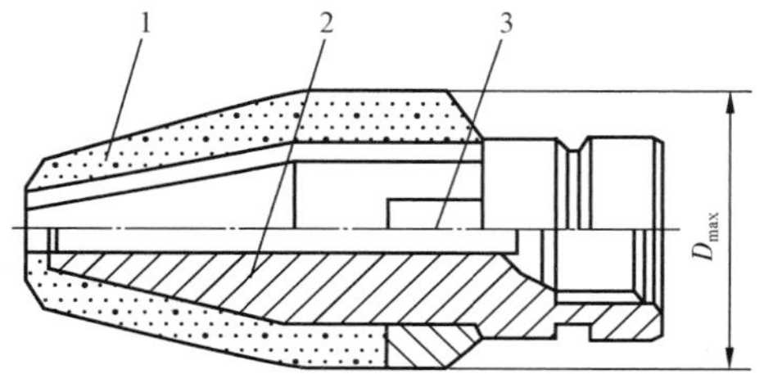

图 6－68　锥形铣鞋结构示意图

1—碳化钨材料；2—本体；3—扶正块

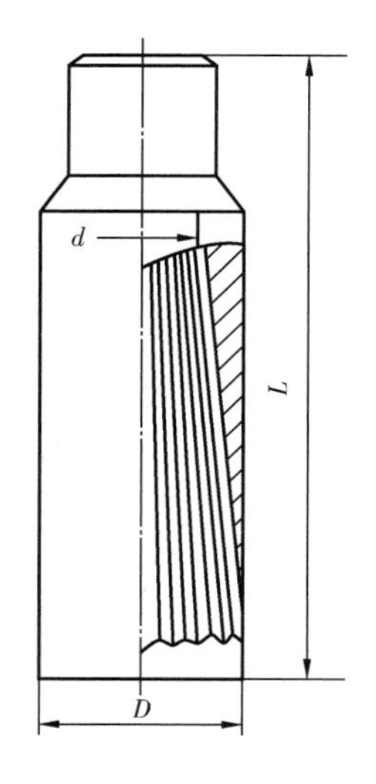

图 6－69　内齿铣鞋结构示意图

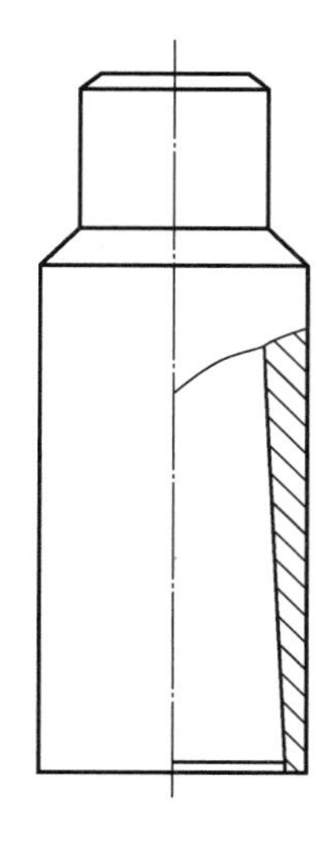
图 6－70　YD 合金焊接式内铣鞋结构示意图

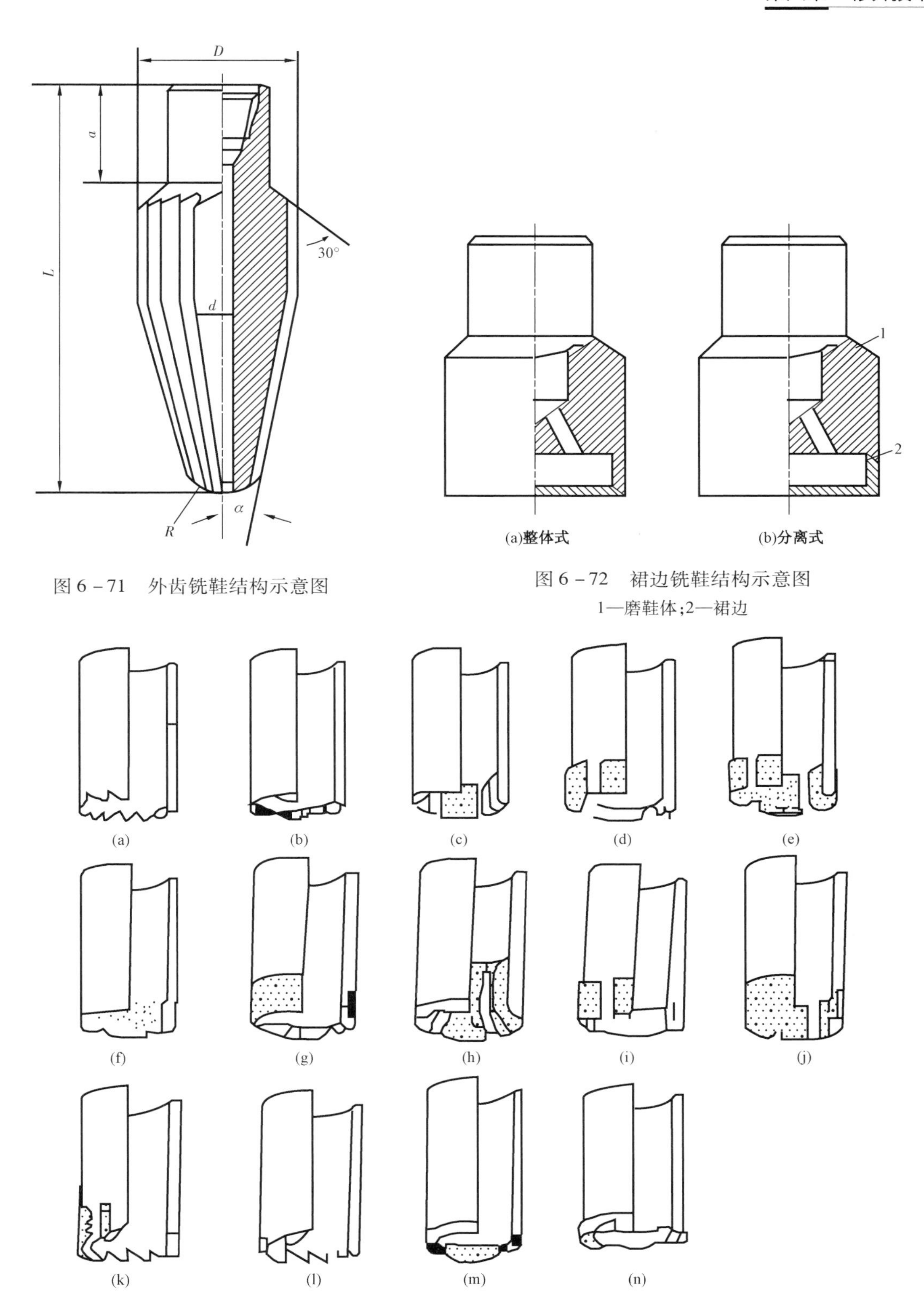

图6－71　外齿铣鞋结构示意图

图6－72　裙边铣鞋结构示意图
1—磨鞋体;2—裙边

图6－73　套铣鞋结构示意图

表 6－69 梨形铣鞋和锥形铣鞋主要技术参数表

<table>
<tr><th colspan="2">型号</th><th>最大外径,mm</th><th>接头螺纹代号</th><th>堆焊合金厚度,mm</th><th>水眼直径,mm</th></tr>
<tr><td>XZ90</td><td>XL90</td><td>90</td><td rowspan="5">NC26
$2\frac{3}{8}$IF</td><td rowspan="25">15</td><td rowspan="8">15</td></tr>
<tr><td>XZ92</td><td>XL92</td><td>92</td></tr>
<tr><td>XZ94</td><td>XL94</td><td>94</td></tr>
<tr><td>XZ96</td><td>XL96</td><td>96</td></tr>
<tr><td>XZ100</td><td>XL100</td><td>100</td></tr>
<tr><td>XZ102</td><td>XL102</td><td>102</td><td rowspan="3">$2\frac{7}{8}$REG</td></tr>
<tr><td>XZ104</td><td>XL104</td><td>104</td></tr>
<tr><td>XZ106</td><td>XL106</td><td>106</td></tr>
<tr><td>XZ108</td><td>XL108</td><td>108</td><td rowspan="14">NC31
$2\frac{7}{8}$IF
NC38
$3\frac{1}{2}$IF</td><td rowspan="7">25</td></tr>
<tr><td>XZ110</td><td>XL110</td><td>110</td></tr>
<tr><td>XZ112</td><td>XL112</td><td>112</td></tr>
<tr><td>XZ114</td><td>XL114</td><td>114</td></tr>
<tr><td>XZ116</td><td>XL116</td><td>116</td></tr>
<tr><td>XZ118</td><td>XL118</td><td>118</td></tr>
<tr><td>XZ120</td><td>XL120</td><td>120</td></tr>
<tr><td>XZ138</td><td>XL138</td><td>138</td><td rowspan="4">32</td></tr>
<tr><td>XZ140</td><td>XL140</td><td>140</td></tr>
<tr><td>XZ142</td><td>XL142</td><td>142</td></tr>
<tr><td>XZ144</td><td>XL144</td><td>144</td></tr>
<tr><td>XZ146</td><td>XL146</td><td>146</td><td rowspan="6">38</td></tr>
<tr><td>XZ148</td><td>XL148</td><td>148</td></tr>
<tr><td>XZ150</td><td>XL150</td><td>150</td></tr>
<tr><td>XZ152</td><td>XL152</td><td>152</td><td rowspan="3">NC38
$3\frac{1}{2}$IF
$3\frac{1}{2}$REG</td></tr>
<tr><td>XZ154</td><td>XL154</td><td>154</td></tr>
<tr><td>XZ156</td><td>XL156</td><td>156</td></tr>
</table>

注:水眼 1 个。

表 6－70 内齿铣鞋主要技术参数表

套管规范,in	D,mm	D,mm	L,mm	齿数	接头扣型
4	95	61	400	24	NC26
$5\frac{1}{2}$	114	73	500	26	NC31
$5\frac{3}{4}$	118	73	500	26	NC31
$6\frac{5}{8}$	136	89	425	30	NC31
7	152	114	450	30	NC38
$7\frac{5}{8}$	160	114	450	36	NC38
$8\frac{5}{8}$	185	141	550	44	NC40

表6－71 外齿铣鞋主要技术参数表

D,mm	d,mm	R,mm	a,mm	L,mm	α	齿数	接头螺纹
106	15	55			18°26′	14	2A10
110	15	59			18°28′	14	210
115	15	64			18°30′	15	210
118	15	67		380	18°33′	15	210
121	15	70			18°36′	16	210
123	20	72			18°37′	20	210
126	20	75			18°38′	20	210
128	20	76	100		18°40′	22	310
131	20	79			18°46′	22	310
134	20	82			18°48′	24	310
136	30	84			18°50′	24	310
140	30	88		430	18°53′	26	310
144	30	92			18°56′	26	310
146	30	94			18°58′	26	310
148	30	96			19°10′	26	310
150	30	98			19°30′	26	410

6. 套管整形工艺

使套管变形、错断井段的通径恢复或扩展到设计范围的作业。常用钻具组合为整形扩径工具＋安全接头＋配合接头＋钻铤＋钻杆，常用整形扩径工具包括梨形胀管器、长锥面胀管器、旋转震击整形器、偏心辊子整形器、三锥辊套管整形器。

1）胀管器冲胀整形

通过上提下放钻具，将管柱的重力和加速度产生的冲击力经由梨形胀管器工作面作用在套管变形部位，使套管逐渐恢复原始尺寸。常见胀管器分为梨形胀管器和长锥面胀管器，主要结构见图6－74和图6－75，主要技术参数见表6－72和表6－73。

表6－72 梨形胀管器主要技术参数表

规格型号	外形尺寸（直径×长度）mm×mm	接头螺纹	整形尺寸分段 mm	适用套管外径 mm	整形率 %
ZQ－114	D×250	NC26（2A10）	92，94，96，98，100	114.3	98～99
ZQ－127	D×300	NC31（210） 73mmREG	102，104，106，108， 110	127	98～99
ZQ－140	D×300	NC31（210）	114，116，118，120，122，124	139.7	98～99
ZQ－168	D×350	NC31（210） NC38（310）	140，142，144，146，148，150，152	168.28	98～99
ZQ－178	D×400	NC38（310）	154，156，158，160，162	177.8	98～99

表 6－73　长锥面胀管器主要技术参数表

型号	外形尺寸，mm	接头螺纹	整形尺寸分段，mm	适应套管，in
CZGQ127	$D\times1100$	210	102，104，106，108，110，112	5
CZGQ140	$D\times1100$	210	114，116，118，120，122，124	$5\frac{1}{2}$
CZGQ178	$D\times1200$	210	152，154，156，158，160，162	7

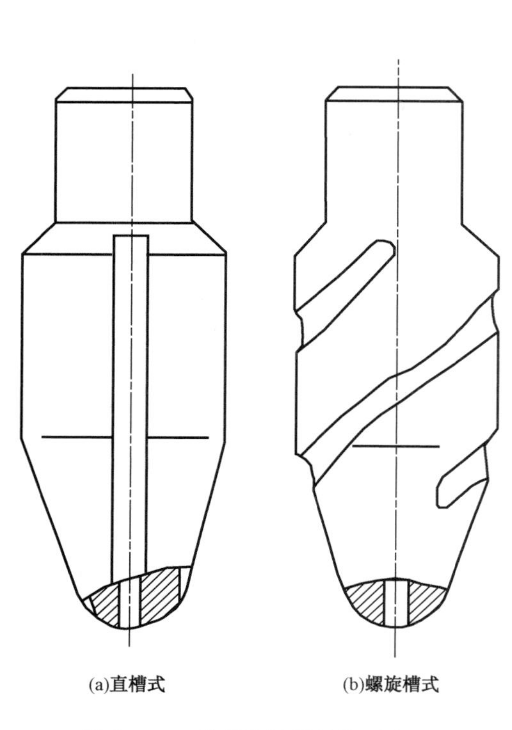

图 6－74　梨形胀管器结构示意图

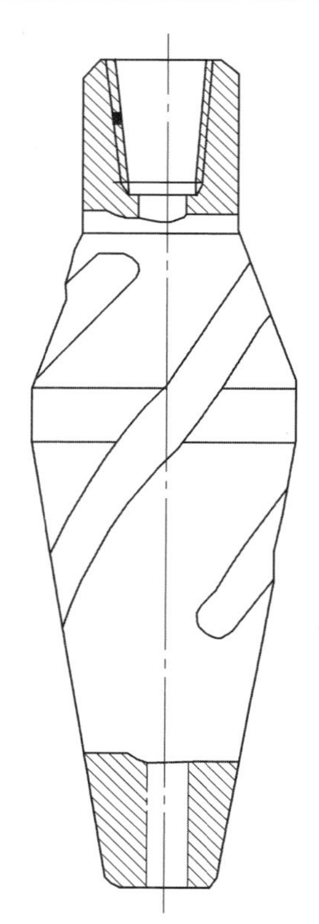

图 6－75　长锥面胀管器结构示意图

胀管器工作面与套管变形部位接触的瞬间所产生的侧向分力：

$$F=\frac{mgv^2}{4\tan\left(\frac{\alpha}{2}\right)} \tag{6-8}$$

式中　F——胀管器工作面与套管变形部位接触的瞬间所产生的侧向分力，kN；

m——钻柱质量，kg；

g——重力加速度，$g=9.8\text{m/s}^2$；

v——钻柱下放速度，m/s；

α——胀管器锥角，(°)。

2）旋转振击整形

通过钻柱旋转，锤体同整形头间的凸轮面产生相对运动，锤体带动钢球沿环形槽抬起，旋转一定角度后，凸轮曲面出现陡降，被抬起的锤体下降，砸在整形头上，给变形部位以挤胀力。

主要结构见图 6－76，主要技术参数见表 6－74。

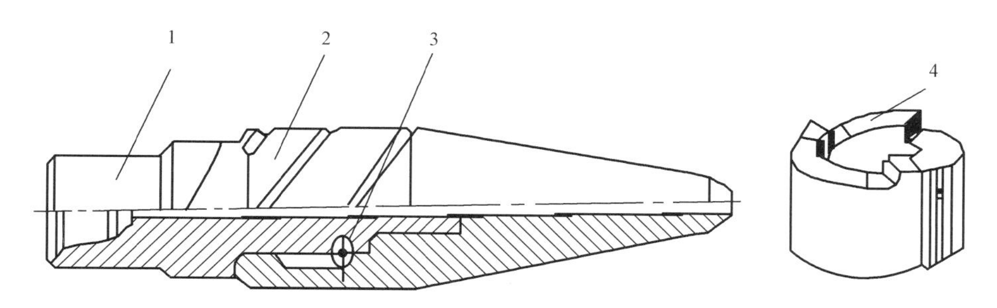

图 6－76 旋转震击式套管整形器结构示意图
1—锤体；2—整形头；3—钢球；4—整形头螺旋形曲面

表 6－74 旋转震击式整形器主要技术参数表

规格型号	接头螺纹	整形尺寸分段，mm
XZQ114	2A10	92，94，96，98，99，100
XZQ127	210	102，104，106，108，110，112
XZQ140	210	114，116，118，120，122，124
XZQ168	310	140，142，144，146，148，150，152
XZQ178	310	154，156，158，160

3）偏心辊子整形

通过钻柱旋转，上、下辊绕自身轴线做圆周运动，而中辊以辊子半径加偏心距为半径作圆周运动。这样就形成一组曲轴凸轮机构，以上、下辊为支点，中辊旋转挤压对套管变形点整形扩径。主要结构见图 6－77，主要技术参数见表 6－75。

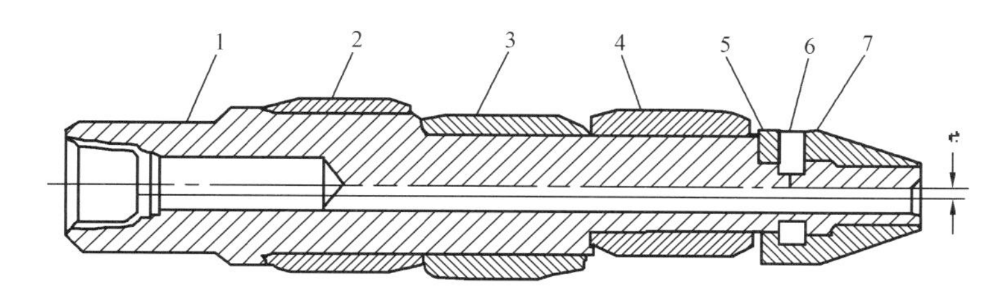

图 6－77 偏心辊子整形器结构示意图
1—偏心轴；2—上辊；3—中辊；4—下辊；5—锥辊；6—丝堵；7—钢球

表 6－75 偏心辊子整形器主要技术参数表

型号	整形范围 mm	最大整形量 mm	水眼直径 mm	整形率 %	接头螺纹代号	许用最大扭矩 N·m
ZX－P102	88.3～100.3	11	6	96	2⅜ TBG	3050
ZX－P114	96～103.9	11	13	96	NC26	3658
ZX－P140	105～126	13	16	96	2⅞ REG	5541
ZX－P168	123～145.5	15	25	96	3½ REG	7963

续表

型号	整形范围 mm	最大整形量 mm	水眼直径 mm	整形率 %	接头螺纹代号	许用最大扭矩 N·m
ZX－P178	138～164	16	25	96	3½ REG	7963
ZX－P194	158～176.5	16.5	32	96	4½ REG	10306
ZX－P219	166～190	16.5	32	96	4½ REG	10306
ZX－P245	214.8～228.2	16.5	33	96	4½ REG	19211

偏心棍子整形量的计算为：

$$\varepsilon = \frac{1}{2}(d_u + d_z) - d_d - (s + \lambda + \delta) \tag{6-9}$$

式中　ε——实际整形量，mm；

d_u——上辊直径，mm；

d_z——中辊直径，mm；

d_a——下辊直径，mm；

s——辊子与轴最大间隙，由测量工具测得，mm；

λ——辊子磨损值，由工具起出后实际测得，mm；

δ——套管经整形后本身的弹性恢复值，mm。

一般情况下，s，λ 和 δ 三者之和为 1～2.0mm，一般取 1.5mm 进行计算。

辊子尺寸特别是中辊尺寸选择非常重要，关系到工具下井的一次整形量问题，在上下辊尺寸确定后，根据变形井段套管的最大通径与确定的变形量来选择中辊尺寸，其尺寸为：

$$\varepsilon_c = \frac{1}{2}(d_u + d_z) + e - d_d \tag{6-10}$$

$$d_z = 2(\varepsilon - 0.5d_u - e + d_d) \tag{6-11}$$

式中　ε_c——次整形量，mm；

e——偏心距，测量得到，mm，一般为 6～8mm。

4）三锥辊套管整形器整形

在一定的转速和钻压下，锥辊随芯轴转动并绕销轴自转，对变形部位套管进行挤胀、碾压。随着钻柱的不断转动，变形部位套管不断被挤胀、碾压而逐渐恢复通径。主要结构见图 6－78，主要技术参数见表 6－76。

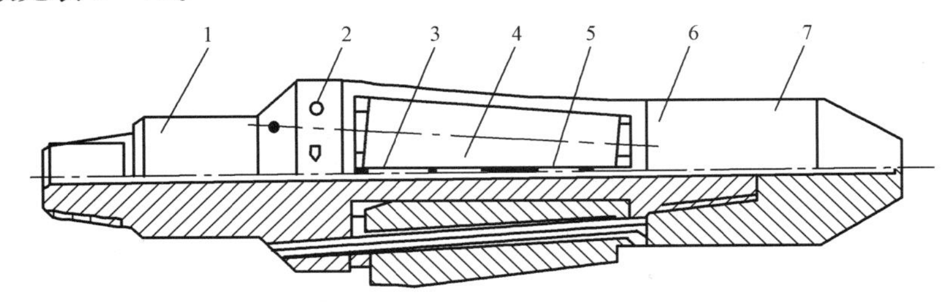

图 6－78　三锥辊整形器结构示意图

1—芯轴；2—锁定销；3—垫圈；4—锥辊；5—销轴；6—垫圈；7—引鞋

表6-76 三锥辊整形器主要技术参数表

规格型号	接头螺纹	使用规范及性能参数	
		整形尺寸分段,mm	适应套管,in
ZQ-Z114	2A10	92,94,96,98,100	4½
ZQ-Z127	210	102,104,106,108,110,112	5
ZQ-Z140	210	114,116,118,120,122	5½
ZQ-Z168	310	140,142,144,146,148,150,152	6⅝
ZQ-Z178	310	154,156,158,160	7

5)磨铣整形

在一定转速和钻压下,利用磨鞋、铣锥的硬质合金切削掉套管变形或错断部位通径小的部分,使套管畅通,达到整形扩径。

7. 套管加固、补接及补贴

1)套管加固

根据对整形扩径复位的套管加固后是否具有密封功能分为不密封加固和密封加固。密封加固根据动力源的不同又分为液压密封加固和燃气动力源密封加固。常用钻具组合为加固工具+安全接头+配合接头+钻铤+钻杆。

(1)不密封加固。

加固管上部连接丢手接头和加固器,投送管柱将加固管和加固器送至已扩径的套损井段后,投球打压,使加固器中的防掉防顶卡瓦张开,紧紧咬住套管内壁,同时,丢手接头在压力作用下脱开,与投送管柱一起起出,加固管及加固器则留在需加固的井段中,起到对套变点加固的作用。常用的加固器基本结构见图6-79,基本参数见表6-77。

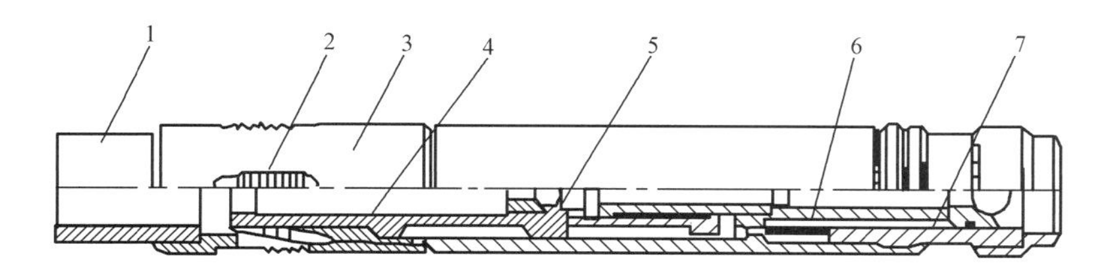

图6-79 不密封加固器结构示意图

1—加固管;2—卡瓦;3—卡瓦座,4—锥套;5—活塞;6—中心管;7—内套

表6-77 不密封式丢手加固器基本技术参数

适应套管 mm	最大外径 mm	最小通径 mm	丢手部分长度 mm	丢手压力 MPa	卡瓦张开压力 MPa	丢手拉力 kN	卡瓦悬挂力 kN	连接方式
139.7~146	114	80	970	15				73TBG
139.7~146	117	99	1015	17	4	2~4	200	73TBG

(2)液压密封加固。

地面泵车提供的压力通过加固器工具内的导压孔作用于活塞上,使活塞向上运动,缸体相对向下运动,推动上下胀头工作,将加固管两端的特制胀体挤贴到套管完好处,上提管柱剪断连接套,使管柱与加固管脱离,完成丢手,达到密封加固的目的。常用的加固器基本结构见图6-80,基本参数见表6-78。

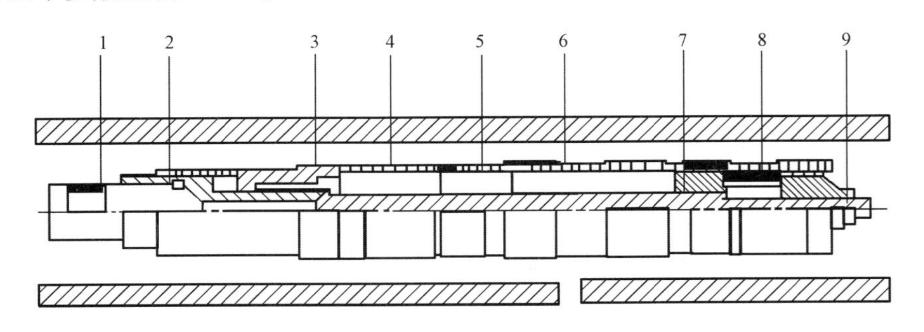

图6-80 液压密封加固器基本结构示意图

1—泄压器;2—动力坐封器;3—坐封套;4—锥套;5—金属锚;6—加固管;7—释放套;8—夹头;9—夹头体

表6-78 液压密封加固器基本参数表

最大外径 mm	长度 mm	许用最大坐封压力 MPa	加固管上下密封件承压 MPa	加固管上下密封件耐温 ℃	加固后内径与壁厚 mm×mm	加固长度 mm	加固后承压 MPa	连接方式
116	5000	18	15	≥150	100×7	≥3000	15	73TBG

(3)燃气动力加固。

利用气缸内的火药燃烧产生的高温高压气体做动力推动加固器端部锥体移动,使锚体扩径,实现锚体和套管过盈配合,达到完成密封加固,加固管本身内径不变。其加固器及焊接焊管的基本技术参数见表6-79、表6-80。

表6-79 爆炸坐封式密封加固器技术参数表

适应套管 mm	最大外径 mm	坐封工具外径 mm	最大加固长度 m	加固后内径 mm	加固管壁厚 mm	坐封拉力 mm	坐封工具长度 mm	坐封工具压力 MPa	加固后承压 MPa	
									内	外
127	119	88	25	100	7	330	3103	70	10~16	10~13

表6-80 燃爆焊接焊管技术参数表

内径 mm	壁厚 mm	长度 mm	径向延伸率 %	材质	排气发动机引爆方式	焊接爆炸引爆方式	焊接后直径 mm	焊后承压 MPa
100	7	所需	≥30	45#以下	撞击点火	下端定时	≥110	≥15

2）套管补接

（1）铅封注水泥套管补接器。

铅封注水泥套管补接器是更换井下损坏套管时，连接新旧套管，保持内通径不变，并起密封作用的一种补接工具。该工具除利用铅环压缩变形的一次密封之外，还可以注水泥进行二次密封，其主要结构见图6－81，主要技术参数见表6－81。

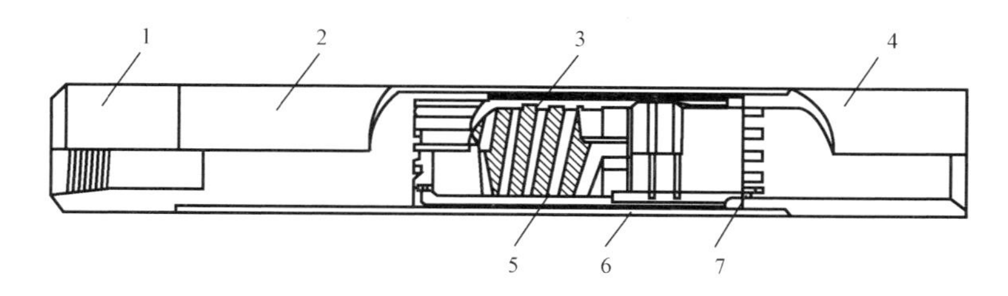

图6－81 铅封注水泥套管补接器结构示意图

1—上接头；2—壳体；3—卡瓦座；4—引鞋；5—卡瓦；6—水泥通道；7—铅环

表6－81 铅封注水泥套管补接器技术规范

规格型号	外型尺寸（外径×长度）mm×mm	接头螺纹	使用规范及性能参数		
			许用拉力 kN	压缩铅封负荷 kN	补接套管规格 mm（in）
BJ－Q114	165×1420	4½in 套管扣	610	80	114.3（4½）
BJ－Q127	175×1440	5in 套管扣	640	97	127（5）
BJ－Q140	189×1483	5½in 套管扣	590	100	139.7（5½）
BJ－Q146	197×1445	5¾in 套管扣	620	110	146（5¾）
BJ－Q168	219×1473	6⅝in 套管扣	650	130	168.3（6⅝）
BJ－Q178	232×1473	7in 套管扣	720	150	177.8（7）

（2）封隔器型套管补接器。

封隔器型套管补接器是取出井下损坏套管后，再下入新套管时的新旧套管连接器。其主要结构见图6－82，主要技术参数见表6－82。

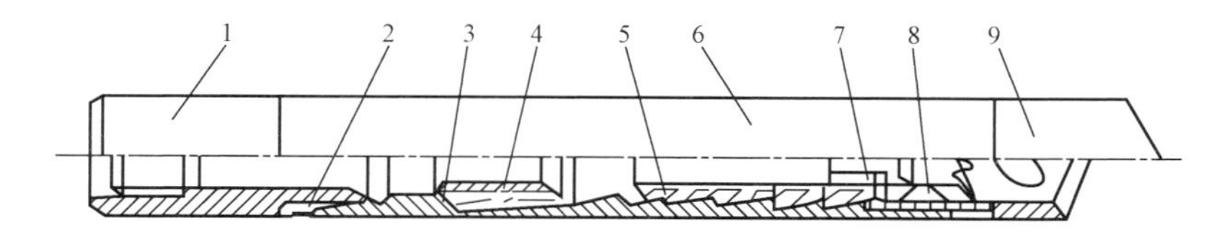

图6－82 封隔器型套管补接器结构示意图

1—上接头；2—铅封；3—保护套；4—密封圈；5—卡瓦；6—筒体；7—密封圈；8—铣控环；9—引鞋

表 6-82　封隔器型套管补接器主要技术参数表

规格型号	工具外径 mm	接头螺纹	使用规范及性能参数	
			许用最大拉力,kN	补接套管规格,mm
BJ-F114	146	4½in 套管扣	1281	114.30
BJ-F127	159	5in 套管扣	1281	127.00
BJ-F140	173	5½in 套管扣	1417	139.73
BJ-F146	179	5¾in 套管扣	1130	146.05
BJ-F168	202	6⅜in 套管扣	1130	168.28
BJ-F178	213	7in 套管扣	1243	177.8

3)套管补贴

将补贴管下至井下套管破损段,利用井下工具,将其胀开并紧贴原套管的作业成为套管补贴。常用的补贴管包括波纹管和膨胀管两种,其主要技术参数见表 6-83~表 6-85。常用套管补贴管柱结构示意图见图 6-83。

表 6-83　补贴用波纹管参数表

型号	适应套管外径 mm(in)	套管壁厚 mm	峰数 个	单位质量 kg/m	玻璃丝布质量 kg/m	钢板厚度 mm	波纹管外径 mm		波纹管内径 mm		成品长度 m
							基本尺寸	允许偏差	基本尺寸	允许偏差	
BWG8	139.7 (5½)	6	8	9.11	0.9~1.0	3	112	±0.37	77	+1.0 -0.4	5.2±0.1
		7									
		8		8.82			108.8		70.7		
	146 (5¾)	7		9.42			113.5		78.3		
		8		9.11			112		77		
BWG10	169 (6⅝)	9	10	10.75			137.1		95.2		

表 6-84　补贴后波纹管承压参数表

套管尺寸 mm(in)	波纹管总厚 mm	套管洞外径 mm	裂缝尺寸(长×宽) mm×mm	承受能力,MPa	
				内压	外压
139.7(5½)	3.2~3.3	<5.4	10×2.5	与原套管一致	13.4
		<50.8	20×4.3		7.65
169(6⅝)		<7.65		27.5	5.1
		—	600×12.7	17.3	5.5

表 6 - 85　膨胀管总成常用规格型号

序号	产品规格	被补贴套管尺寸,mm				膨胀管总成尺寸,mm							抗压,MPa		
	膨胀管总成型号	外径	壁厚	内径	通径	膨胀前			发射腔外径	膨胀后			膨胀系数 %	内压	外压
						外径	内径	壁厚		外径	内径	通径			
1	PZG139. 7 ×6. 2 – 114 ×6. 3 – 111. 4	139. 7	6. 2	127. 3	124. 1	114	101. 4	6. 3	121	124	111. 4	109. 9	9. 86	41. 34	26. 87
	PZG139. 7 ×6. 2 – 114 ×7 – 110						100	7			110	108. 5	10	45. 94	29. 86
	PZG139. 7 ×6. 2 – 114 ×7. 5 – 109						99	7. 5			109	107. 5	10. 1	49. 22	32
	PZG139. 7 ×6. 2 – 114 ×8 – 108						98	8			108	106. 5	10. 2	52. 5	34. 13
	PZG139. 7 ×6. 2 – 114 ×8. 5 – 107						97	8. 5			107	105. 5	10. 31	55. 78	36. 26
2	PZG139. 7 ×6. 98 – 114 ×7 – 109	139. 7	6. 98	125. 7	122. 6	114	100	7	120	123	109	107. 5	9	46. 31	30. 1
	PZG139. 7 ×6. 98 – 114 ×7. 5 – 108						99	7. 5			108	106. 5	9. 1	49. 62	32. 25
	PZG139. 7 ×6. 98 – 114 ×8 – 107						98	8			107	105. 5	9. 18	52. 93	34. 4
	PZG139. 7 ×6. 98 – 114 ×8. 5 – 106						97	8. 5			106	104. 5	9. 28	56. 23	36. 55
3	PZG139. 7 ×7. 72 – 108 ×6. 3 – 109. 4	139. 7	7. 72	124. 3	121. 6	108	95. 4	6. 3	119	122	109. 4	107. 9	14. 68	42. 02	27. 31
	PZG139. 7 ×7. 72 – 108 ×7 – 108						94	7			108	106. 5	14. 89	46. 69	30. 35
	PZG139. 7 ×7. 72 – 108 ×7. 5 – 107						93	7. 5			107	105. 5	15. 05	50. 03	32. 52
	PZG139. 7 ×7. 72 – 108 ×8 – 106						92	8			106	104. 5	15. 22	53. 36	32. 68
	PZG139. 7 ×7. 72 – 108 ×8. 5 – 105						91	8. 5			105	103. 5	15. 38	56. 7	36. 85
	PZG139. 7 ×7. 72 – 114 ×6. 3 – 109. 5					114	101. 4	6. 3			109. 4	107. 9	7. 89	42. 02	27. 31
	PZG139. 7 ×7. 72 – 114 ×7 – 108						100	7			108	106. 5	8	46. 69	30. 35
	PZG139. 7 ×7. 72 – 114 ×7. 5 – 107						99	7. 5			107	105. 5	8. 08	50. 03	32. 52
	PZG139. 7 ×7. 72 – 114 ×8 – 106						98	8			106	104. 5	8. 16	53. 36	32. 68
	PZG139. 7 ×7. 72 – 114 ×8. 5 – 105						97	8. 5			105	103. 5	8. 25	56. 7	36. 85
4	PZG139. 7 ×9. 17 – 108 ×6. 3 – 105. 4	139. 7	9. 17	121. 4	118. 2	108	95. 4	6. 3	115	118	105. 4	103. 9	10. 48	43. 45	28. 24
	PZG139. 7 ×9. 17 – 108 ×7 – 104						94	7			104	102. 5	10. 64	48. 27	31. 38
	PZG139. 7 ×9. 17 – 108 ×7. 5 – 103						93	7. 5			103	101. 5	10. 75	51. 72	33. 62
	PZG139. 7 ×9. 17 – 108 ×8 – 102						92	8			102	100. 5	10. 87	55. 17	35. 86
	PZG139. 7 ×9. 17 – 108 ×8. 5 – 101						91	8. 5			101	99. 5	10. 99	58. 62	38. 1

续表

序号	产品规格	被补贴套管尺寸,mm				膨胀管总成尺寸,mm							抗压,MPa		
						膨胀前			发射腔	膨胀后					
	膨胀管总成型号	外径	壁厚	内径	通径	外径	内径	壁厚	外径	外径	内径	通径	膨胀系数 %	内压	外压
5	PZG139.7×10.54－108×6.3－102.4	139.7	10.54	118.6	115.4	108	95.4	6.3	112	115	102.4	100.9	7.34	44.58	28.98
	PZG139.7×10.54－108×7－101						94	7			101	99.5	7.45	49.53	32.2
	PZG139.7×10.54－108×7.5－100						93	7.5			100	98.5	7.53	53.07	34.5
	PZG139.7×10.54－108×8－99						92	8			99	97.5	7.61	56.61	36.8
	PZG139.7×10.54－108×8.5－98						91	8.5			98	96.5	7.69	60.15	39.1
6	PZG177.8×5.87－146×6.3－150.4	177.8	5.87	166.1	162.9	146	133.4	6.3	160	163	150.4	148.9	12.74	31.45	18.87
	PZG177.8×5.87－146×7－149						132	7			149	147.5	12.88	34.95	20.97
	PZG177.8×5.87－146×7.5－148						131	7.5			148	146.5	13.98	37.44	22.47
	PZG177.8×5.87－146×8－147						130	8			147	145.5	13.08	39.94	23.96
	PZG177.8×5.87－146×8.5－146						129	8.5			146	144.5	13.18	42.43	25.46
	PZG177.8×5.87－152×6.3－150.4					152	139.4	6.3			150.4	148.9	7.89	31.45	18.87
	PZG177.8×5.87－152×7－149						138	7			149	147.5	7.97	34.95	20.97
	PZG177.8×5.87－152×7.5－148						137	7.5			148	146.5	8.03	37.44	22.47
	PZG177.8×5.87－152×8－147						136	8			147	145.5	8.09	39.94	23.96
	PZG177.8×5.87－152×8.5－146						135	8.5			146	144.5	8.15	42.43	25.46
7	PZG177.8×6.91－142×6.3－148.4	177.8	6.91	164	160.8	142	129.4	6.3	158	161	148.4	146.9	14.68	31.84	19.11
	PZG177.8×6.91－142×7－147						128	7			147	145.5	14.84	35.38	21.23
	PZG177.8×6.91－142×7.5－146						127	7.5			146	144.5	14.96	37.91	22.74
	PZG177.8×6.91－142×8－145						126	8			145	143.5	15.08	40.43	24.26
	PZG177.8×6.91－142×8.5－144						125	8.5			144	142.5	15.2	42.96	25.78
	PZG177.8×6.91－146×6.3－148.4					146	133.4	6.3			148.4	146.9	11.24	31.84	19.11
	PZG177.8×6.91－146×7－147						132	7			147	145.5	11.36	35.38	21.23
	PZG177.8×6.91－146×7.5－146						131	7.5			146	144.5	11.45	37.91	22.74
	PZG177.8×6.91－146×8－145						130	8			145	143.5	11.54	40.43	24.26
	PZG177.8×6.91－146×8.5－144						129	8.5			144	142.5	11.63	42.96	25.78

续表

序号	产品规格	被补贴套管尺寸,mm				膨胀管总成尺寸,mm							抗压,MPa		
	膨胀管总成型号	外径	壁厚	内径	通径	膨胀前			发射腔外径	膨胀后			膨胀系数%	内压	外压
						外径	内径	壁厚		外径	内径	通径			
8	PZG177.8×8.05-140×6.3-145.4	177.8	8.05	161.7	158.5	140	127.4	6.3	156	158	145.4	143.9	14.13	32.45	19.47
	PZG177.8×8.05-140×7-144						126	7			144	142.5	14.29	36.05	21.63
	PZG177.8×8.05-140×7.5-143						125	7.5			143	141.5	14.4	38.63	23.18
	PZG177.8×8.05-140×8-142						124	8			142	140.5	14.52	41.2	24.72
	PZG177.8×8.05-140×8.5-141						123	8.5			141	139.5	14.93	43.78	26.27
	PZG177.8×8.05-142×6.3-145.4					142	129.4	6.3			145.4	143.9	12.36	32.45	19.47
	PZG177.8×8.05-142×7-144						128	7			144	142.5	12.5	36.05	21.63
	PZG177.8×8.05-142×7.5-143						127	7.5			143	141.5	12.6	38.63	23.18
	PZG177.8×8.05-142×8-142						126	8			142	140.5	12.7	41.2	24.72
	PZG177.8×8.05-142×8.5-141						125	8.5			141	139.5	12.8	43.78	26.27
	PZG177.8×8.05-146×6.3-145.4					146	133.4	6.3			145.4	143.9	9	32.45	19.47
	PZG177.8×8.05-146×7-144						132	7			144	142.5	9.09	36.05	21.63
	PZG177.8×8.05-146×7.5-143						131	7.5			143	141.5	9.16	38.63	23.18
	PZG177.8×8.05-146×8-142						130	8			142	140.5	9.23	41.2	24.72
	PZG177.8×8.05-146×8.5-141						129	8.5			141	139.5	9.3	43.78	26.27
9	PZG177.8×9.19-140×6.3-143.4	177.8	9.19	159.4	156.2	140	127.4	6.3	153	156	143.4	141.9	12.56	32.86	19.72
	PZG177.8×9.19-140×7-142						126	7			142	140.5	12.7	36.51	21.91
	PZG177.8×9.19-140×7.5-141						125	7.5			141	139.5	12.8	39.12	23.47
	PZG177.8×9.19-140×8-140						124	8			140	138.5	12.9	41.73	25.04
	PZG177.8×9.19-140×8.5-139						123	8.5			139	137.5	13.01	44.34	26.6
	PZG177.8×9.19-142×6.3-143.4					142	129.4	6.3			143.4	141.9	10.8	32.86	19.72
	PZG177.8×9.19-142×7-142						128	7			142	140.5	10.94	36.51	21.91
	PZG177.8×9.19-142×7.5-141						127	7.5			141	139.5	11	39.12	23.47
	PZG177.8×9.19-142×8-140						126	8			140	138.5	11.11	41.73	25.04
	PZG177.8×9.19-142×8.5-139						125	8.5			139	137.5	11.2	44.34	26.6

续表

序号	产品规格	被补贴套管尺寸,mm				膨胀管总成尺寸,mm							抗压,MPa		
	膨胀管总成型号	外径	壁厚	内径	通径	膨胀前			发射腔	膨胀后			膨胀系数 %	内压	外压
						外径	内径	壁厚	外径	外径	内径	通径			
10	PZG177.8×10.36－140×6.3－141.4	177.8	10.36	157.1	153.9	140	127.4	6.3	151	154	141.4	139.9	10.99	33.29	19.97
	PZG177.8×10.36－140×7－140						126	7			140	138.5	11.11	36.99	22.19
	PZG177.8×10.36－140×7.5－139						125	7.5			139	137.5	11.2	39.63	23.78
	PZG177.8×10.36－140×8－138						124	8			138	136.5	11.29	42.27	25.36
	PZG177.8×10.36－140×8.5－137						123	8.5			137	135.5	11.38	44.91	26.95
11	PZG177.8×10.36－142×6.3－141.4	177.8	10.36	157.1	153.9	142	129.4	6.3	151	154	141.4	139.9	9.27	33.29	19.97
	PZG177.8×10.36－142×7－140						128	7			140	138.5	9.38	36.99	22.19
	PZG177.8×10.36－142×7.5－139						127	7.5			139	137.5	9.45	39.63	23.78
	PZG177.8×10.36－142×8－138						126	8			138	136.5	9.52	42.27	25.36
	PZG177.8×10.36－142×8.5－137						125	8.5			137	135.5	9.6	44.91	26.95
12	PZG177.8×11.51－140×6.3－139.4	177.8	11.51	154.8	151.6	140	127.4	6.3	149	152	139.4	137.9	9.42	33.73	20.24
	PZG177.8×11.51－140×7－138						126	7			138	136.5	9.52	37.48	22.49
	PZG177.8×11.51－140×7.5－137						125	7.5			137	135.5	9.6	40.15	24.09
	PZG177.8×11.51－140×8－136						124	8			136	134.5	9.68	42.83	25.7
	PZG177.8×11.51－140×8.5－135						123	8.5			135	133.5	9.76	45.51	27.3
	PZG177.8×11.51－142×6.3－139.4					142	129.4	6.3			139.4	137.9	7.73	33.73	20.24
	PZG177.8×11.51－142×7－138						128	7			138	136.5	7.81	37.48	22.49
	PZG177.8×11.51－142×7.5－137						127	7.5			137	135.5	7.87	40.15	24.09
	PZG177.8×11.51－142×8－136						126	8			136	134.5	7.94	42.83	25.7
	PZG177.8×11.51－142×8.5－135						125	8.5			135	133.5	8	45.51	27.3

续表

序号	产品规格 膨胀管总成型号	被补贴套管尺寸,mm 外径	壁厚	内径	通径	膨胀管总成尺寸,mm 膨胀前 外径	内径	壁厚	发射腔 外径	膨胀后 外径	内径	通径	抗压,MPa 膨胀系数 %	内压	外压
13	PZG177. 8×12. 65－140×6. 3－136. 4	177. 8	12. 65	152. 5	149. 3	140	127. 4	6. 3	146	149	136. 4	134. 9	7. 06	34. 41	20. 64
	PZG177. 8×12. 65－140×7－135						126	7			135	133. 5	7. 14	38. 23	22. 94
	PZG177. 8×12. 65－140×7. 5－134						125	7. 5			134	132. 5	7. 2	40. 96	24. 58
	PZG177. 8×12. 65－140×8－133						124	8			133	131. 5	7. 26	43. 69	26. 21
	PZG177. 8×12. 65－140×8. 5－132						123	8. 5			132	130. 5	7. 32	46. 42	27. 85
14	PZG244. 5×7. 92－203×8－209	244. 5	7. 92	228. 7	224. 7	203	187	8	222	225	209	207. 5	11. 76	28. 93	14. 47
	PZG244. 5×7. 92－203×8. 5－208						186	8. 5			208	206. 5	11. 83	30. 74	15. 37
	PZG244. 5×7. 92－203×8. 8－207. 4						185. 4	8. 8			207. 4	205. 9	11. 87	31. 83	15. 91
	PZG244. 5×7. 92－203×9. 5－206						184	9. 5			206	204. 5	11. 96	34. 36	17. 17
	PZG244. 5×7. 92－203×10－205						183	10			205	203. 5	12. 02	36. 17	18. 08
15	PZG244. 5×8. 94－203×8－207	244. 5	8. 94	226. 6	222. 6	203	187	8	220	223	207	205. 5	10. 7	29. 19	14. 6
	PZG244. 5×8. 94－203×8. 5－206						186	8. 5			206	204. 5	10. 75	31. 02	15. 51
	PZG244. 5×8. 94－203×8. 8－205. 5						185. 4	8. 8			205. 5	203. 9	10. 79	32. 11	16. 06
	PZG244. 5×8. 94－203×9. 5－204						184	9. 5			204	202. 5	10. 87	34. 67	17. 33
	PZG244. 5×8. 94－203×10－203						183	10			203	201. 5	10. 93	36. 49	18. 25
16	PZG244. 5×10. 03－194×8－204	244. 5	10. 03	224. 4	220. 4	194	178	8	217	220	204	202. 5	14. 61	29. 59	14. 8
	PZG244. 5×10. 03－194×8. 5－203						177	8. 5			203	201. 5	14. 69	31. 44	15. 72
	PZG244. 5×10. 03－194×8. 8－202. 4						176. 4	8. 8			202. 4	200. 9	14. 74	32. 55	16. 28
	PZG244. 5×10. 03－194×9. 5－201						175	9. 5			201	199. 5	14. 86	35. 14	17. 57
	PZG244. 5×10. 03－194×10－200						174	10			200	198. 5	14. 94	36. 99	18. 5
	PZG244. 5×10. 03－203×8－204					203	187	8			204	202. 5	9. 09	29. 59	14. 8
	PZG244. 5×10. 03－203×8. 5－203						186	8. 5			203	201. 5	9. 14	31. 44	15. 72
	PZG244. 5×10. 03－203×8. 8－202. 4						185. 4	8. 8			202. 4	200. 9	9. 17	32. 55	16. 28
	PZG244. 5×10. 03－203×9. 5－201						184	9. 5			201	199. 5	9. 24	35. 14	17. 57
	PZG244. 5×10. 03－203×10－200						183	10			200	198. 5	9. 29	36. 99	18. 5

续表

序号	产品规格	被补贴套管尺寸,mm				膨胀管总成尺寸,mm							抗压,MPa		
	膨胀管总成型号	外径	壁厚	内径	通径	膨胀前			发射腔外径	膨胀后			膨胀系数%	内压	外压
						外径	内径	壁厚		外径	内径	通径			
17	PZG244.5×11.05－194×8－202	244.5	11.05	222.4	218.4	194	178	8	215	218	202	200.5	13.48	29.86	14.93
	PZG244.5×11.05－194×8.5－201						177	8.5			201	199.5	13.56	31.73	15.86
	PZG244.5×11.05－194×8.8－200.4						176.4	8.8			200.4	198.9	13.61	32.85	16.42
	PZG244.5×11.05－194×9.5－199						175	9.5			199	197.5	13.71	35.46	17.73
	PZG244.5×11.05－194×10－198						174	10			198	196.5	13.79	37.33	18.66
	PZG244.5×11.05－203×8－202					203	187	8			202	200.5	8.02	29.86	14.93
	PZG244.5×11.05－203×8.5－201						186	8.5			201	199.5	8.06	31.73	15.86
	PZG244.5×11.05－203×8.8－200.4						185.4	8.8			200.4	198.9	8.09	32.85	16.42
	PZG244.5×11.05－203×9.5－199						184	9.5			199	197.5	8.15	35.46	17.73
	PZG244.5×11.05－203×10－198						183	10			198	196.5	8.2	37.33	18.66
18	PZG244.5×11.99－194×8－200	244.5	11.99	220.5	216.5	194	178	8	213	216	200	198.5	12.36	30.14	15.07
	PZG244.5×11.99－194×8.5－199						177	8.5			199	197.5	12.43	32.02	16.01
	PZG244.5×11.99－194×8.8－198.4						176.4	8.8			198.4	196.9	12.47	33.15	16.58
	PZG244.5×11.99－194×9.5－197						175	9.5			197	195.5	12.57	35.79	17.89
	PZG244.5×11.99－194×10－196						174	10			196	194.5	12.64	37.67	18.84
19	PZG244.5×13.84－194×8－197	244.5	13.84	216.8	212.8	194	178	8	210	213	197	195.5	10.67	30.56	15.28
	PZG244.5×13.84－194×8.5－196						177	8.5			196	194.5	10.73	32.47	16.24
	PZG244.5×13.84－194×8.8－195.4						176.4	8.8			195.4	193.9	10.77	33.62	16.84
	PZG244.5×13.84－194×9.5－194						175	9.5			194	192.5	10.86	36.29	18.15
	PZG244.5×13.84－194×10－193						174	10			193	191.5	10.92	38.2	19.1

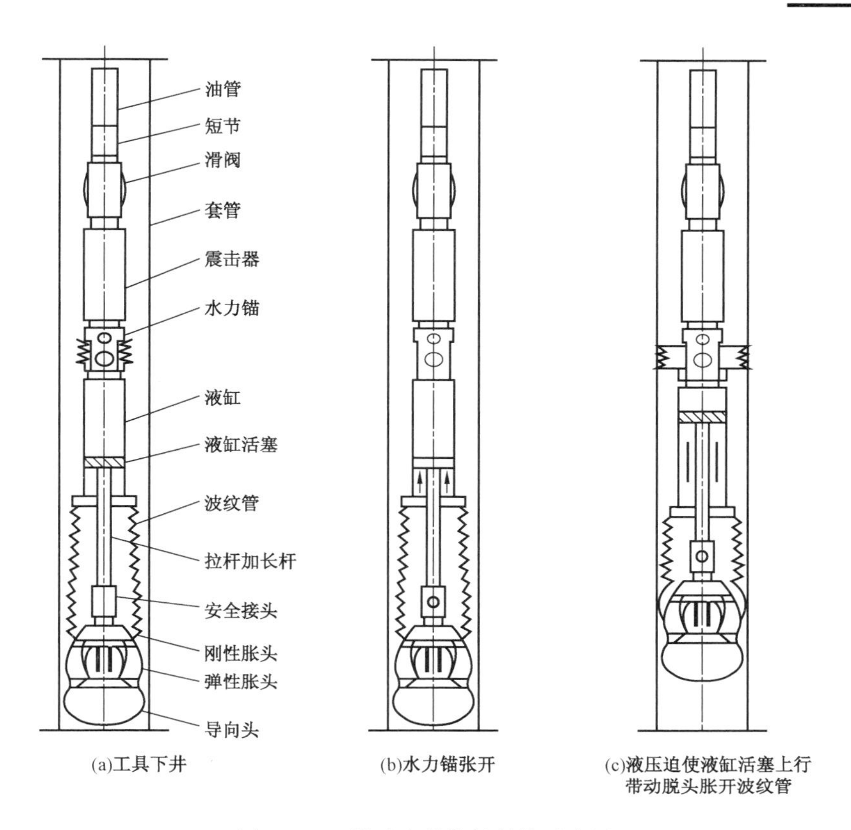

图6－83　补贴套管管柱结构示意图

8. 侧钻工艺

在气井的某一特定深度固定一个导斜器,利用斜面的造斜和导斜作用,用铣锥在套管的侧面开窗,从此窗口另钻新的井眼,下尾管固井完成的一整套过程称为侧钻。

1)开窗侧钻的类型

开窗侧钻的类型见表6－86。

表6－86　开窗侧钻类型表

分类标准	类别	作业方式
开窗原理	定斜器开窗侧钻	在侧钻部位固定一定斜器(造斜器),进行开窗侧钻
	截断式开窗侧钻	利用铣鞋在设计的井段磨铣切割套管,开窗后进行侧钻
	聚能切割开窗侧钻	利用聚能切割弹采取爆炸切割开窗,进行侧钻
侧钻方位和目的	斜向器侧钻	在侧钻部位固定一个没有方位的斜向器,铣锥依靠斜向器的导斜作用;进行钻进,其方位不确定
	定向器侧钻	侧钻部位固定预定方向的斜向器,铣锥依靠斜向器开出的窗口按预定方位钻进
	自由侧钻	在侧钻部位不用斜向器,而利用断错的套管或井下落物的偏斜作用进行开窗钻进
	侧钻分支井	多处开窗或一处开窗多方向侧钻不同井眼分支井
	侧钻水平井	井斜角达到85°以上的侧钻

2)利用造斜工具侧钻

(1)普通造斜器。

由斜向器和送斜器组成(图 6-84)。斜向器是一个带斜度(一般为 3°~4°)的半圆柱体,在侧钻中起导斜和造斜的作用。送斜器是将斜向器送至预定深度的工具。

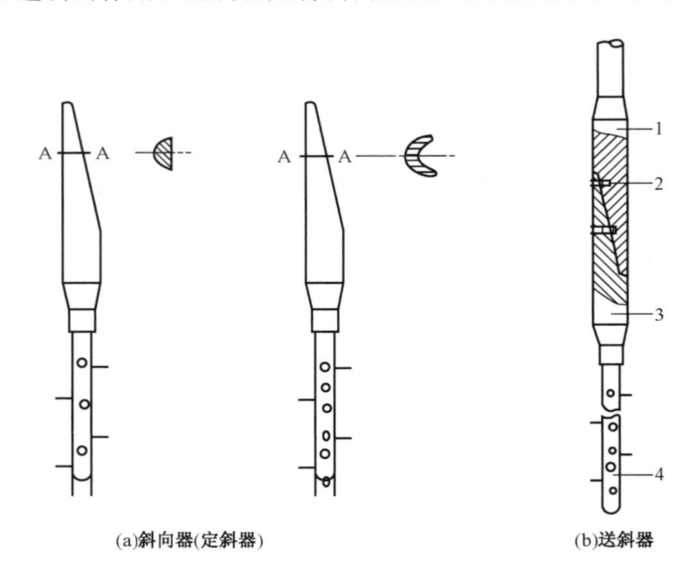

图 6-84 斜向器和送斜器示意图

1—送斜器;2—销钉;3—定斜器;4—尾管

(2)双卡瓦锚定封隔器形造斜器。

由坐卡封隔器总成、丢手侧向总成和导斜对接总成三大部件组成,主要用于非水泥封隔下部的产层定向开窗侧钻。主要结构见图 6-85、图 6-86 和图 6-87,主要技术参数见表 6-87。

表 6-87 双卡瓦锚定封隔器型造斜器主要技术参数表

规格	连接螺纹	套管内径尺寸,mm
CT114	NC31	124~127
CT118	NC31	128~132
CT149	NC38	157.8~161.8

(3)YCDX 型液压式侧钻导斜器。

YCDX 型液压式侧钻导斜器定位性能好,定向准确。泵压力大,不需注水泥便可进行开窗。主要结构见图 6-88,主要技术参数见表 6-88。

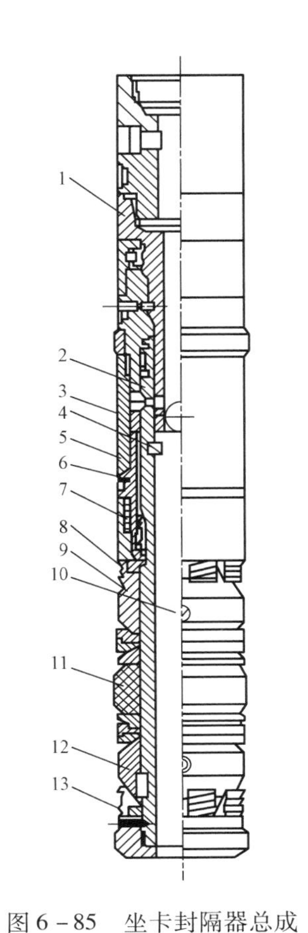

图6－85　坐卡封隔器总成结构示意图

1—丢手接头;2—中心管;3—缸筒;4—定位键;5—活塞;6,10—销钉;7—锁定套;8—上卡瓦;9—上锥体;11—胶筒;12—下锥体;13—下卡瓦

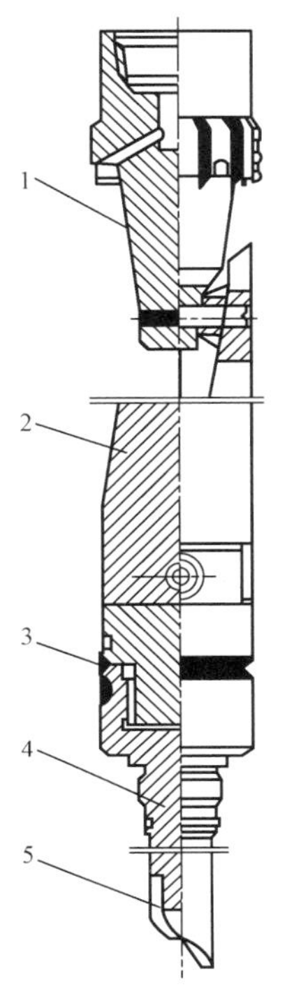

图6－86　导斜对接总成结构示意图

1—领眼铣鞋;2—导斜板;3—焊口;4—斜口接头;5—键槽

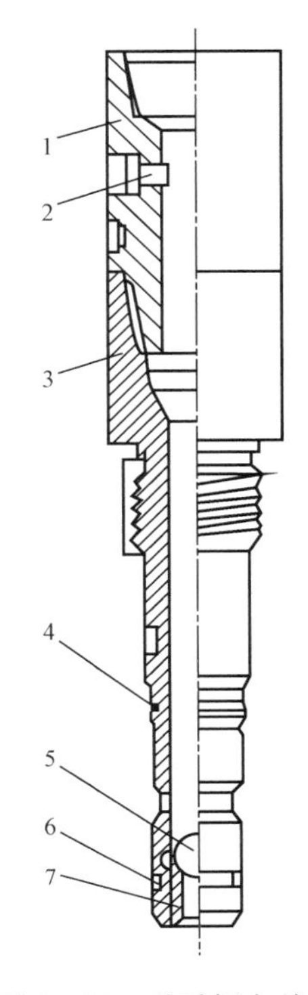

图6－87　丢手侧向总成结构示意图

1—定向接头;2—定向键;3—丢手接头;4,6—“O”形密封圈;5—钢球;7—球座

表6－88　YCDX152侧钻导斜器主要技术参数表

型号	外形尺寸(直径×长度) mm	接头螺纹	使用规范
YCDX152	152×3049	NC26	只需一次下井,不需打水泥便能侧钻开窗,可定位、定向

(4)截断磨鞋。

截断磨鞋是用来磨去一段套管的工具。主要结构见图6－89。

3)利用钻铰式开窗铣锥进行套管开窗

钻铰式开窗铣锥用于套管内侧钻开窗的磨铣工具。主要结构见图6－90,主要技术参数见表6－89。

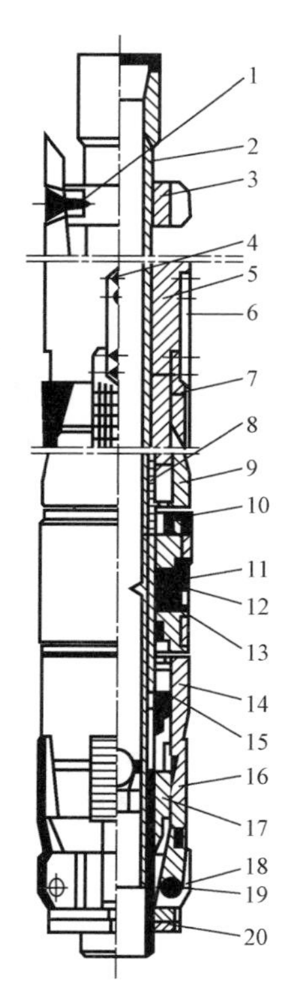

图 6-88　YCDX 型液压式侧钻导斜器结构示意图

1—螺栓;2—送入管总成;3—斜轨卡子;4,12—螺钉;5—斜轨;6—板弹簧;7—上卡瓦;8—中心管;9—上锥体;10—压帽;11—缸套;13—销钉;14—下锥体;15—锁紧球座;16—下卡瓦;17—垫套;18—上卡瓦;19—销轴;20—螺母

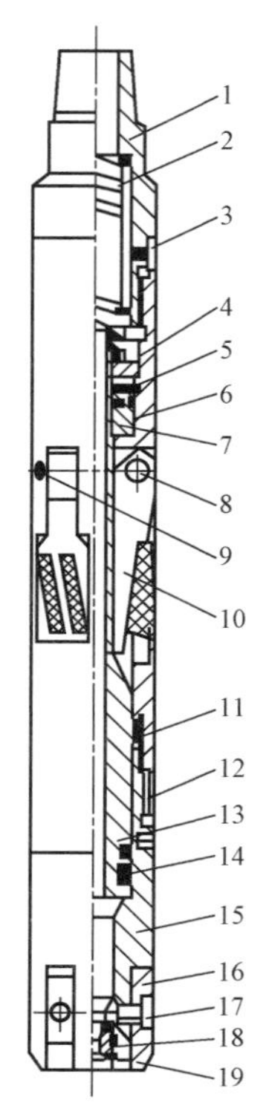

图 6-89　截断磨鞋结构示意图

1—上接头;2—弹簧;3—“O”形密封圈;4—弹簧座;5—挡圈;6—密封圈;7—密封承托;8—铰链销;9,17—螺钉;10—刀臂总成;11—油封;12—本体;13—活塞杆;14—密封圈;15—下接头;16—扶正块;18—喷嘴;19—挡圈

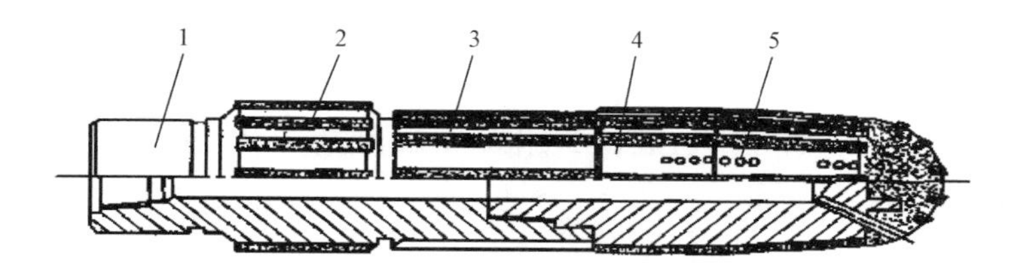

图 6-90　钻铰式开窗铣锥结构示意图

1—上接头;2—矩形刀片;3—YD 合金;4—球形体;5—菱形刀片

表 6-89　钻铰式开窗铣锥主要技术参数表

规格型号	外形尺寸(直径×长度) mm×mm	接头螺纹	使用规范
ZJXZ118	118×1100	NC31	适用于 ϕ139.7mm 套管
ZJXZ152	152×1160	NC38	适用于 ϕ177.8mm 套管
ZJXZ217	217×1250	NC50	适用于 ϕ244.8mm 套管

4)利用双挂钩塞和尾管悬挂器进行固井

尾管悬挂器主要用于在套管内侧钻开窗完后下尾管用双挂钩塞主要用于侧钻下尾管后注水泥的固井作业。其主要结构见图6－91。

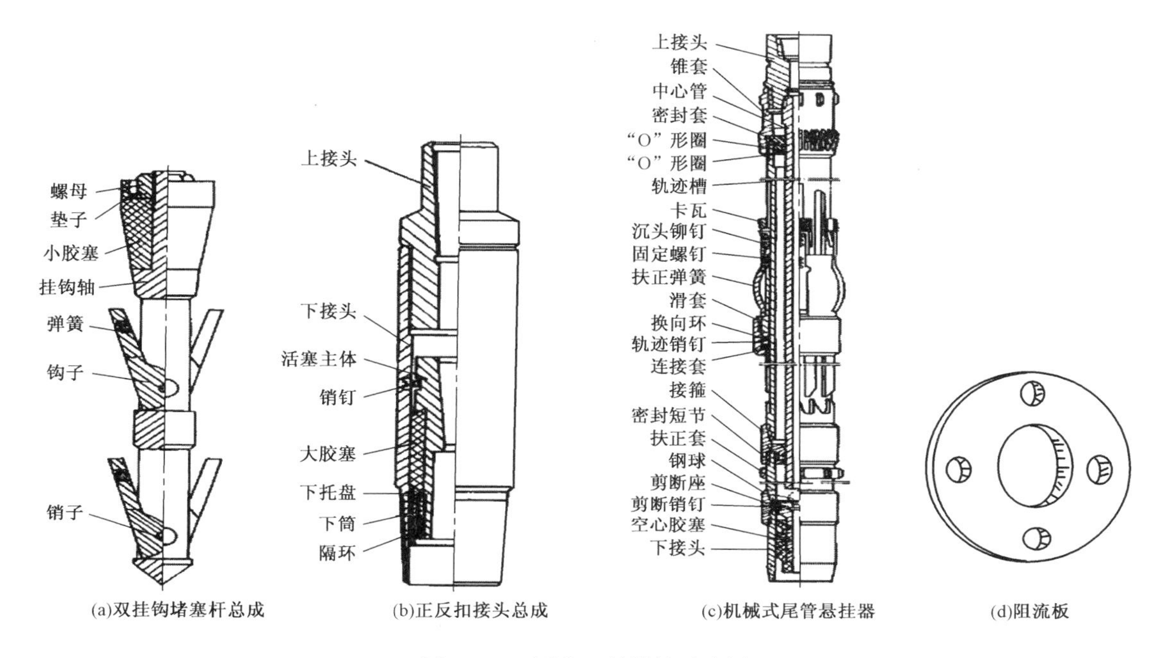

图6－91　固井工具结构示意图

四、废弃井封井

采用适当工程手段对气井进行永久性封闭,达到隔绝封堵层位天然气经井筒、各级套管环间、套管同井壁之间及地层纵向裂缝等通道向纵向上其他层位或地表运移,以达到井下及地表安全的目的。

1. 技术要求

(1)封闭产层,防治产层气窜漏。对气井产层进行注水泥或泥浆等封井,防止产层气窜漏至井筒。

(2)隔绝高压、高酸性气层,防治管内层间窜槽。由于层间窜流会干扰邻井的开发,高压、高酸性气层长期作用于套管壁,存在长期加压及腐蚀风险,需采用注水泥或下桥塞方式对单井纵向上高压、高酸性气层进行封堵,阻止其流体进入井筒,同时防止各层之间的井内窜流。

(3)封闭上部可能产气层、保护淡水层。需对气井最上部可能产气进行注水泥塞或桥塞封井,将封井后井内带压可能降至最低,同时保护淡水层。

2. 封井作业

永久式废弃气井封井做法见表6－90。

表 6－90　永久式废弃气井封井做法

封堵层位	做法	图例
产层	(1)塞面位置高于射孔或裸眼顶界 50m 以上,原则上塞面需封至产层以上盖层位置或油层套管内; (2)桥塞座封于盖层或固井质量好井段,桥塞上水泥段塞长度不小于 150m; (3)对于低压、高渗漏层,可直接在产层顶部下桥塞,其上注水泥塞不小于 150m	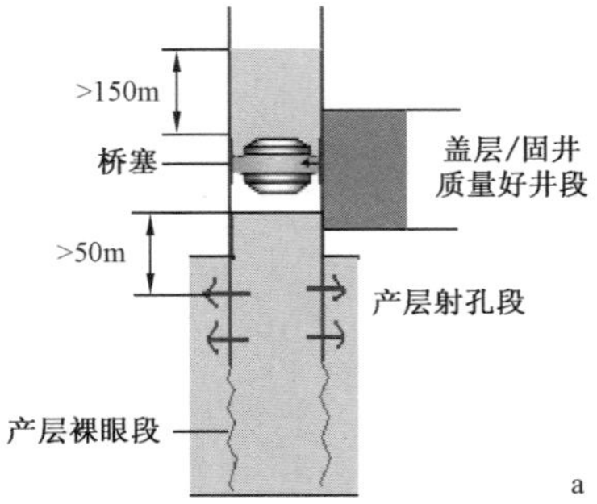 >150m 桥塞 盖层/固井质量好井段 >50m 产层射孔段 产层裸眼段 a
气层套管管鞋	(1)注悬空水泥塞封堵油层套管管鞋,悬挂位置上下水泥段塞长度不小于 50m,悬空水泥塞总段长不小于 100m; (2)对"三高"气井管鞋封堵,水泥塞上 50～100m 需采用桥塞二次封固,桥塞上水泥塞段长不小于 150m	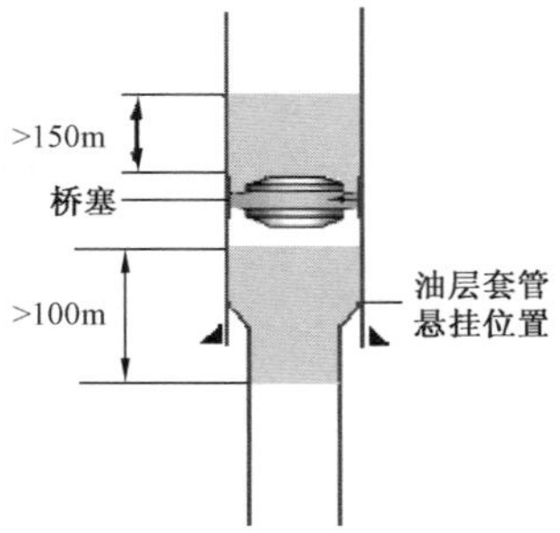 >150m 桥塞 >100m 油层套管悬挂位置 b
井筒高危层	(1)对因套管腐蚀、损坏等原因造成地层流体易从套管薄弱处进入井筒井段,采用悬空水泥塞进行封闭,水泥塞上下界面距待封闭段上下界面长度不小于 50m; (2)对井筒内高压、高含硫层采用先注悬空水泥塞封闭,再采用桥塞加水泥塞封闭,要求悬空水泥塞底界低于高危层底界不小于 150m,桥塞上水泥塞长度不小于 150m	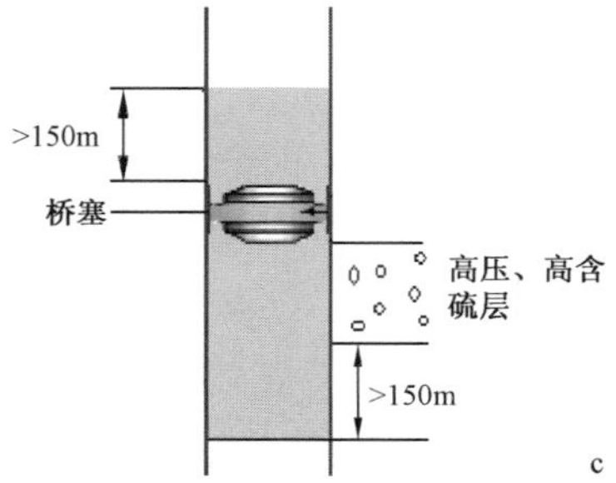 >150m 桥塞 高压、高含硫层 >150m c
最浅油气层	明确地质上油气显示层,对最浅油气显示层进行注悬空水泥塞封堵。要求水泥塞距离最浅油气层顶界段长不小于 150m	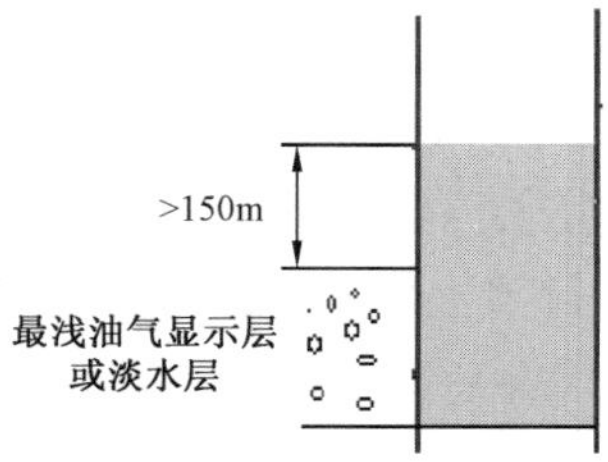 >150m 最浅油气显示层或淡水层 d

续表

封堵层位	做法	图例
油层套管固井水泥返高不够的气井	(1)对最上部油气显示层段进行套管穿孔,检查未固井井段是否带压,若带压,则循环补固井; (2)循环补固井完后,在井内预留水泥段塞,从穿孔段顶界起,控制段塞长度不小于150m; (3)穿孔后,若未固井井段未带压,则挤注水泥对穿孔段进行封闭,从穿孔段顶界起,控制段塞长度不小于150m	>150m 射孔补固水泥 e
全井段/长井段裸眼井	(1)裸眼井封井前,应进行井筒清理。清理深度至少至最浅油气层底部以下; (2)若采用重晶石泥浆充填,泥浆形成压力应小于地层破裂压力,重晶石泥浆充填完毕后,在其上注入段长不小于150m水泥塞,并候凝; (3)清水循环洗井壁干净后,根据余下裸眼段长度,分次注水泥封闭全裸眼段,要求最终预留塞面至套管内,具备条件下,套管内水泥塞段长不小于150m,若表层套管长度小于150m,则封井至井口	套管内水泥塞段长不小于150m 第一次水泥塞 >150m 充填含重晶石泥浆封堵油气显示层 f

3. 井下工具

1)机械式可钻式桥塞

主要结构见图6－92,主要技术参数见表6－91。

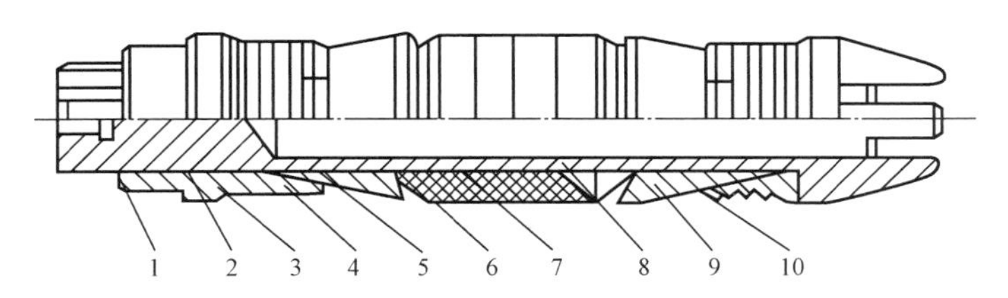

图6－92　机械式可钻式桥塞结构示意图

1—销钉;2—锁环;3—上压外套;4—卡瓦;5—上坐封剪钉;6—保护伞;7—锋隔件;8—中心管;9—锥体;10—下坐封剪钉

表 6－91　井下工具主要技术参数表

最高工作温度,℃	120			180			300		
工作压力,MPa	35	50	70	35	50	70	35	50	70
坐封力,kN	140～270								
适用套管,mm	127～244.5								

2)电缆桥塞

主要结构见图 6－93,主要技术参数见表 6－91。

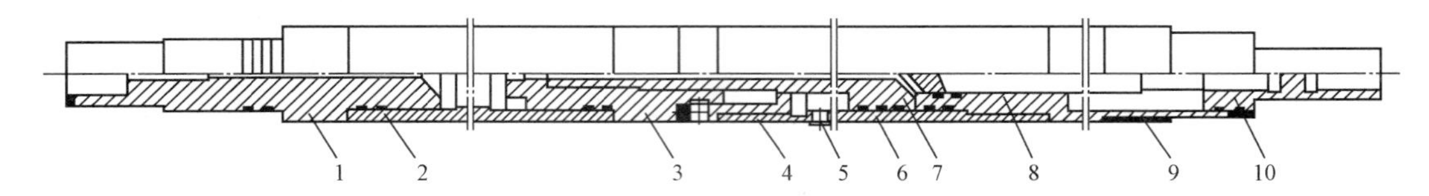

图 6－93　电缆桥塞基本结构示意图

1—点火头;2—火药燃烧室;3—剪切螺钉;4—上接头;5—尼龙塞;6—上缸体;7—上活塞;8—下缸体;9—锁紧螺母;10—下活塞

五、修井设备及井口工具

修井设备及井口工具主要用来完成各种修井任务,包括修井机、钻井泵及吊卡等井口工具等。

1. 修井机

修井机是修井作业施工中最基本、最主要的动力来源。其主要结构如图 6－94 所示。

国产修井机的主要性能指标见表 6－92～表 6－97。

表 6－92　修井机基本参数表

修井机型号			XJ35	XJ60	XJ70	XJ90	XJ110	XJ135	XJ160	XJ180	XJ225
对应的修井机原型号			XJ20	XJ30	XJ40	XJ60	XJ80	XJ100	XJ120	XJ150	XJ180
名义修井深度 m	小修深度	用 ϕ73mm 加厚油管	1600	2600	3200	4000	5500	7000	8500	—	—
	大修深度	用 ϕ73mm 钻杆	—	—	2000	3200	4500	5800	7000	8000	9000
		用 ϕ88.9mm 钻杆	—	—	—	2500	3500	4500	5500	6500	7500
		用 ϕ114.3mm 钻杆	—	—	—	—	—	3600	4200	5000	6000
最大钩载,kN			360	585	675	900	1125	1350	1575	1800	2250
额定钩载,kN			200	300	400	600	800	1000	1200	1500	1800
绞车功率,kW			80～150	120～180	160～257	257～330	280～400	330～450	400～500	450～600	550～750
井架高度,m			16,18		17,21	29,31	31,33,35			36,38	

续表

修井机型号	XJ35	XJ60	XJ70	XJ90	XJ110	XJ135	XJ160	XJ180	XJ225
对应的修井机原型号	XJ20	XJ30	XJ40	XJ60	XJ80	XJ100	XJ120	XJ150	XJ180
有效绳数	4		6		8		8,10		10
起升钢丝绳直径,mm	22			26			26,29	29,32	32
大钩最大起升速度,m/s	1~1.5								

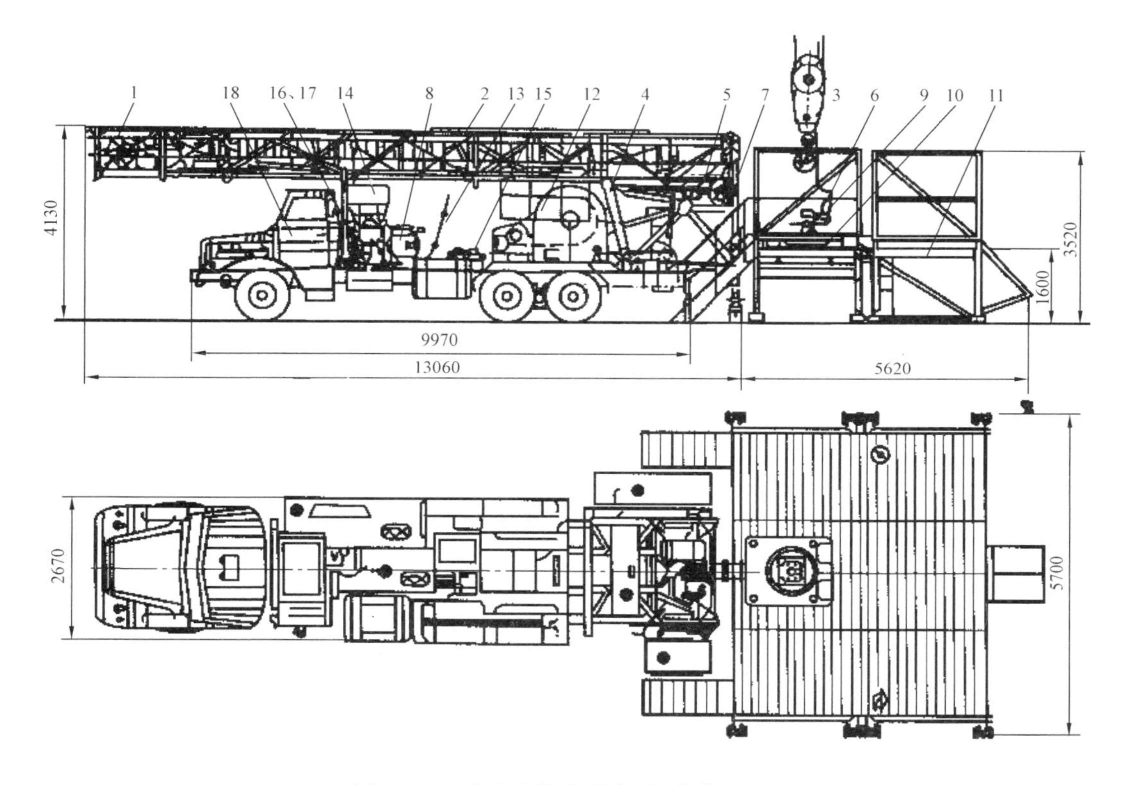

图6-94　修井机结构示意图(单位:mm)

1—天车;2—井架;3—游车大钩;4—起升油缸;5—猫头滚筒箱;6—液压油管钳;7—井架底座;8—液压操纵系统;9—卡瓦;10—转盘;11—钻台;12—绞车总成;13—传压器总成;14—泵组总成;15—电磁阀;16—带泵箱;17—分动箱;18—长轴距加固载重卡车

表6-93　南阳石油机械厂修井机系列主要性能指标

型号	XXJ15	XXJ20	XXJ30	XXJ60	XJ80	XJ100	XJ120	XJ150
名义小修井深($2\frac{7}{8}$in 外加厚油管)mm	1000	1600	2600	4000	6000	7075	—	—
名义大修深度(73mm 钻杆)m	1500	2000	3000	3200	—	4500(88.9mm 钻杆)	—	5300

续表

型号	XXJ15	XXJ20	XXJ30	XXJ60	XJ80	XJ100	XJ120	XJ150
最大钩载,kN	200	320	585	900	1205	1350	1600	1800
井架高度,m	15	15	18 (双或单节)	29,双节	31,双节	31,7 双节	31,7	双节
主滚筒扭矩,kN·m	—	—	—	—	—	52	52	—
发动机型号	EQ6100-1	X6130	FBL413F	CAT3406B	—	—	CAT3412	2XCAT3408 BOTA
发动机功率(转速) kW(r/min)	99 (3000)	174 (2100)	183 (2500)	270 (2100)	—	—	470	661 (2100)
底盘型号(驱动形式)	EQ144/ EQ140	CQ19210	Tie-Ma XC2630 (6×6)	(8×6)	(10×6)	(12×8)	—	(12×8)
游动系统	3×2	3×2	4×3	4×3	4×3	5×4	6×5	6×5

表6-94　江汉第四石油机械厂修井机系列主要性能指标

型号	XJ150	XJ250	XJ350	XJ450	XJ550	XJ650	TZJ15	TZJ20
修井深度 ($2\frac{7}{8}$in 油管),m	2600	3200	4000	5500	7100	7500	—	—
大修深度 ($2\frac{7}{8}$in 钻杆),m	—	2500	3200	4500	5000	5600	—	—
大修深度 ($3\frac{1}{2}$in 钻杆),m	—	—	2500	4000	4500	4600	—	—
最大钩载,kN	600	700	999.6	1195.6	1323	1548.4	1195.6	1568
额定钩载,kN	300	400	588	784	980	1176	900	1350
发动机型号	—	CAT3306"B" DIT	CAT3306 DITA"B"	CAT3408 DIT	CAT3412 DIT	CAT3412 DIT	—	—
发动机功率,kW	175	202	269	354	429	485	354	485
井架高度,m	16	18,21	31.3	32	32	32	34	34

表 6－95　江汉石油机械厂修井机主要性能指标

型号		JHX5200TJC150	JHX5302TJC150－1	JHX5300TJC250	JHX5301TJC250	JHX5231TJC－XJ40	JHX5400TJC350
总体参数	修井深度(73mm 油管),m	2600	2600	3200	3200	3200	4000
	大修深度(73mm 钻杆),m	—	—	2500	2500	—	3200
	额定钩载,kN	300	300	400	400	400	600
	最大钩载,kN	585	585	675	675	675	885
	运移状态整车质量,kg	20000	23400	29500	29500	23400	38000
井架	型式	单节	两节伸缩	两节伸缩	两节伸缩	单节	两节伸缩
	高度,m	16	26	21	21	18	29，31
	最大钩载,kN	600	600	700	700	700	900

表 6－96　江汉石油机械厂修井机主要性能指标续表

型号		JHX5232TJC30	JHX5233TXJ40	JHX5234TXJ40	JHX5235TXJ40	JHX5260TXJ40
总体参数	修井深度(73mm 油管),m	2600	3200	3200	3200	3200
	装机功率,kW/hp	165/224 (2200r/min)	230/313 (2000r/min)	272/370 (2000r/min)	208/283 (2200r/min)	275/374 (2100r/min)
	额定钩载,kN	300	400	400	400	400
	最大钩载,kN	585	585	675	585	675
	运移状态整车质量,kg	32000	30000	23262	28500	32000
修井装置传动箱		AllisonHT750DR	ZF3WG181	AllisonHT750DR	ZF3WG181	BY300
井架	型式	单节	单节	单节	单节	两节伸缩
	高度,m	16	16	18	16	18
	最大钩载,kN	600	600	700	600	700

表 6 – 97　通化石油化工机械制造有限责任公司修井机系列主要性能指标

型号		THS5150TJC（XJ – 15D）	THS5301TJC（XJ – 250）	THS5160TJC（XJ300）	THS5160TJC（ST30）	THS5160TJC（XJ40）
最大钩载，kN		150	400	300	300	400
额定钩载，kN		225	675	450	450	675
大钩起升速度，m/s		0.23 ~ 2.05	0.115 ~ 1.27	0.20 ~ 1.00	0.09 ~ 1.15	1.27
作业深度 m	小修（2½ in 油管）	1000	3000	2000	2000	3000
井架高度，m		15	18	18（桁架式）	18	17
游动系统		2 × 3	3 × 4	3 × 4	3 × 4	3 × 4
型号		THS5423TJC（XJ – 500）	THS5423TJC（XJ – 50C）	THS5502TJC（XJ – 60C）	THS5302TJC（XJ600）	THS5550TJC（XJ – 800）
最大钩载，kN		750	750	900	900	1200
额定钩载，kN		500	500	600	600	800
大钩起升速度，m/s		1.2	1.2	1.2	1.27	0.21 ~ 1.61
作业深度 m	小修（2½ in 油管）	4000	4000	4000	4000	5500
	大修（2⅞in 油管）	3000	3000	3000	3200	4500
	钻井（4½in 钻杆）	—	1200	1200	—	1800
井架高度，m		18	28	29	29	32
游动系统		4 × 5	4 × 5	4 × 5	4 × 5	4 × 5

2. 钻井泵

主要结构见图 6 – 95，主要技术参数见表 6 – 98 ~ 表 6 – 102。

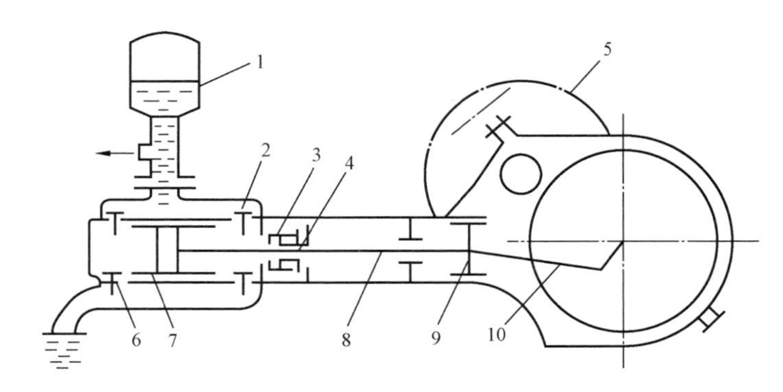

图 6 – 95　钻井泵结构示意图

1—空气包；2—排出阀；3—拉杆密封函；4—活塞拉杆；5—皮带轮；6—上水阀；7—缸套；8—中心拉杆；9—十字头；10—连杆

表 6－98 宝鸡石油机械厂 F－1000 钻井泵主要技术参数表

齿轮类型			人字齿轮	润滑形式	强制加飞溅	吸入管口法兰直径 mm		305	
齿轮速比			4.207:1	额定功率 kW	735	排出管口法兰直径 mm		130	
最大缸套直径×冲程 mm×mm			170×254	额定冲数 次/min	140	质量 kg		18790	
冲数 次/min	额定功率		管套直径/额定压力，mm/MPa						
			170/16.4	160/18.5	150/21.1	140/24.2	130/28.0	120/32.9	110/34.3
	kW	hp	排量，L/s						
150	788	1072	43.24	38.30	33.66	29.33	25.29	21.55	18.10
140*	735	1000	40.36	35.75	31.42	27.37	23.60	20.11	16.90
130	683	929	37.47	33.20	29.18	25.42	21.91	18.67	15.69
120	630	857	34.59	30.64	26.93	23.46	20.23	17.24	14.48
110	578	786	31.71	28.09	24.69	21.51	18.54	15.80	13.28
100	525	714	28.83	25.53	22.44	19.55	16.86	14.36	12.07
1			0.2883	0.2553	0.2244	0.1955	0.1686	0.1436	0.1207

注：(1)按容积效率100%和机械效率90%计算；

(2)*推荐的冲次和连续运转时的输入功率。

表 6－99 青州石油机械厂生产的钻井泵主要技术参数表

型号		SL3NB－1000A			SL3NB－1300A		SL3NB－1600A	
输入功率，kW		736			956		1176	
额定冲数，次/min		120			120		120	
冲程，mm		305			305		305	
齿轮传动比		3.657			3.657		3.657	
吸入管径，mm		254			305		305	
排出管径，mm		123			123		128	
外形尺寸(长×宽×高)，mm×mm×mm		4600×2720×2470			4300×2750×2525		4720×2822×2660	
总重，tf		19.3			20.8		27.1	
缸套外径，mm		130	140	150	160	170	180	190
柴油机转速 r/min	泵冲数 次/min	理论排量，L/s						
1500	120	24.28	28.16	32.32	36.78	41.52	46.54	51.85
1400	112	22.66	16.28	30.17	34.32	38.75	43.44	48.40
1300	104	21.04	24.40	28.01	31.87	36.00	40.34	44.94

续表

柴油机转速 r/min	泵冲数 次/min	理论排量,L/s						
1200	96	19.42	22.53	25.86	29.42	33.21	37.24	41.48
1100	88	17.80	20.65	23.70	26.97	30.44	34.13	38.03
1000	80	16.19	18.77	21.55	24.52	27.68	31.03	34.57
	1	0.202	0.235	0.269	0.307	0.346	0.388	0.432
最大排出压力 MPa	SL3NB－1000A	27.0	24.0	21.0	18.5	16.0	14.5	
	SL3NB－1300A	35.0	31.0	27.0	24.0	21.0	19.0	
	SL3NB－1600A	35.0	35.0	33.0	29.0	26.0	23.0	21.0

注:表中数据按机械效率90%,容积效率100%计算。

表6－100　兰州石油化工机器厂生产的钻井泵主要技术参数表

型号	3NB350	3NB500C	3NB800	3NB1000
功率,kW/hp	258/350	368/500	589/800	736/1000
冲数,冲/min	120	95	160	150
冲程,mm	203	254	216	235
齿轮传动比	3.782	3.82	2.51	2.658
最高工作压力,MPa	20.3	29	32.3	34.3
缸套最大直径,mm	150	160	160	170
吸入管径,mm	219	254	257	254
排出管径,mm	76	100	100	100
外形尺寸(长×宽×高) mm×mm×mm	3435×1530×1470	4200×2640×2430	3995×2360×1541	4575×2600×1700
质量,kg	11457	15940	13260	17985
型号	3NB1000C	3NB1300	3NB1300C	3NB1600
功率,kW/hp	736/1000	956/1300	956/1300	1176/1600
冲数,冲/min	110	140	120	120
冲程,mm	305	245	305	305
齿轮传动比	3.833	2.868	3.81	3.81
最高工作压力,MPa	34.3	34.3	34.3	34.3
缸套最大直径,mm	170	171.5	180	190
吸入管径,mm	305	257	305	305
排出管径,mm	100	100	100	100

表 6－101 上海大隆机器厂 3NB－800 钻井泵主要技术参数表

柴油机转速 r/min	冲数 冲/min	活塞最大瞬时加速度 m/s^2	输入功率 hp	不同缸套内径对应理论排量,L/s					
				110mm	120mm	130mm	140mm	150mm	160mm
1400	160	30.319	800	16.42	19.56	22.93	26.59	30.53	34.73
1300	149	26.29	745	15.29	18.22	21.35	24.77	28.43	32.34
1200	137	22.23	685	14.06	16.75	19.63	22.77	26.15	29.74
1100	126	18.80	630	12.93	15.40	18.06	20.94	24.05	27.35
1000	114	15.39	570	11.70	13.94	16.34	18.95	21.76	24.75
900	102	12.32	510	10.47	12.47	14.62	16.95	19.47	22.14
最高工作压力,kgf/cm^2				329	276	236	203	177	156

注:表中数据按机械效率 90%,容积效率 100% 计算。

表 6－102 益都 3NB－1000 泵主要技术参数表

柴油机转速 r/min	冲数 冲/min	活塞最大瞬时加速度 m/s^2	输入功率 hp	不同缸套内径对应理论排量,L/s						
				110mm	120mm	130mm	140mm	150mm	160mm	170mm
1500	120	24.08	1000	17.39	20.72	24.28	28.10	32.32	36.78	41.52
1400	112	20.98	933	16.23	19.32	22.66	26.28	30.17	34.32	38.75
1300	104	18.09	867	15.07	17.95	21.04	24.20	28.01	31.87	36.00
1200	96	15.41	800	13.91	16.57	19.62	22.53	25.86	29.42	33.21
1100	88	12.95	733	12.75	15.19	17.80	20.65	23.70	26.97	30.41
1000	80	10.70	667	11.59	13.81	16.19	18.77	21.55	24.52	27.68
最高工作压力,kgf/cm^2				388	325	271	240	210	185	160

注:表中数据按机械效率 90%,容积效率 100% 计算。

3. 井口工具

常用井口工具指作业中使用的吊升、卡挂及上卸扣等工具,这些用具是修井施工作业时的专用工具,是保障作业得以实施的基本用具。

1)吊卡

主要结构见图 6－96 和图 6－97,主要技术参数见表 6－103 ~ 表 6－105。

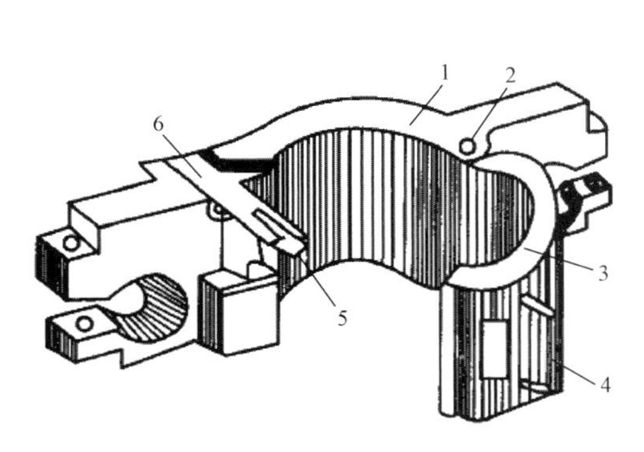

图 6－96 活门式吊卡结构示意图

1—吊卡体;2—活门销子;3—吊卡活门;4—手柄;5—锁扣销子;6—锁扣

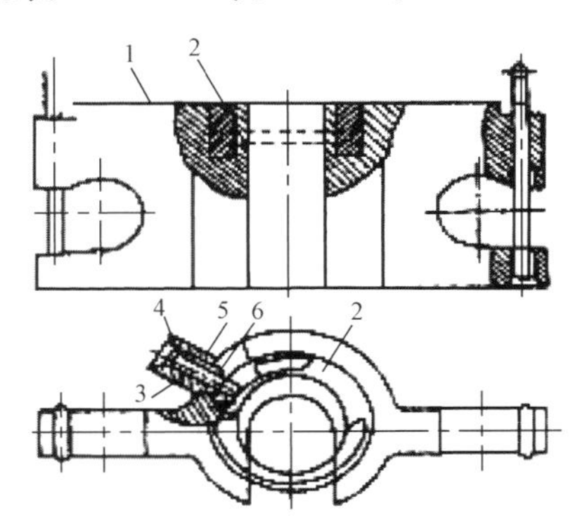

图 6－97 月牙形吊卡结构示意图

1—壳体;2—凹槽;3—插门;4—手柄;5—弹簧;6—弹簧底垫

表 6－103　套管吊卡主要技术参数表

套管吊卡 mm(in)	吊卡孔径 mm	吊卡最大载荷 kN	套管吊卡 mm(in)	吊卡孔径 mm	吊卡最大载荷 kN
114.3(4½)	117	900 1125 1350 2250 3150 4500	273.0(10¾)	277	900 1125 1350 2250 3150 4500
127.0(5)	130		298.4(11¾)	303	
139.7(5½)	142		325.0(12¾)	329	
219.1(6⅝)	171		339.7(13⅜)	344	
177.8(7)	181		406.4(16)	411	
193.7(7⅝)	197		473.1(18⅝)	478	
219.1(8⅝)	222		508.0(20)	513	
244.5(9⅝)	248				

表 6－104　钻杆吊卡主要技术参数表

<table>
<tr><th rowspan="2">钻杆公称尺寸及
加厚型式①
mm(in)</th><th rowspan="2">钻杆接头焊接部位
最大外径
mm</th><th colspan="2">平台阶吊卡孔径,mm</th><th rowspan="2">锥形台阶吊卡孔径
mm</th><th rowspan="2">吊卡最大载荷
kN</th></tr>
<tr><th>上孔</th><th>下孔</th></tr>
<tr><td>60.3(2⅜)EU</td><td>65.1</td><td>69</td><td>63</td><td>67</td><td rowspan="14">900
1125
1350
2250
3150
4500</td></tr>
<tr><td>73.0(2⅞)EU</td><td>81.0</td><td>84</td><td>76</td><td>83</td></tr>
<tr><td>88.9(3½)EU</td><td>98.4</td><td>102</td><td>92</td><td>101</td></tr>
<tr><td rowspan="2">101.6(4)IU</td><td>104.8</td><td>109</td><td>105</td><td></td></tr>
<tr><td>106.4②</td><td></td><td></td><td>109</td></tr>
<tr><td>101.6(4)EU</td><td>114.3</td><td>118</td><td>105</td><td>121</td></tr>
<tr><td rowspan="2">114.3(4½)IU</td><td>117.5</td><td>122</td><td>118</td><td></td></tr>
<tr><td>119.1②</td><td></td><td></td><td>121</td></tr>
<tr><td>114.3(4½)EU</td><td>127.0</td><td>131</td><td>118</td><td>133</td></tr>
<tr><td>127.0(5)IEU</td><td>130.2</td><td>134</td><td>131</td><td>133</td></tr>
<tr><td>139.7(5½)IU</td><td></td><td>144</td><td>144</td><td></td></tr>
<tr><td>139.7(5½)IEU</td><td>144.5</td><td>149</td><td>144</td><td>148</td></tr>
</table>

① IU 表示内加厚钻杆,IEU 表示内外加厚钻杆,EU 表示外加厚钻杆。

② 表中第二栏内 106.4mm 和 119.1mm 仅指锥形台阶钻杆接头焊接部位的最大外径。

表 6－105　油管吊卡主要技术参数表

油管公称尺寸及加厚型式 mm(in)	油管外加厚部分的外径 mm	吊卡孔径,mm		吊卡最大载荷 kN
		上孔	下孔	
48.3(1.9)		50	50	225 360 585 675 900 1125 1350
48.3(1.9)EU	53.0	56	50	
60.3(2⅜)		63	63	
60.3(2⅜)EU	65.9	68	63	
73.0(2⅞)		76	76	
73.0(2⅞)EU	78.6	82	76	
88.9(3½)		92	92	
88.9(3½)EU	95.2	98	92	
101.6(4)		104	104	
101.6(4)EU	108.0	110	104	
114.3(4½)		117	117	
114.3(4½)EU	120.6	123	117	

注:外加厚油管的吊卡下孔孔径也可以与上孔孔径相同。

2)卡瓦

主要结构见图 6－98 和图 6－99,主要技术参数见表 6－106～表 6－108。

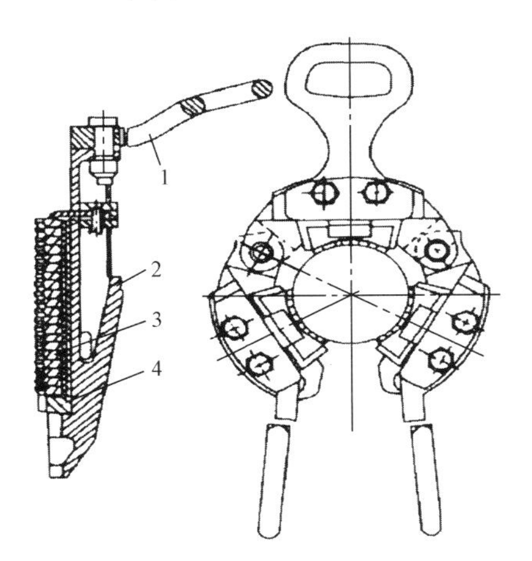

图 6－98　三片式卡瓦结构示意图

1—手柄;2—卡瓦体;
3—卡瓦牙;4—衬套

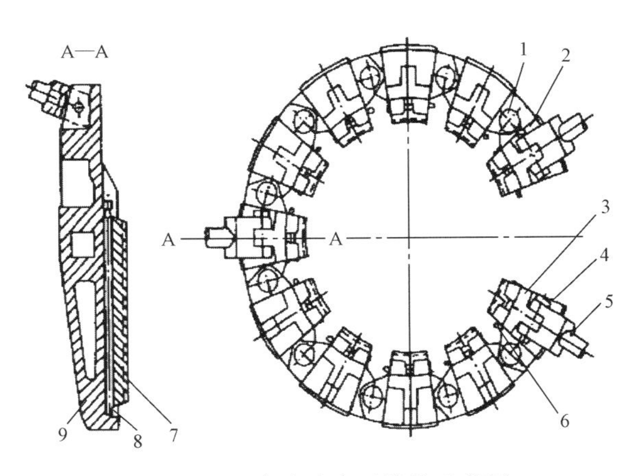

图 6－99　多片式卡瓦结构示意图

1—卡瓦连接销;2—右卡瓦体;3—左卡瓦体;4—手把连接销;
5—手把;6—井口销;7—卡瓦牙;8—卡瓦牙固定销;
9—中卡瓦体

表 6－106　钻杆卡瓦主要技术参数表

型号	钻杆尺寸,mm(in)	卡瓦牙数量	额定载荷,kN	接触长度,mm
W3½/125	60.3(2⅜)	30	1125	350
	73.0(2⅞)			
	88.9(3½)			
W3½/75	60.3(2⅜)	24	675	280
	73.0(2⅞)			
	88.9(3½)			
W5/200	101.6(4)	54	2250	420
	114.3(4½)			
	127(5)			
W5/125	101.6(4)	45	1125	350
	114.3(4½)			
	127(5)			
W5/75	101.6(4)	36	675	280
	114.3(4½)			
	127(5)			
W5½/200	114.3(4½)	54	2250	420
	127(5)			
	139.7(5½)			

表 6－107　钻铤卡瓦主要技术参数表

型号	钻铤尺寸,mm(in)	卡瓦数量	质量,kg	最大载荷,kN
WT14½－6	114.3(4½)～152.4(6)	10	45	360
WT5½－7	139.7(5½)～177.8(7)	11	47	360
WT6¾－8½	171.4(6¾)～209.6(8½)	12	44	360
WT8－9½	203.2(8)～241.3(9½)	12	40	360
WT8½－10	209.6(8½)～254(10)	13	56	360

注:具体数值参考产品说明书。

表 6－108　套管卡瓦主要技术参数表

型号	钻铤尺寸,mm(in)	卡瓦数量	质量,kg	最大载荷,kN
WG6⅝	168.3(6⅝)	11	90	1125/2250
WG7	177.8(7)	11	84	1125/2250
WG7⅝	193.7(7⅝)	11	76	1125/2250
WG8⅝	219.1(8⅝)	12	82	1125/2250
WG9⅝	244.5(9⅝)	14	87	1125/2250

续表

型号	钻铤尺寸,mm(in)	卡瓦数量	质量,kg	最大载荷,kN
WG10¾	273.0(10¾)	15	95	1125/2250
WG11¾	298.4(11¾)	17	120	1125/2250
WG13⅜	339.7(13⅜)	18	113	1125/2250
WG16	406.4(16)	21	140	1125
WG20	508(20)	28	175	1125

3)安全卡瓦

主要结构见图6-100,主要技术参数见表6-109。

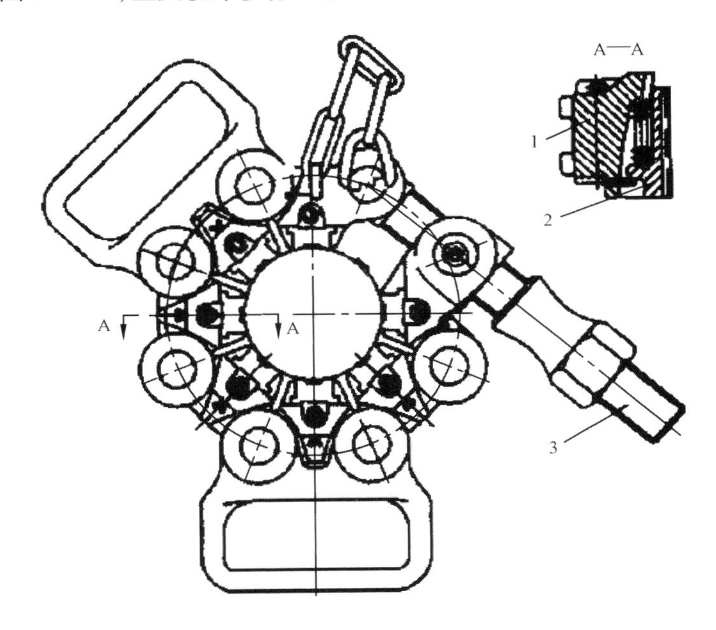

图6-100　安全卡瓦结构示意图

表6-109　安全卡瓦主要技术参数表

卡持物体外径,mm(in)	安全卡瓦使用节数,节	最大载荷,kN
92.25(3⅝)~117.5(4⅝)	7	225
114.3(4½)~142.9(5⅝)	8	
139.7(5½)~168.3(6⅝)	9	
165.1(6½)~193.7(7⅝)	10	
190.5(7½)~219.1(8⅝)	11	
215.9(8½)~244.5(9⅝)	12	
241.3(9½)~269.9(10⅝)	13	

4)液压钳

主要结构结构见图6-101,主要技术参数见表6-110。

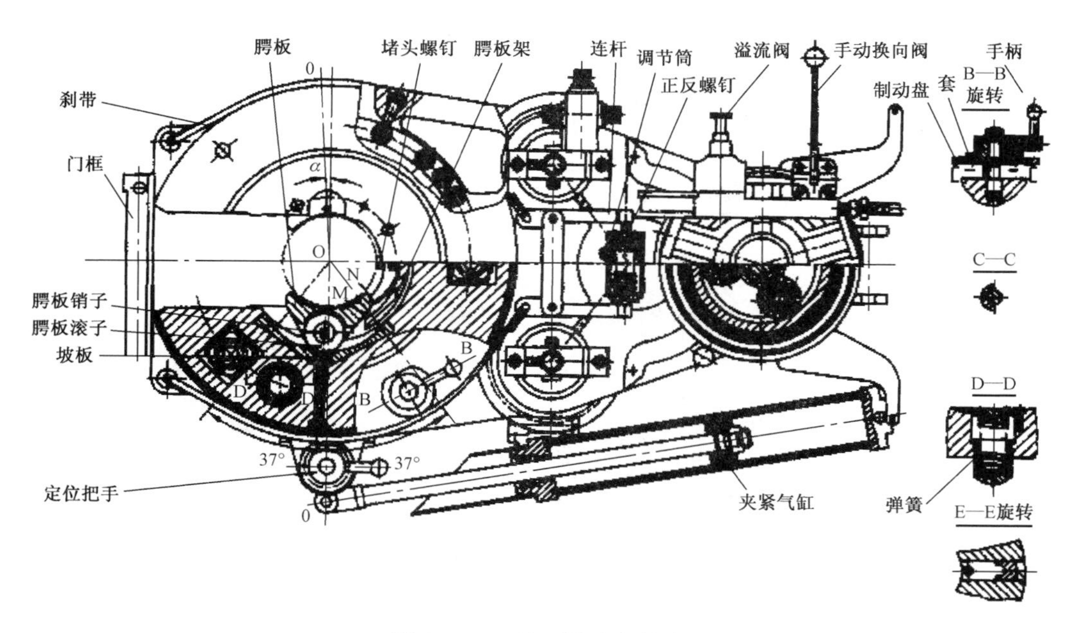

图6-101 液压钳基本结构

表6-110 修井液压动力钳主要技术参数表

参数名称	型号		
	XYQ12A	XYQ6B	XYQ3C
柱钳适用范围,mm	73~140	73~114	ϕ60.3mm,ϕ73mm,ϕ88.9mm 油管
背钳适用范围,mm	89~156	89~141.5	ϕ60.3mm,ϕ73mm,ϕ88.9mm 平式及外加厚油管接箍
额定高挡扭矩,kN·m	2.6	1.5	0.6~1.1
额定次高挡扭矩,kN·m	4.2	—	—
额定次低挡扭矩,kN·m	7.8	—	—
额定低挡扭矩,kN·m	12	6.0	1.8~3.0
高挡最高转速,r/min	68	8.5	100
次高挡最高转速,r/min	40	—	—
次低挡最高转速,r/min	23	—	—
低挡最高转速,r/min	13	20	30
主钳开口尺寸,mm	150	118	95
背钳开口尺寸,mm	160	145	116
额定系统压力,MPa	12	11	6~10
最大供油量,L/min	120	100	80
组合钳质量,kg	485	240	158
组合钳外形尺寸,mm×mm×mm	1024×582×839	850×480×600	650×430×550

第二节　连续油管修井

连续油管修井是利用连续油管作业装备,以连续油管为工作管柱进行的修井作业。目前国内连续油管修井作业主要用于冲砂解堵、气举排液、注水泥封堵、扩眼除垢、打捞作业、钻磨切割作业等。表6-111列举了连续油管修井工艺管柱结构。

表6-111　连续油管修井工艺管柱

名称	典型管柱结构
喷射泵清砂系统	井液吸入工具+单流阀+过滤器+连续油管
喷射碎屑打捞篮	喷射碎屑打捞篮+钻修井马达+马达总成+连续油管
井下扩眼器工具管柱	井下扩眼器+钻井修井马达+非旋转稳定器+过油管双促动回压阀+双回压阀+锁定旋转接头+CT接头+连续油管
洗井井下钻具组合	切割镶齿钻头+冲击钻具+加重杆+加速器+马达总成+连续油管
除垢底部钻具组合	磨铣工具+钻井修井马达+非旋转稳定器+过油管双促动循环阀+万能液压断开器+双回压阀+锁定旋转接头+CT接头+顶部止过油管接头+连续油管
侧向冲洗工具组合	自传冲洗工具+液压弯曲接头+转位工具+万能液压断开器+双回压阀+CT接头+连续油管
堵塞物清除回收系统	特制管鞋+喷射碎屑打捞篮+冲击钻具+液压断开器+液压震击器+双回压阀+CT接头+连续油管
切割系统	割刀+钻井修井马达+液压扶正器+双促动循环接头+万能液压断开器+双回压阀+CT接头+连续油管
磨铣工具组合	磨铣工具+钻井泥浆马达+双促动循环阀+非旋转稳定器+万能液压断开器+双回压阀+CT接头+连续油管
打捞管柱基本结构	捕捉工具(打捞筒、打捞矛、提升工具等)+震击器+加重杆+加速器+释放接头+CT接头/止回阀+连续油管
大斜度打捞工具总成	捕捉工具(打捞筒、打捞矛、提升工具等)+扶正器+万向节+释放接头+加重杆+加速器+CT接头/止回阀+连续油管
配备马达和可调弯接头的打捞工具总成	捕捉工具(打捞筒、打捞矛、提升工具等)+可调弯接头+低速马达+释放接头+震击器+加重杆+加速器+CT接头/止回阀+连续油管
冲洗打捞管柱	打捞筒+液压脱节器+液压扶正器+液压震击器+液压脱节器+液压扶正器+回压阀+CT接头+连续油管
旋转打捞管柱	井壁打捞罩+打捞筒+马达+液压震击器+液压脱节器+回压阀+CT接头+连续油管
水力喷射管柱	喷嘴总成+旋转接头总成+井下过滤器+机械断开器+双流动释放+CT接头+连续油管

一、连续油管修井工艺

1. 连续油管冲砂洗井

冲洗是目前最为常见的连续油管作业，它是通过连续油管将洗井液泵入井内与地面建立循环，不断地将井内脏物携带出地面的过程，正注方式是连续油管冲洗作业最常用的洗井方式，如图 6－102 所示。

2. 连续油管气举排液

连续油管气举排液就是通过连续油管将液氮或高压天然气注入井内设计举深位置，将该位置以上的压井液替出的过程，如图 6－103 所示。在井口带压情况下不断加深气举深度是连续油管气举的最大优势。

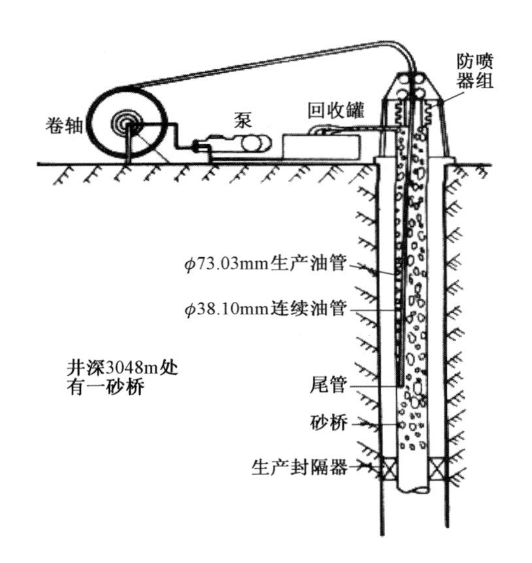

图 6－102　连续油管用于生产油管冲砂洗井作业示意图

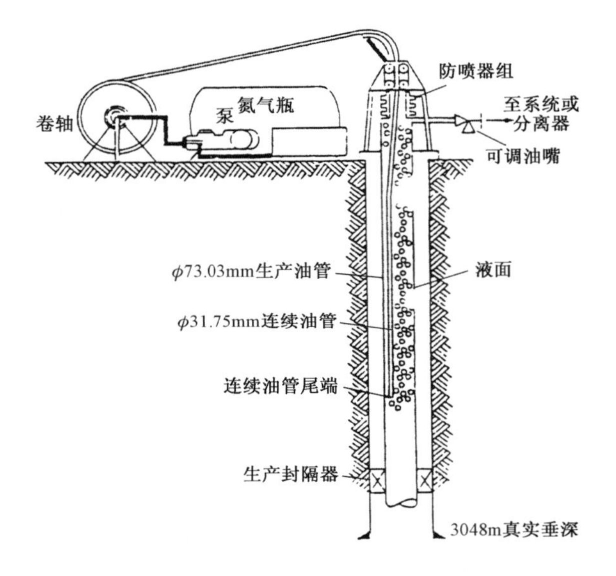

图 6－103　连续油管人工举升示意图

3. 连续油管注水泥塞

连续油管注塞工艺已从初期的修理窜槽逐渐发展到对井筒通道进行封堵，已成为气田开发过程中一项经济有效的措施。它是用连续油管代替常规油管或钻杆将水泥浆送到预定井深，待水泥浆凝固达到封固的目的。

4. 连续油管扩眼及除垢

最常见的井下扩眼作业是清除挤水泥作业后的残余水泥胶结物，在重新射孔前必须除去残余物，该作业也可用于清除连续油管喷射冲洗未能清洗掉的衬管内的垢及坚硬的充填物，如图 6－104 所示。

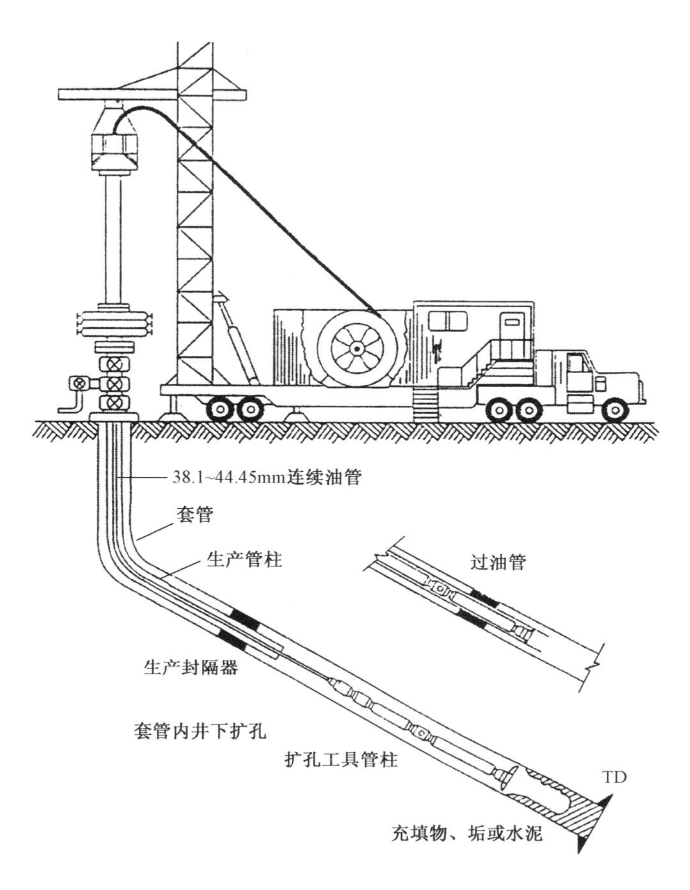

图 6－104　连续油管井下扩孔除垢作业示意图

5. 连续油管打捞

连续油管打捞作业内容包括井下预留桥塞、节流器、落鱼以及电缆等的清除。打捞作业示意图如图 6－105 所示。

二、连续油管作业常用计算

1. 深度校正

1）由轴向力引起的伸长量

由轴向力引起的连续油管的伸长量包括弹性变形和塑性变形。

（1）弹性伸长量。

根据虎克定律，若连续油管所受的拉力为 F，则其弹性伸长量为：

$$\Delta L = 8.14 \times 10^{-2} \times \frac{FL}{EA} \tag{6-12}$$

式中　ΔL——连续油管弹性伸长量，mm；

L——连续油管在自由状态下的长度，m；

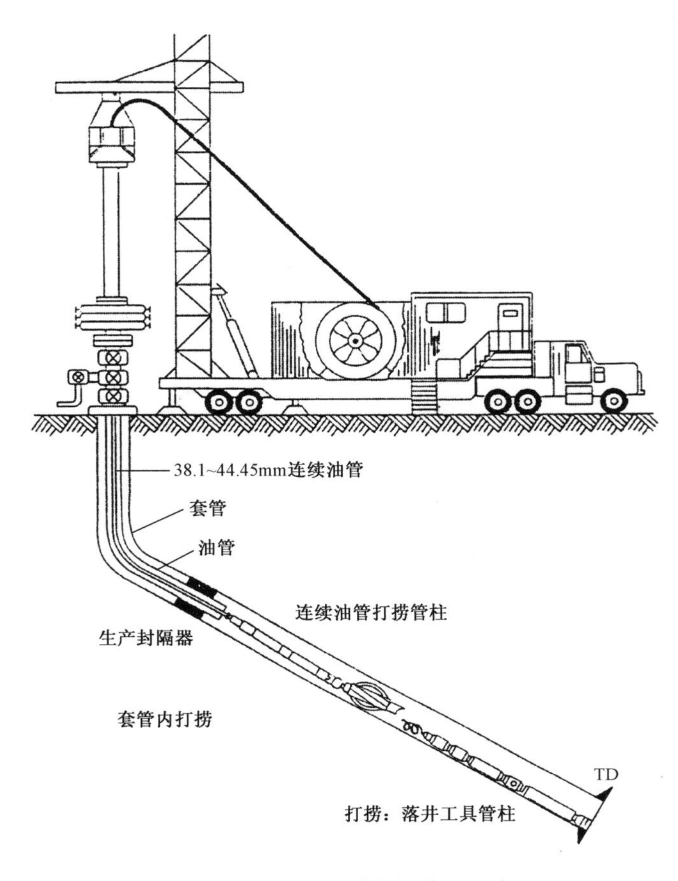

图 6－105　连续油管打捞作业示意图

F——连续油管所受的轴向力，kN；

A——连续油管管壁截面积，mm^2；

E——杨氏弹性模量，为 1.86×10^5 MPa。

（2）塑性伸长量。

临界载荷：

$$F_t = 500A\sigma_y + 20.68\times\frac{\sigma_y^2 R_b t}{E} \tag{6-13}$$

式中　F_t——连续油管临界载荷，kN；

σ_y——连续油管屈服强度，MPa；

R_b——屈服强度 σ_y 时连续油管的弯曲半径，mm；

t——连续油管壁厚，mm。

当连续油管所受轴向力小于临界载荷时，塑性伸长量计算为：

$$\Delta L_s = 8.14\times10^{-2}\times\frac{FL}{\left(\frac{A}{2}+\phi\right)\times E} \tag{6-14}$$

当连续油管所受轴向力小于临界载荷时，塑性伸长量计算为：

$$\Delta L_s = 8.14 \times 10^{-2} \times L \times \left[\frac{F_t}{\left(\frac{A}{2} + \phi\right) \times E} + \frac{F - F_t}{\left(\frac{A}{2} - \phi\right) \times E} \right] \tag{6-15}$$

其中

$$\phi = r_o^2 \theta_o - r_i^2 \theta_i + r_o r_i \sin(\theta_i - \theta_o) \tag{6-16}$$

$$\theta_o = \arcsin\left(\frac{3r_y}{2r_o}\right) \tag{6-17}$$

$$\theta_i = \arcsin\left(\frac{3r_y}{2r_i}\right) \tag{6-18}$$

$$r_y = 6.89 \times 10^{-3} \times \frac{R_b \sigma_y}{E}$$

式中　r_o——连续油管外半径，mm；

r_i——连续油管内半径，mm。

2）由温度变化引起的伸长量

$$\Delta L_T = 0.012 L \beta T_{avg} \tag{6-19}$$

式中　ΔL_T——由温度变化引起连续油管伸长量，mm；

β——连续油管材质热膨胀系数，为 6.5×10^{-6}°F^{-1}；

T_{avg}——连续油管所处井段的平均温度，°F。

3）由泊松比引起的伸长量

$$\Delta L_P = -1.65 \times 10^{-4} \times \frac{L\mu}{E} \times \left(\frac{r_i^2 p_i - r_o^2 p_o}{r_o^2 - r_i^2}\right) \tag{6-20}$$

式中　p_i——连续油管内压力，MPa；

p_o——连续油管外压力，MPa；

μ——连续油管材质泊松比，连续油管钢的泊松比等于0.33。

2. 连续油管卡点位置

为了计算卡点位置，施加在连续油管上的拉力至少应等于连续油管悬重 +3.5MPa，确保连续油管处于拉伸状态，并在连续油管上注上记号。在超过连续油管原始质量的基础上，按7MPa 的步长增大连续油管的拉伸力，同时相应地记下连续油管的弹性伸长量。从最后的拉伸力中减去连续油管的原始质量，并差得连续油管的卡点常数，则卡点位置计算公式为：

$$L = 0.2248 \times \frac{\Delta L C_{FPC}}{F_D} \tag{6-21}$$

式中　L——最小卡点深度，m；

C_{FPC}——卡点常数，可查表6－112得到；

F_D——拉伸力变化值，kN。

表6－112 油管卡点常数

尺寸（外径×壁厚）mm×mm	管壁截面积 mm^2	卡点常数	尺寸（外径×壁厚）mm×mm	管壁截面积 mm^2	卡点常数
25.4×2.032	142.58	552	44.45×3.683	450.97	1747
25.4×2.210	154.19	598	44.45×3.962	480.64	1862
25.4×2.413	165.81	643	44.45×4.445	536.13	2076
25.4×2.591	177.42	688	44.45×4.826	572.90	2220
25.4×2.769	189.03	732	44.45×5.182	614.84	2382
31.75×2.032	180.64	701	50.8×2.769	399.35	1549
31.75×2.210	196.13	761	50.8×2.946	425.16	1647
31.75×2.413	211.61	820	50.8×3.175	450.32	1744
31.75×2.591	226.45	878	50.8×3.404	485.81	1882
31.75×2.769	241.29	936	50.8×3.683	520.64	2018
31.75×2.946	256.13	993	50.8×3.962	555.48	2153
31.75×3.175	270.97	1049	50.8×4.445	620.64	2404
31.75×3.404	290.97	1128	50.8×4.826	663.87	2573
31.75×3.683	310.97	1205	50.8×5.182	713.55	2764
31.75×3.962	330.32	1281	60.3×3.175	540.00	2092
31.75×4.445	366.45	1420	60.3×3.404	583.22	2259
38.1×2.413	257.42	997	60.3×3.683	625.81	2425
38.1×2.591	276.13	1069	60.3×3.962	667.74	2589
38.1×2.769	294.19	1140	60.3×4.445	747.10	2896
38.1×2.946	312.26	1211	60.3×4.826	800.64	3103
38.1×3.175	330.32	1281	60.3×5.182	861.29	3339
38.1×3.404	356.13	1379	73.0×3.962	818.06	3170
38.1×3.683	380.64	1476	73.0×4.445	916.77	3552
38.1×3.962	405.81	1572	73.0×4.826	983.22	3810
38.1×4.445	450.97	1748	73.0×5.182	1059.35	4104
38.1×4.826	481.29	1866	88.9×4.445	1128.38	4372
44.45×2.769	347.10	1344	88.9×4.826	1210.97	4694
44.45×2.946	369.03	1429	88.9×5.182	1306.45	5062
44.45×3.175	390.32	1512	88.9×5.690	1425.16	5523
44.45×3.404	420.64	1631	88.9×6.350	1585.80	6145

3. 连续油管最小弯曲半径

$$R_y = 72.52 \times \frac{Er_o}{\sigma_y} \tag{6-22}$$

4. 连续油管压降计算

1)卷绕管段压力损失

连续油管在滚筒上的压力损失为：

$$\Delta p_C = 0.3947 \times \frac{f_{HC} L \rho v^2}{d} \tag{6-23}$$

牛顿流体：

$$f_{HC} = \frac{0.084}{Re^{0.2}} \left(\frac{d}{D_r} \right)^{0.1} \tag{6-24}$$

幂律流体：

$$f_{HC} = \frac{1.069a}{Re^{0.8b}} \left(\frac{d}{D_r} \right)^{0.1} \tag{6-25}$$

$$a = \frac{\lg n + 3.93}{50} \tag{6-26}$$

$$b = \frac{1.75 - \lg n}{7} \tag{6-27}$$

式中　Δp_C——卷绕段压力损失，MPa；

f_{HC}——摩阻系数；

d——连续油管内径，mm；

D_r——连续油管滚筒滚芯直径，mm；

n——流动特性指数；

L——连续油管长度，m；

ρ——流体密度，kg/m^3；

v——流体流速，m/s；

Re——雷诺数。

2)垂直管段压力损失

(1)插图法。

垂直管段压力损失为：

$$\Delta p = 0.3947 \times \frac{f_a L \rho V^2}{d} \tag{6-28}$$

式中 f_a 由图 6－106 查得。

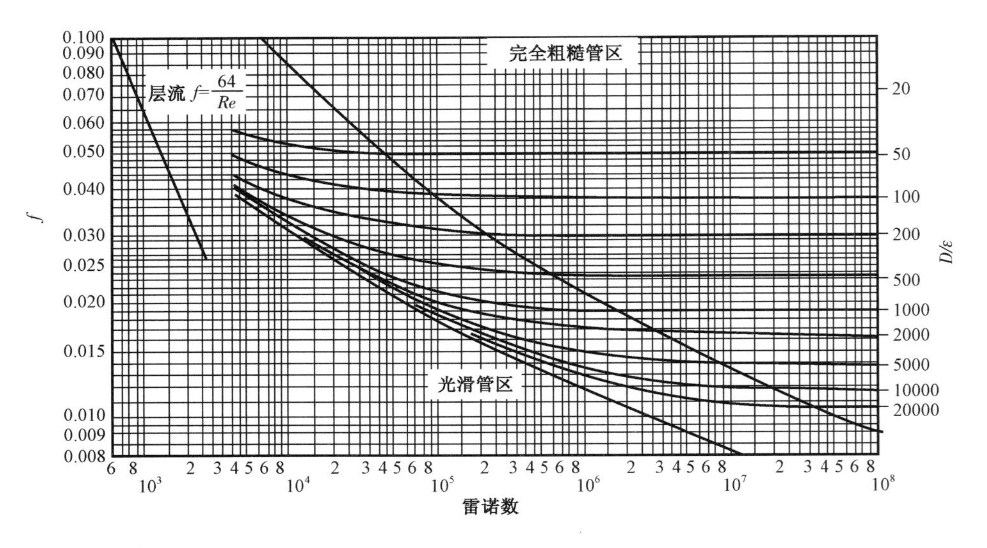

图 6－106 f 与 Re 的管线曲线

(2)计算法。

垂直管段压力损失为:

$$\Delta p = 1.5789 \times \frac{f_b L\rho V^2}{d} \tag{6-29}$$

Churehill 给出的计算 f_a 的公式如下:

$$f_b = \left[\left(\frac{8}{Re}\right)^{12} + \frac{1}{(A+B)^{3/2}}\right]^{1/12} \tag{6-30}$$

$$A = \left\{2.457\ln\left[\frac{1}{\left(\frac{7}{Re}\right)^{0.9} + \left(\frac{0.27\varepsilon}{ID_n}\right)}\right]\right\}^{16} \tag{6-31}$$

$$B = \left(\frac{37530}{Re}\right)^{16} \tag{6-32}$$

$$Re = \frac{4\rho Q}{\pi \mu d} \tag{6-33}$$

式中 ε——常数,取 0.04572mm;

Q——流体的流量,m^3/min;

ID_n——利用公称壁厚求得的连续油管内径,mm;

μ——黏度,mPa · s。

常用的流体参数见表 6－113。

表 6－113　常用的流体参数

流体(15.6℃)	密度,kg/m^3	黏度,mPa·s
水	998.11	0.9784
盐水	1198.28	2.3000
15%氯化氢	1072.71	1.9500
柴油	828.54	1.6200

3)斜直管段压力损失

连续油管与水平方向的夹角对压降的影响,每100m的压降:

$$-\Delta p = 491.76 \times \rho \sin\theta + 5.17 \times 10^{-4} \times \frac{f\rho Q^2}{d^5} \tag{6-34}$$

式中　Δp——每100m压力损失,MPa/100m;

θ——连续油管轴线与水平面的夹角。

5.连续油管内屈服压力

1)圆管

(1)内屈服压力。

在计算内屈服压力时,假定无外部压力,则内屈服压力为:

$$p_i = \frac{1}{2(B^2 + B + 1)}\left[\sigma_a(B-1) + \sqrt{\sigma_a^2(B-1)^2 + 4(B^2 + B + 1)(S_y^2 - \sigma_a^2)}\right] \tag{6-35}$$

其中

$$B = \frac{(OD^2 + ID^2)}{(OD^2 - ID^2)}$$

$$\sigma_a = \frac{4F}{\pi(OD^2 - ID^2)}$$

式中　p_i——内屈服压力,MPa;

σ_a——轴向应力,MPa;

S_y——屈服强度,MPa;

OD——连续油管外径,mm;

ID——连续油管内径,mm。

(2)挤毁压力。

假定内压力为0,则连续油管挤毁压力为:

$$p_o = \frac{-\sigma_a + \sqrt{4S_y^2 - 3\sigma_a^2}}{2C} \tag{6-36}$$

其中

$$C = 2 \times \frac{OD^2}{OD^2 - ID^2}$$

2）椭圆管

由于连续油管的横截面并非绝对的圆形，因此首先引入连续油管椭圆度的概念，其定义为：

$$\Theta = \frac{D_{max} - D_{min}}{D} \tag{6-37}$$

式中 Θ——连续油管椭圆度，无量纲；

D_{max}——连续油管横截面最大直径，mm；

D_{min}——连续油管横截面最小直径，mm；

D——连续油管公称直径，mm。

考虑到椭圆度的影响，横截面为椭圆形的连续油管挤毁压力计算为：

$$p_{co} = g - \sqrt{g^2 - f} \tag{6-38}$$

$$g = \frac{\sigma_y}{\left(\frac{D}{t} - 1\right)} + \frac{p_c}{4}\left[2 + 3\left(\frac{D_{max} - D_{min}}{D}\right)\frac{D}{t}\right] \tag{6-39}$$

$$f = \frac{2\sigma_y p_c}{\left(\frac{D}{t} - 1\right)} \tag{6-40}$$

式中 p_c——轴向载荷为零时，圆管的挤毁压力，MPa；

p_{co}——轴向载荷为零时，椭圆管的挤毁压力，MPa；

σ_y——连续油管最小屈服强度，MPa。

在拉伸载荷 L 作用下的最大允许外部压力为：

$$p_o = p_{co} \times \left[\left(\frac{1}{SF}\right)^{4/3} - \left(\frac{L}{L_y}\right)^{4/3}\right]^{3/4} \tag{6-41}$$

式中 p_o——最大允许外部压力，MPa；

L——施加在连续油管上的拉伸载荷，kN；

L_y——连续油管管体屈服载荷，kN；

SF——用户选定的安全系数。SF 的选择见表 6－114。

表 6－114 *SF* 选择表

L/L_y	连续油管不同利用率							
	<20%	20%～30%	30%～40%	40%～50%	50%～60%	60%～70%	70%～80%	80%～100%
	连续油管不同利用率下的安全系数							
	1.25	1.30	1.40	1.50	1.60	1.70	1.80	2.00
0.00	0.80	0.77	0.71	0.67	0.63	0.59	0.56	0.50
0.05	0.79	0.75	0.70	0.65	0.61	0.57	0.54	0.48
0.10	0.76	0.73	0.67	0.63	0.58	0.55	0.51	0.46

续表

L/L_y	连续油管不同利用率							
	<20%	20% ~30%	30% ~40%	40% ~50%	50% ~60%	60% ~70%	70% ~80%	80% ~100%
	连续油管不同利用率下的安全系数							
	1.25	1.30	1.40	1.50	1.60	1.70	1.80	2.00
0.15	0.73	0.70	0.65	0.60	0.55	0.52	0.48	0.42
0.20	0.70	0.67	0.61	0.56	0.52	0.48	0.45	0.38
0.25	0.67	0.64	0.58	0.53	0.48	0.44	0.40	0.34
0.30	0.63	0.60	0.54	0.49	0.44	0.40	0.36	0.29
0.35	0.59	0.56	0.50	0.44	0.39	0.35	0.31	0.24
0.40	0.55	0.51	0.45	0.39	0.34	0.30	0.26	0.18
0.45	0.50	0.46	0.40	0.34	0.29	0.24	0.19	0.11
0.50	0.45	0.41	0.34	0.28	0.23	0.17	0.12	0
0.55	0.40	0.36	0.29	0.22	0.16	0.09	0.02	—
0.60	0.34	0.30	0.22	0.15	0.07	—	—	—
0.65	0.28	0.23	0.14	0.05	—	—	—	—
0.70	0.21	0.16	0.05	—	—	—	—	—
0.75	0.12	0.06	—	—	—	—	—	—

6. 连续油管下入深度

1)方法一

$$L_e = \frac{L_{80\%}}{W} \tag{6-42}$$

式中 L_e——等效连续油管长度或称为在空气中的连续油管悬挂长度,m;

$L_{80\%}$——连续油管拉伸载荷的80%,kgf;

W——连续油管质量,kg/m。

2)方法二

$$L_e = 0.0226 \times \frac{S_{80\%}}{\gamma} \tag{6-43}$$

式中 $S_{80\%}$——连续油管拉伸强度的80%,MPa;

γ——连续油管材质密度,kg/m^3(钢的密度为$7.8 \times 10^3 kg/m^3$)。

如果井筒内充满液体,则考虑液体浮力的影响,连续油管的下入深度计算为:

$$L_e = 1.89 \times 10^{-3} \times \frac{S_{80\%}}{12(\gamma - \gamma_m)} \tag{6-44}$$

式中 γ_m——液体密度,kg/m^3。

3)方法三

连续油管钻井管柱的最大悬挂深度取决于连续油管材质、井筒内液体密度和是否是锥形油管。对于非锥形连续油管,其计算公式为:

$$L = \frac{\sigma_y}{187.66 - 344.32 \times W_m} \tag{6-45}$$

式中 L——80%屈服应力时的悬挂深度,m;

W_m——井液密度,kg/m^3。

7. 管子体积置换

容积:

$$V_i = \frac{\pi}{4} d_i^2 \tag{6-46}$$

置换量:

$$V_o = \frac{\pi}{4} d_o^2 \tag{6-47}$$

两管间环空容积:

$$V_a = \frac{\pi}{4}(d_{i-o}^2 - d_{o-i}^2) \tag{6-48}$$

式中 d_i——管子内径,mm;

d_o——管子外径,mm;

d_{i-o}——外管内径,mm;

d_{o-i}——内管外径,mm;

V_a——两管间环空体积,mm^3;

V_i——管子内容积,mm^3;

V_o——管壁置换体积,mm^3。

表6-115~表6-117分别为连续油管体积及置换体积、油管与连续油管环空容积、套管与连续油管环空容积表。

表6-115 连续油管体积及置换体积

外径		壁厚		管壁截面积	管子内圆截面积	内容积	管子置换体积
in	mm	in	mm	mm^2	mm^2	L/m	L/m
1	25.40	0.075	1.905	140.6	366.1	0.366	506.71
	25.40	0.080	2.032	149.2	357.5	0.358	506.71
	25.40	0.087	2.210	161.0	345.7	0.346	506.71
	25.40	0.095	2.413	174.3	332.5	0.332	506.71
	25.40	0.102	2.591	185.6	321.1	0.321	506.71
	25.40	0.109	2.769	196.8	309.9	0.310	506.71
	25.40	0.125	3.175	221.7	285.0	0.285	506.71

续表

外径		壁厚		管壁截面积	管子内圆截面积	内容积	管子置换体积
in	mm	in	mm	mm^2	mm^2	L/m	L/m
1¼	31.75	0.075	1.905	178.6	613.1	0.613	791.73
	31.75	0.087	2.210	205.1	586.7	0.587	791.73
	31.75	0.090	2.286	211.6	580.1	0.580	791.73
	31.75	0.097	2.464	226.7	565.0	0.565	791.73
	31.75	0.104	2.642	241.6	550.2	0.550	791.73
1½	38.10	0.095	2.413	270.5	869.6	0.870	1140.09
	38.10	0.102	2.591	289.0	851.1	0.851	1140.09
	38.10	0.109	2.769	307.3	832.8	0.833	1140.09
	38.10	0.125	3.175	348.4	791.7	0.792	1140.09
	38.10	0.134	3.404	371.0	769.1	0.769	1140.09
	38.10	0.156	3.962	425.0	715.1	0.715	1140.09
	38.10	0.175	4.445	470.0	670.1	0.670	1140.09
1¾	44.45	0.109	2.769	362.5	1189.3	1.189	1551.79
	44.45	0.125	3.175	411.7	1140.1	1.140	1551.79
	44.45	0.134	3.404	438.9	1112.9	1.113	1551.79
	44.45	0.156	3.962	504.0	1047.8	1.048	1551.79
	44.45	0.175	4.445	558.6	993.1	0.993	1551.79
	44.45	0.188	4.775	595.2	956.6	0.957	1551.79
2	50.80	0.109	2.769	417.8	1609.1	1.609	2026.83
	50.80	0.125	3.175	475.0	1551.8	1.552	2026.83
	50.80	0.134	3.404	506.8	1520.0	1.520	2026.83
	50.80	0.156	3.962	583.0	1443.8	1.444	2026.83
	50.80	0.175	4.445	647.3	1379.5	1.380	2026.83
	50.80	0.188	4.775	690.5	1336.4	1.336	2026.83
2⅜	60.33	0.109	2.769	500.7	2358.0	2.358	2858.62
	60.33	0.125	3.175	570.1	2288.5	2.289	2858.62
	60.33	0.134	3.404	608.7	2249.9	2.250	2858.62
	60.33	0.156	3.962	701.7	2156.9	2.157	2858.62
	60.33	0.175	4.445	780.4	2078.2	2.078	2858.62
	60.33	0.188	4.775	833.4	2025.2	2.025	2858.62
2⅞	73.03	0.125	3.175	696.8	3492.1	3.492	4188.83
	73.03	0.134	3.404	744.5	3444.3	3.444	4188.83
	73.03	0.156	3.962	859.8	3329.1	3.329	4188.83
	73.03	0.175	4.445	957.7	3231.1	3.231	4188.83
	73.03	0.188	4.775	1023.9	3164.9	3.165	4188.83
	73.03	0.203	5.156	1099.5	3089.4	3.089	4188.83

续表

外径		壁厚		管壁截面积	管子内圆截面积	内容积	管子置换体积
in	mm	in	mm	mm^2	mm^2	L/m	L/m
3½	88.90	0.134	3.404	914.2	5293.0	5.293	6207.17
	88.90	0.156	3.962	1057.3	5149.8	5.150	6207.17
	88.90	0.175	4.445	1179.4	5027.8	5.028	6207.17
	88.90	0.188	4.775	1262.0	4945.1	4.945	6207.17
	88.90	0.203	5.156	1356.5	4850.6	4.851	6207.17

表6－116　油管与连续油管环空容积

油管尺寸,mm			不同连续油管直径对应的环空容积,L/m							
外径	壁厚	内径	25.40mm	31.80mm	38.10mm	44.50mm	50.80mm	60.30mm	73.00mm	88.90mm
26.70	2.87	20.93								
33.40	3.38	26.64	0.05							
42.20	3.18	35.81	0.50	0.21						
	3.56	35.05	0.46	0.17						
48.30	3.18	41.91	0.87	0.59	0.24					
	3.68	40.89	0.81	0.52	0.17					
52.40	3.96	44.48	1.05	0.76	0.41					
60.30	4.24	51.84	1.60	1.32	0.97	0.56				
	4.83	50.67	1.51	1.22	0.88	0.46				
	6.45	47.42	1.26	0.97	0.63	0.21				
73.00	5.51	62.00	2.51	2.22	1.88	1.46	0.99			
	7.01	59.00	2.23	1.94	1.59	1.18	0.71			
	7.82	57.38	2.08	1.79	1.45	1.03	0.56			
88.90	5.49	77.93	4.26	3.98	3.63	3.21	2.74	1.91	0.58	
	6.45	76.00	4.03	3.74	3.40	2.98	2.51	1.68	0.35	
	7.34	76.00	4.03	3.74	3.40	2.98	2.51	1.68	0.35	
	9.52	69.85	3.33	3.04	2.69	2.28	1.81	0.98		
101.60	5.74	90.12	5.87	5.58	5.24	4.82	4.35	3.52	2.19	0.17
	6.65	88.29	5.62	5.33	4.98	4.57	4.10	3.27	1.94	
114.30	6.88	100.53	7.43	7.14	6.80	6.38	5.91	5.08	3.75	1.73

表 6－117 套管与连续油管环空容积

套管尺寸，mm			不同连续油管直径对应的环空容积，L/m							
外径	壁厚	内径	25.40mm	31.80mm	38.10mm	44.50mm	50.80mm	60.30mm	73.00mm	88.90mm
114.3	5.21	103.89	7.97	7.68	7.34	6.92	6.45	5.62	4.29	2.27
	5.69	102.92	7.81	7.53	7.18	6.76	6.29	5.46	4.13	2.11
	6.35	101.60	7.60	7.31	6.97	6.55	6.08	5.25	3.92	1.90
	7.37	99.57	7.28	6.99	6.65	6.23	5.76	4.93	3.60	1.58
	8.56	97.18	6.91	6.62	6.28	5.86	5.39	4.56	3.23	1.21
127.0	5.59	115.82	10.03	9.74	9.40	8.98	8.51	7.68	6.35	4.33
	6.43	114.15	9.73	9.44	9.09	8.68	8.21	7.38	6.05	4.03
	7.52	111.96	9.34	9.05	8.70	8.29	7.82	6.99	5.66	3.64
	9.19	108.61	8.76	8.47	8.12	7.71	7.24	6.41	5.08	3.06
	11.10	104.80	8.12	7.83	7.49	7.07	6.60	5.77	4.44	2.42
	12.14	102.72	7.78	7.49	7.15	6.73	6.26	5.43	4.10	2.08
	12.70	101.60	7.60	7.31	6.97	6.55	6.08	5.25	3.92	1.90
139.7	6.20	127.30	12.22	11.93	11.59	11.17	10.70	9.87	8.54	6.52
	6.99	125.73	11.91	11.62	11.28	10.86	10.39	9.56	8.23	6.21
	7.72	124.26	11.62	11.33	10.99	10.57	10.10	9.27	7.94	5.92
	9.17	121.36	11.06	10.77	10.43	10.01	9.54	8.71	7.38	5.36
	10.54	118.62	10.54	10.26	9.91	9.50	9.02	8.20	6.87	4.84
177.8	6.91	163.98	20.61	20.32	19.98	19.56	19.09	18.26	16.93	14.91
	8.05	161.70	20.03	19.74	19.40	18.98	18.51	17.68	16.35	14.33
	9.19	159.41	19.45	19.16	18.82	18.40	17.93	17.10	15.77	13.75
	10.36	157.07	18.87	18.58	18.24	17.82	17.35	16.52	15.19	13.17
	11.51	154.79	18.31	18.02	17.68	17.26	16.79	15.96	14.63	12.61
	12.65	152.50	17.76	17.47	17.13	16.71	16.24	15.41	14.08	12.06
	13.72	150.37	17.25	16.96	16.62	16.20	15.73	14.90	13.57	11.55
193.7	8.33	177.01	24.10	23.81	23.47	23.05	22.58	21.75	20.42	18.40
	9.52	174.63	23.44	23.16	22.81	22.40	21.92	21.10	19.77	17.74
	10.92	171.83	22.68	22.40	22.05	21.63	21.16	20.33	19.00	16.98
	12.70	168.28	21.73	21.45	21.10	20.69	20.21	19.39	18.06	16.03
	14.27	165.13	20.91	20.62	20.28	19.86	19.39	18.56	17.23	15.21
	15.11	163.45	20.48	20.19	19.84	19.43	18.96	18.13	16.80	14.78
	15.88	161.93	20.09	19.80	19.45	19.04	18.57	17.74	16.41	14.39

续表

套管尺寸,mm			不同连续油管直径对应的环空容积,L/m							
外径	壁厚	内径	25.40mm	31.80mm	38.10mm	44.50mm	50.80mm	60.30mm	73.00mm	88.90mm
244.5	7.92	228.63	40.55	40.26	39.91	39.50	39.03	38.20	36.87	34.85
	8.94	226.59	39.82	39.53	39.18	38.77	38.30	37.47	36.14	34.12
	10.03	224.41	39.05	38.76	38.41	38.00	37.53	36.70	35.37	33.35
	11.05	222.38	38.33	38.05	37.70	37.28	36.81	35.98	34.65	32.63
	11.99	220.50	37.68	37.39	37.05	36.63	36.16	35.33	34.00	31.98
	13.84	216.79	36.41	36.12	35.77	35.36	34.89	34.06	32.73	30.70
273.1	8.89	255.27	50.67	50.38	50.04	49.62	49.15	48.32	46.99	44.97
	10.16	252.73	49.66	49.37	49.03	48.61	48.14	47.31	45.98	43.96
	11.43	250.19	48.66	48.37	48.02	47.61	47.14	46.31	44.98	42.95
	12.57	247.90	47.76	47.47	47.13	46.71	46.24	45.41	44.08	42.06
	13.84	245.36	46.78	46.49	46.14	45.73	45.26	44.43	43.10	41.08
	15.11	242.82	45.80	45.51	45.17	44.75	44.28	43.45	42.12	40.10
339.7	9.65	320.42	80.13	79.84	79.50	79.08	78.61	77.78	76.45	74.43
	10.92	317.88	78.86	78.57	78.22	77.81	77.34	76.51	75.18	73.16
	12.19	315.34	77.59	77.31	76.96	76.54	76.07	75.24	73.91	71.89
	13.06	313.61	76.74	76.45	76.10	75.69	75.22	74.39	73.06	71.04

三、连续油管作业装备及工具

1. 连续油管作业机

连续油管作业机是载车、连续油管卷筒、注入头、井口防喷器组组成,结构如图6-107所示。

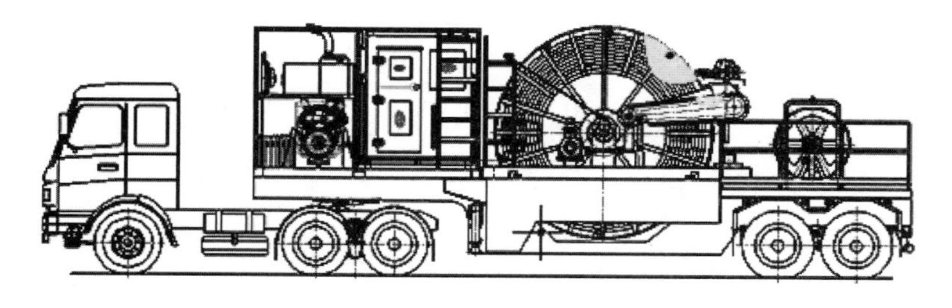

图6-107 连续油管载车结构示意图

1)连续油管作业装备技术参数

连续油管作业装备技术参数见表6-118~表6-126。

表 6－118 Fidmash 连续油管作业机主要技术参数

技术参数	CTU 型号				
	MK10T1	MK10T2	MK20T1	MK20T2	MK20T3
底盘	MAZ－631708（6×6）	KAMAZ－53228（6×6）	MZKT－652712（8×8）	MZKT－652712（8×8）	MZKT－65276（10×10）
发动机	YAMZ－7511	74013－260	YAMZ－7511	YAMZ－7511	YAMZ－7511
发动机功率，kW	298.4	193.96	298.4	298.4	298.4
注入头最大上提力，kN	117.79	97.79	266.7	266.7	266.7
CT 注入速度，m/min	0.6～47.1	0.6～22.5	0.6～47.1	0.6～47.1	0.6～47.1
最大井口压力，MPa	68.95	34.475	68.95	68.95	68.95
起吊能力，kN	59.11	39.12	97.79	97.79	97.79
CT 尺寸，mm	19.05～38.1	19.05～38.1	19.05～38.1	19.05～50.8	19.05～50.8
38.1mmCT 滚筒容量，m	2160	1575	4140	3750	4920

表 6－119 CTS 连续油管作业机主要技术参数

型号	技术参数				
CTS CTU	底盘	注入头	伸缩式鹅颈管	空压机	流体泵
	2001 international	上提力（C－Tech 产注入头）	5 节	Norhtwest 设备	低排量三缸泵
	双桥转向	133.35kN	最大倾角：30°	5 级液体冷却	最大输出：0.06m³/min
	三桥驱动	鹅颈管直径：1.8m	最大伸缩距离：2.6m	最大输出：16.8m³/min	最大压力：20.69MPa
	空气悬架	CT 尺寸：0.03～0.05m	最大工作高度：0.78～2.4m	最大压力：8.89kN	
	Cat C15（354.35kW）			工作方式：连续	
	18 级变速				

表 6－120 Energy Contractors 连续油管作业机主要技术参数

型号	技术参数				
Energy Contractors CTU	底盘	注入头	升降台	空压机	流体泵
	MACK	上提力（C－Tech 产注入头）	Fassi F150CA24	Norhtwest 设备	低排量三缸泵
	单桥转向/三桥驱动	133.35kN	伸缩距离：11.4～0.15m	5 级液体冷却	最大输出：0.06m³/min
	三桥驱动	鹅颈管直径：1.8m	可 390°旋转	最大输出：16.8m³/min	最大压力：20.69MPa
	空气悬架	CT 尺寸：0.03～0.05m	可伸出，有利于人员上下	最大压力：8.89kN	
	565 Cummins			工作方式：连续	
	18 级变速			冷却器安装位置：顶部	

表 6-121　Hub City 连续油管作业机主要技术参数

型号	技术参数				
Hub City CTU	底盘	注入头	升降台	控制室	流体泵
	2003 international	上提力（C-Tech 产注入头）	Fassi F140A2. 4	长×宽:2. 1m×1. 5m	低排量三缸泵
	单桥转向	133. 35kN	14t	控制室顶部可升至 5. 4m	最大输出: 0. 06m³/min
	三桥驱动	鹅颈管直径:1. 8m	伸缩距离: 12. 3～0. 05m	加热器/空调	最大压力:20. 69MPa
	空气悬架	CT 尺寸: 0. 03～0. 05m	注:可 390°旋转	控制面板	
	Cat C15(354. 35kW)			计数系统	
	18 级变速				

表 6-122　Key 连续油管作业机主要技术参数

技术参数			
底盘	注入头	伸缩式鹅颈管	Alberta 仪表记录系统
MACK	上提力(C-Tech 产注入头)	5 节	Prox 开关安装在拱上,记录仪安装在链条驱动装置上,其结果通过数字显示在控制面板上
单桥转向	133. 35kN	最大倾角:30°	
双桥驱动	鹅颈管直径:1. 8m	最大伸缩距离:2. 6m	
空气悬架	CT 尺寸:0. 03～0. 05m	最大工作高度:0. 78～2. 4m	
350Mack 发动机			
10 级变速			

表 6-123　IPS 连续油管作业机主要技术参数

CTU	卡车	海上橇
CT 滚筒(取决于连续油管尺寸),m	6900	6000
CTU 质量(取决于炼狱有关尺寸和长度),kN	400. 05～711. 2	71. 12
CT 尺寸,m	0. 031,0. 038,0. 056 和 0. 05	0. 031 和 0. 038
注入头	60K 和 80K	
压力控制设备,MPa	34. 48,68. 96 和 103. 43	68. 96 和 103. 43
数据采集	是	
防喷器组	0. 08m 和 0. 1m	
泵排量,m³/min	可达 0. 16	
额定压力(工作),MPa	34. 48～103. 43	
重量,kN	222. 25～326. 71	222. 25～97. 79

表 6－124　烟台杰瑞石油装备技术有限公司 CTT－80 型大管径连续油管拖车型号及技术参数

拖车	型号	ZZ4256S2946FN
	装载质量，kg	44000
	长度，m	13450
	牵引销，m	0.09
动力单元	发动机型号	DDC S60
	分动箱型号	FUNK
	燃油箱容量，L	400
操作室尺寸，mm		2000×2100×2200
连续油管滚筒	尺寸，mm	3886×2413×1778
	容量，m	3500（0.059m），6300（0.056m），4800（0.05m）
注入头	型号	JR－80K
	连续上提力，kN	355.6
	连续下推力，kN	177.8
	最大速度，m/min	75
	最低平稳速度，m/min	0.15
	适用连续油管尺寸，m	0.03～0.07
软管滚筒	注入头主油路滚筒	2 根 50m
	注入头控制油路滚筒	16 根 40m
	防喷器控制油路滚筒	

表 6－125　中石化国际有限公司 LGC230 连续油管作业机主要技术参数

型号	技术参数					
	最大上提力 kgf	最大下推力 kgf	最大速度（高速齿轮） m/min	最大速度（低速齿轮） m/min	CT 尺寸 m	额定工作压力 MPa
LGC230	22700	11350	60	30	0.03（6500m）， 0.04（4500m）	70

表 6－126　中国石油江汉机械研究所 LG180/38 连续油管作业机主要技术参数

型号	技术参数					
	最大拉力 kN	最大起升速度 m/min	滚筒容量 m	液压随车吊起最大质量 t	驱动型式	总质量 t
LG180/38	180	60	4000（ϕ38.1mm）， 6000（ϕ31.75mm）	8	8×4	39.51
	最大注入力 kN	适用连续油管外径 mm	液压防喷器组工作压力 MPa	底盘发动机功率 （2100r/min），kW	整机外形尺寸 mm	
	90	38.1 和 31.75	70	286	11180×2500×4185	

2)连续油管卷筒

连续油管滚筒为缠绕连续油管的装置。在连续油管入井时,通过液马达传动保持较小的背压,使注入头拉曳管子时保持一定的拉力。连续油管起出时,液马达的压力增加使滚筒与注入头起出连续油管的速度保持一致。滚筒的前面装有自动排管器和长度计数器,滚筒还装有用于注入头与滚筒之间的连续油管突然断开时刹住滚筒的轴向气动刹车装置,不能用于控制下放速度。

主要结构如图 6-108 所示,基本参数见表 6-127。

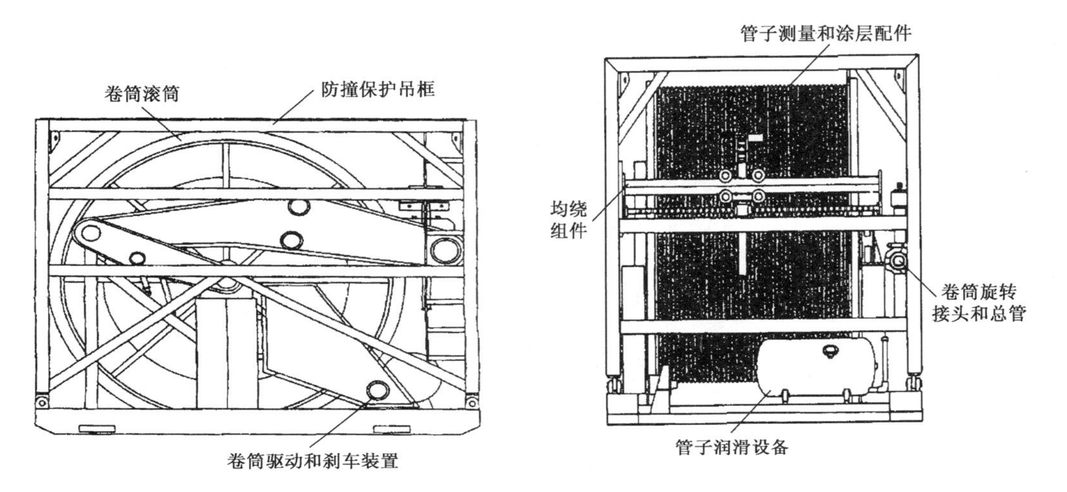

图 6-108　典型的连续油管卷筒

表 6-127　不同尺寸连续油管的弯曲屈服半径、管子卷筒中心半径和管子导向拱半径的比较表

连续油管外径,mm	弯曲屈服半径,mm	管子卷筒中心半径,mm	管子导向拱半径,mm
19.05	4089.4	609.6	1219.2
25.4	5435.6	508.0 ~ 762.0	1219.2 ~ 1371.6
31.75	6807.2	635.0 ~ 914.4	1219.2 ~ 1828.8
38.10	8153.4	762.0 ~ 1016.0	1219.2 ~ 1828.8
44.45	9525.0	889.0 ~ 1219.2	1828.8 ~ 2438.0
50.80	10896.6	1016.0 ~ 1219.2	1828.8 ~ 2438.0
60.33	12928.8	1219.2 ~ 1371.6	2286.0 ~ 3048.0
73.03	15646.1	1371.6 ~ 1473.2	2286.0 ~ 3048.0
88.90	19050.0	1651.0 ~ 1778.0	2286.0 ~ 3048.0

3)注入头

注入头是利用两条相对齿轮驱动牵引链控制连续油管柱起下的装置。牵引链由反向旋转液压发动机提供动力。在牵引链条的外侧嵌装内锁式鞍状油管卡子,链里的鞍形油管卡子由液压压辊使卡子压紧在油管上,产生需要的牵引力。注入头主要结构如图 6-109 所示,主要技术参数见表 6-128 ~ 表 6-132。

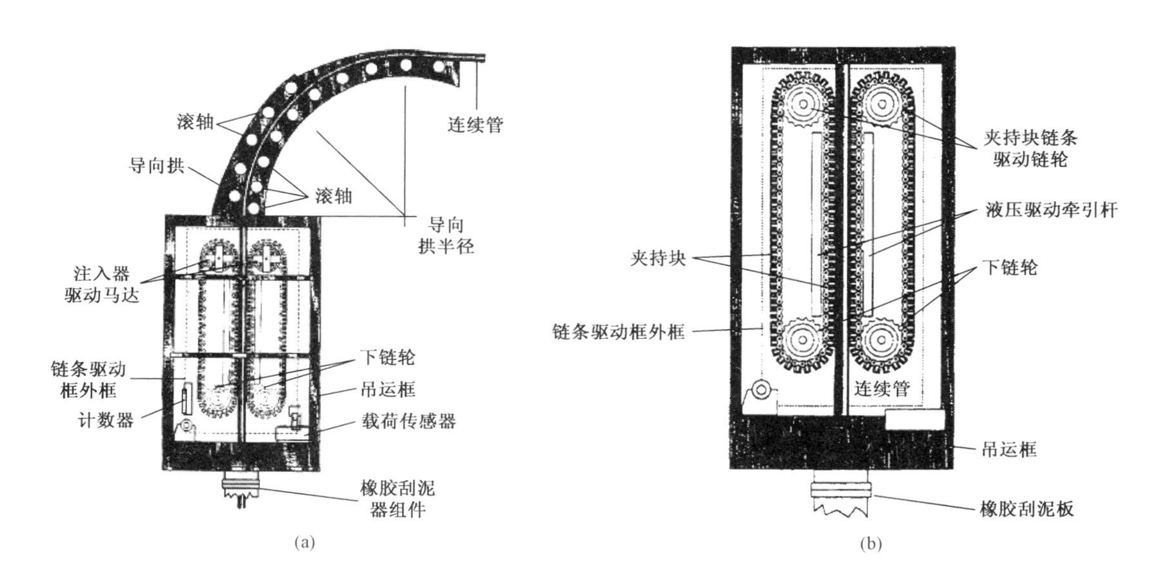

图 6－109　连续油管作业装备注入头主要结构示意图

表 6－128　加拿大 DKECO 能源服务有限公司注入头主要技术参数表

性能参数		DTI30	DTI40	DTI60	DTI90	DTI120
最大拉力 kN	间歇工作,24.5MPa	148.33	177.93	297.28	430.41	533.79
	连续作业,21MPa	127.13	152.57	254.81	368.94	462.17
油管尺寸 mm	最大尺寸	60.3	60.3	60.3	88.9	88.9
	最小尺寸	25.4	25.4	25.4	38.1	38.1
最大下入速度 m/min	低速		37.5	33.9	23.4	18
	中速				35.4	
	高速	64.2	75	68.1	70.5	36.0
液体流量,m^3/min		0.49	0.34	0.49	0.49	0.49
液压驱动马达性能	最大间歇压力,MPa	24.5	24.5	24.5	24.5	24.5
	连续工作压力,MPa	21	21	21	21	21
	最大间歇速度,r/min	300	300	300	300	300
	连续工作速度,r/min	200	200	200	200	200
	21MPa 时的扭矩,kN · m	5.52	12.34	12.34	18.51	12.34×2
注入头总质量,kg		3230.0	3697.0	4386.3	5085.7	8849.8

表 6－129　美国 Hydra Rig 公司注入头主要技术参数表

项目	基本参数		
规格型号	HR560	HR580	HR5100
连续油管举升力,kN	266.89	355.86	444.82
强行下入能力,kN	115.85	177.93	222.41

续表

项目	基本参数		
最大下入速度,m/min	60(最小位移) 37.8(最大位移)	45.6(最小位移) 30.6(最大位移)	52(最小位移) 25.2(最大位移)
驱动系统	特制齿轮传动、单液压马达等	特制齿轮传动、单液压马达等	特制齿轮传动、单液压马达等
链条系统	"快接"夹紧器,橡胶悬挂系统,注入头链条润滑系统等	"快接"夹紧器,橡胶悬挂系统,注入头链条润滑系统等	"快接"夹紧器,橡胶悬挂系统,注入头链条润滑系统等
连续油管尺寸,mm	25.4～60.3	38.1～88.9	38.1～88.9
质量,kg	3673.43	5215.37	7891.07

表 6－130　哈里伯顿公司注入头主要技术参数表

项目	基本参数		
规格型号	HES60K	HES80K	HES100K
连续油管举升力,kN	266.89	355.86	444.82
强行下入能力,kN	133.45	177.93	222.41
连续油管尺寸,mm	31.75～60.3	31.75～73.0	38.1～88.9

表 6－131　BOWEN 公司注入头主要技术参数表

注入头	液压马达	最大额定拉力,kN	连续油管尺寸,mm
25MD	H－20 POCLA	高速:23.1MPa 时为 55.6kN 低速:23.1MPa 时为 111.2kN	19.05,25.4,28.575,31.75
40MD	H－20 POCLA	高速:24.15MPa 时为 88.7kN 低速:24.15MPa 时为 176.4kN	25.4,31.75,38.1,44.45,50.8
60MD	H－20 POCLA	高速:22.4MPa 时为 133.4kN 低速:22.4MPa 时为 266.9kN	25.4,31.75,50.8,44.45,50.8,60.3

表 6－132　美国 CUDD 公司注入头主要技术参数表

型号	125 Hydra rig	240 Hydra rig	260 Hydra rig	440 Hydra rig	800 S&S	800L S&S	480 Hydra rig	3120 Hydra rig
最大拉力 kN	142.34	177.93	266.89	266.89	355.86	355.86	444.82	444.82
向行下入能力 kN	44.48	66.72	66.72	88.96	177.93	177.93	177.93	266.89
注入头质量 kg	3401	3628	5306	3265	2970	3220	6122	8299
连续管尺寸 范围,mm	25.4～44.45	25.4～44.45	25.4～60.3	25.4～60.3	19.05～88.9	19.05～88.9	31.75～88.9	50.8～114.3

4）井口防喷器组

典型的防喷器组由4个液压防喷器组成。井口防喷器组最低配置包括全封心子、剪切心子、卡瓦心子和半封心子等四个部分，最低工作压力一般为68.95MPa。主要结构如图6－110所示，作业时可根据需要加装相应组件。

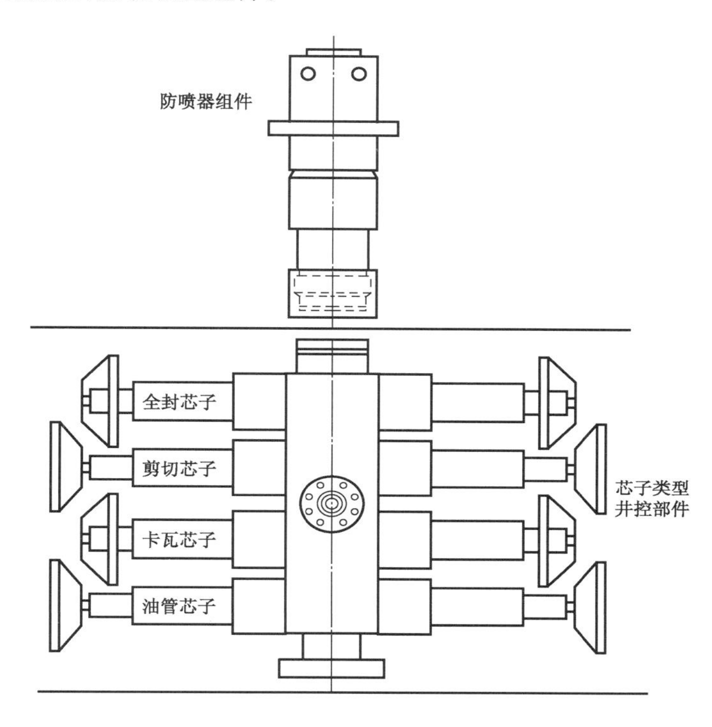

图6－110　推荐的基本井控装置

2. 连续油管

1）常用连续油管性能参数

常用连续油管性能参数见表6－133。

表6－133　常用连续油管性能参数表

外径 mm	壁厚 mm	内径 mm	单位质量 kg/m	最大载荷 kN	屈服强度 MPa	试验压力 MPa	爆破极限 MPa
25.4	1.702	22	1.024	58.9		48.6	60.8
25.4	1.905	21.59	1.103	65.8		54.8	68.5
25.4	2.21	20.99	1.262	76		64.1	80.1
25.4	2.413	20.57	1.366	82.5		70.2	87.8
25.4	2.591	20.22	1.455	87.4		74.9	93.6
25.4	2.769	19.86	1.543	93		80.3	100.3
31.75	1.905	27.94	1.400	83.5		43.8	54.8

续表

外径 mm	壁厚 mm	内径 mm	单位质量 kg/m	最大载荷 kN	屈服强度 MPa	试验压力 MPa	爆破极限 MPa
31.75	2.21	27.33	1.609	96.6		51.2	64.1
31.75	2.413	26.92	1.744	105.2		56.2	70.2
31.75	2.591	26.57	1.860	111.6		59.9	74.9
31.75	2.769	26.21	1.976	118.9		64.2	80.3
31.75	3.175	25.4	2.241	133.2		72.8	91.1
31.75	3.404	24.94	2.377	143.2		79	98.8
31.75	3.962	23.83	2.738	162.7		91.4	107.3
38.1	2.413	33.27	2.212	128		46.8	58.5
38.1	2.591	32.92	2.265	135.8		49.9	62.4
38.1	2.769	32.55	2.409	144.8		53.5	66.9
38.1	3.175	31.75	2.732	162.7		61.2	76.5
38.1	3.404	31.29	2.909	175.2		65.8	82.3
38.1	3.962	30.18	3.341	199.8		76.1	95.2
44.45	2.769	38.92	2.842	170.8		45.9	57.3
44.45	3.175	38.1	3.259	192.1		52	65
44.45	3.404	37.64	3.442	207.1		56.4	70.6
44.45	3.962	36.53	3.959	236.5		65.3	81.6
50.8	2.769	45.263	3.275	205.7	482.3	39.9	62.1
50.8	3.175	44.45	3.725	233.7	482.3	46.1	72.3
50.8	3.404	43.993	3.975	249.4	482.3	49.6	77.9
50.8	3.962	42.875	4.572	287	482.3	57.9	92.1
50.8	4.775	41.250	5.414	340	482.3	70.3	113.1
50.8	5.156	40.488	5.798	363.9	482.3	75.6	123.1
50.8	2.769	45.263	3.275	235	591.2	45.8	69.9
50.8	3.175	44.450	3.725	267.1	551.2	52.4	81.3
50.8	3.404	43.993	3.975	285	551.2	56.5	87.7
50.8	3.962	42.875	4.572	327.9	551.2	66.1	103.7
50.8	4.775	41.250	5.414	388.3	551.2	80.6	127.2
50.8	5.156	40.488	5.798	415.8	551.2	86.8	138.5
60.3	2.769	54.788	3.926	246.3	482.3	33.8	51.9

续表

外径 mm	壁厚 mm	内径 mm	单位质量 kg/m	最大载荷 kN	屈服强度 MPa	试验压力 MPa	爆破极限 MPa
60. 3	3. 175	53. 975	4. 470	280. 5	482. 3	38. 6	60. 3
60. 3	3. 404	53. 518	4. 773	299. 5	482. 3	41. 3	65
60. 3	3. 962	52. 400	5. 502	345. 3	482. 3	48. 9	76. 8
60. 3	4. 775	50. 775	6. 535	410	482. 3	59. 3	94. 2
60. 3	5. 156	50. 013	7. 008	439. 8	482. 3	64. 1	102. 4
60. 3	2. 769	54. 788	3. 926	281. 5	551. 2	38. 6	58. 4
60. 3	3. 175	53. 975	4. 470	320. 6	551. 2	44. 1	67. 9
60. 3	3. 404	53. 518	4. 773	342. 3	551. 2	47. 5	73. 2
60. 3	3. 962	52. 400	5. 502	394. 6	551. 2	55. 8	86. 4
60. 3	4. 775	50. 775	6. 535	468. 7	551. 2	67. 5	105. 9
60. 3	5. 156	50. 013	7. 008	502. 6	551. 2	73	115. 2
73	3. 175	66. 675	5. 463	342. 8	482. 3	31. 7	49. 4
73	3. 404	66. 218	5. 838	366. 3	482. 3	34. 5	53. 3
73	3. 962	65. 100	6. 741	423. 1	482. 3	39. 9	62. 8
73	4. 775	63. 475	8. 029	503. 8	482. 3	48. 9	76. 9
73	5. 156	62. 713	8. 621	541	482. 3	53. 1	83. 6
73	3. 175	66. 675	5. 463	391. 8	551. 2	36. 5	55. 6
73	3. 404	66. 218	5. 838	418. 7	551. 2	39. 3	59. 9
73	3. 962	65. 100	6. 741	483. 5	551. 2	46. 2	70. 7
73	4. 775	63. 475	8. 029	575. 8	551. 2	55. 8	86. 5
73	5. 156	62. 713	8. 621	618. 3	551. 2	60. 6	94. 1
88. 9	3. 175	82. 55	6. 706	420. 8	482. 3	26. 458	39. 37
88. 9	3. 404	82. 093	7. 168	449. 9	482. 3	28. 4	42. 2
88. 9	3. 962	80. 975	8. 291	520. 3	482. 3	32. 3	49. 1
88. 9	4. 775	79. 350	9. 896	621	482. 3	40. 3	59. 2
88. 9	3. 175	82. 55	6. 706	481	551. 2	30. 2	44. 3
88. 9	3. 404	82. 093	7. 168	514. 2	551. 2	32. 5	47. 5
88. 9	3. 962	80. 975	8. 291	594. 6	551. 2	38. 0	55. 3
88. 9	4. 775	79. 350	9. 896	709. 8	551. 2	46. 1	66. 6

2)Quality Tubing 公司连续油管基本参数

Quality Tubing 公司连续油管基本参数见表 6－134。

表 6－134　Quality Tubing 公司连续油管基本参数表

型号		QT－700	QT－800	QT－1000™
材质型号(US)		ASTM A－606，改进 4 型合金钢	ASTM A－606，改进 4 型合金钢	ASTM A－606，改进 4 型合金钢
材质机械性能	最低屈服强度 psi(N/mm^2)	70000(483)	80000(552)	100000(690)
	最低抗拉强度 psi(N/mm^2)	80000(552)	90000(621)	110000(759)
	杨氏模量 psi(kgf/mm^2)	$30\times10^6(21.55\times10^3)$		
	抗剪弹性模量 psi(kgf/mm^2)	$11.7\times10^6(8.2\times10^3)$		
	泊松比	0.3		
	热膨胀系数 °F^{-1}(℃$^{-1}$)	$0.51\times10^{-6}(11.7\times10^{-6})$		
	密度 lb/in^3(g/cm^3)	0.283(7.86)		
适用井况		含 H_2S	含 H_2S	不含 H_2S

3)不同尺寸连续油管最小弯曲半径

不同尺寸连续油管最小弯曲半径见表 6－135。

表 6－135　不同尺寸连续油管最小弯曲半径表

连续油管规格,in	外径,mm	最小弯曲半径,m
3/4	19.05	3.96
1	25.40	5.47
1¼	31,75	6.71
1½	38.10	8.23
1¾	44.45	9.45
2	50.80	10.97
2⅜	59.69	12.80

3. 常用修井工具

1)B－1 型油管尾端定位器

主要结构如图 6－111 所示，基本参数见表 6－136。

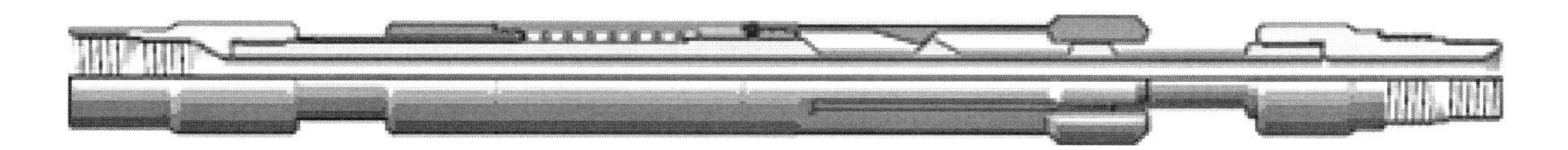

图 6 - 111　B - 1 型油管尾端定位器结构示意图

表 6 - 136　B - 1 型油管尾端定位器参数表

外径,mm	内径,mm	长度,mm
42. 88	7. 95	688. 98
56. 26	12. 70	701. 68
65. 10	22. 23	688. 98
82. 55	28. 58	990. 60
42. 88	7. 95	688. 98

2)连续油管连接器

主要结构如图 6 - 112 所示,基本参数见表 6 - 137。

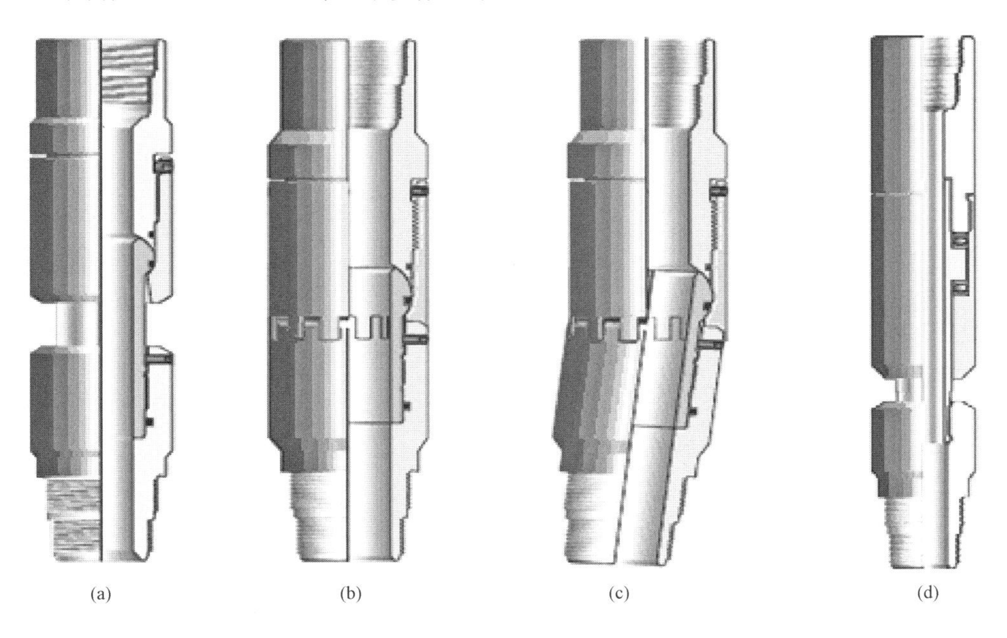

图 6 - 112　连续油管连接器结构示意图

(a)标准式 MARK Ⅱ 型万向接头;(b)(c)花键式 MARK Ⅱ 型万向接头;(d)A 型过油管旋转接头

表 6 - 137　连续油管连接器参数表

标准式 MARK Ⅱ 型万向接头			花键式 MARK Ⅱ 型万向接头			A 型过油管旋转接头		
外径,mm	内径,mm	长度,mm	外径,mm	内径,mm	长度,mm	外径,mm	内径,mm	长度,mm
42. 88	15. 88	349. 25	38. 10	9. 53	307. 98	47. 85	19. 05	47. 85
53. 98	23. 825	349. 25	42. 88	15. 88	307. 98	53. 98	19. 05	450. 85

续表

标准式 MARK Ⅱ 型万向接头			花键式 MARK Ⅱ 型万向接头			A 型过油管旋转接头		
外径,mm	内径,mm	长度,mm	外径,mm	内径,mm	长度,mm	外径,mm	内径,mm	长度,mm
65.10	34.93	368.30	53.98	23.83	307.98	66.68	31.75	474.68
			65.10	34.93	327.03	73.03	31.75	474.68
			79.38	25.40	355.60			

3)洗井工具

主要结构如图 6－113 所示,基本参数见表 6－138。

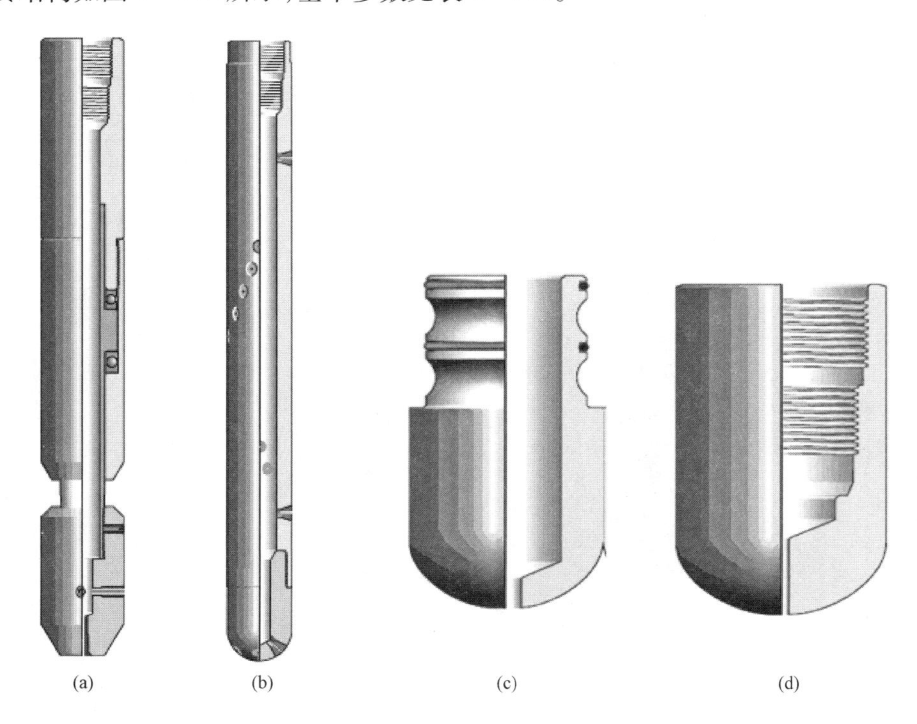

图 6－113　连续油管洗井工具结构示意图

(a)ROTO 洗井工具;(b)(c)螺旋洗井工具;(c)(d)洗鞋

表 6－138　洗井工具基本参数表

ROTO 洗井工具			螺旋洗井工具		
外径,mm	内径,mm	长度,mm	外径,mm	内径,mm	长度,mm
46.84	19.05	381.00	42.88	22.23	673.10
53.98	19.05	381.00	50.80	25.40	679.45
57.15	22.23	381.00	53.98	25.40	679.45
73.03	31.75	406.40	57.15	31.75	679.45
88.90	31.75	406.40	60.33	31.75	679.45
			65.10	38.10	685.80
			73.03	38.10	685.80

4)控制阀

主要结构如图6－114所示,基本参数见表6－139。

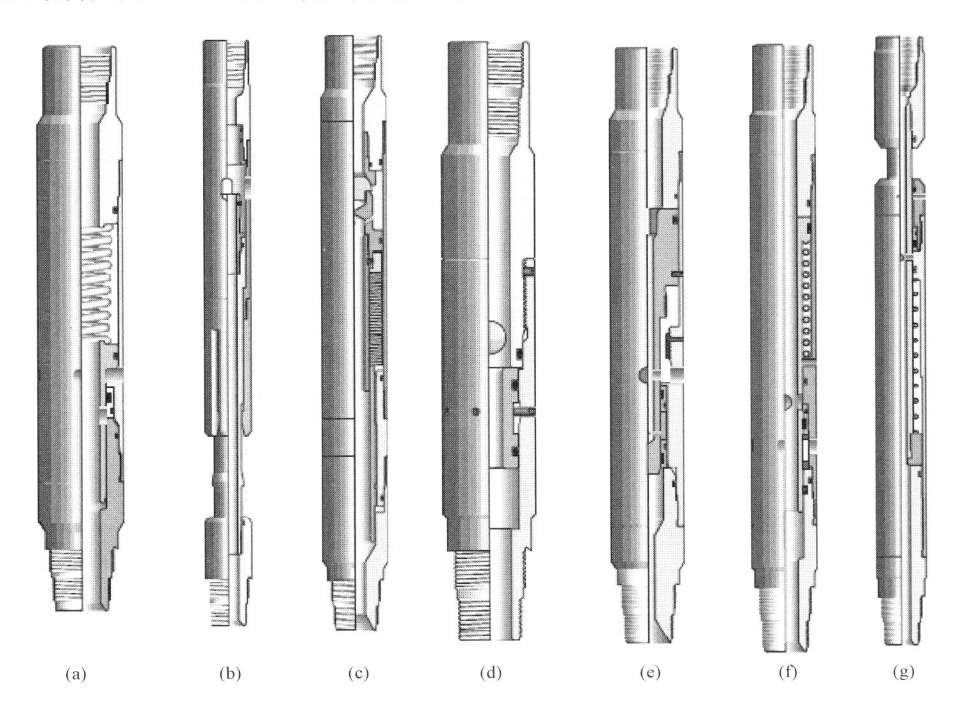

图6－114　控制阀结构示意图

(a)自动充填阀;(b)循环阀;(c)差动阀;(d)泵开阀;(e)流动控制循环阀;
(f)A型循环阀;(g)起下钻卸载阀

表6－139　控制阀基本参数表

自动充填阀			循环阀			差动阀		
外径,mm	内径,mm	长度,mm	外径,mm	内径,mm	长度,mm	外径,mm	内径,mm	长度,mm
42.88	15.88	457.20	42.88	11.13	660.40	55.58	15.88	854.09
53.98	21.44	457.20	53.98	22.23	660.40	55.58	15.88	1255.73
65.10	28.58	457.20	65.10	3.18	660.40	42.88	19.05	742.95
						42.88	19.05	908.05
						53.98	28.58	1209.68
						53.98	28.58	1676.40
泵开阀			流动控制循环阀			起下钻卸载阀		
外径,mm	内径,mm	长度,mm	外径,mm	内径,mm	长度,mm	外径,mm	内径,mm	长度,mm
42.88	11.13	366.73	42.88		495.30	42.88	11.13	635.00
53.98	17.48	366.73	53.98		556.41	53.98	22.23	660.40
65.10	25.40	374.65	65.10		556.41	65.10	25.40	682.65

5)可取式修井工具

主要结构如图 6－115 所示,基本参数见表 6－140 ~ 表 6－142。

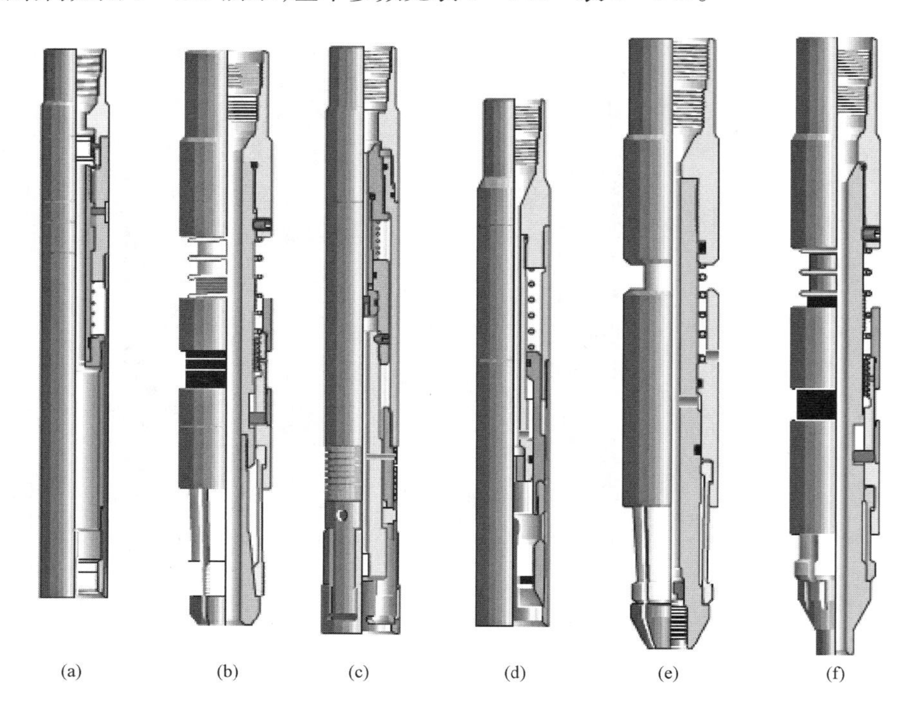

图 6－115　可取式修井工具

(a)可取式短鱼头打捞筒;(b)可取式打捞矛;(c)JDC 型打捞工具;(d)水力丢手式打捞筒;(e)MARK Ⅱ水力式 GS 型打捞工具;(f)机械式 GS 型打捞工具

表 6－140　可取式短鱼头打捞筒参数表

型号	外径,mm	内径,mm	长度,mm
标准型	44. 45	15. 88	406. 40
加长型	44. 45	15. 88	863. 60
标准型	46. 84	15. 88	406. 40
加长型	46. 84	15. 88	863. 60
标准型	53. 98	15. 88	403. 23
加长型	53. 98	15. 88	860. 43
标准型	65. 10	22. 23	425. 45
加长型	65. 10	22. 23	882. 65
标准型	88. 90	47. 63	403. 23
标准型	107. 95	47. 63	428. 63

表 6－141　可取式打捞矛、JDC 型打捞工具、水力丢手式打捞筒参数表

可取式打捞矛				JDC 型打捞工具				水力丢手式打捞筒		
外径 mm	内径 mm	长度 mm	打捞范围 mm	外径 mm	裙边外径 mm	长度 mm	内径 mm	外径 mm	内径 mm	长度 mm
44.45	4.78	444.50	25.4～38.1	44.45	47.22	558.80	3.18～6.35	46.84	3.18～6.35	406.40
44.45	19.05	444.50	25.4～47.6	53.98	57.15	558.80	3.18～6.35	53.98	3.18～6.35	387.35
46.84	28.58	454.03	38.1～61.9	68.28	71.02	606.43	3.18～6.35	65.10	3.18～6.35	400.05
								88.90	3.18～6.35	390.53

表 6－142　MARK Ⅱ水力式 GS 型打捞工具、机械式 GS 型打捞工具参数表

MARK Ⅱ水力式 GS 型打捞工具				机械式 GS 型打捞工具		
型号	外径，mm	内径，mm	长度，mm	外径，mm	内径，mm	长度，mm
标准型	44.45	3.175～6.35	384.18	44.45	16.33	335.76
加长型	44.45	3.175～6.35	412.75	56.90	13.49	368.30
标准型	56.90	3.175～6.35	384.18	69.09	13.49	368.30
加长型	56.90	3.175～6.35	412.75	91.95	34.93	410.52
标准型	69.09	3.175～6.35	403.23	114.30	50.80	425.45
加长型	69.09	3.175～6.35	428.63	114.30	50.80	425.45
标准型	91.95	3.175～6.35	406.40			
加长型	91.95	3.175～6.35	431.80			

6）扶正器

主要结构如图 6－116 所示，基本参数见表 6－143 和表 6－144。

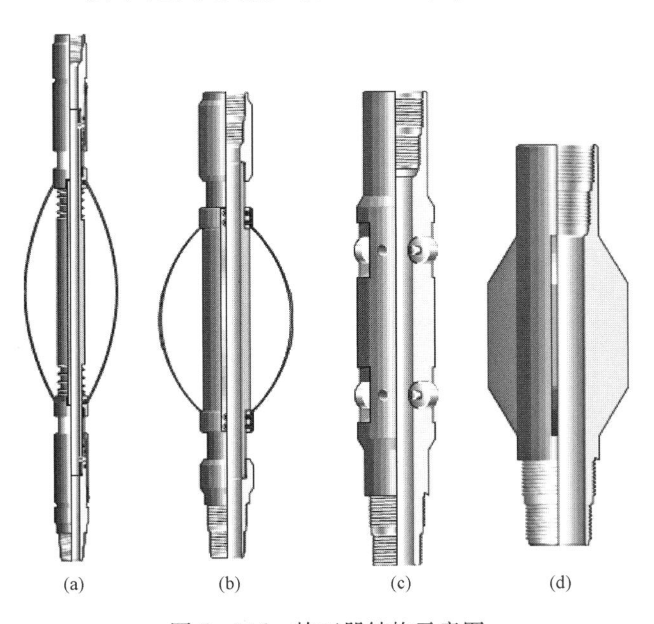

图 6－116　扶正器结构示意图

（a）水力式扶正器；（b）管内扶正器；（c）R 型滚轮扶正器；（d）刚性槽扶正器

表 6－143　水力式扶正器、管内扶正器参数表

水力式扶正器				管内扶正器			
外径，mm	内径，mm	长度，mm	油套管尺寸，mm	外径，mm	内径，mm	长度，mm	油套管尺寸，mm
42.88	14.30	914.40	92.075～203.2	42.86	14.28	482.600	60.3～73.0
53.98	25.40	914.40	82.55～215.9	42.86	14.28	584.20	88.9～114.3
65.10	34.93	1082.65	127～279.4	42.86	14.28	609.60	139.7
79.38	34.93	1130.30	142.875～292.1	28.58	25.40	482.60	76.2～304.8
				28.58	25.40	584.20	114.3～139.7
				28.58	25.40	584.20	177.8
				39.69	34.93	482.60	88.9
				39.69	34.93	584.20	114.3～139.7
				39.69	34.93	584.20	177.8
				88.90	50.80	584.20	114.3

表 6－144　R 型滚轮扶正器、刚性槽扶正器参数表

R 型滚轮扶正器			刚性槽扶正器			
外径，mm	内径，mm	长度，mm	外径，mm	内径，mm	长度，mm	油套管尺寸，mm
42.86	11.13	368.30	42.86	22.23	304.80	60.3～114.3
53.98	15.88	368.30	53.98	31.75	406.40	88.9～127.0
65.10	25.40	368.30	65.10	38.10	457.20	114.3～177.8
88.90	38.10	368.30	88.90	50.80	508.00	139.7～244.5

7）单流阀

主要结构如图 6－117 所示，基本参数见表 6－145 和表 6－146。

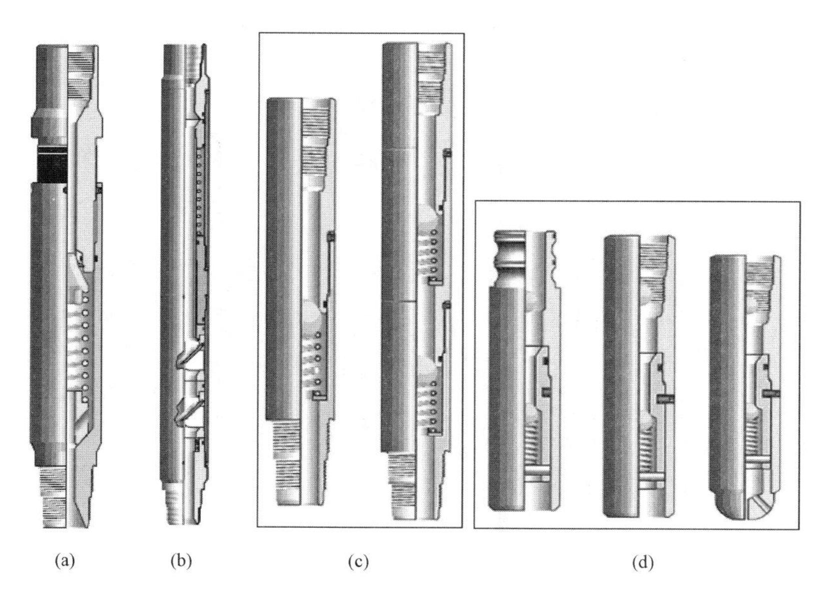

(a)　(b)　(c)　(d)

图 6－117　单流阀结构示意图

（a）可调节式单流阀；（b）双闸板单流阀；（c）球形单流阀；（d）泵开阀式单流阀

表 6－145　可调节式单流阀、双闸板单流阀参数表

可调节式单流阀			双闸板单流阀		
外径，mm	内径，mm	长度，mm	外径，mm	内径，mm	长度，mm
60. 33	19. 05	427. 05	53. 98	15. 88	1116. 03
71. 45	19. 05	427. 05	65. 10	25. 40	1143. 00
99. 57	19. 05	571. 50			

表 6－146　球形单流阀、泵开阀式单流阀参数表

球形单流阀				泵开阀式单流阀			
型号	外径，mm	内径，mm	长度，mm	型号	外径，mm	内径，mm	长度，mm
单球型	34. 93	15. 09	260. 35	标准型	42. 88	12. 70	196. 85
单球型	38. 10	15. 09	260. 35	标准型	53. 98	12. 70	192. 10
单球型	42. 88	15. 09	255. 60	标准型	65. 10	25. 40	215. 90
双球型	34. 93	15. 09	374. 65	标准型	77. 80	25. 40	244. 48
双球型	38. 10	15. 09	374. 65	标准型	93. 68	28. 58	244. 48
双球型	42. 88	15. 09	376. 25	薄型	25. 40	25. 40	123. 83
				薄型	31. 75	31. 75	196. 85
				薄型	38. 10	38. 10	171. 45
				薄型	44. 45	44. 45	171. 45
				薄型	50. 80	50. 80	171. 45

8）马达头总成

主要结构如图 6－118 所示，基本参数见表 6－147。

图 6－118　马达头总成结构示意图

表 6－147　马达头总成参数表

外径，mm	内径，mm	长度，mm
42. 88	12. 70	847. 73
53. 98	12. 70	869. 95
65. 10	15. 88	885. 83

9）释放接头

（1）释放接头。

主要结构如图 6－119 所示，基本参数见表 6－148 和表 6－149。

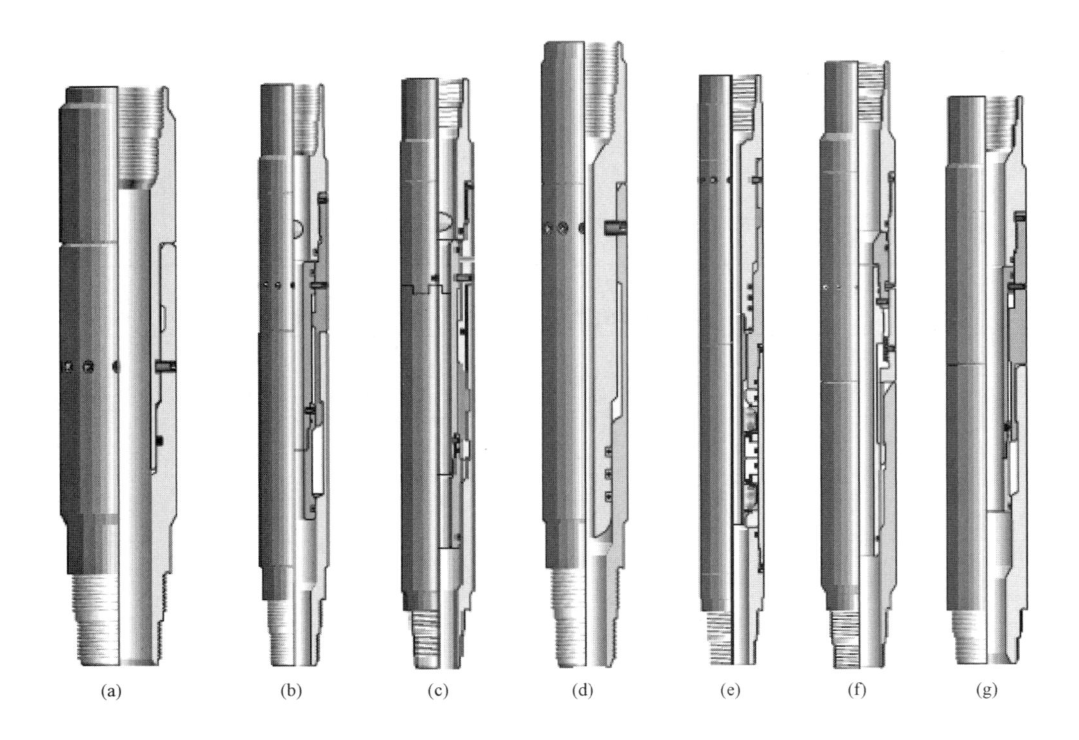

图 6－119　释放接头结构示意图

(a)释放接头;(b)MARKⅡ型液压释放接头;(c)MARKⅣ型液压释放接头;
(d)机械式释放接头;(e)用闸板单流阀的机械式释放接头;
(f)RTP 型释放接头;(g)TP 型液压释放接头

表 6－148　释放接头、MARKⅡ型液压释放接头、MARKⅣ型液压释放接头参数表

释放接头				MARKⅡ型液压释放接头			MARKⅣ型液压释放接头		
外径 mm	内径 mm	长度 mm	连续油管尺寸 mm	外径 mm	内径 mm	长度 mm	外径 mm	内径 mm	长度 mm
57.15	31.75	368.30	50.8	38.1	31.75	482.6	38.10	17.48	560.40
63.50	34.93	368.30	50.8	42.93	34.93	482.6	42.93	22.23	558.80
65.10	38.10	396.88	50.8	53.98	38.1	514.35	53.98	30.96	563.58
85.73	44.45	377.83	60.33	65.1	44.45	514.35	65.10	38.89	563.58
95.25	47.63	387.35	73.03	76.2	47.63	590.55	79.38	44.45	557.23
				88.9	25.4	539.75	88.90	44.45	557.23
				111.13	31.75	584.2			

表 6 – 149　释放接头参数表

型号	机械式释放接头			用闸板单流阀的机械式释放接头			TP 型液压释放接头		
	外径 mm	内径 mm	长度 mm	外径 mm	内径 mm	长度 mm	外径 mm	内径 mm	长度 mm
无打捞颈型	34.93	7.93	284.18	42.88	12.70	658.83	38.10	9.53	482.60
	38.10	7.93	284.18	53.98	19.05	658.83	42.93	12.70	482.60
	42.88	15.88	284.18	65.10	27.00	674.70	53.98	20.63	482.60
	53.98	25.40	311.15	88.90	38.10	793.75	65.10	30.18	514.35
	65.10	34.93	311.15	RTP 型释放接头			76.20	34.93	590.55
有打捞颈型	42.88	15.88	352.43	53.98	17.48	558.80	88.90	44.45	539.75
	44.45	15.88	352.43	65.10	26.98	558.80	111.13	50.80	698.50
	53.98	25.40	384.18	88.90	30.18	647.70			
	65.10	34.93	384.18	111.13	34.93	730.25			

10）修井马达

主要结构如图 6 – 120 所示，基本参数见表 6 – 150。

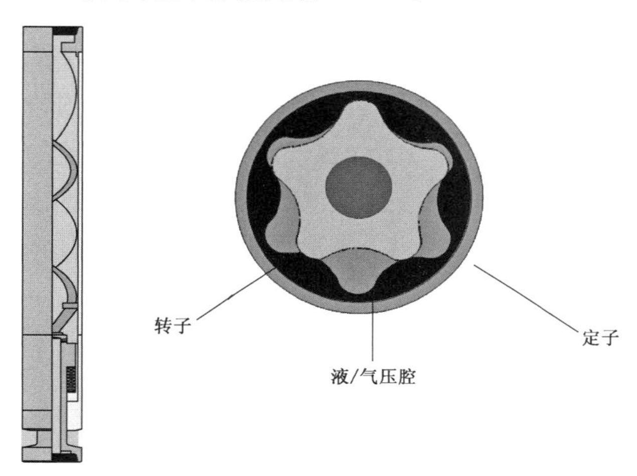

图 6 – 120　修井马达结构示意图

表 6 – 150　修井马达参数表

马达型号	外径 in	排量 gal/min	转速 r/min	作用力矩 N·m	工作压力 psi	级数	转子结构
M1V	1.69	12～50	155～640	66	400	3.5	3/4
M1AD – V	1.69	12～50	100～410	59	230	2	3/4
M1V	2.13	17～74	160～700	140	640	5.5	3/4
M1AD – V	2.13	17～74	70～300	120	230	2	3/4
M1V	2.88	25～120	95～440	420	800	5.5	5/6
M1AD – V	2.88	25～120	40～185	360	290	2	5/6
M1W2	3.38	80～160	180～365	720	800	5.5	5/6
M1ADM	3.38	80～160	65～125	710	290	2	5/6

第三节　不压井修井

不压井修井作业是借助带压作业装置，在气井井口压力不等于零的控压状态下进行的气井施工作业。

一、不压井修井工艺

不压井修井作业的关键就在于不压井起下管柱作业，其他的相关作业均是建立在不压井起下管柱作业的基础上，因此，本节主要介绍不压井起下管柱的作业程序及控制要求。

1. 不压井修井作业工艺原理

与传统的作业施工工艺相比，不压井修井作业主要需要解决两方面的难题：一是在施工作业过程中，实现油管、套管环形空间动态密封及油管的内部堵塞；二是在起下油管过程中，克服井内压力对油管的上顶力，实现安全无污染带压起出或下放油管。其工艺原理为：

(1)利用防喷器组合，有效控制油套环空压力，防止液体由环空喷出。

(2)利用油管堵塞技术控制油管内部压力，防止井内高压流体喷出地面。

(3)对井内管柱施加外力，克服井内上顶力，实现管柱带压起下作业。

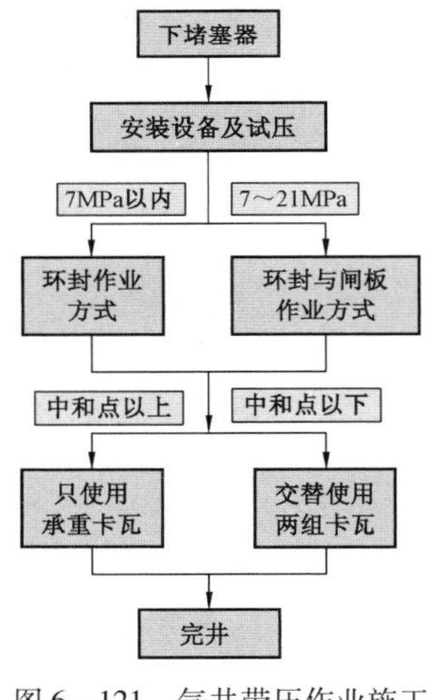

图6－121　气井带压作业施工工艺流程

2. 不压井修井作业施工工艺

不压井修井作业施工工艺技术包括油管堵塞技术和带压起下管柱技术，其施工工艺流程如图6－121所示。

1)油管堵塞技术

不压井修井作业施工前要进行管柱内堵塞，以达到密封管柱，实现带压作业施工。根据堵塞方式不同将油管内堵塞工具分为两种：一种是机械堵塞工具，主要使用油管堵塞器、尾管堵塞器和钢丝桥塞等，机械堵塞工具要求必须具备双向卡瓦装置，防止堵塞器在管柱内的移动。另一种是化学式堵塞。此堵塞方法为在机械堵塞工具不能到达预定位置或无法实现堵塞时，运用一定量的砂子、树脂、固化剂等配成堵剂对油管或工具进行堵塞。

2)带压起下管柱

带压起下管柱作业是在投堵成功后，提油管时，游动卡管器夹紧管柱，液压缸举升，固定卡管器夹紧管柱，游动卡管器松开，液压缸下行，游动卡管器再夹紧管柱，重复以上过程。其作业理念是作业过程中，任何时候应该保证两级以上的安全防护措施。

(1)油套环空压力控制方式。

油套环空压力控制方式根据井筒压力和起下管柱尺寸进行选择，其选择见表6－151。

表 6-151 气井不压井修井作业油套环空压力控制方式表

油管尺寸,mm	作业方式	
	环形防喷器	环形防喷器+闸板防喷器
60.3	井口压力小于13.8MPa	井口压力介于13.8~21MPa
73.0	井口压力小于12.25MPa	井口压力介于12.25~21MPa
88.9	井口压力小于4MPa	井口压力介于4~21MPa

环形防喷器作业:是在低压情况下,利用不压井作业装备的环形防喷器控制油套环空压力实现油管起下的作业,该作业方式简单,安全风险相对较低,因此,在井场满足放喷降压条件下,尽量将气井井口压力降至环形防喷器作业方式的压力之下。

环形防喷器+闸板防喷器作业方式:是在高压情况下,利用不压井作业装备闸板防喷器协助环形防喷器控制油套环空压力来实现管柱起下的作业,主要是由环形防喷器在实现动密封的能力决定的。

(2)管柱的控制方式。

承重卡瓦控制管柱方式:当井内管柱比较重,井内的压力不足以使管柱上顶时,仅靠不压井作业装备的承重卡瓦来控制管柱的起下。

承重卡瓦和承压卡瓦联合控制管柱方式:当井内管柱比较轻,井内的压力使管柱上顶时,用承重卡瓦和承压卡瓦联合控制管柱起下。

二、不压井修井作业参数的计算

1. 中和点计算

1)基本假设及力学模型

(1)基本假设。

① 在起油管作业过程中,油压为0。

② 在起油管作业初期,油管内和环空液面高度相同。

(2)力学模型。

不压井起油管过程中,管柱受力分析如图6-122所示。其计算模式为:

油管轴向力 = 油管浮重 - 油管受到的上顶力 ± 摩擦力

即:

$$\sum F = G_{tf} - F_c \pm F_\mu \tag{6-49}$$

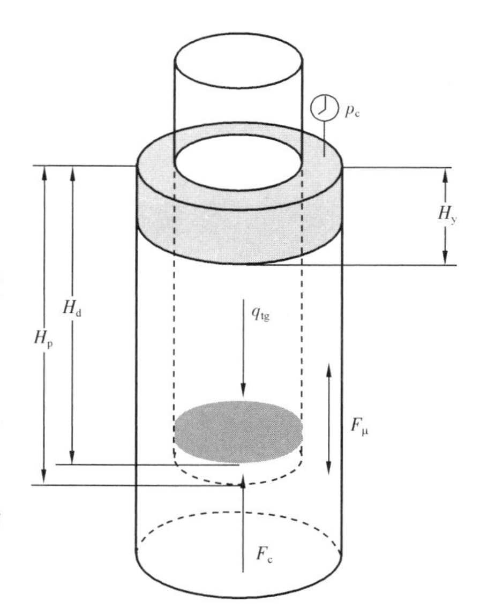

图6-122 不压井起油管柱受力分析

2)模型计算

(1)上顶力。

控制压力对油管

$$F_{c\_jm} = \frac{\pi}{4}(D_{out}^2 - D_{in}^2)p_c \tag{6-50}$$

控制压力对堵塞器

$$F_{c\_dsq} = \frac{\pi}{4} D_{in}^2 p_c \tag{6-51}$$

(2)油管轴向力。

① 若 $H_i < (H_p - H_y)$,有:

$$G_{tf} = H_i \left[q_t g - \rho_1 g \frac{\pi}{4} (D_{out}^2 - D_{in}^2) \right] \tag{6-52}$$

② 若 $H_i > (H_p - H_y)$,有:

$$G_{tf} = (H_p - H_y) \left[q_t g - \rho_1 g \frac{\pi}{4} (D_{out}^2 - D_{in}^2) \right] + \left[H_i - (H_p - H_y) \right] q_t g \tag{6-53}$$

(3)油管受到的轴向力。

① 若 $H_i < (H_p - H_d)$,有:

$$\sum F = G_{tf} - F_{c\_jm} \tag{6-54}$$

② 若 $H_i > (H_p - H_d)$,有:

$$\sum F = G_{tf} - F_{c\_jm} - F_{c\_dsq} \tag{6-55}$$

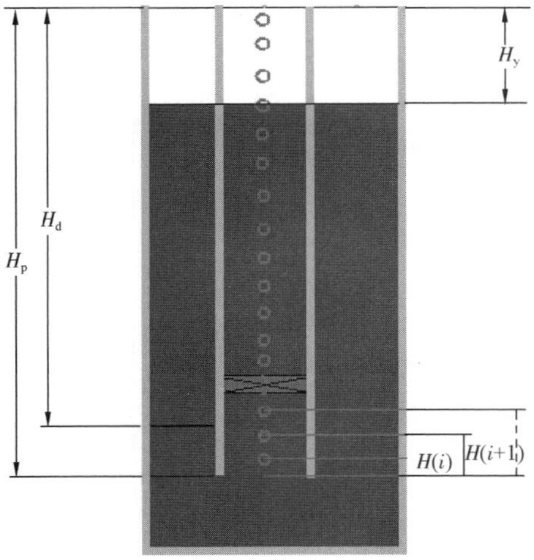

图 6-123　模型求解示意图

3)模型计算方法

为了实现对整个油管柱轴向力载荷的计算,结合模型特点,采用自下而上求解的办法(图 6-123),由于计算点众多,需要采用计算机编程求解。

(1)给定计算步长 ΔH。

(2)计算 $H(0)=0$ 点 $\sum F$ 值。

若 $H_p = H_d$,则:$\sum F = F_{c\_jm} + F_{c\_dsq}$。

若 $H_p \neq H_d$,则:$\sum F = F_{c\_jm}$。

(3)计算 $H(i)$ 点 $\sum F$ 值。

若 $H(i) < (H_p - H_d)$,采用式(6-51)和式(6-53)进行计算。

若 $(H_p - H_d) < H(i) < (H_p - H_y)$,采用采用式(6-51)和式(6-54)进行计算。

若 $(H_p - H_y) < H(i) < H_p$,采用采用式(6-52)和式(6-54)进行计算。

4)中和点判别

在传统钻井过程中和点的确定方法有两种:

(1)鲁宾斯基(Lubinski)认为:“中和点分钻柱为两段,上面一段在钻井液中的重力等于吊卡或大钩所悬吊的重力,下一段在钻井液中的重力等于钻压”。

(2)以零轴向应力截面确定中和点位置:零轴向应力截面是指在工作状态下(加钻压),钻柱上不承受拉压应力的那一截面。

结合不压井起油管作业工艺技术特点,采用零轴向应力截面(零轴向应力截面是指在工作状态下,油管不承受拉压应力的那一截面)确定中和点位置的方法,即:当 $F=0$ 时,对应井深(H_p-H_i)即为中和点。在中和点以上,$F>0$,油管受向下拉力;在中和点以下,$F<0$,油管受向上上顶力。

2. 油管无支撑长度的计算

1)临界弯曲载荷

利用 Johnson 公式计算局部弯曲载荷:

$$Flb = Sy \times As \times [1-(L/RG)^2/2 \times (SRc)^2] \quad (6-56)$$

利用 Euler 公式计算主轴弯曲:

$$Feb = (3.14)^2 \times E \times I/L^2 \quad (6-57)$$

其中

$$As = \frac{\pi}{4} \times [(OD)^2 - (ID)^2]$$

$$I = \frac{\pi}{64}(OD^4 - ID^4)$$

$$RG = (I/As)^{0.5}$$

$$SR = L/r$$

$$SRc = \pi \times (2 \times E/Sy)^{0.5}$$

式中 As——管柱刚体横截面积;

OD——管柱外径;

ID——管柱内径;

Sy——管柱应力;

I——惯性矩;

RG——惯性半径;

SR——细长比;

SRc——临界细长比;

L——无支撑长度。

当 $SR \geqslant SRc$ 时,弯曲载荷等于 Feb;当 $SR < SRc$ 时,弯曲载荷等于 Flb。

根据以上公式绘制出不同规格和材质油管的对应无支撑长度与临界弯曲载荷关系曲线。

2)无支撑长度计算

根据井口压力对管柱截面产生的截面力和无支撑长度与临界弯曲载荷关系曲线,可查出一种油管的一定下压力下的无支撑长度。

三、不压井作业装置

1. 不压井作业防喷器组组成

不压井作业防喷器组主要由安全防喷器组和工作防喷器组组成。

1)安全防喷器组

气井不压井作业风险较高,因此,安全防喷器组采用三闸板防喷器组。用于实施关井作业的防喷器,主要实现对井筒的全封闭或对管柱的静密封。包括剪切闸板防喷器、全封闸板防喷器和与工作管柱外径适配的半封闸板防喷器。其结构示意图如图6-124所示。

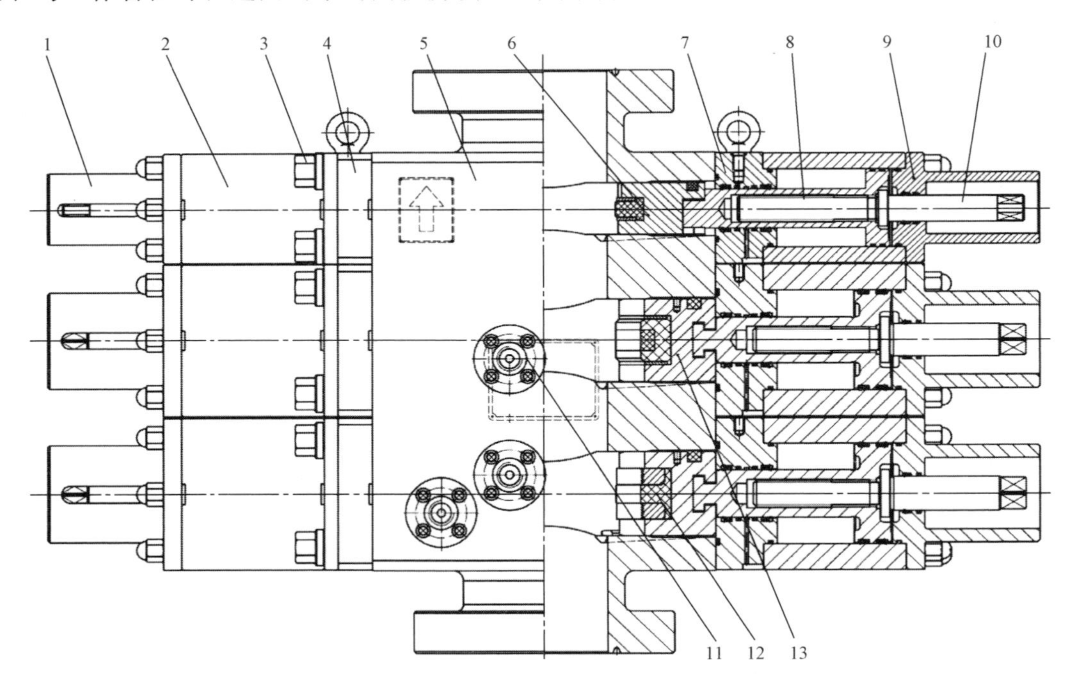

图6-124 三闸板防喷器组结构示意图

1—左缸盖;2—液缸;3—侧门螺栓;4—左侧门;5—壳体;6—半封闸板;7—右侧门;8—活塞轴;9—右缸盖;10—锁紧轴;11—进油法兰;12—全封闸板;13—剪切闸板

2)工作防喷器组

工作防喷器组用于带压作业过程中控制油套环空压力的防喷器,主要实现对作业管柱的动密封。包括与井内工作管柱外径适配的上、下半封单闸板防喷器和环形防喷器。

(1)上、下半封单闸板防喷器。

主要用于在密封状态下过油管和导出接箍、工具。其结构示意图如图 6－125 所示。闸板的构成如图 6－126 所示。

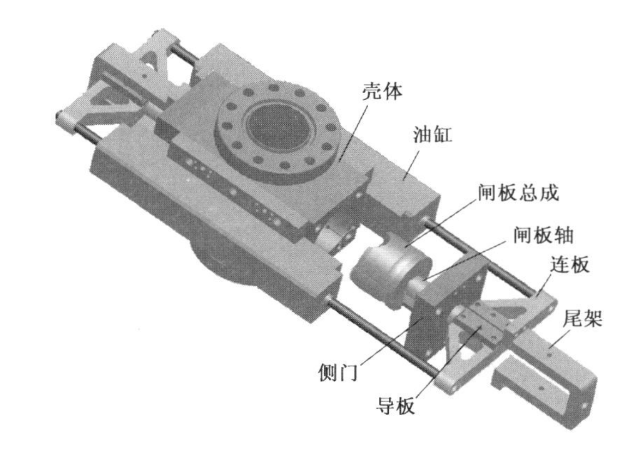

图 6－125 上下闸板防喷器结构示意图

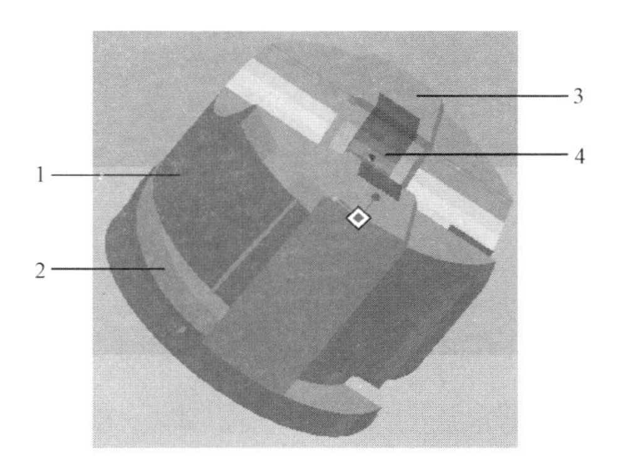

图 6－126 闸板总成结构示意图

1—闸板体;2—顶密封;3—前密封;4—耐磨密封条

(2)环形防喷器。

主要用途是当井压较低时,球形胶芯可封住管柱,接箍强行通过密封的球形胶芯。其结构示意图如图 6－127 所示。其动作原理:下壳体上有上、下两个油孔,从下部进油可推动活塞上行,上部油孔回油,从上部进油,可推动活塞下行,下部油孔回油。活塞内外均有密封圈密封,防止油串到油腔外部。活塞上行时,推动和挤压球形胶芯,高度变短从而使多余胶推向内孔使内孔变小,抱住和密封住油管,当需要打开时,活塞下行,胶芯靠自身弹力恢复原状,内孔变大,松开油管。

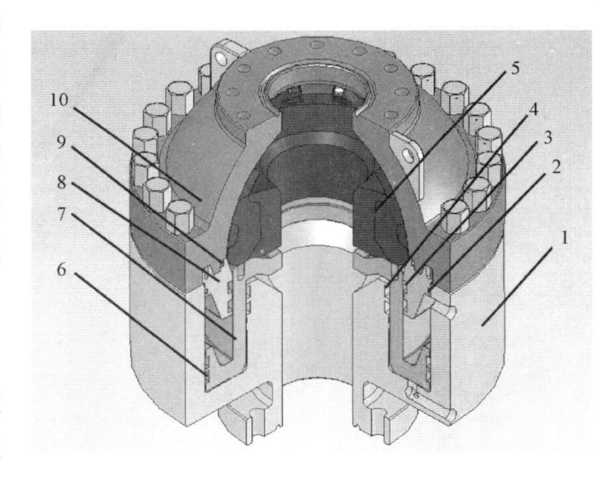

图 6－127 环形防喷器结构示意图

1—壳体;2—支撑圈外密封圈;3—内密封圈;4—活塞内密封;5—球芯;6—活塞外密封圈;7—活塞;8—支撑圈;9—顶盖密封圈;10—顶盖

3)泄压平衡四通

泄压平衡四通是平衡作业腔室与井筒压力或大气压力,实现平稳操作,在带压作业中,严禁利用防喷器组来实现平衡或泄压。泄压平衡四通的结构示意图如图 6－128 所示。

2. 不压井作业装置

目前不压井作业装置有独立式和液压辅助式两种形式。其基本结构如图 6－129 和图 6－130所示。主要技术参数见表6－152～表6－156。

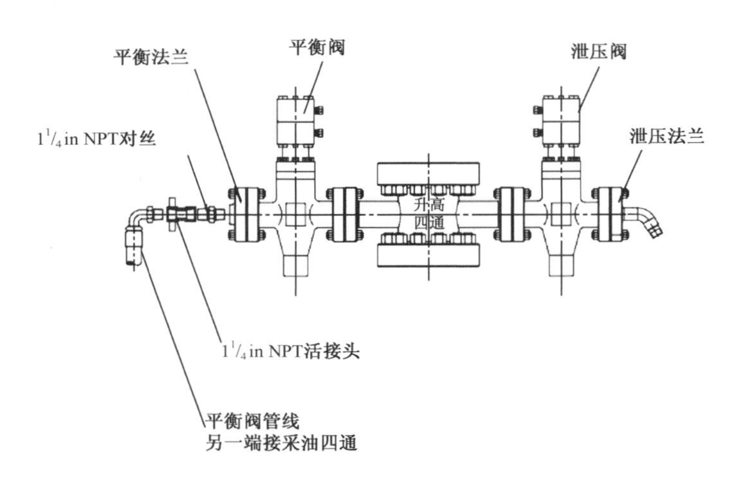

图 6－128　泄压平衡四通结构示意图

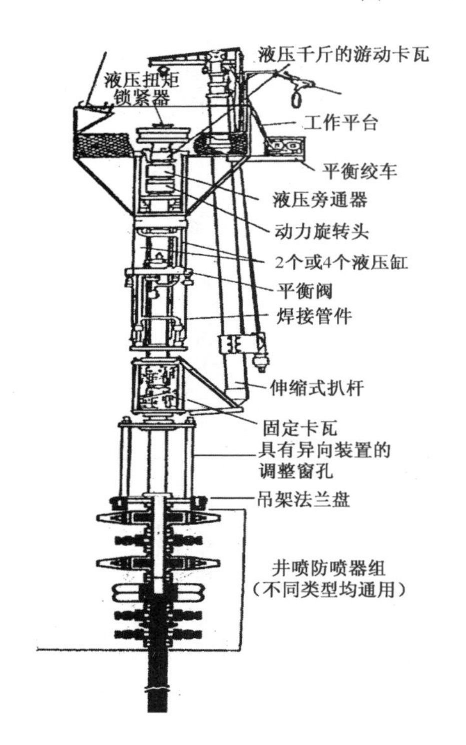

图 6－129　独立式液压不压井作业装备

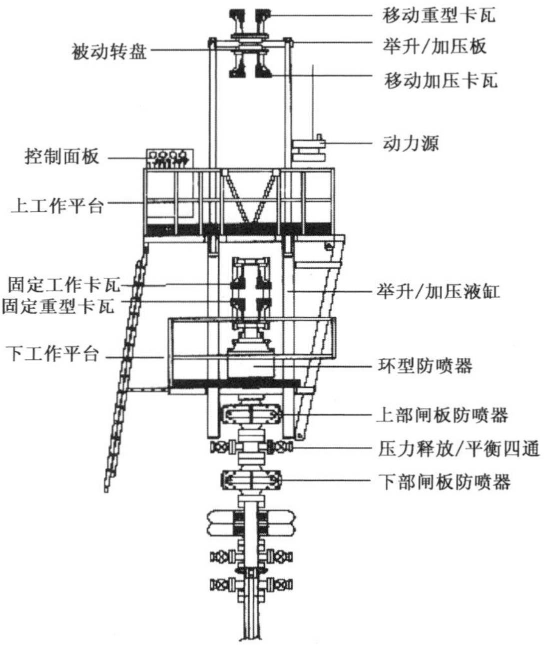

图 6－130　液压辅助式不压井作业装备

表 6－152　Halliburton 公司不压井作业装置主要参数表

型号	通径 mm	冲程 m	最大举升力 kN	最大下压力 kN	转盘扭矩 kN·m	最大导管尺寸 mm
120K	103.2	3.0	520.1(609)	267.0	3.0	73.0
200K	179.4	3.0	884.6(1031)	457.9(533)	6.5	127.0

续表

型号	通径 mm	冲程 m	最大举升力 kN	最大下压力 kN	转盘扭矩 kN·m	最大导管尺寸 mm
200K	279.4	3.0	884.6(1031)	457.9(533)	13.5	244.5
400K	279.4	3.0	1693.7(1978)	809.0(947)	13.5	244.5
200K/400K/600K	279.4	3.0	2578.3(3009)	1280.2(1480)	27.1	244.5

注:括号内为该型装备短时可达到的最大值。

表 6-153 Snubco 公司不压井作业装置主要参数表

型号	通径 mm	冲程 m	最大下压力 kN	工作压力 MPa	装备高度 m	最大导管尺寸 mm
S15	179.4	3.0	133.5	21	4.74	101.0
S17	179.4	3.0	222.5	35	4.87	127.0
S18	179.4	3.0	284.8	35	5.18	139.7
S19	179.4	3.0	356.0	35	5.45	152.0
S22	179.4	3.0	222.5	35	4.70	127.0
S23	179.4	3.0	222.5	35	4.59	127.0

表 6-154 ISS 公司不压井作业装置主要参数表

型号	通径 mm	冲程 m	最大举升力 kN	最大下压力 kN	转盘扭矩 kN·m
120K	103.2	12.2	533.9	267.0	2.7
150K	179.4	3.0	667.4	333.7	4.7
225K	279.4	3.0	1001.1	523.2	5.4
340K	279.4	3.0	1512.7	756.4	27.1
460K	346.1	3.0	2046.6	1023.3	27.1
600K	346.1	3.0	2669.5	1334.8	27.1

表 6-155 Hydra Rig 公司液压不压井作业装置主要参数表

型号	HRS-150	HRS-225	HRS-340	HRS-460	HRS-600	HRS-120	HRS-142
最大提升能力,kN	670	1040	1510	2040	2670	530	630
最大下压力,kN	290	530	840	980	1160	270	320
功率,kW	171.5	227.4	227.4	283.3	283.3	171.5	227.4
最大管柱外径,mm	73.0	139.7	193.7	219.1	219.1	73.0	139.7
旋转头扭矩,kN·m	3.79	6.77	8.94	8.94	8.94	4.06	4.06
冲程,m	3.04	3.04	3.04	3.04	4.26	10.98	10.98

表 6－156　国内不压井作业装置主要参数表

生产厂家	通径 mm	冲程 m	最大举升力 kN	最大下压力 MPa	工作压力 MPa	液压系统最大压力 MPa
四机厂	—	10.9	980	539	21	21
华北荣盛	125	3.5	—	343	14	8～10
任丘铁虎	—	3.3	490	294	35	25
埠新驰宇	180	2.8	1200	600	14	20
通化中油	124	1.5	315	200	10	—

四、不压井修井作业井下配套工具

1. 固定式油管堵塞器

1) BAKER 公司堵塞器

主要结构如图 6－131 所示，基本参数见表 6－157。

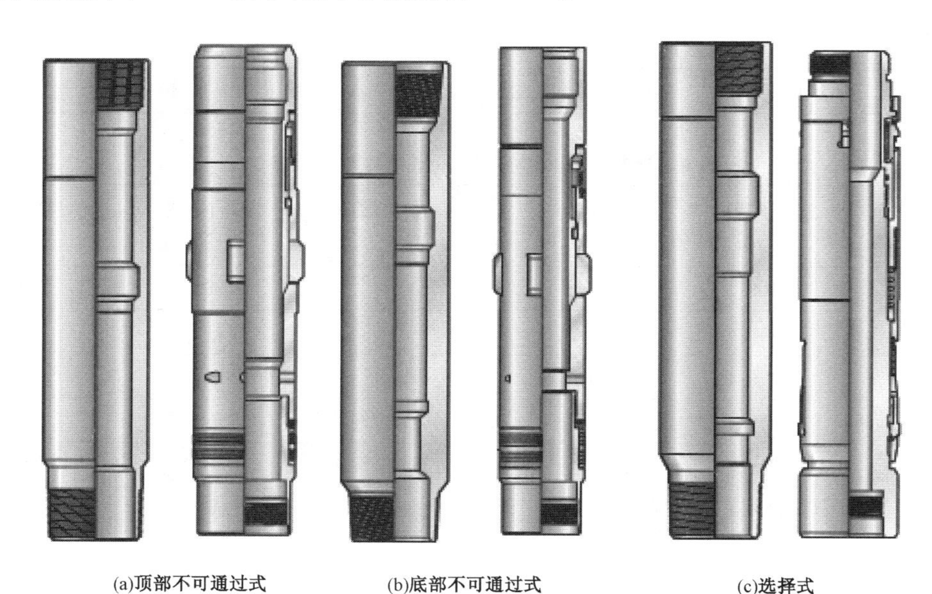

图 6－131　BAKER 公司油管堵塞器及坐落接头结构示意图

表 6－157　BAKER 公司油管堵塞器技术规范

油管尺寸						坐落接头尺寸				锁芯外径	
外径		内径		通径		密封面		底端最小内径		顶端	
in	mm	in	mm	in	mm	in	mm	in	mm	in	mm
2⅜	60.33	1.995	50.67	1.901	48.29	1.875	47.63	1.822	46.28	*	*
		1.939	49.25	1.845	46.86	1.781	45.24	1.728	43.89	1.835	46.61
		1.867	47.42	1.773	45.03	1.710	43.43	1.640	41.66	1.765	44.83

续表

油管尺寸						坐落接头尺寸				锁芯外径	
外径		内径		通径		密封面		底端最小内径		顶端	
in	mm	in	mm	in	mm	in	mm	in	mm	in	mm
2⅞	73.03	2.441	62.00	2.347	59.61	2.312	58.72	2.257	57.33	*	*
						2.250	57.15	●	●	2.305	58.55
		2.323	59.00	2.229	56.62	2.188	55.58	2.098	53.29	2.225	56.52
		2.259	57.38	2.165	54.99	2.125	53.98	2.035	51.69	2.160	54.86
						2.062	52.37	2.005	50.93	2.115	53.72
		2.065	52.45	1.972	50.09	1.875	47.63	1.822	46.28	1.935	49.15
						1.812	46.02	1.760	44.70	1.865	47.37
3½	88.90	2.992	76.00	2.867	72.82	2.812	71.42	2.760	70.10	2.865	72.77
						2.750	69.85	2.660	67.56	2.805	71.25
		2.750	69.85	2.625	66.68	2.562	65.07	2.472	62.79	2.615	66.42
		2.548	64.72	2.423	61.54	2.312	58.72	2.230	56.64	2.390	60.71
		2.480	62.99	2.355	59.82	2.250	57.15	●	●	2.302	58.47
		2.440	61.98	2.315	58.80	2.188	55.58	2.098	53.29	2.225	56.52
4	101.60	3.476	88.29	3.351	85.12	3.312	84.12	3.256	82.70	*	*
		3.428	87.07	3.303	83.90	3.250	82.55	3.160	80.26	*	*
		3.340	84.84	3.215	81.66	3.125	79.38	3.072	78.03	3.200	81.28
		3.140	79.76	3.015	76.58	2.812	71.42	2.760	70.10	2.865	72.77
4½	114.30	4.000	101.60	3.875	98.43	3.812	96.82	3.759	95.48	3.870	98.30
		3.958	100.53	3.833	97.36					*	*
						3.750	95.25	3.695	93.85	3.805	96.65
		3.920	99.57	3.795	96.39					*	*
						3.688	93.68	3.625	92.08	3.740	95.00
		3.826	97.18	3.701	94.01	3.625	92.08	3.562	90.47	3.678	93.85
		3.740	95.00	3.615	91.82	3.562	90.47	3.510	89.15	3.610	91.69
		3.740	95.00	3.615	91.82	3.437	87.30	3.347	85.01	3.500	88.90
		3.640	92.46	3.515	89.28						
		3.500	88.90	3.375	85.73	3.312	84.12	3.256	82.70	3.375	85.73
						3.250	82.55	3.160	80.26	3.305	83.95

续表

油管尺寸						坐落接头尺寸				锁芯外径	
外径		内径		通径		密封面		底端最小内径		顶端	
in	mm	in	mm	in	mm	in	mm	in	mm	in	mm
5	127.00	4.560	115.82	4.435	112.65	4.312	109.52	4.255	108.08	4.390	111.51
						4.250	107.95	●	●	4.305	109.35
		4.408	111.96	4.283	108.79					*	*
						4.125	104.78	4.035	102.49	4.200	106.68
		4.276	108.61	4.151	105.44					*	*
						4.000	101.60	3.900	99.06	4.090	103.89
		4.156	105.56	4.031	102.39					*	*
						3.875	98.43	●	●	3.950	100.33
		4.044	102.72	3.919	99.54	3.812	96.82	3.759	95.48	3.870	98.30
						3.750	95.25	3.695	93.85	3.805	96.65
		3.876	98.45	3.751	95.28	3.625	92.08	3.562	90.47	3.595	91.31
5½	139.70	4.950	125.73	4.825	122.56	4.750	120.65	4.660	118.36	4.820	122.43
		4.892	124.26	4.767	121.08	4.625	117.48	●	●	4.710	119.63
						4.562	115.87	4.470	113.54	4.650	118.11
		4.778	121.36	4.653	118.19						
		4.670	118.62	4.545	115.44	4.437	112.70	●	●	4.520	114.81
		4.548	115.52	4.423	112.34	4.312	109.52	4.255	108.08	4.390	111.51
		4.440	112.78	4.315	109.60					*	
						4.250	107.95	4.135	105.03	4.305	109.35
7	177.80	6.276	159.41	6.151	156.24	6.000	152.40	●	●	6.058	153.87
		6.184	157.07	6.059	153.90	5.950	151.13	5.850	148.59	6.020	152.91
		6.094	154.79	5.969	151.61	5.875	149.23	●	●	5.960	151.38
		6.048	153.62	5.923	150.44	5.812	147.62	5.690	144.53	5.880	149.35
		6.004	152.50	5.879	149.33	5.750	146.05	5.625	142.88	5.840	148.34
		5.920	150.37	5.795	147.19	5.625	142.88	5.500	139.70	5.705	144.91
		5.750	146.05	5.626	142.90	5.312	134.92	5.187	131.75	5.380	136.7

*没有顶端；●没有底端。

2)WEATHERFORD 公司油管堵塞器

主要结构如图 6 - 132 ~ 图 6 - 135,基本参数见表 6 - 158 ~ 表 6 - 161。

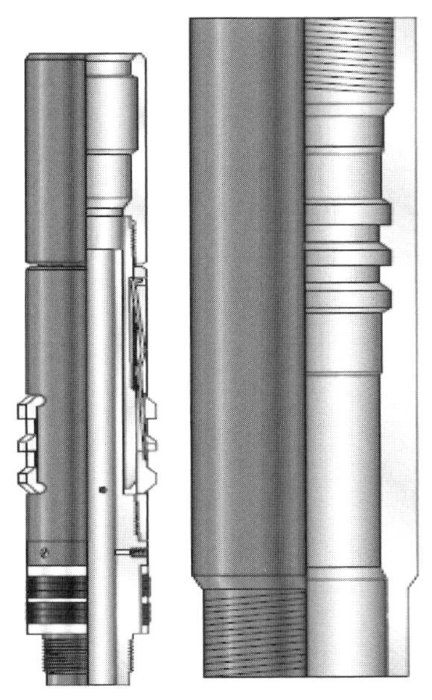

图 6 - 132　WOR 选择式堵塞器

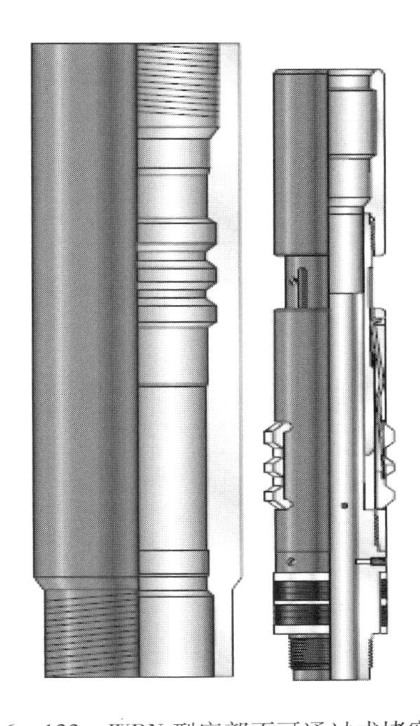

图 6 - 133　WRN 型底部不可通过式堵塞器

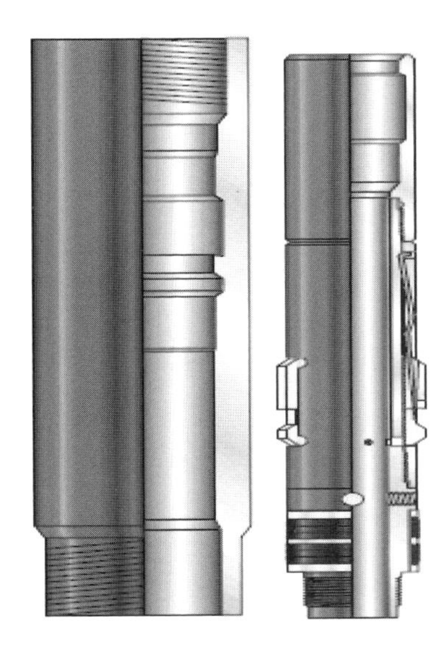

图 6 - 134　WX 型选择式油管堵塞器

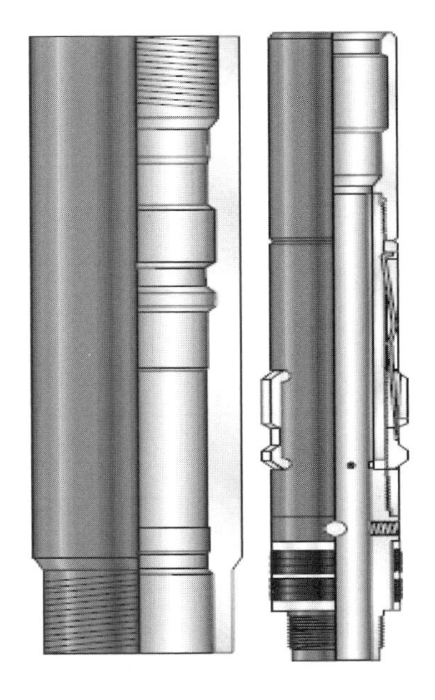

图 6 - 135　WXN 型底部不可通过式油管堵塞器

表 6 - 158 WOR 型选择式堵塞器规格型号

坐落接头		锁芯			
密封面尺寸		最小通径		打捞颈内径	
in	mm	in	mm	in	mm
1. 710	43. 434	0. 75	19. 05	1. 06	26. 924
2. 125	53. 975	0. 88	22. 352	1. 38	35. 052
2. 188	55. 575	1. 12	28. 448	1. 81	45. 974
2. 562	65. 075	1. 38	35. 052	1. 81	45. 974
3. 688	93. 675	3. 12	79. 248	3. 12	79. 248

表 6 - 159 WRN 型底部不可通过式堵塞器规格型号

坐落接头				锁芯			
密封面尺寸		最小通径		最小通径		打捞颈内径	
in	mm	in	mm	in	mm	in	mm
1. 710	43. 434	1. 710	43. 434	0. 75	19. 05	1. 06	26. 924
2. 125	53. 975	2. 120	53. 848	0. 88	22. 352	1. 38	35. 052
2. 188	55. 575	2. 180	55. 372	1. 12	28. 448	1. 81	45. 974
2. 562	65. 075	2. 560	65. 024	1. 38	35. 052	1. 81	45. 974
3. 688	93. 675	3. 680	93. 472	3. 12	79. 248	3. 12	79. 248

表 6 - 160 WX 型选择式油管堵塞器

坐落接头		锁芯			
密封面尺寸		最小通径		打捞颈内径	
in	mm	in	mm	in	mm
1. 125	28. 575	0. 62	15. 748	1. 03	26. 162
1. 500	38. 100	0. 75	19. 05	1. 06	26. 924
1. 625	41. 275	0. 75	19. 05	1. 06	26. 924
1. 875	47. 625	1	25. 4	1. 38	35. 052
2. 313	58. 750	1. 38	35. 052	1. 81	45. 974
2. 750	69. 850	1. 75	44. 45	2. 31	58. 674
2. 813	71. 450	1. 75	44. 45	—	—
3. 813	96. 850	2. 12	53. 848	2. 62	66. 548

表 6 - 161 WXN 型底部不可通过式油管堵塞器

坐落接头				锁芯			
密封面尺寸		最小通径		最小通径		打捞颈内径	
in	mm	in	mm	in	mm	in	mm
1. 125	28. 575	1. 120	28. 448	0. 62	15. 748	1. 03	26. 162
1. 500	38. 100	1. 495	37. 973	0. 75	19. 05	1. 06	26. 924
1. 625	41. 275	1. 620	41. 148	0. 75	19. 05	1. 06	26. 924

续表

坐落接头				锁芯			
密封面尺寸		最小通径		最小通径		打捞颈内径	
in	mm	in	mm	in	mm	in	mm
1.875	47.625	1.870	47.498	1	25.4	1.38	35.052
2.313	58.750	2.305	58.547	1.38	35.052	1.81	45.974
2.750	69.850	2.745	69.723	1.75	44.45	2.31	58.674
2.813	71.450	2.808	71.323	1.75	44.45	—	—
3.813	96.850	3.807	96.698	2.12	53.848	2.62	66.548

3)四机赛瓦公司油管堵塞器

主要结构如图6-136~图6-140,基本参数见表6-162~表6-166。

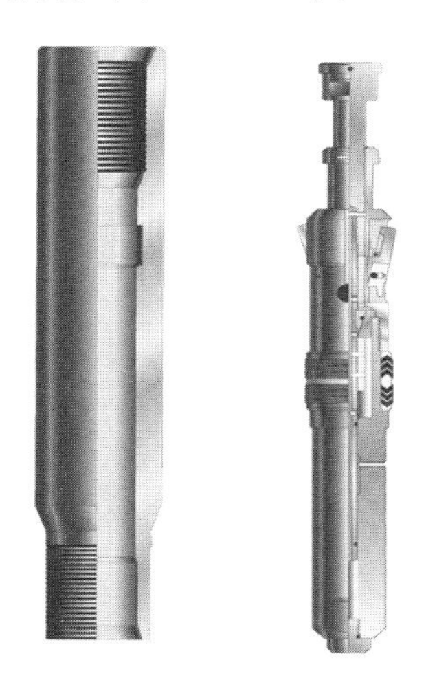

图6-136 MFWG选择式空心堵塞器

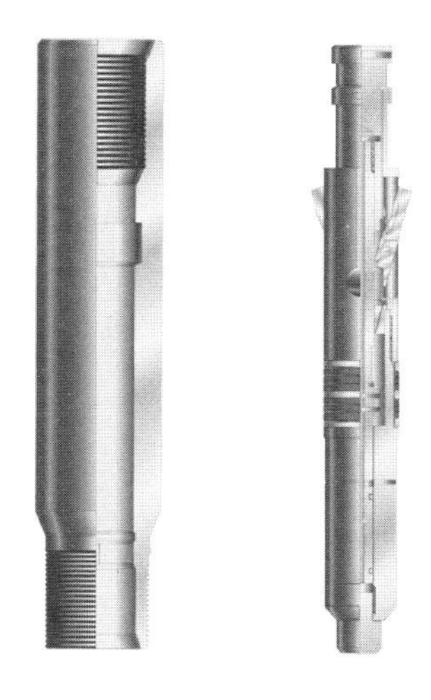

图6-137 MRZG底部不可通过式空心堵塞器

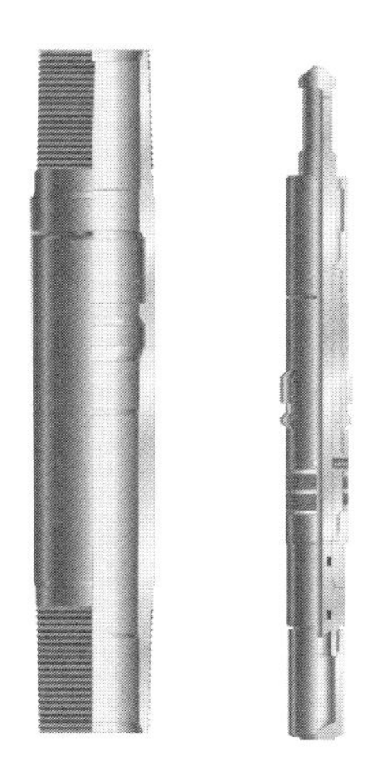

图6-138 MPX型选择式旁通空心堵塞器

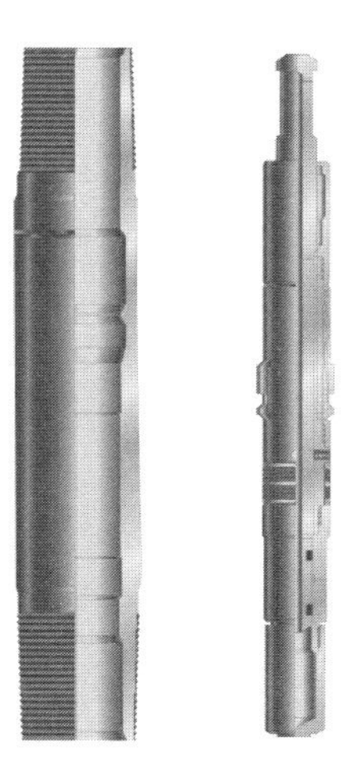

图6-139 MPXN不可通过式旁通空心堵塞器

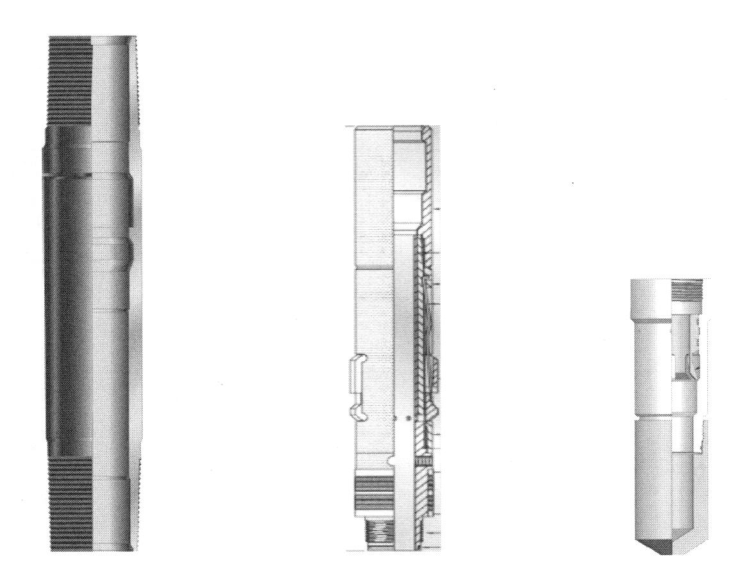

图 6－140　MX 型可选择型坐落接头、MX 可选择型锁定芯轴及 XX 型堵塞

表 6－162　MFWG 选择式旁通空心堵塞器规格型号

油管尺寸						MF 坐落接头		堵塞器	
外径		内径		通径		密封面		外径	
in	mm	in	mm	in	mm	in	mm	in	mm
1.900	48.26	1.610	40.9			1.5	38.10	1.552	39.42
2.375	60.33	1.867	47.42	1.773	45.03	1.781	45.24	1.865	47.37
		1.939	49.25	1.845	46.86	1.812	46.02		
		1.995	50.67	1.901	48.29	1.875	47.63	1.928	48.97
2.875	73.03	2.441	62.00	2.347	59.61	2.312	58.72	2.365	60.07
		2.323	59.00	2.229	56.62	2.250	57.15	2.302	58.47
3.500	88.90	2.992	76.00	2.867	72.82	2.812	71.42	2.865	72.77
						2.750	69.85	2.802	71.17

表 6－163　MRZG 底部不可通过式旁通空心堵塞器规格型号

油管尺寸						MR 坐落接头尺寸				堵塞器	
外径		内径		通径		密封面		底端最小内径		外径	
in	mm	in	mm	in	mm	in	mm	in	mm	in	mm
1.900	48.26	1.610	40.9			1.5	38.10	1.447	36.75	1.490	37.85
2.375	60.33	1.995	50.67	1.901	48.29	1.875	47.63	1.822	46.28	1.865	47.37
		1.939	49.25	1.845	46.86	1.812	46.02	1.760	44.70	1.802	45.77
		1.867	47.42	1.773	45.03	1.781	45.24	1.728	43.89	1.771	44.98
2.875	73.03	2.441	62.00	2.347	59.61	2.312	58.72	2.259	57.37	2.302	58.47
		2.323	59.00	2.229	56.62	2.250	57.15	2.197	55.80	2.240	56.90
3.500	88.90	2.992	76.00	2.867	72.82	2.812	71.42	2.759	70.07	2.802	71.17
						2.750	69.85	2.697	68.50	2.740	69.60

表 6 - 164　MFWG 选择式旁通空心堵塞器规格型号

油管尺寸						MF 坐落接头		堵塞器	
外径		内径		通径		密封面		外径	
in	mm	in	mm	in	mm	in	mm	in	mm
2. 375	60. 33	1. 995	50. 67	1. 901	48. 29	1. 875	47. 63	1. 870	47. 498
2. 875	73. 03	2. 441	62. 00	2. 347	59. 61	2. 313	58. 72	2. 307	58. 598
3. 500	88. 90	2. 992	76. 00	2. 867	72. 82	2. 812	71. 42	2. 802	71. 171
						2. 750	69. 85	2. 745	69. 723

表 6 - 165　MRZG 底部不可通过式旁通空心堵塞器规格型号

油管尺寸						MR 坐落接头尺寸				堵塞器	
外径		内径		通径		密封面		底端最小内径		外径	
in	mm	in	mm	in	mm	in	mm	in	mm	in	mm
2. 375	60. 33	1. 995	50. 67	1. 901	48. 29	1. 875	47. 63	1. 791	45. 491	1. 870	47. 498
2. 875	73. 03	2. 441	62. 00	2. 347	59. 61	2. 312	58. 72	2. 205	56. 007	2. 307	58. 598
3. 500	88. 90	2. 992	76. 00	2. 867	72. 82	2. 812	71. 42	2. 666	67. 716	2. 802	71. 171
						2. 750	69. 85	2. 635	66. 929	2. 745	69. 723

表 6 - 166　MX 可选择型锁定芯轴规格型号

油管规格		坐落接头		锁定芯轴		堵塞器	
外径		密封面尺寸		打捞颈内径		最大外径	
in	mm	in	mm	in	mm	in	mm
2. 375	60. 33	1. 875	47. 625	1. 380	35. 052	1. 865	47. 371
2. 875	73. 03	2. 313	58. 750	1. 810	45. 974	2. 300	58. 420
3. 500	88. 90	2. 750	69. 85	2. 31	58. 670	2. 740	69. 596
		2. 813	71. 45	2. 31	58. 670	2. 800	71. 120

2. 活动式油管堵塞器

主要结构如图 6 - 141 所示，基本参数见表 6 - 167。

表 6 - 167　WEATHERFORD 公司钢丝桥塞参数

油管尺寸				桥塞外径		额定压力		额定温度	
外径		壁厚	内径						
in	mm	mm	mm	in	mm	psi	MPa	°F	℃
2. 375	60. 30	4. 83	50. 67	1. 763	44. 78	7500	51. 71	250	121. 11
2. 875	73. 00	5. 51	62. 00	2. 200	55. 88	7500	51. 71	250	121. 11
		7. 01	59. 00	2. 200	55. 88	7500	51. 71	250	121. 11
		7. 82	57. 38	2. 160	54. 86	5000	34. 47	250	121. 11

续表

油管尺寸				桥塞外径		额定压力		额定温度	
外径		壁厚	内径						
in	mm	mm	mm	in	mm	psi	MPa	°F	℃
3. 500	88. 90	5. 49	77. 93	2. 720	69. 09	5000	34. 47	250	121. 11
		6. 45	76. 00	2. 720	69. 09	5000	34. 47	250	121. 11
		7. 34	76. 00	2. 720	69. 09	5000	34. 47	250	121. 11
		9. 52	69. 85	2. 520	64. 01	5000	34. 47	250	121. 11
4. 000	101. 60	5. 74	90. 12	3. 260	82. 80	5000	34. 47	250	121. 11
		6. 65	88. 29	3. 260	82. 80	5000	34. 47	250	121. 11
4. 500	114. 30	6. 88	100. 53	3. 600	91. 44	5000	34. 47	250	121. 11

3. 永久式油管堵塞器

主要结构如图 6 – 142 ~ 图 6 – 144 所示,基本参数见表 6 – 168 ~ 表 6 – 170。

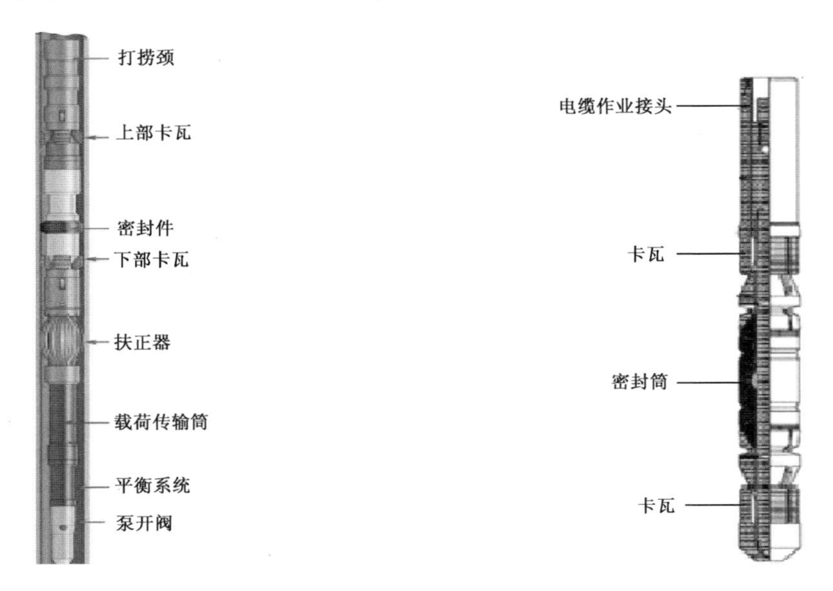

图 6 – 141　WEATHERFORD 公司钢丝桥塞结构示意图

图 6 – 142　OWEN 石油工具公司永久式桥塞结构示意图

表 6 – 168　OWEN 石油工具公司永久式桥塞参数表

桥塞外径		坐封范围			
		最小		最大	
in	mm	in	mm	in	mm
1. 500	38. 100	1. 610	40. 894	1. 995	50. 673
1. 750	44. 450	1. 905	48. 387	2. 441	62. 001

续表

桥塞外径		坐封范围			
		最小		最大	
in	mm	in	mm	in	mm
1. 906	48. 412	2. 156	54. 762	2. 765	70. 231
2. 187	55. 550	2. 375	60. 325	3. 000	76. 200
2. 281	57. 937	2. 441	62. 001	3. 343	84. 912
2. 500	63. 500	2. 875	73. 025	3. 500	88. 900
2. 750	69. 850	3. 187	80. 950	3. 920	99. 568
3. 000	76. 200	3. 437	87. 300	4. 154	105. 512
3. 250	82. 550	3. 920	99. 568	4. 090	103. 886
4. 062	103. 175	4. 154	105. 512	5. 044	128. 118

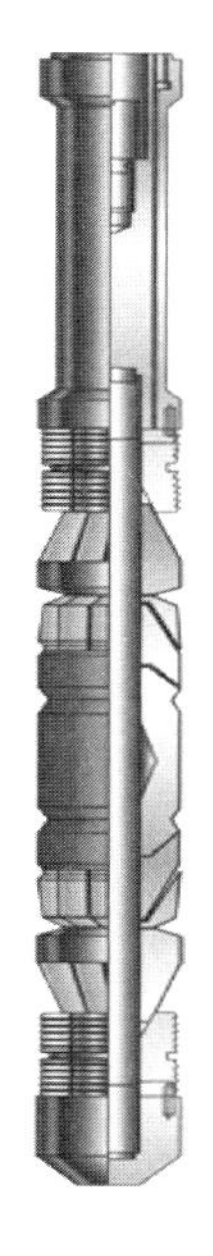

图 6－143　四机赛瓦公司 WRBP 永久式桥塞

图 6－144　西安凯特维尔过油管桥塞

表 6－169　四机赛瓦公司 WRBP 桥塞参数表

桥塞外径		坐封范围			
		最小		最大	
in	mm	in	mm	in	mm
1. 468	37. 287	1. 610	40. 894	1. 995	50. 673
1. 750	44. 450	1. 905	48. 387	2. 441	62. 001
1. 906	48. 412	2. 156	54. 762	2. 765	70. 231
2. 187	55. 550	2. 375	60. 325	3. 000	76. 200

续表

桥塞外径		坐封范围			
		最小		最大	
in	mm	in	mm	in	mm
2.281	57.937	2.441	62.001	3.343	84.912
2.500	63.500	2.875	73.025	3.500	88.900
2.750	69.850	3.187	80.950	3.920	99.568
3.250	82.550	3.920	99.568	4.090	103.886
3.500	88.900	3.696	93.878	4.276	108.610
4.062	103.145	4.154	105.512	5.044	128.118

表 6－170　西安凯特维尔过油管桥塞参数表

封堵套管尺寸		坐封范围				桥塞外径	
		最小		最大			
in	mm	in	mm	in	mm	in	mm
4.500	114.300	3.515	89.281	4.216	107.086	2.19	107.086
5.000	127.000	4.154	105.512	4.560	115.824	2.19	115.824
5.500	139.700	4.548	115.519	5.192	131.877	2.19	131.877
7.000	177.800	6.004	152.502	6.456	163.982	2.19	163.982
		6.004	152.502	6.456	163.982	2.28	163.982
		6.004	152.502	6.456	163.982	2.50	163.982

4. 油管盲堵

主要结构如图 6－145 所示。

图 6－145　油管盲堵示意图

第四节 带压更换井口主控阀

在不进行常规压井作业的情况下，更换井口主控阀目前常用的更换采气井口主控阀常采用机械带压法和理化暂堵法。

一、不丢手式机械带压法

采气井口装置 1 号阀更换是用送进装置将液压油管堵塞器送至油管预定位置，坐封可靠后，卸掉堵塞器后剩余压力，拆除送进装置对 1 号阀进行更换作业，换好后，将堵塞器解封并退出。液压式油管堵塞器主要结构如图 6－146 所示，基本参数见表 6－171。

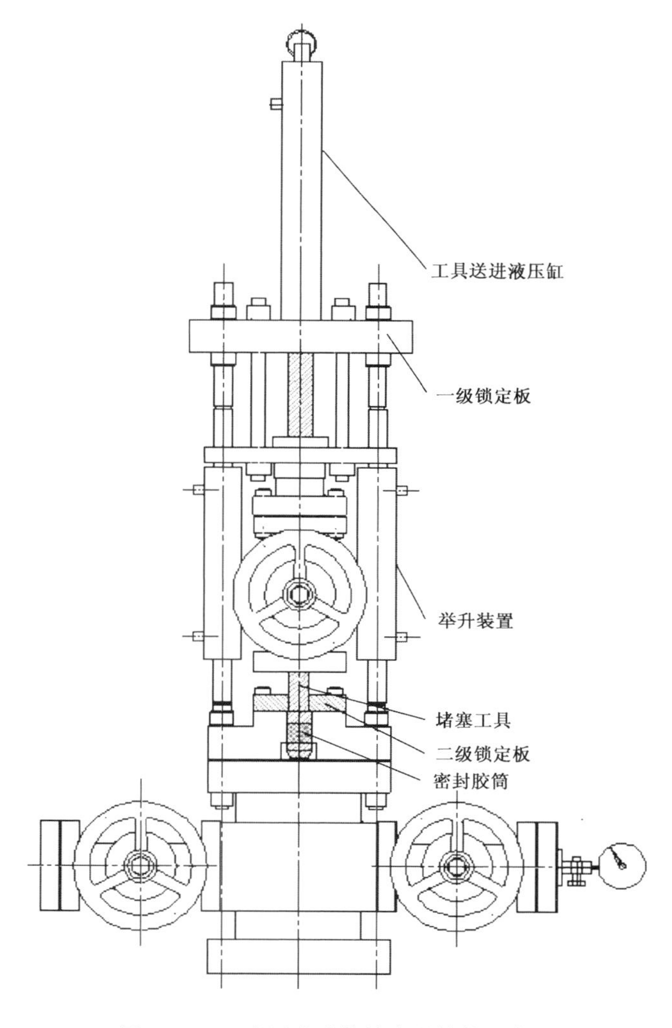

图 6－146 液压式油管堵塞器结构示意图

采气井口装置2号、3号闸阀更换是用送进装置将液压套管堵塞器送至油管头四通侧孔，坐封可靠后，卸掉堵塞器后剩余压力，拆除送进装置更换2号、3号阀作业，换好后，将堵塞器解封并退出。

液压式套管堵塞器主要结构如图6－147所示，基本参数见表6－171。

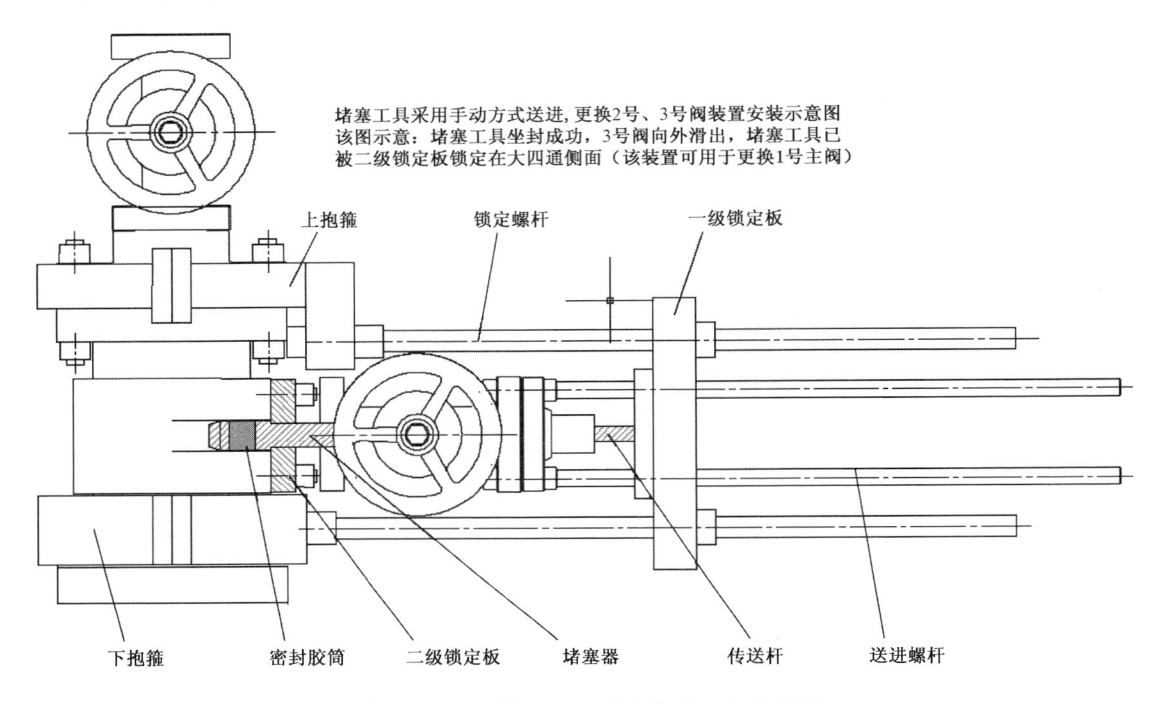

图6－147　更换2号、3号阀装置安装示意图

表6－171　液压式堵塞器主要技术参数表

名称	液压式堵塞器	
最大外径，mm	40，50，55，60，62，65，70，76，78	
额定工作压力，MPa	70	50
适用工作温度，℃	－18～80（额定压力下）	
适用介质	石油、天然气	

二、冷冻暂堵法

将暂堵剂注入油套环空和油管内，采用冷冻介质将套管周围的温度保持在－70℃左右，使暂堵剂与套管、油管紧密结合，形成冰冻桥塞，密封环空和油管内通道，封隔井内压力后进行井口主控阀阀更换作业（图6－148）。

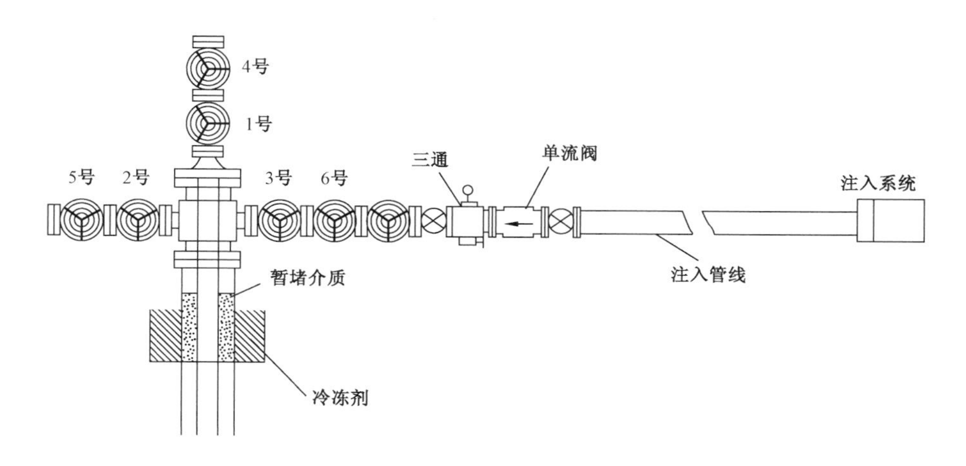

图 6-148 冷冻暂堵更换井口闸阀施工示意图

主要技术参数：额定暂堵剂注入压力 70MPa，冷冻设备旋塞阀承压能力 105MPa，冷冻最低温度 -70℃，冷冻桥塞承压能力 35MPa。

第七章　井 口 装 置

安装在套管最顶端地面位置，用于悬挂井下油、套管柱，密封油套管环空和套管环空以控制流体流入流出井内的控制装置组合，主要包括采气井口装置和套管头。采气井口又由油管头和采气树等部分组成。本章提供了常用井口装置的技术规范，重点介绍了井口装置的主要组成部件，包括闸阀、钢圈、压力表和控制系统、自动采集系统相关技术内容。

第一节　采气井口装置

一、型号表示方法，连接基本形式及主要结构

1. 型号表示方法

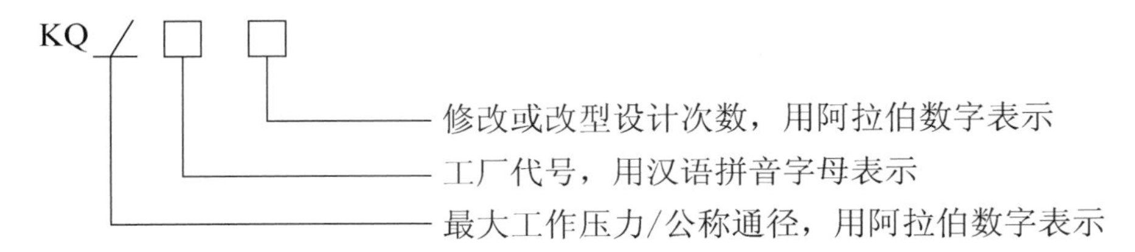

2. 连接基本形式

采气井口装置目前主要使用的是法兰连接形式。

3. 采气井口装置主要结构

采气井口装置主要结构如图 7－1 所示。

二、采气井口装置选择

1. 规范级别选择

API 6A 提供了一套决策程序流程来确定高含 H_2S 和 CO_2 天然气井口和采气树各部件规格品种的等级(PSL)，以满足在恶劣的环境中可靠地使用(图 7－2)。通常，完井井口装置规格的选择应根据气井的特点来确定，要有足够的耐压强度和可靠的密封性能，还必须满足生产工艺的要求。

2. 压力额定值选择

根据气井最高关井井口压力或作业过程最高施工压力选择。目前井口装置的额定工作压力级别分为：13. 8MPa(2000psi)，20. 7MPa(3000psi)，34. 5MPa(5000psi)，69MPa(10000psi)，103. 5MPa(15000psi)和 138. 0MPa(20000psi)。国内通常把上述级别分为：14MPa，21MPa，35MPa，70MPa，105MPa 和 140MPa。

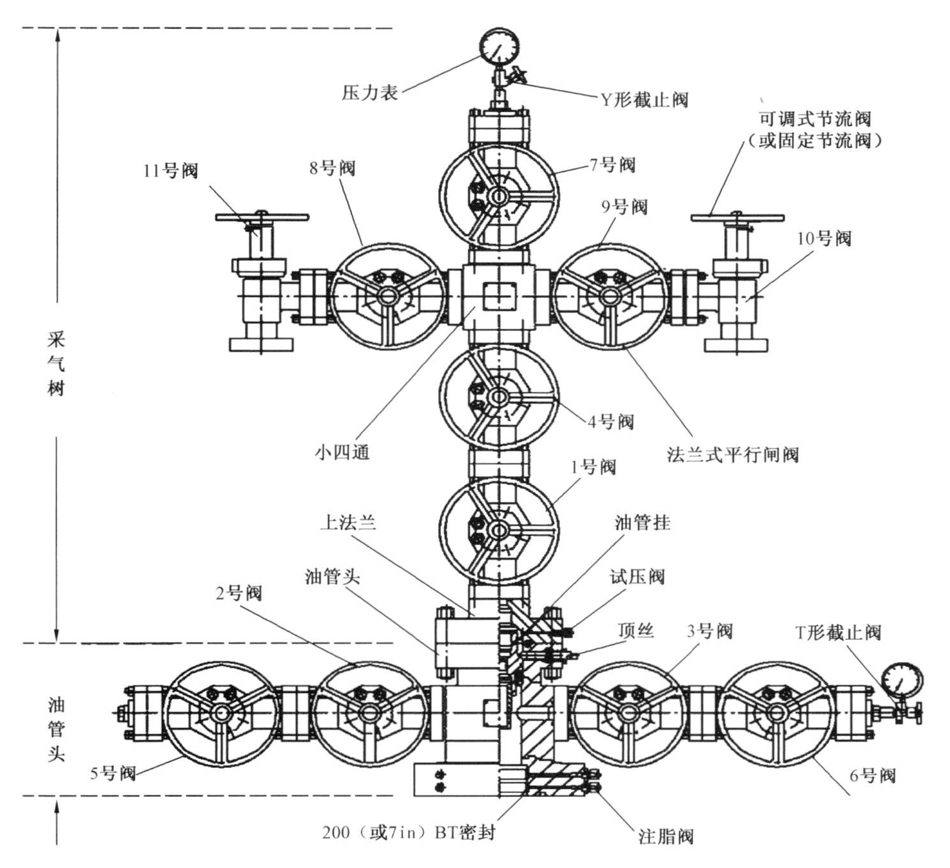

图 7-1 采气井口装置主要结构示意图

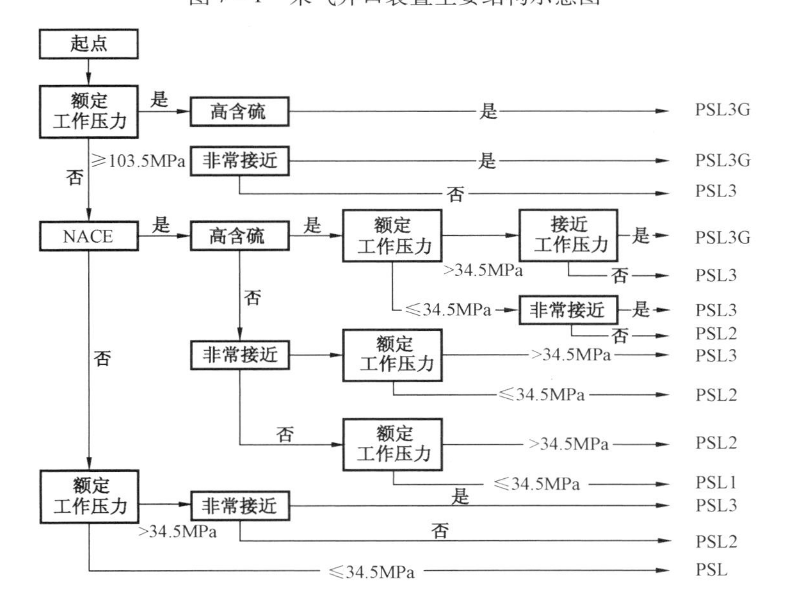

图 7-2 API 推荐的采气井口装置的规范级别选择方法

3. 温度额定值选择

根据井口装置在钻完井和生产等过程中会遇到的温度变化范围选择。常见井口装置额定温度级别见表7-1。

表7-1 常见井口装置额定温度级别

温度类别	适用温度范围,℃
K	-50~82
L	-46~82
P	-29~82
R	4~49
S	-18~66
T	-18~82
U	-18~121
V	2~121
X	-18~176
Y	-18~343
Z	-18~380

4. 材料级别选择

根据井口装置在钻完井及生产等过程中所处的工况及腐蚀环境选择。井口装置不同工况特性下材料要求见表7-2。

表7-2 井口装置不同工况特性下材料要求

材料等级	工况特性	本体、盖、法兰	阀板、阀座、阀杆、顶丝和悬挂器本体
AA	一般使用—无腐蚀	碳钢或低合金钢	碳钢或低合金钢
BB	一般使用—轻度腐蚀	碳钢或低合金钢	不锈钢
CC	一般使用—中度至高度腐蚀	不锈钢	不锈钢
DD	酸性环境①—轻度腐蚀	碳钢或低合金钢②	碳钢或低合金钢②
EE	酸性环境①—轻度腐蚀	碳钢或低合金钢②	不锈钢②
FF	酸性环境①—中度至高度腐蚀	不锈钢②	不锈钢②
HH	酸性环境①—严重腐蚀	抗腐蚀合金②	抗腐蚀合金②

① 按照NACE标准MR 0175定义。

② 符合NACE标准MR 0175。

CO_2条件下表7-2中腐蚀环境划分原则见表7-3。

表 7－3 CO_2分压相对应的封存流体腐蚀性

封存流体	相对腐蚀性	CO_2分压相	
		psi	MPa
一般使用	无腐蚀	<7	<0.05
一般使用	轻度腐蚀	7～30	0.05～0.21
一般使用	中度至高度腐蚀	>30	>0.21
酸性环境	无腐蚀	<7	<0.05
酸性环境	轻度腐蚀	7～30	0.05～0.21
酸性环境	中度至高度腐蚀	>30	>0.21

H_2S条件下表 7－3 中腐蚀环境划分原则如图 7－3 所示。

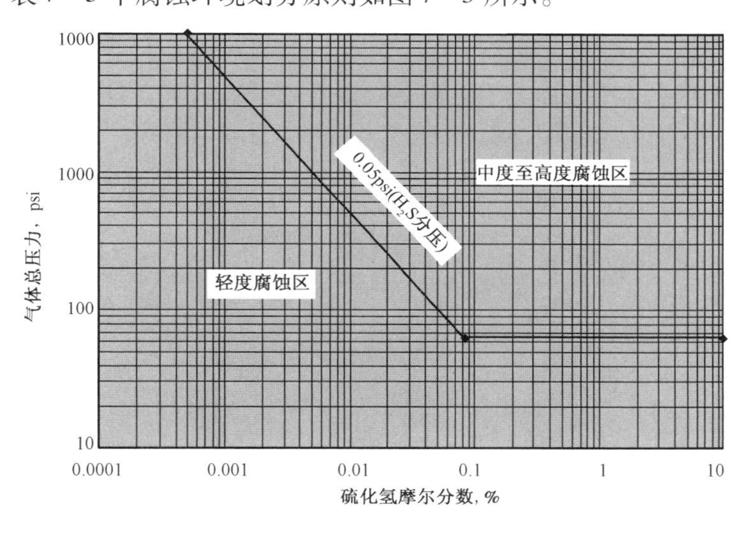

图 7－3 腐蚀环境划分

三、采气树组成和功能

1. 组成

采气树主要由阀门(包括闸阀和针形节流阀)、大小头、小四通或三通、采气树帽、油管头变径法兰、缓冲器、截止阀(考克)和压力表等组成。

2. 功能

采气树安装在油管头的上面，其作用是控制和调节气井的流量和井口压力，并把气流诱导到井口的出油管，在必要是可以用它来关闭井口。

1)闸阀

闸阀用于截断井内流体，不能用于调节流体流量。1 号、2 号和 3 号闸阀是备用闸阀，应处于全开启状态，当 4 号、5 号和 6 号闸阀出现异常时，可关闭 1 号、2 号和 3 号闸阀，然后对 4 号、5 号和 6 号闸阀进行检修或更换。4 号闸阀是总阀，8 号和 9 号闸阀是生产阀，7 号闸阀是清蜡阀。

2）针阀

针阀用于调节流体流量，不作截流用。流量调节后，必须旋紧并帽，10 号和 11 号是针阀。

3）截止阀

截止阀用于控制和更换压力表。更换压力表时，先将本阀关闭，切断压力来源，再卸松泄压螺钉，放掉余压，然后再卸压力表。

4）缓冲器

缓冲器用于隔离井内流体进入压力表，对压力表起保护和防止腐蚀的作用。

四、油管头组成和功能

油管头安装于采气树与套管头之间，上法兰平面为计算油补距和井深数据的基准面。

1. 组成

油管头主要由四通、油管悬挂器、顶丝总成、法兰式平行闸阀、连接件、压力显示机构等组成（图 7－4），主要分为锥面悬挂油管头及直管悬挂油管头。

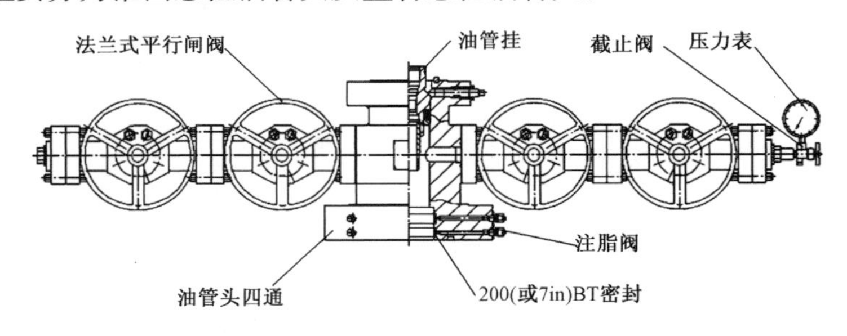

图 7－4　油管头结构示意图

油管悬挂器主要分为直挂式和锥挂式油管悬挂器，如图 7－5 和图 7－6 所示。

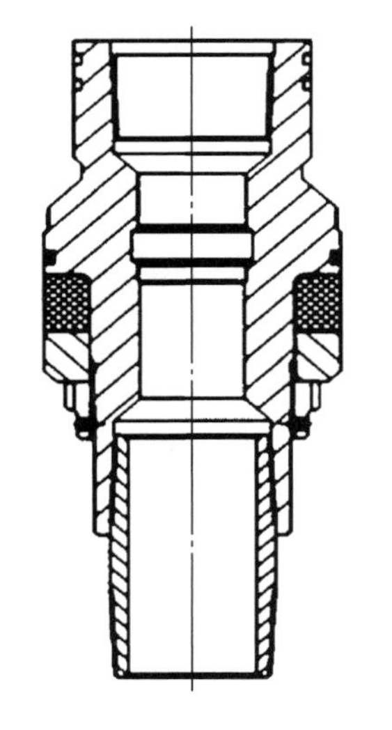

图 7－5　直挂式油管悬挂器

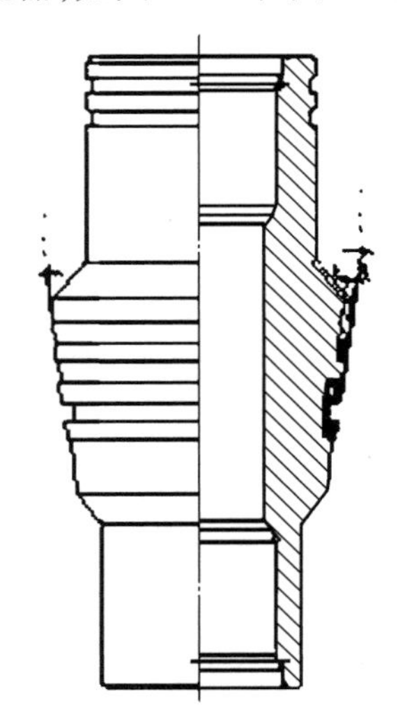

图 7－6　锥挂式油管悬挂器

2. 功能

(1)悬挂油管,支持井内油管的重量。

(2)与油管悬挂器配合密封油管和套管的环型空间。

(3)为下接套管头、上接采气树提供过渡。

(4)通过油管头四通体上的两个侧口(接套管闸门),完成注平衡液、注缓蚀剂、洗井和监控井况等作业。

五、结构形式

按照外观主要分为"十"字型和"Y"型,分体式和整体式,一般气井常用"十"字型,高压高产气井推荐用整体式,如图 7 - 7 ~ 图 7 - 9 所示。

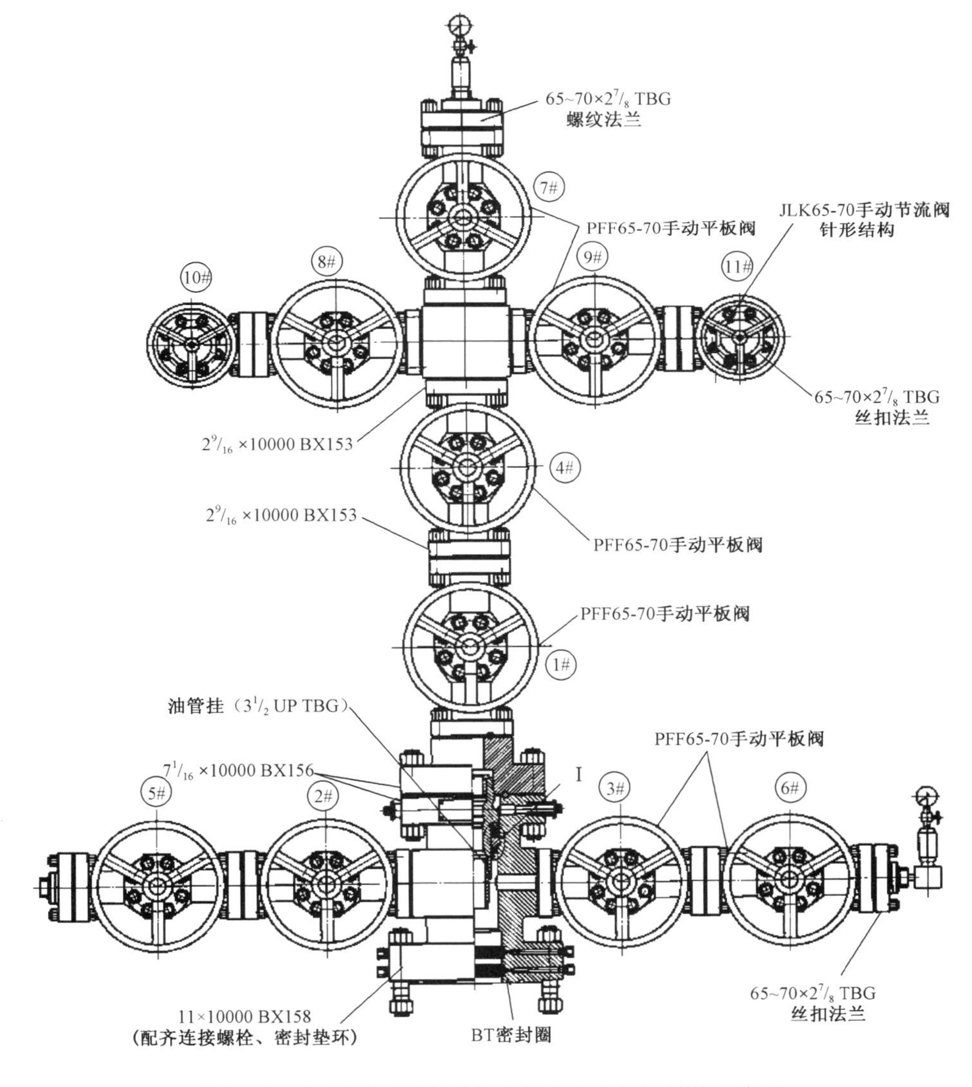

图 7 - 7 "十"字型采气井口装置(KQ70/65)结构示意图

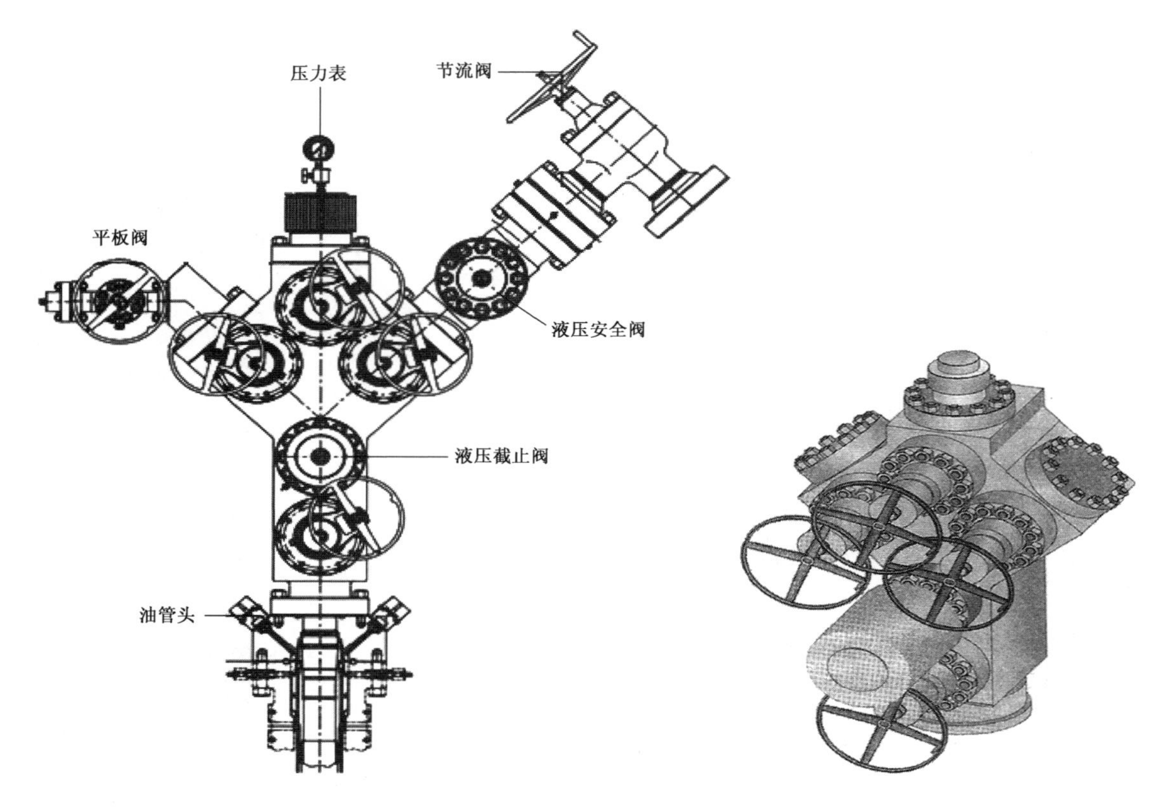

图 7－8　美国 CAMERONY 采气井口装置结构示意图　　图 7－9　整体式采气井口装置

六、技术规范

常用采气井口装置技术规范见表 7－4。

表 7－4　常用采气井口装置技术规范

法兰式和卡箍式采气树			油管规格		通径规直径,mm
最大工作压力,MPa	公称通径,mm	最小垂直通径,mm	公称通径,mm	公称质量,kg/m	
—	—	—	42.20	3.57	32.72
14,21 和 35	46	43.0	48.30	4.32	38.52
14,21 和 35	52	52.0	48.30	6.99	48.22
14,21 和 35	65	65.0	60.30	9.67	59.62
14,21 和 35	80	80.0	73.0	13.84	72.82
—	—	—	101.6	16.37	85.12
14,21 和 35	103	103.0	114.3	18.97	97.32
70 和 105	43	43.0	48.30	4.32	38.52
70 和 105	46	46.0	52.40	4.48	42.12
70 和 105	52	52.0	60.30	6.99	48.22

续表

法兰式和卡箍式采气树			油管规格		通径规直径，mm
最大工作压力，MPa	公称通径，mm	最小垂直通径，mm	公称通径，mm	公称质量，kg/m	
70 和 105	65	65.0	73.00	9.67	59.62
70 和 105	78	78.0	88.90	13.84	72.82
70	103	103.0	114.30	18.97	97.32

第二节　套　管　头

套管头属井口装置的基础部分，它的功能是：固定井下套管柱，可靠地密封各层套管空间，其上可装防喷器、采气树等。

一、功能和选择

套管头的功能和选择见表 7－5。

表 7－5　套管头的功能和选择

项目	内容
套管头的功能	(1)支撑技术套管和油层套管的重量，这对固井水泥未返至地面的套管尤为重要。 (2)密封套管间的环形空间，防止压力互窜。 (3)为安全防喷器、油管头和采气树等上部井口装置提供过渡连接。 (4)通过套管头四通本体上的两个侧口，可以进行补挤水泥、监控井况、注平衡液等作业
套管头的选择	(1)根据井深和地层压力等因素而定。 (2)套管头是与气井寿命共始终的部件，所以在选择时，不仅应考虑目前所开采的气层，还需预计到气井以后可能开采的其他气层情况。 (3)通常，随着井深的增加，需要封隔井下地层的层数增多，下入井内的套管长度也相应增加。因此，套管头有单级、双级及三级之分

二、型号表示方法

套管头尺寸代号（包括连接套管和悬挂套管）是用套管外径的英寸值表示，本体间连接形式代号是用汉语拼音字母表示，F 表示法兰连接，Q 表示卡箍连接。

1. 单级套管头

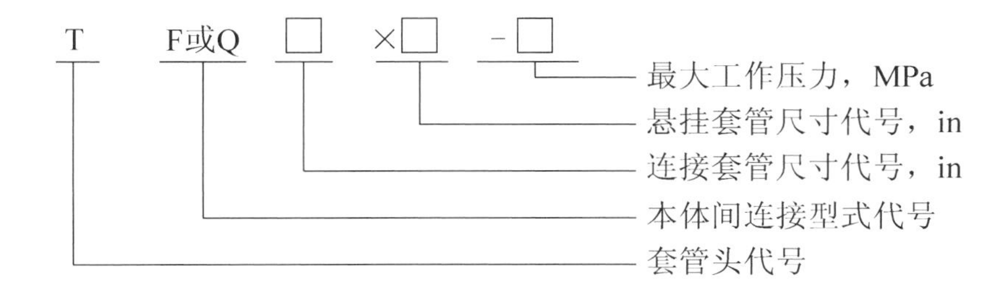

2. 双级套管头

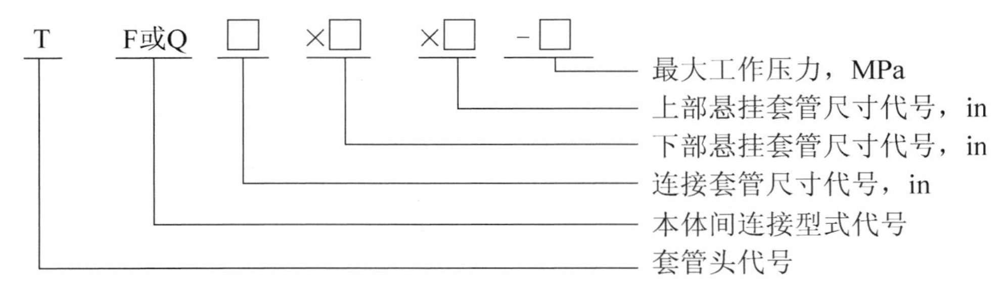

3. 三级套管头

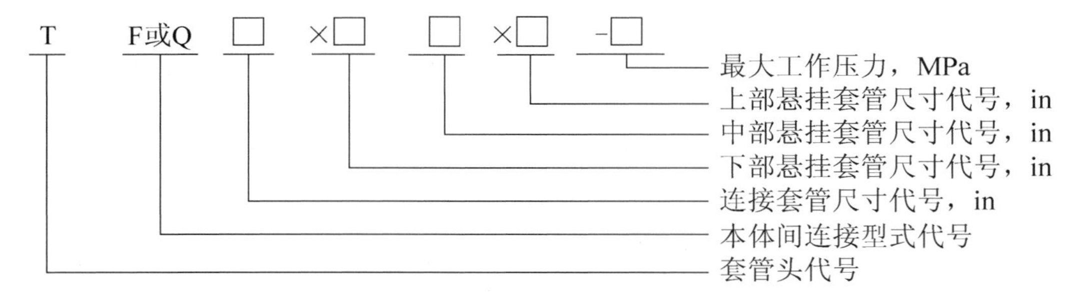

三、结构与技术规范

套管头由本体、套管悬挂器和密封组件组成。按悬挂的套管层数分为单级套管头、双级套管头和三级套管头。其型式符合 SY 5201 的规定。本体间连接型式采用法兰式。法兰符合 SY/T 5127—2002 的规定。

1. 单级套管头

其基本结构如图 7－10 所示，技术参数见表 7－6。

表 7－6　单级套管头基本技术参数

连接套管外径 D mm(in)	悬挂套管外径 D_1 mm(in)	本体额定工作压力，MPa	本体垂直通径 D_t mm
193.7(7⅝)	114.3(4½)	14	178
		21	
244.5(9⅝)	127.0(5) 139.7(5½) 177.8(7)	14	230
		21	
		35	
273.0(10¾)	139.7(5½) 177.8(7)	14	254
		21	
		35	

续表

连接套管外径 D mm(in)	悬挂套管外径 D_1 mm(in)	本体额定工作压力,MPa	本体垂直通径 D_t mm
298.4(11¾)	139.7(5½) 193.7(7⅝) 177.8(7)	14	280
		21	
		35	
323.8(12¾)	139.7(5½)	14	308
		21	
		35	
339.7(13⅜)	139.7(5½) 177.8(7) 193.7(7⅝) 244.5(9⅝)	14	318
		21	
		35	

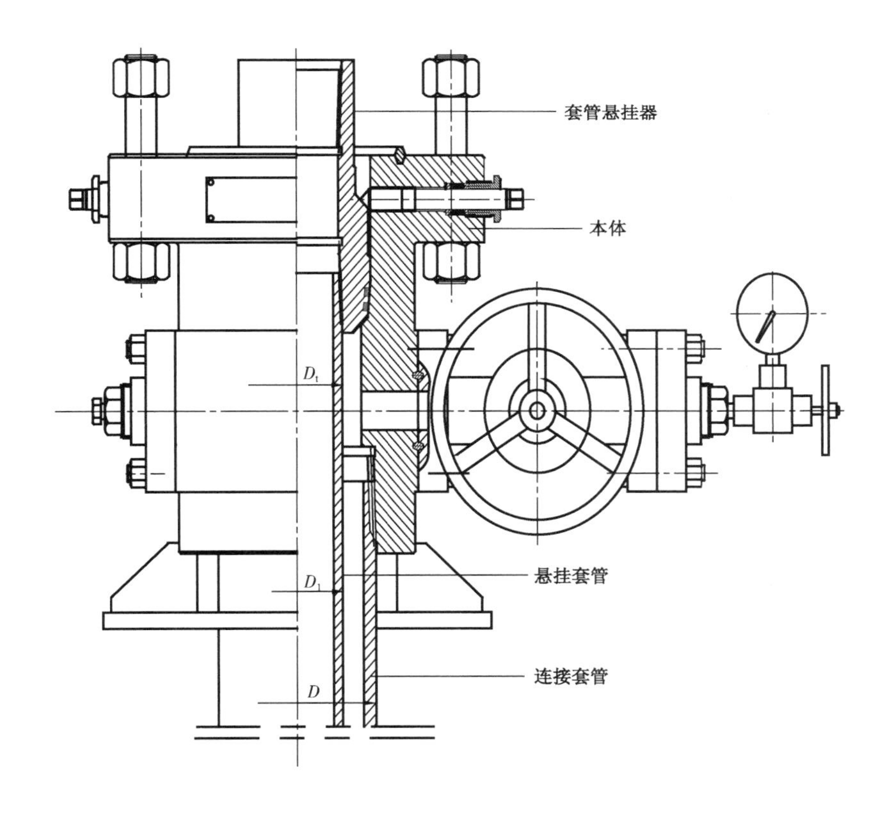

图 7-10　单级套管头结构示意图

2. 双级套管头

其基本结构如图 7-11 所示,技术参数见表 7-7。

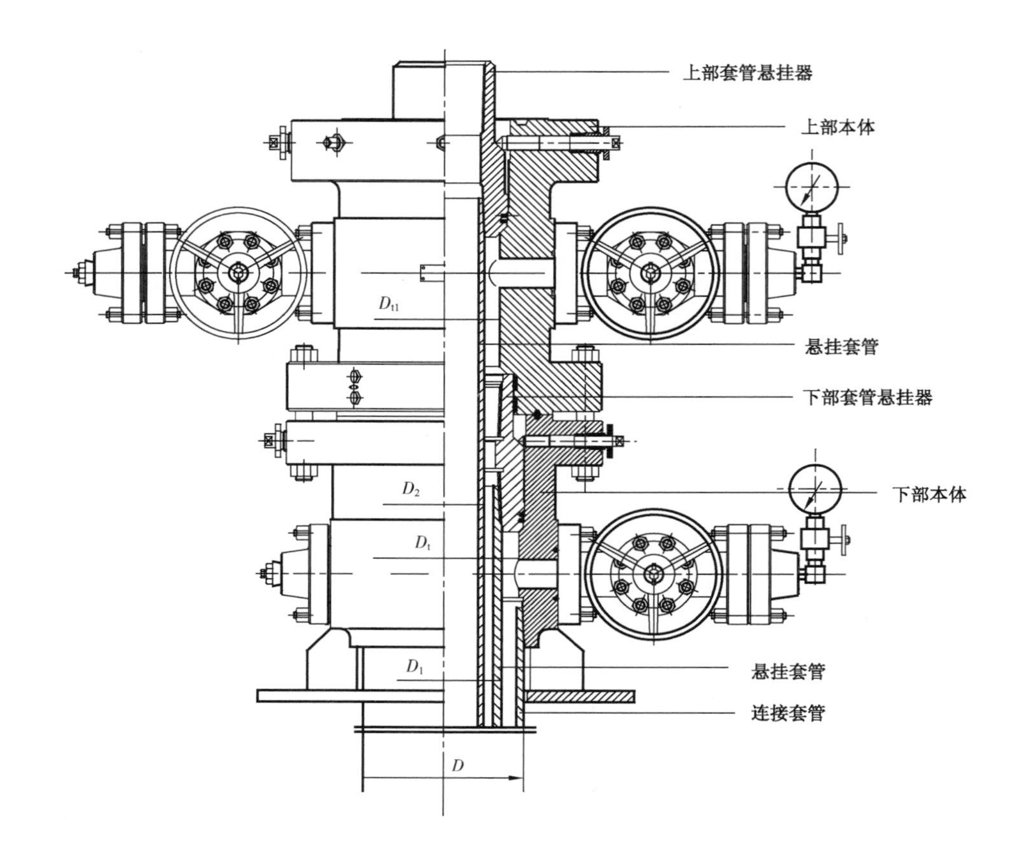

图 7-11　双级套管头结构示意图

表 7-7　双级套管头基本技术参数

连接套管外径 D mm(in)	悬挂套管外径,mm(in)		下部本体工作压力 MPa	下部本体垂直通径 D_t mm	上部本体工作压力,MPa		上部本体垂直通径 D_{t1} mm
	D_1	D_2			下法兰	上法兰	
339.7(13⅜)	177.8(7)	127.0(5) 139.7(5½)	14	318	21	21	164
			21		35	35	
			35		70	70	
339.7(13⅜)	244.5(9⅝)	127.0(5) 139.7(5½) 177.8(7)	14	318	21	21	230
			21		35	35	
			35		70	70	

3. 三级套管头

其基本结构如图 7-12 所示,技术参数见表 7-8。

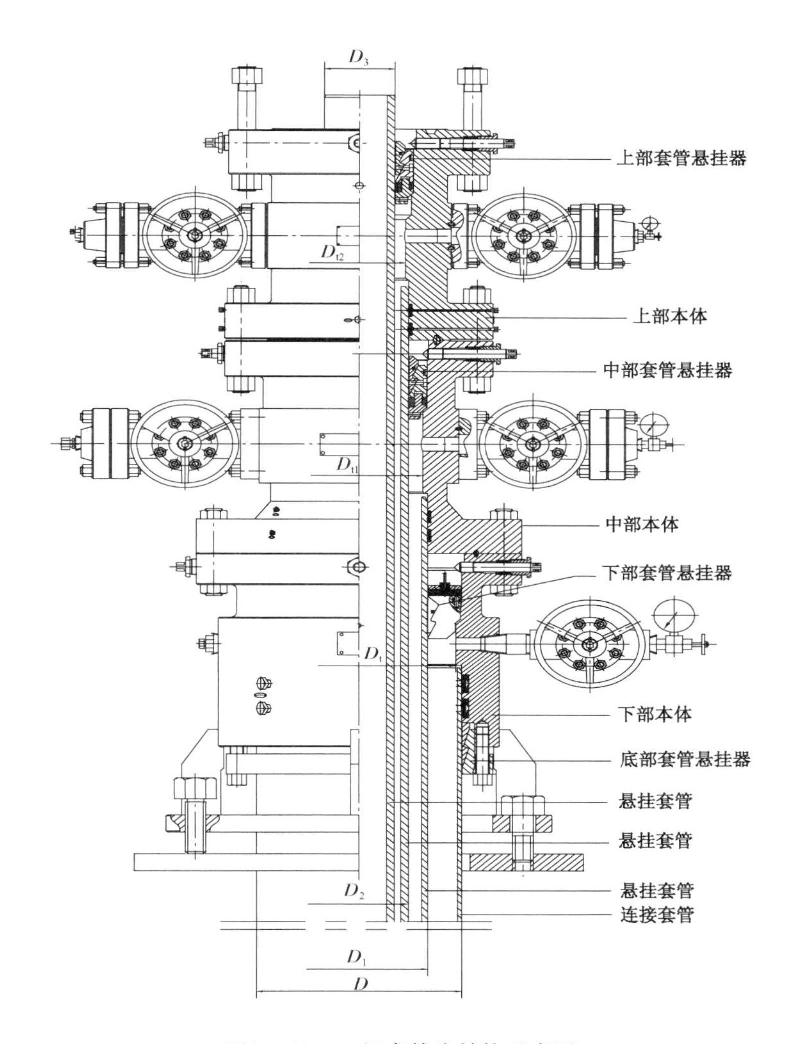

图 7－12　三级套管头结构示意图

表 7－8　三级套管头基本技术参数

连接套管外径 mm(in)	悬挂套管外径 mm(in)			下部本体工作压力 MPa	下部本体垂直通径 D_t mm	中部本体工作压力 MPa		中部本体垂直通径 D_{t1} mm	上部本体工作压力 MPa		上部本体通径 D_{t2} mm
D	D_1	D_2	D_3			上法兰	下法兰		上法兰	下法兰	
339.7 (13⅜)	244.5 (9⅝)	177.8 (7)	127.0 (5)	14	318	21	14	230	35	21	164
				14		35	21		70	35	
				21		70	35		105	70	
406.4 (16)	339.7 (13⅜)			14	390	21	14	318	35	21	
				14		35	21		70	35	
				21		70	35		105	70	

续表

<table>
<tr><th rowspan="2">连接套管外径 mm(in)</th><th colspan="3">悬挂套管外径 mm(in)</th><th rowspan="3">下部本体工作压力 MPa</th><th rowspan="3">下部本体垂直通径 D_t mm</th><th colspan="2">中部本体工作压力 MPa</th><th rowspan="3">中部本体垂直通径 D_{t1} mm</th><th colspan="2">上部本体工作压力 MPa</th><th rowspan="3">上部本体通径 D_{t2} mm</th></tr>
<tr><th rowspan="2">D_1</th><th rowspan="2">D_2</th><th rowspan="2">D_3</th><th rowspan="2">上法兰</th><th rowspan="2">下法兰</th><th rowspan="2">上法兰</th><th rowspan="2">下法兰</th></tr>
<tr><th>D</th></tr>
<tr><td rowspan="9">508
(20)</td><td rowspan="9">339.7
(13⅜)</td><td rowspan="6">244.5
(9⅝)</td><td rowspan="6">177.8
(7)
139.7
(5½)</td><td>14</td><td rowspan="3">390</td><td>21</td><td>14</td><td rowspan="9">318</td><td>35</td><td>21</td><td rowspan="6">230</td></tr>
<tr><td>14</td><td>35</td><td>21</td><td>70</td><td>35</td></tr>
<tr><td>21</td><td>70</td><td>35</td><td>105</td><td>70</td></tr>
<tr><td>14</td><td rowspan="6">486</td><td>21</td><td>14</td><td>35</td><td>21</td></tr>
<tr><td>14</td><td>35</td><td>21</td><td>70</td><td>35</td></tr>
<tr><td>21</td><td>70</td><td>35</td><td>105</td><td>70</td></tr>
<tr><td rowspan="3">177.8
(7)</td><td rowspan="3">127.0
(5)</td><td>14</td><td>21</td><td>14</td><td>35</td><td>21</td><td rowspan="3">164</td></tr>
<tr><td>14</td><td>35</td><td>21</td><td>70</td><td>35</td></tr>
<tr><td>21</td><td>70</td><td>35</td><td>105</td><td>70</td></tr>
</table>

第三节　闸　　阀

闸阀是指闸板沿通路中央线的垂直方向移动的阀门。闸阀只能作全开和全关堵截用，不能作调节和节流。

一、型号表示法

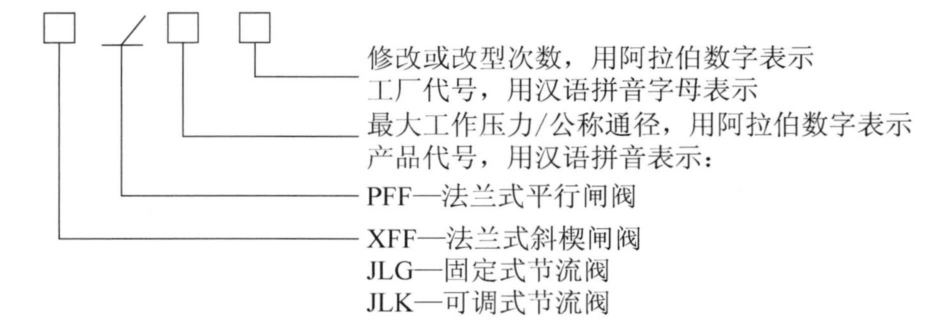

二、分类

1. 根据阀杆的构造分类

1）明杆闸阀

阀杆螺母在阀杆或支架上，开闭闸板时，用旋转阀杆螺母来实现阀杆的升降。这种结构开闭程度明显，对阀杆的润滑有利，故被广泛选用。图 7－13 为带平衡尾杆的明杆闸阀，图 7－14 为不带平衡杆明杆闸阀。

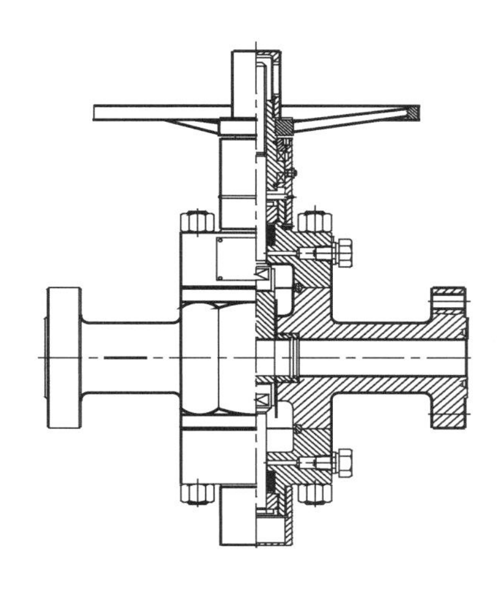

图 7－13　明杆带尾杆平板阀

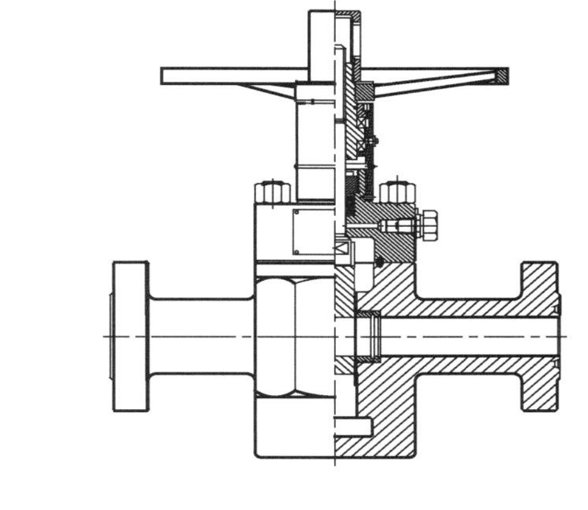

图 7－14　明杆不带尾杆平板阀

2）暗杆闸阀

阀杆螺母在阀体内与介质直接接触，开闭闸板用旋转阀杆来实现。这种结构的优点是闸阀的总高度保持不变，少泄漏点，因此安装空间小，适用于大口径或者对安装空间有限制的闸阀。这种结构的最大缺点就是阀杆的螺纹不仅无法润滑，而且长年直接受介质的侵蚀，容易损坏。图 7－15 为暗杆不带开关指示器的闸阀，图 7－16 为暗杆带开关指示器的闸阀。表 7－9 为阀杆结构性能比较表。

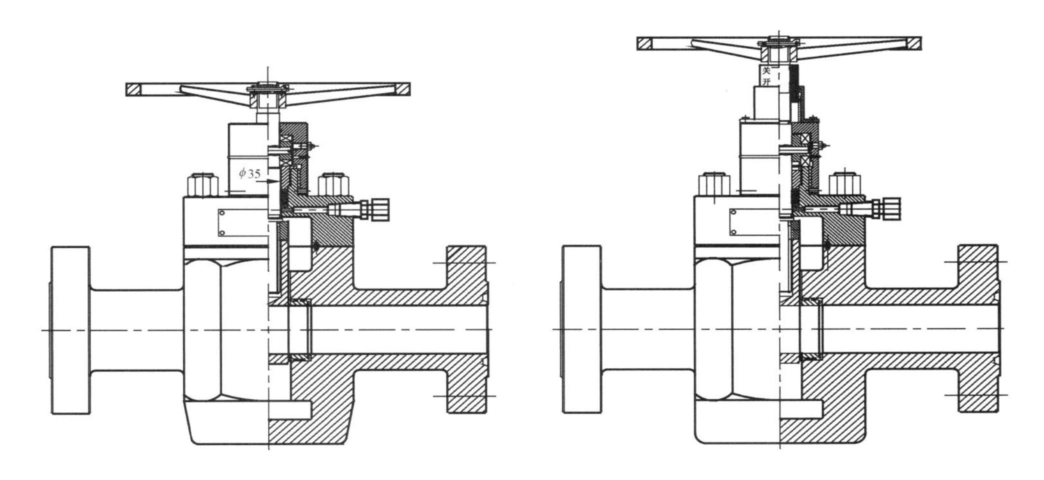

图 7－15　暗杆不带开关指示器平板阀　　图 7－16　暗杆带开关指示器平板阀

表 7－9　阀杆结构性能比较表

结构特点	开关力矩	能否指示闸板位置	对阀结构尺寸的影响	阀杆受力情况
明杆结构	大	能	大	受力大，阀杆受压并传至阀杆螺母上
暗杆结构	小	不能（需加指示机构）	小	受力比明杆小，但阀杆螺母与阀杆的摩擦力大，因此力矩比明杆阀要大

2. 根据闸板构造分类

1)楔式闸阀

楔式闸阀的两个密封面形成楔形(阀板和阀座均为楔形)、楔形角随阀门参数而异,靠力密封。楔式闸阀的闸板可以做成一个整体,叫作刚性闸板;也可以做成能产生微能量变形的闸板,以改善其工艺性,弥补密封面角度在加工过程产生的偏差,叫作弹性闸板。

2)平行闸板式闸阀

平行闸板式闸阀的密封面与垂直中心线平行,即阀板和阀座平行,是两个密封面互相平行的闸阀,靠脂密封。平板阀也有单闸板阀和双闸板阀之分,图 7－17 为单闸板式浮动闸板、浮动阀座的平板阀。平板阀的另一种结构型式为扩胀式双闸板平板阀(图 7－18)。

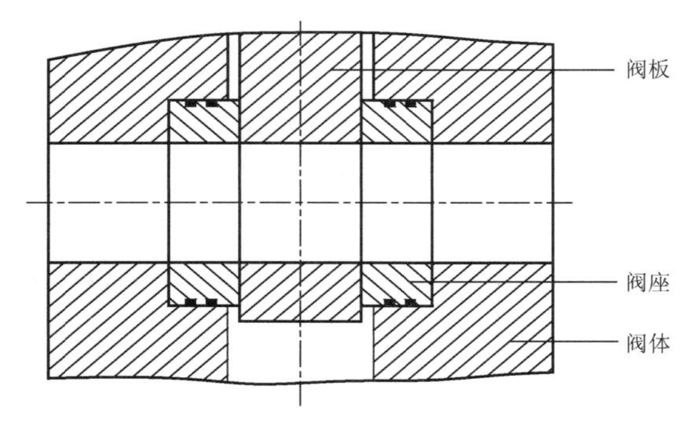

图 7－17　单闸板浮动闸板和阀座

图 7－18　扩胀式双闸板

三、技术规范

1. 21MPa 闸阀技术规范见表 7－10。

表 7－10　21MPa 闸阀技术规范

类型	规格代号	尺寸或口径,mm				连接形式
斜楔型	A	52.4	65.1	79.4	103.2	卡箍连接
	B		244.1	241		
	C		422.3	435		
平板型	A	52.4	65.1	79.4	103.2	
	B	216	244.1	241	292	
	C	371.5	422.3	435	511.2	

2. 35MPa 闸阀技术规范见表 7－11。

表 7－11　35MPa 闸阀技术规范

类型	规格代号	尺寸或口径,mm				连接形式
斜楔型	A	52.4	65.1	79.4	103.2	法兰连接
	B		244.1	267		
	C		422.3	473.1		

续表

类型	规格代号	尺寸或口径,mm				连接形式
平板型	A	52.4	65.1	79.4	103.2	法兰连接
	B	216	244.1	267	311	
	C	371.5	422.3	473.1	549.3	

3. 70MPa 和 105MPa 闸阀技术规范见表 7－12。

表 7－12　70MPa 和 105MPa 闸阀技术规范

类型	规格代号	尺寸或口径,mm				连接形式
70MPa 平板型	A	52.4	65.1	77.8	103.2	法兰连接
	B	200	232	270	316	
	C	520.7	565.2	619.1	669.9	
105MPa 平板型	A	52.4	65.1	77.8	103.2	
	B	232	254	287	360	
	C	482.6	533.4	598.5	736.6	

第四节　井口安全阀及其控制系统

一、井口安全阀

1. 结构

井口安全阀是具有活塞式执行机构的逆向动作的阀门,结构如图 7－19 所示。

2. 工作原理

闸阀的开与关由执行机构完成。执行机构内有带动阀杆的活塞,活塞的一端为充气或充液室,另一端为弹簧。当活塞受气压或液压推动压缩弹簧,闸阀被打开;当气压或液压卸去,弹簧伸展,闸阀被关闭。

3. 选择

阀的通径要根据安装处的流量来决定。如果安装在采气树的垂向流道上,其通径应与下面的总阀门相同。额定压力、额定温度和其他额定参数必须与下面的总阀门相同。执行机构应考虑控制系统可提供的压力。

4. 技术规范

常用地面安全阀规格型号及技术参数见表 7－13。

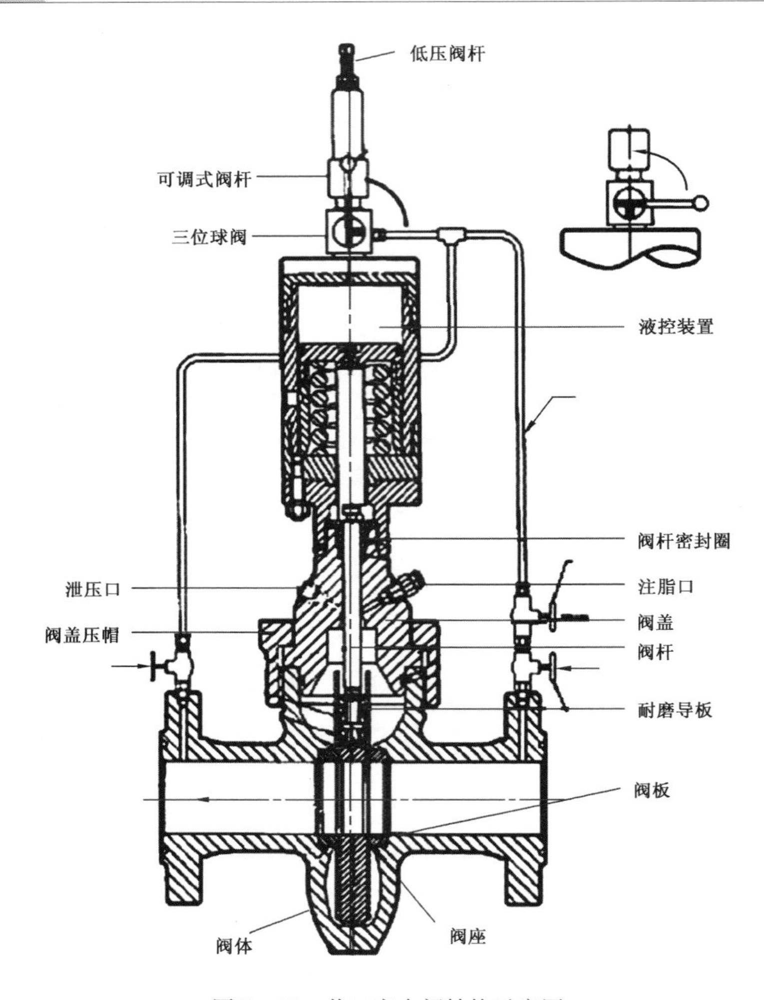

图 7－19 井口安全阀结构示意图

表 7－13 常用井口安全阀

型号规格	性能级别	规范级别	井口最大工作压力 MPa	井口安全阀型号	高压感测压力 MPa	低压感测压力 MPa	感测压力重复动作精度 %	易溶塞溶化温度 ℃	RTU 关断信号电压
KGS65－35	PR1	PSL3	35	AF65－35	13.8～34.8	1.38～5.18	1.5	≤120	DC 24V
KGS65－70			70	AF65－70					
KGS65－105			105	AF65－105					

二、远程控制电磁阀

1. 结构

主要包括以下 5 部分：阀体、阀盖、主阀芯、压力弹簧、电磁头。图 7－20 为远程控制电磁阀的结构示意图。

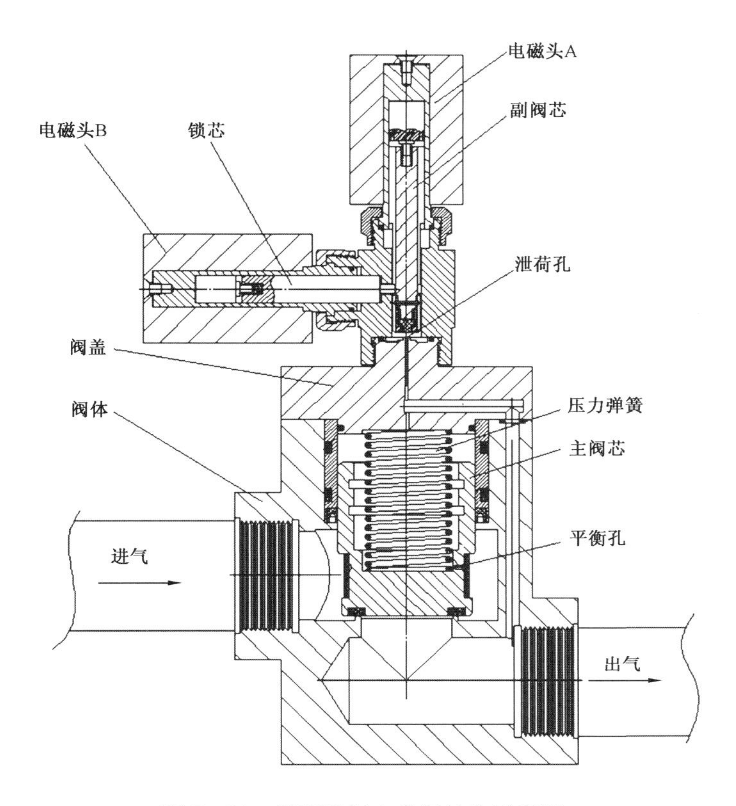

图 7－20　远程控制电磁阀结构示意图

2. 工作原理

远程控制电磁阀属于常开常闭泄荷式电磁阀，通过控制阀盖上的泄荷孔开启及闭合，实现对电磁阀的先导式控制。

当开启阀门时，电磁头 A 把副阀芯吸回与锁芯互锁。当关闭阀门时，电磁头 B 把锁芯吸回，弹簧推动主阀芯向下移动，关闭阀门。

3. 技术规范

远程控制电磁阀的两种型号为 SDCKCB－50/26 和 SDCKCB－80/26，分别应用在 DN50mm 和 DN80mm 集气管线上。远程控制电磁阀技术参数见表 7－14。

表 7－14　SDCKCB 系列远程控制电磁阀技术参数

型号	SDCKCB－50/26	SDCKCB－80/26
工作电压，V	12(DC)	
超压保护压力，MPa	3.5～6.0(用户自设)	
欠压保护压力，MPa	0.5～2(用户自设)	
工作压力，MPa	≤26	
温度范围，℃	－40～50	

续表

型号	SDCKCB－50/26	SDCKCB－80/26
长度,mm	355	527
出入口高差,mm	48	65
通径,mm	DN50	DN80
连接法兰	DN50－PN26 RJ GB/T 9115.4—2000	DN80－PN26 RJ GB/T 9115.4—2000

注:法兰标记 DN50－PN26 RJ GB/T 9115.4—2000 表示公称通径 50mm、公称压力 26MPa 的环连接面对焊钢制管法兰。

三、远程控制截断阀

1. 结构

主要包括以下部分:提升手柄、弹簧、提升齿轮、齿条、阀杆、复位按钮、控制杆、平衡块等。图 7－21 为 YKQD50－250 型远程控制截断阀的结构示意图。

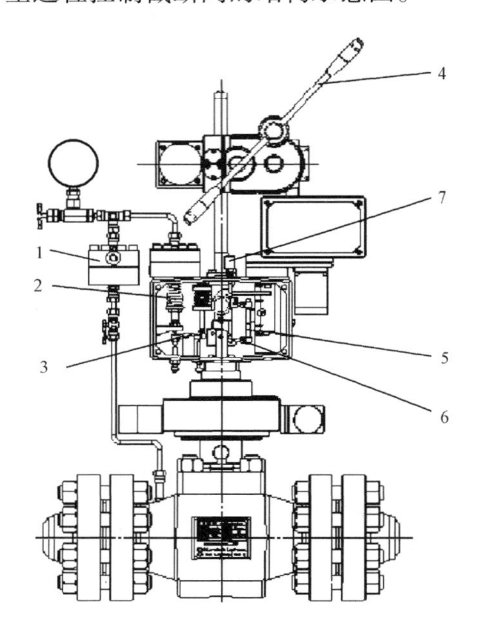

图 7－21 YKQD50－250 型远程控制截断阀结构示意图

1—传感器;2—弹簧;3—平衡杆;4—提升手柄;
5—控制杆;6—平衡块;7—复位按钮

2. 工作原理

(1)超压保护。

① 管线压力超过设定值时,传感器推杆向下运动;

② 平衡杆拨动平衡块旋转,释放控制杆,使齿条等构件失去支撑;

③ 阀体内的回座弹簧力推动阀瓣切断管线气流,起到超压保护作用。

(2)欠压保护。

① 管线压力低于设定值时,传感器推杆在弹簧作用下向上运动;

② 平衡杆拨动平衡块旋转，释放控制杆，使齿条等构件失去支撑；

③ 阀体内的回座弹簧力推动阀瓣切断管线气流，起到欠压保护作用。

(3)高压差开启复位。

① 打开旁通阀，使阀前后压力平衡；

② 将提升手柄沿其转轴向内推压使提升齿轮与提升齿条啮合，再旋转提升手柄使得阀杆上升，阀瓣打开；

③ 按下复位按钮，使控制杆嵌入平衡块的挂钩内，控制阀杆在开启状态。

3. 技术规范

YKQD50－250型远程控制截断阀技术参数见表7－15。

表7－15　YKQD50－250型远程控制截断阀技术参数

型号	YKQD50－250
工作电压，V	12(DC)
超压保护压力，MPa	3.5～6.0(用户自设)
欠压保护压力，MPa	0.5～2(用户自设)
工作压力，MPa	≤17
温度范围，℃	－30～80
通径，mm	DN 50
连接法兰	GB 9113.25　PN25.0MPa(250bar)环连接面整体钢制管法兰

四、井口保护器

各种类型井口保护器的工作原理基本相同，通过对保护器设定一个压差来实现紧急情况下的自动关闭。气井在正常生产情况下，弹簧的作用力使阀体与阀座保持敞开状态，当高压集气管线破裂或出现异常情况漏气时，保护器下游压力便会突然降低，使得保护器前后的压差增大，弹簧被压缩，阀体下移直至封堵阀座，天然气断流。

1. 保护器类型

1)QB－2½inB型保护器

由压帽、节流孔板、阀体、弹簧、密封圈、阀座、壳体等配件组成，其剖面图如图7－22所示。

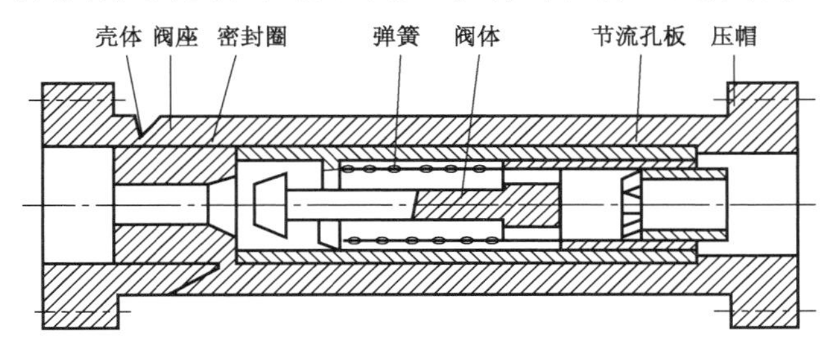

图7－22　QB－2½inB型保护器剖面图

2）KQB－A－2½in 型保护器

由阀座和阀体偶件、弹簧、密封盒及调节杆等组成，其剖面图如图 7－23 所示。

3）TJAB－60/100 型保护器

由堵头、外壳、节流孔板、滑阀和复位弹簧组成，其剖面图如图 7－24 所示。

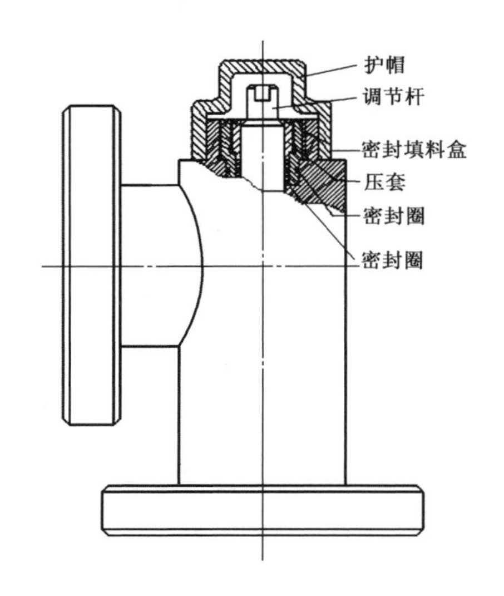

图 7－23　KQB 型井口保护器剖面图

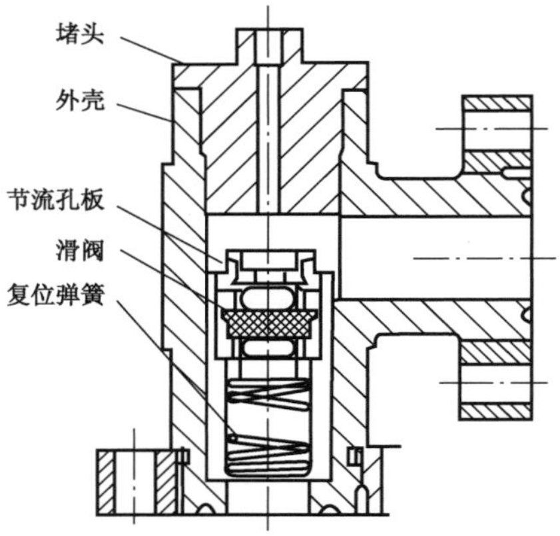

图 7－24　TJAB－60/100 型保护器剖面图

4）TKB－34.5/100 型保护器

TKB－34.5/100 型保护器主要由椎体、锥孔板、保护装置内套、节流气嘴、关闭阀芯、平衡活塞、关闭阀座、平衡气缸组成，其剖面图如图 7－25 所示。

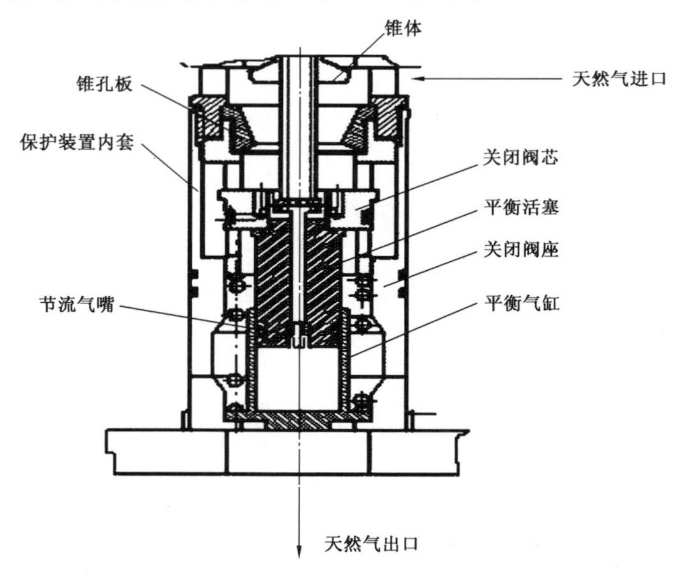

图 7－25　TKB－34.5/100 型保护器剖面图

2. 技术参数

4 种型号保护器技术参数见表 7－16。

表 7－16　4 种保护器技术参数表

型号	孔板式/可调式	工作压力 MPa	最大关闭压差 MPa	最大流量 $10^4 m^3/d$	法兰通径 mm
QB－2½inB	孔板式	25	0.3	30	60
TJAB－60/100	孔板式	60	0.3	100	60
KQB－A－2½in	可调式	25	0.3	30	60
TKB－34.5/100	可调式	34.5	0.3	100	60

五、安全阀控制系统

1. 组成

安全阀控制系统的组成如图 7－26 所示。

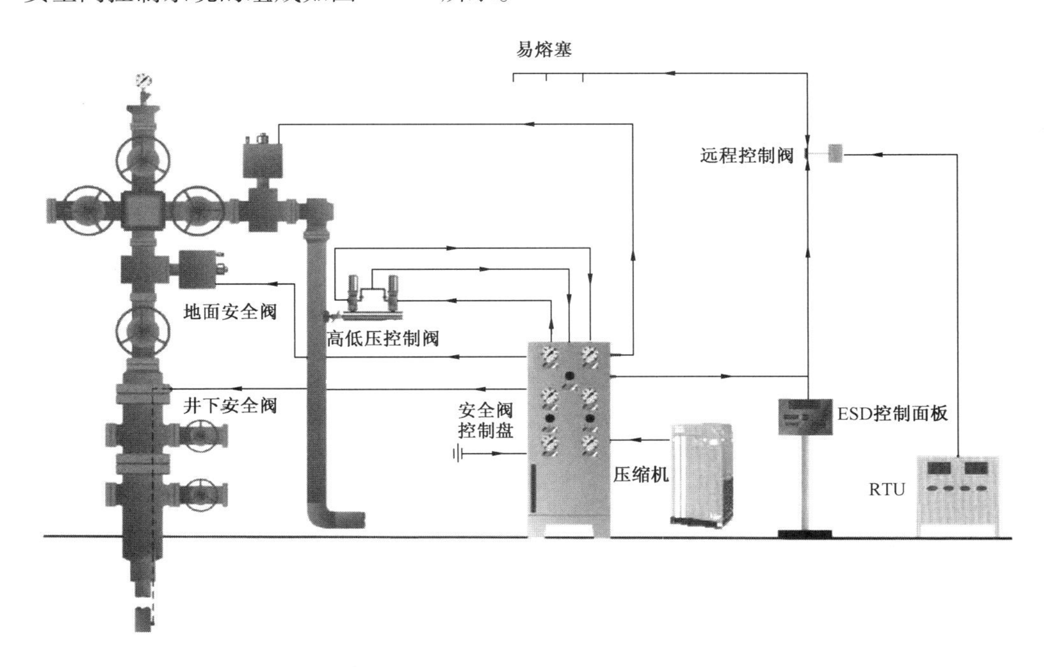

图 7－26　安全阀控制系统组成示意图

2. 工作原理

手动增压泵在力的作用下，将液压油进行增压，增压泵压力输出的大小与手力大小成比例。泵输出压力经过各液控阀形成回路到地面、井下安全阀，逻辑控制回路再控制系统中的各种类型液控阀工作，从而对系统液压回路进行控制，有效地对地面、井下安全阀门开启、关闭实行控制。液压回路安全阀控制系统压力保持在一定范围内工作，控制面板、井口关断、易熔塞熔化发出关井指令后，逻辑控制回路压力泄压，接口阀动作，迅速把系统液压控制回路压力降为0，即关闭地面全阀门。

3. 技术规范

井口安全阀控制系统技术规范见表7－17。

表7－17　井口安全阀控制系统技术规范

主要技术指标	参数
井下额定输出压力，MPa	70
地面额定输出压力，MPa	28
控制井数量	单井
易熔塞熔化温度，℃	127
使用环境	腐蚀性环境
环境温度，℃	－20～80
动力源	手动增压泵
逻辑控制压力，psi	80～105
控制方式	液控
连接管线	1/4in，3/8in，316不锈钢
工作介质	优质低黏度耐磨液压油（－30～160℃）

第五节　法兰和钢圈

一、法兰

按API标准把井口法兰分为两大类。

1. 6B型法兰

适用于压力等级为35MPa以下（含35MPa），所使用钢圈为R型或RX型，在通径13⅝in以内的适应这一规律。13⅝in以上的通径35MPa以上的压力等级的法兰所用钢圈是BX型。

2. 6BX型法兰

适用于压力等级为70MPa以上（含70MPa），所使用钢圈为BX型。

法兰和管体连接形式有3种：螺纹连接、焊接和整体锻件；法兰和法兰连接形式有载丝连接和双头螺栓连接。

常用法兰技术规范见表7－18～表7－26。

表 7－18 额定工作压力为 14MPa 6B 型法兰技术规范

公称通径和孔径 D mm(代号)	法兰基本尺寸,mm								双头螺柱			孔缘直径及长度尺寸,mm					环槽及法兰面尺寸,mm					钢圈号 R 或 RX
	整体法兰最大孔径 D_{max}	外径 D_1	法兰总厚 T	法兰盘厚 t	螺柱孔分布圆直径 D_2	螺柱孔直径 D_3	颈部直径 D_4	圆弧半径 R_1	数量 n	螺纹规格	长度 L mm	管线螺纹法兰长度 L_g	套管螺纹法兰长度 L_t	焊颈法兰长度 L_i	焊颈法兰颈部小径 D_5	焊颈法兰最大孔径 D_{6max}	端部台肩直径 D_0	槽中径 D_2 ±0.12	槽宽 B	槽深 H	槽内圆角半径 R_2(最大)	
52.4($2\frac{1}{16}$)	53	165	33	25	127	19	85	5	8	M16	112	44	—	81	60	53	108	82.55	11.91	7.9	0.8	23
65.1($2\frac{9}{16}$)	66	190	36	29	149	23	100	8		M20	126	49		87	73	63	125	101.60				26
79.4($3\frac{1}{8}$)	82	210	40	32	168		118				135	54		90	89	78	145	123.83				31
103.2($4\frac{1}{16}$)	109	272	46	38	216	25	152			M22	150	62	89	110	114	102	175	149.23				37
130.2($5\frac{1}{8}$)	131	330	52	44	267	27	190			M24	168	68	102	122	141	122	210	180.98				41
179.4($7\frac{1}{16}$)	182	355	56	48	292		222	10	12		175	75	114	125	168	146	240	211.14				45
228.6(9)	230	420	64	56	349	33	272			M30×3	204	84	127	141	219	198	302	269.88				49
279.4(11)	280	508	71	64	432	36	342		16	M33×3	225	94	133	160	273	248	355	323.85				53
346.1($13\frac{5}{8}$)	347	558	75	67	489		400		20		232	100	100	—	—	—	412	381.00				57
425.4($16\frac{3}{4}$)	426	685	84	76	603	42	495			M39×3	262	114	114				508	469.90				65
539.8($21\frac{1}{4}$)	541	812	98	89	724	45	610		24	M42×3	294	137	137				635	584.20	13.49	9.6	1.6	73

注:(1)螺纹法兰和焊颈法兰的公称通径应符合 SY/T 5127—2002 规定。

(2)用作套管头、油管头本体顶部的法兰,其端部圆柱孔径或锥孔大端直径可比表中整体法兰最大孔径 D_{max} 大。

(3)焊颈法兰的孔径和焊接管线的孔径基本一致。但其值不得超过本表规定的焊颈法兰最大孔径 D_{6max}。

(4)一般公差按 GB/T 1804—2000。

(5)双头螺柱应符合 GB 901 规定。双头螺柱长度 L 系指采用 R 型密封钢圈的长度。若用 RX 型密封钢圈。其长度 L 则应另行计算。

表 7－19　额定工作压力为 21MPa 6B 型法兰技术规范

公称通径和孔径 D mm(代号)	法兰基本尺寸,mm								双头螺柱			孔缘直径及长度尺寸,mm						环槽及法兰面尺寸,mm					钢圈号 R 或 RX
	整体法兰最大孔径 D_{max}	外径 D_1	法兰总厚 T	法兰盘厚 t	螺柱孔分布圆直径 D_2	螺柱孔直径 D_3	颈部直径 D_4	圆弧半径 R_1	数量 n	螺纹规格	长度 L mm	管线螺纹法兰长度 L_g	套管螺纹法兰长度 L_t	油管螺纹法兰长度 L_T	焊颈法兰长度 L_i	焊颈法兰颈部小径 D_5	焊颈法兰最大孔径 D_{6max}	端部台肩直径 D_0	槽中径 D_2 ±0.12	槽宽 B	槽深 H	槽内圆角半径 R_2(最大)	
52.4(2 1/16)	53	215	46	38	165	25	105			M22	150	65		65	110	60	49	125	95.25				24
65.1(2 9/16)	66	245	49	41	190	27	120	8		M24	162	71	—	71	113	73	59	138	107.95				27
79.4(3 1/8)	80	240	46	38		25	128		8	M22	150	62		75	110	89	74	155	123.83				31
103.2(4 1/16)	104	292	52	44	235	33	158			M30×3	180	78	89	89	122	114	97	180	149.23				37
130.2(5 1/8)	131	350	59	51	279	36	190			M33×3	200	87	102		135	141	122	215	180.98	11.91	7.9	0.8	41
179.4(7 1/16)	180	380	64	56	318	33	235		12	M30×3	205	94	114		148	168	146	240	211.14				45
228.6(9)	230	470	71	64	394		298				230	110	127		170	219	189	308	269.88				49
279.4(11)	280	545	78	70	470	39	368	10	16	M36×3	245	116	133	—	192	273	236	362	323.85				53
346.1(13 5/8)	347	610	87	79	533		420				262	125	125					420	381.00				57
425.4(16 3/4)	426	705	100	89	616	45	508		20	M42×3	298	129	144		—	—	—	525	469.90	16.67	11.2	1.6	66
527.0(20 3/4)	528	858	121	108	749	54	622			M50×3	355	171	171					648	584.20	19.84	12.7		74

注:(1)螺纹法兰和焊颈法兰的公称通径应符合 GB/T 22513—2008 规定。

(2)用作套管头、油管头本体顶部的法兰,其端部圆柱孔径或锥孔大端直径可比表中整体法兰最大孔径 D_{max} 大。

(3)焊颈法兰的孔径和焊接管线的孔径基本一致。但其值不得超过本表规定的焊颈法兰最大孔径 D_{6max}。

(4)一般公差按 GB/T 1804—2000。

(5)双头螺柱应符合 GB/T 901—1988 规定。双头螺柱长度 L 系指采用 R 型密封钢圈的长度。若用 RX 型密封钢圈。其长度 L 则应另行计算。

表 7－20 额定工作压力为 35MPa 6B 型法兰技术规范

公称通径和孔径 D mm（代号）	法兰基本尺寸，mm								双头螺柱			孔缘直径及长度尺寸，mm						环槽及法兰面尺寸，mm					钢圈号 R 或 RX
	整体法兰最大孔径 D_{max}	外径 D_1	法兰总厚 T	法兰盘厚 t	螺柱孔分布圆直径 D_2	螺柱孔直径 D_3	颈部直径 D_4	圆弧半径 R_1	数量 n	螺纹规格	长度 L mm	管线螺纹法兰长度 L_g	套管螺纹法兰长度 L_t	油管螺纹法兰长度 L_T	焊颈法兰长度 L_i	焊颈法兰颈部小径 D_5	焊颈法兰最大孔径 D_{6max}	端部台肩直径 D_0	槽中径 D_2 ±0.12	槽宽 B	槽深 H	槽内圆角半径 R_2（最大）	
52.4（2$\frac{1}{16}$）	53	215	46	38	165	25	105			M22	150	65		65	110	60	43	125	95.25				24
65.1（2$\frac{9}{16}$）	66	245	49	41	190	30	120	8		M27	162	71	—	71	113	73	54	138	107.95				27
79.4（3$\frac{1}{8}$）	82	268	56	48	203	33	132		8	M30×3	188	81		81	125	89	67	168	136.53	11.91	7.9	0.8	35
103.2（4$\frac{1}{16}$）	109	310	62	54	241	36	152			M33×3	205	99	99	99	132	114	87	195	161.93				39
130.2（5$\frac{1}{8}$）	131	375	81	73	292	42	192			M39×3	258	113	113		164	141	110	228	193.68				44
179.4（7$\frac{1}{16}$）	182	395	92	83	318	39	228	10		M36×3	270	129	129	—	181	168	132	248	211.14	13.49	9.6		46
228.6（9）	230	482	103	92	394	45	292		12	M42×3	305	154	154		224	219	173	318	269.88	16.67	11.2	1.6	50
279.4（11）	280	585	119	108	483	52	368			M48×3	350	170	170		265	273	216	372	323.85				54

注：（1）螺纹法兰和焊颈法兰的公称通径应符合 GB/T 22513—2008 规定。

（2）用作套管头、油管头本体顶部的法兰，其端部圆柱孔径或锥孔大端直径可比表中整体法兰最大孔径 D_{max} 大。

（3）焊颈法兰的孔径和焊接管线的孔径基本一致。但其值不得超过本表规定的焊颈法兰最大孔径 D_{6max}。

（4）一般公差按 GB/T 1804—2000。

（5）双头螺柱应符合 GB/T 901—1988 规定。双头螺柱长度 L 系指采用 R 型密封钢圈的长度。若用 RX 型密封钢圈。其长度 L 则应另行计算。

表 7－21　额定工作压力 70MPa 6BX 型整体法兰技术规范

公称通径和孔径 D mm(代号)	法兰基本尺寸,mm									双头螺栓			环槽及法兰面尺寸,mm				垫环号
	最大孔径 D_{max}	外径 D_1	法兰总厚 T	螺柱孔分布圆直径 D_2	螺柱孔直径 D_3	颈部大径 D_4	颈部小径 D_5（最小）	颈部长度 L_1（最小）	圆弧半径 R_1	数量 n	螺纹规格	长度 L mm	端部台肩直径 D_0	槽外径 D_w +0.10	槽宽 B +0.10	槽深 H	
46.0($1\frac{13}{16}$)	47	188	42	146	23	90	65	48	8	8	M20	135	105	77.77	11.84	5.6	BX151
52.4($2\frac{1}{16}$)	53	200	44	159		100	75	52				138	112	86.23	12.65	5.9	BX152
65.1($2\frac{9}{16}$)	66	232	51	184	25	120	92	57			M22	155	132	102.77	14.07	6.9	BX153
77.8($3\frac{1}{16}$)	78	270	58	216	30	142	110	64	10		M27	174	152	119.00	15.39	7.6	BX154
103.2($4\frac{1}{16}$)	104	315	70	259	33	182	146	73			M30×3	210	185	150.62	17.73	8.4	BX155
130.2($5\frac{1}{8}$)	131	358	79	300		225	182	81		12		228	220	176.66	16.92	9.6	BX169
179.4($7\frac{1}{16}$)	180	480	103	403	42	302	254	95			M39×3	295	302	241.83	23.39	11.2	BX156
228.6(9)	230	552	124	476		375	327	94		16		336	358	299.06	26.39	12.7	BX157
279.4(11)	280	655	141	565	48	450	400	103	15		M45×3	382	428	357.23	29.18	14.2	BX158
346.1($13\frac{5}{8}$)	347	768	168	673	52	552	495	114	15	20	M48×3	442	518	432.64	32.49	15.8	BX159
425.4($16\frac{3}{4}$)	426	872		776		655	602	76		24			575	478.33	17.91	8.4	BX162
476.2($18\frac{3}{4}$)	477	1040	223	926	62	752	675	156	20		M58×3	568	698	577.90	32.77	18.3	BX164
539.8($21\frac{1}{4}$)	541	1142	241	1022	68	848	762	165			M64×3	615	782	647.88	34.87	19.0	BX166

表 7-22 额定工作压力 70MPa 6BX 型焊颈法兰技术规范

公称通径和孔径 D mm(代号)	法兰基本尺寸,mm									双头螺栓			环槽及法兰面尺寸,mm				垫环号
	最大孔径 D_{max}	外径 D_1	法兰总厚 T	螺柱孔分布圆直径 D_2	螺柱孔直径 D_3	颈部大径 D_4	颈部小径 D_5(最小)	颈部长度 L_1(最小)	圆弧半径 R_1	数量 n	螺纹规格	长度 L mm	端部台肩直径 D_0	槽外径 D_w +0.10	槽宽 B +0.10	槽深 H	
46.0(1¹³⁄₁₆)	47	188	42	146	23	90	65	48	8	8	M20	135	105	77.77	11.84	5.6	BX151
52.4(2¹⁄₁₆)	53	200	44	159		100	75	52				138	112	86.23	12.65	5.9	BX152
65.1(2⁹⁄₁₆)	66	232	51	184	25	120	92	57			M22	155	132	102.77	14.07	6.9	BX153
77.8(3¹⁄₁₆)	78	270	58	216	30	142	110	64	10		M27	174	152	119.00	15.39	7.6	BX154
103.2(4¹⁄₁₆)	104	315	70	259	33	182	146	73			M30×3	210	185	150.62	17.73	8.4	BX155
130.2(5⅛)	131	358	79	300		225	183	81		12		228	220	176.66	16.92	9.6	BX169
179.4(7¹⁄₁₆)	180	480	103	403	42	302	254	95			M39×3	295	302	241.83	23.39	11.2	BX156
228.6(9)	230	552	124	476		375	327	94		16		336	358	299.06	26.39	12.7	BX157
279.4(11)	280	655	141	565	48	450	400	103	15		M45×3	382	428	357.23	29.18	14.2	BX158
346.1(13⅝)	347	768	168	673	52	552	495	114	15	20	M48×3	442	518	432.64	32.49	15.8	BX159
425.4(16¾)	426	872		776		655	602	76		24			575	478.33	17.91	8.4	BX162

注:(1)焊颈法兰的公称通径应根据 GB/T 22513—2008 的规定。

(2)用作套管头、油管头本体顶部的法兰,其端部圆柱孔直径或锥孔大端直径可比表中最大孔径 D_{max} 大。

(3)一般公差按 GB/T 1804—2000。

(4)双头螺栓应符合 GB/T 901—1988 规定。

表 7－23　额定工作压力 105MPa 6BX 型整体法兰技术规范

公称通径和孔径 D mm(代号)	法兰基本尺寸,mm									双头螺栓			环槽及法兰面尺寸,mm				垫环号
	最大孔径 D_{max}	外径 D_1	法兰总厚 T	螺柱孔分布圆直径 D_2	螺柱孔直径 D_3	颈部大径 D_4	颈部小径 D_5(最小)	颈部长度 L_1(最小)	圆弧半径 R_1	数量 n	螺纹规格	长度 L mm	端部台肩直径 D_0	槽外径 D_w +0.10	槽宽 B +0.10	槽深 H	
46.0(1¹³⁄₁₆)	47	208	45	160	25	98	71	48	8	8	M22	145	105	77.77	11.84	5.6	BX151
52.4(2¹⁄₁₆)	53	222	51	175		110	83	54				155	115	86.23	12.65	5.9	BX152
65.1(2⁹⁄₁₆)	66	255	57	200	30	130	100	57	10		M27	176	135	102.77	14.07	6.9	BX153
77.8(3¹⁄₁₆)	78	288	64	230	33	155	122	64			M30×3	198	155	119.00	15.39	7.6	BX154
103.2(4¹⁄₁₆)	104	360	78	291	39	195	159	73			M36×3	238	195	150.62	17.73	8.4	BX155
179.4(7¹⁄₁₆)	180	505	119	429	42	325	276	92		16	M39×3	326	305	241.83	23.39	11.2	BX156
228.6(9)	230	648	146	552	52	432	349	124	15		M48×3	398	380	299.06	26.39	12.7	BX157
279.4(11)	280	812	187	711	54	585	427	236		20	M50×3	482	455	357.23	29.18	14.2	BX158
346.1(13⅝)	347	885	205	772	62	595	529	114	20		M58×3	532	540	432.64	32.49	15.8	BX159
476.2(18¾)	477	1162	256	1016	80	814	730	155			M76×3	666	720	577.90	32.77	18.3	BX164

注:(1)用作套管头、油管头本体顶部的法兰。其端部圆柱孔直径或锥孔大端直径可比表中最大孔径 D_{max} 大。

(2)一般公差按 GB/T 1804—2000。

(3)双头螺柱应符合 GB/T 901—1988 规定。

表 7－24 额定工作压力 105MPa 6BX 型焊颈法兰技术规范

公称通径和孔径 D mm(代号)	法兰基本尺寸,mm									双头螺栓			环槽及法兰面尺寸,mm				垫环号
	最大孔径 D_{max}	外径 D_1	法兰总厚 T	螺柱孔分布圆直径 D_2	螺柱孔直径 D_3	颈部大径 D_4	颈部小径 D_5 (最小)	颈部长度 L_1 (最小)	圆弧半径 R_1	数量 n	螺纹规格	长度 L mm	端部台肩直径 D_0	槽外径 D_w +0.10	槽宽 B +0.10	槽深 H	
46.0(1 13/16)	47	208	45	160	25	98	71	48	8	8	M22	145	105	77.77	11.84	5.6	BX151
52.4(2 1/16)	53	222	51	175		110	83	54				155	115	86.23	12.65	5.9	BX152
65.1(2 9/16)	66	255	57	200	30	130	100	57	10		M27	176	135	102.77	14.07	6.9	BX153
77.8(3 1/16)	78	288	64	230	33	155	122	64			M30×3	198	155	119.00	15.39	7.6	BX154
103.2(4 1/16)	104	360	78	291	39	195	159	73			M36×3	238	195	150.62	17.73	8.4	BX155
179.4(7 1/16)	180	505	119	429	42	325	276	92		16	M39×3	326	305	241.83	23.39	11.2	BX156

注:(1)焊颈法兰的公称通径应根据 SY/T 5279—2000 决定。

(2)用作套管头、油管头本体顶部的法兰,其端部圆柱孔直径或锥孔大端直径可比表中最大孔径 D_{max} 大。

(3)一般公差按 GB/T 1804—2000。

(4)双头螺栓应符合 GB/T 901—1988 规定。

表 7－25　额定工作压力 140MPa 6BX 型整体法兰技术规范

公称通径和孔径 D mm(代号)	法兰基本尺寸,mm									双头螺栓			环槽及法兰面尺寸,mm				垫环号
	最大孔径 D_{max}	外径 D_1	法兰总厚 T	螺柱孔分布圆直径 D_2	螺柱孔直径 D_3	颈部大径 D_4	颈部小径 D_5(最小)	颈部长度 L_1(最小)	圆弧半径 R_1	数量 n	螺纹规格	长度 L mm	端部台肩直径 D_0	槽外径 D_w +0.10	槽宽 B +0.10	槽深 H	
46.0($1\frac{13}{16}$)	47	258	64	203	27	132	110	49			M24	186	118	77.77	11.84	5.6	BX151
52.4($2\frac{1}{16}$)	53	288	71	230	33	155	127	52			M30×3	212	132	86.23	12.65	5.9	BX152
65.1($2\frac{9}{16}$)	66	325	79	262	36	172	145	59	10	8	M33×3	234	150	102.77	14.07	6.9	BX153
77.8($3\frac{1}{16}$)	78	358	86	287	39	192	160	64			M36×3	255	172	119.00	15.39	7.6	BX154
103.2($4\frac{1}{16}$)	104	445	106	357	48	242	206	73			M45×3	312	218	150.62	17.73	8.4	BX155
179.4($7\frac{1}{16}$)	180	655	165	554	54	385	338	97	15		M50×3	438	352	241.83	23.39	11.2	BX156
228.6(9)	230	805	205	686	68	482	429	108		16	M64×3	542	442	299.06	26.39	12.7	BX157
279.4(11)	280	882	224	749	74	566	508	103	20		M70×3	590	505	357.23	29.18	14.2	BX158
346.1($13\frac{5}{8}$)	347	1162	292	1016	84	694	629	133		20	M80×3	742	615	432.64	32.49	15.8	BX159

注:(1)用作套管头、油管头本体顶部的法兰。其端部圆柱孔直径或锥孔大端直径可比表中最大孔径 D_{max} 大。

(2)一般公差按 GB/T 1804—2000。

(3)双头螺柱应符合 GB/T 901—1988 规定。

表 7-26 额定工作压力 140MPa 6BX 型焊颈法兰技术规范

公称通径和孔径 D mm(代号)	法兰基本尺寸,mm									双头螺栓			环槽及法兰面尺寸,mm				垫环号
	最大孔径 D_{max}	外径 D_1	法兰总厚 T	螺柱孔分布圆直径 D_2	螺柱孔直径 D_3	颈部大径 D_4	颈部小径 D_5(最小)	颈部长度 L_1(最小)	圆弧半径 R_1	数量 n	螺纹规格	长度 L mm	端部台肩直径 D_0	槽外径 D_w +0.10	槽宽 B +0.10	槽深 H	
46.0($1\frac{13}{16}$)	47	258	64	203	27	132	110	49			M24	186	118	77.77	11.84	5.6	BX151
52.4($2\frac{1}{16}$)	53	288	71	230	33	155	127	52			M30×3	212	132	86.23	12.65	5.9	BX152
65.1($2\frac{9}{16}$)	66	325	79	262	36	172	145	59	10	8	M33×3	235	150	102.77	14.07	6.9	BX153
77.8($3\frac{1}{16}$)	78	358	86	287	39	192	160	64			M36×3	255	172	119.00	15.39	7.6	BX154
103.2($4\frac{1}{16}$)	104	445	106	357	48	242	206	73			M45×3	312	218	150.62	17.73	8.4	BX155
179.4($7\frac{1}{16}$)	180	655	165	554	54	385	338	97	15	16	M50×3	438	352	241.83	23.39	11.2	BX156

注:(1)焊颈法兰的公称通径应根据 GB/T 22513—2008 的规定。

(2)用作套管头、油管头本体顶部的法兰,其端部圆柱孔直径或锥孔大端直径可比表中最大孔径 D_{max} 大。

(3)一般公差按 GB/T 1804—2000。

(4)双头螺栓应符合 GB/T 901—1988 规定。

二、钢圈

钢圈的环号主要分为 R 型、RX 型和 BX 型。

1. R 型钢圈

适用于 6B 型法兰，R 型钢圈在外观无损坏的情况下现场可重复使用（图 7－27）。

2. RX 型钢圈

适用于 6B 型法兰，RX 型钢圈现场很少使用，可和 R 型钢圈互换使用（图 7－28）。

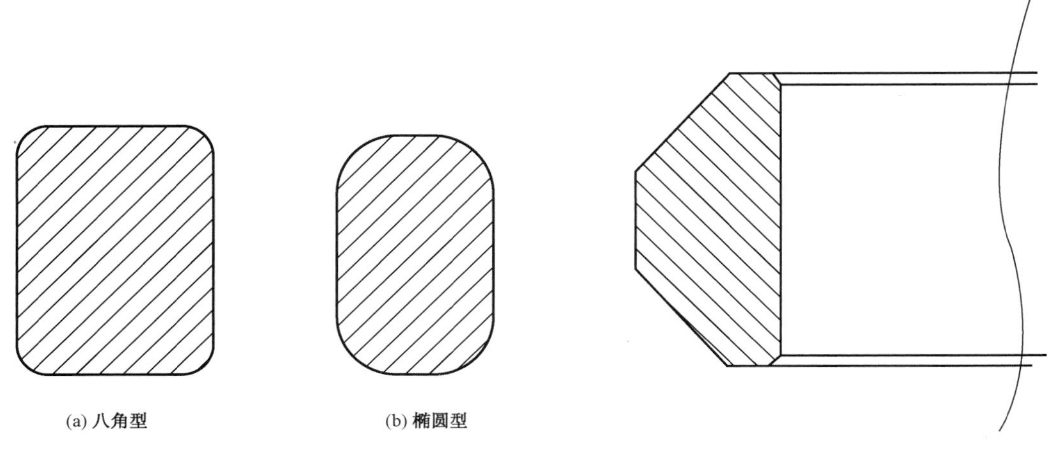

图 7－27　R 型钢圈剖视图

图 7－28　RX 型钢圈剖视图

3. BX 型钢圈

适用于 6BX 型法兰，BX 钢圈不能和 R 型、RX 型钢圈互换使用（图 7－29）。

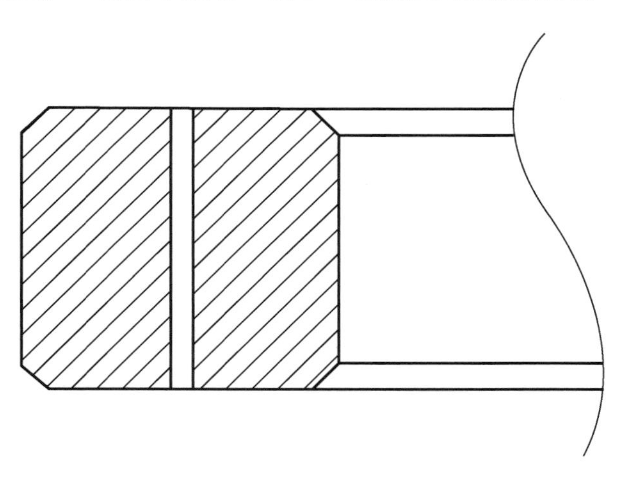

图 7－29　BX 型钢圈剖视图

常用钢圈技术规范见表7－27～表7－29。

表7－27　R型钢圈技术规范　　单位：mm

钢圈号	钢圈基本尺寸						钢圈槽尺寸				两法兰端面近似间距
	环中径 ±0.17	环厚 ±0.2	椭圆型环高 ±0.2	八角型环高 ±0.4	八角环平面宽 ±0.2	八角环圆角 R ±0.4	槽中径 ±0.12	槽宽 ±0.2	槽深 +0.40	槽内圆角 R	
R20	68.26	7.9	14.3	12.7	5.2	1.6	68.26	8.7	6.4	0.8	4.0
R23	82.55	11.1	17.5	15.9	7.7	1.6	82.55	11.9	7.9	0.8	4.8
R24	95.25	11.1	17.5	15.9	7.7	1.6	95.25	11.9	7.9	0.8	4.8
R26	101.60	11.1	17.5	15.9	7.7	1.6	101.60	11.9	7.9	0.8	4.8
R27	107.95	11.1	17.5	15.9	7.7	1.6	107.95	11.9	7.9	0.8	4.8
R31	123.83	11.1	17.5	15.9	7.7	1.6	123.83	11.9	7.9	0.8	4.8
R35	136.53	11.1	17.5	15.9	7.7	1.6	136.53	11.9	7.9	0.8	4.8
R37	149.23	11.1	17.5	15.9	7.7	1.6	149.23	11.9	7.9	0.8	4.8
R39	161.93	11.1	17.5	15.9	7.7	1.6	161.93	11.9	7.9	0.8	4.8
R41	180.98	11.1	17.5	15.9	7.7	1.6	180.98	11.9	7.9	0.8	4.8
R44	193.68	11.1	17.5	15.9	7.7	1.6	193.68	11.9	7.9	0.8	4.8
R45	211.14	11.1	17.5	15.9	7.7	1.6	211.14	11.9	7.9	0.8	4.8
R46	211.14	12.7	19.0	17.5	8.7	1.6	211.14	13.5	9.5	1.6	3.2
R49	269.88	11.1	17.5	15.9	7.7	1.6	269.88	11.9	7.9	0.8	4.8
R50	269.88	15.9	22.2	20.6	10.5	1.6	269.88	16.7	11.1	1.6	4.0
R53	323.85	11.1	17.5	15.9	7.7	1.6	323.85	11.9	7.9	0.8	4.8
R54	323.85	15.9	22.2	20.6	10.5	1.6	323.85	16.7	11.1	1.6	4.0
R57	381.00	11.1	17.5	15.9	7.7	1.6	381.00	11.9	7.9	0.8	4.8
R65	469.9	11.1	17.5	15.9	7.7	1.6	469.90	11.9	7.9	0.8	4.8
R66	469.9	15.9	22.2	20.6	10.5	1.6	469.90	16.7	11.1	1.6	4.0
R69	533.4	11.1	17.5	15.9	7.7	1.6	533.40	11.9	7.9	0.8	4.8
R70	533.4	19.0	25.4	23.8	12.3	1.6	533.40	19.8	12.7	1.6	4.8
R73	584.2	12.7	19.0	17.5	8.7	1.6	584.20	13.5	9.5	1.6	3.2
R74	584.2	19.0	25.4	23.8	12.3	1.6	584.20	19.8	12.7	1.6	4.8

表 7-28　RX 型钢圈技术规范

单位:mm

钢圈号	钢圈基本尺寸						钢圈槽尺寸				两法兰端面近似间距
	环外径 +0.50	环总宽 +0.20	平面宽度 +0.150	外部斜面高度 0 -0.8	环高 +0.200	环圆角 R ±0.4	槽中径 ±0.12	槽宽 ±0.2	槽深 +0.40	槽内圆角 R	
RX20	76.2	8.7	4.62	3.2	19.0	1.6	68.26	8.7	6.4	0.8	9.5
RX23	93.3	11.9	6.45	4.2	25.4	1.6	82.55	11.9	7.9	0.8	11.9
RX24	106.0	11.9	6.45	4.2	25.4	1.6	95.25	11.9	7.9	0.8	11.9
RX26	111.9	11.9	6.45	4.2	25.4	1.6	101.60	11.9	7.9	0.8	11.9
RX27	118.3	11.9	6.45	4.2	25.4	1.6	107.95	11.9	7.9	0.8	11.9
RX31	134.5	11.9	6.45	4.2	25.4	1.6	123.83	11.9	7.9	0.8	11.9
RX35	147.2	11.9	6.45	4.2	25.4	1.6	136.53	11.9	7.9	0.8	11.9
RX37	159.9	11.9	6.45	4.2	25.4	1.6	149.23	11.9	7.9	0.8	11.9
RX39	172.6	11.9	6.45	4.2	25.4	1.6	161.93	11.9	7.9	0.8	11.9
RX41	191.7	11.9	6.45	4.2	25.4	1.6	180.98	11.9	7.9	0.8	11.9
RX44	204.4	11.9	6.45	4.2	25.4	1.6	193.68	11.9	7.9	0.8	11.9
RX45	221.9	11.9	6.45	4.2	25.4	1.6	211.14	11.9	7.9	0.8	11.9
RX46	222.2	13.5	6.68	4.8	28.6	1.6	211.14	13.5	9.5	1.6	11.9
RX49	280.6	11.9	6.45	4.2	25.4	1.6	269.88	11.9	7.9	0.8	11.9
RX50	283.4	16.7	8.51	5.3	31.8	1.6	269.88	16.7	11.1	1.6	11.9
RX53	334.6	11.9	6.45	4.2	25.4	1.6	323.85	11.9	7.9	0.8	11.9
RX54	337.3	16.7	8.51	5.3	31.8	1.6	323.85	16.7	11.1	1.6	11.9
RX57	391.7	11.9	6.45	4.2	25.4	1.6	381.00	11.9	7.9	0.8	11.9
RX65	480.6	11.9	6.45	4.2	25.4	1.6	469.90	11.9	7.9	0.8	11.9
RX66	483.4	16.7	8.51	5.3	31.8	1.6	469.90	16.7	11.1	1.6	11.9
RX69	544.1	11.9	6.45	4.2	25.4	1.6	533.40	11.9	7.9	0.8	11.9
RX70	550.1	19.8	10.34	6.9	41.3	2.4	533.40	19.8	12.7	1.6	18.3
RX73	596.1	13.5	6.68	5.3	31.8	1.6	584.20	13.5	9.5	1.6	15.1
RX74	600.9	19.8	10.34	6.9	41.3	2.4	584.20	19.8	12.7	1.6	18.3

表 7－29　BX 型钢圈技术规范　　单位：mm

钢圈号	钢圈基本尺寸						钢圈槽尺寸			
	环外径 0 －0.15	环高 ＋0.20	环总宽 ＋0.20	平面直径 ±0.05	平面宽度 ＋0.150	孔径	槽外径 ＋0.100	槽宽 ＋0.100	槽深 ＋0.40	槽内圆角 R
BX150	72.19	9.3	9.3	70.87	7.98	1.6	73.48	11.43	5.6	0.8
BX151	76.40	9.6	9.6	75.03	8.26	1.6	77.77	11.84	5.6	0.8
BX152	84.68	10.2	10.2	83.24	8.79	1.6	86.23	12.65	6.0	0.8
BX153	100.94	11.4	11.4	99.31	9.78	1.6	102.77	14.07	6.7	0.8
BX154	116.84	12.4	12.4	115.09	10.64	1.6	119.00	15.39	7.5	0.8
BX155	147.96	14.2	14.2	145.95	12.22	1.6	150.62	17.73	8.3	0.8
BX156	237.92	18.6	18.6	235.28	15.98	3.2	241.83	23.39	11.1	0.8
BX157	294.46	21.0	21.0	291.49	18.01	3.2	299.06	26.39	12.7	0.8
BX158	352.04	23.1	23.1	348.77	19.86	3.2	357.23	29.18	14.3	0.8
BX159	426.72	25.7	25.7	423.09	22.07	3.2	432.64	32.49	15.9	0.8
BX160	402.59	23.8	13.7	399.21	10.36	3.2	408.00	19.96	14.3	0.8
BX162	475.49	14.2	14.2	473.48	12.24	1.6	478.33	17.91	8.3	0.8
BX163	556.16	30.1	17.4	551.89	13.11	3.2	563.50	25.55	18.3	0.8
BX164	570.56	30.1	24.6	566.29	20.32	3.2	577.90	32.77	18.3	0.8
BX165	624.71	32.0	18.5	620.19	13.97	3.2	632.56	27.20	19.0	0.8
BX166	640.03	32.0	26.1	635.51	21.62	3.2	647.88	34.87	19.0	0.8
BX167	759.36	35.9	13.1	754.28	8.03	1.6	768.32	22.91	21.4	0.8
BX168	765.25	35.9	16.1	760.17	10.97	1.6	774.22	25.86	21.4	0.8
BX169	173.52	15.8	12.9	171.27	10.69	1.6	176.66	16.92	9.5	0.8

注：BX 型钢圈装入法兰钢圈槽内，用双头螺栓连接后，法兰端面应接触（即端面间距为零）。

三、常用法兰和钢圈配合技术规范

常用法兰、钢圈和螺栓配合技术规范见表 7－30。

表 7-30 常用法兰、钢圈和螺栓配合技术规范

序号	法兰数据									钢圈数据						螺栓数据			
	公称尺寸		压力 MPa	外径 mm	台阶 mm	槽深 mm	通孔 mm	厚度 mm	型号		外径 mm	轴距 mm	内径 mm	宽度 mm	长度 mm	数量	直径 mm	轴距 mm
	mm	in		A	B	G	H	I	标准	耐压	C	D	E	F	J	K	L	M
1	46	1 13/16	68.95	187	104.8	5.56	46	42.1	—	BX151	77.77	—	—	11.84	133.35	8	19.05	146.1
2	46	1 13/16	103.43	208	106.4	5.56	46	45.2	—	BX151	77.77	—	—	11.84	146.05	8	22.23	160.3
3	46	1 13/16	137.9	257	117.5	5.56	46	63.5	—	BX151	77.77	—	—	11.84	196.85	8	25.40	203.2
4	52.4	2 1/16	13.79	165	—	7.94	52.4	33.3	R23	RX23	94.46	82.55	70.64	11.91	127.00	8	15.88	127.0
5	52.4	2 1/16	34.48	216	—	7.94	52.4	46	R24	RX24	107.16	95.25	83.34	11.91	165.10	8	22.23	165.1
6	52.4	2 1/16	68.95	200	111.1	5.95	52.4	44.1	—	BX152	86.23	—	—	12.65	139.70	8	19.05	158.8
7	52.4	2 1/16	103.43	222	114.3	5.95	52.4	50.8	—	BX152	86.23	—	—	12.65	158.75	8	22.23	174.6
8	52.4	2 1/16	137.9	287	131.8	5.95	52.4	71.4	—	BX152	86.23	—	—	12.65	215.90	8	28.58	230.2
9	65.1	2 9/16	13.79	191	—	7.94	65.1	36.5	R26	RX26	113.51	101.6	89.69	11.91	139.70	8	19.05	149.2
10	65.1	2 9/16	34.48	244	—	7.94	65.1	49.2	R27	RX27	119.86	107.95	96.04	11.91	177.80	8	25.40	190.5
11	65.1	2 9/16	68.95	232	131.8	6.75	65.1	51.2	—	BX153	102.77	—	—	14.07	158.75	8	22.23	184.2
12	65.1	2 9/16	103.43	254	133.4	6.75	65.1	57.2	—	BX153	102.77	—	—	14.07	177.80	8	25.40	200.0
13	65.1	2 9/16	137.9	325	150.8	6.75	65.1	79.4	—	BX153	102.77	—	—	14.07	241.30	8	31.75	261.9
14	79.4	3 1/8	13.79	210	—	7.94	79.4	39.7	R31	RX31	135.74	123.83	111.92	11.91	146.05	8	19.05	168.3
15	79.4	3 1/8	20.69	241	—	7.94	79.4	46	R31	RX31	135.74	123.83	111.92	11.91	165.10	8	22.23	190.5
16	79.4	3 1/8	34.48	267	—	7.94	79.4	55.6	R35	RX35	148.44	136.53	124.62	11.91	196.85	8	28.58	203.2
17	77.8	3 1/16	68.95	270	152.4	7.54	77.8	58.3	—	BX154	119	—	—	15.39	177.80	8	25.40	215.9

续表

序号	法兰数据									钢圈数据						螺栓数据			
	公称尺寸		压力 MPa	外径 mm	台阶 mm	槽深 mm	通孔 mm	厚度 mm	型号		外径 mm	轴距 mm	内径 mm	宽度 mm	长度 mm	数量	直径 mm	轴距 mm
	mm	in		A	B	G	H	I	标准	耐压	C	D	E	F	J	K	L	M
18	77.8	3 1/16	103.43	287	154	7.54	77.8	64.3	—	BX154	119	—	—	15.39	196.85	8	28.58	230.2
19	77.8	3 1/16	137.9	357	171.5	7.54	77.8	85.7	—	BX154	119	—	—	15.39	260.35	8	34.93	287.3
20	103.2	4 1/16	13.79	273	—	7.94	103.2	46	R37	RX37	161.14	149.23	137.32	11.91	165.10	8	22.23	215.9
21	103.2	4 1/16	20.69	292	—	7.94	103.2	52.4	R37	RX37	161.14	149.23	137.32	11.91	190.50	8	28.58	235.0
22	103.2	4 1/16	34.48	311	—	7.94	103.2	61.9	R39	RX39	173.84	161.93	150.02	11.91	215.90	8	31.75	241.3
23	103.2	4 1/16	68.95	316	184.9	8.33	103.2	70.2	—	BX155	150.62	—	—	17.73	209.55	8	28.58	258.8
24	103.2	4 1/16	103.43	360	193.7	8.33	103.2	78.6	—	BX155	150.62	—	—	17.73	241.30	8	34.93	290.5
25	103.2	4 1/16	137.9	446	219.1	8.33	103.2	106.4	—	BX155	150.62	—	—	17.73	317.50	8	44.45	357.2
26	130.2	5 1/8	13.79	330	—	7.94	130.2	52.4	R41	RX41	192.89	180.98	169.07	11.91	184.15	8	25.40	266.7
27	130.2	5 1/8	20.69	349	—	7.94	130.2	58.7	R41	RX41	192.89	180.98	169.07	11.91	209.55	8	31.75	279.4
28	130.2	5 1/8	34.48	375	—	7.94	130.2	81	R44	RX44	205.59	193.68	181.77	11.91	266.70	8	38.10	292.1
29	130.2	5 1/8	68.95	357	220.7	9.53	130.2	79.4	—	BX169	176.66	—	—	16.92	228.60	12	28.58	300.0
30	179.4	7 1/16	13.79	356	—	7.94	179.4	55.6	R45	RX45	223.05	211.14	199.23	11.91	190.50	12	25.40	292.1
31	179.4	7 1/16	20.69	381	—	7.94	179.4	63.5	R45	RX45	223.05	211.14	199.23	11.91	215.90	12	28.58	317.5
32	179.4	7 1/16	34.48	394	—	9.53	179.4	92.1	R46	RX46	224.63	211.14	197.65	13.49	285.75	12	34.93	317.5
33	179.4	7 1/16	68.95	479	301.6	11.11	179.4	103.2	—	BX156	241.83	—	—	23.39	292.10	12	38.10	403.2
34	179.4	7 1/16	103.43	505	304.8	11.11	179.4	119.1	—	BX156	241.83	—	—	23.39	330.20	16	38.10	428.6

续表

序号	法兰数据								钢圈数据						螺栓数据			
	公称尺寸		压力 MPa	外径 mm	台阶 mm	槽深 mm	通孔 mm	厚度 mm	型号		外径 mm	轴距 mm	内径 mm	宽度 mm	长度 mm	数量	直径 mm	轴距 mm
	mm	in		A	B	G	H	I	标准	耐压	C	D	E	F	J	K	L	M
35	179.4	7 1/16	137.9	656	352.4	11.11	179.4	165.11	—	BX156	241.83	—	—	23.39	450.85	16	50.80	554.0
36	228.6	9	13.79	419	—	7.94	228.6	63.5	R49	RX49	281.78	269.88	257.97	11.91	215.90	12	28.58	349.3
37	228.6	9	20.69	470	—	7.94	228.6	71.4	R49	RX49	281.78	269.88	257.97	11.91	241.30	12	34.93	393.7
38	228.6	9	34.48	483	—	11.11	228.6	103.2	R50	RX50	286.55	269.88	257.97	16.67	317.50	12	41.28	393.7
39	228.6	9	68.95	552	358.8	12.7	228.6	123.8	—	BX157	299.06	—	—	26.39	336.55	16	38.10	476.3
40	228.6	9	103.43	648	381	12.7	228.6	146.1	—	BX157	299.06	—	—	26.39	406.40	16	47.63	552.5
41	228.6	9	137.9	804.9	441.3	12.7	228.6	204.8	—	BX157	299.06	—	—	26.39	574.68	16	63.50	685.8
42	279.4	11	13.79	508	—	7.94	279.4	71.4	R53	RX53	335.76	323.85	311.94	11.91	234.95	16	31.75	431.8
43	279.4	11	20.69	546	—	7.94	279.4	77.8	R53	RX53	335.76	323.85	311.94	11.91	254.00	16	34.93	469.9
44	279.4	11	34.48	584	—	11.11	279.4	119.1	R54	RX54	340.52	323.85	307.18	16.67	361.95	12	47.63	482.6
45	279.4	11	68.95	654	428.6	14.29	279.4	141.3	—	BX158	357.23	—	—	29.18	387.35	16	44.45	565.2
46	279.4	11	103.43	813	454	14.29	279.4	187.3	—	BX158	357.23	—	—	29.18	495.30	20	50.80	711.2
47	279.4	11	137.9	882.7	504.8	14.29	279.4	223.8	—	BX158	357.23	—	—	29.18	609.60	16	69.85	749.3
48	346.1	13 5/8	13.79	559	—	7.94	346.1	74.6	R57	RX57	392.91	381	369.09	11.91	241.30	20	31.75	489.0
49	346.1	13 5/8	20.69	610	—	7.94	346.1	87.3	R57	RX57	392.91	381	369.09	11.91	273.05	20	34.93	533.4
50	346.1	13 5/8	34.48	673	457.2	14.29	346.1	112.7	—	BX160	408	—	—	19.96	323.85	16	41.28	590.6
51	346.1	13 5/8	68.95	768	517.5	15.88	346.1	168.3	—	BX159	432.64	—	—	32.49	444.50	20	47.63	673.1

续表

序号	法兰数据									钢圈数据						螺栓数据			
	公称尺寸		压力 MPa	外径 mm	台阶 mm	槽深 mm	通孔 mm	厚度 mm		型号		外径 mm	轴距 mm	内径 mm	宽度 mm	长度 mm	数量	直径 mm	轴距 mm
	mm	in		A	B	G	H	I		标准	耐压	C	D	E	F	J	K	L	M
52	346.1	$13\frac{5}{8}$	103.43	886	541.3	15.88	346.1	204.8		—	BX159	432.64	—	—	32.49	546.10	20	57.15	771.5
53	346.1	$13\frac{5}{8}$	137.9	1162.1	614.4	15.88	346.1	292.1		—	BX159	432.64	—	—	32.49	768.35	20	76.20	1016.1
54	425.5	$16\frac{3}{4}$	13.79	686	—	7.94	425.5	84.1		R65	RX65	481.81	469.9	457.99	11.91	273.05	20	38.10	603.3
55	425.5	$16\frac{3}{4}$	20.69	705	—	11.11	425.5	100		R66	RX66	486.57	469.9	453.23	16.67	311.15	20	41.28	616.0
56	425.5	$16\frac{3}{4}$	34.48	772	535	8.33	425.5	130.2		—	BX162	478.33	—	—	17.91	374.65	16	47.63	676.3
57	425.5	$16\frac{3}{4}$	68.95	872	576.3	8.33	425.5	168.3		—	BX162	478.33	—	—	17.91	450.85	24	47.63	776.3
58	476.3	$18\frac{3}{4}$	34.48	905	627.1	18.26	476.3	165.9		—	BX163	563.5	—	—	25.55	450.85	20	50.80	803.3
59	476.3	$18\frac{3}{4}$	68.95	1040	696.9	18.26	476.3	223		—	BX164	577.9	—	—	32.77	577.85	24	57.15	925.5
60	476.3	$18\frac{3}{4}$	103.43	1162.1	722.3	18.26	476.3	255.6		—	BX164	577.9	—	—	32.77	685.80	20	76.20	1016.1
61	539.8	$21\frac{1}{4}$	13.79	813	—	9.53	539.8	98.4		R73	RX73	597.69	584.2	570.71	13.49	311.15	24	41.28	723.9
62	527.1	$20\frac{3}{4}$	20.69	857	—	12.7	527.1	120.7		R74	RX74	604.04	584.2	564.36	19.84	381.00	20	50.80	749.3
63	539.8	$21\frac{1}{4}$	34.48	991	701.7	19.2	539.8	181		—	BX165	632.56	—	—	27.2	482.60	24	50.80	885.8
64	539.8	$21\frac{1}{4}$	68.95	1143	781.1	19.2	539.8	241.3		—	BX166	647.88	—	—	34.87	628.65	24	63.50	1022.4
65	679.5	$26\frac{3}{4}$	13.79	1041	804.9	21.51	679.5	126.2		—	BX167	768.32	—	—	22.19	355.60	20	44.45	952.5
66	679.5	$26\frac{3}{4}$	20.69	1102	831.9	21.51	679.5	161.1		—	BX168	774.22	—	—	25.86	438.15	24	50.80	1000.1
67	762	30	13.79	1122.4	908.1	22.6	762	134.1		—	BX303	862.3	—	—	27.4	368.30	32	41.28	1039.8
68	762	30	20.69	1185.9	922.3	22.6	762	167.1		—	BX303	862.3	—	—	27.4	457.20	32	47.63	1090.6

第六节　压　力　表

压力表是指以大气压力为基准，用于测量大于大气压力的仪表。

一、压力表结构及原理

压力表由导压系统（包括接头、弹簧管、限流螺钉等）、齿轮传动机构、示数装置（指针与度盘）和外壳（包括表壳、表盖、表玻璃等）所组成。

压力经过导压系统，表内的敏感弹性元件（波纹管、膜片、膜盒等）随着压力的变化而产生弹性形变，从而将压力转变为弹性元件自由端的弹性位移，经有连杆机构放大，再由表内机芯齿轮机构将位移转换成旋转运动，通过指针转动来显示压力。其结构及参数如图 7－30 所示和表 7－31。

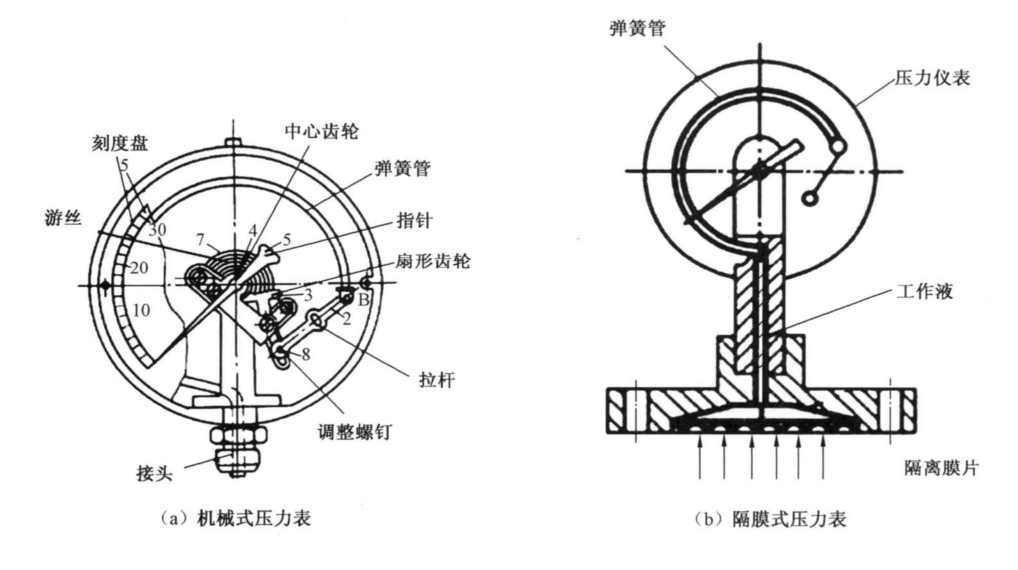

（a）机械式压力表　　（b）隔膜式压力表

图 7－30　压力表结构示意图

表 7－31　压力表常用螺纹接口

型号		Y－50	Y－60	Y－75	Y－100	Y－150
表盘直径，mm		50	60	75	100	150
常用螺纹代号	公制	M14×1.5		M20×1.5		
	英制	ZG1/4		ZG3/8，G3/8，3/8NPT		
		G1/4		ZG1/2，G1/2，1/2NPT		
		1/4NPT				
精度等级		2.5		1.6		

二、分类

压力表的分类见表 7－32。

表 7－32 压力表的分类

分类标准	分类
按测量精确度	可分为精密压力表、一般压力表。精密压力表的测量精确度等级分别为 0.1 级、0.16 级、0.25 级、0.4 级；一般压力表的测量精确度等级分别为 1.0 级、1.6 级、2.5 级、4.0 级
按外壳公称直径大小	常用的有 40mm，50mm，60mm，75mm，100mm，150mm，200mm，250mm
按安装方式	可分为径向直接安装、轴向直接安装、径向前带边安装、径向后带边安装、轴向前带边安装
按指示压力的基准不同	分为一般压力表、绝对压力表、差压表。一般压力表以大气压力为基准；绝压表以绝对压力零位为基准；差压表测量两个被测压力之差
按测量范围	分为真空表、压力真空表、微压表、低压表、中压表及高压表。真空表用于测量小于大气压力的压力值；压力真空表用于同时可用于测量小于和大于大气压力的压力值；微压表用于测量小于 60kPa 的压力值；低压表用于测量 0～6MPa 压力值；中压表用于测量 10～60MPa 压力值；高压表用于测量 100MPa 以上压力值

三、压力表选择

1. 按照使用环境和测量介质的性质选择

在大气腐蚀性较强、粉尘较多和易喷淋液体等环境恶劣的场合，应根据环境条件，选择合适的外壳材料及防护等级。

2. 精确度等级的选择

一般测量用压力表、膜盒压力表和膜片压力表，应选用 1.5 级或 2.5 级；精密测量用压力表，应选用 0.4 级、0.25 级或 0.16 级。

3. 外型尺寸的选择

(1)在管道和设备上安装的压力表，表盘直径为 100mm 或 150mm。

(2)在仪表气动管路及其辅助设备上安装的压力表，表盘直径为小于 60mm。

(3)安装在照度较低、位置较高或示值不易观测场合的压力表，表盘直径为大于 150mm 或 200mm。

4. 测量范围的选择

(1)测量稳定的压力时，正常操作压力值应在仪表测量范围上限值的 1/3～2/3。

(2)测量脉动压力(如：泵、压缩机和风机等出口处压力)时，正常操作压力值应在仪表测量范围上限值的 1/3～1/2。

(3)侧量高、中压力时，正常操作压力值不应超过仪表测量范围上限值的 1/2。

5. 安装附件的选择

(1)测量水蒸气和温度大于60℃的介质时,应选用冷凝管或虹吸器。

(2)测量易液化的气体时,若取压点高于仪表,应选用分离器。

(3)测量含粉尘的气体时,应选用除尘器。

(4)测量脉动压力时,应选用阻尼器或缓冲器。

(5)在使用环境温度接近或低于测量介质的冰点或凝固点时,应采取绝热或伴热措施。

四、常用压力表

1. 普通压力表

普通压力表适用测量无爆炸,不结晶,不凝固,对铜和铜合金无腐蚀作用的液体、气体或蒸汽的压力。普通压力表使用工作温度为 -40 ~70℃,普通压力表主要有 Y -50/60/75/100/150 系列。普通压力表技术参数见表7 -33。

表7 -33 普通压力表技术参数

<table>
<tr><th>型号</th><th>结构形式</th><th>精确度,%</th><th>测量范围,MPa</th></tr>
<tr><td>Y -50</td><td>径向无边</td><td rowspan="12">±2.5</td><td rowspan="20">-0.1 ~0;-0.1 ~0.06;-0.1 ~0.15;-0.1 ~0.3;-0.1 ~0.5;-0.1 ~0.9;-0.1 ~1.5;-0.1 ~2.4;0 ~0.16;0 ~0.25;0 ~0.4;0 ~0.6;0 ~1.0;0 ~1.6;0 ~2.5;0 ~4.0;0 ~10;0 ~16;0 ~25;0 ~40;0 ~60;0 ~100</td></tr>
<tr><td>Y -50T</td><td>径向带后边</td></tr>
<tr><td>Y -50Z</td><td>轴向无边</td></tr>
<tr><td>Y -50ZQ</td><td>轴向带前边</td></tr>
<tr><td>Y -60</td><td>径向无边</td></tr>
<tr><td>Y -60T</td><td>径向带后边</td></tr>
<tr><td>Y -60Z</td><td>轴向无边</td></tr>
<tr><td>Y -60ZQ</td><td>轴向带前边</td></tr>
<tr><td>Y -75</td><td>径向无边</td></tr>
<tr><td>Y -75T</td><td>径向带后边</td></tr>
<tr><td>Y -75Z</td><td>轴向无边</td></tr>
<tr><td>Y -75ZQ</td><td>轴向带前边</td></tr>
<tr><td>Y -100</td><td>径向无边</td><td rowspan="8">±1.6</td></tr>
<tr><td>Y -100T</td><td>径向带后边</td></tr>
<tr><td>Y -100Z</td><td>轴向无边</td></tr>
<tr><td>Y -100ZQ</td><td>轴向带前边</td></tr>
<tr><td>Y -150</td><td>径向无边</td></tr>
<tr><td>Y -150T</td><td>径向带后边</td></tr>
<tr><td>Y -150Z</td><td>轴向无边</td></tr>
<tr><td>Y -150ZQ</td><td>轴向带前边</td></tr>
</table>

2. 不锈钢压力表

不锈钢压力表全部采用不锈钢材料制造，主要零件采用 SS3161 材料，适用于有腐蚀性气体环境，可检测腐蚀性较强介质的压力，压力表指示稳定清晰。不锈钢压力表主要有 Y－50B/60B/75B100B/150B 等系列。不锈钢压力表使用工作温度为－40～70℃；不锈钢耐震压力表使用工作温度为－25～70℃；工作环境振动频率不大于 25Hz，振幅不大于 1mm。不锈钢压力表技术参数见表 7－34。

表 7－34 不锈钢压力表技术参数

型号	结构形式	精确度，%	测量范围，MPa
Y－50B	径向无边	±2.5	－0.1～0；－0.1～0.06；－0.1～0.15；－0.1～0.3；－0.1～0.5；－0.1～0.9；－0.1～1.5；－0.1～2.4；0～0.16；0～0.25；0～0.4；0～0.6；0～1.0；0～1.6；0～2.5；0～4.0；0～10；0～16；0～25；0～40；0～60；0～100
Y－50TB	径向带后边		
Y－50ZB	轴向无边		
Y－50ZQB	轴向带前边		
Y－60B	径向无边		
Y－60TB	径向带后边		
Y－60ZB	轴向无边		
Y－60ZQB	轴向带前边		
Y－75B	径向无边		
Y－75TB	径向带后边		
Y－75ZB	轴向无边		
Y－75ZQB	轴向带前边		
Y－100B	径向无边	±1.6	
Y－100TB	径向带后边		
Y－100ZB	轴向无边		
Y－100ZQB	轴向带前边		
Y－150B	径向无边		
Y－150TB	径向带后边		
Y－150ZB	轴向无边		
Y－150ZQB	轴向带前边		

3. 耐震压力表

耐震压力表是在普通压力表的基础上，内部填充阻尼液并加装缓冲机构，减轻环境剧烈振动及介质的脉冲对仪表的影响，耐震型压力表指示稳定清晰。耐震压力表主要有 YN－50/60/75/100/150 系列。使用工作温度为－5～55℃，－25～55℃，使用工作环境振动频率不大于 25Hz，振幅不大于 1mm 耐震型压力表技术参数见表 7－35。

表 7－35　耐震压力表技术参数

型号	结构形式	精确度,%	测量范围,MPa
YN－50	径向无边	±2.5	－0.1～0;－0.1～0.06;－0.1～0.15;－0.1～0.3;－0.1～0.5;－0.1～0.9;－0.1～1.5;－0.1～2.4;0～0.16;0～0.25;0～0.4;0～0.6;0～1.0;0～1.6;0～2.5;0～4.0;0～10;0～16;0～25;0～40;0～60;0～100
YN－50T	径向带后边		
YN－50Z	轴向无边		
YN－50ZQ	轴向带前边		
YN－60	径向无边		
YN－60T	径向带后边		
YN－60Z	轴向无边		
YN－60ZQ	轴向带前边		
YN－75	径向无边		
YN－75T	径向带后边		
YN－75Z	轴向无边		
YN－75ZQ	轴向带前边		
YN－100	径向无边	±1.6	
YN－100T	径向带后边		
YN－100Z	轴向无边		
YN－100ZQ	轴向带前边		
YN－150	径向无边		
YN－150T	径向带后边		
YN－150Z	轴向无边		
YN－150ZQ	轴向带前边		

4. 耐硫压力表

耐硫压力表能在对工作环境腐蚀或工艺卫生要求较高的场合中,测量各种含有硫化氢等流体介质的正压、负压或正负压。耐硫压力表主要有 YTU－100S 和 YTU－150S 等系列。全不锈钢压力表使用工作温度为－40～70℃;全不锈钢耐震压力表使用工作温度为－25～70℃。工作环境振动频率不大于 25Hz,振幅不大于 1mm。耐硫压力表技术参数见表 7－36。

表 7－36　耐硫压力表技术参数

型号	结构形式	精确度,%	测量范围,MPa
YTU－100S	径向无边	±1.6	－0.1～0;－0.1～0.06;－0.1～0.15;－0.1～0.3;－0.1～0.5;－0.1～0.9;－0.1～1.5;－0.1～2.4;0～0.16;0～0.25;0～0.4;0～0.6;0～1.0;0～1.6;0～2.5;0～4.0;0～10;0～16;0～25;0～40;0～60;0～100
YTU－100TS	径向带后边		
YTU－100ZS	轴向无边		
YTU－100ZQS	轴向带前边		
YTU－150S	径向无边		
YTU－150TS	径向带后边		
YTU－150ZS	轴向无边		
YTU－150ZQS	轴向带前边		

第七节　井口自动化采集装置

依靠安装在井口相应部位的传感器实现井口压力、温度、流量数据的实时采集，并通过无线电台远程传输到集气站，实现井口数据自动采集。

井口数据自动化采集装置主要有压力变送器、流量计、RTU、数传电台、太阳能供电系统。

一、压力变送器

1. 结构

井口广泛应用的是 YZD－F 系列压力变送器，主要由压力接口、线路板、接线端子、接线螺母、护罩组成（图 7－31）。

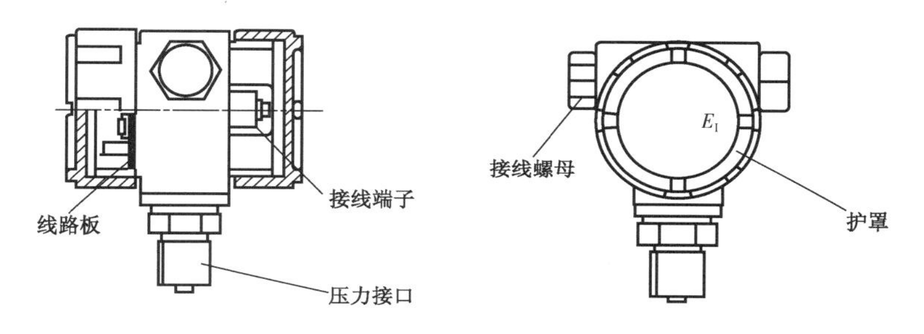

图 7－31　YZD－F 压力变送器结构示意图

2. 工作原理

压力作用在压力敏感膜片上时，由于压阻效应，电阻值发生变化并且产生一个与作用压力成正比的线性化的输出信号，通过直流电源产生一个直流电压信号，见图 7－32。

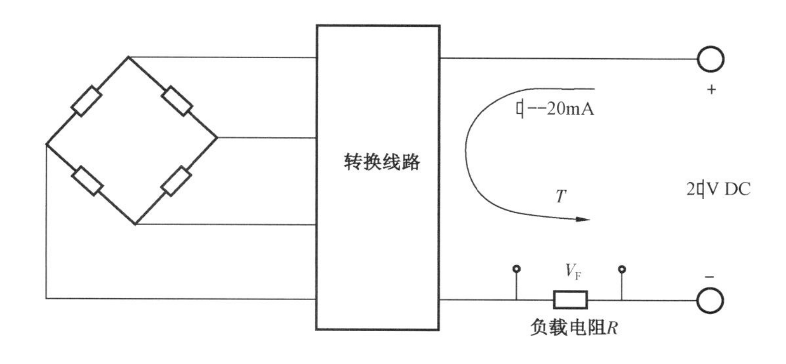

图 7－32　YZD－F 压力变送器原理图

3. 技术参数

YZD－F 压力变送器技术参数见表 7－37。

表 7-37　YZD-F 压力变送器技术参数

项目	等级
量程	0~35MPa
精度	1.5 级
供电电压	DC 12V
测量介质	天然气、液体
工作温度	-30~55℃

二、流量计

1. 结构

井口常用旋进旋涡流量计，主要由壳体、旋涡发生器、压力传感器、热加速度传感器、流量传感器、积算仪、显示屏和消旋体构成（图 7-33）。

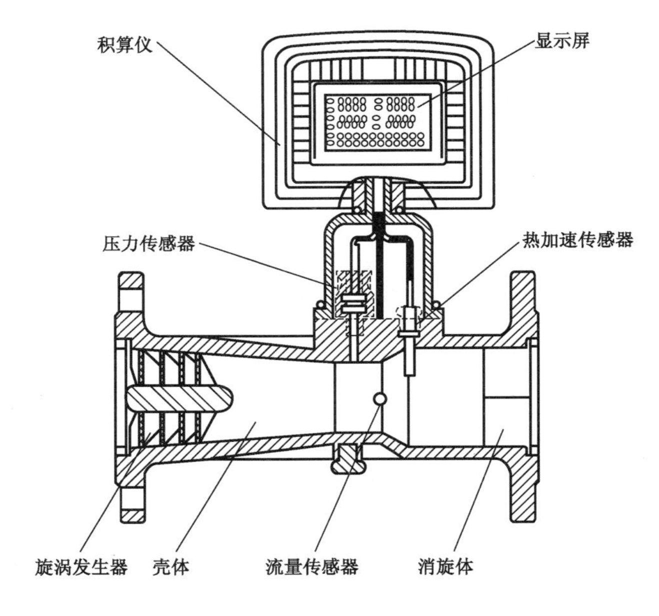

图 7-33　旋进旋涡气体流量计示意图

2. 工作原理

旋进旋涡流量计传感器的流通剖面类似文丘里管的型线。在入口侧安放一组螺旋型导流叶片，当流体进入流量传感器时，导流叶片迫使流体产生剧烈的旋涡流。当流体进入扩散段时，旋涡流受到回流的作用，开始作二次旋转，形成陀螺式的涡流进动现象。该进动频率与流量大小成正比，不受流体物理性质和密度的影响，检测元件测得流体二次旋转进动频率就能在较宽的流量范围内获得良好的线性度。信号经前置放大器放大、滤波、整形转换为与流速成正比的脉冲信号，然后再与温度、压力等检测信号一起被送往微处理器进行积算处理，最后在液晶显示屏上显示出测量结果(瞬时流量、累计流量及温度、压力数据)。旋进旋涡气体流量计工作原理如图7－34所示。

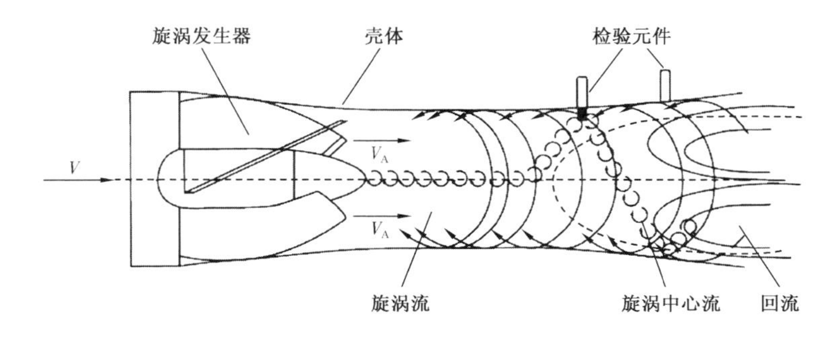

图7－34　旋进旋涡气体流量计工作原理示意图

3. 技术参数

旋进旋涡流量计技术参数见表7－38。

表7－38　旋进旋涡流量计技术参数

项目	等级
量程	10～550m^3/h(工况)
精度	1.5级
供电电压	DC 12V
测量介质	天然气、液体
工作温度	－30～55℃

三、井口RTU

RTU(Remote Terminal Unit)是一种远端测控单元装置,它具有优良的通信能力和较大的存储容量,适用于各种恶劣的工作环境,可提供强大的现场数据采集、运算、通信和控制功能。

1. 结构

井口RTU主要由交流信号采集电路、模拟信号处理电路、模拟量输入及处理电路、A/D转换电路、开关量输入电路、开关量输出电路、光藕隔离电路、基于DSP技术的微处理器芯片和电源电路构成(图7－35)。

2. 原理

将测得的状态和信号转换成可在通讯媒体上发送的数据格式,还将从中央计算机发送来的数据转换成命令,实现对设备的功能控制。

3. 技术参数

常用RTU技术参数见表7－39。

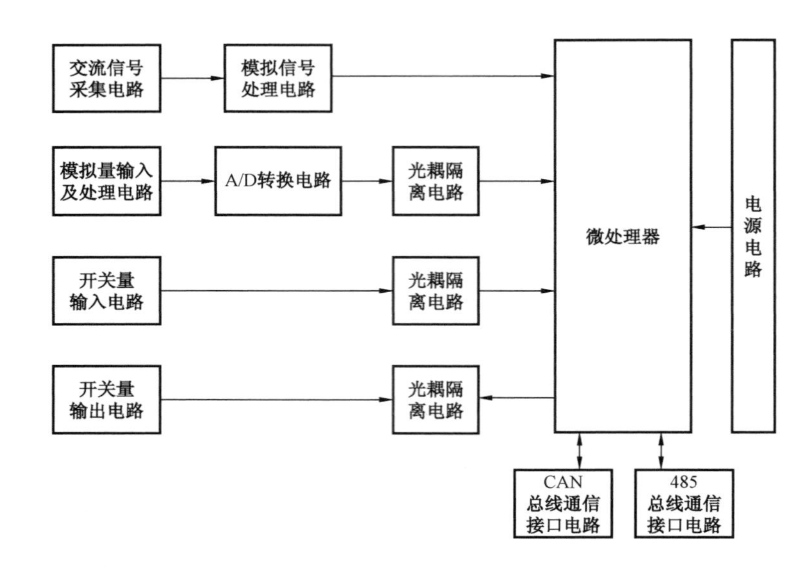

图 7-35　远程数据采集器(RTU)组成图

表 7-39　RTU 技术参数

项目	等级
数据通道	不低于 8 路通道
通信接口	提供 RS485 接口
供电电压	DC 12V

四、数传电台

向集气站内发送井口传感器采集的数据或接收站内发出的指令。

1. 结构

主要由 F29DM 模块、散热器、J2 串口插座、J1 电源插座、TNC 天线接口等组成(图 7-36)。

2. 工作原理

发送数据时通过 MODEM 的调制器把脉冲信号(即数据信号)转换成模拟信号，接收时通过 MODEM 的解调器把接收到的模拟信号还原成脉冲信号。

3. 技术参数

数传电台技术参数见表 7-40。

表 7-40　数传电台技术参数

项目	等级
功率	在 1～10W 之间可调
直视信号可靠传输距离	不低于 20km
数据传输速率	不低于 2400bit/s

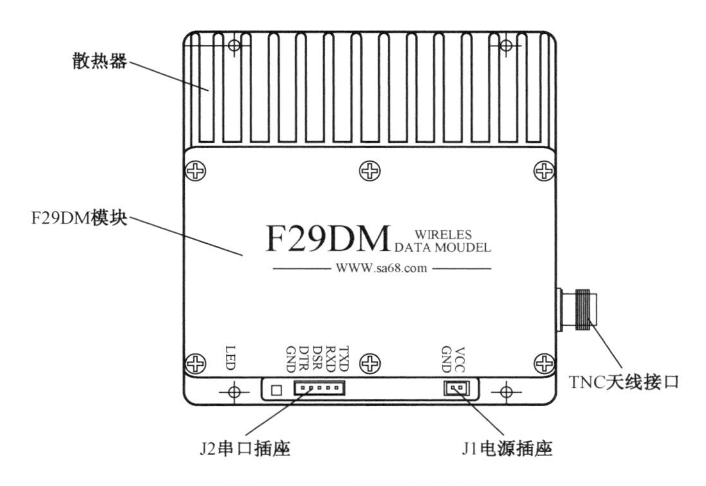

图 7－36　无线数传电台

五、太阳能供电系统

1. 结构

太阳能供电系统包括太阳能电池、太阳能控制器和蓄电池组。图 7－37 为井口太阳能供电系统示意图。

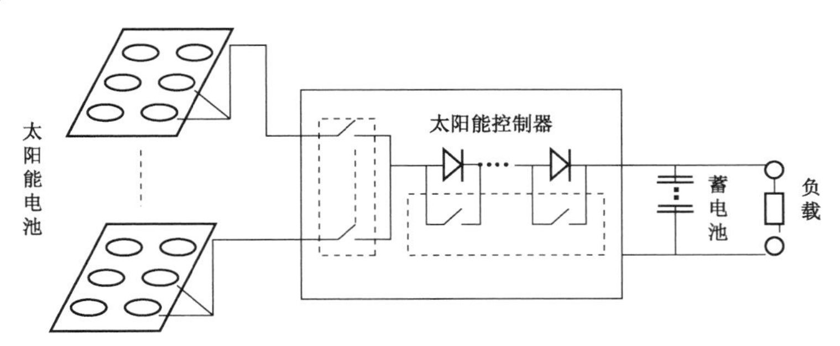

图 7－37　井口太阳能供电系统示意图

2. 工作原理

白天利用太阳能电池将光能转换成不稳定的电能，通过太阳能控制器，将不稳定的电能变换成稳定的直流电，存储在蓄电池内，同时也给负载设备供电。夜间，蓄电池为负载提供电能。如此往复，使负载设备始终有电力供应。

3. 技术参数

太阳能供电系统技术参数见表 7－41。

表 7－41　太阳能供电系统技术参数

项目	等级
太阳能电池板电压	15V
太阳能电池板功率	60W

续表

项目	等级
蓄电池电压	12V
蓄电池容量	不小于65A·h

根据采气井口数据采集系统工作方式及设备，对太阳能供电系统供电能力校核见表7-42。

表7-42 太阳能供电系统供电能力校核

用电设备	电流，mA	电压，V	功率，W	工作情况	全天功耗 W·h
油压变送器	20	12	0.24	全天	5.76
套压变送器	20	12	0.24	全天	5.76
流量计	40	12	0.48	全天	11.52
电台(待机)		12	0.5	每5s工作一次，每次工作1s，每天待机时间约20h	10.00
电台(传输)		12	10	每5s工作一次，每次工作1s，每天工作时间约4h	40.00
RTU		12	0.1	全天	2.40
合计			11.56		75.44

第八章　油　套　管

油套管是气井井身结构中不可缺少的关键组成部分。在建井过程中，套管用于加固井壁、封固高压油气水层、易垮塌及恶性漏层，以保证钻开目的层顺利完井，最终形成畅通、坚固的流体流动和后期井下作业通道；油管是下入套管中间直径较小的无缝管，是油气生产和施工作业工作液的主要流动通道。本章概括了技术套管、生产套管和油管材质选择标准、连接螺纹、上扣扭矩、强度规范，以及常用油套管容积参数等内容。

第一节　油套管材质性能及选择

一、油套管材质性能

1. 金属油套管

1）油套管物理性能

（1）API 油套管物理性能见表 8－1。

表 8－1　API 油套管物理性能表

组别	钢级	类型	屈服强度 psi（MPa）		抗拉强度（不小于）	硬度最大值		规定壁厚 in（mm）	允许硬度变化 HRC
			不小于	不大于	psi（MPa）	HRC	HBW		
1	H40		40000（276）	80000（552）	60000（414）	—	—		
	J55		55000（379）	80000（552）	75000（517）	—	—		
	K55		55000（379）	80000（552）	95000（655）	—	—		
	N80		80000（552）	110000（758）	100000（689）	—	—		
2	L80	1	80000（552）	95000（655）	95000（655）	23	241		
	L80	9Cr	80000（552）	95000（655）	95000（655）	23	241		
	L80	13Cr	80000（552）	95000（655）	95000（655）	23	241		
	C90	1. 2	90000（621）	105000（724）	100000（689）	25. 4	255	≤0. 500（12. 70）	3. 0
	C90	1. 2	90000（621）	105000（724）	100000（689）	25. 4	255	0. 501（12. 71）～0. 749（19. 04）	4. 0
	C90	1. 2	90000（621）	105000（724）	100000（689）	25. 4	255	0. 750（19. 05）～0. 999（25. 39）	5. 0

续表

组别	钢级	类型	屈服强度 psi(MPa)		抗拉强度（不小于）psi(MPa)	硬度最大值		规定壁厚 in(mm)	允许硬度变化 HRC
			不小于	不大于		HRC	HBW		
2	C90	1.2	90000(621)	105000(724)	100000(689)	25.4	255	≥1.000(25.40)	6.0
	C95		95000(655)	110000(758)	105000(724)	—	—		
	T95	1.2	95000(655)	110000(758)	105000(724)	25.4	255	≤0.500(12.70)	3.0
	T95	1.2	95000(655)	110000(758)	105000(724)	25.4	255	0.501(12.71)~0.749(19.04)	4.0
	T95	1.2	95000(655)	110000(758)	105000(724)	25.4	255	0.750(19.05)~0.999(25.39)	5.0
3	P110		110000(758)	140000(965)	125000(862)	—	—		
4	Q125	1~4	125000(862)	150000(1034)	135000(931)	—	—	≤0.500(12.70)	3.0
	Q125	1~4	125000(862)	150000(1034)	135000(931)	—	—	0.501(12.71)~0.749(19.02)	4.0
	Q125	1~4	125000(862)	150000(1034)	135000(931)	—	—	≥0.750(19.05)	5.0

注：C90、T95 做抗硫 SSCC 实验为抗硫级别。

(2)宝山钢铁有限公司抗 H_2S 油套管物理性能见表 8－2。

表 8－2　宝山钢铁有限公司抗 H_2S 油套管物理性能

钢级	屈服强度，MPa		抗拉强度不水于 MPa	硬度	
	不大于	不大于		HRC	HBW
BG80S	552	655	655	23.0	241
BG80SS	552	655	655	23.0	241
BG90S	621	724	689	25.4	255
BG90SS	621	724	689	25.4	255
BG95S	655	758	724	25.4	255
BG95SS	655	758	724	25.4	255
BG110S	758	862	800	30	294
BG110SS	758	862	800	30	294

2)腐蚀性环境油套管材质

国内外腐蚀性环境常用金属管材质类型见表 8－3 和表 8－4。

表8-3 腐蚀性环境常用进口油管类型

国家	公司名称	系列代号	抗SSC油管	特级抗SSC油管	抗 CO_2 腐蚀油管	抗 $H_2S—CO_2—Cl$ 腐蚀油管
日本	住友金属工业公司(SM)	SM	SM-80S, SM-90S, SM-95S	SM-85SS, SM-90SS	SM-9Cr, SM-13Cr, SM-22Cr, SM-25Cr	SM2025, SM2035, SM2535, SM2242, SM2550
	日本钢管公司(NKK)	NK	NK AC-80, NK AC-85, NK AC-90, NK AC-95, NK AC-105	NK AC-90S, NK AC-95S, NK AC-90M, NK AC-95M, NK AC-100SS	NK CR9, NK CR13, NK CR22, NK CR25	NKNIC25, NKNIC32, NKNIC42, NKNIC42M, NKNIC52, NKNIC62
	新日本制铁公司(NSC)	NT	NT-80S, NT-85S, NT-90S, NT-85HSS, NT-90HSS, NT-95HSS, NT-100HSS, NT-105HSS, NT-110HSS	NT-80SS, NT-85SS, NT-90SS, NT-95SS, NT-100SS, NT-110SS, NT-80SSS, NT-85SSS, NT-90SSS, NT-95SSS	NT-13Cr, NT-22Cr, NT-25Cr, 抗 CO_2-Cl^- 管, NT-22Cr-65, NT-22Cr-110, NT-22Cr-75, NT-22Cr110	
	川崎钢铁公司(KSC)	KO	KO-80S, KO-85S, KO-90S, KO-95S, KO-110S	KO-80SS, KO-85SS, KO-90SS	KO-13Cr	
法国	瓦卢瑞克公司(VALLCUREC)		L-80VH, C-95VH, C-90VHS, C-95VTS		C-75VC13-VCM, C-80VC13-VCM, L-80VC13-VCM, C-75VC13-VCM	Alloy825-80/110/130Hastelloy, AlloyG-3Hastelloy, AlloyC-110, AlloyC-276, 75VS22-VS25, 80VS22-VS25, 110VS22-VS25, 130VS22-VS25, VS28-80/110/130
加拿大	阿尔哥马钢铁公司(ALGOMA)		SOO-90, SOO-95			
瑞典	山特维克公司(SANDVIK)				SAF2205	Samicr028

表 8-4 腐蚀性环境常用国产油管类型(上海宝钢)

产品类型	钢级、牌号
一般抗硫管	BG55S, BG65S, BG80S, BG90S, BG95S, BG110S
高抗硫管	BG80SS, BG90SS, BG95SS, BG110SS

3)酸性气体环境油套管材质组分

酸性气体环境油套管材质组分见表 8-5 ~ 表 8-7。

表 8-5 常规耐腐蚀合金标准组成表

名称	系统统一代号	组成及其质量分数,%								加强方法
		Cr	Mo	Ni	Ti	Co	Fe	Cb	其他	
不锈钢										
13% Cr(420)	S42000	13.0	—	0.5	—	—	平衡	—	—	热处理
316	S31600	19.0	2.5	9.0	—	—	平衡	—	—	冷加工
DP3①	S31260	25.0	3.0	7.0	—	—	平衡	—	—	冷加工
Cr22②	S31803	22.0	3.0	6.0	—	—	平衡	—	—	冷加工
AF22③	531803	22.0	3.0	6.0	—	—	平衡	—	—	冷加工
CD4MCu	None	25.0	2.0	5.0	—	—	平衡	—	3.0Cu	冷加工
Nitronic50④	S20910	21.0	2.0	12.5	—	—	平衡	—	5.0Mn	冷加工
Ferralium255⑤	S32550	25.0	3.0	5.5	—	—	平街	—	1.0Cu	冷加工
A286	S66286	15.0	1.2	25.0	2.5	—	平衡	—	—	热处理
174PH④	S17400	17.0	—	4.0	—	—	平衡	—	4.0Cu	热处理
Sanicro28⑥	N087028	27.0	3.5	31.0	—	—	平衡	—	1.0Cu	冷加工
254SMO⑦	S31254	20.0	6.1	18.0	—	—	平衡	—	0.2N 或 0.75Cu	冷加工
20Cb3⑪	N08020	20.0	3.0	35.0	—	—	平衡	—	—	冷加工
镍基合金										
NIC 42②	N08825	22.0	2.9	42.0	—	—	平衡	—	—	冷加工
Incol oy825⑧	N08825	20.5	3.0	42.0	—	—	平衡	—	—	冷加工
Incol oy925⑨	N09925	21.0	3.0	42.0	2.1	—	平衡	—	2.0Cu 或 0.3Al	热处理
AllCorr⑫	N06110	31.0	10.0	56.0	—	—	平衡	—	2.0W	冷加工
Inconel718⑧	N07718	19.0	3.1	52.0	0.9	0.5	平衡	5.0	0.6AI	热处理
InconelX750⑧	N07750	15.0	—	平衡	2.5	1.0	7.0	1.0	—	冷加工
Inconel625⑧	N06625	22.0	9.0	平衡	0.4	1.0	5.0	4.0	—	冷加工
Monel400⑧	N04400	—	—	平衡	—	—	2.3	—	32.0Cu	冷加工
MonelK500⑧	N05500	—	—	65.0	0.5	—	1.0	—	29.5Cu	热处理
Pyromet31⑪	N07031	23.0	2.0	56.0	2.5	—	15.0	1.0	1.5Al	热处理
SM2550①	N06975	25.0	6.2	49.0	1.2	—	—	—	—	冷加工
NIC52②	N06975	25.0	7.0	52.0	1.0	—	平衡	—	1.0Cu	冷加工

续表

名称	系统统一代号	组成及其质量分数,%								加强方法
		Cr	Mo	Ni	Ti	Co	Fe	Cb	其他	
HastelloyC276⑨	N10276	15.4	16.0	平衡	—	2.0	6.0	—	3.5W	冷加工
HastelloyG3⑨	N06985	22.0	7.0	Bal	—	3.0	19.5	—	1.0W	冷加工
HastelloyG50⑨	无	22.0	9.0	Bal	—	3.0	18.0		2.0W	冷加工
镍/钴										
MP35N⑨	R30035	20.0	9.5	35.5	—	35.0	—	—	—	冷加工
MP159⑩	无	20.0	7.0	25.5	3.0	35.0	8.6	—	—	冷加工
钴基合金										
Haynes 合金 25⑨	R30605	20.0	—	10.0	—	平衡	3.0	—	15.0W	冷加工
Haynes 合金 25⑨	R30188	22.0	7.0	25.5	3.0	35.0	8.6	—	—	冷加工
钛基合金										
Ti6Al4V0.05Pd	R56400	—	—	—	平衡	—	—	—	6Al,4V,或0.05Pd	热处理
BetaC⑬	R30188	22.0	—	-22.0	—	平衡	3.0	—	14.0W	热处理

① Sumitomo Metal Industries Ltd。② Nippon Kokan K. K。③ Mannesmann。④ Armco Steel Corp。⑤ Bonar Langley。⑥ Sandvik AB。⑦ Avesta Jernverks AB。⑧ Huntington Alloys Inc.。⑨Haynes。⑩ Standard Pressed Steel。⑪ Carpenter Technology Corp。⑫Teledyne Allvac。⑬RMI.。

表 8-6 常用抗二氧化碳腐蚀材质组分表(上海宝钢) 单位:%(质量分数)

牌号	C	Cr	Ni	Mo	Cu	Nb
L80-13Cr	Ave.0.20	13(Ave)	—	—	—	—
B13Cr110	Ave.0.20	13(Ave)	0.8/1.2	0.2/0.8	—	—
B13Cr110U	Max.0.04	13(Ave)	3.5/4.5	0.8/1.3	—	—
B13Cr110S	Max.0.04	13(Ave)	4.5/5.5	1.8/2.5	1.2/2.0	0.01/0.05
HP1-13Cr	Max.0.04	13(Ave)	4(Ave)	1.0(Ave)	—	—
HP2-13Cr	Max.0.04	13(Ave)	5(Ave)	2.0(Ave)	1.5(Ave)	—

表 8-7 常用抗硫化氢腐蚀材质组分表(上海宝钢)

钢级	化学成分,%(质量分数)(不大于)						
	C	Mn	Si	P	S	Cr	Mo
BG80S,BG80SS, BG90S,BG90SS, BG95S,BG95SS, BG110S,BG110SS	0.35	1.20	0.50	0.020	0.010	1.60	1.10

2. 玻璃钢材质油管

常用玻璃钢的耐蚀性能见表 8-8,物理性能比较见表 8-9。

表 8-8 常见玻璃钢的耐蚀性能

腐蚀介质	环氧树脂型						聚酯型				乙烯基树脂型（双酚 A 型）		酚醛树脂型		呋喃树脂型	
	脂肪胺固化型		芳香胺固化型		酸酐固化型		双酚 A 型		间苯二甲酸型							
	50℃	98℃	50℃	98℃	50℃	98℃	50℃	98℃	50℃	98℃	50℃	98℃	50℃	98℃	50℃	98℃
盐水	R	R	R	R	R	N	R	N	R	R	R	R	R	N	R	N
原油	R	R	R	R	R	R	R	N	N	N	R	R	R	R	R	N
盐酸	R	C	R	R	C	N	R	R	R	N	R	R	R	R		
CO_2	R	C	R	R	C	C	R	R	R	N	R	R	R	R	R	R
H_2S	R	R	R	R	R	R	R	N	R	N	R	R	R	R	R	R
天然气	R	N	R	R	R	N	R	N	R	N	R	N	R	N	R	R

注：R 为基本耐蚀；N 为基本不耐蚀；C 为耐蚀性低于 R，仅适用于一些条件。

表 8-9 常用玻璃钢的物理性能比较

项目	环氧树脂型			聚酯型		乙烯基树脂型（双酚 A 型）	酚醛树脂型	呋喃树脂型
	脂肪胺固化型	芳香胺固化型	酸酐固化型	双酚 A 型	间苯二甲酸型			
强度	好	极好	好	好	极好	极好	极好	好
耐热性	好	极好	好	一般	一般	差	差	极好
固化收缩率	小	小	小	较大	小	大	大	大
工艺性	一般	一般	好	好	一般	一般	一般	差
最大缺点	不易脱模	不易脱模	不易脱模	收缩率大	收缩率大	收缩率大	性脆	工艺性差

二、油套管材质选择

材质选择标准主要依据相关组织制定的标准（如 NACE 和 ISO 等）和钢管公司的推荐选择模板，见表 8-10、图 8-1～图 8-3。

表 8-10 材质选择标准

腐蚀井况	选材标准	可选材料
单一含 CO_2 或 CO_2，Cl^-	目前尚无标准	3Cr，9Cr，13Cr，22Cr，25Cr
单一含 H_2S	NACE MR 0175/ISO 15156-2	$p_{H_2S}<0.3kPa$，不需防护 $p_{H_2S}>0.3kPa$，Cr—Mo 低合金
复合 CO_2，H_2S，Cl^-	NACE MR 0175/ISO 15156-3	高合金奥氏体不锈钢、双相不锈钢、镍基合金

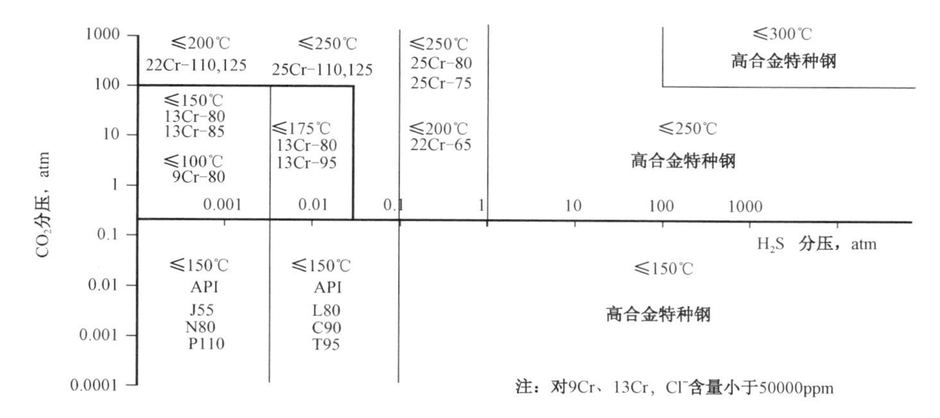

图 8－1 日本住友金属工业公司材料选择图

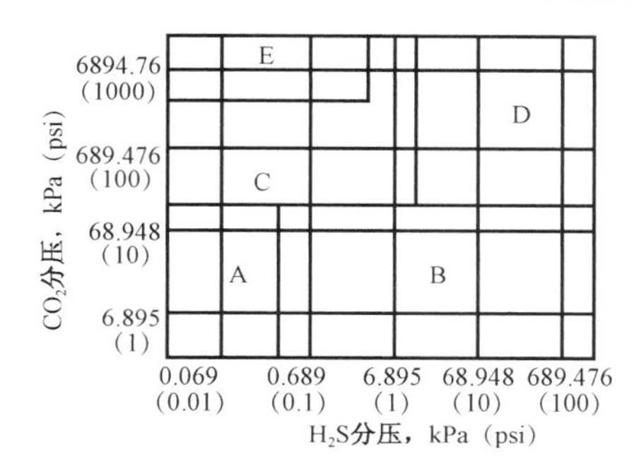

图 8－2 日本 NKK 公司在 CO_2 及 H_2S 条件下材料选择图

A 区：常规 API 钢级套管；B 区：AC85，AC85M，AC80，AC90，AC90M，AC80T，AC95，AC95M（AC 为主抗 H_2S 用）；C 区：CR13，CR9（CR 为主抗 CO_2 的不锈钢）；D 区：NIC42，NIC62，NIC32，NIC52，NIC25，NIC42M（NIC 为抗硫抗二氧化碳共用钢级）；E 区：CR25，CR23（高含 CO_2 条件下使用）

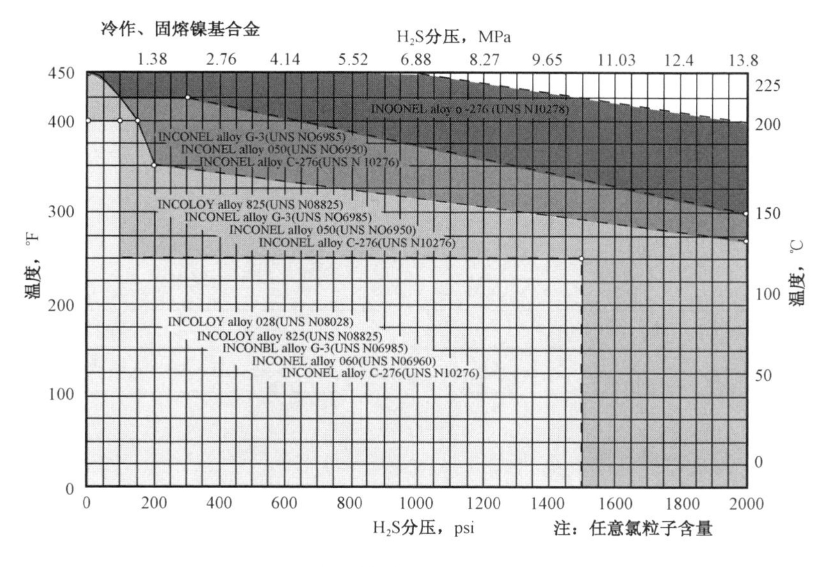

图 8－3 美国特种金属公司材质选择图

第二节　油套管连接螺纹

一、API 螺纹

1. API 套管螺纹

常见套管螺纹结构如图 8－4～图 8－6 所示，尺寸见表 8－11～表 8－15。

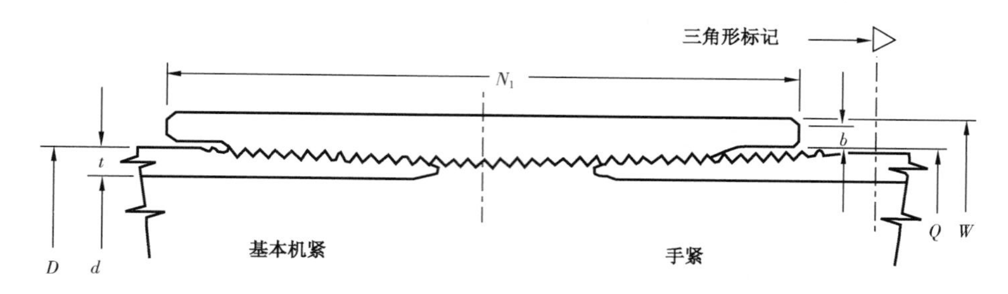

图 8－4　短圆螺纹套管和接箍

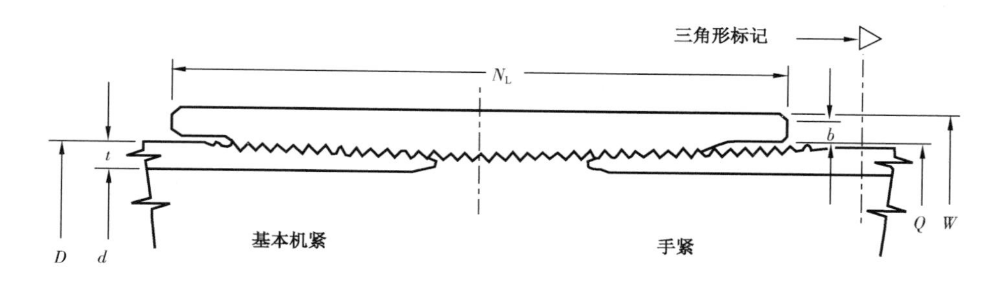

图 8－5　长圆螺纹套管和接箍

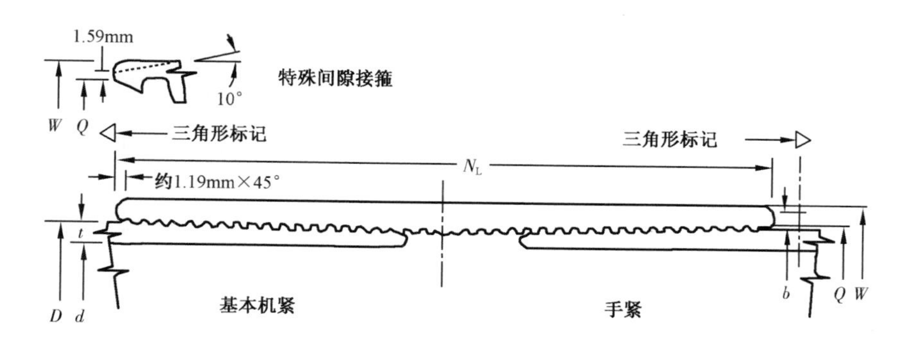

图 8－6　偏梯形螺纹套管和接箍

表 8－11　套管圆螺纹基本尺寸

螺纹参数	基本尺寸	极限偏差
锥度	1:16 斜角 =1°47′24″	每米长度直径偏差 { +5.208mm / -2.600mm 每 25.4mm 长度直径偏差 { +0.132mm / -0.066mm
螺距 p mm	p =25.4mm/8 牙 =3.175mm	±0.076(每 25.4mm) ±0.152(累计)
牙型角 (°)	60	±1/2
原始三角型高度 H mm	$H=0.866p=2.750$	—
牙型高度 mm	$h_s=h_n=0.626p-0.178=1.810$	+0.051 -0.102
牙顶削平高度 mm	$S_{cs}=S_{cn}$ $=0.120p+0.127=0.508$	—
牙底削平高度 mm	$S_{rs}=S_{rn}$ $=0.120p+0.051=0.432$	—
中径－牙顶高度 mm	$H/2-S_{cs}=2.75/2-0.508=0.867$(自算)	
中径－牙底高度 mm	$H/2-S_{rs}=2.75/2-0.432=0.943$(自算)	
外螺纹全长 L_4,mm	—	$\pm 1p=1.588$
紧密距 A mm	—	$\pm 1p$
倒角 (°)	—	+5
接箍镗孔直径 Q,mm 镗孔深度 q,mm	—	+0.78
接箍外径	—	外径的 1%,但不超过 ±3.18mm

注:p—螺距;H—原始三角型高度;h_s—长圆螺纹牙型高度;h_n—偏梯形螺纹牙型高度;S_{cs}—长圆螺纹牙顶削平高度;S_{cn}—偏梯形牙底削平高度;S_{rs}—长圆螺纹牙底削平高度;S_{rn}—偏梯形牙底削平高度。

表 8－12　套管偏梯形螺纹基本度尺寸

<table>
<tr><th colspan="2">螺纹参数</th><th>基本尺寸</th><th>极限偏差</th></tr>
<tr><td rowspan="4">锥度</td><td rowspan="2">接箍</td><td>规格 4½ ~ 13⅜
1∶16
斜角 = 1°47′24″</td><td rowspan="2">每米长度直径偏差 { +4. 50mm / −2. 50mm
每 25. 4mm 长度直径偏差 { +0. 114mm / −0. 064mm</td></tr>
<tr><td>规格≥16
1∶12
斜角 = 2°23′17″</td></tr>
<tr><td rowspan="2">套管</td><td>在完整螺纹长度内：
规格 4½ ~ 13⅜
1∶16
斜角 = 1°47′24″
规格≥16
1∶12
斜角 = 2°23′17″</td><td>每米长度直径偏差 { +3. 50mm / −1. 50mm
每 25. 4mm 长度直径偏差 { +0. 089mm / −0. 038mm</td></tr>
<tr><td>在不完整螺纹长度：
规格 4½ ~ 13⅜
1∶16
斜角 = 1°47′24″
规格≥16
1∶12
斜角 = 2°23′17″</td><td>每米长度直径偏差 { +5. 50mm / −1. 50mm
每 25. 4mm 长度直径偏差 { +0. 114mm / −0. 038mm</td></tr>
<tr><td colspan="2">螺距 p
mm</td><td>p = 25. 4mm/5 牙 = 5. 080</td><td>规格≤133/8　±0. 051/25. 4mm
规格≥16　±0. 076/25. 4mm
累计　±0. 102/25. 4mm</td></tr>
<tr><td colspan="2">牙型角，(°)</td><td>13</td><td>±1</td></tr>
<tr><td colspan="2">牙型高度，mm</td><td>h = 1. 575</td><td>±0. 025</td></tr>
<tr><td colspan="2">螺纹长度，mm</td><td>—</td><td>±0. 79</td></tr>
<tr><td colspan="2">紧密距 A</td><td>环规对套管端面 P 和 P1 塞规对接箍端面 A</td><td>+1/2p
−1/2p</td></tr>
<tr><td colspan="2">倒角，(°)</td><td>—</td><td>+5</td></tr>
<tr><td colspan="2">接箍外径</td><td>—</td><td>外径的 1%，但不超过 ±3. 18mm</td></tr>
</table>

表 8-13 套管圆螺纹尺寸

单位：mm

螺纹代号	套管外径	套管壁厚	套管及外螺纹					接箍及内螺纹								
			大端直径 D_4	管端至手紧面距离 L_1	管端至消失端距离 L_4	有效螺纹长度 L_2	完整螺纹最小长度 L_c	接箍外径 W	最小接箍长度 N	接箍端面至手紧面距离 M	镗孔直径 Q	镗孔深度 q	承载面宽度 b	手紧面中径 E_1	机紧管端至接箍中心距离 J	手紧紧密距牙数 A
套管短圆螺纹																
4½CSG	114.30	5.21	114.30	23.39	50.80	43.56	22.23	127.00	158.75	17.88	116.68	12.70	3.97	111.846	28.58	3
4½CSG	114.3	其余	114.30	39.27	66.68	59.44	38.10	127.00	158.75	17.88	116.68	12.70	3.97	111.846	12.70	3
5CSG	127.00	5.59	127.00	36.09	63.50	56.26	34.93	141.30	165.10	17.88	129.38	12.70	4.76	124.546	19.05	3
5CSG	127.00	其余	127.00	42.44	69.85	62.61	41.28	141.30	165.10	17.88	129.38	12.70	4.76	124.546	12.70	3
5½CSG	139.7	全部	139.70	45.62	73.02	65.79	44.45	153.67	171.45	17.88	142.08	12.70	3.18	137.246	12.70	3
6⅝CSG	168.28	全部	168.28	51.97	79.38	72.14	50.80	187.71	184.15	17.88	170.66	12.70	6.35	165.821	12.70	3
7CSG	177.80	5.87	177.80	32.92	60.32	53.09	31.75	194.46	184.20	17.88	180.18	12.70	4.76	175.346	31.75	3
7CSG	177.8	全部	177.80	51.97	79.38	72.14	50.08	194.46	184.20	17.88	180.18	12.70	4.76	175.346	12.70	3
7⅝CSG	193.68	全部	193.68	53.44	82.55	75.31	53.98	215.90	190.50	18.01	196.06	11.00	5.56	191.114	12.70	3½
8⅝CSG	219.08	6.71	219.08	47.09	76.20	68.96	47.63	244.48	196.90	18.01	221.46	11.00	6.35	216.514	22.23	3½
8⅝CSG	219.08	其余	219.08	56.62	85.72	78.49	57.15	244.48	196.90	18.01	221.46	11.00	6.35	216.514	12.70	3½
9⅝CSG①	244.48	全部	244.48	56.62	85.72	78.49	57.15	269.88	196.90	18.01	246.86	11.00	6.35	241.914	12.70	3½
9⅝CSG②	244.48	全部	244.48	54.91	85.72	78.49	57.15	269.88	196.90	18.11	246.86	11.00	6.35	241.808	12.70	4
10¾CSG①	273.05	7.09	273.05	40.74	69.85	62.61	41.28	298.45	203.20	18.01	275.43	11.00	6.35	270.489	31.75	3½
10¾CSG①	273.05	其余	273.05	59.79	88.90	81.66	60.33	298.45	203.20	18.01	275.43	11.00	6.35	270.489	12.70	3½
10¾CSG②	273.05	其余	273.05	58.09	88.90	81.66	60.33	298.45	203.20	18.11	275.43	11.00	6.35	270.383	12.70	4
11¾CSG①	298.45	全部	298.45	59.79	88.90	81.66	60.33	323.85	203.20	18.01	300.83	11.00	6.35	295.889	12.70	3½
11¾CSG②	298.45	全部	298.45	58.09	88.90	81.66	60.33	323.85	203.20	18.11	300.83	11.00	6.35	295.783	12.70	4
13⅜CSG①	339.73	全部	339.73	59.79	88.90	81.66	60.33	365.13	203.20	18.01	342.11	11.00	5.56	337.164	12.70	3½

续表

螺纹代号	套管外径	套管壁厚	套管及外螺纹					接箍及内螺纹								
			大端直径 D_4	管端至手紧面距离 L_1	管端至消失端距离 L_4	有效螺纹长度 L_2	完整螺纹最小长度 L_c	接箍外径 W	最小接箍长度 N	接箍端面至手紧面距离 M	镗孔直径 Q	镗孔深度 q	承载面宽度 b	手紧面中径 E_1	机紧管端至接箍中心距离 J	手紧紧密距牙数 A
13⅜CSG②	339.73	全部	339.73	58.09	88.90	81.66	60.33	365.13	203.20	18.11	342.11	11.00	5.56	337.058	12.70	4
16CSG	406.40	全部	406.40	72.49	101.60	94.36	73.03	431.80	228.60	18.01	408.78	9.30	5.56	403.839	12.70	3½
18⅝CSG	473.08	11.05	473.08	72.49	101.60	94.36	73.03	508.00	228.60	18.01	475.46	9.30	5.56	470.514	12.70	3½
20CSG③	508.00	全部	508.00	72.49	101.60	94.36	73.03	533.40	228.60	18.01	510.38	9.30	5.56	505.439	12.70	3½
20CSG④	508.00	全部	508.00	70.79	101.60	94.36	73.03	533.40	228.60	18.11	510.38	9.30	5.56	505.333	12.70	4
套管长圆螺纹																
4½LCSG	114.30	全部	114.30	48.79	76.20	68.96	47.63	127.00	177.80	17.88	116.68	12.70	3.97	111.846	12.70	3
5LCSG	127.00	全部	127.00	58.32	85.72	78.49	57.15	141.30	196.85	17.88	129.38	12.70	4.76	124.546	12.70	3
5½LCSG	139.70	全部	139.70	61.49	88.90	81.66	60.33	153.67	203.20	17.88	142.08	12.70	3.18	137.246	12.70	3
6⅝LCSG	168.28	全部	168.13	71.02	98.42	91.19	69.85	187.71	222.25	17.88	170.66	12.70	6.35	165.821	12.70	3
7LCSG	177.80	全部	177.80	74.19	101.60	94.36	73.03	194.46	228.60	17.88	180.18	11.00	4.76	175.346	12.70	3
7⅝LCSG	193.68	全部	193.68	75.67	104.78	97.54	76.20	215.90	235.00	18.01	196.06	11.00	5.56	191.114	12.70	3½
8⅝LCSG	219.08	全部	219.08	85.19	114.30	107.06	85.73	244.48	254.00	18.01	221.46	11.00	6.35	216.514	12.70	3½
9⅝LCSG①	244.48	全部	244.48	91.54	120.65	113.41	92.08	269.88	266.70	18.01	246.86	11.00	6.35	241.914	12.70	3½
9⅝LCSG②	244.48	全部	244.48	89.84	120.65	113.41	92.08	269.88	266.70	18.11	246.86	11.00	6.35	241.808	12.70	4
20LCSG③	508.00	全部	508.00	104.24	133.35	126.11	104.78	533.40	292.10	18.01	510.38	9.30	5.56	505.439	12.70	3½
20LCSG④	508.00	全部	508.00	102.54	133.35	126.11	104.78	533.40	292.10	18.11	510.38	9.30	5.56	505.333	12.70	4

① 适用于低于 P110 钢级的接箍。

② 适用于 P110 钢级或更高钢级的接箍。

③ 适用于低于 J55 和 K55 钢级的接箍。

④ 适用于 J55 和 K55 钢级及更高钢级的接箍。

表 8-14 套管圆螺纹实用尺寸

螺纹代号	螺距 牙/in	牙高 mm	锥度	套管及外螺纹尺寸,mm							接箍及内螺纹尺寸,mm								
				壁厚	大端大径 D_4	小端大径 $^*D_5$	锥段长度 $^*L_Z$	管端至消失点螺纹长 L_4	有效螺纹长度 L_2	管端至变径处长度 L_6	接箍外径 D_M	锥孔大端直径 D_6	锥孔小端直径 $^*D_X$	锥孔长度 L_9	镗孔直径 Q	镗孔深度 q	螺纹全长 L_7	端面最小厚度 B	接箍最小长度 N
套管短圆螺纹																			
4½CSG	8	1.81	1:16	5.21	114.30	112.117	34.928	50.80	43.56	80	127.00	111.23	105.293	95	116.68	12.7	80	3.97	158.75
4½CSG				其他	114.30	111.126	50.784	66.68	59.44	95	127.00	111.23	105.293	95	116.68	12.7	80	3.97	158.75
5CSG				5.59	127.00	124.024	47.616	63.50	56.26	95	141.30	123.93	117.68	100	129.38	12.7	82	4.76	165.10
5CSG				其他	127.00	123.628	53.952	69.85	62.61	100	141.30	123.93	117.680	100	129.38	12.7	82	4.76	165.10
5½CSG				全部	139.7	136.129	57.136	73.03	65.79	100	153.67	136.63	130.380	100	142.08	12.7	85	3.18	171.45
6⅝CSG				全部	168.28	164.307	63.568	79.38	72.14	110	187.71	165.20	158.325	110	170.66	12.7	92	6.35	184.15
7CSG				5.87	177.80	175.023	44.432	60.32	53.09	90	194.46	174.73	167.855	110	180.18	12.7	92	4.76	184.20
7CSG				其他	177.80	173.832	63.488	79.38	72.14	110	194.46	174.73	167.855	110	180.18	12.7	92	4.76	184.20
7⅝CSG				全部	193.68	189.508	66.752	82.55	75.31	110	215.90	190.50	183.625	110	196.05	11.0	95	5.56	190.50
8⅝CSG				6.71	219.08	215.304	60.416	76.20	68.96	110	244.48	215.90	208.712	115	221.46	11.0	100	6.35	196.90
8⅝CSG				其余	219.08	214.709	69.936	85.72	78.49	115	244.48	215.90	208.712	115	221.46	11.0	100	6.35	196.90
9⅝CSG①				全部	244.48	240.109	69.936	85.72	78.49	115	269.88	241.30	234.112	115	246.86	11.0	100	6.35	196.90
9⅝CSG②				全部	244.48	240.110	69.920	85.72	78.49	115	269.88	241.20	234.112	115	246.86	11.0	100	6.35	196.90
10¾CSG①				7.09	273.05	269.677	53.968	69.85	62.61	100	298.45	269.88	262.692	115	275.43	11.0	102	6.35	203.20
10¾CSG①				其余	273.05	268.486	73.024	88.90	81.66	120	298.45	269.88	262.692	115	275.43	11.0	102	6.35	203.20
10¾CSG②				全部	273.05	268.486	73.024	88.90	81.66	120	298.45	269.78	262.692	115	275.43	11.0	102	6.35	203.20
11¾CSG①				全部	298.45	293.886	73.024	88.90	81.66	120	323.85	295.28	288.092	115	300.83	11.0	102	6.35	203.20
11¾CSG②				全部	298.45	293.886	73.024	88.90	81.66	120	323.85	295.18	287.992	115	300.83	11.0	102	6.35	203.20
13⅜CSG①				全部	339.73	335.161	73.104	88.90	81.66	120	365.13	336.56	369.372	115	342.11	11.0	102	5.56	203.20
13⅜CSG②				全部	339.73	335.161	73.104	88.90	81.66	120	365.13	336.46	369.272	115	342.11	11.0	102	5.56	203.20

续表

螺纹代号	螺距 牙/in	牙高 mm	锥度	套管及外螺纹尺寸,mm							接箍及内螺纹尺寸,mm								
				壁厚	大端大径 D_4	小端大径 $^*D_5$	锥段长度 $^*L_Z$	管端至消失点螺纹长 L_4	有效螺纹长度 L_2	管端至变径处长度 L_6	接箍外径 D_M	锥孔大端直径 D_6	锥孔小端直径 $^*D_X$	锥孔长度 L_9	镗孔直径 Q	镗孔深度 q	螺纹全长 L_7	端面最小厚度 B	接箍最小长度 N
16CSG	8	1.81	1:16	全部	406.40	401.042	85.728	101.60	94.36	130	431.80	403.23	395.105	130	408.78	9.30	114	5.56	228.60
18⅝CSG				11.05	473.08	467.717	85.808	101.6	94.36	130	508.00	469.90	461.775	130	475.46	9.30	114	5.56	228.60
20CSG③				全部	508.00	502.642	85.728	101.60	94.36	130	533.40	504.83	496.705	130	510.38	9.30	114	5.56	228.60
20CSG④				全部	508.00	502.642	85.728	101.60	94.36	130	533.40	504.83	496.705	130	510.38	9.30	114	5.56	228.60
套管长圆螺纹																			
4½LCSG	8	1.81	1:16	全部	114.30	110.531	60.304	76.20	68.96	105	127.00	111.23	104.668	105	116.68	12.70	90	3.97	177.80
5LCSG				全部	127.00	122.635	69.840	85.72	78.49	115	141.30	123.93	116.742	115	129.38	12.70	100	4.76	196.85
5½LCSG				全部	139.70	135.137	73.120	88.90	81.66	120	153.67	136.63	129.442	115	142.08	12.70	102	3.18	203.20
6⅝LCSG				全部	168.13	163.116	80.224	98.42	91.19	130	187.71	165.20	157.388	125	170.66	12.70	110	6.35	222.25
7LCSG				全部	177.80	172.443	85.712	101.60	94.36	130	194.46	174.73	166.605	130	180.18	11.0	115	4.76	228.60
7⅝LCSG				全部	193.68	188.119	88.976	104.78	97.54	135	215.90	190.50	182.062	135	196.06	11.0	118	5.56	235.00
8⅝LCSG				全部	219.08	212.924	98.496	114.30	107.06	145	244.48	215.90	207.025	142	221.46	11.0	127	6.35	254.00
9⅝LCSG①				全部	244.48	237.927	104.848	120.65	113.41	150	269.88	241.30	231.925	150	246.86	11.0	135	6.35	266.70
9⅝LCSG②				全部	244.48	237.927	104.848	120.65	113.41	150	269.88	241.20	231.825	150	246.86	11.0	135	6.35	266.70
20LCSG③				全部	508.00	500.658	117.472	133.35	126.11	165	533.40	504.83	494.83	160	510.38	9.30	146	5.56	292.10
20LCSG④				全部	508.00	500.658	117.472	133.35	126.11	165	533.40	504.73	494.73	160	510.38	9.30	146	5.56	292.10

① 适用于低于 P110 钢级的接箍。

② 适用于 P110 钢级或更高钢级的接箍。

③ 适用于低于 J55 和 K55 钢级的接箍。

④ 适用于 J55 和 K55 钢级及更高钢级的接箍。

“*”表示计算值。

表 8-15 套管偏梯螺纹尺寸

单位:mm

螺纹代号	套管外径	套管外螺纹						接箍及内螺纹						完整螺纹平面中径 E_7	机紧管端至接箍中心距离 J	手紧管端至接箍中心 J_n	手紧紧密距牙数距离 A
		大端直径 D_4	小端直径 $^*d$	管端至消失端 L_4	不完整螺纹长 g	完整螺纹长度 L_7	完整螺纹最小长度 L_c	接箍外径 W	最小接箍长度 N	端面锥孔内径 D_z	接箍端面至E7平面距离 M	镗孔直径 Q	承载面宽度 b				
4½BCSG	114.30	114.71	112.082	92.39	50.39	42.00	31.84	127.00	225.40	114.548	47.85	117.86	3.18	113.132	12.70	22.9	1/2
5BCSG	127.00	127.41	124.584	95.57	50.39	45.17	35.01	141.30	231.80	127.089	45.31	130.56	3.97	125.832	12.70	25.4	1
5½BCSG	139.70	140.11	137.184	97.16	50.39	46.76	36.60	153.67	235.00	139.789	45.31	143.26	3.97	138.532	12.70	25.4	1
6⅝BCSG	168.28	168.68	165.462	101.92	50.39	51.52	41.36	187.71	244.50	168.364	45.31	171.83	6.35	167.107	12,70	25.4	1
7BCSG	177.80	178.21	174.689	106.68	50.39	56.29	46.13	194.46	254.50	177.889	45.31	181.36	5.56	176.632	12.70	25.4	1
7⅝BCSG	193.68	194.08	188.691	111.44	50.39	61.05	50.89	215.90	263.50	193.764	45.31	197.23	7.94	192.507	12.70	25.4	1
8⅝BCSG	219.08	219.48	215.468	114.62	50.39	64.22	54.06	244.48	269.90	219.164	45.31	222.63	9.53	217.907	12.70	25.4	1
9⅝BCSG	244.48	244.89	240.868	114.62	50.39	64.22	54.06	269.88	269.90	244.564	45.31	248.03	9.53	243.307	12.70	25.4	1
10¾BCSG	273.05	273.46	269.443	114.62	50.39	64.22	54.06	298.45	269.90	273.139	45.31	276.61	9.53	271.882	12.70	25.4	1
11¾BCSG	298.45	298.86	294.843	114.62	50.39	64.22	54.06	323.85	269.90	298.539	45.31	302.01	9.53	297.282	12.70	25.4	1
13⅜BCSG	339.73	340.13	336.118	114.62	50.39	64.22	54.06	365.13	269.90	339.814	45.31	343.28	9.53	338.557	12.70	25.4	1
16BCSG	406.40	406.40	399.787	117.16	37.80	79.36	69.20	431.80	269.90	406.029	33.35	410.31	9.53	404.825	12.70	22.2	7/8
18⅝BCSG	473.08	473.08	466.462	117.16	37.80	79.36	69.20	508.00	269.90	472.704	33.35	476.99	9.53	471.500	12.70	22.2	7/8
20BCSG	508.00	508.00	501.387	117.16	37.80	79.36	69.20	533.40	269.90	507.629	33.35	511.91	9.53	506.425	12.70	22.2	7/8

注:“ * ”表示计算值。

2. API 油管螺纹

常见油管螺纹结构如图 8－7～图 8－9 所示，尺寸见表 8－16～表 8－18。

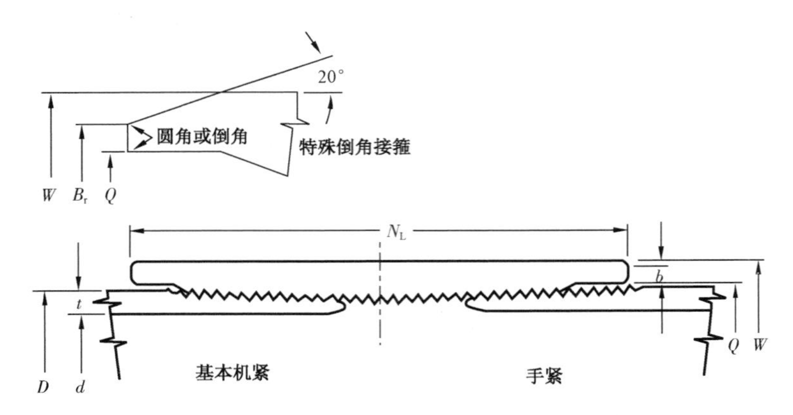

图 8－7　平式油管和接箍结构示意图

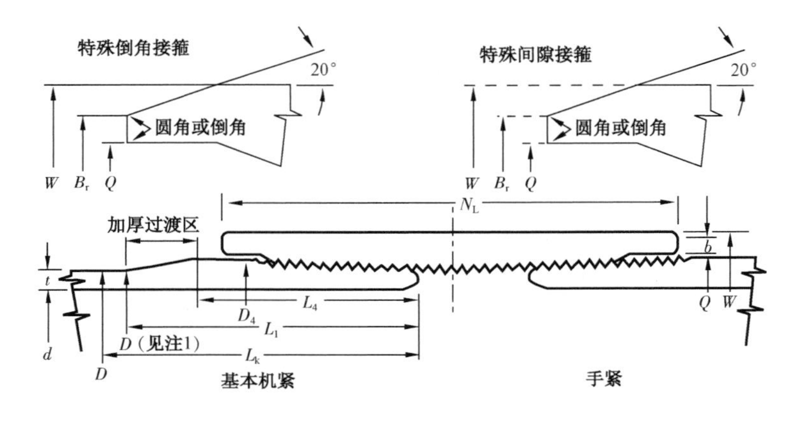

图 8－8　外加厚油管和接箍结构示意图

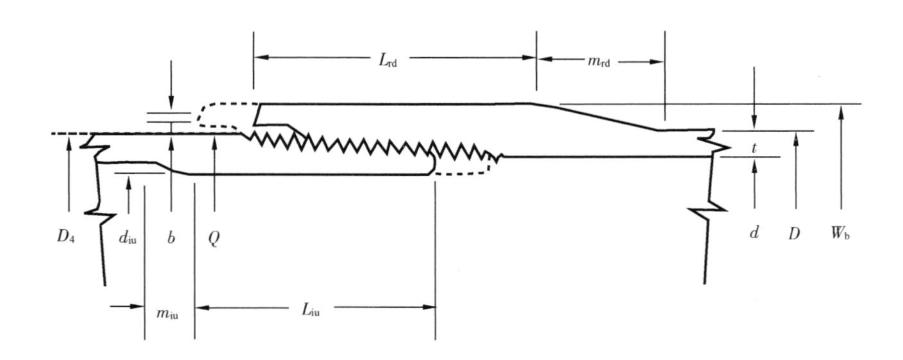

图 8－9　整体接头油管结构示意图

表 8-16 油管圆螺纹基本尺寸

螺纹参数	基本尺寸	极限偏差,mm
锥度	1∶16 斜角 = 1°47′24″	每米长度直径偏差 $\begin{cases}+5.208\\-2.600\end{cases}$ 每 25.4mm 长度直径偏差 $\begin{cases}+0.132\\-0.066\end{cases}$
螺距 p	p = 25.4mm/8 牙 = 3.175; p = 25.4mm/10 牙 = 2.540	±0.076(每 25.4mm) ±0.152(累计)
牙型角 (°)	60	±1/2
原始三角型高度 H,mm	$H = 0.866p$; 10 牙/25.4mm,H = 2.200; 8 牙/25.4mm,H = 2.750	—
牙型高度,mm	$h_s = h_n = 0.626p - 0.178$; 10 牙/25.4mm,$h_n$ = 1.412; 8 牙/25.4mm,h_n = 1.810	+0.051 −0.102
牙顶削平高度,mm	$S_{cs} = S_{cn} = 0.120p + 0.127$; 10 牙/25.4mm,$S_{cn}$ = 0.432; 8 牙/25.4mm,S_{cn} = 0.508	—
牙底削平高度,mm	$S_{rs} = S_{rn} = 0.120p + 0.051$; 10 牙/25.4mm,$S_{rs}$ = 0.356; 8 牙/25.4mm,S_{rx} = 0.432	—
紧密距 A,mm	—	8 牙,±1p = ±3.175; 10 牙,±1½p = ±3.81
倒角 (°)	—	+5
接箍外径	—	外径的 1%
接箍外径	—	外径的 1%

注:p—螺距;H—原始三角型高度;h_s—长圆螺纹牙型高度;h_n—偏梯形螺纹牙型高度;S_{cs}—长圆螺纹牙顶削平高度;S_{cn}—偏梯形牙底削平高度;S_{rs}—长圆螺纹牙底削平高度;S_{rn}—偏梯形牙底削平高度。

表 8－17　油管螺纹尺寸

螺纹代号	油管外径 mm	螺距 牙/in	油管及外螺纹尺寸,mm					接箍及内螺纹尺寸,mm								
			大端直径 D_4	管端至手紧面 L_1	管端至消失端 L_4	有效螺纹长度 L_2	完整螺纹最小长度 L_c	接箍外径 W	最小接箍长度 N	接箍端面至手紧面 M	镗孔直径 Q	镗孔深度 q	承载面宽度 b	手紧面中径 E_1	机紧管端至接箍中心 J	手紧紧密距牙数 A
不加厚油管螺纹																
1.050TBG	26.67	10	26.67	11.38	27.79	23.50	7.62	33.35	80.96	11.33	28.27	7.94	1.59	25.102	12.7	2
1.315TBG	33.40	10	33.40	12.17	28.58	24.28	7.62	42.16	82.55	11.33	35.00	7.94	2.38	31.833	12.7	2
1.660TBG	42.16	10	42.16	15.34	31.75	27.46	8.89	52.17	88.90	11.33	43.76	7.94	3.18	40.596	12.7	2
1.900TBG	48.26	10	48.26	18.52	34.93	30.63	12.07	55.88	95.25	11.33	49.86	7.94	1.59	46.692	12.7	2
2⅜TBG	60.33	10	60.33	24.87	41.28	36.98	18.42	73.03	107.95	11.33	61.93	7.94	4.76	58.757	12.7	2
2⅞TGB	73.03	10	73.03	35.99	52.40	48.11	29.54	88.90	130.18	11.33	74.63	7.94	4.76	71.457	12.7	2
3½TBG	88.90	10	88.90	42.34	58.75	54.46	35.89	107.95	142.88	11.33	90.50	7.94	4.76	87.332	12.7	2
4TBG	101.60	8	101.60	40.41	60.33	54.36	34.93	120.65	146.05	13.56	103.20	9.53	4.76	99.414	12.7	2
4½TBG	114.40	8	114.40	45.19	65.10	59.13	39.70	132.08	155.80	13.56	115.90	9.53	4.76	112.114	12.7	2
1.050UP	26.67	10	33.40	12.17	28.58	24.28	7.62	42.16	82.55	11.33	35.00	7.94	2.38	31.833	12.7	2
外加厚油管螺纹																
1.315UP	33.40	10	37.31	15.34	31.75	27.46	8.89	48.26	88.90	11.33	38.89	7.94	2.38	35.739	12.7	2
1.660UP	42.16	10	46.02	18.52	34.93	30.63	12.07	55.88	95.25	11.33	47.63	7.94	3.18	44.470	12.7	2
1.900UP	48.26	10	53.19	20.12	36.53	32.23	13.67	63.50	98.43	11.33	54.76	7.94	3.18	51.614	12.7	2
2⅜UP	60.33	8	65.89	29.31	49.23	43.26	23.83	77.80	123.83	13.56	67.46	9.53	3.97	63.697	12.7	2
2⅞UP	73.03	8	78.59	34.06	53.98	48.01	28.58	93.17	133.35	13.56	80.16	9.53	5.56	76.397	12.7	2
3½UP	88.90	8	95.25	40.41	60.33	54.36	34.93	114.30	146.05	13.56	96.85	9.53	6.35	93.064	12.7	2
4UP	101.60	8	107.95	43.59	63.50	57.53	38.10	127.00	152.40	13.56	109.55	9.53	6.35	105.764	12.7	2
4½UP	114.30	8	120.65	46.71	66.68	60.71	41.28	141.30	158.75	13.56	122.25	9.53	6.35	118.464	12.7	2

表 8-18 油管螺纹实用尺寸

螺纹代号	螺距 牙/in	牙高	锥度	油管及外螺纹							接箍及内螺纹									
				大端大径 D_4	小端大径 $^*D_5$	锥段长度 $^*L_Z$	内径 d	管端至变径处长度 L_6	管端至消失点螺纹长 L_4	有效螺纹长度 L_2	接箍外径 D_M	锥孔大端直径 D_6	锥孔小端直径 $^*D_X$	锥孔长度 L_9	镗孔直径 Q	镗孔深度 q	螺纹全长 L_7	接头旋钳长度 $^*L_{10}$	端面最小厚度 B	接箍最小长度 N
不加厚油管																				
1.900TBG	10	1.412	1:16	48.3	46.870	22.88	40.3	50	34.92	30.63	55.9	46.064	42.626	55	49.9	7.9	47.6	60	1.6	95.25
2⅜TGB	10			60.3	58.539	28.176	50.3	60	41.28	36.98	73.0	58.129	53.754	70	61.9	7.9	54.0	75	4.8	107.95
2⅞TBG	10			73.0	70.544	39.296	62.0	70	52.40	48.11	88.9	70.829	65.829	80	74.6	7.9	65.1	85	4.8	130.18
3½TBG	10			88.9	86.022	46.048	75.9	80	58.75	54.46	108.0	86.704	81.079	90	90.5	7.9	71.4	95	4.8	142.88
4TBG	8	1.810		101.6	98.622	47.648	88.6	80	60.32	54.36	120.6	98.528	92.903	90	103.2	9.5	73	95	4.8	146.05
4½TBG	8			114.3	111.024	52.416	100.3	80	65.10	59.13	132.1	111.228	105.603	90	115.9	9.5	77.8	95	4.8	155.80
外加厚油管																				
1.900UP	10	1.412	1:16	53.2	51.692	24.128	40.3	55	36.53	32.23	63.5	50.986	47.548	55	54.8	7.9	40.2	65	3.2	98.43
2⅜UP	8	1.810		65.9	63.709	35.056	50.3	65	49.23	43.26	77.8	62.811	58.436	70	67.5	9.5	61.9	80	4.0	123.83
2⅞UP	8			78.6	76.002	41.568	62.0	70	53.98	48.01	93.2	75.511	70.511	80	80.2	9.5	66.7	90	5.6	133.35
3½UP	8			95.2	92.272	46.848	75.9	80	60.32	54.36	114.3	92.178	86.553	90	96.9	9.5	73	100	6.4	146.05
4UP	8			108.0	104.774	51.616	88.6	80	63.50	57.53	127.0	104.878	99.253	90	109.6	9.5	76.2	100	6.4	152.40
4½UP	8			120.6	117.275	53.2	100.3	80	66.68	60.71	141.3	117.578	111.953	90	122.3	9.5	79.4	105	6.4	158.75

注："*"表示计算值。

二、常用特殊螺纹及其特点

气井常用特殊螺纹及其特点见表8－19。

表8－19　气井常用特殊螺纹及其特点

扣型	VAM TOP扣	NK3SB扣	NSC扣C/NSCT	NEW VAM扣
螺纹类型	钩状螺纹， 螺纹逐渐消失	凹凸不同改进型， 梯形螺纹， 螺纹逐渐消失	API改进型， 梯形螺纹， 螺纹逐渐消失	API改进型， 梯形螺纹， 螺纹逐渐消失
螺纹角度	－3°， ＋10°	0°， ＋45°	＋3°， ＋10°	＋3°， ＋10°
每英寸螺纹齿数(TPI)	60.3～73mm为8扣； 88.9～114.3mm为6扣； 127～196.9mm为5扣； 219～355.6mm为4扣	60.3～114.3mm为8扣； 127～339.7mm为5扣；	60.3～114.3mm为6扣； 127～339.7mm为5扣	60.3～73mm为8扣； 88.9～114.3mm为6扣； 127～339.7mm为5扣
螺纹形状	螺纹形状 －3° 10°	螺纹 45° 0°	改进型梯形	改良型梯形 ＋3° 10°
密封部类型	油管类:50°倾斜度的金属对金属密封； 套管类:20°倾斜度的金属对金属密封	移动接触点产生金属对金属密封	10°倾斜度的金属对金属密封	油管类:30°倾斜度的金属对金属密封； 套管类:10°倾斜度的金属对金属密封
台肩	15°锐角的内面扭矩台肩	带直角的内面扭矩台肩	两级直角内面扭矩台肩	油管:20°、套管: 15°锐角的内面扭矩台肩
内部表面形状	油管:3°， 套管:6°， 端部倒角	端部倒角	45°端部倒角	油管:6°， 套管:15°， 端部倒角
密封部和台肩形状	20° 15°	主密封 内部台肩密封		15° 10%锥度

第三节　常用螺纹推荐上扣扭矩

一、API 螺纹推荐上扣扭矩

API 螺纹推荐上扣扭矩见表 8－20。

表 8－20　API 螺纹推荐上扣扭矩

外径 mm	钢级	公称质量，kg/m		平式扣上扣扭矩，N·m			加厚扣上扣扭矩，N·m		
		不加厚	加厚	最佳	最小	最大	最佳	最小	最大
26.7	H－40	1.70	1.79	190	149	244	624	475	786
	J－55	1.70	1.79	244	190	312	813	610	1017
	C－75	1.70	1.79	312	230	393	1058	800	1329
	L－80	1.70	1.79	325	244	407	1098	827	1369
	N－80	1.70	1.79	339	258	420	1125	841	1410
	C－90	1.70	1.79	353	271	447	1193	895	1491
33.4	H－40	2.53	2.68	285	217	353	597	447	746
	J－55	2.53	2.68	366	271	461	773	583	963
	C－75	2.53	2.68	488	366	610	1003	759	1261
	L－80	2.53	2.68	502	380	624	1030	773	1288
	N－80	2.53	2.68	515	393	651	1071	800	1342
	C－90	2.53	2.68	542	407	678	1125	841	1410
42.2	H－40	3.42	3.57	366	271	461	719	542	895
	J－55	3.42	3.57	475	353	597	936	705	1166
	C－75	3.42	3.57	624	475	786	1234	922	1546
	L－80	3.42	3.57	637	475	800	1274	963	1600
	N－80	3.42	3.57	664	502	827	1302	976	1627
	C－90	3.42	3.57	691	529	868	1383	1030	1722
48.3	H－40	4.09	4.32	434	325	542	908	678	1139
	J－55	4.09	4.32	556	420	691	1193	895	1491
	C－75	4.09	4.32	732	556	922	1559	1166	1952
	L－80	4.09	4.32	759	569	949	1613	1207	2020
	N－80	4.09	4.32	773	583	963	1654	1247	2074
48.3	C－90	4.09	4.32	827	624	1030	1763	1315	2196

续表

外径 mm	钢级	公称质量,kg/m		平式扣上扣扭矩,N·m			加厚扣上扣扭矩,N·m		
		不加厚	加厚	最佳	最小	最大	最佳	最小	最大
60.3	J-55	5.95	—	827	624	1030	—	—	—
		6.85	6.99	990	746	1234	1749	1315	2183
	C-75	5.95	—	1085	813	1356	—	—	—
		6.85	6.99	1302	976	1627	2305	1735	2888
		8.63	8.85	1871	1410	2346	2874	2156	3593
	L-80	5.95	—	1125	841	1410	—	—	—
		6.85	6.99	1342	1003	1681	2386	1790	2983
		8.63	8.85	1925	1451	2413	2969	2224	3715
	N-80	5.95	—	1152	868	1437	—	—	—
		6.85	6.99	1383	1044	1735	2440	1830	3051
		8.63	8.85	1979	1491	2481	3037	2278	3796
	C-90	5.95	—	1234	922	1546	—	—	—
		6.85	6.99	1464	1098	1844	2603	1952	3268
		8.63	8.85	2102	1573	2630	3240	2440	4054
	P-105	6.85	6.99	1735	1302	2169	3078	2305	3851
		8.63	8.85	2495	1871	3118	3837	2874	4800
73.0	J-55	9.52	9.67	1424	1071	1776	2237	1681	2793
	C-75	9.52	9.67	1871	1410	2346	2942	2210	3674
		11.61	11.76	2508	1885	3132	3539	2657	4434
		12.80	12.95	2834	2129	3539	3864	2901	4827
	L-80	9.52	9.67	1939	1451	2427	3051	2291	3810
		11.61	11.76	2590	1952	3240	3674	2752	4596
		12.80	12.95	2929	2196	3661	4000	2996	5003
	N-80	9.52	9.67	1993	1491	2495	3118	2346	3905
		11.61	11.76	2657	1993	3322	3756	2820	4705
		12.80	12.95	2996	2251	3742	4095	3078	5125
	C-90	9.52	9.67	2129	1600	2657	3335	2508	4176
		11.61	11.76	2834	2129	3552	4027	3023	5030
		12.80	12.95	3213	2400	4013	4379	3281	5478
	P-105	9.52	9.67	2508	1885	3132	3945	2956	4935
		11.61	11.76	3349	2508	4189	4745	3566	5938
		12.80	12.95	3783	2834	4732	5166	3878	6454

续表

外径 mm	钢级	公称质量,kg/m		平式扣上扣扭矩,N·m			加厚扣上扣扭矩,N·m		
		不加厚	加厚	最佳	最小	最大	最佳	最小	最大
88.9	J-55	11.46	—	1641	1234	2047	—	—	—
		13.69	13.84	2007	1505	2508	3091	2318	3864
		15.18	—	2332	1749	2915	—	—	—
	C-75	11.46	—	2169	1627	2712	—	—	—
		13.69	13.84	2644	1979	3308	4081	3064	5098
		15.18	—	3078	2305	3851	—	—	—
		18.90	19.27	4108	3078	5139	5478	4108	6847
	L-80	11.46	—	2251	1695	2820	—	—	—
		13.69	13.84	2752	2061	3444	4244	3186	5301
		15.18	—	3200	2400	4000	—	—	—
		18.90	19.27	4257	3200	5328	5694	4271	7118
	N-80	11.46	—	2305	1735	2888	—	—	
		13.69	13.84	2807	2102	3512	4339	3254	5423
		15.18	—	3268	2454	4081	—	—	—
		18.90	19.27	4352	3268	5437	5816	4366	7267
	C-90	11.46	—	2468	1844	3078	—	—	—
		13.69	13.84	3010	2264	3769	4650	3484	5816
		15.18	—	3512	2630	4379	—	—	—
		18.90	19.27	4664	3498	5830	6250	4678	7810
	P-105	13.69	13.84	3552	2671	4447	5491	4122	6860
		18.90	19.27	5505	4135	6888	7362	5518	9206
101.6	J-55	14.14	—	1681	1261	2102	—	—	—
		—	16.37	—	—	—	3471	2603	4339
	C-75	14.14	—	2224	1668	2779	—	—	—
		—	16.37	—	—	—	4596	3444	5749
	L-80	14.14	—	2318	1735	2901	—	—	—
		—	16.37	—	—	—	4786	3593	5979
	C-90	14.14	—	2535	1912	3173	—	—	—
		—	16.37	—	—	—	5247	3932	6562
	N-80	14.14	—	2359	1776	2956	—	—	—
		—	16.37	—	—	—	4881	3661	6101

续表

外径 mm	钢级	公称质量,kg/m		平式扣上扣扭矩,N·m			加厚扣上扣扭矩,N·m		
		不加厚	加厚	最佳	最小	最大	最佳	最小	最大
114.3	J-55	18.75	18.97	2359	1776	2956	3878	2915	4854
	C-75	18.75	18.97	3118	2346	3905	5125	3851	6413
	L-80	18.75	18.97	3254	2440	4067	5342	4013	6684
	N-80	18.75	18.97	3308	2481	4135	5450	4095	6820
	C-90	18.75	18.97	3566	2685	4461	5871	4406	7335

二、BGT1 螺纹推荐上扣扭矩

BGT1 螺纹推荐上扣扭矩见表 8-21。

表 8-21 BGT1 螺纹推荐上扣扭矩

外径 mm	壁厚 mm	扭矩,N·m														
		55ksi			65ksi			80ksi			90~95ksi			110ksi		
		最小	最佳	最大	最小	最佳	最大	最小	最佳	最大	最小	最佳	最大	最小	最佳	最大
73.02	5.51	—	—	—	—	—	—	—	—	—	—	—	—	2390	2600	2810
	7.01	—	—	—	—	—	—	—	—	—	—	—	—	3130	3400	3670
88.9	6.45	2980	3240	3500	3180	3460	3730	3930	4270	4610	4040	4390	4740	4910	5340	5770
	7.34	3250	3540	3820	3470	3770	4070	4230	4600	4960	4350	4730	5110	5420	5890	6370
	9.53	3530	3840	4140	3940	4280	4630	4730	5140	5550	5460	5940	6410	6990	7600	8210
101.6	5.74	3270	3550	3830	3460	3760	4060	4120	4480	4840	4540	4940	5340	5210	5660	6110
114.3	6.88	4050	4400	4760	4340	4720	5100	5000	5440	5870	5240	5690	6150	6280	6830	7380
	7.37	4260	4640	5010	4610	5010	5410	5430	5900	6370	5910	6430	6940	6810	7400	7990
	8.56	5030	5460	5900	5340	5800	6270	6200	6740	7280	6620	7200	7770	7480	8130	8780

三、3SB 螺纹推荐接箍上扣扭矩

3SB 螺纹推荐上扣扭矩见表 8-22。

表 8-22 3SB 螺纹推荐上扣扭矩

外径 mm	公称质量 kg/m	壁厚 mm	不同钢级的上扣扭矩,N·m			
			55	80	90/95	P110
60.3	*7.00	4.83	1600	1600	1800	1900
	*7.89	5.54	1900	2000	2000	2200
	8.86	6.45	2200	2400	2600	2600

续表

外径 mm	公称质量 kg/m	壁厚 mm	不同钢级的上扣扭矩，N·m			
			55	80	90/95	P110
60.3	9.23	6.63	2300	2400	2600	2600
	11.47	8.53	2700	3000	3100	3300
73.0	9.68	5.51	2400	2700	2800	3000
	11.77	7.01	2800	3100	3300	3400
	12.96	7.82	3100	3500	3700	3800
	14.15	8.64	3400	3800	4100	4200
	15.94	9.96	3800	4500	4700	5000
	16.38	10.29	3800	4500	4700	5000
	17.35	11.18	3800	4500	4700	5000
88.9	13.85	6.45	3700	3900	4200	4500
	15.34	7.34	4200	4600	4900	5200
	19.07	9.35	5300	6000	6200	6600
	19.29	9.53	5300	6000	6200	6600
	22.49	11.40	6100	6800	7200	7700
	23.53	12.09	6100	6800	7200	7700
	24.87	12.95	6200	7100	7500	8000
	25.40	13.46	6200	7100	7500	8000
101.6	16.38	6.65	4900	5400	5600	5800
	19.96	8.38	6000	6800	7100	7300
	28.30	12.70	8100	9100	9500	10200
	33.51	15.49	8700	9500	9900	10600
114.3	*18.99	6.88	4700	5300	5600	5800
	20.11	7.37	5700	6400	6600	7100
	23.09	8.56	6800	7500	7900	8500
	28.60	10.92	8100	9500	10200	10800
	32.17	12.70	8400	10200	10800	11500
	35.75	14.22	8800	10400	11500	11800
	39.47	16.00	8800	10400	11500	11800

注：带*的尺寸，最大扭矩值为最佳扭矩的110%；最小扭矩值为最佳扭矩的90%。
其他尺寸，最大扭矩值为最佳扭矩的120%；最小扭矩值为最佳扭矩的80%。

四、FOX螺纹推荐上扣扭矩

FOX螺纹推荐上扣扭矩见表8－23。

表8-23　FOX螺纹(L80)推荐上扣扭矩

外径,mm	公称质量,kg/m	推荐扭矩,N·m
60.3	6.85	1532
	7.59	1776
	8.63	2088
	9.23	2169
	9.38	2346
	10.86	2956
73.0	9.52	2481
	11.46	3240
	12.80	3728
	14.58	4583
	15.92	5233
88.9	11.46	3200
	13.69	3891
	15.18	4366
	18.90	6332
	20.39	7091
	20.39	7091
	23.07	7918
	23.51	8379
101.6	14.14	3973
	16.22	4772
	19.35	6237
	22.02	7674
	24.55	9003
114.3	15.63	4352
	17.26	5030
	18.75	5586
	20.09	6101
	22.47	7538
	27.98	9260
	32.14	10575
	36.61	11728

五、VAM TOP螺纹推荐上扣扭矩

VAM TOP螺纹推荐上扣扭矩见表8-24。

表 8－24 VAM TOP 螺纹推荐上扣扭矩

外径 mm	壁厚 mm	扭矩,N·m																							
		55ksi			65ksi			75～80～85ksi			90～95～100ksi			105～110～115ksi			120～125～130ksi			135～140ksi			145～150～155ksi		
		最小	最佳	最大	最小	最佳	最大	最小	最佳	最大	最小	最佳	最大	最小	最佳	最大	最小	最佳	最大	最小	最佳	最大	最小	最佳	最大
73.02	5.51	—	—	—	2080	2190	2300	2260	2510	2760	2430	2700	2970	2510	2790	3070	2590	2880	3170	2650	2940	3230	2690	2990	3290
	7.01	—	—	—	2940	3090	3240	3190	3550	3910	3610	4010	4410	3830	4260	4690	4060	4510	4960	4140	4600	5060	4210	4680	5150
	7.82	—	—	—	3400	3580	3760	3730	4140	4550	4180	4650	5120	4400	4900	5400	4700	5200	5700	4800	5300	5800	4900	5400	5900
	8.64	—	—	—	3920	4120	4320	4270	4740	5210	4800	5300	5800	5000	5600	6200	5400	6000	6600	5500	6100	6700	5600	6200	6800
	9.19	—	—	—	4220	4440	4660	4700	5200	5700	5200	5800	6400	5500	6100	6700	5800	6500	7200	5900	6600	7300	6000	6700	7400
	9.96	—	—	—	4650	4900	5150	5100	5700	6300	5800	6400	7000	6100	6800	7500	6400	7100	7800	6600	7300	8000	6700	7400	8100
	10.29	—	—	—	4750	5000	5250	5300	5900	6500	5900	6600	7300	6300	7000	7700	6700	7400	8100	6800	7600	8400	6900	7700	8500
	11.18	—	—	—	5300	5600	5900	5700	6300	6900	6500	7200	7900	7200	8000	8800	7600	8400	9200	7800	8700	9600	8100	9000	9900
88.9	4.32	—	—	—	1730	1820	1910	1860	2070	2280	1940	2160	2380	2020	2250	2480	2080	2310	2540	2120	2360	2600	2200	2400	2680
	5.49	—	—	—	2760	2900	3040	2750	3060	3370	2880	3200	3520	3000	3330	3660	3190	3540	3890	3310	3680	4050	3430	3810	4190
	6.45	—	—	—	3560	3740	3920	3540	3930	4320	3690	4100	4510	3870	4300	4730	4100	4560	5020	4260	4730	5200	4400	4900	5400
	7.34	—	—	—	4340	4570	4800	4320	4820	5320	4500	5000	5500	4800	5300	5800	5000	5600	6200	5200	5800	6400	5400	6000	6600
	9.53	—	—	—	6250	6600	6950	6700	7500	8300	7200	8000	8800	7500	8300	9100	7700	8600	9500	7800	8700	9600	8000	8900	9800
	10.49	—	—	—	7050	7400	7750	7600	8500	9400	8200	9100	10000	8500	9400	10300	8700	9700	10700	8900	9900	10900	9100	10100	11100
	10.92	—	—	—	7400	7800	8200	8000	8900	9800	8500	9500	10500	8900	9900	10900	9200	10200	11200	9400	10400	11400	9500	10600	11700
	11.4	—	—	—	7700	8100	8500	8400	9300	10200	9100	10100	11100	9400	10400	11400	9700	10800	11900	9900	11000	12100	10100	11200	12300
	12.09	—	—	—	8150	8600	9050	9000	10000	11000	9900	11000	12100	10600	11800	13000	10900	12100	13300	11200	12400	13600	11300	12600	13900
	12.95	—	—	—	8750	9200	9650	9700	10800	11900	10700	11900	13100	11400	12700	14000	11800	13100	14400	12100	13400	14700	12200	13600	15000
88.9	4.83	—	—	—	2630	2770	2910	2740	3040	3340	2860	3180	3500	2970	3300	3630	3060	3400	3740	3190	3540	3890	3300	3670	4040
	5.74	—	—	—	3610	3800	3990	3600	4000	4400	3760	4180	4600	3990	4430	4870	4250	4720	5190	4400	4900	5400	4600	5100	5600
	6.65	—	—	—	4570	4820	5070	4600	5100	5600	4800	5300	5800	5000	5600	6200	5400	6000	6600	5600	6200	6800	5800	6500	7200

续表

外径 mm	壁厚 mm	扭矩，N·m																							
		55ksi			65ksi			75～80～85ksi			90～95～100ksi			105～110～115ksi			120～125～130ksi			135～140ksi			145～150～155ksi		
		最小	最佳	最大	最小	最佳	最大	最小	最佳	最大	最小	最佳	最大	最小	最佳	最大	最小	最佳	最大	最小	最佳	最大	最小	最佳	最大
101.6	7.59	—	—	—	5600	5900	6200	5600	6200	6800	5800	6500	7200	6200	6900	7600	6600	7300	8000	6800	7600	8400	7100	7900	8700
	8.38	—	—	—	6450	6800	7150	6400	7100	7800	6700	7400	8100	7100	7900	8700	7600	8400	9200	7800	8700	9600	8100	9000	9900
	9.65	—	—	—	8000	8400	8800	8500	9400	10300	8800	9800	10800	9200	10200	11200	9400	10500	11600	9600	10700	11800	9900	11000	12100
	10.54	—	—	—	9000	9500	10000	9500	10600	11700	10000	11100	12200	10300	11500	12700	10700	11900	13100	10900	12100	13300	11200	12400	13600
	10.92	—	—	—	9400	9900	10400	10100	11200	12300	10400	11600	12800	10900	12100	13300	11200	12500	13800	11400	12700	14000	11700	13000	14300
	12.7	—	—	—	10850	11400	11950	12100	13400	14700	13200	14700	16200	13700	15200	16700	14100	15700	17300	14400	16000	17600	14700	16300	17900
	15.49	—	—	—	13400	14100	14800	14800	16500	18200	16600	18400	20200	17600	19600	21600	18300	20300	22300	28600	20700	22800	18900	21000	23100
114.3	5.69	—	—	—	3930	4130	4340	3910	4350	4790	4260	4730	5200	4600	5100	5600	4900	5500	6100	5100	5700	6300	5300	5900	6500
	6.35	—	—	—	4650	4900	5150	4800	5300	5800	5100	5700	6300	5600	6200	6800	5900	6600	7300	6200	6900	7600	6500	7200	7900
	6.88	—	—	—	5200	5500	5800	5400	6000	6600	5800	6500	7200	6300	7000	7700	6700	7500	8300	7100	7900	8700	7400	8200	9000
	7.37	—	—	—	5900	6200	6500	6000	6700	7400	6600	7300	8000	7000	7800	8600	7600	8400	9200	7800	8700	9600	8200	9100	10000
	8.56	—	—	—	7400	7800	8200	7500	8300	9100	8100	9000	9900	8700	9700	10700	9400	10400	11400	9700	10800	11900	10100	11200	12300
	9.65	—	—	—	9300	9800	10300	9000	10000	11000	9600	10700	11800	10300	11500	12700	11000	12200	13400	11400	12700	14000	11900	13200	14500
	10.21	—	—	—	10150	10700	11250	9700	10800	11900	10500	11700	12900	11200	12500	13800	12000	13300	14600	12400	13800	15200	12900	14300	15700
	10.92	—	—	—	11200	11800	12400	10800	12000	13200	11600	12900	14200	12400	13800	15200	13200	14700	16200	13800	15300	16800	14200	15800	17400
	12.7	—	—	—	13700	14400	15100	13500	15000	16500	14000	15600	17200	15000	16700	18400	16000	17800	19600	16600	18400	20200	17200	19100	21000
	14.22	—	—	—	15300	16100	16900	15400	17100	18800	15900	17700	19500	17100	19000	20900	18200	20200	22200	18800	20900	23000	19500	21700	23900
127	6.43	4060	4510	4960	4500	5000	5500	5000	5600	6200	5800	6400	7000	6200	6900	7600	7000	7800	8600	7500	8300	9100	7900	8800	9700
	7.52	5300	5900	6500	5800	6400	7000	6200	6900	7600	7000	7800	8600	7900	8800	9700	8800	9800	10800	9300	10300	11300	9700	10800	11900
	9.19	6200	6900	7600	6700	7400	8100	7000	7800	8600	7500	8300	9100	8400	9300	10200	9300	10300	11300	9700	10800	11900	10600	11800	13000
	10.36	7500	8300	9100	7900	8800	9700	8800	9800	10800	9700	10800	11900	11100	12300	13500	11900	13200	14500	12800	14200	15600	13700	15200	16700
	10.72	7900	8800	9700	8800	9800	10800	9700	10800	11900	10600	11800	13000	11900	13200	14500	12800	14200	15600	14100	15700	17300	15000	16700	18400

续表

外径 mm	壁厚 mm	扭矩,N·m																							
		55ksi			65ksi			75 ~ 80 ~ 85ksi			90 ~ 95 ~ 100ksi			105 ~ 110 ~ 115ksi			120 ~ 125 ~ 130ksi			135 ~ 140ksi			145 ~ 150 ~ 155ksi		
		最小	最佳	最大	最小	最佳	最大	最小	最佳	最大	最小	最佳	最大	最小	最佳	最大	最小	最佳	最大	最小	最佳	最大	最小	最佳	最大
	11.1	8400	9300	10200	9300	10300	11300	10200	11300	12400	11400	12700	14000	12300	13700	15100	13200	14700	16200	14600	16200	17800	15900	17700	19500
	12.14	9700	10800	11900	11100	12300	13500	11900	13200	14500	12800	14200	15600	14600	16200	17800	16300	18100	19900	17200	19100	21000	18500	20600	22700
	12.7	10800	12000	13200	11900	13200	14500	13400	14900	16400	14900	16600	18300	16600	18400	20200	18200	20200	22200	19500	21700	23900	20900	23200	25500
139.7	6.99	4900	5400	5900	5800	6400	7000	6200	6900	7600	7000	7800	8600	7900	8800	9700	8800	9800	10800	9700	10800	11900	10200	11300	12400
	7.72	5300	5900	6500	6200	6900	7600	6700	7400	8100	7500	8300	9100	8400	9300	10200	9300	10300	11300	10200	11300	12400	10600	11800	13000
	9.17	6700	7400	8100	7000	7800	8600	7900	8800	9700	8800	9800	10800	9300	10300	11300	10200	11300	12400	11100	12300	13500	11400	12700	14000
	10.54	8400	9300	10200	9300	10300	11300	10200	11300	12400	11100	12300	13500	12800	14200	15600	13700	15200	16700	15000	16700	18400	15900	17700	19500
	12.09	10600	11800	13000	11900	13200	14500	13200	14700	16200	14600	16200	17800	16700	18600	20500	18500	20600	22700	20300	22600	24900	21100	23500	25900
	12.7	11900	13200	14500	13000	14500	16000	14800	16500	18200	16700	18600	20500	18500	20600	22700	18200	20200	22200	22000	24500	27000	23700	26300	28900
	13.46	13100	14600	16100	14400	16000	17600	16500	18300	20100	18500	20600	22700	20600	22900	25200	22700	25200	27700	24500	27200	29900	26200	29100	32000
	14.27	14300	15900	17500	15900	17700	19500	18200	20200	22200	20500	22800	25100	22800	25300	27800	25100	27900	30700	27100	30100	33100	28300	31400	34500
168.28	7.32	5800	6400	7000	6700	7400	8100	7500	8300	9100	8400	9300	10200	9700	10800	11900	10600	11800	13000	11400	12700	14000	12300	13700	15100
	8.38	6200	6900	7600	7000	7800	8600	7900	8800	9700	8800	9800	10800	10200	11300	12400	11100	12300	13500	11900	13200	14500	12800	14200	15600
	8.94	6700	7400	8100	7500	8300	9100	8400	9300	10200	9300	10300	11300	10600	11800	13000	11400	12700	14000	12300	13700	15100	13200	14700	16200
	10.59	9700	10800	11900	10600	11800	13000	11400	12700	14000	12300	13700	15100	13700	15200	16700	15000	16700	18400	15900	17700	19500	16700	18600	20500
	12.07	11900	13200	14500	12800	14200	15600	14600	16200	17800	15900	17700	19500	17600	19600	21600	19400	21600	23800	20700	23000	25300	22000	24500	27000
177.8	8.05	7500	8300	9100	8400	9300	10200	9300	10300	11300	10200	11300	12400	11400	12700	14000	12300	13700	15100	13700	15200	16700	14600	16200	17800
	9.19	8400	9300	10200	9300	10300	11300	10200	11300	12400	11100	12300	13500	12300	13700	15100	13200	14700	16200	14600	16200	17800	15500	17200	18900
	10.36	9700	10800	11900	10600	11800	13000	11400	12700	14000	12300	13700	15100	14100	15700	17300	15000	16700	18400	15900	17700	19500	16700	18600	20500
	11.51	11400	12700	14000	12300	13700	15100	13700	15200	16700	15000	16700	18400	16700	18600	20500	18100	20100	22100	19400	21600	23800	20300	22600	24900
	12.65	13200	14700	16200	15000	16700	18400	16300	18100	19900	18500	20600	22700	20300	22600	24900	2200	24500	27000	23800	26500	29200	25600	28400	31200
	13.72	15500	17200	18900	17200	19100	21000	19000	21100	23200	21100	23500	25900	22900	25500	28100	25600	28400	31200	27400	30400	33400	28300	31400	34500

六、玻璃钢油管螺纹推荐上扣扭矩

玻璃钢油管螺纹推荐上扣扭矩见表8－25。

表8－25　玻璃钢油管螺纹推荐上扣扭矩

管线尺寸 in	扭矩，kgf·m			余扣
	最佳	最小	最大	
1½	17.2	13.7	24.0	0～4
2⅜	20.6	17.2	30.8	0～4
2⅞	25.3	20.6	34.3	0～4
3½	30.8	24.0	41.1	0～4
4	37.7	30.8	51.4	0～4

第四节　常用油套管强度数据

一、常用油管强度技术规范

1. API油管强度数据

API油管强度数据见表8－26。

2. 玻璃钢系列油管强度数据

常用玻璃钢系列油管强度数据见表8－27。

二、常用套管强度技术规范

常用API套管强度数据见表8－28。

第五节　油套管及环空容积数据

一、套管容积

每米套管容积见表8－29。

表 8-26 API 油管强度数据

外径 mm	钢级	单重,kg/m			壁厚 mm	内径 mm	通径 mm	连接强度,kN		管体抗拉强度 kN	抗内压,MPa		抗挤强度 MPa
		不加厚	加厚	整体接头				不加厚	加厚		不加厚	加厚	
26.7	H-40	1.70	1.79	—	2.87	20.93	18.54	28	59	59	—	—	53.0
	J-55	1.70	1.79	—	2.87	20.93	18.54	39	81	81	—	—	72.8
	L-80	1.70	1.79	—	2.87	20.93	18.54	57	118	118	—	—	106.0
	N-80	1.70	1.79	—	2.87	20.93	18.54	57	118	118	—	—	106.0
	C-90	1.70	1.79	—	2.87	20.93	18.54	62	133	133	—	—	119.2
33.4	H-40	2.53	2.68	2.56	3.38	26.64	24.26	49	88	88	—	—	50.1
	J-55	2.53	2.68	2.56	3.38	26.64	24.26	67	121	121	—	—	68.9
	L-80	2.53	2.68	2.56	3.38	26.64	24.26	97	176	176	—	—	100.3
	N-80	2.53	2.68	2.56	3.38	26.64	24.26	97	176	176	—	—	100.3
	C-90	2.53	2.68	2.56	3.38	26.64	24.26	111	196	196	—	—	112.8
42.2	H-40	—	—	3.13	3.18	35.81	—	—	—	—	—	—	38.4
		3.42	3.57	3.47	3.56	35.05	32.66	69	119	119	—	—	42.6
	J-55	—	—	3.13	3.18	35.81	—	—	—	—	—	—	52.8
		3.42	3.57	3.47	3.56	35.05	32.66	95	164	164	—	—	58.5
	L-80	3.42	3.57	3.47	3.56	35.05	32.66	138	238	238	—	—	85.2
	N-80	3.42	3.57	3.47	3.56	35.05	32.66	138	238	238	—	—	85.2
	C-90	3.42	3.57	3.47	3.56	35.05	32.66	156	267	267	—	—	95.8
48.3	H-40	—	—	3.57	3.18	41.91	—	—	—	—	—	—	33.9
		4.09	4.32	4.11	3.68	40.89	38.51	85	142	142	—	—	38.9
	J-55	—	—	3.57	3.18	41.91	—	—	—	—	—	—	38.9
48.3	J-55	4.09	4.32	4.11	3.68	40.89	38.51	117	196	196	—	—	53.4
	L-80	4.09	4.32	4.11	3.68	40.89	38.51	170	285	285	—	—	77.8
	N-80	4.09	4.32	4.11	3.68	40.89	38.51	170	285	285	—	—	77.8
	C-90	4.09	4.32	4.11	3.68	40.89	38.51	191	320	320	—	—	87.0

续表

外径 mm	钢级	单重,kg/m			壁厚 mm	内径 mm	通径 mm	连接强度,kN		管体抗拉强度 kN	抗内压,MPa		抗挤强度 MPa
		不加厚	加厚	整体接头				不加厚	加厚		不加厚	加厚	
52.4	H－40	—	—	4.84	3.96	44.48	—	—	—	—	36.5	—	38.5
	J－55	—	—	4.84	3.96	44.48	—	—	—	—	50.2	—	53.0
	L－80	—	—	4.84	3.96	44.48	—	—	—	—	73.0	—	77.1
	N－80	—	—	4.84	3.96	44.48	—	—	—	—	73.0	—	77.1
	C－90	—	—	4.84	3.96	44.48	—	—	—	—	82.1	—	85.6
60.3	H－40	5.95	—	—	4.24	51.84	49.45	134	—	—	33.9	—	36.1
		6.85	6.99	—	4.83	50.67	49.81	160	232	232	38.6	38.6	40.6
	J－55	5.95	—	—	4.24	51.84	49.45	184	—	—	46.7	—	49.6
		6.85	6.99	—	4.83	50.67	48.29	220	319	319	53.1	53.1	55.8
	L－80	5.95	—	—	4.24	—	49.45	268	—	—	67.8	—	68.8
		6.85	6.99	—	4.83	50.67	48.29	320	464	464	77.2	77.2	81.2
		8.63	8.85	—	6.45	47.42	45.03	458	602	602	103.2	102.7	105.4
	N－80	5.95	—	—	4.24	51.84	49.45	268	—	—	67.8	—	68.8
		6.85	6.99	—	4.83	50.67	48.29	320	464	464	77.2	77.2	81.2
60.3	N－80	8.63	8.85	—	6.45	47.42	45.03	458	602	602	103.2	102.7	105.4
	C－90	5.95		—	4.24	51.84	49.45	302	—	—	76.3	—	75.4
		6.85	6.99	—	4.83	50.67	48.29	360	520	520	86.9	86.9	91.4
		8.63	8.85	—	6.45	47.42	45.03	516	676	676	116.1	115.2	118.5
	P－105	6.85	6.99	—	4.83	50.67	48.29	420	609	609	101.4	101.4	106.6
		8.63	8.85	—	6.45	47.42	45.03	601	790	790	135.5	134.7	138.3
73.0	H－40	9.52	9.67	—	5.51	62.00	59.61	235	325	325	36.4	36.4	38.5
	J－55	9.52	9.67	—	5.51	62.00	59.61	323	443	443	50.1	49.6	53.0
	L－80	9.52	9.67	—	5.51	62.00	59.61	473	645	645	72.9	72.9	76.9
		11.61	11.76	—	7.01	59.00	56.62	627	802	802	92.7	92.7	95.8
		12.80	12.95	—	7.82	57.38	54.99	709	884	884	103.4	103.0	105.5

续表

外径 mm	钢级	单重,kg/m			壁厚 mm	内径 mm	通径 mm	连接强度,kN		管体抗拉强度 kN	抗内压,MPa		抗挤强度 MPa
		不加厚	加厚	整体接头				不加厚	加厚		不加厚	加厚	
73.0	N-80	9.52	9.67	—	5.51	62.00	59.61	473	645	645	72.9	72.9	76.9
		11.61	11.76	—	7.01	59.00	56.62	627	802	802	92.7	92.7	95.8
		12.80	12.95	—	7.82	57.38	54.99	709	884	884	103.4	103.0	105.5
	C-90	9.52	9.67	—	5.51	62.00	59.61	528	726	726	82.0	82.0	85.4
		11.61	11.76	—	7.01	59.00	56.62	705	902	902	104.2	104.2	107.7
		12.80	12.95	—	7.82	57.38	54.99	797	994	994	116.3	116.3	118.7
	P-105	9.52	9.67	—	5.51	62.00	59.61	621	846	846	95.6	95.6	96.6
		11.61	11.76	—	7.01	59.00	56.62	822	1052	1052	121.6	121.6	125.6
		12.80	12.95	—	7.82	57.38	54.99	930	1160	1160	135.8	135.2	138.5
88.9	H-40	11.46	—	—	5.49	77.93	74.75	290	—	—	29.8	—	31.9
		13.69	13.84	—	6.45	76.00	72.82	354	461	461	35.0	35.0	37.1
		15.18	—	—	7.34	76.00	71.04	412	—	—	39.9	—	41.8
	J-55	11.46	—	—	5.49	77.93	74.75	398	—	—	41.0	—	41.2
		13.69	13.84	—	6.45	76.00	72.82	487	634	634	48.2	48.2	51.0
		15.18	—	—	7.34	76.00	71.04	566	—	—	54.8	—	57.4
	L-80	11.46	—	—	5.49	77.93	74.75	579	—	—	59.6	—	54.3
		13.69	13.84	—	6.45	76.00	72.82	708	922	922	70.1	70.1	72.6
		15.18	—	—	7.34	76.00	71.04	823	—	—	79.7	—	83.6
		18.90	19.27	—	9.52	69.85	66.68	1096	1310	1310	103.4	103.4	105.6
	N-80	11.46	—	—	5.49	77.93	74.75	579	—	—	59.6	—	54.3
		13.69	13.84	—	6.45	76.00	72.82	708	922	922	70.1	70.1	72.6
		15.18	—	—	7.34	76.00	71.04	823	—	—	79.7	—	83.6
		18.90	19.27	—	9.52	69.85	66.68	1096	1310	1310	103.4	103.4	105.6

续表

外径 mm	钢级	单重,kg/m			壁厚 mm	内径 mm	通径 mm	连接强度,kN		管体抗拉强度 kN	抗内压,MPa		抗挤强度 MPa
		不加厚	加厚	整体接头				不加厚	加厚		不加厚	加厚	
88.9	C-90	11.46	—	—	5.49	77.93	74.75	651	—	—	67.0	—	58.9
		13.69	13.84	—	6.45	76.00	72.82	796	1037	1037	78.8	78.8	79.8
		15.18	—	—	7.34	76.00	71.04	926	—	—	89.6	—	94.0
		18.90	19.27	—	9.52	69.85	66.68	1233	1474	1474	116.4	116.4	118.7
		20.98	—	—	10.92	—	—	—	—	—	—	—	—
	P-105	13.69	13.84	—	6.45	76.00	72.82	929	1210	1210	92.0	92.0	90.0
		18.90	19.27	—	9.52	69.85	66.68	1439	1720	1720	135.8	135.8	138.5
102	H-40	14.14	—	—	5.74	90.12	86.94	320	—	—	27.3	—	28.0
		—	16.37	—	6.65	88.29	85.12	—	548	548	31.6	31.6	33.8
	J-55	14.14	—	—	5.74	90.12	86.94	440	—	—	37.5	—	35.2
		—	16.37	—	6.65	88.29	85.12	—	753	753	43.4	43.4	45.4
	L-80	14.14	—	—	5.74	90.12	86.94	641	—	—	54.5	—	45.4
		—	16.37	—	6.65	88.29	85.12	—	1095	1095	63.2	63.2	60.7
	N-80	14.14	—	—	5.74	90.12	86.94	641	—	—	54.5	—	45.4
		—	16.37	—	6.65	88.29	85.12	—	1095	1095	63.2	63.2	60.7
	C-90	14.14	—	—	5.74	90.12	86.94	721	—	—	61.4	—	48.8
		—	16.37	—	6.65	88.29	85.12	—	1232	1232	71.2	71.2	66.2
114	H-40	18.75	18.97	—	6.88	100.53	97.36	464	641	641	29.1	29.1	31.0
	J-55	18.75	18.97	—	6.88	100.53	97.36	638	881	881	40.0	40.0	39.4
	L-80	18.75	18.97	—	6.88	100.53	97.36	928	1281	1281	58.1	58.1	51.7
	N-80	18.75	18.97	—	6.88	100.53	97.36	928	1281	1281	58.1	58.1	51.7
	C-90	18.75	18.97	—	6.88	100.53	97.36	1044	1441	1441	65.4	65.4	56.0
		36.61	—	—	14.22	—	—	872	—	—	135.1	—	135.2

表 8－27 玻璃钢油管强度数据（高温高压环境）

规格 in	额定压力 MPa	外径 mm	内径 mm	平均壁厚 mm	质量 kg/m	螺纹规格 in	螺纹 形式
1½	12.8	46.7	40.9	2.8	0.90	1.90	EUE,10RD,LONG
	16.2	48.5	40.9	3.8	1.11		
	19.4	50.3	40.9	4.7	1.36		
	22.4	51.8	40.9	5.5	1.61		
	25.4	53.6	40.9	6.4	1.87		
2	10.6	56.6	50.7	3.0	1.16	2⅜	EUE,8RD,LONG
	13.4	58.4	50.7	3.9	1.46		
	16.1	60.2	50.7	4.7	1.72		
	18.8	61.7	50.7	5.6	2.02		
	21.3	63.5	50.7	6.4	2.32		
	23.7	65.3	50.7	7.3	2.62		
	26.1	67.1	50.7	8.2	2.93		
2½	8.6	67.8	62.0	2.9	1.41	2⅞	EUE,8RD,LONG
	10.9	69.6	62.0	3.8	1.77		
	13.2	71.4	62.0	4.6	2.07		
	15.4	72.9	62.0	5.5	2.42		
	17.6	74.7	62.0	6.4	2.77		
	19.6	76.5	62.0	7.2	3.13		
	21.6	78.0	62.0	8.0	3.48		
	23.6	79.8	62.0	8.9	3.88		
3	7.0	81.8	76.0	2.9	1.82	3½	EUE,8RD,LONG
	8.9	83.6	76.0	3.8	2.17		
	10.8	85.3	76.0	4.6	2.57		
	12.7	86.9	76.0	5.15	2.98		
	14.4	88.6	76.0	6.3	3.38		

续表

规格 in	额定压力 MPa	外径 mm	内径 mm	平均壁厚 mm	质量 kg/m	螺纹规格 in	螺纹 形式
3	16.2	90.2	76.0	7.1	3.83	3½	EUE,8RD, LONG
	17.9	91.9	76.0	8.1	4.24		
	19.6	93.7	76.0	8.8	4.69		
	21.2	20.3	76.0	9.7	5.09		
4	5.3	106.4	100.5	2.9	2.37	4½	EUE,8RD, LONG
	6.8	108.0	100.5	3.8	2.88		
	8.2	109.7	100.5	4.6	3.38		
	9.6	111.3	100.5	5.4	3.88		
	10.8	113.0	100.5	6.2	4.39		
	12.4	114.8	100.5	7.1	4.94		
	13.8	116.3	100.5	7.9	5.45		
	15.1	118.1	100.5	8.7	6.00		
	16.4	119.6	100.5	9.6	6.56		
	17.7	121.4	100.5	10.4	7.06		
5	4.5	127.3	121.4	2.9	2.77	5½	8RD CASINGLG
	5.7	129.0	121.4	3.8	3.38		
	6.9	130.6	121.4	4.6	3.99		
	8.1	132.3	121.4	5.5	4.64		
	9.3	134.1	121.4	6.3	5.25		
	10.5	135.6	121.4	7.2	5.90		
	11.7	137.4	121.4	8.0	6.51		
	12.8	139.2	121.4	8.9	7.16		
	14.0	140.7	121.4	9.7	7.82		
6	3.5	158.2	152.6	2.9	3.78	7	8RD CASINGLG
	4.5	160.0	152.6	3.7	4.54		

注:玻璃钢油管使用环境可分为高温高压腐蚀环境(油管、套管、注水管)和低温低压腐蚀环境(出油管、油气集输管、污水管)等,循环工作压力小于6.9MPa、温度低于65℃的环境称为低温低压环境,反之为高温高压环境。

表 8 - 28 API 套管强度数据

外径 mm	钢级	单重 kg/m	壁厚 mm	内径 mm	连接强度,kN			管体抗拉强度 kN	抗内压,MPa			抗挤强度 MPa
					圆扣		偏梯扣		圆扣		偏梯扣	
					短扣	长扣			短扣	长扣		
114.3	J - 55	14.14	5.21	103.89	449	547	—	676	30.2	30.2	—	22.8
		15.63	5.69	102.92	587	618	903	734	33.0	33.0	33.0	27.6
		17.26	6.35	101.60	685	721	1001	818	36.9	36.9	36.9	34.2
	K - 55	14.14	5.21	103.89	498	605	—	676	30.2	30.2	—	22.8
		15.63	5.69	102.92	649	685	1108	734	33.0	33.0	33.0	27.6
		17.26	6.35	101.60	756	801	1232	818	36.9	36.9	36.9	34.2
	L - 80	17.26	6.35	101.60	943	943	1294	1188	53.6	53.6	53.6	43.8
		20.09	7.37	99.57	1143	1143	1486	1366	62.2	62.2	62.2	58.9
	N - 80	17.26	6.35	101.60	961	992	1352	1157	53.6	53.6	53.6	43.8
		20.09	7.37	99.57	1165	1201	1552	1366	62.2	62.2	62.2	58.9
	C - 90	17.26	6.35	101.60	992	992	1375	1334	60.3	60.3	60.3	47.0
		20.09	7.37	99.57	1201	1201	1579	1535	70.0	70.0	70.0	64.1
		22.47	8.56	97.18	1446	1446	1815	1766	79.7	76.0	84.3	81.4
	C - 95/T - 95	17.26	6.35	101.60	1041	1041	1446	1410	63.7	63.7	63.7	48.5
		20.09	7.37	99.57	1263	1263	1664	1619	73.8	73.8	73.8	66.6
		22.47	8.56	97.18	1517	1517	1908	1864	84.1	80.2	88.0	85.8
	P - 110	17.26	6.35	101.60	1241	1241	1713	1632	73.7	73.7	73.7	52.3
		20.09	7.37	99.57	1503	1503	1971	1877	85.6	85.6	85.6	73.6
	P - 110	22.47	8.56	97.18	1806	1806	2264	2157	97.4	99.4	92.8	98.9
	Q - 125	22.47	8.56	97.18	1948	1948	2464	2451	110.7	112.9	105.5	109.2

续表

外径 mm	钢级	单重 kg/m	壁厚 mm	内径 mm	连接强度,kN			管体抗拉强度 kN	抗内压,MPa			抗挤强度 MPa
					圆扣		偏梯扣		圆扣		偏梯扣	
					短扣	长扣			短扣	长扣		
127.0	J-55	17.11	5.59	115.82	592	667	—	810	29.2	29.2	—	21.1
		19.35	6.43	114.15	752	810	1121	925	33.6	33.6	33.6	28.5
		22.32	7.52	111.96	921	992	1303	1072	39.3	39.3	39.3	38.3
		26.79	9.19	108.61	1170	1263	1570	1290	48.1	47.0	51.0	48.1
	K-55	17.11	5.59	115.82	654	738	—	810	29.2	29.2	—	21.1
		19.35	6.43	114.15	827	894	1375	925	33.6	33.6	33.6	28.5
		22.32	7.52	111.96	1014	1094	1597	1072	39.3	39.3	39.3	38.3
		26.79	9.19	108.61	1290	1397	1922	1290	48.1	47.0	51.0	48.1
	L-80	22.32	7.52	111.96	1272	1312	1686	1557	57.2	57.2	57.2	50.0
		26.79	9.19	108.61	1619	1673	2033	1877	69.9	69.9	68.3	72.4
		31.85	11.10	104.80	2006	2073	2269	2229	70.7	74.5	68.3	88.0
		34.53	12.14	102.72	2211	2282	2269	2415	70.7	74.5	68.3	95.4
		35.86	12.70	101.60	2318	2393	2269	2518	70.7	74.5	68.3	99.3
	N-80	22.32	7.52	111.96	1294	1383	1761	1557	57.2	57.2	57.2	50.0
		26.79	9.19	108.61	1650	1761	2122	1877	69.9	69.9	68.3	72.4
		31.85	11.10	104.80	2042	2180	2389	2229	70.7	74.5	68.3	88.0
		34.53	12.14	102.72	2251	2402	2389	2415	70.7	74.5	68.3	95.4
		35.86	12.70	101.60	2358	2522	2389	2518	70.7	74.5	68.3	99.3
	C-90	22.32	7.52	111.96	1383	1383	1797	1753	64.3	64.3	64.3	54.1
		26.79	9.19	108.61	1761	1761	2166	2113	78.6	78.6	76.9	79.5
		31.85	11.10	104.80	2180	2180	2389	2509	79.6	83.9	76.9	99.0
		34.53	12.14	102.72	2402	2402	2389	2718	79.6	83.9	76.9	107.3
		35.86	12.70	101.60	2464	2522	2389	2829	79.6	83.9	76.9	111.7
	C-95	22.32	7.52	111.96	1450	1450	1886	1850	67.8	67.8	67.8	55.9

续表

外径 mm	钢级	单重 kg/m	壁厚 mm	内径 mm	连接强度,kN			管体抗拉强度 kN	抗内压,MPa			抗挤强度 MPa
					圆扣		偏梯扣		圆扣		偏梯扣	
					短扣	长扣			短扣	长扣		
127.0	T-95	26.79	9.19	108.61	1850	1850	2277	2229	83.0	83.0	81.2	82.9
		31.85	11.10	104.80	2291	2291	2504	2647	84.0	88.5	81.2	104.5
		34.53	12.14	102.72	2522	2522	2504	2869	84.0	88.5	81.2	113.3
		35.86	12.70	101.60	2589	2647	2504	2989	84.0	88.5	81.2	117.9
	P-110	22.32	7.52	111.96	1721	1726	2237	2140	78.6	78.6	78.6	61.0
		26.79	9.19	108.61	2193	2202	2696	2580	96.1	96.1	93.9	92.9
		31.85	11.10	104.80	2713	2727	2985	3065	97.2	102.5	93.9	121.0
		34.53	12.14	102.72	2989	3003	2985	3323	97.2	102.5	94.0	131.1
		35.86	12.70	101.60	3078	3149	2985	3461	97.2	102.5	93.9	136.5
	Q-125	26.79	9.19	108.61	2380	2380	2940	2931	109.2	109.2	106.7	102.2
		31.85	11.10	104.80	2945	2945	3221	3483	116.5	116.5	106.7	137.5
		34.53	12.14	102.72	3243	3243	3221	3777	116.5	116.5	106.7	149.1
		35.86	12.70	101.60	3327	3403	3221	3932	116.5	116.5	106.7	155.1
139.7	J-55	20.83	6.20	127.30	765	823	—	988	29.4	29.4	—	21.5
		23.07	6.99	125.73	899	965	1334	1103	33.2	33.2	33.2	27.9
		25.30	7.72	124.26	1019	1099	1463	1214	36.7	36.7	36.7	33.9
		29.76	9.17	121.36	1254	1352	1721	1428	43.6	43.6	42.6	45.6
		34.23	10.54	118.62	1472	1584	1935	1624	44.4	46.8	42.6	52.9
	K-55	20.83	6.20	127.30	841	907	—	988	29.4	29.4	—	21.5
		23.07	6.99	125.73	988	1063	1628	1103	33.2	33.2	33.2	27.9
		25.30	7.72	124.26	1121	1210	1788	1214	36.7	36.7	36.7	33.9

续表

外径 mm	钢级	单重 kg/m	壁厚 mm	内径 mm	连接强度，kN			管体抗拉强度 kN	抗内压，MPa			抗挤强度 MPa
					圆扣		偏梯扣		圆扣		偏梯扣	
					短扣	长扣			短扣	长扣		
139.7	K－55	29.76	9.17	121.36	1379	1486	2100	1428	43.6	43.6	42.6	45.6
		34.23	10.54	118.62	1619	1744	2389	1624	44.4	46.8	42.6	52.9
	L－80	20.83	6.20	127.30	1059	1130	—	1432	42.8	42.8	—	24.9
		23.07	6.99	125.73	1241	1326	1730	1606	48.3	48.3	48.3	34.4
		25.30	7.72	124.26	1410	1503	1904	1766	53.4	53.4	53.4	43.3
		29.76	9.17	121.36	1739	1850	2237	2073	63.4	63.4	62.0	60.9
		34.23	10.54	118.62	2042	2175	2447	2358	64.5	68.1	62.0	76.9
	N－80	20.83	6.20	127.30	1081	1161	—	1432	42.8	42.8	—	24.9
		23.07	6.99	125.73	1263	1361	1806	1606	48.3	48.3	48.3	34.4
		25.30	7.72	124.26	1437	1548	1984	1766	53.4	53.4	53.4	43.3
		29.76	9.17	121.36	1770	1904	2331	2073	63.4	63.4	62.0	60.9
		34.23	10.54	118.62	2077	2233	2576	2358	64.5	68.1	62.0	76.9
	C－90	25.30	7.72	124.26	1552	1584	2028	1988	60.1	60.1	60.1	46.5
		29.76	9.17	121.36	1913	1948	2384	2335	71.3	71.3	69.8	66.4
		34.23	10.54	118.62	2246	2286	2580	2656	72.6	76.6	69.8	85.4
		38.69	12.09	115.52	—	2660	2580	3007	76.6	—	69.8	98.2
		52.09	16.51	106.68	—	2731	2580	3963	72.6	—	69.8	129.3
	C－95/T－95	25.30	7.72	124.26	1637	1664	2135	2095	63.4	63.4	63.4	47.8
		29.76	9.17	121.36	2015	2046	2504	2464	75.2	75.2	73.6	69.0
		34.23	10.54	118.62	2366	2402	2705	2802	76.7	80.9	73.6	89.2
	P－110	25.30	7.72	124.26	1913	1979	2527	2429	73.4	73.4	73.4	51.6
		29.76	9.17	121.36	2353	2438	2967	2851	87.1	87.1	85.2	76.5

续表

外径 mm	钢级	单重 kg/m	壁厚 mm	内径 mm	连接强度,kN			管体抗拉强度 kN	抗内压,MPa			抗挤强度 MPa
					圆扣		偏梯扣		圆扣		偏梯扣	
					短扣	长扣			短扣	长扣		
139.7	P-110	34.23	10.54	118.62	2762	2860	3221	3243	88.7	90.7	85.2	100.2
	Q-125	20.83	6.20	127.30	1606	1606	—	2242	66.9	66.9	—	30.3
		23.07	6.99	125.73	1882	1882	2509	2509	75.4	75.4	75.4	40.5
		25.30	7.72	124.26	2140	2140	2758	2758	83.4	83.4	83.4	54.4
		29.76	9.17	121.36	2633	2633	3238	3243	90.7	90.7	96.9	83.3
		34.23	10.54	118.62	3087	3087	3479	3688	106.4	106.4	96.9	110.8
177.8	J-55	29.76	6.91	163.98	1041	1143	1659	1406	25.8	25.8	25.8	15.7
		34.23	8.05	161.70	1263	1392	1922	1628	30.1	30.1	30.1	22.5
		38.69	9.19	159.41	1486	1632	2180	1846	34.3	34.3	34.3	29.8
		43.16	10.36	157.07	1708	1882	2438	2068	38.7	38.7	38.7	37.3
		47.62	11.51	154.79	1922	2117	2691	2277	41.1	43.0	44.1	44.5
		52.09	12.65	152.50	2135	2349	2922	2487	41.1	43.8	40.1	50.1
		56.55	13.72	150.37	2331	2562	2922	2682	41.1	43.8	40.1	54.0
	K-55	29.76	6.91	163.98	1130	1250	2006	1406	25.8	25.8	25.8	15.7
		34.23	8.05	161.70	1375	1517	2322	1628	30.1	30.1	30.1	22.5
		38.69	9.19	159.41	1619	1784	2633	1846	34.3	34.3	34.3	29.8
		43.16	10.36	157.07	1859	2051	2945	2068	38.7	38.7	38.7	37.3
		47.62	11.51	154.79	2095	2309	3247	2277	41.1	43.0	40.1	44.5
		52.09	12.65	152.50	2326	2562	3545	2487	41.1	43.8	40.1	50.1
		56.55	13.72	150.37	2535	2798	3705	2682	41.1	43.8	40.1	54.0
	L-80	34.23	8.05	161.70	1761	1935	2513	2366	43.7	43.7	43.7	26.4
		38.69	9.19	159.41	2068	2273	2851	2687	49.9	49.9	49.9	37.3

续表

外径 mm	钢级	单重 kg/m	壁厚 mm	内径 mm	连接强度,kN			管体抗拉强度 kN	抗内压,MPa			抗挤强度 MPa
					圆扣		偏梯扣		圆扣		偏梯扣	
					短扣	长扣			短扣	长扣		
177.8	L-80	43.16	10.36	157.07	2380	2611	3194	3007	56.3	56.3	56.3	48.4
		47.62	11.51	154.79	2678	2940	3519	3314	59.8	62.5	58.3	59.4
		52.09	12.65	152.50	2971	3265	3705	3621	59.8	63.7	58.3	70.2
		56.55	13.72	150.37	3243	3563	3705	3901	59.8	63.7	58.3	78.5
	N-80	34.23	8.05	161.70	1788	1966	2616	2366	43.7	43.7	43.7	26.4
		38.69	9.19	159.41	2100	2309	2967	2687	49.9	49.9	49.9	37.3
		43.16	10.36	157.07	2415	2656	3318	3007	56.3	56.3	56.3	48.4
		47.62	11.51	154.79	2722	2989	3661	3314	59.8	62.5	58.3	59.4
		52.09	12.65	152.50	3020	3318	3897	3621	59.8	63.7	58.3	70.2
		56.55	13.72	150.37	3296	3621	3897	3901	59.8	63.7	58.3	78.5
	C-90	34.23	8.05	161.70	1944	2131	2691	2664	49.2	49.2	49.2	27.8
		38.69	9.19	159.41	2282	2504	3056	3020	56.2	56.2	56.2	39.6
		43.16	10.36	157.07	2624	2882	3416	3381	63.3	63.3	63.3	52.3
		47.62	11.51	154.79	2954	3243	3768	3732	65.6	65.6	65.6	64.7
		52.09	12.65	152.50	3278	3599	3897	4070	65.6	65.6	65.6	77.0
		56.55	13.72	150.37	3581	3928	3897	4386	65.6	65.6	65.6	88.4
	C-95/T-95	34.23	8.05	161.70	2046	2246	2829	2811	51.9	51.9	51.9	28.5
		38.69	9.19	159.41	2406	2638	3212	3189	59.3	59.3	59.3	40.5
		43.16	10.36	157.07	2767	3038	3594	3572	65.6	65.6	66.8	54.0
		47.62	11.51	154.79	3114	3416	3963	3937	65.6	65.6	69.3	67.2
		52.09	12.65	152.50	3456	3794	4092	4297	65.6	65.6	69.3	80.3
		56.55	13.72	150.37	3772	4141	4092	4631	65.6	65.6	69.3	92.7

续表

外径 mm	钢级	单重 kg/m	壁厚 mm	内径 mm	连接强度,kN			管体抗拉强度 kN	抗内压,MPa			抗挤强度 MPa
					圆扣		偏梯扣		圆扣		偏梯扣	
					短扣	长扣			短扣	长扣		
177.8	P-110	34.23	8.05	161.70	2389	2624	3345	3256	60.1	60.1	60.1	30.5
		38.69	9.19	159.41	2807	3083	3794	3692	65.6	65.6	68.7	43.0
		43.16	10.36	157.07	3229	3545	4248	4132	65.6	65.6	77.4	58.8
		47.62	11.51	154.79	3634	3990	4684	4559	65.6	65.6	80.3	74.3
		52.09	12.65	152.50	4035	4430	4875	4978	65.6	65.6	80.3	89.8
		56.55	13.72	150.37	4404	4835	4875	5360	65.6	65.6	80.3	104.4
	Q-125	34.23	8.05	161.70	2673	2914	3661	3701	65.6	65.6	68.3	32.0
		38.69	9.19	159.41	3145	3421	4155	4199	65.6	65.6	78.0	44.5
		43.16	10.36	157.07	3616	3937	4648	4697	65.6	65.6	81.3	62.8
		47.62	11.51	154.79	4070	4430	5124	5182	65.6	65.6	81.3	80.7
		52.09	12.65	152.50	4519	4920	5262	5658	99.5	99.5	91.1	98.7
		56.55	13.72	150.37	4929	5369	5262	6094	99.5	99.5	91.1	115.5
244.5	J-55	53.57	8.94	226.59	1753	2015	2842	2509	24.3	24.3	24.3	13.9
		59.53	10.03	224.41	2011	2313	3176	2802	27.2	27.2	27.2	17.7
		64.74	11.05	222.38	2246	2589	3483	3074	30.0	30.0	30.0	22.4
		69.94	11.99	220.50	2464	2838	3763	3318	32.5	32.5	32.5	26.8
		79.62	13.84	216.79	2891	3327	4310	3803	37.6	37.6	37.6	35.4
	K-55	53.57	8.94	226.59	1882	2175	3358	2509	24.3	24.3	24.3	13.9
		59.53	10.03	224.41	2162	2495	3750	2802	27.2	27.2	27.2	17.7
		64.74	11.05	222.38	2420	2793	4115	3074	30.0	30.0	30.0	22.4
		69.94	11.99	220.50	2656	3065	4444	3318	32.5	32.5	32.5	26.8
		79.62	13.84	216.79	3114	3594	5093	3803	37.6	37.6	37.6	35.4

续表

外径 mm	钢级	单重 kg/m	壁厚 mm	内径 mm	连接强度,kN			管体抗拉强度 kN	抗内压,MPa			抗挤强度 MPa
					圆扣		偏梯扣		圆扣		偏梯扣	
					短扣	长扣			短扣	长扣		
244.5	L-80	48.07	7.92	228.63	2113	2429	—	3247	31.3	31.3	—	11.8
		59.53	10.03	224.41	2816	3234	4212	4075	39.6	39.6	39.6	21.3
		64.74	11.05	222.38	3149	3616	4617	4470	43.6	43.6	43.6	26.3
		69.94	11.99	220.50	3456	3972	4991	4831	47.4	47.4	47.4	32.8
		79.62	13.84	216.79	4052	4657	5720	5534	54.7	54.7	54.7	45.6
	N-80	48.07	7.92	228.63	2140	2460	—	3247	31.3	31.3	—	11.8
		59.53	10.03	224.41	2856	3278	4355	4075	39.6	39.6	39.6	21.3
		64.74	11.05	222.38	3194	3670	4777	4470	43.6	43.6	43.6	26.3
		69.94	11.99	220.50	3501	4026	5164	4831	47.4	47.4	47.4	32.8
		79.62	13.84	216.79	4106	4724	5912	5534	54.7	54.7	54.7	45.6
	C-90	48.07	7.92	228.63	2335	2682	—	3656	35.2	35.2	—	11.8
		59.53	10.03	224.41	3114	3576	4542	4586	44.5	44.5	44.5	22.4
		64.74	11.05	222.38	3483	3999	4978	5026	49.1	49.1	49.1	27.6
		69.94	11.99	220.50	3825	4390	5382	5431	53.2	53.2	53.2	34.5
		79.62	13.84	216.79	4484	5147	6165	6223	58.3	58.3	61.5	49.1

续表

外径 mm	钢级	单重 kg/m	壁厚 mm	内径 mm	连接强度,kN			管体抗拉强度 kN	抗内压,MPa			抗挤强度 MPa
					圆扣		偏梯扣		圆扣		偏梯扣	
					短扣	长扣			短扣	长扣		
244.5	C-95/T-95	48.07	7.92	228.63	2464	2829	—	3857	37.2	37.2	—	11.8
		59.53	10.03	224.41	3283	3768	4777	4840	47.0	47.0	47.0	22.9
		64.74	11.05	222.38	3674	4217	5240	5307	51.8	51.8	51.8	28.4
		69.94	11.99	220.50	4030	4626	5663	5734	56.2	56.2	56.2	35.1
		79.62	13.84	216.79	4728	5427	6486	6570	58.3	58.3	58.3	50.6
	P-110	48.07	7.92	228.63	2874	3301	—	4466	43.0	43.0	—	11.8
		53.57	8.94	226.59	3336	3830	5040	5018	48.5	48.5	48.5	17.0
		59.53	10.03	224.41	3830	4395	5631	5605	54.5	54.5	54.5	23.9
		64.74	11.05	222.38	4284	4920	6174	6143	60.0	60.0	60.0	30.5
		69.94	11.99	220.50	4697	5396	6672	6641	65.1	65.1	63.2	36.5
		79.62	13.84	216.79	5511	6325	7642	7606	66.7	66.7	63.2	54.8
	Q-125	48.07	7.92	228.63	3225	3701	—	5075	48.9	48.9	—	11.8
		53.57	8.94	226.59	3745	4297	5547	5703	55.2	55.2	55.2	17.0
		59.53	10.03	224.41	4297	4929	6196	6370	61.9	61.9	61.9	24.3
		64.74	11.05	222.38	4809	5516	6792	6984	66.7	66.7	63.2	31.9
		69.94	11.99	220.50	5276	6050	7340	7549	74.0	74.0	74.0	38.9
		79.62	13.84	216.79	6183	7095	8407	8643	85.4	85.4	85.4	58.2

表 8-29 每米套管容积表

外径 mm	壁厚 mm	内径 mm	每立方米长度,m		1000m 容积,m^3	
			外容积	内容积	外容积	内容积
114.3	5.21	103.89	97.47	117.92	10.26	8.48
	5.69	102.92		120.19		8.32
	6.35	101.60		123.30		8.11
	7.37	99.57		128.37		7.79
	8.56	97.18		134.77		7.42
127.0	5.59	115.82	78.93	94.88	12.67	10.54
	6.43	114.15		97.75		10.23
	7.52	111.96		101.63		9.84
	9.19	108.61		107.99		9.26
	11.10	104.80		115.87		8.63
	12.14	102.72		120.63		8.29
	12.70	101.60		123.30		8.11
139.7	6.20	127.30	65.23	78.55	15.33	12.73
	6.99	125.73		80.52		12.42
	7.72	124.26		82.44		12.13
	9.17	121.36		86.43		11.57
	10.54	118.62		90.50		11.05
177.8	6.91	163.98	40.27	47.35	24.83	21.12
	8.05	161.70		48.69		20.54
	9.19	159.41		50.10		19.96
	10.36	157.07		51.60		19.38
	11.51	154.79		53.13		18.82
	12.65	152.50		54.73		18.27
	13.72	150.37		56.31		17.76
193.7	8.33	177.01	33.93	40.63	29.47	24.61
	9.52	174.63		41.75		23.95
	10.92	171.83		43.12		23.19

续表

外径 mm	壁厚 mm	内径 mm	每立方米长度,m		1000m 容积,m^3	
			外容积	内容积	外容积	内容积
193.7	12.70	168.28	33.93	44.96	29.47	22.24
	14.27	165.13		46.69		21.42
	15.11	163.45		47.66		20.98
	15.88	161.93		48.57		20.59
244.5	7.92	228.63	21.30	24.36	46.95	41.05
	8.94	226.59		24.80		40.32
	10.03	224.41		25.28		39.55
	11.05	222.38		25.75		38.84
	11.99	220.50		26.18		38.19
	13.84	216.79		27.09		36.91
273.1	8.89	255.27	17.07	19.54	58.58	51.18
	10.16	252.73		19.93		50.17
	11.43	250.19		20.34		49.16
	12.57	247.90		20.72		48.27
	13.84	245.36		21.15		47.28
	15.11	242.82		21.59		46.31
339.7	9.65	320.42	11.03	12.40	90.63	80.64
	10.92	317.88		12.60		79.36
	12.19	315.34		12.80		78.10
	13.06	313.61		12.95		77.24

二、油管容积

每米油管容积见表 8－30。

表 8－30 每米油管容积表

外径 mm	壁厚 mm	内径 mm	每立方米长度,m		1000m 容积,m^3	
			外容积	内容积	外容积	内容积
26.7	2.87	20.93	1785.71	2941.18	0.56	0.34
33.4	3.38	26.64	1136.36	1785.71	0.88	0.56
42.2	3.18	35.81	714.29	990.10	1.40	1.01
	3.56	35.05		1041.67		0.96

续表

外径 mm	壁厚 mm	内径 mm	每立方米长度,m		1000m 容积,m^3	
			外容积	内容积	外容积	内容积
48.3	3.18	41.91	546.45	724.64	1.83	1.38
	3.68	40.89		763.36		1.31
52.4	3.96	44.48	462.96	645.16	2.16	1.55
60.3	4.24	51.84	349.65	473.93	2.86	2.11
	4.83	50.67		495.05		2.02
	6.45	47.42		564.97		1.77
73.0	5.51	62.00	238.66	331.13	4.19	3.02
	7.01	59.00		366.30		2.73
	7.82	57.38		386.10		2.59
88.9	5.49	77.93	161.03	209.64	6.21	4.77
	6.45	76.00		220.26		4.54
	7.34	76.00		220.26		4.54
	9.52	69.85		261.10		3.83
101.6	5.74	90.12	123.30	156.74	8.11	6.38
	6.65	88.29		163.40		6.12
114.3	6.88	100.53	97.47	125.94	10.26	7.94

三、油套环空容积

每米油套环空容积见表8-31。

表8-31 每米油套环空容积表

套管尺寸,mm			不同外径油管对应的环空容积,L/m									
外径	壁厚	内径	26.7 mm	33.4 mm	42.2 mm	48.3 mm	52.4 mm	60.3 mm	73 mm	88.9 mm	101.6 mm	114.3 mm
114.3	5.21	103.89	7.92	7.60	7.08	6.64	6.32	5.62	4.29	2.27		
	5.69	102.92	7.76	7.44	6.92	6.49	6.16	5.46	4.13	2.11		
	6.35	101.6	7.55	7.23	6.71	6.28	5.95	5.25	3.92	1.90		
	7.37	99.57	7.23	6.91	6.39	5.95	5.63	4.93	3.60	1.58		
	8.56	97.18	6.86	6.54	6.02	5.59	5.26	4.56	3.23	1.21		
127	5.59	115.82	9.98	9.66	9.14	8.70	8.38	7.68	6.35	4.33		
	6.43	114.15	9.67	9.36	8.84	8.40	8.08	7.38	6.05	4.03		
	7.52	111.96	9.29	8.97	8.45	8.01	7.69	6.99	5.66	3.64		
	9.19	108.61	8.70	8.39	7.87	7.43	7.11	6.41	5.08	3.06		

续表

套管尺寸,mm			不同外径油管对应的环空容积,L/m									
外径	壁厚	内径	26.7 mm	33.4 mm	42.2 mm	48.3 mm	52.4 mm	60.3 mm	73 mm	88.9 mm	101.6 mm	114.3 mm
127	11.1	104.8	8.07	7.75	7.23	6.79	6.47	5.77	4.44	2.42		
	12.14	102.72	7.73	7.41	6.89	6.45	6.13	5.43	4.10	2.08		
	12.7	101.6	7.55	7.23	6.71	6.28	5.95	5.25	3.92	1.90		
139.7	6.2	127.3	12.17	11.85	11.33	10.90	10.57	9.87	8.54	6.52	4.62	2.47
	6.99	125.73	11.86	11.54	11.02	10.58	10.26	9.56	8.23	6.21	4.31	2.15
	7.72	124.26	11.57	11.25	10.73	10.29	9.97	9.27	7.94	5.92	4.02	1.87
	9.17	121.36	11.01	10.69	10.17	9.74	9.41	8.71	7.38	5.36	3.46	1.31
	10.54	118.62	10.49	10.17	9.65	9.22	8.89	8.20	6.87	4.84	2.94	0.79
177.8	6.91	163.98	20.56	20.24	19.72	19.29	18.96	18.26	16.93	14.91	13.01	10.86
	8.05	161.7	19.98	19.66	19.14	18.70	18.38	17.68	16.35	14.33	12.43	10.27
	9.19	159.41	19.40	19.08	18.56	18.13	17.80	17.10	15.77	13.75	11.85	9.70
	10.36	157.07	18.82	18.50	17.98	17.54	17.22	16.52	15.19	13.17	11.27	9.12
	11.51	154.79	18.26	17.94	17.42	16.99	16.66	15.96	14.63	12.61	10.71	8.56
	12.65	152.5	17.71	17.39	16.87	16.43	16.11	15.41	14.08	12.06	10.16	8.00
	13.72	150.37	17.20	16.88	16.36	15.93	15.60	14.90	13.57	11.55	9.65	7.50
193.7	8.33	177.01	24.05	23.73	23.21	22.78	22.45	21.75	20.42	18.40	16.50	14.35
	9.52	174.63	23.39	23.08	22.55	22.12	21.79	21.10	19.77	17.74	15.84	13.69
	10.92	171.83	22.63	22.31	21.79	21.36	21.03	20.33	19.00	16.98	15.08	12.93
	12.7	168.28	21.68	21.36	20.84	20.41	20.08	19.39	18.06	16.03	14.13	11.98
	14.27	165.13	20.86	20.54	20.02	19.58	19.26	18.56	17.23	15.21	13.31	11.16
	15.11	163.45	20.42	20.11	19.58	19.15	18.83	18.13	16.80	14.78	12.88	10.72
	15.88	161.93	20.03	19.72	19.20	18.76	18.44	17.74	16.41	14.39	12.49	10.33
244.5	7.92	228.63	40.49	40.18	39.66	39.22	38.90	38.20	36.87	34.85	32.95	30.79
	8.94	226.59	39.76	39.45	38.93	38.49	38.17	37.47	36.14	34.12	32.22	30.06
	10.03	224.41	38.99	38.68	38.15	37.72	37.40	36.70	35.37	33.35	31.45	29.29
	11.05	222.38	38.28	37.96	37.44	37.01	36.68	35.98	34.65	32.63	30.73	28.58
	11.99	220.5	37.63	37.31	36.79	36.35	36.03	35.33	34.00	31.98	30.08	27.93
	13.84	216.79	36.35	36.04	35.51	35.08	34.76	34.06	32.73	30.70	28.80	26.65

续表

套管尺寸,mm			不同外径油管对应的环空容积,L/m									
外径	壁厚	内径	26.7 mm	33.4 mm	42.2 mm	48.3 mm	52.4 mm	60.3 mm	73 mm	88.9 mm	101.6 mm	114.3 mm
273.1	8.89	255.27	50.62	50.30	49.78	49.35	49.02	48.32	46.99	44.97	43.07	40.92
	10.16	252.73	49.61	49.29	48.77	48.33	48.01	47.31	45.98	43.96	42.06	39.90
	11.43	250.19	48.60	48.29	47.76	47.33	47.01	46.31	44.98	42.95	41.05	38.90
	12.57	247.9	47.71	47.39	46.87	46.43	46.11	45.41	44.08	42.06	40.16	38.01
	13.84	245.36	46.72	46.41	45.88	45.45	45.13	44.43	43.10	41.08	39.17	37.02
	15.11	242.82	45.75	45.43	44.91	44.48	44.15	43.45	42.12	40.10	38.20	36.05
339.7	9.65	320.42	80.08	79.76	79.24	78.80	78.48	77.78	76.45	74.43	72.53	70.38
	10.92	317.88	78.80	78.49	77.96	77.53	77.21	76.51	75.18	73.16	71.26	69.10
	12.19	315.34	77.54	77.22	76.70	76.27	75.94	75.24	73.91	71.89	69.99	67.84
	13.06	313.61	76.68	76.37	75.85	75.41	75.09	74.39	73.06	71.04	69.14	66.98

第九章　封隔器及其辅助工具

用于封隔井下管柱与井间环空，阻挡流体压力传递和流体流动通道的井下工具，在试油气测试、储层改造和采气工艺管柱中广泛使用。本章介绍了封隔器分类方法和力学计算，重点整理了国内常见的包括自封式、压缩式、扩张式、组合式等4类封隔器，也列举了裸眼井封隔器、套管外封隔器和遇油遇水等特殊封隔器的相关技术参数，以及目前引进贝克等4家外国公司的含硫气井完井封隔器的相关技术参数。

第一节　分类及型号编制方法

一、封隔器

按封隔器分类代号、固定方式代号、坐封方式代号、解封方式代号及封隔刚体最大外径、工作温度、工作压力等6个参数进行型号编制，如图9－1所示。

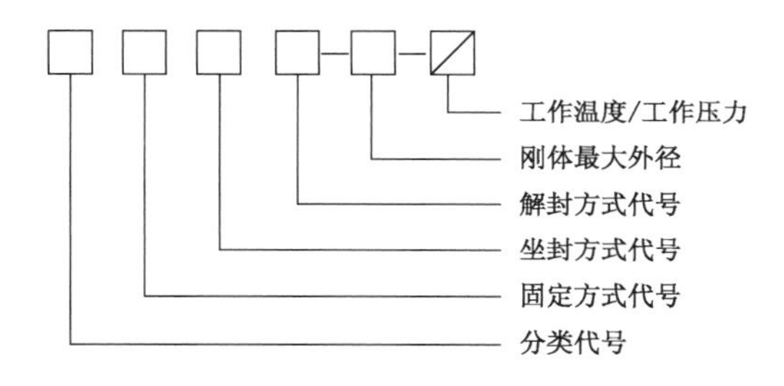

图9－1　封隔器型号编制说明

1. 分类代号

用分类名称第一个汉字的汉语拼音大写字母表示，组合式用各式分类代号组合表示，见表9－1。

表9－1　封隔器分类代号表

分类名称	自封式	压缩式	楔入式	扩张式
代号	Z	Y	X	K

2. 固定方式代号

用阿拉伯数字表示，见表9－2。

表9－2　封隔器固定方式代号表

固定方式	尾管支撑	单向卡瓦	悬挂	双向卡瓦	锚瓦
代号	1	2	3	4	5

3. 坐封方式代号

用阿拉伯数字表示,见表9-3。

表9-3 封隔器坐封方式代号表

坐封方式	提放管柱	转动管柱	自封	液压	下工具	热力
代号	1	2	3	4	5	6

4. 解封方式代号

用阿拉伯数字表示,见表9-4。

表9-4 封隔器解封方式代号表

解封方式	提放管柱	转动管柱	钻铣	液压	下工具	热力
代号	1	2	3	4	5	6

二、封隔器胶筒

压缩式和扩张式封隔器胶筒代号如图9-2所示,主要技术参数见表9-5和表9-6。

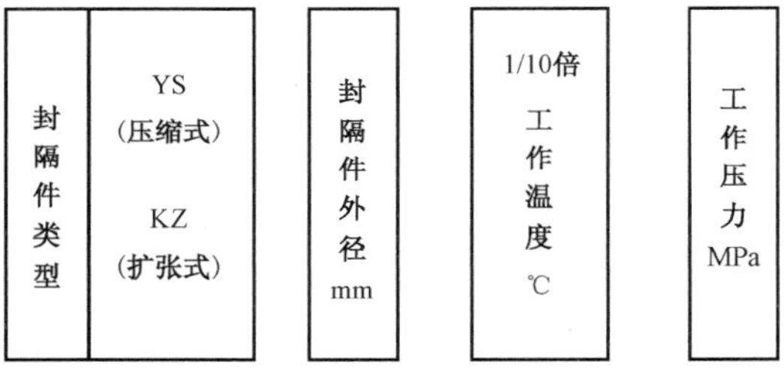

封隔件类型	YS(压缩式) KZ(扩张式)	封隔件外径 mm	1/10倍 工作温度 ℃	工作压力 MPa

图9-2 封隔器胶筒代号

表9-5 压缩式封隔器胶筒主要参数

型号	工作压力,MPa	最高工作温度,℃	适用套管内径,mm
YS-113-12-15	15	120	121~132
YS-113-12-25	25	120	121~132
YS-113-12-50	50	120	124
YS-113-15-50	50	150	121~127
YS-146-15-50	50	150	154~164
YS-146-7-8	8	70	121~132

表9-6 扩张式封隔器胶筒主要参数

型号	工作压力,MPa	最高工作温度,℃	坐封压力,MPa	适用套管内径,mm
KZ-92-5-15	15	50	0.5~1	96~107
KZ-90-7-20	20	70	2.5	124~127

续表

型号	工作压力，MPa	最高工作温度，℃	坐封压力，MPa	适用套管内径，mm
KZ－113－5－12	12	50	0.5	117～132
KZ－110－7－15	15	70	0.5～0.7	117～132
KZ－113－5－45	45	50	≤1.3	121～132
KZ－139－5－45	45	50	≤2	141～151
KZ－113－9－50	50	90	0.6～1.2	124

三、水力锚

水力锚是用来固定封隔器，防止作业时因管柱移动造成封隔器失效，是封隔器重要的辅助工具。

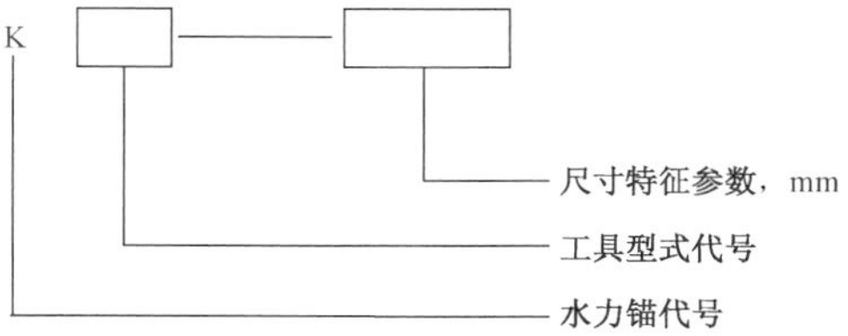
K
尺寸特征参数，mm
工具型式代号
水力锚代号

图 9－3　水力锚形式表示方法

1. 型号表示方法

水力锚型号表示方法如图 9－3 所示。

工具型式代号用型式名称两个关键汉字的第一个汉语拼音大写字母表示，工具型式名称见表 9－7。

表 9－7　水力锚代号

名称	扶正式	挡板式	板簧式
代号	FZ	DB	BH
水力锚结构示意图	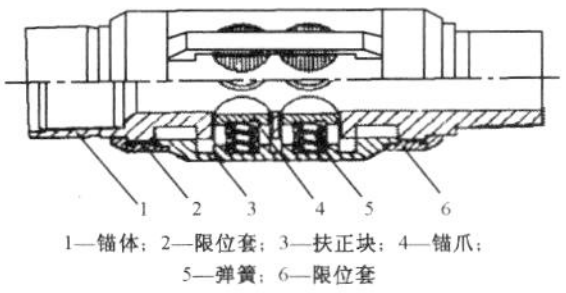 1 2 3 4 5 6 1—锚体；2—限位套；3—扶正块；4—锚爪； 5—弹簧；6—限位套	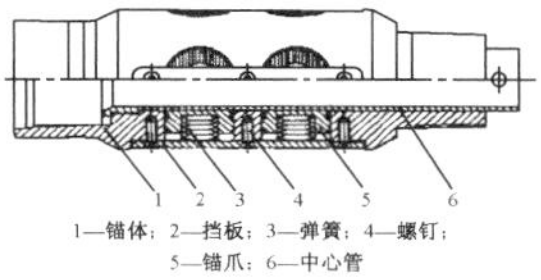 1 2 3 4 5 6 1—锚体；2—挡板；3—弹簧；4—螺钉； 5—锚爪；6—中心管	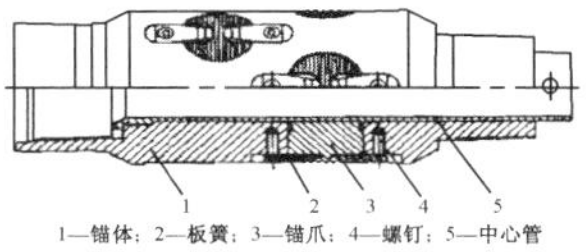 1 2 3 4 5 1—锚体；2—板簧；3—锚爪；4—螺钉；5—中心管

2. 技术规范

1）工作压差

水力锚工作压差分为 35MPa，50MPa，70MPa 和 100MPa 共 4 个等级。

2）工作温度

水力锚工作温度分为 70℃，90℃，120℃，150℃和 180℃共 5 个等级。

3）最大钢体外径

水力锚钢体最大外径包括 90mm，95mm，100mm，105mm，115mm（114mm），120mm，135mm，140mm，144mm，148mm，152mm，165mm，185mm 和 210mm 共 15 个等级。

4）钢体内径

水力锚钢体内径包括 38mm，40mm，46mm，48mm，50mm，55mm，58mm，60mm，62mm，70mm，76mm，82mm，92mm 和 100mm 共 14 个等级。

3. 常用水力锚

常用川式水力锚主要技术参数见表9-8。

表9-8 常用川式水力锚主要技术参数

型号	总长 L mm	外径 D mm	锚爪尺寸（直径×个数）mm×个	密封圈尺寸（外径×内径×截面直径）mm×mm×mm	弹簧（直径×长）mm×mm	水眼 d mm	最大工作压力 MPa	适用套管内径 mm	扣型
4inA 型	450	88	45×6	45.4×38.6×3.4	23×34.5 16×37	38	30	96~103	2in 平式油管扣
4inB 型	450	98	45×6	45.4×38.6×3.4	23×34.5 16×37	40	30	107~115	2in 平式油管扣
5inA 型	500	108	45×6	45.4×38.6×3.4	23×34.5 16×37	40	30	117~126	2½in 平式油管扣
5inB 型	500	118	50×6	50.4×43×3.7	23×43 16×44	40	30	127~132	2½in 平式油管扣
6inA 型	540	124	50×6	50.4×43×3.7	23×43 16×44	45	30	133~144	2½in 平式油管扣
6inB 型	540	134	50×8	50.4×43×3.7	23×43 16×44	55	30	144~153	2½in 平式油管扣
7in	580	148	50×8	50.4×43×3.7	23×43 16×44	55	30	157~169	2½in 平式油管扣
8in	730	185	50×12	50.4×43×3.7	23×43 16×44	55	20	195~205	2½in 平式油管扣

四、封隔器基本参数

1. 工作压力

工作压力分为7MPa，10MPa，15MPa，25MPa，35MPa，50MPa，70MPa 和 100MPa 共 8 个等级。

2. 工作温度

工作温度分为55℃，70℃，90℃，120℃，150℃，180℃，300℃和370℃共8个等级。

3. 钢体最大外径

刚体最大外径分为90mm，95mm，100mm，110mm，115mm，120mm，135mm，140mm，144mm，148mm，152mm，165mm，180mm，210mm 和 215mm 共 15 个等级。

4. 钢体内通径

刚体内通径主要分为 38mm，40mm，46mm，48mm，50mm，55mm，58mm，62mm，76mm，82mm，92mm 和 100mm 共 12 个等级。

第二节　常用封隔器

一、自封式封隔器

自封式封隔器是靠封隔件外径和套管内径的过盈和工作压差实现密封的封隔器，主要由上接头，皮碗、中心管等组成。Z331 型自封式分割器结构如图 9－4 所示，其主要技术参数见表 9－9。

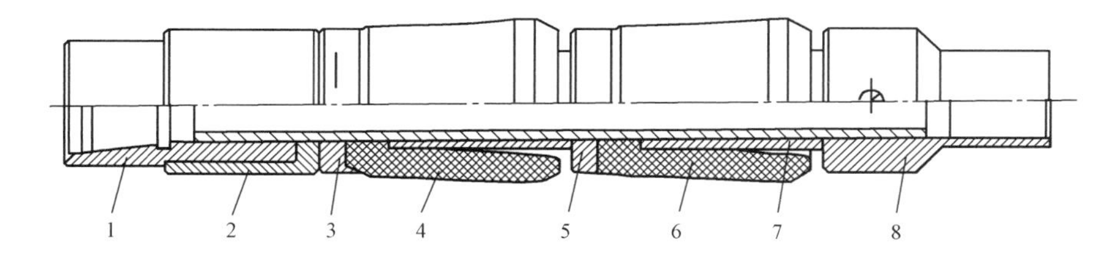

图 9－4　Z331 型自封式封隔器结构示意图

1—上接头；2—调节环；3—密封圈；4—皮碗；5—皮碗座；6—衬管；7—中心管；8—下接头

表 9－9　Z331 型自封式封隔器主要技术参数

型号	Z331－102	Z331－115	Z331－150	Z331－208
长度，mm	502	552	633	651
刚体最大外径，mm	102	115	150	208
刚体最小内径，mm	51	62	76	90
最大工作压力，MPa	5	5	5	5
适用套管内径，mm	108.61～111.96	121.36～125.73	154.79～159.41	220.5～226.59
两端连接螺纹	$2\frac{7}{8}$TBG	$2\frac{7}{8}$TBG	$2\frac{7}{8}$TBG	$3\frac{1}{2}$TBG
备注	胜利油田 Z331 型封隔器系列			

二、压缩式封隔器

压缩式封隔器是靠轴向力压缩封隔件，使封隔件外径变大实现密封的封隔器，包括支撑式封隔器、卡瓦压缩式封隔器和水力压缩式封隔器。

1. 支撑式封隔器

支撑式封隔器，是以井底（或卡瓦封隔器和支撑卡瓦）为支点，施加一定管柱重量来坐封的封隔器。典型的支撑压缩式封隔器主要结构如图 9－5 所示，主要技术参数见表 9－10。

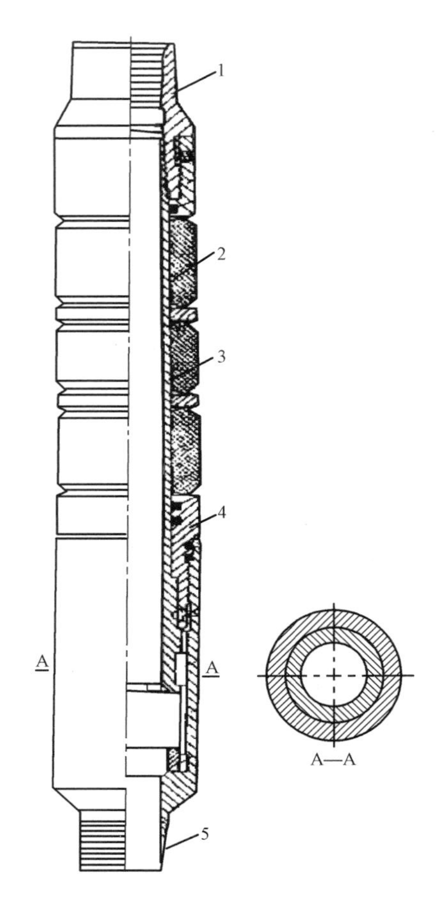

图 9－5　支撑压缩式封隔器主要结构示意图

（胜利油田、大庆油田 Y111 型封隔器）1—上接头；2—胶筒；3—中心管；4—承压接头；5—下接头

表 9－10　支撑压缩式封隔器（系列）主要技术参数

封隔器型号	总长 mm	最大外径 mm	最小通径 mm	坐封载荷 kN	最大工作压力 MPa	最高工作温度 ℃	适用套管内径 mm(in)	生产厂家
Y111－102	725	102	50	60～80	8.0	120	(5)	胜利油田
Y111－114	790	114	62	60～80	8.0	120	(5½和 5¾)	
Y111－150	1040	150	78	100～120	8.0	120	(7)	
Y111－70	625	70		60	8.0	50		新疆油田
Y111－96	775	96		60	8.0	50		
Y111－96	775	96		60	8.0	50		
Y111－115	805	115		60～80	8.0	50		
Y111－115	785	115		60～80	8.0	50		
Y111－115	770	115		60～80	8.0	50		
Y111－135	815	135		80～100	8.0	50		
Y111－135	795	135		80～100	8.0	50		
Y111－135	780	135		80～100	8.0	50		

续表

封隔器型号	总长 mm	最大外径 mm	最小通径 mm	坐封载荷 kN	最大工作压力 MPa	最高工作温度 ℃	适用套管内径 mm(in)	生产厂家
Y111-115	725	115	62	80~100	上15,下8	120-180	117.1-127.7	大庆油田
Y111-140	919	140	62	60~80	上15,下6	120-180	146.3-154.3	
Y111-150	816	150	76	80~100	上15,下6	120-180	153.8-163.8	
Y111-208	1014	208	76	80~100	上15,下6	120-180	220.5-228.5	
Y111-95	1060	95	50	35	上15,下8	120	(4½)	江汉油田
Y111-100	1050	100	50	35	上15,下6	120	(5)	
Y111-114	1020	114	50	35	上15,下6	120	(5½)	
Y111-148	1080	148	62	35	上15,下6	120	(7)	

2. 卡瓦压缩式封隔器

卡瓦压缩式封隔器一般靠下放一定管柱重力坐卡和坐封，也有靠从油管柱内加液压来坐卡或坐封的，不能多级使用。单卡瓦和双卡瓦缩式封隔器主要结构图如图9-6和图9-7所示，主要技术参数如表9-11和表9-12所示。

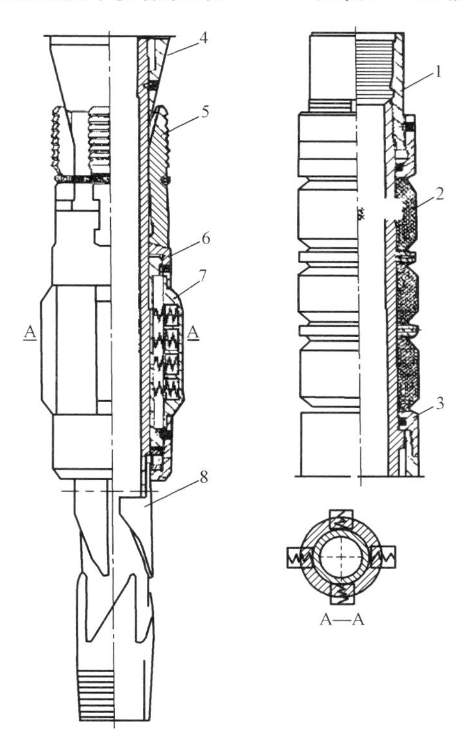

图9-6 大港Y221-114型单卡瓦压缩式封隔器结构示意图

1—上接头;2—胶筒;3—限位套;4—锥体;5—卡瓦;6—卡瓦座;7—扶正块;8—轨迹中心管

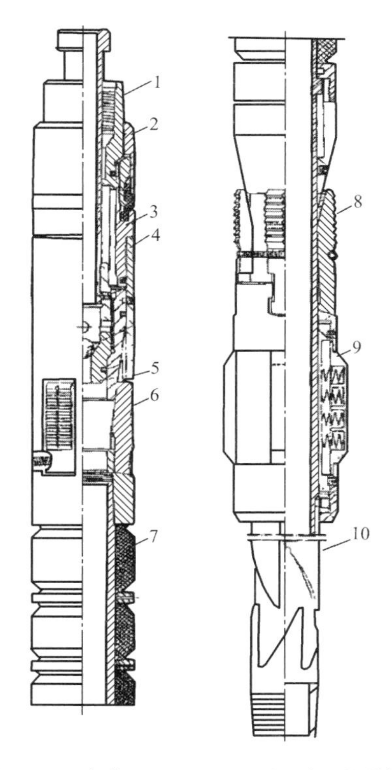

图9-7 大港Y415-114型双卡瓦压缩式丢手封隔器结构示意图

1—丢手接头;2—护套;3—上接头;4—卡瓦壳体;5—连杆接头;6—上卡瓦座;7—胶筒;8—下卡瓦;9—扶正块;10—轨迹中心管

3. 水力压缩式封隔器

水力压缩式封隔器是利用水力活塞缸和钢体，通过油管内压高于外压的压差，推动水力活塞压缩封隔件，以实现封隔器的密封，可多级使用。主要包括封隔件锁紧机构和平衡机构。水力压缩式封隔器主要结构如图 9－8 所示，主要技术参数见表 9－13。

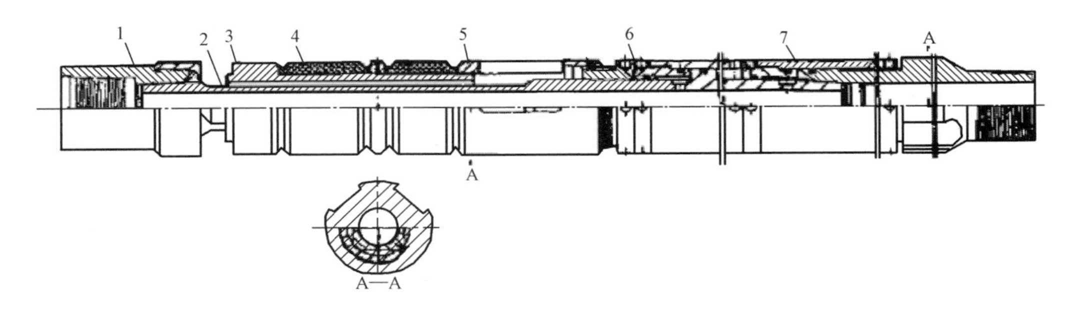

图 9－8　四川 Y344－114 型封隔器水力压缩式封割器主要结构图示意图

1—上接头；2—中心管；3—外中心管；4—胶筒；5—胶筒座；6—坐封活塞；7—下接头

三、扩张式封隔器

扩张式封隔器是靠径向力作用于密封件内腔，使密封件外径扩大实现密封的封隔器。扩张式封隔器主要结构如图 9－9 所示，主要技术参数见表 9－14。

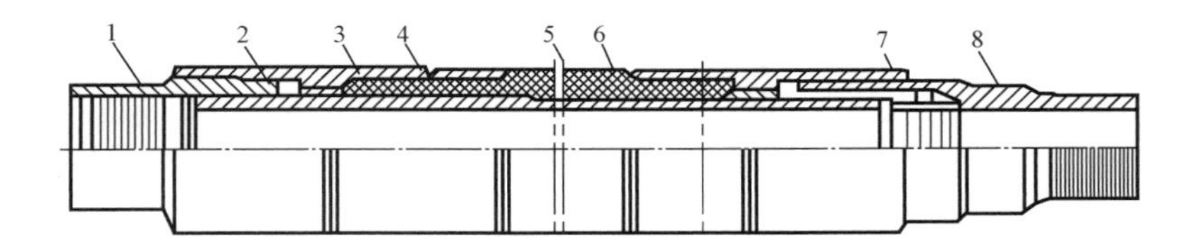

图 9－9　大庆 K344－114 型扩张式封隔器主要结构示意图

1—上接头；2—密封胶圈；3—胶筒座；4—硫化芯子；
5—胶筒；6—中心管；7—滤网罩；8—下接头

表 9－11　单卡瓦压缩式封隔器（系列）主要技术参数表

封隔器型号	总长 mm	最大外径 mm	最小通径 mm	坐封载荷 kN	工作压力 MPa	工作温度 ℃	适用套管内径 mm	生产厂家
Y221－104	1565	104	40	60～80	上压 25.0 下压 8.0	120		大港油田
Y221－114	1575	114	54	60～80	上压 25.0 下压 8.0	120		
Y221－142	1720	142	65	100～120	上压 25.0 下压 8.0	120		
Y221－114	1660	114	55	60～80	10	70		玉门油田
Y221－136	1685	136	55	80～100	10	70		
Y221－148	1685	148	55	100～120	10	70		

续表

封隔器型号	总长 mm	最大外径 mm	最小通径 mm	坐封载荷 kN	工作压力 MPa	工作温度 ℃	适用套管内径 mm	生产厂家
Y211－102	1873	102	42	80～120	上20，下8	120～180	107～115.2	胜利油田
Y211－115	2068	115	48	80～120	上20，下8	120～180	117.1～127.7	
Y211－140	2058	140	61	80～120	上20，下8	120～180	146.3～154.3	
Y211－150	2066	150	62	80～120	上20，下8	120～180	153.8～163.8	
Y211－208	2438	208	76	80～120	上20，下8	120～180	220.5～228.5	
Y241－100	1630	100	40		60	150		江汉油田
Y241－114	1706	114	50		60	150		
Y241－148	1695	148	60		60	150		

表9－12　双卡瓦压缩式封隔器(系列)主要技术参数表

封隔器型号	总长 mm	最大外径 mm	最小通径 mm	坐封载荷 kN	工作压力 MPa	工作温度 ℃	适用套管内径 mm	生产厂家
Y415－104	1010	104	40	60～80	25	120	108～114	大港油田
Y415－111	1970	142	65	60～80	25	120	118～132	
Y415－142	2200	142	65	100～120	25	120	150～164	
Y411－114	1660	114	54	60－80	上25，下8	120		
Y425－114	1835	114	40	60－80	15	120		
Y441－114	1370	114	44	60－80	上25，下8	120		江汉油田
Y445－114	1380	114	50.3		18			大庆油田
Y441－115	1555	115	48		上20，下20	120～180	117.1～127.7	胜利油田
Y441－150	1590	150	62		上20，下20	120～180	153.8～163.8	
Y441－208	1900	208	90		上20，下20	120～180	220.5～228.5	

表9－13　水力压缩式封隔器(系列)主要技术参数表

封隔器型号	总长 mm	最大外径 mm	最小通径 mm	压力 MPa	工作压力 MPa	最高工作温度 ℃	适用套管内径 mm	生产厂家
Y344－102	1090	102	38	1.5～2.0	60	120		四川油气田
Y344－114	1090	114	38	1.5～2.0	60	120		
Y344－148	1350	148	55	1.5～2.0	60	120		
CYY344－102	1280	104	40	1.5～2.0	60	150	108.61～111.96	
CYY344－116	1283	117	45	1.5～2.0	60	150	121.36～125.73	
CYY344－148	1413	149	62	1.5～2.0	60	150	154.79～159.41	
CYY344－214	1780	214	76	1.5～2.0	35	150	220.5～226.59	
Y341－114	1070	114	52	12.0	下压15	90		大庆油田
Y341－140	1085	140	62	12.0	下压15	90		

续表

封隔器型号	总长 mm	最大外径 mm	最小通径 mm	压力 MPa	工作压力 MPa	最高工作温度 ℃	适用套管内径 mm	生产厂家
Y341 - 100	1245	100	34	8 ~ 18	上 20,下 20	120	118 ~ 127.7	胜利油田
Y341 - 115	1136	115	48	16 ~ 20	上 20,下 20	120	117.1 ~ 127.7	
Y341 - 150	1231	150	62	13 ~ 18	上 20,下 20	120	153.8 ~ 163.8	
Y341 - 110	1100	110	46	15	35	130		中原油田
Y341 - 114	1100	114	48	15	40	130		

表 9 - 14　扩张式封隔器(系列)主要技术参数表

封隔器型号	总长 mm	最大外径 mm	最小通径 mm	坐封压力 MPa	工作压力 MPa	最高工作温度 ℃	适用套管内径 mm	生产厂家
K344 - 114	910	114	62	0.5 ~ 0.7	12	70		大庆油田
K344 - 114	870	114	55	1.3 ~ 1.5	50	50		
K344 - 136	990	136	62	0.5 ~ 0.7	12	50		
K344 - 140	950	140	55	1.3 ~ 1.5	50	50		
JH457 - 8	850	110	62	0.5 ~ 0.7	15	70		
DJH453	960	114	55	1.0 ~ 1.5	50	90		
DJL441 - 1	850	95	62	0.5 ~ 0.7	12	50		
K344 - 110 - 50/12	930		62	0.5 ~ 0.7	12	50	117 ~ 132	
K344 - 135 - 50/12	920		62	0.5 ~ 0.7	12	50	140 ~ 154	
K344 - 95 - 50/12	870		50	0.5 ~ 0.7	12	50	102 ~ 127	
K344 - 115	860	115	62	1.0 ~ 1.5	70	50		玉门油田
K344 - 136	860	136	62	1.5 ~ 2.0	12	50		
K344 - 146	860	146	62	1.5 ~ 2.0	12	50		
K344 - 186	860	186	62	1.5 ~ 2.0	12	50		
K344 - 112	1245	112	62	1.0 ~ 1.5	25	50		大港油田

四、组合式封隔器

组合式封隔器是由自封式、压缩式和扩张式任意组合实现密封的封隔器。玉门 K344 - 114 型组合式封隔器主要结构如图 9 - 10 所示,主要技术参数见表 9 - 15。

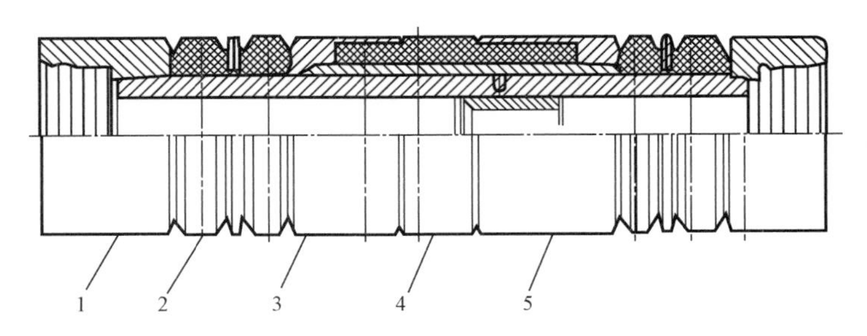

图 9 - 10　玉门 YK344 型组合式封隔器主要结构示意图

1—接头;2—胶筒;3—胶筒座;4—胶筒;5—滑套

表9－15 玉门K344－114组合式封隔器主要技术参数表

参数	数据
总长,mm	1160
最大外径,mm	114
最小通径,mm	30
启封压力,MPa	1.0
销钉剪短压力,MPa	8.0～10.0
最大工作压力,MPa	100
最高工作温度,℃	150
胶筒型号	玉门自制
胶筒外径,mm	137
胶筒总长,mm	1600
两端螺纹	$2\frac{7}{8}$in(油管扣)
适用套管,in	7

五、特殊用途封隔器

1. 裸眼封隔器

裸眼封隔器主要用于裸眼井分层作业,其主要结构如图9－11所示,主要技术参数见表9－16。

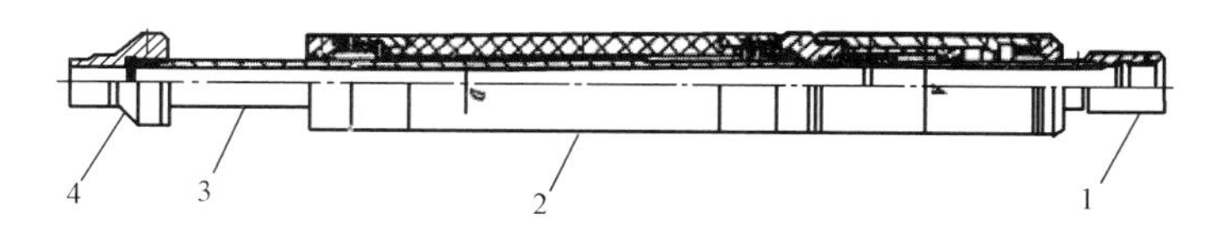

图9－11 K340－140型裸眼封隔器主要结构示意图

1—上接头;2—胶筒;3—中心管;4—下接头

表9－16 裸眼封隔器主要技术参数

封隔器型号	总长 mm	最大外径 mm	最小通径 mm	坐封压力 MPa	最大工作压力,MPa	最高工作温度,℃	胶筒外径 mm	胶筒总长 mm	适用套管内径,in	螺纹类型
K341－140（HB671）	2800	140	62	10－12	25	150	137	1600	7	$2\frac{7}{8}$TBG
K341－140（HB672）	2110	140	55	10－15	40	150	137	1678	7	$2\frac{7}{8}$TBG

续表

封隔器型号	总长 mm	最大外径 mm	最小通径 mm	坐封压力 MPa	最大工作压力,MPa	最高工作温度,℃	胶筒外径 mm	胶筒总长 mm	适用套管内径,in	螺纹类型
K341－137（HB673）	2552	137	45	10－15	40	150	137	1678	7	$2\frac{7}{8}$TBG
K341－140	2800	140	62	10－12	15	15	—	1680	7	$2\frac{7}{8}$TBG
K341－137	2280	137	45	9－10	34	150	—	1660	7	$2\frac{7}{8}$TBG
K344－137	2940	137	55	9－10	34	150	—	1660	7	$2\frac{7}{8}$TBG
K345－137	2552	137	45	9－10	34	150	—	1660	7	$2\frac{7}{8}$TBG

2. 套管外封隔器

套管外封隔器是一种与套管连接,用来封隔套管与井壁间的环形空间的井下工具,通常用于气井固井作业。

1)套管外封隔器型号表示方法

套管外封隔器型号表示方法如图 9－12 所示。

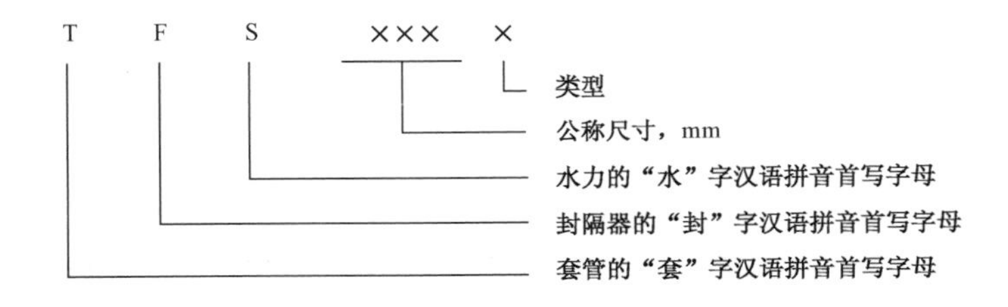

图 9－12　套管外封隔器型号表示方法

2)套管外封隔器主要结构及技术参数

套管外封隔器主要结构如图 9－13 所示,主要技术参数见表 9－17 和表 9－18。

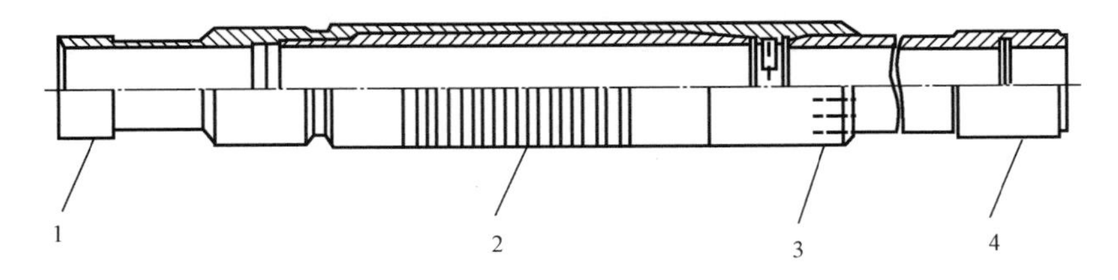

图 9－13　套管外封隔器主要结构示意图

1—下接头;2—胶筒;3—施工阀;4—上接头

表 9－17 华北油田 TFS 型套管外封隔器主要技术参数

封隔器型号	公称直径 d mm	最大外径 D mm	最小内径 d_0 mm	有效长度 L mm	胶筒密封长度 L_0 mm	适用井径 mm		连接螺纹（套管螺纹）		壁厚 mm	许用载荷 kN
						最小	最大	上端内螺纹	下端外螺纹		
TFS－114	114	154	100	2941	＞700	190	235	4½LCSG	4½CSG	6.35	800
TFS－127	127	172	112	2960	＞700	205	249	5LCSG	5CSG	7.52	1100
TFS－140	140	180	122	2967	＞700	220	260	5½LCSG	5½LCSG	7.72	1240
TFS－140B	140	185	122	2967	＞700	220	260	5½LCSG	5½LCSG	7.72	1470
TFS－168	168	208	150	2986	＞700	248	295	6⅝LCSG	6⅝CSG	8.94	1680
TFS－178	178	218	180	2992	＞700	255	308	7LCSG	7CSG	8.05	1780
TFS－194	194	234	177	3000	＞700	275	324	7⅝LCSG	7⅝CSG	8.33	1750
TFS－219	219	259	199	3018	＞700	300	350	8⅝LCSG	8⅝CSG	10.16	2330
TFS－245	245	285	224	3030	＞700	325	380	9⅝LCSG	9⅝CSG	10.03	2510
TFS－273	273	313	253	2967	＞700	355	410	10¾CSG	10¾CSG	11.43	2680
TFS－299	299	344	278	2967	＞700	380	440	11¾CSG	11¾CSG	12.42	2820
TFS－340	340	386	320	2967	＞700	425	480	13⅜CSG	13⅜CSG	13.06	2990

注：(1) Ⅲ型封隔器已代替Ⅰ型、Ⅱ型封隔器，除 TFS－140B 外均为Ⅲ型。

(2) TFS－140B 型封隔器胶筒为高压胶筒，用于水平井。

(3) 中心管、提升短节、短节、接箍材料选用：① 140B 选用 D75（P－110）；② 其余规格选用 D55（N80）。

(4) 螺纹抗滑扣最小载荷按相应壁厚的短圆螺纹选用。

(5) 有效长度 L 是胶筒密封长度为 700mm 时的长度。

表 9－18 胜利油田 TWF 型套管外封隔器主要技术参数

型号	公称直径 mm	最大外径 mm	内径 mm	总长度 mm	密封长度 mm	中心管承受压差 MPa	适用井径 mm	连接螺纹尺寸 in
Ⅰ	89	114	76	2620	950	7～28	127～160	3 平式油管扣，锥度 1:16
Ⅰ	102	133	89	2680	950	7～28	140～178	3½平式油管扣
Ⅰ	114	146	97	2660	950	7～28	160～225	4½或 5
Ⅰ	127	148	108	2680	950	7～28	160～235	5
Ⅰ	140	178	119	2820	950	7～28	200～270	5½
Ⅱ		190	119	2820	950	7～28	210～280	5½

续表

型号	公称直径 mm	最大外径 mm	内径 mm	总长度 mm	密封长度 mm	中心管承受压差 MPa	适用井径 mm	连接螺纹尺寸 in
Ⅰ	178	204	155	2860	950	7～28	220～300	7
Ⅱ		210	155	2860	950	7～28	240～320	7
Ⅰ	245	286	220	2790	950	7～28	300～385	$9\frac{5}{8}$

注：(1)锁紧阀打开压力(销钉间断压力)分别为10MPa,15MPa,20MPa和25MPa或依用户要求定。
(2)限压阀关闭压力(销钉间断压力)为9～10MPa或依用户要求设定。
(3)滑套开启压力(销钉间断压力)依用户要求设定。

3. 遇油(水)膨胀封隔器

遇油(水)膨胀封隔器是根据不同的油气含量、井筒条件和作业要求，使胶筒在遇油或遇水时自主膨胀的封隔器，其主要结构如图9－14所示。中石油勘探开发研究院研制的遇油(水)膨胀封隔器主要技术参数见表9－19。

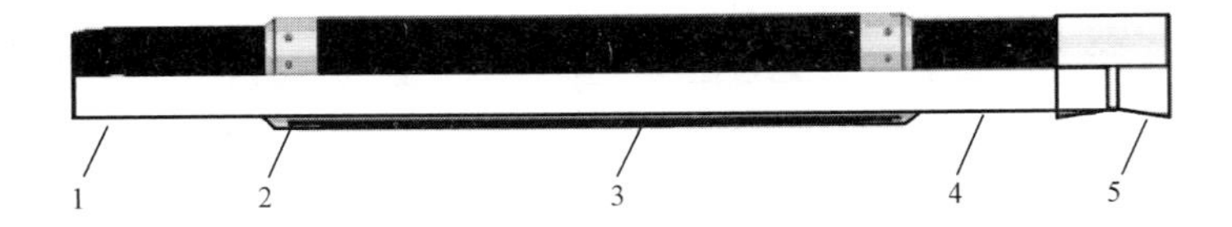

图9－14　遇油遇水膨胀封隔器主要结构示意图

1—下接头；2—金属挡环；3—胶筒；4—中心管；5—上接头

表9－19　中石油勘探开发研究院遇油(水)膨胀封隔器主要技术参数

序号	系列	基管外径 mm	胶筒外径 mm	膨胀率	耐压 MPa	耐温 ℃	适用井眼尺寸 in	总长度 mm
1	YZF4.0－144－300	101.6	144	4	31	180	6	4100
2	YZF5.5－203－300	139.7	203	4	31	180	8.5	4100
3	YZF7.0－225－300	177.8	225	4	31	180	9.5	4100
4	SZF4.0－144－300	101.6	144	4	31	180	6	4100
5	SZF5.5－203－300	139.7	203	4	31	180	8.5	4100
6	SZF7.0－225－300	177.8	225	4	31	180	9.5	4100

注：封隔器膨胀时间与井下流体成分有关。

第三节　国外永久式完井封隔器

一、贝克(Baker)封隔器

1. Baker封隔器(系列)胶筒类型及适应条件

贝克公司封隔器胶筒类型及适用条件见表9－20。

表 9－20 贝克公司封隔器胶筒类型及适用条件

密封类型	最大工作压力 MPa		温度范围 ℃	适用条件					
	无载荷	卸载		H_2S	油基完井液	低密度完井液	溴化物完井液	高 pH 值完井液	胺类缓蚀剂
腈 V 型密封	68.9	不	0～149	不抗硫	适应	适应	适应 $CaBr_2$/$NaBr_2$ ≤80℃	pH 值大于 10 时不适应，pH 值小于 10 时不大于 121℃	≤93℃
70 硬质腈黏结密封	34.4	34.4	0～93				不适应 $ZnBr_2$		
90 硬质腈黏结密封	68.9		0～149				适应		
90 硬质 Viton 黏结密封			0～121	≤5%				不适应	不适应
V－Ryte™	103.3	不	0～149	≤15%					≤93℃
			0～204	≤5%					
A－Ryte™			27～149	≤20%	不适应			适应	适应
			27～232	≤7%					
A－HEET™			27～149	≤20%					
			27～232	≤15%					
K－Ryte			38～232	≤7%	适应				
K－HEET™			38～288	■					
Seal－Ryte™			4～232	≤7%					
Seal－HEET™				■					
R－Ryte™或 Molyglass	68.9		163～232	≤7%					

注：■在 260℃温度以下，H_2S 限制未知。

2. FB－3TM 型永久式封隔器（系列）

FB－3TM 型永久式封隔器结构如图 9－15 所示，主要技术参数见表 9－21。

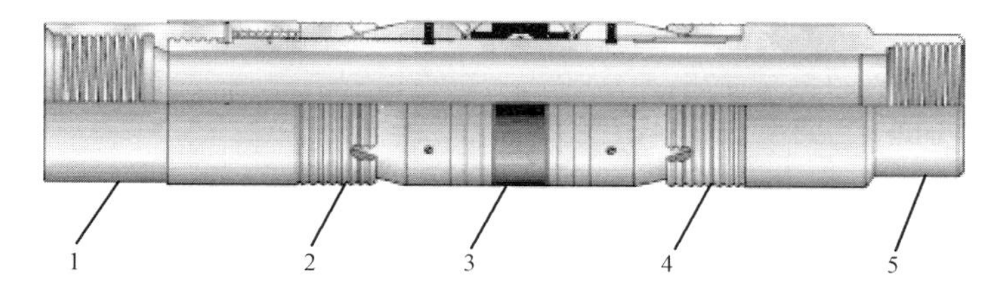

图 9－15 FB－3 型高压永久式封隔器

1—上接头；2—上卡瓦；3—胶筒；4—下卡瓦；5—下接头

表 9-21　FB-3 型高压永久式封隔器技术规范

<table>
<tr><th colspan="4">封隔器</th><th colspan="3">适用套管</th></tr>
<tr><th colspan="2">外径</th><th colspan="2">下部密封孔内径</th><th colspan="2">外径</th><th>质量</th></tr>
<tr><th>in</th><th>mm</th><th>in</th><th>mm</th><th>in</th><th>mm</th><th>lb/in</th></tr>
<tr><td>3.594</td><td>91.2</td><td>2.39</td><td>60.7</td><td>5</td><td>127</td><td>26.7</td></tr>
<tr><td>5.5</td><td>139.7</td><td>3.875</td><td>98.4</td><td rowspan="2">7</td><td rowspan="2">177.8</td><td>42.7</td></tr>
<tr><td>6</td><td>152.4</td><td rowspan="3">4</td><td rowspan="3">101.6</td><td>26</td></tr>
<tr><td>5.875</td><td>149.2</td><td rowspan="2">7⅝</td><td rowspan="2">193.7</td><td>51.2~55.3</td></tr>
<tr><td>6</td><td>152.4</td><td>47.1</td></tr>
</table>

3. HETM 型和 HEATM 型永久式封隔器

HEA 型永久式封隔器结构如图 9-16 所示，主要技术参数见表 9-22。

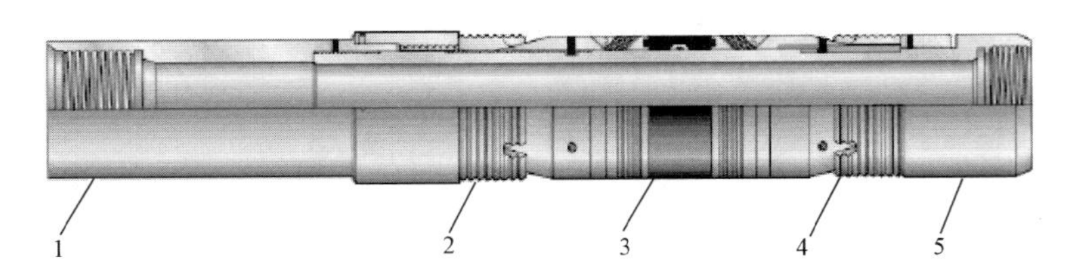

图 9-16　HEA 型永久式封隔器

1—上接头；2—上卡瓦；3—胶筒；4—下卡瓦；5—下接头

表 9-22　HETM 型和 HEATM 型永久式封隔器技术规范

<table>
<tr><th colspan="7">封隔器</th><th colspan="3">适用套管</th></tr>
<tr><th rowspan="2">型号</th><th colspan="2">封隔器最大外径</th><th colspan="2">封隔器本体最小通径</th><th colspan="2">密封体直径</th><th colspan="2">外径</th><th rowspan="2">质量
lb/in</th></tr>
<tr><th>in</th><th>mm</th><th>in</th><th>mm</th><th>in</th><th>mm</th><th>in</th><th>mm</th></tr>
<tr><td>HEA</td><td>3.75</td><td>95.3</td><td>1.929</td><td>49</td><td rowspan="7">2.688</td><td rowspan="7">68.3</td><td rowspan="2">4½</td><td rowspan="2">114.3</td><td>10.5~12.6</td></tr>
<tr><td>HE</td><td>3.812</td><td>96.8</td><td>2.688</td><td>68.3</td><td>9.5~10.5</td></tr>
<tr><td>HEA</td><td>3.75</td><td>95.3</td><td>1.919</td><td>48.7</td><td rowspan="6">5</td><td rowspan="6">127.0</td><td>23.2~24.2</td></tr>
<tr><td>HE</td><td>3.812</td><td>96.8</td><td rowspan="2">2.688</td><td rowspan="2">68.3</td><td>23.2</td></tr>
<tr><td>HE</td><td rowspan="2">3.968</td><td rowspan="2">100.8</td><td rowspan="2">18~21.4</td></tr>
<tr><td>HEA</td><td>1.919</td><td>48.7</td></tr>
<tr><td>HE</td><td rowspan="2">4.25</td><td rowspan="2">108</td><td>2.688</td><td>68.3</td><td rowspan="2">11.5~15</td></tr>
<tr><td>HEA</td><td>2.265</td><td>57.5</td><td>3</td><td>76.2</td></tr>
<tr><td>HE</td><td rowspan="2">3.968</td><td rowspan="2">100.8</td><td>2.688</td><td>68.3</td><td rowspan="3">2.688</td><td rowspan="3">68.3</td><td rowspan="4">5½</td><td rowspan="4">139.7</td><td rowspan="2">32.3~35.3</td></tr>
<tr><td>HEA</td><td>1.919</td><td>48.7</td></tr>
<tr><td>HE</td><td rowspan="2">4.25</td><td rowspan="2">108</td><td>2.688</td><td>68.3</td><td rowspan="2">23~28.4</td></tr>
<tr><td>HEA</td><td>2.265</td><td>57.5</td><td>3</td><td>76.2</td></tr>
</table>

续表

型号	封隔器						适用套管		
	封隔器最大外径		封隔器本体最小通径		密封体直径		外径		质量 lb/in
	in	mm	in	mm	in	mm	in	mm	
HE	5.35	135.9	3.25	82.6	3.25	82.6	6⅝	168.3	32～35
	5.468	138.9							23.2～32
	5.35	135.9					7	177.8	44～49.5
	5.468	138.9							35～45.4

4. SB－3TM型液压坐封永久式封隔器

SB－3TM型永久式封隔器结构如图9－17所示，主要技术参数见表9－23。

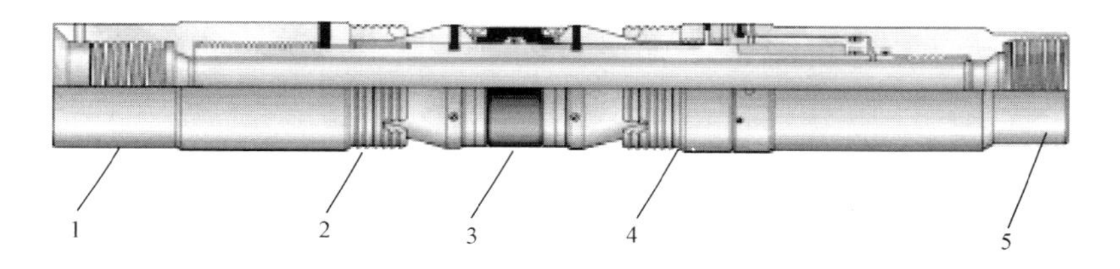

图9－17　带磨铣加长短节型引鞋SB－3型永久式封隔器

1—上接头；2—上卡瓦；3—胶筒；4—下卡瓦；5—下接头

表9－23　SB－3型液压坐封永久式封隔器技术规格

封隔器				标准密封总成最小通径		适用套管		
外径		内径				外径		质量 lb/ft
in	mm	in	mm	in	mm	in	mm	
3.968	100.7	1.968	49.9	1.312	33.3	5	127	15～21
				0.984	24.9			
4.5	114.3	2.5	63.5	1.865	47.3	5½	139.7	13～17
5.468	138.8	3.25	82.5	2.406 或 1.99	61.1 或 50.5	6⅝	168.2	17～32
5.687	144.4							17～20
5.468	138.8					7	177.8	32～38
5.687	144.4							20～32
6.187	157.1							17～20
						7⅝	193.6	33.7～39
6.375	161.9							24～33.7
6.187	157.1					7¾	196.9	46.1～48.6
7.5	190.5	4	101.6	3	76.2	8⅝	219	24～36

续表

封隔器				标准密封总成最小通径		适用套管		
外径		内径				外径		质量 lb/ft
in	mm	in	mm	in	mm	in	mm	
8.125	206.3	4.75	120.6	3	76.2	9⅝	244.4	32.3～53.5
				2.5	63.5			
				3.875	98.4			
8.25	209.5	6.15	156.2	4.875	123.8			
8.125	206.3	4.75	120.6	3	76.2	9⅞	250.1	62.8
				2.5	63.5			
				3.875	98.4			
8.25	209.5	6.15	156.2	4.875	123.8			

5. SAB－3TM 型和 SABL－3TM 型永久式封隔器

SAB－3TM 型和 SABL－3TM 型永久式封隔器结构如图 9－18 所示，主要技术参数见表 9－24和表 9－25。

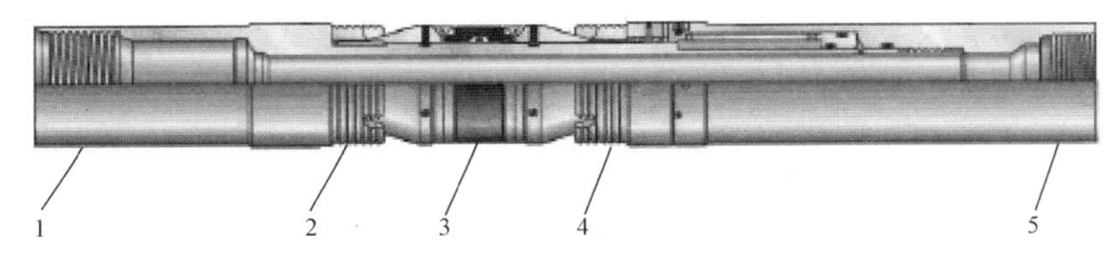

图 9－18　带引鞋 SAB－3 型和 SABL－3 型液压坐封永久式封隔器

1—上接头；2—上卡瓦；3—胶筒；4—下卡瓦；5—下接头

表 9－24　SAB－3 型液压坐封永久式封隔器技术规范

封隔器		上部密封				下部密封				适用套管		
外径		密封筒		密封筒最小通径		密封筒		密封筒最小通径		外径		质量 lb/ft
in	mm	in	mm	in	mm	in	mm	in	mm	in	mm	
3.968	100.7	3	76.2	2.39	60.7	1.968	49.9	0.984	24.9	5	127	15～21
								1.312	33.3			
4.5	114.3	3.25	82.5	2.5	63.5	2.5	63.5	1.865	47.3	5½	139.7	13～17
5.468	138.8	4	101.3	3.25	82.5	3.25	82.5	2.406	61.1	6⅝	168.2	17～32
5.687	144.4											17～20
5.468	138.8									7	177.8	32～44
5.687	144.4											20～32
6.187	157.1											17～20
										7⅝	193.6	33.7～39
6.375	161.9											24～39
6.187	157.1									7¾	196.9	46.1～48.6

续表

封隔器		上部密封				下部密封				适用套管		
外径		密封筒		密封筒最小通径		密封筒		密封筒最小通径		外径		质量 lb/ft
in	mm	in	mm	in	mm	in	mm	in	mm	in	mm	
7.5	190.5	4.75	120.6	3.875	98.4	4	101.6	3	76.2	$8\frac{5}{8}$	219	24～36
8.125	206.3	6	152.4	4.875	123.8	4.75	120.6	2.5	63.5	$9\frac{5}{8}$	244.4	32.3～58.4
								3	76.2			
								3.875	98.4			
						4.895	124.3	—	—			
8.125	206.3	6	152.4	4.875	123.8	4.75	120.6	2.5	63.5	$9\frac{7}{8}$	250.1	62.8
								3	76.2			
								3.875	98.4			
						4.895	124.3	—	—			

表9－25　SABL－3型液压坐封永久式封隔器技术规范

封隔器		上部密封				下部密封				适用套管		
外径		密封筒		密封筒最小通径		密封筒		密封筒最小通径		外径		质量 lb/ft
in	mm	in	mm	in	mm	in	mm	in	mm	in	mm	
4.45	113	3.625	92	2.78	70.6	2.78	70.6	—	—	$5\frac{1}{2}$	139.7	20～23
5.875	149.2	4.75	120.6	3.875	98.4	3.875	98.4	2.5	63.5	$6\frac{5}{8}$	168.2	17
		4.875	123.8	4.125	104.7	4.125	104.7	—	—	7	177.8	26～29
6.5	165.1	4.75	120.6	3.875	98.4	3.885	98.6	2.5	63.5	$7\frac{5}{8}$	193.6	24～33.7
7.5	190.5	6	152.4	4.875	123.8	4.75	120.6	3	76.2	$8\frac{5}{8}$	219	24～36
8.25	209.5	7.5	190.5	6.031	153.1	6	152.4	4.875	123.8	$9\frac{5}{8}$	244.4	47～58.4
		7.375	187.3	6.059	153.8	6.059	153.8	—	—			
8.125	206.3	4	101.6	3.25	82.5	3.25	82.5	2.406	61.1			
		4.75	120.6	3.875	98.4	4.4	111.7	3.5	88.9			
8.25	209.5	7.5	190.5	6.031	153.1	6	152.4	4.875	123.8	$9\frac{7}{8}$	250.1	62.8
		7.375	187.3	6.059	153.8	6.059	153.8	—	—			
8.125	206.3	4	101.6	3.25	82.5	3.25	82.5	2.406	61.1			
		4.75	120.6	3.875	98.4	4.4	111.7	3.5	88.9			

6. SB－3H型永久式封隔器

SB－3HTM型永久式封隔器结构如图9－19所示，主要技术参数参数见表9－26。

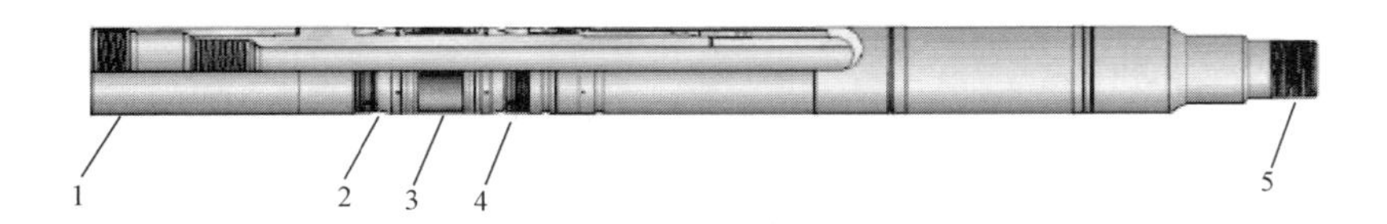

图 9-19　SB-3H 型水力/液压坐封永久式生产封隔器

1—上接头;2—上卡瓦;3—胶筒;4—下卡瓦;5—下接头

表 9-26　SB-3H 型水力/液压坐封永久式封隔器技术规范

封隔器					适用油管		适用套管		
规格	最大外径		最小内径		外径		外径		质量 lb/in
	in	mm	in	mm	in	mm	in	mm	
85-38	5.875	149.2	3.835	97.4	4½	114.3	7	196.9	23~32
194-47	8.250	209.6	4.750	120.7	5½	139.7	9⅝	244.5	47~53.5
194-60	8.330	211.6	6.000	152.4	7	177.8			
194-47	8.250	209.6	4.750	120.7	5½	139.7	9⅞	250.1	62.8
194-60	8.330	211.6	6.000	152.4	7	177.8			

7. SBTTM 型和 SAB(L)TTM 型永久式封隔器

SBTTM 型和 SAB(L)TTM 型永久式封隔器结构如图 9-20 所示,主要技术参数见表 9-27。

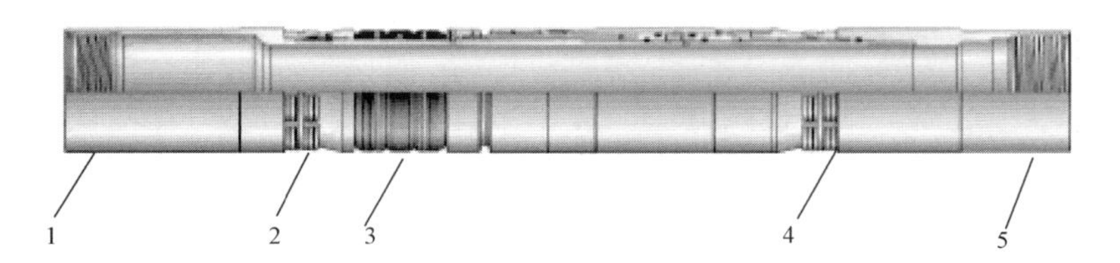

图 9-20　SAB(L)T 型无下行冲程液压坐封永久式生产封隔器

1—上接头;2—上卡瓦;3—胶筒;4—下卡瓦;5—下接头

表 9-27　SBT™型和 SAB(L)T™型无下行冲程液压坐封永久式产封隔器技术规范

封隔器					适用油管		适用套管		
规格	最大外径		最小内径		外径		外径		质量 lb/in
	in	mm	in	mm	in	mm	in	mm	
85-38	5.875	149.2	3.835	97.4	—	—	7	196.9	23~32
194-47	8.250	209.6	4.750	120.7	4½	114.3	9⅝	244.5	47~53.5
194-60	8.330	211.6	6.000	152.4	5½	139.7			
194-47	8.250	209.6	4.750	120.7	7	177.8	9⅞	250.1	62.8
194-60	8.330	211.6	6.000	152.4	5½	139.7			

8. SAB－4TM 和 SAB(L)－4TM 型永久式生产封隔器

SAB－4TM 和 SAB(L)－4TM 型永久式封隔器结构如图 9－20 所示，主要技术参数见表9－28。

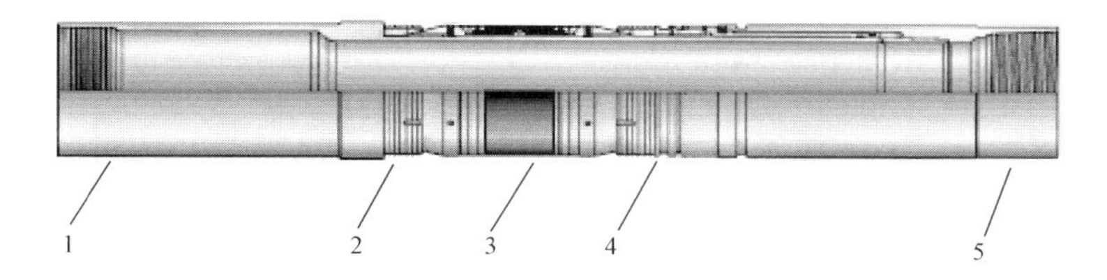

图 9－21　SAB(L)－4 型永久式生产封隔器

1—上接头；2—上卡瓦；3—胶筒；4—下卡瓦；5—下接头

表 9－28　SAB－4™和 SAB(L)－4™型永久式生产封隔器技术规范

封隔器			封隔器上部密封孔					适用套管		
规格	外径		密封孔径		密封总成规格	最小密封通径		外径		质量 lb/in
	in	mm	in	mm		in	mm	in	mm	
85SABL48×40	5.875	149.2	4.875	123.2	82FA48	3.938	100.0	$6\frac{5}{8}$	168.3	17
								7	177.8	26～32
194SAB60×70	8.125	206.3	6.000	152.4	190DA60	4.875	123.8	$9\frac{5}{8}$	244.4	32.3～58.4
194SABL73×6.054	8.250	209.3	7.375	187.3	190SA73	6.054	152.4			47～58.4
194SAB60×70	8.125	206.3	6.000	152.4	190DA60	4.875	123.8	$9\frac{7}{8}$	250.1	62.8
194SABL73×6.054	8.250	209.3	7.375	187.3	190SA73	6.054	152.4			

二、哈里伯顿(Halliburton)封隔器

1. Halliburton 封隔器规格型号

Halliburton 封隔器规格型号见表 9－29。

表 9－29　封隔器规格型号

类型	规格	一趟管柱	坐封方法				主要应用									
			绳索坐封	液压坐封	油管机械坐封	静压坐封	解封方法	生产	油管传输射孔	高温高压	一趟完井管柱	注入	热膨胀	桥塞	连续油管完井	裸眼
永久式封隔器	AWB (1)	√	√	3			4	√	√	14		√	√	√		
	MHR (1)	√		√			4	√	√	14	√	√	√			
	HHR	√		√		√	4	√	√	14	√					
	PPH	√		√			4				√	√				

续表

类型	规格	一趟管柱	坐封方法				主要应用									
			绳索坐封	液压坐封	油管机械坐封	静压坐封	解封方法	生产	油管传输射孔	高温高压	一趟完井管柱	注入	热膨胀	桥塞	连续油管完井	裸眼
可回收封隔器	VBA,VGP,VTA	√	√	3			5	√	√			√		√		
	VHR	√		√			5	√	√	14	√	√				
	HPH	√		√			5	√	√	14	√	√				
	HP1	√		√			13	√	8	14	√	√				
	PHL	√		√			6	√	8	14	√	√				
	RH	√		√			6	√	8		√	√				
	G－77	√		√			6	√	8		√	√				
	Wizard	√		√			6									√
	RDH			√			6	√	8		√	√				
	RHD			√			6	√	8		√	√				
	HHC	√				√	7	√	8		√	√				
	HGO	√	√				6	√							√	
	Versa－Set WLS	√	√				9	√	8	14		√		√		
	Versa－Set PLT	√			√		9,11	√	9	14	√	√		√		
	PLS	√			√		9,11	√	9	14	√	√		√		
	G－6	√			√		9,11	√	9		√	√	√	√		
	GO™	√			√		6				√				√	
	R4	√			√		6,10,11	√			√	√				

注：(1)可选择性的对封隔器进行配置，若将 MHR 封隔器的锚定密封去掉，就演变为直接采用油管扣连接的 THT 封隔器。
(2)可选择使用化学添加剂注入头或双管完井。
(3)可采用液动坐封工具进行坐封。
(4)通过磨铣对封隔器进行回收，仅磨铣封隔器上部较短距离。
(5)采用回收工具进行回收。
(6)直接采用油管上提进行回收封隔器。
(7)通过切割封隔器相关阀进行封隔器解封和回收。
(8)限制性使用，需要时和哈里伯顿完井技术人员联系。
(9)采用油管右旋 1/4 或 1/3 圈解封封隔器。
(10)当坐封后呈拉伸状态时，先施加向下的压力后再直接进行上提解封。
(11)应急直接剪切解封。
(12)静液压辅助。
(13)冲击解封。
(14)最高工作压力 1000psi，温度 150℃。

2. MHR 和 THT 永久式生产封隔器

MHR 和 THT 永久式封隔器结构如图 9－22 所示，主要技术参数见表 9－30。

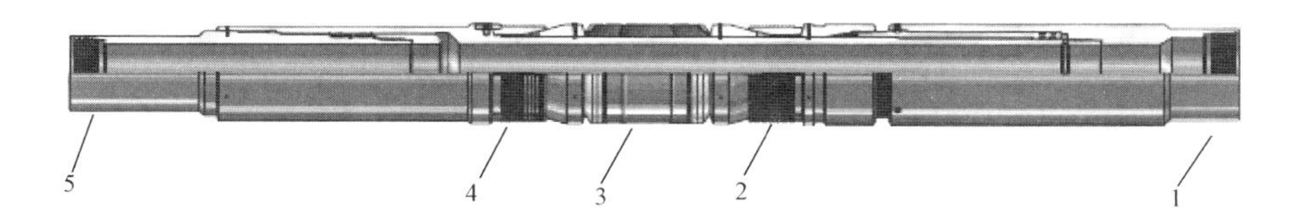

图 9 - 22　MHR 液压坐封永久式生产封隔器

1—上接头;2—上卡瓦;3—胶筒;4—下卡瓦;5—下接头

表 9 - 30　MHR/THT 液压坐封永久式封隔器技术参数

封隔器												适用套管	
封隔器外径		上部密封		封隔器和密封总成最小内径		下部密封		封隔器和密封总成最小内径		尺寸		质量	
in	mm	in	mm	in	mm	in	mm	in	mm	in	mm	lb/ft	kg/m
3. 96	100. 58	3. 12	79. 25	1. 91	48. 51	—	—	—	—	5	127	15 ~ 21	22. 32 ~ 31. 25
4. 54	115. 32	3. 5	88. 9	2. 36	59. 94	2. 38	60. 33	1. 74	44. 07	5½	139. 7	13 ~ 20	19. 35 ~ 29. 76
4. 45	113. 03	3. 5	88. 9	2. 36	59. 94	2. 38	60. 33	1. 74	44. 07			20 ~ 23	29. 76 ~ 34. 22
5. 47	138. 89	4. 25	107. 95	3. 17	80. 52	3. 25	82. 55	2. 35	59. 69	6⅝	168. 28	17 ~ 32	25. 30 ~ 47. 62
5. 88	149. 23	5	127	3. 88	98. 43	4	101. 6	2. 88	73. 03			17 ~ 20	25. 30 ~ 29. 76
6. 18	156. 97	4. 25	107. 95	3. 17	80. 52	3. 25	82. 55	2. 35	59. 69	7	177. 8	17 ~ 23	25. 30 ~ 34. 22
6. 25	158. 75	5	127	3. 88	98. 43	4	101. 6	2. 88	73. 03			17 ~ 20	25. 30 ~ 29. 76
5. 88	149. 23	5	127	3. 88	98. 43	4	101. 6	2. 88	73. 03			23 ~ 32	34. 22 ~ 47. 62
5. 69	144. 45	4. 25	107. 95	3. 17	80. 52	3. 25	82. 55	2. 35	59. 69			23 ~ 38	34. 22 ~ 56. 55
5. 47	138. 89	4. 25	107. 95	3. 17	80. 52	3. 25	82. 55	2. 35	59. 69			32 ~ 44	47. 62 ~ 65. 48
6. 38	161. 93	5	127	3. 88	98. 43	4	101. 6	2. 88	73. 03	7⅝	193. 68	26. 4 ~ 39	39. 29 ~ 58. 04
6. 25	158. 75	5	127	3. 88	98. 43	4	101. 6	2. 88	73. 03			33. 7 ~ 45. 3	50. 15 ~ 67. 41
6. 18	156. 97	4. 25	107. 95	3. 17	80. 52	3. 25	82. 55	2. 35	59. 69			33. 7 ~ 47. 3	50. 15 ~ 70. 39
8. 13	206. 38	6. 5	165. 1	4. 85	123. 19	5	127	3. 88	98. 43	9⅝	244. 48	36 ~ 59. 4	53. 57 ~ 88. 4
8. 42	213. 87	7	177. 8	6	152. 4	6	152. 4	4. 85	123. 19			40 ~ 47	59. 53 ~ 69. 94
8. 31	211. 07	7. 25	184. 15	6. 02	152. 98	6	152. 4	4. 85	123. 19			53. 5	79. 62
9. 28	235. 71	7	177. 8	6	152. 4	6	152. 4	4. 85	123. 19	10¾	273. 05	55. 5 ~ 60. 7	82. 59 ~ 90. 33
9. 28	235. 71	7	177. 8	6	152. 4	6	152. 4	4. 85	123. 19			60. 7 ~ 65. 7	90. 33 ~ 97. 77

3. PPH 永久式封隔器

PPH 永久式封隔器结构如图 9 - 23 所示,主要技术参数见表 9 - 31。

图 9－23 PPH 永久式封隔器

1—上接头;2—上卡瓦;3—胶筒;4—下卡瓦;5—下接头

表 9－31 PPH 永久式封隔器技术规范

封隔器												适用套管	
封隔器外径		上部密封		封隔器和密封总成最小内径		下部密封		封隔器和密封总成最小内径		尺寸		质量	
in	mm	in	mm	in	mm	in	mm	in	mm	in	mm	lb/ft	kg/m
3.96	100.58	3.12	79.25	1.91	48.51	—	—	—	—	5	127	15～21	22.32～31.25
4.54	115.32	3.5	88.9	2.36	59.94	2.38	60.33	1.74	44.07	5½	139.7	13～20	19.35～29.76
4.45	113.03	3.5	88.9	2.36	59.94	2.38	60.33	1.74	44.07			20～23	29.76～34.22
5.47	138.89	4.25	107.95	3.17	80.52	3.25	82.55	2.35	59.69	6⅝	168.28	17～32	25.30～47.62
5.88	149.23	5	127	3.88	98.43	4	101.6	2.88	73.03			17～20	25.30～29.76
6.18	156.97	4.25	107.95	3.17	80.52	3.25	82.55	2.35	59.69	7	177.8	17～23	25.30～34.22
6.25	158.75	5	127	3.88	98.43	4	101.6	2.88	73.03			17～20	25.30～29.76
5.88	149.23	5	127	3.88	98.43	4	101.6	2.88	73.03			23～32	34.22～47.62
5.69	144.45	4.25	107.95	3.17	80.52	3.25	82.55	2.35	59.69			23～38	34.22～56.55
5.47	138.89	4.25	107.95	3.17	80.52	3.25	82.55	2.35	59.69			32～44	47.62～65.48
6.38	161.93	5	127	3.88	98.43	4	101.6	2.88	73.03	7⅝	193.68	26.4～39	39.29～58.04
6.25	158.75	5	127	3.88	98.43	4	101.6	2.88	73.03			33.7～45.3	50.15～67.41
6.18	156.97	4.25	107.95	3.17	80.52	3.25	82.55	2.35	59.69			33.7～47.3	50.15～70.39
8.13	206.38	6.5	165.1	4.85	123.19	5	127	3.88	98.43	9⅝	244.48	36～59.4	53.57～88.4
8.42	213.87	7	177.8	6	152.4	6	152.4	4.85	123.19			40～47	59.53～69.94
8.31	211.07	7.25	184.15	6.02	152.98	6	152.4	4.85	123.19			53.5	79.62
9.28	235.71	7	177.8	6	152.4	6	152.4	4.85	123.19	10¾	273.05	55.5～60.7	82.59～90.33
9.28	235.71	7	177.8	6	152.4	6	152.4	4.85	123.19			60.7～65.7	90.33～97.77

4. HPH 可回收式生产封隔器

HPH 永久式封隔器结构如图 9－24 所示，主要技术参数见表 9－32。

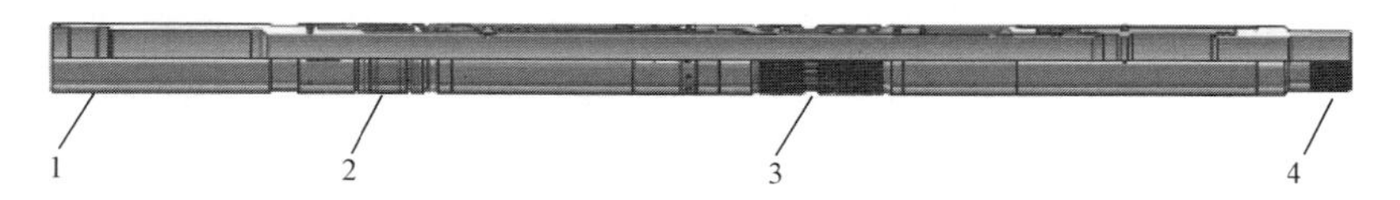

图 9－24 HPH 液压坐封可回收式封隔器

1—上接头;2—胶筒;3—卡瓦;4—下接头

表 9－32　HPH 液压坐封可回收式封隔器技术规范

<table>
<tr><th colspan="4">封隔器</th><th colspan="4">适用套管</th></tr>
<tr><th colspan="2">外径</th><th colspan="2">内径</th><th colspan="2">规格</th><th colspan="2">质量</th></tr>
<tr><th>in</th><th>mm</th><th>in</th><th>mm</th><th>in</th><th>mm</th><th>lb/in</th><th>kg/m</th></tr>
<tr><td>5.92</td><td>150.36</td><td>3.8</td><td>96.52</td><td rowspan="5">7</td><td rowspan="5">177.8</td><td>26～32</td><td>38.69～47.62</td></tr>
<tr><td>5.92</td><td>150.36</td><td>3.72</td><td>94.48</td><td>29～32</td><td>43.16～47.62</td></tr>
<tr><td>5.92</td><td>150.36</td><td>3.88</td><td>98.55</td><td>29～32</td><td>43.16～47.62</td></tr>
<tr><td>5.82</td><td>147.82</td><td>3.72</td><td>94.48</td><td>32～35</td><td>47.62～52.08</td></tr>
<tr><td>5.73</td><td>145.54</td><td>2.75</td><td>69.85</td><td>35～38</td><td>52.08～56.54</td></tr>
<tr><td>6.405</td><td>162.69</td><td>2.972</td><td>75.49</td><td rowspan="2">7⅝</td><td rowspan="2">193.68</td><td>39</td><td>58.03</td></tr>
<tr><td>6.125</td><td>155.57</td><td>3.32</td><td>84.32</td><td>47.1</td><td>70.08</td></tr>
<tr><td rowspan="2">8.35</td><td rowspan="2">212.09</td><td>5.06</td><td>128.52</td><td rowspan="2">8⅝</td><td rowspan="2">244.48</td><td rowspan="2">47～53.5</td><td rowspan="2">69.94～79.62</td></tr>
<tr><td>5.8</td><td>147.32</td></tr>
<tr><td>8.25</td><td>209.55</td><td>4.465</td><td>113.41</td><td>9⅞</td><td>250.83</td><td>62.8～66.4</td><td>93.46～98.81</td></tr>
<tr><td>8.64</td><td>219.46</td><td>4.65</td><td>118.11</td><td>10¾</td><td>273.05</td><td>97.1～99.5</td><td>144.50～148.07</td></tr>
</table>

5. AHC 可回收封隔器

AHC 永久式封隔器结构如图 9－25 所示，主要技术参数见表 9－33。

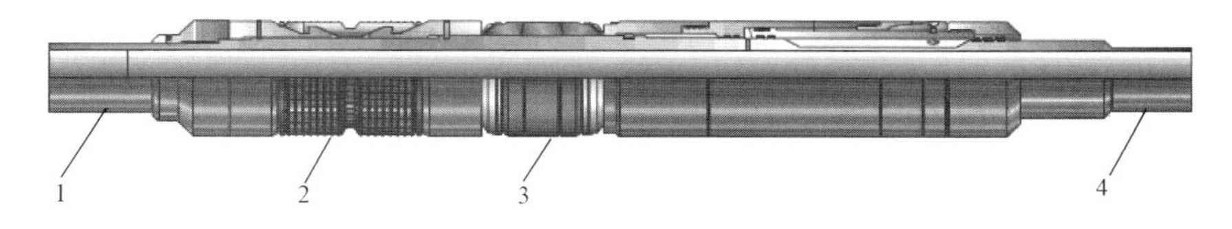

图 9－25　AHC 可回收封隔器

1—上接头；2—卡瓦；3—胶筒；4—下接头

表 9－33　AHC 可回收封隔器技术规范

<table>
<tr><th colspan="4">封隔器</th><th colspan="4">适用套管</th></tr>
<tr><th colspan="2">外径</th><th colspan="2">内径</th><th colspan="2">规格</th><th colspan="2">质量</th></tr>
<tr><th>in</th><th>mm</th><th>in</th><th>mm</th><th>in</th><th>mm</th><th>lb/in</th><th>kg/m</th></tr>
<tr><td>3.83</td><td>97.28</td><td>1.89</td><td>47.88</td><td>4½</td><td>114.3</td><td>9.5～11.6</td><td>14.14～17.26</td></tr>
<tr><td>4.72</td><td>119.88</td><td>2.88</td><td>73.15</td><td rowspan="2">5½</td><td rowspan="2">139.7</td><td>13～17</td><td>19.34～25.30</td></tr>
<tr><td>4.48</td><td>113.92</td><td>2.88</td><td>73.15</td><td>20～23</td><td>29.76～34.22</td></tr>
<tr><td>5.96</td><td>151.38</td><td>2.95</td><td>74.93</td><td rowspan="3">7</td><td rowspan="3">177.8</td><td>26～29</td><td>38.69～43.16</td></tr>
<tr><td>5.78</td><td>146.81</td><td>3.47</td><td>88.13</td><td>32～35</td><td>47.62～52.09</td></tr>
<tr><td>5.82</td><td>147.82</td><td>3.91</td><td>99.31</td><td>32～35</td><td>47.62～52.09</td></tr>
<tr><td>6.44</td><td>163.57</td><td>3.93</td><td>99.82</td><td>7⅝</td><td>193.68</td><td>29～39</td><td>43.16～58.03</td></tr>
<tr><td>8.47</td><td>215.13</td><td>4.79</td><td>121.66</td><td rowspan="2">9⅝</td><td rowspan="2">244.48</td><td>40～47</td><td>59.53～69.94</td></tr>
<tr><td>8.3</td><td>210.82</td><td>4.79</td><td>121.66</td><td>43.5～53</td><td>64.74～78.86</td></tr>
<tr><td>12.13</td><td>308.1</td><td>8.52</td><td>216.41</td><td>13⅜</td><td>339.73</td><td>68～72</td><td>101.20～107.14</td></tr>
</table>

三、威德福(Weatherford)封隔器

1. Ultra Pak 永久式封隔器

Ultral Pak 永久式封隔器结构如图 9－26 所示，主要技术参数见表 9－34。

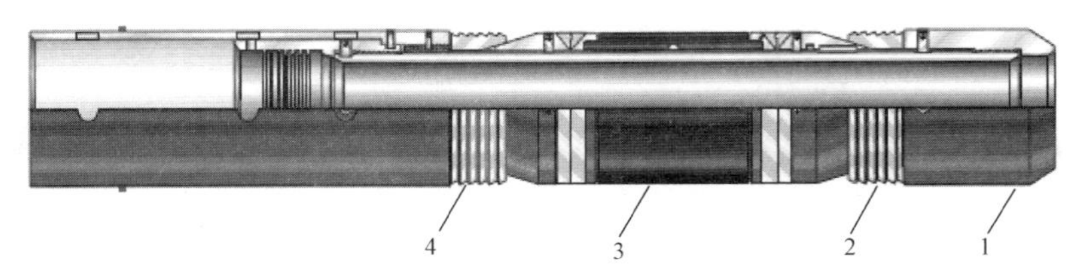

图 9－26　Ultra Pak 永久式封隔器

1—上接头;2—上卡瓦;3—胶筒;4—下卡瓦

2. Ultra Pak H 永久式封隔器

Ultra Pak H 永久式封隔器结构如图 9－27 所示，主要技术参数见表 9－35。

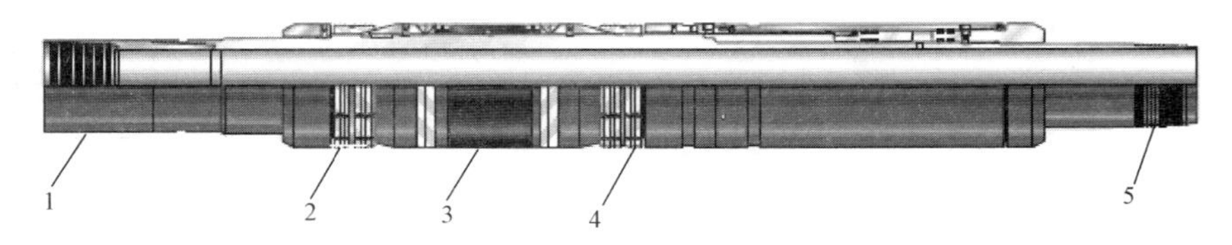

图 9－27　Ultra PakH 永久式封隔器

1—上接头;2—上卡瓦;3—胶筒;4—下卡瓦;5—下接头

四、斯伦贝谢(Schlumberger)封隔器

1. NIS 永久式封隔器

NIS 永久式封隔器结构如图 9－28 所示，主要技术参数见表 9－36。

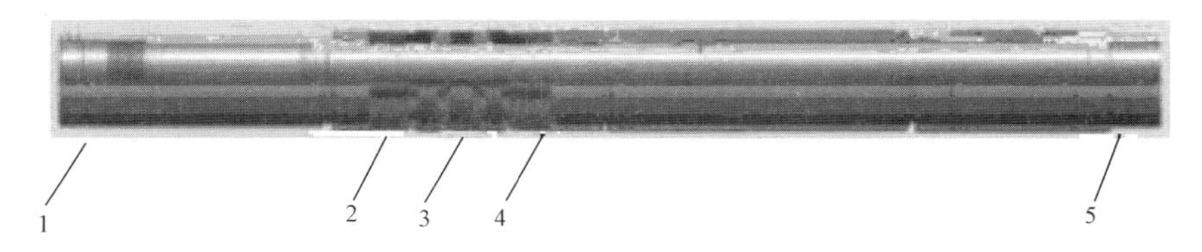

图 9－28　NIS 永久式封隔器

1—上接头;2—上卡瓦;3—胶筒;4—下卡瓦;5—下接头

2. HSP－1 永久式封隔器

HSP－1 永久式封隔器结构如图 9－29 所示，主要技术参数见表 9－37。

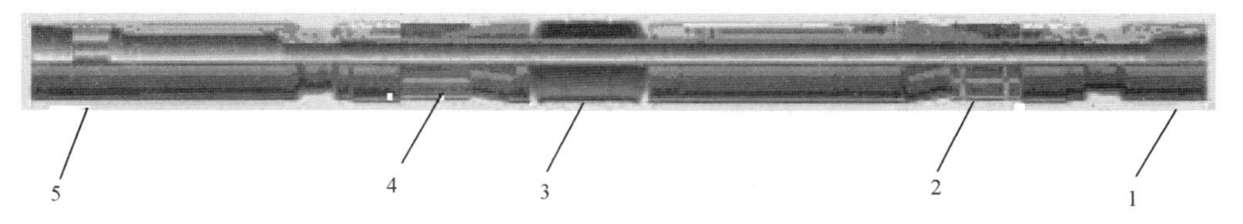

图 9－29　HSP－1 永久式封隔器

1—上接头;2—上卡瓦;3—胶筒;4—下卡瓦;5—下接头

表 9-34 Ultra Pak 永久式封隔器技术规范

封隔器 P/N	套管尺寸、质量,lb/ft	套管最小内径,in	套管最大内径,in	PKR 密封孔径,in	PKR 外径 in	橡胶材料	平式底部接头	密封孔加长短节底部接头	底部接头	磨铣加长短节底部接头	5in 磨铣加长短节	同心接头
840-45-26T	11.6~13.5	3.853	4.068	2.688	3.750	Nitrile	840-45-620AY	840-45-630AY	$2\frac{3}{8}$EU 840-45-641AY $2\frac{7}{8}$EU 840-45-642AY	840-45-650AY	581-45-210	840-45-635AY
840-46-23T	15.1~16.6	3.669	3.904	2.390	3.579	Nitrile	840-46-620AY	840-46-630AY	$2\frac{3}{8}$EU 840-46-641AY $2\frac{7}{8}$EU 840-46-642AY	$2\frac{7}{8}$EU840-46-650AY	580-45-210	840-46-635AY
840-55-26T	14~17	4.819	5.090	2.688	4.600	Nitrile	840-55-620AY	840-55-630AY	$2\frac{3}{8}$EU 840-55-641AY $2\frac{7}{8}$EU 840-55-642AY $3\frac{1}{2}$EU 840-55-643AY	$3\frac{1}{2}$NU840-55-650AY	580-50-210	840-55-636AY
840-56-26T	20~23	4.578	4.868	2.688	4.440	Nitrile	840-56-620AY	840-56-630AY	$2\frac{3}{8}$EU 840-56-641AY $2\frac{7}{8}$EU 840-56-642AY $3\frac{1}{2}$EU 840-55-643AY	$3\frac{1}{2}$NU840-56-650AY	580-50-210	840-55-636AY
840-46-30T	14~17	4.819	5.090	3.000	4.600	Nitrile	840-55-620AY	840-55-630AY	$2\frac{3}{8}$EU 840-55-641AY $2\frac{7}{8}$EU 840-55-642AY $3\frac{1}{2}$EU 840-55-643AY	4.0NU840-55-650AY	581-55-210	840-56-635AY
840-56-30T	20~23	4.578	4.868	3.000	4.440	Nitrile	840-56-620AY	840-56-630AY	$2\frac{3}{8}$EU 840-56-641AY $2\frac{7}{8}$EU 840-56-642AY $3\frac{1}{2}$EU 840-56-643AY	4.0NU840-56-650AY	581-55-210	840-56-635AY
840-71-32T	23~32	5.990	6.466	3.250	5.875	Nitrile	840-71-620AY	840-71-630AY	$2\frac{3}{8}$EU 840-71-641AY $2\frac{7}{8}$EU 840-71-642AY $3\frac{1}{2}$EU 840-71-643AY	$4\frac{1}{2}$LongCsg 840-71-650AY	580-70-210	840-71-635AY
840-71-40T	23~32	5.990	6.466	4.000	5.875	Nitrile	840-71-620AY	840-71-630AY	$2\frac{3}{8}$EU 840-71-641AY $2\frac{7}{8}$EU 840-71-642AY $3\frac{1}{2}$EU 840-71-643AY	5.0LongCsg 840-71-650AY	580-70-210	840-71-636AY
840-75-32T	33.7~39.0	6.510	6.882	3.250	6.250	Nitrile	840-75-620AY	840-75-630AY	$2\frac{3}{8}$EU 840-75-641AY $2\frac{7}{8}$EU 840-75-642AY $3\frac{1}{2}$EU 840-75-643AY	840-75-650AY	580-70-210	840-71-635AY
840-96-47T	40~53.5	8.405	8.968	4.750	8.125	Nitrile	840-96-620AY	840-96-630AY	$2\frac{3}{8}$EU 840-96-641AY $2\frac{7}{8}$EU 840-96-642AY $3\frac{1}{2}$EU 840-96-643AY	6.0LongCsg 840-96-650AY	580-95-210	840-96-635AY

表 9-35　Ultra PakH 永久式封隔器技术规范

封隔器尺寸	842-96-47	
套管尺寸，in(mm)	$9\frac{5}{8}$(244.48)	
套管质量，kg/m	40.0～53.5	52.52～79.61
油管尺寸，in(mm)	$5\frac{1}{2}$(139.70)	
油管质量，lb/ft(kg/m)	17.0～20.0(25.30～29.76)	
封隔器最大外径，in(mm)	8.250(209.55)	
封隔器最小外径，in(mm)	4.750(120.65)	
顶部螺纹连接	$5\frac{1}{2}$(20lb/ft) Vam Top HT 内螺纹	
底部螺纹连接	$5\frac{1}{2}$(20lb/ft) New Vam 外螺纹	
额定工作压力，psi(bar)	10000(689)	
额定抗拉强度，lbf(kgf)	300000(136080.00)	
额定尾管负荷，lbf(kgf)	300000(136080.00)	
额定坐封压力，lbf(kgf)	300000(136080.00)	
额定温度，°F(℃)	120～350(48.9～176.7)	
密封材料	AFLAS	AFLAS

表 9-36　NIS 永久式封隔器技术规范

封隔器				适用套管		
最大外径		最小内径		尺寸		质量
in	mm	in	mm	in	mm	lb/in
8.29	210.6	3.903	99.1	9.625	244.5	47.0-53.5
		4.66	118.4			

表 9-37　HSP-1 永久式封隔器技术规范

封隔器						适用套管		
最大外径		最小内径		上部密封尺寸		尺寸		质量 lb/in
in	mm	in	mm	in	mm	in	mm	
3.562	90.5	1.937	49.2	2.625	66.7	4.5	114.3	9.5～16.6
4.276	99.9	1.937	49.2	2.75	69.9	5	127	11.5～18.0
4.875	123.8					5.5	139.7	9.0～13.0
4.375	111.1							13.0～23.0
5.375	136.5	2.375	60.3	3.5	88.9	6.625	168.3	17.0～24.0
		2.875	73	3.75	95.3			24.0～32.0

续表

封隔器						适用套管		
最大外径		最小内径		上部密封尺寸		尺寸		质量 lb/in
in	mm	in	mm	in	mm	in	mm	
5.875	149.2	2.5	63.5	3.5	88.9	7	177.8	17.0～32.0
		2.875	73	3.75	95.3			
		3.375	85.7	4.25	108			
		3.937	99.9	4.69	119.1			23.0～32.0
7.25	184.2	3.875	98.4	5.375	136.5	8.625	219.1	24.0～49.0
8.187	207.9	2.875	73	3.75	95.3	9.625	244.5	29.3～58.4
		3.875	98.4	5.375	136.5			
		4.75	120.7	6	152.4			
8.438	214.3	6	152.4	7.25	184.2			47

第四节　封隔器力学计算

封隔器力学计算主要包括坐封力、坐封高度以及封隔器完井管柱的4种效应引起的管柱长度变化等相关计算。

一、封隔器坐封力计算

封隔器坐封力是使封隔器坐封于套管或井筒内壁所需要的轴向压缩，坐封力计算包括压差不作用于中心管截面和作用于中心管截面两种情况。

1. 压差不作用于中心管截面时的坐封力

压差不作用于中心管截面时，封隔器受力如图9－30所示。其坐封力计算公式为：

$$F_1 = \frac{\pi \Delta p (R_{o\sigma}^2 - R_o^2)(R_1^2 - R_o^2)}{4 f R_o h (1 - \varepsilon_z)} \quad (9-1)$$

其中

$$\varepsilon_z = -\frac{2R_{o\sigma}(R_{o\sigma} - R_1)}{R_{o\sigma}^2 - R_o^2}$$

式中　F_1——压差为 Δp 时为达到密封所需的轴向载荷，kN；

Δp——封隔器承受的压差，MPa；

$R_{o\sigma}$——套管或井筒内径，mm；

R_1——密封件外径，mm；

R_o——中心管外径，mm；

h——密封件变形前长度，mm；

f——摩擦系数；

ε_z——轴向应变。

2. 压差作用于中心管截面时的坐封力

压差作用于中心管截面时，封隔器受力如图9－31所示。其坐封力计算公式为：

$$F_2 = \frac{\pi \Delta p(R_{o\sigma}^2 - R_2^2)(R_1^2 - R_0^2)}{2fR_o h(1 - \varepsilon_z)} \tag{9-2}$$

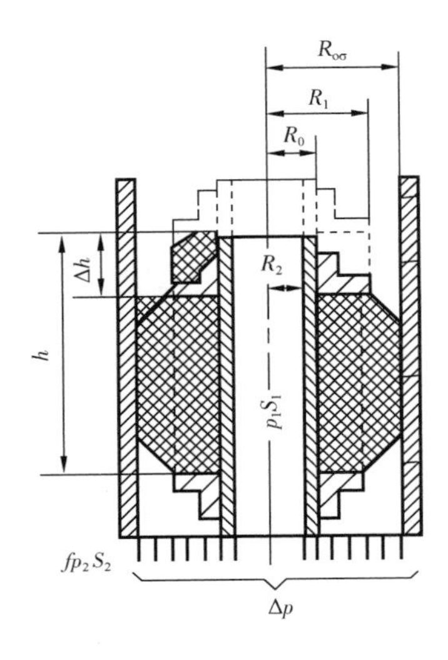

图9－30　压差不作用于中心管截面时封隔器受力示意图

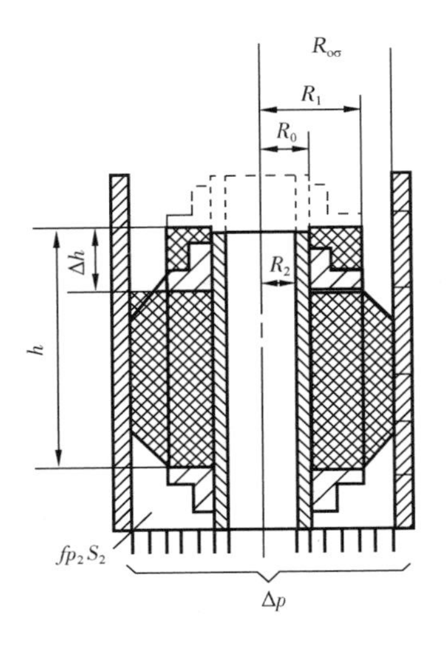

图9－31　压差作用于中心管截面时封隔器受力示意图

式中　F_2——压差为 Δp 时为达到密封所需的轴向载荷，kN；

R_2——中心管内径，mm。

式中其他参数定义同式(9－1)。

二、封隔器坐封高度计算

为了保证加压一定管柱重量，以保证封隔器坐封时所需的坐封载荷，封隔器就必须要有一定的坐封高度。

1. 支撑式封隔器坐封高度

支撑式封隔器坐封时，其坐封高度计算公式为：

$$H = \Delta L - \Delta L_1 + \Delta L_2 - S \tag{9-3}$$

式中　H——封隔器坐封高度，cm；

ΔL——坐封前，封隔器以上管柱长为 L 时的自重伸长，cm；

ΔL_1——中性点以上油管自重伸长长度，cm；

ΔL_2——中性点以上油管自重伸长长度,cm;

S——胶筒压缩距,一般由实验方法确定或厂家提供,cm。

中性点是指管柱受到的上下作用力合力为零的点,如图 9-32所示。中性点深度 L_2 计算公式为:

$$L_2 = \frac{P}{A(\rho - \rho_o)} \tag{9-4}$$

式中　P——封隔器坐封载荷,kgf;

A——油管环形截面积,cm^2;

ρ——钢的密度,kg/cm^3;

ρ_o——井内液体密度,kg/cm^3。

2. 卡瓦压缩式封隔器坐封高度

卡瓦压缩式封隔器(不包括靠液压坐封的)和支撑式封隔器一样,靠下方一定关注重量坐封,如图 9-33 所示。其坐封高度计算公式为:

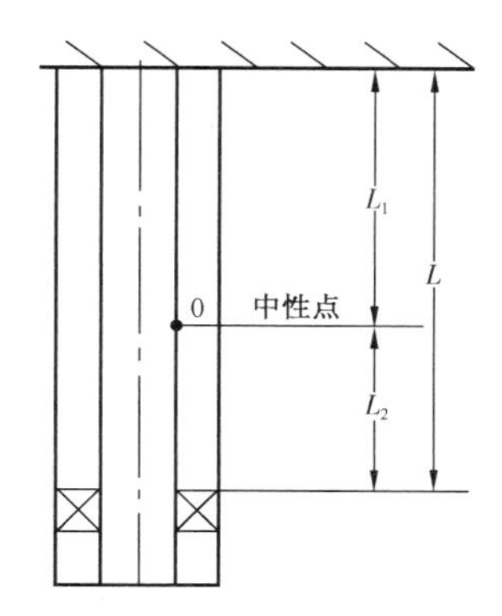

图 9-32　支撑式封隔器坐封高度计算示意图

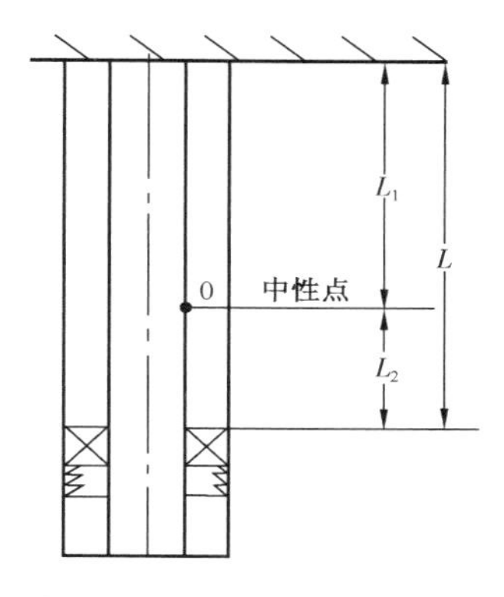

图 9-33　卡瓦压缩式封隔器坐封高度计算示意图

$$H = \Delta L - \Delta L_1 + \Delta L_2 - S + h \tag{9-5}$$

式中　h——封隔器卡瓦空行程,cm。

其他相关参数含义同式(9-4)。

三、封隔器完井管柱 4 种“效应”计算

封隔器完井管柱 4 种“效应”是指由于油管内外温度和压力变化引起的活塞效应、螺旋弯曲效应、膨胀效应和温度效应。

1. 活塞效应

活塞效应是指由油管内外压力变化引起管柱伸长或缩短的现象,如图 9-34 所示。活塞效应引起的油管长度变化 ΔL_1 为:

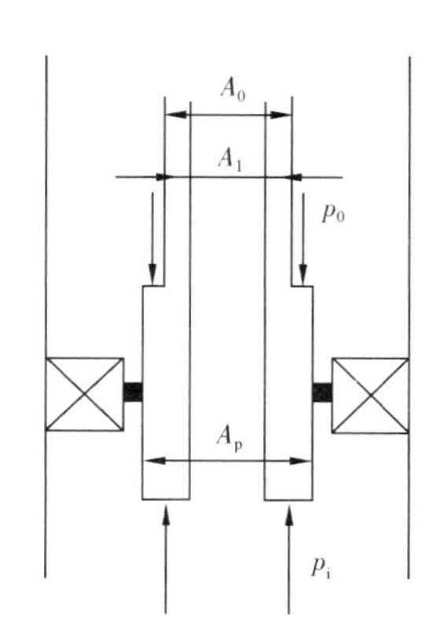

图 9-34　封隔器完井管柱活塞效应示意图

$$\Delta L_1 = \frac{L(\Delta F_1)}{EA_s} = \pm \frac{L}{EA_s}[(A_P - A_i)\Delta p_i - (A_P - A_o)\Delta p_o] \tag{9-6}$$

式中 p_o——环形空间井底压力，MPa；

p_i——油管内井底压力，MPa；

A_i——油管内截面积（以内径计算），m^2；

A_o——油管外截面积（以外径计算），m^2；

A_P——封隔器密封腔的截面积，m^2；

L——管柱长度，m；

ΔF_1——活塞力的变化，N；

E——管材的弹性模量，MPa；

A_s——油管壁的截面积，m^2。

按照规定，管柱伸长时 ΔL_1 为正，管柱缩短时 ΔL_1 为负，其方向取决于压力的变化方向（增大或缩小）以及油管和封隔器密封腔二者间的相对尺寸。

2. 螺旋弯曲效应

螺旋弯曲效应是指紧靠封隔器上部的油管内部压力大于该处环形空间的压力时，引起油管发生螺旋弯曲的现象，如图9－35所示。由螺旋弯曲效应引起的油管柱长度变化 ΔL_2 为：

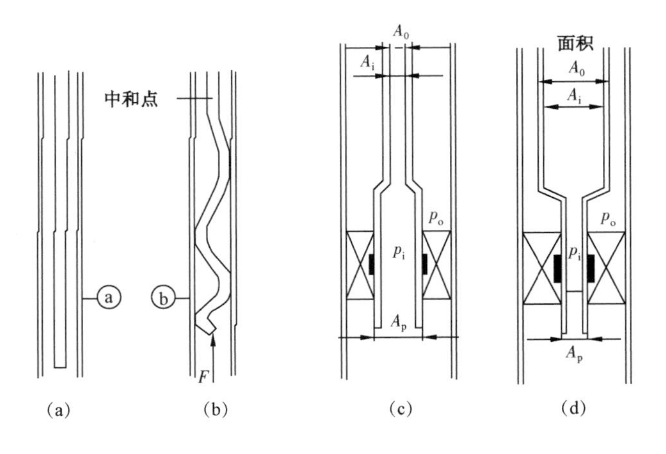

图9－35　自由悬挂油管柱螺旋弯曲封隔器完井管柱

$$\Delta L_2 = -\frac{\delta^2 A_p^2(\Delta p_i - \Delta p_o)}{8EI(q_s - q_i - q_o)} \tag{9-7}$$

其中
$$I = \pi(D^4 - d^4)/64$$

式中 q_s——单位长度管柱在空气中的重力，N/m；

q_i——单位长度油管体积（以外径计算）在套管中排开的流体重力，N/m；

E——管材弹性模量，MPa；

I——油管截面的惯性矩，m^4；

D——为油管外径，m；

d——为油管内径，m；

p_o——封隔器油管外部液体压力，MPa；

p_i——油管内部液体压力，MPa；变化量分别为 Δp_o，Δp_i；

δ——油管和套管之间的径向间隙，m。

3. 鼓胀效应

鼓胀效应是指由于油管内或环空有压力作用，引起的管柱直径增大或减小，从而导致管柱缩短或伸长的现象。油管内压作用引起管柱直径增大，管柱缩短的现象为正鼓胀效应；管柱环空压力引起的油管直径减小，管柱伸长的现象为反向鼓胀效应，如图 9－36 所示。由鼓胀效应引起的油管柱长度变化 ΔL_3 为：

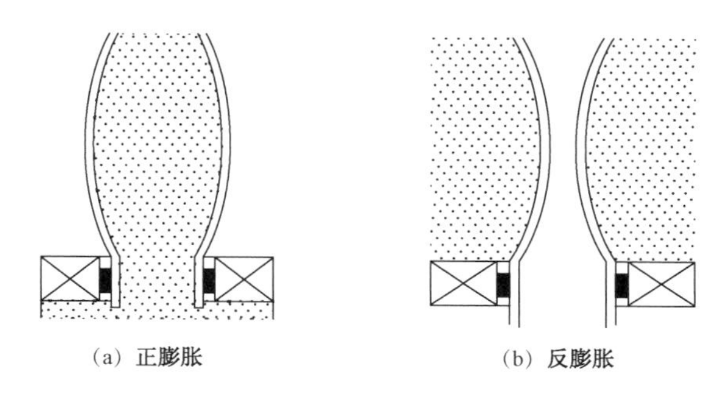

图 9－36　封隔器完井管柱正鼓胀与反鼓胀效应示意图

$$\Delta L_3 = -\frac{\nu}{E}\frac{\Delta\rho_i - R_\gamma^2\Delta\rho_o - \dfrac{1+2\nu}{2\nu}\delta_p}{R_\gamma^2 - 1}L^2 - \frac{2\nu}{E}\frac{\Delta\rho_{is} - R_\gamma^2\Delta\rho_{os}}{R_\gamma^2 - 1}L \tag{9-8}$$

式中　$\Delta\rho_i$——油管中流体密度的变化，kg/m^3；

$\Delta\rho_o$——环空中流体密度的变化，kg/m^3；

R_r——油管外径与油管内径的比值（外径/内径）；

δ_p——因流体流动引起的单位长度上的压力降，MPa/m，假定 δ_p 是常数，当向下流动时，δ_p 为正；当没有流动时，$\delta_p = 0$；

Δp_{is}——井口处油压的变化，MPa；

Δp_{os}——井口处套压的变化，MPa；

ν——泊松比；

E——管材的弹性模量，MPa；

L——管柱长度，m。

其余符号含义同前。

4. 温度效应

温度效应是指管柱在注冷流体或蒸汽等时，由于温度的变化引起的管柱伸长或缩短的现象。由温度效应引起的油管柱长度变化 ΔL_6 为：

$$\Delta L_6 = \beta L \Delta T \tag{9-9}$$

式中 ΔT——管柱平均温度的变化值，℃；

β——材料的热膨胀系数，$℃^{-1}$，钢的热膨胀系数为$(1.13 \sim 1.3) \times 10^{-5} ℃^{-1}$；

L——管柱长度，m。

附录　石油工业常用单位换算表

长度	质量	热导率
1 千米(km) =0.621 英里(mile)	1 吨(t) =1000 千克(kg) =2205 磅(lb) =1.102 短吨(sh. ton) =0.934 长吨(long. ton)	1 千卡/(米^2·时·摄氏度)[kcal/(m^2·h·℃)] =1.16279 瓦/(米·开尔文)[W/(m·K)]
1 米(m) =3.281 英尺(ft) =1.094 码(yd)	1 千克(kg) =2.205 磅(lb)	1 英热单位/(英尺^2·时·华氏度)[Btu/(ft^2·h·℉)] =1.7303 瓦/(米·开尔文)[W/(m·K)]
1 厘米(cm) =0.394 英寸(in)	1 短吨(sh. ton) =0.907 吨(t) =2000 磅(lb)	比容热
1 埃(Å) =10^{-10}米(m)	1 长吨(long. ton) =1.016 吨(t)	1 千卡/(千克·摄氏度)[kcal/(kg·℃)] =1 英热单位/(磅·华氏度)[Btu/(lb·℉)] =4186.8 焦耳/(千克·开尔文)[J/(kg·K)]
1 英里(mile) =1.609 千米(km)	1 磅(lb) =0.454 千克(kg)[常衡]	热功
1 英尺(ft) =0.3048 米(m)	1 盎司(oz) =28.350 克(g)	1 焦耳(J) =0.10204 千克·米(kg·m) =2.778 ×10^{-7}千瓦·小时(kW·h) =3.777 ×10^{-7}公制马力小时 =3.723 ×10^{-7}英制马力小时 =2.389 ×10^{-4}千卡(kcal) =9.48 ×10^{-4}英热单位(Btu)
1 英寸(in) =2.54 厘米(cm)	密度	1 卡(cal) =4.1868 焦耳(J)
1 海里(n mile) =1.852 千米(km)	1 千克/米^3(kg/m^3) =0.001 克/厘米^3(g/cm^3) =0.0624 磅/英尺^3(lb/ft^3)	1 英热单位(Btu) =1055.06 焦耳(J)
1 链 =66 英尺(ft) =20.1168 米(m)	1 磅/英尺^3(lb/ft^3) = 16.02 千克/米^3(kg/m^3)	1 千克力米(kgf·m) =9.80665 焦耳(J)
1 码(yd) =0.9144 米(m)	1 磅/英寸^3(lb/in^3) =27679.9 千克/米^3(kg/m^3)	1 英尺磅力(ft·lbt) =1.35582 焦耳(J)
1 密耳(mil) = 0.0254 毫米(mm)	1 磅/美加仑(lb/gal) =119.826 千克/米^3(kg/m^3)	1 米制马力小时(hp·h) =2.64779 ×10^6 焦耳(J)
1 英尺(ft) =12 英寸(in)	1 磅/英加仑(lb/gal) =99.776 千克/米^3(kg/m^3)	1 英马力小时(UKhp·h) =2.68452 ×10^6 焦耳(J)
1 码(yd) =3 英尺(ft)	1 磅/(石油)桶(lb/bbl) =2.853 千克/米^3(kg/m^3)	1 千瓦小时(kW·h) =3.6 ×10^6焦耳(J)

续表

长度	质量	热导率
1 杆(rad) =16.5 英尺(ft)	1 波美密度 = 140/15.5°C 时的相对密度 - 130	1 大卡 =4186.75 焦耳(J)
1 英里(mile) =5280 英尺(ft)	API = 141.5/15.5°C 时的相对密度 - 131.5	功率
1 海里(n mile) =1.1516 英里(mile)	运动黏度	1 千克力·米/秒(kgf·m/s) =9.80665 瓦(W)
面积	1 英尺^2/秒(ft^2/s) = 9.29030 × 10^{-2} 米^2/秒(m^2/s)	1 米制马力(hp) =735.499 瓦(W)
1 平方公里(km^2) =100 公顷(ha) =247.1 英亩(acre) =0.386 平方英里($mile^2$)	1 斯(St) = 10^{-4} 米^2/秒(m^2/s)	1 卡/秒(cal/s) =4.1868 瓦(W)
1 平方米(m^2) =10.764 平方英尺(ft^2)	1 厘斯(cSt) = 10^{-6} 米^2/秒(m^2/s) =1 毫米^2/秒(mm^2/s)	1 英热单位/时(Btu/h) =0.293071 瓦(W)
1 公亩(acre) =100 平方米(m^2)	动力黏度	速度
1 公顷(ha) =10000 平方米(m^2) =2.471 英亩(acre)	1 泊(P) =0.1 帕·秒(Pa·s)	1 英尺/秒(ft/s) =0.3048 米/秒(m/s)
1 平方英里($mile^2$) =2.590 平方公里(km^2)	1 厘泊(cP) = 10^{-3} 帕·秒(Pa·s)	1 英里/时(mile/h) =0.44704 米/秒(m/s)
1 英亩(acre) =0.4047 公顷(ha) =40.47 × 10^{-3} 平方公里(km^2) =4047 平方米(m^2)	1 千克力秒/米^2 = 9.80505 帕·秒(Pa·s)	渗透率
1 平方英尺(ft^2) =0.093 平方米(m^2)	1 磅力秒/英尺^2($lbf·s/ft^2$) =47.8803 帕·秒(Pa·s)	1 达西(D) =1000 毫达西(mD)
1 平方英寸(in^2) =6.452 平方厘米(cm^2)	力	1 平方厘米(cm^2) =9.81 × 10^7 达西(D)
1 平方码(yd^2) =0.8361 平方米(m^2)	1 牛顿(N) =0.225 磅力(lbf) =0.102 千克力(kgf)	地温梯度
体积	1 千克力(kgf) =9.81 牛顿(N)	1℉/100 英尺 =1.8℃/100 米(℃/100m)
1 立方米(m^3) =1000 升(liter) =35.315 立方英尺(ft^3) =6.290 桶(bbl)	1 磅力(lbf) =4.45 牛顿(N)	1℃/公里 =2.9℉/英里(℉/mile) =0.055℉/100 英尺(℉/100ft)

续表

长度	质量	热导率
1 立方英尺(ft^3) =0.0283 立方米(m^3) =28.317 升(liter)	1 达因(dyn)=10^{-5}牛顿(N)	油气产量
1 千立方英尺(mcf) =28.317 立方米(m^3)	压力	1 桶(bbl)=0.14 吨(t)(原油,全球平均)
1 百万立方英尺(MMcf) =2.8317×10^4 立方米(m^3)	1 兆帕(MPa) =145 磅/英寸^2(psi) =10.2 千克/厘米^2(kg/cm^2) =10 巴(bar) =9.8 大气压(atm)	1 吨(t)=7.3 桶(bbl)(原油,全球平均)
10 亿立方英尺(bcf) =2831.7×10^4 立方米(m^3)	1 磅/英寸^2(psi) =0.006895 兆帕(MPa) =0.0703 千克/厘米^2(kg/cm^2) =0.0689 巴(bar) =0.068 大气压(atm)	1 桶/日(bbl/d)=50 吨/年(t/a)(原油,全球平均)
1 万亿立方英尺(tcf) =283.17×10^8 立方米(m^3)	1 巴(bar) =0.1 兆帕(MPa) =14.503 磅/英寸^2(psi) =1.0197 千克/厘米^2(kg/cm^2) =0.987 大气压(atm)	1 千立方英尺/日(Mcfd) =28.32 立方米/日(m^3/d) =1.0336×10^4 立方米/年(m^3/a)
1 立方英寸(in^3) =16.3871 立方厘米(cm^3)	1 大气压(atm) =0.101325 兆帕(MPa) =14.696 磅/英寸^2(psi) =1.0333 千克/厘米^2(kg/cm^2) =1.0133 巴(bar)	1 百万立方英尺/日(MMcfd) =2.832×10^4 立方米/日(m^3/d) =1033.55×10^4 立方米/年(m^3/a)
1 英亩·英尺 =1234 立方米(m^3)	温度	10 亿立方英尺/日(bcfd) =0.2832×10^8 立方米/日(m^3/d) =103.36×10^8 立方米/年(m^3/a)
1 桶(bbl)=0.159 立方米(m^3) =42 美加仑(gal)	K=5/9(℉+459.67)	1 万亿立方英尺/日(tcfd) =283.2×10^8 立方米/日(m^3/d) =10.336×10^{12}立方米/年(m^3/a)
1 美加仑(gal)=3.785 升(L)	K=℃+273.15	汽油比
1 美夸脱(qt)=0.946 升(L)	n℉=[(n-32)×5/9]℃	1 立方英尺/桶(cuft/bbl)=0.2067 立方米/吨(m^3/t)
1 美品脱(pt)=0.473 升(L)	n℃=(5/9·n+32)℉	热值

续表

长度	质量	热导率
1 美吉耳(gi) =0.118 升(L)	1 ℉ =5/9℃(温度差)	1 桶原油 =5.8 ×10^6英热单位(Btu)
1 英加仑(gal) =4.546 升(L)	传热系数	1 立方米湿气 =3.909 ×10^4英热单位(Btu)
热当量	1 千卡/(米^2 · 时 · 摄氏度)[kcal/(m^2 · h · ℃)] =1.6279 瓦/(米^2 · 开尔文)[W/(m^2 · K)]	1 立方米干气 =3.577 ×10^4英热单位(Btu)
1 桶原油 =5800 立方英尺天然气(按平均热值计算)	1 英热单位/(英尺^2 · 时 · 华氏度)[Btu/(ft^2 · h · ℉)] =5.67826 瓦/(米^2 · 开尔文)[W/(m^2 · K)]	1 吨煤 =2.406 ×10^7英热单位(Btu)
1 千克原油 =1.4286 千克标准煤	1 米^2 · 时 · 摄氏度/千卡(m^2 · h · ℃/kcal) =0.86000 米^2 · 开尔文/瓦(m^2 · K/W)	1 千瓦小时水电 =1.0235 ×10^4英热单位(Btu)
1 立方米天然气 =1.3300 千克标准煤	1 千卡/(米^2 · 时)[kcal/(m^2 · h)] =1.16279 瓦/米^2(W/m^2)	(以上为 1990 年美国平均热值,资料来源:美国国家标准局)

参考文献

[1] 叶庆全,袁敏．油气田开发常用名词解释[M]．北京:石油工业出版社,2002.
[2] 陈平,等．钻井与完井工程[M]．北京:石油工业出版社,2005.
[3] 中国石油学会,石油大学．石油技术辞典[M]．北京:石油工业出版社,1996.
[4] 刘宝和．中国石油勘探开发百科全书[M]．北京:石油工业出版社,2008.
[5] 王胜启,高志强,秦礼曹．钻井监督技术手册[M]．北京:石油工业出版社,2008.
[6] 杨继盛,刘建仪．采气实用计算[M]．北京:石油工业出版社,1994.
[7] 李克向．天然气工程[M]．北京:石油工业出版社,1993.
[8] 吴奇．井下作业工程师手册[M]．北京:石油工业出版社,2004.
[9] 李克向．保护油气层钻井完井技术[M]．北京:石油工业出版社,1993.
[10] 四川石油管理局．油套管数据手册[M]．北京:石油工业出版社,1999.
[11] [美]埃克诺米德斯 M J,沃特斯 L T,邓恩—诺曼 S. 油井建井工程——钻井 · 油井完井[M]．万仁溥,张琪,编译．北京:石油工业出版社,2001.
[12] 杜晓瑞,王桂文,等．钻井工具手册[M]．北京:石油工业出版社,2000.
[13] 张琪,万仁溥．采油工程方案设计[M]．北京:石油工业出版社,2002.
[14] [美]布鲁斯 D 克雷格．酸气开发设计指南[M]．钱治家,郭平,译．北京:石油工业出版社,2003.
[15] 何生厚,张琪．油气井防砂理论及其应用[M]．北京:中国石化出版社,2003.
[16] 徐同台,赵忠举．国外钻井液和完井液技术[M]．北京:石油工业出版社,2004.
[17] 赵金洲,张桂林．钻井工程技术手册[M]．北京:中国石化出版社,2005.
[18] [美]迈克尔 R 钱伯斯．多分支井技术[M]．孙仁远,译．北京:石油工业出版社,2006.
[19] 金晓剑．复杂结构井完井及开采技术研讨会论文集[M]．北京:中国石化出版社,2006.
[20] 万仁溥．现代完井工程[M]. 3 版．北京:石油工业出版社,2008.
[21] [法]亨利 乔利特．油井生产实用手册[M]．王俊亮,刘岩,等译．北京:石油工业出版社,2009.
[22]《试井手册》编写组．试井手册[M]．北京:石油工业出版社,1992.
[23] 郑新权,陈中一．高温高压油气井试油技术文集[M]．北京:石油工业出版社,1997.
[24] 马建国．油气井地层测试[M]．北京:石油工业出版社,2006.
[25] 李相方,等．高温高压气井测试技术[M]．北京:石油工业出版社,2007.
[26] 李允,李治平．气井及凝析气井产能试井与产能评价[M]．北京:石油工业出版社,2000.
[27] 李晓明,等．石油与天然气工程技术手册[M]．北京:中国石化出版社,2003.
[28] 万仁薄,罗英俊,等．采油技术手册(第九分册)——压裂酸化工业技术[M]．北京:石油工业出版社,2002.
[29] 吴奇,等．水平井压裂酸化改造技术[M]．北京:石油工业出版社,2011.
[30] 周学厚,李延平．天然气工程手册[M]．北京:石油工业出版社,1982.
[31] 万仁傅,罗英俊．采油技术手册(第四分册)——机械采油技术[M]．北京:石油工业出版社,1993.
[32] 廖锐全,张志全．采气工程[M]．北京:石油工业出版社,2003.
[33] 袁士义,叶继根,孙志道．凝析气藏高效开发理论与实践[M]．北京:石油工业出版社,2003.
[34] 金忠臣,杨川东．采气工程[M]．北京:石油工业出版社,2004.
[35]《现代石油修井工程综合新技术指导手册》编写组．现代石油修井工程综合新技术指导手册[M]．北京:石油工业出版社,2009.
[36] 聂海光,王新河．油气田井下作业修井工程[M]．北京:石油工业出版社,2002.
[37] 于光明．石油井下作业关键技术应用手册[M]．北京:石油工业出版社,2011.
[38] 傅阳朝,李兴明,张强德,等译．连续油管技术[M]．北京:石油工业出版社,2000.
[39]《井下作业技术数据手册》编写组．井下作业技术数据手册[M]．北京:石油工业出版社,2000.

[40]《钻井测试手册》编写组．钻井测试手册[M]．北京:石油化学工业出版社,1978.
[41] 万仁傅．采油工程手册[M]．北京:石油工业出版社,2000.
[42] 李士伦．天然气工程[M]．北京:石油工业出版社,2000.
[43] 万仁溥,等编译．水平井开采技术[M]．北京:石油工业出版社,1995.
[44] 董长银．油气井防砂理论与技术[M]．东营:中国石油大学出版社,2012.
[45] 王华．井控装置实用手册[M]．北京:石油工业出版社,2008.
[46] 赵章明．连续油管工程技术手册[M]．北京:石油工业出版社,2011.
[47] 赵章明．油气井腐蚀防护与材质选择指南[M]．北京:石油工业出版社,2011.
[48] 李宗田．连续油管技术手册[M]．北京:石油工业出版社,2003.
[49] 王林．井下作业井控技术[M]．北京:石油工业出版社,2007.
[50] 孙树强．井下作业[M]．北京:石油工业出版社,2011.
[51] 德吉尔 J,等．油井打捞作业手册—工具、技术与经验方法[M]．杨能宇,等译．北京:石油工业出版社,2006.
[52] 韩振华,曾久长．修井测试增产技术手册[M]．北京:石油工业出版社,2009.
[53] 何生厚．油气开采工程师手册[M]．北京:中国石化出版社,2006.
[54] 王深维．现代修井工程关键技术实用手册[M]．北京:石油工业出版社,2007.
[55] 尹永晶,杨汉立．石油修井机[M]．北京:石油工业出版社,2003.
[56] 白玉,王俊亮,等．井下作业实用数据手册[M]．北京:石油工业出版社,2007.
[57] 张阳春,杨志康,郭东,等．国内外石油钻采设备技术水平分析[M]．北京:石油工业出版社,2001.
[58] 杜晓瑞,王桂文,王德良,等．钻井工具手册[M]．北京:石油工业出版社,2013.
[59] 项友谦,王启,等．天然气燃烧过程与应用技术手册[M]．北京:中国建筑工业出版社,2008.
[60] 何生厚,等．高含硫化氢和二氧化碳天然气田开发工程技术[M]．北京:中国石化出版社,2008.
[61] 中国石油天然气总公司．石油安全工程[M]．北京:石油工业出版社,1991.
[62] 李刚,等．天然气常见事故预防与处理[M]．北京:中国石化出版社,2008.
[63] 阎存章,等．北美地区页岩气勘探开发新进展[M]．北京:石油工业出版社,2009.
[64] 四川石油管理局．天然气工程手册[M]．北京:石油工业出版社,1982.
[65] 何生厚,张琪．油气开采工程[M]．北京:中国石化出版社,2004.
[66] NORSOK 标准 D－010　钻井和修井中井的完整性[S]. 2004.
[67] API RP90　海上油气井环空压力管理[S].
[68] IRP2　高危含硫井的完井与作业[S].
[69] OLF117　井完整性指导方针的推荐意见[S].
[70] SY/T 5724—2008　套管柱结构与强度设计[S].
[71] SY/T 5107—1995　水基压裂液性能评价方法[S].
[72] SY/T 5405—1996　酸化用缓蚀剂性能试验方法及评价指标[S].
[73] SY/T 5762—1995　压裂酸化用黏土稳定剂性能测定方法[S].
[74] SY/T 6376—2008　压裂液通用技术条件[S].
[75] SY/T 5108—1997　压裂支撑剂性能测试推荐方法[S].
[76] SY/T 5755—1995　压裂酸化用助排剂性能评价方法[S].
[77] SY/T 6571—2003　酸化用铁离子稳定剂性能评价方法[S].
[78] SY/T 6302—1997　压裂支撑剂充填层短期导流能力评价推荐方法[S].
[79] SY/T 5107—2005　水基压裂液性能评价方法[S].
[80] SY/T 5753—1995　油井增产水井增注措施用表面活性剂的室内评价方法[S].
[81] SY/T 5587. 3—2004　常规修井作业规程 第 3 部分:油气井压井、替喷、诱喷[S].
[82] SY/T 5587. 4—2004　常规修井作业规程 第 4 部分:找串漏、封串堵漏[S].

[83] SY/T 5587.5—2004　常规修井作业规程 第5部分:井下作业井筒准备[S].
[84] SY/T 5587.9—2004　常规修井作业规程 第9部分:换井口装置[S].
[85] SY/T 5587.11—2004　常规修井作业规程 第11部分:钻铣封隔器、桥塞[S].
[86] SY/T 5587.12—2004　常规修井作业规程 第12部分:打捞落物[S].
[87] SY/T 5587.14—2004　常规修井作业规程 第14部分:注塞、钻塞[S].
[88] SY/T 5791—2007　液压修井机立放井架作业规程[S].
[89] SY/T 5074—2004　石油钻井和修井用动力钳[S].
[90] SY/T 5530—2005　石油钻机和修井机用水龙头[S].
[91] SY/T 5827—2005　解卡打捞工艺作法[S].
[92] SY/T 6127—2006　油气水井井下作业资料录取项目规范[S].
[93] SY/T 5952—2005　油气水井井下工艺管柱工具图例[S].
[94] SY/T 6610—2005　含硫化氢油气井井下作业推荐作法[S].
[95] SY/T 5053.1—2000　防喷器及控制装置 防喷器[S].
[96] IRP 15　Snubbing Operation[S].
[97] SY/T 6698—2007　油气井用连续油管作业推荐作法[S].
[98] 朱德武. 出砂预测技术进展[J]. 钻采工艺,1996,19(6):23-26.
[99] 吕广忠,陆先亮,栾志安,等. 油井出砂预测方法研究进展[J]. 油气地质与采收率,2002,9(6):55-57.
[100] 赵东伟,董长银,张琪,等. 砾石充填防砂砾石尺寸优选方法[J]. 石油钻探技术,2004,32(4):28-32.
[101] 董长银,张琪,等. 砾石充填防砂工艺参数优化设计方法[J]. 中国石油大学学报,2006,30(5):57-61.
[102] 董长银,王滨,李志芬,等. Schwartz砾石尺寸设计方法解析、改进及其应用[J]. 石油钻探技术,2008,36(3):77-80.
[103] 董长银,李志芬,张琪,李长印,等. 防砂井产能评价及预测方法[J]. 石油钻采工艺,2002,24(6):45-48.
[104] 马发明. 不动管柱水力喷射逐层压裂技术[J]. 天然气工业,2010(8):25-28.
[105] 马发明,桑宇. 连续油管水力喷射压裂关键参数优化研究[J]. 天然气工业,2008(1):76-78.
[106] 吴康,马发明,石映. 四川盆地采气工程技术现状及发展方向(上下)[J]. 天然气工业,2005(4):119-124.
[107] 王霞,钟水清,马发明,等. 含硫气井钻井过程中的腐蚀因素与防腐研究[J]. 天然气工业,2006(9):80-84.
[108] 马发明,等. 四川地区须家河组小井眼钻井技术研究[J]. 钻采工艺,2006(4):4-8.
[109] 梅宗斌,马发明. ZF-PTO动力输出装置的使用维护技术[J]. 石油矿场机械,1998(3):24-28.
[110] 马发明. 事故井裸眼侧钻技术实践[J]. 钻采工艺,1998(3):24-26.
[111] 董长银,张宗元,张琪,武龙,等. 油井水平井防砂产能预测与评价方法研究[J]. 大庆石油地质与开发,2009,18(1):86-92.
[112] 董长银,李长印,扈福堂,等. 油气井防砂效果评价方法体系研究及应用[J]. 油气地质与采收率,2009,16(1):103-106.
[113] API 5C7　Recommended Practire for Coiled Tubing Operations in Oil and Gas Well Services[S].
[114] 郭建华,佘朝毅,李黔,等. 气体钻井井筒冲蚀作用定量分析及控制方法[J]. 石油学报,2007,28(6):129-132.
[115] 郭建华,佘朝毅,唐庚,等. 高温高压高酸性气井完井管柱优化设计[J]. 天然气工业,2011,31(5):70-72.
[116] 郭建华,佘朝毅,孙万里,等. 不压井起油管柱轴向力及中和点计算[C]. 2007年中国石油学会年会,2007.